Advanced Plant Physiology

高级植物生理学

（第二版）

主编　郑炳松　袁虎威
　　　陆开形　郝明灼

浙江大学出版社
ZHEJIANG UNIVERSITY PRESS
·杭州·

图书在版编目（CIP）数据

高级植物生理学 / 郑炳松等主编. -- 2 版.
杭州：浙江大学出版社，2024.6. -- ISBN 978-7-308-25200-3

Ⅰ．Q945

中国国家版本馆 CIP 数据核字第 2024HE3426 号

高级植物生理学（第二版）

郑炳松　袁虎威　陆开形　郝明灼　主编

责任编辑	季　峥　冯其华
责任校对	蔡晓欢
封面设计	周　灵
出版发行	浙江大学出版社
	（杭州天目山路 148 号　邮政编码 310007）
	（网址：http://www.zjupress.com）
排　　版	浙江晨特广告有限公司
印　　刷	杭州高腾印务有限公司
开　　本	787mm×1092mm　1/16
印　　张	23.75
字　　数	594 千
版 印 次	2024 年 6 月第 2 版　2024 年 6 月第 1 次印刷
书　　号	ISBN 978-7-308-25200-3
定　　价	95.00 元

版权所有　侵权必究　印装差错　负责调换

浙江大学出版社联系方式：0571-88276261；http://zjdxcbs.tmall.com

《高级植物生理学(第二版)》
编辑委员会

主　编　郑炳松　袁虎威　陆开形　郝明灼
副主编　闫道良　刘玉林　焦洁洁　陈　红　左建房　徐栋斌　张可伟
编　委　(按姓氏笔画排序)

丁艳菲(中国计量大学)
王　强(浙大宁波理工学院)
王晓飞(浙江农林大学)
左建房(浙江农林大学)
左照江(浙江农林大学)
朱　诚(中国计量大学)
刘玉林(西北农林科技大学)
闫道良(浙江农林大学)
孙梅好(浙江师范大学)
杨　丽(浙大宁波理工学院)
何　漪(浙江农林大学)
张　瑞(浙江农林大学)
张可伟(浙江师范大学)
陆开形(宁波大学科学技术学院)
陈　红(江苏省中国科学院植物研究所)
陈斌斌(温州大学)
易可可(中国农业科学院农业资源与农业区划研究所)
金松恒(浙江农林大学暨阳学院)
郑炳松(浙江农林大学)

赵江哲（浙江师范大学）

郝明灼（南京林业大学）

胡渊渊（浙江农林大学）

袁虎威（浙江农林大学）

徐栋斌（宁波市林场）

郭海朋（宁波大学）

黄有军（浙江农林大学）

崔富强（浙江农林大学）

章建红（宁波市农业科学研究院）

程龙军（浙江农林大学）

焦洁洁（浙江省林业科学研究院）

曾燕如（浙江农林大学）

第二版前言

当今世界人类面临环境、资源、社会与经济、科技与安全等多个领域的问题。党的二十大报告指出,推动绿色发展,促进人与自然和谐共生。大自然是人类赖以生存发展的基本条件,植物作为大自然生态系统的重要组成部分,其生理学研究对于理解生态系统功能、保护生物多样性、应对气候变化等具有重要意义。因此,植物生理学在推动绿色发展、促进农业可持续生产、提高资源利用效率等生态文明建设方面具有重要的作用。

《高级植物生理学》自 2011 年 9 月出版以来,得到了广大读者的认可。为了反映近几年植物生理学领域的新成果,经过各位编者的努力,完成了第二版书稿。第二版基本保持了第一版的体系,参考了最新的国内外相关教材、专著或者新的文献,并结合党的二十大报告精神,不仅对各章节的内容及时进行了修订与补充,而且对各章节内容之间的逻辑关系进行了更为合理的调整,保证了本教材良好的系统性、科学性、适用性和同步性。

各章节编写人员和主要修订内容如下。

孙梅好参与了专题 1"植物水孔蛋白的功能"的修订;程龙军参与了专题 2"植物氮素营养"和专题 5"植物铁素营养"的修订;闫道良和焦洁洁参与了专题 4"植物钾素营养"和专题 21"植物抗盐的分子生理"的修订;金松恒参与了专题 6"Rubisco 与 Rubisco 活化酶的分子生理"和专题 22"植物耐热胁迫的分子生理"的修订;袁虎威和郝明灼参与了专题 9"生长素"的修订;何漪参与了专题 10"赤霉素"的修订;张可伟和赵江哲参与了专题 11"细胞分裂素"和专题 12"脱落酸"的修订;黄有军参与了专题 16"植物的成花生理及其调控"的修订;左建房和章建红参与了专题 19"植物衰老的生理及其调控"的修订;崔富强参与了专题 20"植物抗旱的分子机理"的修订;王晓飞和徐栋斌参与了专题 23"植物重金属抗性的分子生理"的修订;陈斌斌参与了专题 25"植物一氧化氮的生理功能"的修订;易可可参与了专题 3"植物磷素营养"的修订;陆开形参与了专题 7"植物光保护的有效途径和机制"的修订;郑炳松和陈红参与了专题 13"乙烯"和专题 14"油菜素内酯"的修订;朱诚和丁艳菲参与了专题 24"MicroRNA 在植物生长发育与逆境中的调控"的修订;王强和杨丽参与了专题 26

"植物次级代谢及其应用"的修订。

  同时,在第1版的基础上,新增了树木生理学相关的最新研究进展论述,主要包括专题8"树木果实、种子光合作用的分子生理"(胡渊渊编写)、专题15"树木季节性生长的分子机理"(张瑞编写)、专题17"无融合生殖与表观遗传调控"(曾燕如编写)、专题18"油料树种油脂合成生理生化及分子机理"(刘玉林编写)、专题27"树木根系分泌物与根际微生物及其相互作用"(郭海朋编写)、专题28"植物挥发性有机化合物及其生理生态功能"(左照江编写)。

  本教材作为林学及相关专业领域的权威教材,紧跟时代步伐,致力于将传统知识与现代数字化技术相融合,为学生构建一个既深邃又广阔的学习空间。我们深知,数字化是技术的革新,更是思维方式的转变。因此,在本书的编写过程中,我们特别注重引入数字化元素,包括但不限于多媒体教学资源、在线学习平台以及人工智能辅助教学等。这些数字化工具和资源的运用,旨在帮助学生打破时空限制,实现随时随地的学习;同时,通过直观、生动的展示方式,激发学生的学习兴趣,加深学生对高级植物生理学教材复杂分子生理机理的理解。

  本教材内容翔实,理论性强,主要作为综合性大学、高等师范院校、高等农林院校植物生理学、植物分子生物学及相关领域的本科生和研究生教材,也可作为综合性大学、高等师范院校、高等农林院校植物生理学、生物化学、分子生物学及相关学科教师与研究机构研究人员的重要参考书。

  在本教材的编写过程中,杨莹、杨影、纪丕钰、沈沁源和扈嘉鑫等研究生为书稿的修订和校对付出了辛勤的劳动,特此感谢!

  本教材的编写出版得到了浙江农林大学林学一级学科教材建设专项经费资助。

  本教材在编写修订过程中尽可能反映植物生理学和植物分子生物学研究领域的最新进展,但是限于编者水平,书中差错、不妥之处在所难免,敬请广大读者批评、指正,以便日后修订完善。

编 者
2024年3月3日于临安东湖

第一版前言

当今世界,人类面临粮食、能源、资源、环境和人口五大问题。植物利用太阳能合成有机物,不仅为人类提供食物、工业原料和能源,而且在固土保水、调节气温、保护以及改善环境等方面发挥着重要作用,可见植物生理学在解决人类的这五大问题中具有举足轻重、不可替代的地位。近20年来,由于植物生理学和植物分子生物学的迅猛发展,植物生命科学的面貌发生了革命性的变化。为了及时跟进学科的发展,结合近年来相关领域的最新进展和成果,由长期从事植物生理学、生物化学和植物分子生物学教学与科研的工作者共同编写了本教材。本教材吸取了不同版本的《高级植物生理学》《植物生理与分子生物学》《植物营养分子生理学》等教材的优点,结合编者多年教学科研中的理论和经验,力求在阐明传统植物生理学知识的同时,反映本学科的最新成就。

本教材以植物生理学体系为基础,每章选取一两个专题,涉及植物的水分代谢、营养生理、光合代谢、激素、细胞信号转导、成花生理、逆境生理、次级代谢等相关内容,共计22个专题。专题1"植物水孔蛋白的功能"由孙梅好(浙江师范大学)完成,专题2"植物氮素营养"和专题5"植物铁素营养"由程龙军(浙江农林大学)完成,专题3"植物磷素营养"由易可可(浙江省农业科学研究院)完成,专题4"植物钾素营养"、专题8"生长素"、专题9"赤霉素"、专题15"植物衰老的生理及其调控"和专题19"植物重金属抗性的分子生理"由郑炳松(浙江农林大学)完成,专题6"Rubisco与Rubisco活化酶的分子生理"和专题18"植物耐热胁迫的分子生理"由金松恒(浙江农林大学)完成,专题7"植物光保护的有效途径和机制"由陆开形(宁波大学)完成,专题10"细胞分裂素"和专题11"脱落酸"由张启香(浙江农林大学)完成,专题12"乙烯"和专题13"油菜素内酯"由孙骏威(中国计量学院)完成,专题14"植物的成花生理及其调控"由黄有军(浙江农林大学)完成,专题16"植物抗旱的分子机理"由杨玲(浙江师范大学)完成,专题17"植物抗盐的分子生理"由闫道良(浙江农林大学)完成,专题20"MicroRNA在植物生长发育与逆境中的调控"由朱诚和丁艳菲(中国计量学院)完成,专题21"植物一氧化氮的生理功能"由陶月良(温州大学)完成,专题22"植物次级代谢及其应用"由王强(浙江大学宁波理工学院)完成。

虽然本教材的编写人员都是植物生理学教学科研第一线的教研人员，在编写过程中也尽可能反映植物生理学研究领域的最新进展，但一方面由于本领域的研究成果如雨后春笋般涌现，全面、准确地总结和反映所有的新进展将面临前所未有的挑战；另一方面作者水平有限，而且植物生理学、生物化学和分子生物学研究内容涉及面很广，书中难免存在错误和不妥之处，敬请广大同行与使用者不吝赐教，以便能进一步完善这部教材。

在本教材的编写过程中，陈苗、任君霞、方佳和何勇清等研究生对书稿的修订和校读付出了辛勤的劳动，特此感谢！

本教材由浙江农林大学研究生工作部、研究生处、学科建设办公室（合署）研究生教材建设专项基金资助出版。

编 者
2011 年 6 月 10 日于临安东湖

目　　录

专题 1　植物水孔蛋白的功能 ………………………………………………… (1)
　1.1　AQP 的功能鉴定 …………………………………………………………… (1)
　1.2　植物 AQP 的发现 …………………………………………………………… (2)
　1.3　植物 AQP 的分类 …………………………………………………………… (3)
　1.4　植物 AQP 的分布及调控 …………………………………………………… (3)
　1.5　AQP 的结构 ………………………………………………………………… (3)
　1.6　植物 AQP 的功能 …………………………………………………………… (5)

专题 2　植物氮素营养 ………………………………………………………… (9)
　2.1　植物可利用的氮形态 ………………………………………………………… (9)
　2.2　植物氮吸收与转运的生理特征 …………………………………………… (10)
　2.3　植物氮吸收的分子机制 …………………………………………………… (11)
　2.4　氮吸收与氮代谢的分子调节机制 ………………………………………… (17)

专题 3　植物磷素营养 ………………………………………………………… (21)
　3.1　植物体内磷的分布及低磷信号 …………………………………………… (21)
　3.2　植物磷饥饿应激响应机制 ………………………………………………… (22)
　3.3　磷的吸收与转运 …………………………………………………………… (25)
　3.4　磷饥饿信号调控网络 ……………………………………………………… (27)

专题 4　植物钾素营养 ………………………………………………………… (29)
　4.1　钾离子的吸收与转运 ……………………………………………………… (29)
　4.2　钾离子通道蛋白的结构与功能 …………………………………………… (30)

专题 5　植物铁素营养 ………………………………………………………… (38)
　5.1　植物铁素营养吸收的机制 ………………………………………………… (39)
　5.2　植物铁运输的分子生物学 ………………………………………………… (43)
　5.3　植物对铁的感应和信号调控 ……………………………………………… (44)
　5.4　激素、其他信号分子在植物铁缺乏响应中的作用 ……………………… (48)
　5.5　特殊的铁吸收植物——水稻 ……………………………………………… (51)

专题 6　Rubisco 与 Rubisco 活化酶的分子生理 (54)
6.1　Rubisco 的结构及功能 (54)
6.2　Rubisco 的钝化和活化 (56)
6.3　RCA 的发现、亚基组成与分子特性 (58)
6.4　RCA 与 Rubisco 的相互作用 (59)
6.5　RCA 活力的调控 (62)
6.6　热胁迫对 RCA 的影响 (63)
6.7　RCA 与光合作用 (65)

专题 7　植物光保护的有效途径和机制 (68)
7.1　光合电子传递链 (69)
7.2　光抑制的作用机理 (71)
7.3　植物的光保护机制 (76)

专题 8　树木果实、种子光合作用的分子生理 (90)
8.1　种实光合作用的结构基础 (90)
8.2　种实光合作用的生理分子基础 (91)
8.3　林木种实光合作用对其产量和品质形成的影响作用 (93)

专题 9　生长素 (95)
9.1　生长素的生物合成 (95)
9.2　生长素的信号转导 (97)
9.3　生长素的极性运输 (99)
9.4　生长素的极性运输对植物生长、发育的影响 (102)

专题 10　赤霉素 (108)
10.1　赤霉素的生物合成 (108)
10.2　赤霉素的信号转导 (113)
10.3　赤霉素的生理功能 (118)

专题 11　细胞分裂素 (121)
11.1　细胞分裂素的生物合成 (121)
11.2　细胞分裂素的信号转导 (123)
11.3　细胞分裂素的生物学功能 (125)
11.4　细胞分裂素与生长素的相互作用 (129)

专题 12　脱落酸 (131)
12.1　脱落酸的生物合成 (131)
12.2　脱落酸的信号转导 (133)
12.3　脱落酸的生物学功能 (135)
12.4　胁迫与脱落酸调控的基因表达 (137)

  12.5 脱落酸与其他信号的相互作用 ………………………………………… (138)

专题 13 乙 烯 ……………………………………………………………… (141)
  13.1 乙烯的结构和含量 ……………………………………………………… (141)
  13.2 乙烯的相关突变体 ……………………………………………………… (142)
  13.3 乙烯的生物合成 ………………………………………………………… (142)
  13.4 乙烯的信号转导 ………………………………………………………… (147)

专题 14 油菜素内酯 …………………………………………………………… (154)
  14.1 油菜素内酯的生物合成和调控 ………………………………………… (155)
  14.2 油菜素内酯的生理功能 ………………………………………………… (157)
  14.3 油菜素内酯与其他激素的关系 ………………………………………… (160)
  14.4 油菜素内酯的信号转导 ………………………………………………… (160)

专题 15 树木季节性生长的分子机理 ………………………………………… (164)
  15.1 树木年生长周期的主要发育阶段 ……………………………………… (164)
  15.2 调控生长停止和芽形成的季节性因子 ………………………………… (166)
  15.3 光周期对发育转变的调整 ……………………………………………… (166)
  15.4 温度对生长停止和芽形成的作用 ……………………………………… (170)
  15.5 芽休眠的建立和解除 …………………………………………………… (171)
  15.6 地理变异对树木年生长周期不同阶段的调控 ………………………… (175)

专题 16 植物的成花生理及其调控 …………………………………………… (177)
  16.1 成花诱导相关的假说 …………………………………………………… (177)
  16.2 成花诱导的生理生化基础和分子机理 ………………………………… (181)
  16.3 花器官发育的分子机理 ………………………………………………… (192)

专题 17 无融合生殖与表观遗传调控 ………………………………………… (196)
  17.1 无融合生殖 ……………………………………………………………… (196)
  17.2 表观遗传 ………………………………………………………………… (199)

专题 18 油料树种油脂合成生理生化及分子机理 …………………………… (203)
  18.1 常见油料树种资源 ……………………………………………………… (203)
  18.2 油料树种中油脂合成的相关基因 ……………………………………… (204)
  18.3 环境因子对油料树种油脂合成的影响 ………………………………… (213)
  18.4 高通量测序技术在发掘油料树种中油脂合成相关基因中的应用 …… (214)
  18.5 展望 ……………………………………………………………………… (215)

专题 19 植物衰老的生理及其调控 …………………………………………… (219)
  19.1 植物衰老的类型和意义 ………………………………………………… (219)
  19.2 植物衰老的进程 ………………………………………………………… (220)
  19.3 植物衰老的生理生化变化 ……………………………………………… (222)

19.4　植物衰老的调控 ·· (226)
　　19.5　植物衰老的机制 ·· (235)
　　19.6　植物衰老的分子生物学基础 ·· (238)

专题 20　植物抗旱的分子机理 ··· (242)
　　20.1　植物对干旱的感知与信号传递 ·· (242)
　　20.2　干旱诱导基因的表达与转录调控 ·· (245)
　　20.3　干旱诱导表达基因在植物抗旱中的功能 ·· (247)

专题 21　植物抗盐的分子生理 ··· (252)
　　21.1　植物的盐害 ·· (253)
　　21.2　植物抗盐的生理机理 ··· (254)
　　21.3　植物盐胁迫信号转导途径 ·· (259)
　　21.4　植物抗盐相关基因 ·· (261)

专题 22　植物耐热胁迫的分子生理 ·· (265)
　　22.1　热胁迫对植物表型的影响 ·· (265)
　　22.2　热胁迫对植物生理生化的影响 ·· (266)
　　22.3　植物的热休克蛋白家族 ··· (273)

专题 23　植物重金属抗性的分子生理 ·· (281)
　　23.1　植物对重金属的吸收 ··· (282)
　　23.2　植物对重金属的运输和转化 ··· (283)
　　23.3　重金属污染对植物代谢和生长发育的影响 ··· (284)
　　23.4　植物对重金属的解毒机理 ·· (287)

专题 24　MicroRNA 在植物生长发育与逆境中的调控 ·· (296)
　　24.1　植物 miRNA 的发现 ··· (297)
　　24.2　植物 miRNA 的生物合成与作用机制 ··· (298)
　　24.3　miRNA 对植物生长发育的调控 ··· (300)
　　24.4　miRNA 与植物的逆境胁迫 ·· (304)

专题 25　植物一氧化氮的生理功能 ·· (308)
　　25.1　一氧化氮的生物合成与清除 ··· (308)
　　25.2　一氧化氮参与的生理调控 ·· (312)
　　25.3　一氧化氮的信号转导 ··· (316)
　　25.4　展望 ··· (318)

专题 26　植物次级代谢及其应用 ··· (320)
　　26.1　植物次级代谢产物的种类 ·· (321)
　　26.2　药用植物次级代谢产物累积与运输的特点 ·· (325)
　　26.3　矿质元素对药用植物次级代谢的影响 ··· (327)

26.4　药用植物次级代谢的环境调控 …………………………………………………… (330)
　　26.5　药用植物组织与细胞培养 ……………………………………………………… (333)
　　26.6　促进培养细胞次级代谢产物的方法 …………………………………………… (337)
　　26.7　生物反应器 ………………………………………………………………………… (340)
专题 27　树木根系分泌物与根际微生物及其相互作用 …………………………………… (344)
　　27.1　树木根系分泌物 ………………………………………………………………… (344)
　　27.2　根际及根际微生物 ………………………………………………………………… (349)
　　27.3　树木根系分泌物和根际微生物的相互作用 …………………………………… (350)
专题 28　植物挥发性有机化合物及其生理生态功能 ……………………………………… (353)
　　28.1　植物 VOC 主要类型与合成途径 ……………………………………………… (353)
　　28.2　植物 VOC 释放的诱导因素 …………………………………………………… (358)
　　28.3　植物 VOC 生理生态功能 ……………………………………………………… (362)

专题 1 植物水孔蛋白的功能
Function of Plant Aquaporin

　　水是一切生命活动的基础,没有水就没有生命。包括植物在内的一切生物的生命活动,都只有在一定的细胞水分状态下才能进行,否则,任何形式的生命活动都不能正常表现。水在植物体内的作用主要体现在:水是植物体的重要构成成分,可维持细胞的紧张度,保持一定的植物形态;水是根系吸收矿质元素以及体内转化和运输有机物的介质,也是植物细胞代谢的物质基础等。

　　植物不能像动物一样主动寻找水分。因此,植物进化了一系列调控水分吸收、利用以及散失的机制,以最大程度地满足生长发育的需要。从水分的长距离运输到细胞的生长和渗透调节,都需要水分的跨膜运输。属于跨膜通道膜内在蛋白(membrane intrinsic protein,MIP)大家族的水孔蛋白(aquaporin,AQP)是一种功能性跨膜运输水分的水通道蛋白(water channel protein)。水孔蛋白有利于水分的跨膜运输,参与了植物水分的长距离运输、细胞渗透平衡的调控以及生长发育等多种代谢过程。水孔蛋白的发现和进一步研究更新了我们原先关于水分透过植物细胞膜(又称质膜)的某些观念,使我们对植物水分生理有了更加深入的认识。

1.1　AQP 的功能鉴定

　　细胞膜的水分透性可用渗透透性 P_f(osmotic water permeability)和扩散透性 P_d(diffusional water permeability)两种形式表示。P_f 表征了因水势梯度和渗透压梯度而造成的净水分运动,因为 AQP 的主导作用,P_f 值基本反映了 AQP 的活性或含量。而 P_d 则是水分在无水势梯度的情况下扩散形成的,包括透膜扩散及通过孔道的扩散。一般来说,P_f 值是 P_d 值的十几倍,这是因为 AQP 是水分顺水势梯度移动的通道,所以在渗透压梯度条

件下测得 P_f 值比在等渗条件下测得的 P_d 值大得多。

水分透性很低的爪蟾卵母细胞体系是目前鉴定 AQP 的首选方法。首先将待测样品的基因序列在体外转录成 cRNA（克隆 RNA），并将此 cRNA 注射到卵母细胞中。随后，卵母细胞将其翻译成蛋白并整合到膜上。在低渗处理时，水分会通过膜上的 AQP 进入胞内，导致细胞迅速膨胀至最后破裂（图 1-1）。AQP 可以提高 5～20 倍的膨胀速度，P_f 值可以由膨胀速率计算出来。表达 AQP1 的卵母细胞具有较大的 P_f 值，渗透压梯度引起的膨胀表现为很低的活化能以及氯化汞的可逆抑制；且高纯度的 AQP1 整合到脂质体（膜微囊泡）的验证结果也表明 AQP1 在细胞膜上是选择性水通道蛋白。运用停-流（stop-flow）装置，根据渗透压梯度引起的膜微囊泡体积变化速率亦可计算 P_f 值。

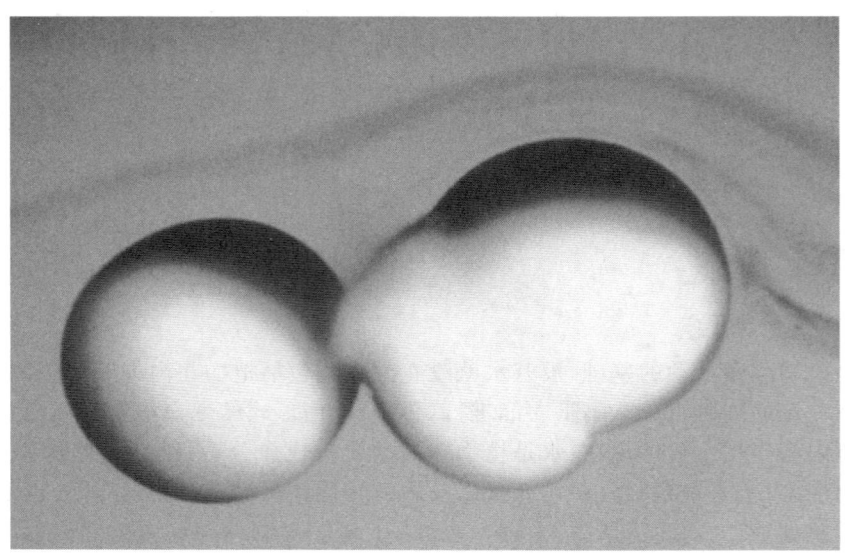

图 1-1　表达 AQP1 的爪蟾卵母细胞在低渗溶液中膨胀和破裂（右）与注射水的对照（左）

1.2　植物 AQP 的发现

陆生植物根系吸收的水分利用水势差，通过"土壤→植物→大气"构成的水分连续体运输到植物的各个组织器官中，其中少部分用于体内的代谢活动，绝大部分又通过蒸腾作用散失到大气中。

长期以来，人们一直认为水分透过活细胞膜的主要途径是基于单个水分子溶解或扩散到磷脂双分子层中的扩散作用。但在研究细胞膜水分透性的过程中，发现有些膜具很高的透水性。例如，轮藻细胞的 P_f 值可达到 10^{-1} cm/s；烟草悬浮细胞液泡膜的 P_f 值也可达到 6×10^{-2} cm/s。而对氯高汞磺酸可增加水分运动的阻力，提高水分运动的活化能（16.8～32.6kJ/mol）。这表明对氯高汞磺酸可能使水分跨膜运动从一种方式（孔道介导）转换到另一种阻力更大的方式。

普雷斯顿（Preston）等于 1992 年首次证实了源自人红细胞 AQP1 的水通道功能。梅丽尔(Maurel)等于1993年首次报道拟南芥的γ-TIP(γ-液泡膜内在蛋白)是植物AQP。随着分子生物学以及生物信息学技术的发展,科学家们发现了越来越多的 *AQP* 基因。AQP的发现极大改变了人们对于水分跨膜方式的认识,目前的观点普遍认为水分的跨膜运输少量通过脂双层(细胞膜)的自由扩散和膜转运蛋白,主要通过AQP进行。

1.3 植物AQP的分类

和脊椎动物只有十几种AQP不同,植物具有较多种类的AQP。例如,拟南芥有35种 *AQP* 基因;玉米和水稻有33种 *AQP* 基因;在非维管束苔藓植物球蒴藓(*Physcomitrella patens*)中也发现23种 *AQP* 基因。

根据AQP的定位及序列同源性和结构特征,目前通常将植物AQP分为五类:①位于细胞膜上的细胞膜内在蛋白(plasma membrane intrinsic protein,PIP),又可分为PIP1、2、3三个亚类;②位于液泡膜上的液泡膜内在蛋白(tonoplast intrinsic protein,TIP),又分为α、β、γ、δ和ε-TIP五个亚类;③存在于共生根瘤类菌体周围膜上的类Nod26膜内在蛋白(nodulin 26-like intrinsic protein,NIP);④小分子碱性膜内在蛋白(small and basic intrinsic protein,SIP),分为SIP1和SIP2两个亚类;⑤类GlpF(glycerol facilitator)膜内在蛋白(GlpF-like intrinsic protein,GIP)。球蒴藓基因组中除具有PIP、TIP、NIP、SIP和GIP五类AQP外,还具有HIP(hybrid intrinsic protein)和XIP(X intrinsic protein)两个新类别。目前,发现HIP仅存在于球蒴藓中,而XIP还存在于多种双子叶植物中。据此,植物AQP的分类可扩展到七类。

根据AQP通透的物质种类,可将AQP分为三类:①水分子特异性的AQP,例如AQP2等;②甘油、二氧化碳等中性小分子通透性AQP,例如GmNIP、AtTIP2;1、AtTIP2;3和NtPIP1;3等;③单价离子通透性AQP,例如AtPIP2;1、OsPIP1;3和HvPIP2;8等。

1.4 植物AQP的分布及调控

AQP广泛分布于植物的根、茎、叶、花、果实及种子等不同的组织、器官中。大部分PIP和TIP在多种器官中表达,但是对于某个特定器官而言,它们的表达可局限在某些特殊细胞类型中。

AQP的功能调控主要在转录水平和翻译后水平。许多AQP是组成型表达的,有些受到环境因子的调控,如干旱、盐害、激素和蓝光等。AQP的翻译后调控包括磷酸化、糖基化、甲基化、质子化和亚细胞区域化(转运与膜定位)等。

1.5 AQP的结构

目前已知的AQP为25~30kDa的蛋白质,包含6个跨膜区域和细胞质(又称胞质)N-

端、C-端区域。已报道的 AQP 晶体结构均为同源四聚体，每个 AQP 单体为一个功能性孔道，四聚体围绕的区域形成中央孔道。

现以 AQP1 为例说明 AQP 的结构。AQP1 单体含有的六个倾斜跨膜 α-螺旋组成一个右手螺旋束。AQP1 氨基端位于胞质侧，螺旋 1 穿过细胞膜，通过胞外的 A 环与螺旋 2 相连。螺旋 2 又顺邻近螺旋 1 的地方穿回膜内，并且靠近 AQP1 四聚体的轴心。在螺旋 2 的胞质侧，B 环又折回膜内，将 NPA（萘基邻苯二甲酸）结构放在膜的中间位置，紧接 NPA 结构形成螺旋 HB，螺旋 HB 靠近螺旋 6。在细胞质侧，距离四聚体轴心最远的地方，HB 从膜内出来和螺旋 3 相连接。螺旋 3 在邻近螺旋 1 的地方穿出细胞膜。位于胞外的 C 环连接着螺旋 3 和 4（图 1-2a、b）。螺旋 4 穿过细胞膜，通过靠近四聚体的 D 环与螺旋 5 连接。螺旋 5 穿过螺旋 2 和 4 的中间出膜。紧接螺旋 5 的 E 环又从胞外折回到膜内，将 NPA 结构置于分子的中心，与 B 环的 NPA 结构形成一个合适的角度，并且也在孔内形成了螺旋 HE（图 1-2c）。螺旋 6 靠近螺旋 4 从膜外穿到膜内，其 C-端位于细胞质侧。螺旋 1 和 3（36.7°）、螺旋 4 和 6（40.9°）、螺旋 2 和 5（28.5°）三组 α-螺旋交叉成一定的角度，对于稳定右手螺旋的 AQP1 单体有重要的作用。

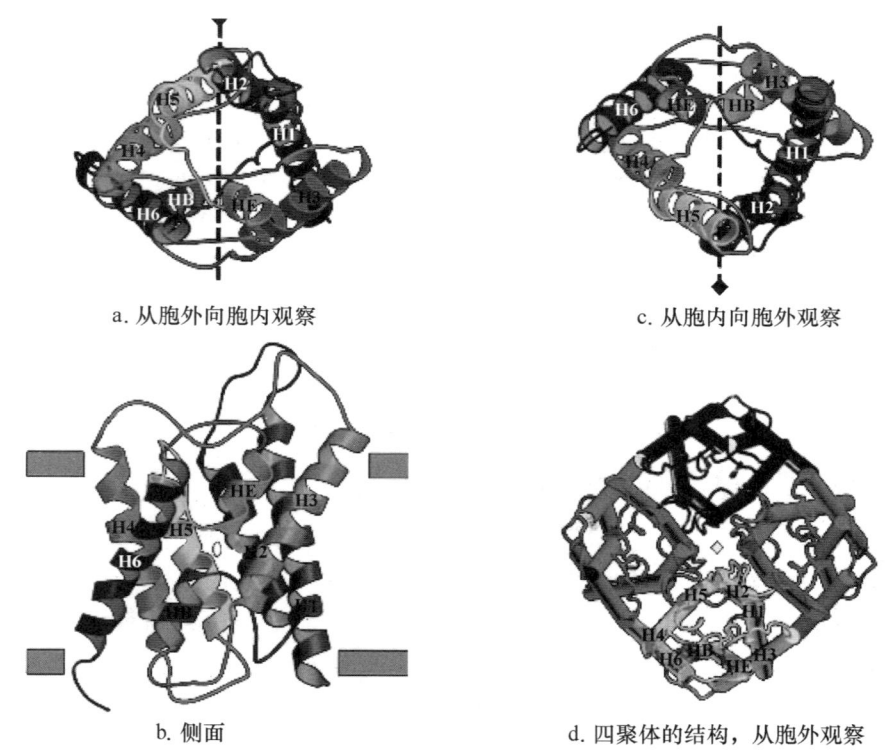

a. 从胞外向胞内观察　　　　　　c. 从胞内向胞外观察

b. 侧面　　　　　　d. 四聚体的结构，从胞外观察

图 1-2　AQP1 的六个跨膜结构

AQP1 单体螺旋 1 在胞外的表面与邻近单体螺旋 5 相互作用，螺旋 2 在胞内表面与邻近单体螺旋 4 相互作用形成 48.5°和 48.0°的交叉角度。单体外侧的螺旋 3 和 6，以及螺旋 HB 和 HE 的氨基酸残基可以和磷脂的酰基相互作用，从而稳定四聚体的结构。四个单体的 A 环和 B 环分别在胞外和胞内包围着四聚体的轴心（图 1-2d），它们之间的相互作用也有

利于四聚体的稳定。

B环和E环位于单体的中心位置,由NPA结构中脯氨酸残基(P76和P192)之间的范德华力联系在一起,形成了水孔的部分表面结构。螺旋2和5,以及螺旋1和4的C-端部分形成了水孔另外的表面部分。I60(螺旋2)、F24(螺旋1)、L149(螺旋4)和V176(螺旋5)并排在水孔的内表面,形成了一个疏水表面,并且紧邻NPA结构的N76和N192。孔内表面的疏水性、最窄处形成的正电区域以及很小的内孔径对于选择性通水具有至关重要的作用。

NPA结构的两个丙氨酸残基和主链的基团形成氢键结构,N76和N192与V79和R195形成氢键,且位于水孔最窄的限制区域。据推测,水分子的氧原子和N76、N192形成氢键而打断水分子间的氢键是透水的关键步骤之一。除了可能引起AQP构象变化外,汞离子主要通过氧化水通道中的半胱氨酸残基(如AQP1的Cys189)而阻挡水分子的通过,引起AQP透水能力下降。

通过对菠菜AQP SoPIP2.1的晶体结构分析发现,D环构象的变化(图1-3)使其除了具有与AQP1非常类似的可透水开放构象(open conformation)以外,还具有一种不可透水的闭合构象(close conformation)。SoPIP2.1的磷酸化、质子化及某些二价阳离子均可诱导这两种构象之间的变化,从而影响其透水能力。

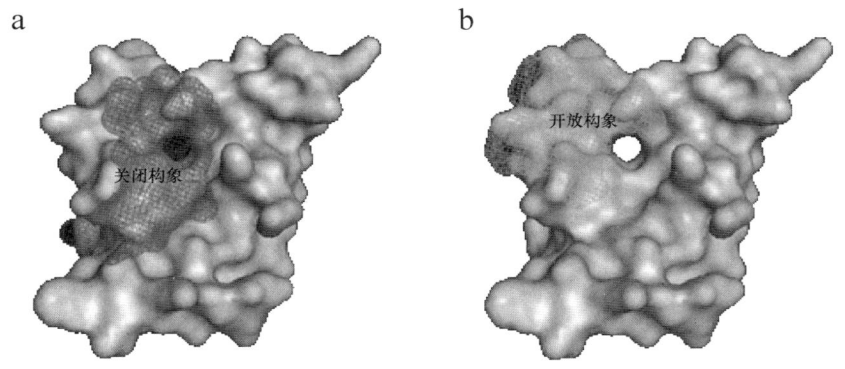

图1-3 菠菜水孔蛋白SoPIP2.1的关闭构象(a)和开放构象(b)

1.6 植物AQP的功能

AQP在植物体内的功能研究主要是通过抑制剂、表达部位、调控模式以及转基因植株表型分析等进行的。由于多功能AQP除了与植物的水分代谢密切相关外,还可通透CO_2、氨、甘油、尿素、硼酸等小分子,所以研究人员推测AQP与植物的碳、氮、硼及硅代谢有一定的关系。对一氧化氮或过氧化氢的通透性表明AQP也参与了细胞的信号转导。基于目前的研究结果,植物AQP的功能主要表现为:①调节水分的快速运输,在细胞水平上调节渗透平衡及细胞的体积,在组织及器官水平上参与细胞间及植物体内水分的长距离运输;②参与植物的代谢;③参与植物的生长发育等。

1.6.1 调节水分的快速运输

1. 在细胞水平上维持胞内的渗透平衡及调节细胞的体积

在大多数植物细胞中,液泡占了胞内大部分的体积,细胞质仅为在液泡及细胞膜之间的一薄层。AQP 在不同细胞类型液泡中的大量表达表明,高透水性的液泡膜可以使细胞充分利用液泡来快速缓冲胞质中的渗透压变化(图 1-4),避免在胞外空间突然发生渗透压变化时细胞质的渗透动荡,减少对胞内酶的伤害。在干旱条件下,植物会降低 PIP 的表达和活性,从而防止水分从细胞中流失,同时增加 TIP 的表达和活性,尽可能地利用液泡的缓冲力量来维持细胞质的渗透平衡。烟草液泡膜 Nt-TIP 高通透尿素能力可能会加速这个渗透平衡过程。

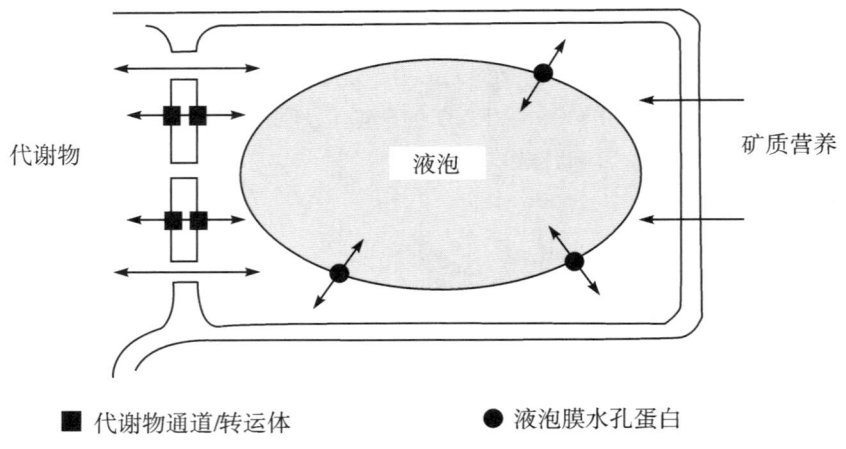

图 1-4 水孔蛋白在外界环境存在渗透动荡时的作用

AQP 大量存在于根系分生区、伸长区细胞中,有利于水分迅速进入细胞以加速液泡的膨大和细胞的生长,提供细胞足够的水分以进行合成代谢,同时也加速了其他组织向这些细胞的水分供应。

构成植物气孔的保卫细胞内外渗透压变化会引起膨压的变化,从而改变细胞的形状,进而改变气孔的大小。AQP 在保卫细胞中的表达水平随着气孔的开关而有规律地变化,这表明 AQP 可加快水分进出保卫细胞的速度,引起保卫细胞膨压的快速变化。在豆科、竹芋科和酢浆草科植物中,叶片受叶枕运动细胞体积或形状的改变而产生运动。含羞草(*Mimosa pudica*)成熟运动细胞中 γ-TIP 的丰度与其运动的相关性,以及雨树(*Samanea saman*)AQP 表达与叶片昼夜运动规律的一致性,均支持 AQP 参与了植物的运动过程。

AQP 也参与植物细胞的膨压和细胞体积的调节,如在种子发芽时或干燥以后的脱水植物细胞重新吸收水分。

2. 在组织及器官水平上利于水分的胞间及长距离运输

目前认为,水分在植物根中运输可分为质外体、共质体和穿过细胞三种途径(图 1-5),后两种统称为细胞对细胞途径。不同的植物或不同的生理状态,其运输途径可能存在差别。在蒸腾作用旺盛的作物玉米、棉花的根中,质外体途径起主导作用;而在大麦和菜豆的根中以细胞对细胞途径为主。同一植物在根的木栓层及凯氏带形成以后,以及在水分缺乏和蒸腾作用较弱时,其细胞对细胞途径会成为主要途径。

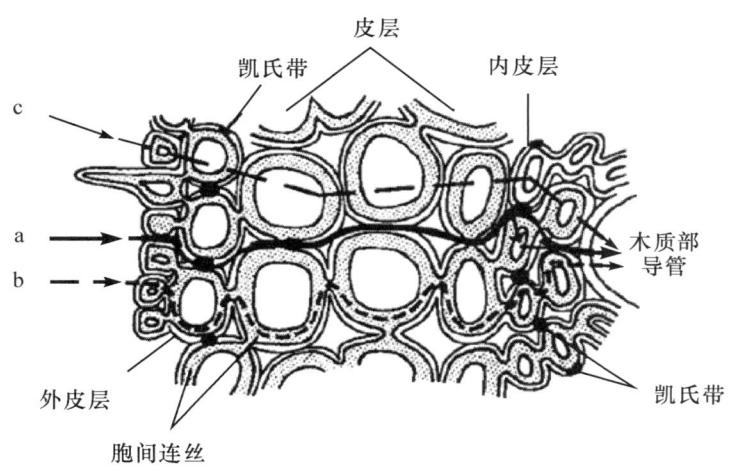

图 1-5 水孔蛋白在根水分运输中的作用
a. 质外体途径;b. 共质体途径;c. 穿过细胞途径

利用汞离子作为 AQP 抑制剂的研究发现,AQP 在长距离水分运输中具重要作用。汞可减少 50% 以上的根系水分吸收和运输,且汞敏感 AQP 的下调表达可造成根系水导度下降。AQP 在植物维管束中有大量表达,如拟南芥的 δ-TIP 和 PIP1b、玉米的 γ-TIP(ZmTIP1)、菠菜的 δ-TIP(So-δ-TIP)、冰草的 PIP1(MipA)。这表明 AQP 可能有利于水分进出维管束,以加快水分的吸收、运输。汞抑制作用也表明木质部薄壁组织细胞 AQP 参与了维持蒸腾流。虽然研究人员普遍认为,细胞间水分流动主要是通过共质体运输(胞间连丝)进行的,但目前还不能利用实验来将其与穿过细胞(包括细胞膜和液泡膜)的水分运输区分开。凯氏带为水分运输的大屏障,根系较老部分水分运输的汞敏感性表明根系凯氏带为水分运输的质外体障碍,质外体的水流在此处需经共质体,所以 AQP 在此处的水分运输中占主导地位。

利用过表达、降低表达甚至基因敲除等的研究表明,AQP 可促进水分的运输。过表达 AQP 的植物在正常生长条件下其根系透水能力高于野生型,生长迅速,生理活动旺盛。PIP 表达量下降的转基因拟南芥根原生质体及根系水导度均大大降低,但可通过加大根系表面积加快水分的吸收,来弥补细胞水分透性的降低。

1.6.2 参与植物代谢

1. 碳代谢

某些植物 AQP 具有通透 CO_2 的能力,进一步的研究表明它们参与了植物的碳代谢。过表达 *NaAQP1* 的转基因烟草气孔导度和净光合速率高于野生型;而抑制表达 *NaAQP1* 的转基因烟草气孔导度和净光合速率低于野生型。高表达大麦 *HvPIP2.1* 的水稻的 CO_2 胞内扩散、CO_2 同化速率和气孔导度分别高于对照 40%、14% 和 27%。许多 AQP(如 Nt-

TIPa、NOD26 和 Nt-AQP1)在爪蟾卵母细胞和脂质体上均表现出甘油的通透性。由此可推测，它们除了促进甘油等小分子在液泡内外流动、维持胞内的渗透平衡外，还调节了甘油的代谢。

2. 氮代谢

运输尿素和氨等含氮小分子的 AQP 参与植物氮代谢。多种 AQP 基因的表达依赖于含氮化合物。例如，硝酸盐强烈诱导玉米 $ZmPIP1.5b$ 的表达，长期的氮饥饿或者短期的氨供给诱导 $AtTIP2.1$ 的表达。而氮缺乏时拟南芥多种 TIP 在根部的表达上调。植物根瘤类菌体膜囊泡上的 NOD26 是通透氨的主要通道，可能调节了植物与微生物之间的信息和物质交流，促进了氮素从根瘤菌向植物的流动。

3. 硼和硅的代谢

拟南芥 $PIP1$ 在爪蟾卵母细胞中的表达可以提高硼的吸收；南瓜（$Cucurbita\ pepo$）根细胞膜微囊对硼酸的通透性较微粒体膜高 6 倍，且受汞离子部分抑制，跨细胞囊泡的活化能为 42.7 kJ/mol。这表明 AQP 可调节硼的吸收。

水稻中属于 AQP 家族的 $Lsi1$ 和 $Lsi2$ 可控制硅的流入和流出，从而调控根对硅的吸收。玉米和大麦中也存在 $Lsi2$ 基因，生长环境中硅的供应可下调 $Lsi2$ 基因的表达，且其表达水平与根系吸收硅的能力呈正相关。

1.6.3　参与植物生长与发育

1. 细胞及植株生长

AQP 在分裂旺盛、生长迅速的组织器官中的高表达表明了 AQP 可提供水分以满足其代谢及细胞迅速膨大的需要，参与了此类细胞的快速生长。

2. 开花生理

AQP 参与植物的花药开裂、花粉识别和花粉萌发等过程。一些十字花科植物存在自交不亲和现象，阻止自花花粉的水分吸收被认为是产生自交不亲和的关键。研究发现，油菜 AQP（MIP-MOD）调节了其花粉自交不亲和反应。烟草 NtPIP2 的表达为花药发育所必需，令 RNA 干扰（RNAi）植株花药脱水减慢，花药开裂延迟。AQP 在花瓣、雄蕊、雌蕊和萼片中的大量表达表明 AQP 参与了相关的生长发育过程。

3. 果实的发育、成熟和种子的成熟、萌发

转化 AQP（$TRAMP$）反义基因的番茄植株中，AQP 的转录表达量降低了 94%，成熟果实中有机酸和糖的累积模式发生了变化。在开始成熟时，柠檬酸和苹果酸两种有机酸含量明显升高，而葡萄糖和果糖的含量都下降。多种 AQP 在果皮中的表达表明它们可能参与了果皮的发育和成熟过程。$GhAQP1$ 在棉花胚珠中特异性表达，并受到发育调控。种子中特有的 TIP 可能参与了其吸水及萌发过程。

AQP 是水分快速跨膜运输的分子基础，除了调节植物的水分运动过程外，还参与了植物从种子萌发到开花结果的大部分生长、发育和代谢过程。对植物 AQP 结构、功能及其表达模式的深入研究可能会揭示 AQP 的新功能，从而进一步加深我们对植物水分生理的认识。

专题 2　植物氮素营养
Nitrogen Nutrient in Plant

氮素是蛋白质和核酸的重要组分,同时是植物需求量最大的矿质元素。充足的氮肥供应可以使植物保持高水平的氨基酸和蛋白质合成,促进植物的生长;能提高有机酸含量,降低淀粉合成等碳的代谢水平;还能改变相关激素水平;降低碳氮比,改变根构型;延迟植物开花和衰老等。另一方面,氮素的缺乏会严重抑制植物的生长,令叶片黄化,并使农作物产品的品质和产量下降。因此,氮素的吸收和利用对于植物生理代谢和发育有极其重要的作用。

2.1　植物可利用的氮形态

在生物圈中,植物可获得的氮是以不同形式存在的,包括 N_2、挥发性 NH_3、氧化型氮(NO_x)、矿质态氮(NH_4^+ 和 NO_3^-)以及有机氮(氨基酸、蛋白质等)。由于植物对氮元素有大量需求,因此大多数植物可以利用除 N_2 之外所有形式的氮,而 N_2 则也可以被与固氮菌共生的某些特殊植物所利用。

植物对不同形态氮的吸收主要取决于环境。在耕作良好的农业类土壤中,NO_3^- 最为丰富;而在淹水和低温条件下的土壤中,硝化作用被抑制,NH_4^+ 是主要存在形式。不同土壤中含氮化合物含量有很大差异,例如在农业类土壤中,NO_3^- 的含量为 $0.5 \sim 10 \text{mmol/L}$,但 NH_4^+ 的浓度只有 NO_3^- 浓度的 $0.1\% \sim 10\%$,达到微摩尔级的水平。当然,土壤中不同含氮化合物浓度的比例并不能反映植物对不同形态氮的真实吸收比例,因为大多数植物在这两种氮都存在时,更倾向于吸收 NH_4^+。因为 NH_4^+ 的吸收和同化与 NO_3^- 相比需要的能量更少,NO_3^- 必须被还原成 NH_4^+ 才能被同化;同时,NH_4^+ 带正电,而细胞膜内呈负电状态,使 NH_4^+ 更容易被吸收进入细胞。但植物的良好生长需要在两种不同形态的氮都存在的条件下才能进行。过多 NH_4^+ 的供给对很多植物有损害,会影响植物的生长。生长的抑制作用与 NH_4^+ 直接相关,因为 NH_4^+ 的吸收和同化伴随着质子的产生,产生的质子通过被提高了活性的 H^+-ATP 酶泵到根际空间中,酸化根际环境,抑制了其他离子,尤其是 NO_3^- 的吸收。NH_4^+ 吸收过多抑制植物生长的另外一个原因可能与植物体内 NO_3^- 的含量缺乏有关。NO_3^- 不仅是一个重要的渗透调节物质,而且是木质部中其他营养离子装载的重要反离子。同时,它还可以作为信号物质诱导参与氮的吸收、同化,有机酸代谢和淀粉合成相关基因的表达。此外,单独为植物提供 NH_4^+,会降低植物细胞分裂素的合成,提高脱落酸的积累,从而影响植物的生长。

在有机态氮的利用方面,有机物由于受 pH、温度、微生物活性等条件的限制,矿化比较困难;相比之下,氨基酸作为氮源,有更大的优势。

另外,不同形态氮的吸收还取决于不同植物的偏好,如白羽扇豆(*Lupinus albus*)更倾向于吸收 NH_4^+,而火炬松则以 NO_3^- 的吸收为主。

2.2 植物氮吸收与转运的生理特征

尽管植物可利用的氮形态有多种,但最终被植物体吸收的氮营养主要有两种形式:NO_3^- 和 NH_4^+。由于植物具体生长环境中 NO_3^- 和 NH_4^+ 的浓度状况复杂,因此植物在进化过程中也形成了多种氮吸收机制来适应不同的氮素环境。

根据离子吸收动力学的研究,高等植物对 NO_3^- 的吸收采用两种机制:高亲和性转运系统(high-affinity transport system,HATS)和低亲和性转运系统(low-affinity transport system,LATS)。一般来讲,在外部环境中的 NO_3^- 浓度低于 $100\sim200\mu mol/L$ 的时候,植物主要采用 HATS 来转运 NO_3^-,具有饱和性,K_m 值较低,在 $7\sim100\mu mol/L$ 之间;而在 $200\mu mol/L$ 以上的时候,主要是 LATS 发挥作用,具线性不饱和特征,K_m 值大于 $1mmol/L$。HATS 具有比较低的转运速率,而 LATS 的转运速率较高。因此,虽然 HATS 在外源 NO_3^- 很低时对氮的获得有重要作用,但 LATS 对于大量硝酸盐的获得还是很重要的,而且后者可能对于植物生长更为重要,因为 NO_3^- 容易流失,且在耕地土壤中变化较大。LATS 可以有效利用土壤中的 NO_3^-。

另外,NO_3^- 的吸收是被植物体内氮的营养状况严格控制的。在对植物进行缺氮处理后,间断或连续供给低浓度的 NO_3^-,研究两种情况下 NO_3^- 吸收的动力学曲线,发现两者在 K_m 值和最大吸收速率等动力学参数上都有很大的不同,进而得出 NO_3^- 高亲和性转运系统也有两种不同的方式:一种为诱导型高亲和性转运系统(inducible high-affinity transport system,iHATS);另一种为组成型高亲和性转运系统(constitutive high-affinity transport system,cHATS)。无论哪种吸收方式,当植物长时间暴露在含 NO_3^- 的环境中时,其吸收速率都会逐渐降低,表明 NO_3^- 的吸收是受负反馈作用调控的,诱导这种负反馈作用的信号很可能就是 NO_3^- 本身在植物体内浓度的变化,这不同于其他离子(如磷酸盐或硫酸盐)的吸收调控方式。另外,环境中 NH_4^+ 浓度的提高和氨基酸含量的增加都会对 NO_3^- 的吸收起抑制作用。

高等植物对铵态氮的吸收机制与硝态氮的类似,也有高亲和性转运系统(HATS)和低亲和性转运系统（LATS）两种。HATS 在 NH_4^+ 浓度较低时（小于 1mmol/L）发挥主要作用，具有饱和性，K_m 值低于 $100\mu mol/L$。植物氮营养缺乏时，HATS 被诱导，但为组成型高亲和性转运系统形式，不具备诱导型形式。细胞内高 NH_4^+ 浓度或铵的代谢产物谷氨酰胺过多时，抑制高亲和性转运系统。LATS 则在高 NH_4^+ 浓度（大于 1mmol/L）时占优势，呈非饱和的线性动力学曲线，为组成型表达系统，对氮的调节不敏感。

2.3 植物氮吸收的分子机制

2.3.1 植物 NO_3^- 吸收的分子机制

在高等植物中，有两种类型的 NO_3^- 转运体，即 NRT1 型和 NRT2 型，这两种转运体都属于短肽转运体家族。NRT2 型属于高亲和性转运体；而 NRT1 型中除了 CHL1 外都属于低亲和性转运体，CHL1 则参与 NO_3^- 的两种吸收机制 HATS 和 LATS。

1. NRT1 型 NO_3^- 转运基因

NRT1 型 NO_3^- 转运体属于短肽转运体家族（表 2-1）。但研究表明，NO_3^- 转运体不能转运肽，肽转运体也不能转运 NO_3^-，两者在功能和结构上有很大区别。第一个被克隆的 NO_3^- 转运体是 CHL1（AtNRT1.1）。1978 年，人们从拟南芥中分离出突变体 *chl1*，该突变体能抵抗硝酸盐的类似物——氯酸盐的危害，且不能吸收硝态氮，是一个 NO_3^- 吸收突变体。导致该突变产生的基因 *chl1* 于 1993 年被克隆，利用爪蟾卵母细胞表达系统证明该基因表达的蛋白质是一个 $2H^+/NO_3^-$ 共转运体。在拟南芥根尖中 AtNRT1.1 主要在表皮细胞中表达，在成熟根段中则在皮层和内皮层中表达。20 世纪 90 年代末，随着一些双亲和性离子转运蛋白的发现，AtNRT1.1 也被发现同时具有高和低两种亲和性。两种吸收机制的转变则依赖于 AtNRT1.1 的第 101 位上苏氨酸的磷酸化和去磷酸化，磷酸化形式的 AtNRT1.1 具有高亲和性 NO_3^- 转运体的功能，而去磷酸化形式的则主要表现为低亲和性转运功能。第 101 位上苏氨酸的磷酸化水平则由环境中 NO_3^- 浓度的变化来决定。高等植

表 2-1 部分 NO_3^- 转运体的 NRT1 型基因

NRT1 型基因	物种	底物	调控方式	基因序列号
AtNRT1（*CHL1*）	拟南芥（*Arabidopsis thaliana*）	NO_3^-	NO_3^-/酸诱导	L10357
AtNRT3（*NTL1*）	拟南芥（*Arabidopsis thaliana*）	NO_3^-	组成型表达	AF073361
LeNRT1.1	番茄（*Lycopersicon esculentum*）	不清楚	组成型表达	X92853
LeNRT1.2	番茄（*Lycopersicon esculentum*）	不清楚	NO_3^-/酸诱导	X92852
BnNRT1.2	油菜（*Brassica napus*）	NO_3^-/基础氨基酸	NO_3^-/酸诱导	U17987
NpNRT1.1	皱叶烟草（*Nicotiana plumbaginifolia*）	NO_3^-	组成型表达	AJ277084
NpNRT1.1	皱叶烟草（*Nicotiana plumbaginifolia*）	不清楚	NO_3^-/酸诱导	L11994

物中，大多数用于离子转运的通道或者转运体要么是高亲和性的，要么是低亲和性的，两者具有遗传差异性，极少同时具有两种转运特性。但 *chl1* 突变体证明，AtNRT1.1 是个例外。水稻中的 OsNRT2.4、蒺藜苜蓿（*Medicago truncatula*）中的 MtNRT1.3 都是双亲和性的 NO_3^- 转运体。

高等植物中所有的 NRT1 型转运体都含有 12 个跨膜区，在第 6 和第 7 跨膜区之间还有一个大的亲水环。与其他生物相比，植物中的 NTR1 型基因较多，在拟南芥中有 53 个成员，水稻中则有 80 个，而在人类和线虫中这一数量分别为 6 和 4，酵母中仅有 1 个。系统进化分析表明，拟南芥中 NRT1 型家族成员可以分成四个亚家族，每个亚家族中都有 NO_3^- 吸收转运体，另外，这些成员中还有一些属于肽转运体，如 AtPTR1、AtPTR2 和 AtPTR3 等，主要为二肽转运体。

对拟南芥中 53 个 NRT1 型基因进行表达模式分析表明，其中 5 个属于根部特异性表达。这些基因中，有 7 个为第 3 条染色体上的串联重复，12 对基因具有共线性关系。主要在根部表达的 AtNRT1.1 也在保卫细胞中表达，在 NO_3^- 存在时促进气孔开放；在光下 *chl1* 突变体的气孔开放和蒸腾作用都下降，使该突变体比野生型更加耐受干旱胁迫。此外，*AtNRT1.1* 还与一些新生器官的生长密切相关。在侧根、幼叶和花中，*AtNRT1.1* 有短时大量表达，而在 *AtNRT1.1* 突变体中，这些新生器官则普遍生长缓慢。AtNRT1.1 还参与了高 NO_3^- 条件下对高亲和性转运体 AtNRT2.1 的抑制，以及对侧根分裂的刺激。

在拟南芥 NRT1 型基因家族中，AtNRT1.2 属于组成型低亲和性转运体。尽管 AtNRT1.1 和 AtNRT1.2 都参与 NO_3^- 的低亲和性转运，但这两种转运体在很多方面都是不同的：①*AtNRT1.1* 被 NO_3^- 诱导表达，而 *AtNRT1.2* 为组成型表达模式；②AtNRT1.1 为双亲和性 NO_3^- 转运体，而 AtNRT1.2 为单纯的低亲和性 NO_3^- 转运体；③*AtNRT1.1* 主要在根尖表皮细胞中表达，但在其他区域的皮质细胞以及外部皮层细胞中也有表达，而 *AtNRT1.2* 仅在根部表皮细胞和根毛中表达。与 *AtNRT1.2* 类似，水稻中的 *OsNRT1* 也是一个编码单纯低亲和性 NO_3^- 转运体的基因，只在根部表皮细胞中表达。但是系统进化分析却表明，*AtNRT1.2* 和 *OsNRT1* 分属于不同的 NTR1 型亚家族。

除了直接参与根的 NO_3^- 吸收以外，另外一些 NRT1 成员还与 NO_3^- 的长距离运输以及贮存有关。NO_3^- 被根细胞吸收后，会穿过几层细胞膜分配到不同的细胞区室和不同的组织中去。和 NO_3^- 的吸收相比，目前对 NO_3^- 的运输和分布过程了解得比较少。AtCLCa 是一个氯离子通道家族的蛋白质，作为 NO_3^-/H^+ 交换器参与了液泡中 NO_3^- 的积累。此外，拟南芥中的几个 NRT1 型基因也参与了 NO_3^- 在不同细胞区室和不同组织中的分配。低亲和性转运基因 *AtNRT1.4* 仅在叶柄细胞中表达。野生型拟南芥中叶柄细胞中的 NO_3^- 含量很高，但硝酸还原酶（NR）活性很低，表明叶柄是一个 NO_3^- 贮存位点。在突变体 *annrt1.4* 中，叶柄细胞中的 NO_3^- 降到野生型中含量的一半水平，但是叶肉细胞中 NO_3^- 的含量只有轻微下降。有关 *AtNRT1.4* 的研究表明，叶柄细胞中的 NO_3^- 在该基因的调控下可能参与了 NO_3^- 的体内平衡过程。此外，*AtNRT1.5* 在根部柱鞘中表达，可能负责将 NO_3^- 装载到木质部，参与了 NO_3^- 的长距离运输。

2. NRT2 型 NO_3^- 转运基因

NRT2 型 NO_3^- 转运基因家族编码高亲和性的 NO_3^- 转运体，NRT2 型转运体属于

NNP（nitrate-nitrite-porter）家族，是 MFS 超家族中的一个（表 2-2）。该类型的基因最早是从真菌构巢曲霉（*Aspergillus nidulans*）中一个抗氯酸盐突变体 crnA 中发现的，分离的基因命名为 NRTA。该突变体的分生孢子和幼菌丝体不能吸收 NO_3^-，但老的菌丝体却能。接着，它的同源基因在很多生物中被发现。NRT2 型转运体是一个庞大的多基因家族，在构巢曲霉和番茄中各有 2 个 NRT2 型基因，而在大麦的整个基因组范围内至少分布 7 个 NRT2 型基因。拟南芥中也有 7 个 NRT2 型基因，这 7 个基因分布在拟南芥的 3 条染色体上，系统进化分析表明它们分属于 3 个亚家族。

表 2-2 部分 NO_3^- 转运体的 NRT2 型基因

NRT2 型基因	物种	底物	调控方式	基因序列号
HvNRT2.1	大麦（*Hordeum vulgare*）	NO_3^-	NO_3^-/酸诱导	U34198
HvNRT2.2	大麦（*Hordeum vulgare*）	NO_3^-	不清楚	U34290
HvNRT2.3	大麦（*Hordeum vulgare*）	NO_3^-	不清楚	AF091115
AtNRT2.1	拟南芥（*Arabidopsis thaliana*）	NO_3^-	NO_3^-/酸诱导	AF019748
AtNRT2.2	拟南芥（*Arabidopsis thaliana*）	不清楚	NO_3^-/酸诱导	AF019749
AtNRT2.3	拟南芥（*Arabidopsis thaliana*）	不清楚	NO_3^-/酸诱导	AB015472
AtNRT2.4	拟南芥（*Arabidopsis thaliana*）	不清楚	NO_3^-/酸诱导	AB015472
GmNRT2	大豆（*Glycine max*）	不清楚	NO_3^-/酸诱导	AF047718
NpNRT2.1	皱叶烟草（*Nicotiana plumbaginifolia*）	不清楚	NO_3^-/酸诱导	Y08210
Nrt2.1	莱茵衣藻（*Chlamydomonas reinhardtii*）	NO_3^-/NO_2^-	NO_3^-/酸诱导	Z25438
Nrt2.2	莱茵衣藻（*Chlamydomonas reinhardtii*）	NO_3^-	NO_3^-/酸诱导	Z25439
CRNA	构巢曲霉（*Aspergillus nidulans*）	NO_3^-	NO_3^-/酸诱导	M61125
YNT1	汉逊酵母（*Hansenula polymorpha*）	NO_3^-	NO_3^-/酸诱导	Z69783

NRT2 型转运体也包含 12 个跨膜结构域。在真菌构巢曲霉中，NRTA 能独立完成 NO_3^- 运输功能。在爪蟾卵母细胞表达系统中，该基因的表达能表现出硝酸盐、亚硝酸盐、氯酸盐（亚硝酸盐类似物）的吸收活性，硝酸盐的诱导性吸收是 pH 依赖性的，采用的是质子伴随吸收机制。氨基酸突变分析表明，在第 2、8 跨膜结构域中的两个保守性精氨酸残基 R87、R459 在底物结合中发挥重要作用。与之相比，在莱茵衣藻（*Chamydomonas reinhardtii*）和高等植物中，NRT2 型基因却不能单独发生作用，它需要一个辅助因子 NAR2——一个单跨膜结构域蛋白。NAR2 参与 NO_3^- 的吸收是在衣藻的遗传研究中发现的，*NAR2* 基因与 *NRT2.1* 基因相邻。在爪蟾卵母细胞表达系统中共注射 *CrNAR2* 和 *CrNRT2.1* 时，系统表现为 pH 依赖性的 NO_3^- 诱导性吸收；而单独注射其中任何一种，都不能进行 NO_3^- 的吸收。分裂泛素化酵母双杂交系统也直接验证了 NRT2 型转运体和 NAR2 的相互作用。NRT2 和 NAR2 之间的相互作用是特异性的，例如在大麦中有三个 NAR2 型基因，而只有 *HvNAR2.3* 才能和 *HvNRT2.1* 发生作用。

根据生理学分析，高亲和性 NO_3^- 转运系统有两种：诱导型 iHATS 和组成型 cHATS。在拟南芥的 7 个 NRT2 型基因中，*AtNRT2.1* 和 *AtNRT2.2* 都参与了 NO_3^- 的高亲和性转运。在突变体 nrt2.1 和 nrt2.2 中，诱导型高亲和性转运效率分别下降了 50%～72% 和 19%，说明 iHATS 中 AtNRT2.1 与 AtNRT2.2 相比占据优势。但是，当 AtNRT2.1 突变后，AtNRT2.2 的表达上调了 3 倍，以弥补 AtNRT2.1 功能的损失。拟南芥中还有两个 NAR 基因——NAR2.1 和 NAR2.2。在 nar2.1 的敲除突变体中，cHATS 的吸收效率下降 89%，而 iHATS 的吸收效率下降 96%，证明 NAR2.1 的突变对 cHATS 和 iHATS 都有强烈的抑制作用。而在 nrt2.1 和 nrt2.2 的双突变体中，cHATS 的吸收效率仅下降 30%～35%。严重的 cHATS 缺陷出现在 nar2.1 的突变体而非 nrt2.1 和 nrt2.2 的双突变体中，说明可能有另外的 NRT2 基因负责 cHATS。后来的实验证明 NRT2.4 和 NRT2.5 也是 NO_3^- 吸收的高亲和性转运体。

对于 AtNRT2.7，研究表明，AtNRT2.7 定位于液泡膜，在成熟种子中表达量很高。atnrt2 突变体在生长期和野生型没有区别，但种子中 NO_3^- 的含量显著下降，表明 AtNRT2.7 对拟南芥种子成熟过程中的 NO_3^- 贮存有重要作用。

3. NO_3^- 细胞内运输分子机制

NO_3^- 通过 HATS 和 LATS 被根部细胞通过跨膜吸收进入细胞后，一般有四种命运（图 2-1）：①经过还原作用还原成 NH_4^+ 后参与氨基酸的合成；②重新被泵出细胞膜，进入质外体；③被吸收并贮存在液泡中；④进入根部的共质体，通过木质部被装载运输到地上部分。经过长距离运输到地上部分的 NO_3^- 必须进入叶肉细胞，被还原成 NO_2^- 或者贮存在液泡中。在 NO_3^- 的跨液泡膜研究中发现，拟南芥叶柄中 AtNRT1.4 和成熟种子中的 AtNRT2.7 都位于液泡膜上，可能参与了 NO_3^- 的跨液泡膜运输。低亲和性转运体 NRT1.11 和 NRT1.12 还参与了 NO_3^- 从老叶向新叶的转运。NRT1.8 和 NRT1.9 参与了硝酸盐木质部的卸载，并负调控 NO_3^- 从根部向地上部分的运输过程。水稻中的 OsNPF2.4 则负责硝态氮从根部向地上部的输送。除此之外，还有其他一些蛋白质也参与了 NO_3^- 的跨液泡膜转运。一类氯离子通道蛋白（choride channel，CLC）可能也参与了液泡膜上的 NO_3^- 转运，因为拟南芥 AtCLCa 突变体 clca-1 的根和叶中 NO_3^- 的浓度都下降了 50%，它同样定位在液泡膜上，能够将 NO_3^- 转运到液泡中，可使液泡中 NO_3^- 的浓度到达细胞质中的 30～50 倍。

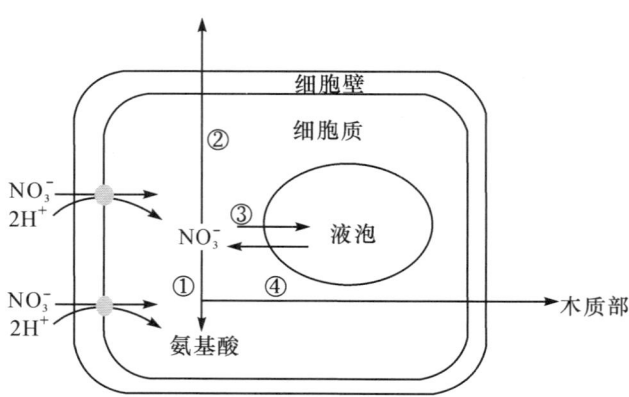

图 2-1 NO_3^- 在植物细胞中的吸收、运输的分子机制

NO_3^- 通过长距离运输进入叶肉细胞后,会在细胞质中被还原成 NO_2^-,此后 NO_2^- 进入叶绿体,进一步还原成 NH_4^+。衣藻中发现的 NAR1 基因编码一个叶绿体蛋白,与细菌的甲酸盐/亚硝酸盐转运蛋白有很高的同源性。NAR1 发生突变后,衣藻不能在以 NO_3^- 为唯一氮源的生长介质中进行生长。这说明 NAR1 在 NO_2^- 进入叶绿体的过程中起着非常关键的作用。但我们对高等植物中类似的运输分子机制仍缺乏相关的认识。

2.3.2 植物 NH_4^+ 吸收的分子机制

参与 NH_4^+ 吸收转运的基因最先是在酵母中被发现的。研究人员先是利用 NH_4^+ 吸收系统缺失突变体分别分离到了两个涉及 NH_4^+ 吸收的高亲和性转运体基因 Mep1 和 Mep2,后来从酵母中发现了一个 NH_4^+ 低亲和性转运体基因 Mep3。植物中发现的第一个 NH_4^+ 转运蛋白是 AtAMT1.1,编码该蛋白质的基因与 Mep1、Mep2 同源,并能回复酵母 mep1 和 mep2 的双突变表型。随后该 AMT 基因家族的其他成员 AtAMT1.2、AtAMT1.3、AtAMT1.4、AtAMT1.5 和 AtAMT2.1 也分别被分离出来(表 2-3)。这些基因分属于 AMT 基因家族的两个亚家族——AtAMT1 亚家族和 AtAMT2 亚家族。AtAMT2 亚家族仅有一个成员——AtAMT2.1,其他属于 AtAMT1 亚家族。这些基因中,除 AtAMT1.2 可能具有高、低双重亲和性特性外,其余都属于 HATS 成员。

表 2-3 部分 NH_4^+ 转运体的 AMT 基因家族

AMT 基因家族	物种	底物	调控方式	基因序列号
AtAMT1.1	拟南芥(Arabidopsis thaliana)	NH_4^+	铵抑制	AT4G13510
AtAMT1.2	拟南芥(Arabidopsis thaliana)	NH_4^+	铵抑制	AY135020
AtAMT1.3	拟南芥(Arabidopsis thaliana)	NH_4^+	铵抑制	NM113336
AtAMT2	拟南芥(Arabidopsis thaliana)	NH_4^+	铵抑制	NM129385
LeAMT1.1	番茄(Lycopersicon esculentum)	NH_4^+	铵抑制	AM406670
LeAMT1.2	番茄(Lycopersicon esculentum)	NH_4^+	铵诱导	CAA64475
LeAMT1.3	番茄(Lycopersicon esculentum)	NH_4^+	CO_2 抑制	AF118858
OsAMT1.1	水稻(Oryza sativa)	NH_4^+	组成型	AF289477
OsAMT1.2	水稻(Oryza sativa)	NH_4^+	铵诱导	AF289478
OsAMT1.3	水稻(Oryza sativa)	NH_4^+	铵抑制	AF289479
LjAMT1.1	百脉根(Lotus cornioulatus)	NH_4^+	铵抑制	AJ298104
LjAMT1.2	百脉根(Lotus cornioulatus)	NH_4^+	组成型	AJ298105
LjAMT2	百脉根(Lotus cornioulatus)	NH_4^+	铵诱导	AF187962
GmSAT1	大豆(Glycine max)	不清楚	铵诱导	AF069738

除了拟南芥中发现的 AMT 基因,在水稻等其他植物中也发现很多 AMT 同源基因(表 2-3),水稻中发现 10 个 AMT 基因,其中 OsAMT1、OsAMT2、OsAMT3 各有 3 个,OsAMT4 有 1 个。番茄中也有 3 个 AMT 基因:LeAMT1.1、LeAMT1.2 和 LeAMT1.3。LeAMT1.1

和 $LeAMT1.2$ 的蛋白序列相似程度很高,$LeAMT1.3$ 与其他 $AMT1$ 成员的遗传距离比较远。$LeAMT1.3$ 基因具有两个独特的结构特征:①$LeAMT1.3$ 蛋白产物的 N-端仅有 14 个氨基酸残基,与其他 $AMT1$ 成员(35~54 个氨基酸残基)的数量相差比较大;②$LeAMT1.3$ 的 mRNA 在主开放阅读框之前有两个不翻译的开放阅读框,它们被认为能够调控 $LeAMT1.3$ 的翻译效率。因此,该基因和另外 2 个基因的功能可能有所不同。

植物 AMT 具有 11 个跨膜结构域,N-端在膜外,C-端在胞内一侧;每个 AMT 由 3 个亚基组成同源三聚体。目前一般认为植物 AMT 是一个 NH_4^+ 的单向转运体,转运方式类似于离子通道,强烈依靠质子动力势,且 pH 7.0 为最优运输条件。

在表达特性上,拟南芥 6 个基因中,$AtAMT1.1$ 在根、茎、叶中都有表达;$AtAMT1.2$ 主要在根内皮层表达,在皮层细胞中也有少量表达;$AtAMT1.3$ 主要在根中表达;$AtAMT1.5$ 则主要在根尖和根毛细胞中表达。它们分别参与 NH_4^+ 的吸收和运输(图 2-2)。当 $AtAMT1.1$ 或 $AtAMT1.3$ 敲除后,拟南芥根系 NH_4^+ 的吸收分别下降 30%,并且这 2 个基因表现出加性效应,当 $AtAMT1.1$、$AtAMT1.3$ 双突变后,可使 NH_4^+ 的吸收下降 70%。水稻的几个 AMT 基因中,$OsAMT1.1$ 表达量最高,主要在根和叶中表达;$OsAMT1.2$ 和 $OsAMT1.3$ 主要在根中表达;$OsAMT2.1$ 则在根和叶中表达。番茄中的 $LeAMT1.1$、$LeAMT1.2$ 在根毛中的表达量远高于根的其他部分。

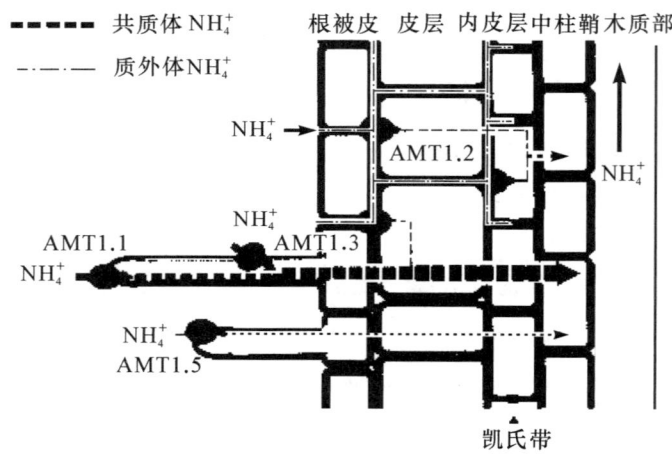

图 2-2　AMT1 在拟南芥根中参与 NH_4^+ 高亲和性转运的模型

利用异源表达 $AtAMT1.1$、$AtAMT1.2$ 和 $AtAMT1.3$ 的方式在酵母突变体 310196 ($\Delta mep1$、$\Delta mep2$、$\Delta mep3$) 中研究 AMT1 的吸收动力学特征,发现在以 ^{14}C 标记的甲基胺(铵盐类似物,同样可以被 AMT1 转运,但受 NH_4^+ 抑制)和竞争性 NH_4^+ 为底物的条件下,$AtAMT1.2$、$AtAMT1.3$ 对这两种底物的 K_m 值都在 11~40 μmol/L,而 $AtAMT1.1$ 对甲基胺和 NH_4^+ 的 K_m 值则下降到 8 μmol/L 和小于 0.5 μmol/L。这说明这三个转运体调节拟南芥高亲和性 NH_4^+ 转运的功能是不同的。和 $AtAMT1.2$、$AtAMT1.3$ 相比,$AtAMT1.1$ 对 NH_4^+ 具有更高的亲和性。尽管 AMT2 家族成员具有与 AMT1 家族成员相似的对 NH_4^+ 的亲和特性和转运能力,但该家族成员对 NH_4^+ 和甲基胺的反应非常敏感,对 NH_4^+ 的亲和和转运专一性更强。在 NH_4^+ 转运缺失酵母突变体中,酵母异源表达 $AtAMT2$,酵母也具有

亲和和转运 NH_4^+ 的能力。这说明，不同 NH_4^+ 转运蛋白家族成员在亲和、转运 NH_4^+ 的能力上具有互补的特征，这可能是植物在不同 NH_4^+ 浓度下保持正常生长的必要条件。

在某些具有共生固氮作用的植物中，NH_4^+ 是固氮微生物向寄主植物输送氮的唯一形式。研究发现，在豆科植物中，固氮微生物从大气中固定的氮素可以通过共生体膜上的共生铵转运蛋白(SAT1)由固氮微生物一侧运输到寄主植物一侧，这个过程是一个主动蓄能过程。用酵母突变体功能互补的方法从大豆(*Glycine max*)根系中分离出了一个全新 NH_4^+ 转运蛋白 GmSAT1，但该蛋白质只有一个跨膜结构域，与其他 NH_4^+ 转运蛋白基因没有相似性。尽管深入研究表明它独自不能完成 NH_4^+ 的转运，但它肯定在固氮微生物向寄主植物转运 NH_4^+ 方面发挥重要的作用。另外，在豆科植物百脉根(*Lotus cornioulatus*)中还分离出了 NH_4^+ 转运蛋白基因 *LjAMT1.1*、*LjAMT1.2* 和 *LjAMT2*。其中，*LjAMT1.2* 主要在含有根瘤的皮层中表达，*LjAMT1.1* 主要在被固氮菌侵染的细胞内和维管束中表达，而 *LjAMT2* 主要在根瘤细胞的细胞膜上表达，说明它们参与了固氮菌与寄主植物细胞的 NH_4^+ 交换过程。

尽管我们对 NH_4^+ 转运的分子机制已经有所了解，但其详细过程以及 NH_4^+ 转运、吸收和运输的基因调控网络，仍需要我们做进一步的深入研究。

2.4 氮吸收与氮代谢的分子调节机制

植物的根系对氮吸收和氮代谢在满足机体需求方面是协调的。根据植物的营养状态和外部环境变化调整氮吸收基因的表达和蛋白质活性变化的机制，能保证植物对环境做出快速的调整和长久的适应。植物对氮吸收和氮代谢的调控主要在转录水平和蛋白质水平两个层面上进行调控。

2.4.1 转录水平的调控

在转录水平上，目前发现主要有两个因素在调控氮吸收和氮代谢。

第一个因素是由底物诱导和内源氮同化产物介导的，根据植物体内的氮状态进行的负反馈调控。这种调控作用导致的结果是植物体内氮水平高时，吸收、代谢相关基因表达下调；氮水平低时，吸收、代谢相关基因表达上调。

AtNRT2.1 参与了 iHATS 氮吸收和氮代谢的调控机制。当对硝酸盐缺乏处理下的根提供 NO_3^- 时，*AtNRT2.1* 表达量提高；而连续对根供给硝酸盐时，*AtNRT2.1* 的表达量下降。NR 突变体被用来检验是 NO_3^- 本身，还是降低了的氮代谢水平是反馈抑制因子。研究发现，在 NR 突变体中，NO_3^- 高水平积累而氮代谢产物合成水平下降，*NRT2.1* 的转录水平也提高。这说明，NO_3^- 能诱导 *NRT2.1* 的表达，而它下游的代谢产物对它的表达可能有阻遏作用。进一步的研究表明，利用谷氨酰胺合成酶抑制剂 AZA(导致谷胱甘肽的积累)、NH_4^+ 及不同的氨基酸处理拟南芥植株，发现氮代谢产物谷胱甘肽在 *NRT2.1* 的下调中发挥了重要作用。同样的结果出现在烟草的 *NpNRT2.1* 和大麦的 *HvNRT2.1* 中。如利用谷胱甘肽、天冬酰胺、谷氨酰胺、精氨酸等处理大麦，NO_3^- 的流动和 *HvNRT2.1* 的表达都

会受到抑制作用。外源 NH_4^+ 浓度的提高同样大幅度降低 NO_3^- 的流动和 *NRT2* 基因的表达。

在 NR 突变体中 *NRT2.1* 表达量的提高,说明尽管 NO_3^- 本身没有参与 *NRT2.1* 的反馈抑制作用,但在有 NH_4^+ 存在的条件下,*NRT2.1* 的表达受到高浓度 NO_3^- 的抑制。更有趣的是,双亲和性转运体 *AtNRT1.1* 是这种抑制作用不可缺少的因子,因为 *NRT2.1* 的这种抑制作用在突变体 *chl1* 中被消除。

NH_4^+ 吸收、代谢的调控方面也反映了这种特点。以 $^{15}NH_4^+$ 为底物,研究 AMT 的功能时发现,当把氮缺乏处理下的植株迅速放入含 $^{15}NH_4^+$ 的培养液中 2 天后,根部的 $^{15}NH_4^+$ 内流量迅速增加,同时 *AtAMT1.1* 的表达水平大幅提高,而 *AtAMT1.2* 和 *AtAMT1.3* 的表达水平基本不变。*AtAMT1.1* 是三个转运体中唯一一个在 NH_4^+ 浓度为 10^{-9} mol/L 数量级的条件下具有底物亲和性的蛋白质,因此氮的缺乏对它的诱导最强烈。当给氮缺乏的植物提供 NH_4NO_3 时,*AtAMT1.1* 的表达水平和 $^{15}NH_4^+$ 的内流速度都降低,除非 NH_4^+ 同化为谷氨酰胺的作用受到抑制。这表明谷氨酰胺可能是调控 NH_4^+ 内流和 *AtAMT1.1* 表达的一个反馈信号,同时也说明 NO_3^- 可能作为一个信号抑制了 *AtAMT1.1* 的表达。另外,NH_4^+ 内流还可能受到细胞内源 NH_4^+ 浓度的影响,因为当缺氮条件的植物再供给 NH_4^+ 时,NH_4^+ 内流响应的速度快于 *AtAMT1.1* 的表达变化。

番茄的两个 NH_4^+ 转运体基因 *LeAMT1.1*、*LeAMT1.2* 主要在根毛中表达的特征说明,它们主要负责根际环境中 NH_4^+ 的吸收,但当氮的获得受到限制时,*LeAMT1.1* 的表达与 *AtAMT1.1* 一样达到最高水平,而 *LeAMT1.2* 受 NH_4^+ 的诱导,而且在 NO_3^- 供给时表达量达到最高。*LeAMT1.1*、*LeAMT1.2* 的不同响应反映了 NH_4^+ 转运体基因的表达会根据土壤中氮水平的改变而做相应的调整。

有关 NH_4^+ 和 NO_3^- 的低亲和性转运系统的基因表达调控机制中,*NRT1.1* 与 *NRT2.1* 在对植物体内和环境中的氮状态的响应有很多相似的地方。*NRT1.1* 被氮饥饿和 NO_3^- 迅速诱导,但对氮代谢产物的响应不敏感。*AtNRT1.2* 为组成型表达,*AtNRT1.5* 被 NO_3^- 缓慢诱导且被 K^+ 调控。*AtNRT1.1* 和 *AtNRT1.5* 还都受 pH 值影响。

转录组层面上的分析还表明,NO_3^- 作为一个调控因子在氮吸收和代谢相关基因的调控方面具有广泛的效应。这表明它本身有可能作为一个信号分子在起作用。另外一些研究成果也证实了这一点。拟南芥侧根的伸长被 NO_3^- 诱导,分根实验表明这一现象是由 NO_3^- 作为信号分子诱导产生的。其中,*AtANR1* 转录因子基因在这一过程中起重要作用。*atnrt1.1* 突变体中高 NO_3^- 水平诱导的侧根伸长受到抑制,并且这一抑制作用无法用氮素吸收不足来解释;*AtNRT1.1* 表达的组织定位与 *AtANR1* 基本重合,都在主根、侧根根尖以及维管束中表达;*AtNRT1.1* 突变体中,*AtANR1* 的表达还受到强烈抑制。因此,*AtNRT1.1* 可能在 NO_3^- 诱导的侧根伸长信号中发挥重要作用,并且位于 *AtANR1* 的上游。此外,*AtNRT1.1* 还可能参与了其他 NO_3^- 转运蛋白的表达调控。高亲和性转运体 *AtNTR2.1* 在高氮条件下表达受抑制,但在拟南芥突变体 *chl1-5* 中这种现象消失。这种抑制解除不是由于植株氮吸收量下降引起的,而与 *AtNRT1.1* 的活性有密切的关系。因此,*AtNRT1.1* 可能具有调控 *AtNTR2.1* 的功能。在低 NO_3^- 高 NH_4^+ 的条件下,*AtNRT1.1* 还介导了 *AtNTR2.1* 和 *AtNAR2.1* 的上调,帮助植株避免高氨毒害。

AtNRT2.1 在拟南芥根构型的构建中也发挥着重要的作用。关于 *CHL1* 在根发育中的作

用研究表明，AtNRT2.1 可能作为 NO_3^- 感应器或信号转运体而发挥作用。野生型植株中，侧根的起始被高蔗糖/NO_3^- 浓度比所抑制，而这种抑制作用在 AtNRT2.1 突变体 lin1 中不存在，lin1 中侧根起始的去抑制作用甚至在无 NO_3^- 的培养基中都可以发生，表明 lin1 的表型是不依赖 NO_3^- 的，暗示 AtNRT2.1 可能作为 NO_3^- 感应器或信号转运体调控根的构型。

第二个因素是与光合作用相关的氮吸收和氮代谢调控。这种调控保证了氮吸收与碳地位的和谐性。一个重要的普遍表现是氮吸收和氮还原的昼夜波动，一般认为是光合作用产生的糖及其向根部的运输作用控制了这种变化，这一点也可以由 CO_2 浓度对氮吸收具有促进作用加以证实。由糖引起的氮吸收、同化和促进作用的昼夜波动与氮转运体和还原酶的基因表达有密切的关系。

NH_4^+ 的吸收量在光期提高，而在暗期大幅下降。拟南芥三个 AMT1 基因在根中的表达也具有昼夜节律性：在光期表达量上升，在暗期表达量下降，其中 AtAMT1.3 表达的最高峰出现在光期的末端，暗示 AtAMT1.3 的表达调节可能提供了一个 NH_4^+ 吸收和碳供应之间的关系。这一推断同样被蔗糖可以诱导 AtAMT1.3 的表达这一实验事实所证实。植物中氮和碳的状态会以不同的信号调控机制调控 NH_4^+ 的吸收。

同样，涉及 NO_3^- 吸收的 AtNRT2.1 和 AtNRT1.1 在光期的表达量比暗期的高 5~10 倍，NO_3^- 的吸收量在光期也提高了 2 倍。当给植物的根提供 1% 蔗糖的时候，AtNRT2.1 和 AtNRT1.1 的表达下降也受到了很大的抑制，这进一步表明糖在氮吸收的昼夜变化中所起的重要作用。近来研究还发现 NO_3^- 转运体基因的调节与细胞中 6-磷酸葡萄糖的浓度有关。与 NO_3^- 转运体基因的调控相比，NIA 基因的表达除了受到糖的调控外，还和光敏色素的变化有关。另外，NIA 的表达还受光和电子流信号的调控。

尽管氮吸收、代谢相关基因的表达受到内源和外源因子的影响，但涉及调控相关的转录因子、miRNA 等方面的研究仍比较少。目前，只知道两个 bZIP（basic leucine zipper）转录因子参与了光调控的氮代谢：HY5 以及和它同源的 HYH。这两个转录因子参与了光敏色素介导的对 NR 基因的激活作用。芯片分析表明在 NIA2 的启动子上有 HY5 的结合位点。有趣的是，NRT1.1 的启动子上也含有三个 HY5 的结合位点，HY5 对 NRT1.1 进行负调控。但并非氮代谢的光调控都是由 HY5/HYH 系统来控制的。在衣藻中还发现了 CrNIT2 基因，它可以调控 NIAj 基因的表达。与 CrNIT2 同源的拟南芥基因 NLP7 突变会导致 NO_3^- 对 NIA、NRT2.1 和 NRT2.2 基因的诱导作用被消除。CrNIT2 蛋白在 NIA 基因启动子上有结合位点，但 AtNLP7 蛋白的靶基因目前还未发现。另外，还发现在编码蛋白激酶的基因 CIPK8 突变体中，NO_3^- 对 NIA、NRT2.1 和 NRT2.2 基因的诱导作用也会被削弱，推测 CIPK8 可能也参与了和 NLP7 同样的调控途径。

此外，氮吸收相关基因的表达还受到激素信号分子的调控。对拟南芥成熟根系进行吲哚乙酸（IAA）处理，会使 NRT1.1 的表达水平显著上升，却对 NRT2.1 的表达有一定的抑制作用。低氮条件下，脱落酸（ABA）还可以通过调控 NRT2 的表达量促进小麦对 NO_3^- 的吸收。

昼夜节律也会影响氮吸收基因的表达。白天，植物能够维持对 NO_3^- 较高的吸收速率；到了夜间，NO_3^- 的吸收速率逐渐下降。与此对应的是，白天 AtNRT1.1 和 AtNRT2.1 的表达量达到最高，夜间降至最低，暗示它们受昼夜节律的影响而调控氮的吸收。

2.4.2 蛋白质水平的调控

氮代谢能够对外部环境的刺激做出快速响应,除了在转录水平上的调控以外,迅速的蛋白质翻译后修饰也起了重要作用。

NR(硝酸还原酶)在氮代谢方面的调控响应就是一个非常典型的例子。菠菜中 NR 的失活作用是通过两个翻译后修饰的步骤完成的:首先是 NR 中第 543 位的丝氨酸被磷酸化,然后是依赖 Mg^{2+} 的阻遏蛋白 14-3-3 对 NR 的结合作用。这种 NR 的失活作用与控制 NR 活性的碳同化产物的生成有密切关系。其中,CDPK(钙依赖性蛋白激酶)和 AMPK/SNPK(SNF1 相关的蛋白激酶)参与了 NR 的磷酸化作用,同时,磷酸化作用在一定条件下又可以被 PP2A 蛋白激酶去磷酸化而恢复 NR 的活性。

近来研究发现,NO_3^- 转运体 NRT1.1 同样受到翻译后调控的影响:磷酸化后的 AtNRT1.1 发挥高亲和性 NO_3^- 转运体的功能;而去磷酸化后,它采用结构柔性较低的二聚体构象,主要作为低亲和性 NO_3^- 转运体而发挥作用。研究还表明,NRT1.1 除了作为 NO_3^- 转运体的功能外,还参与了 N 信号的传递,但它只有在磷酸化后才能成为一个活性信号组件而发挥作用。

NRT2 型的 NO_3^- 转运蛋白也受到翻译后调控。有研究表明这种翻译后调控可能与 NH_4^+ 对高亲和性 NO_3^- 的吸收抑制有一定的关系。另外,尽管 AtNRT2.1 在转录水平上受到严格的调控,但与光、蔗糖、氮处理均强烈影响 *AtNRT2.1* mRNA 水平和高亲和性转运活性相比,其蛋白质水平却相对稳定。这些现象也只能从翻译后蛋白质水平上的调控进行解释。AtNRT2.1 还以单体和复合体等多种形式存在于细胞膜上,但只有单体具有 NO_3^- 转运的活性,更为有趣的是,它还是在 AtNAR2.1 存在时,细胞膜上唯一具有 NO_3^- 转运活性的蛋白质,这可能与 NRT2.1 的稳定性和运输调控有关。

研究还发现,AtAMT1 的 C-端可能作为其蛋白质变构调控因子而存在。C-端能影响 AtAMT1 中邻近其的环状结构,作为蛋白质磷酸化的一个促进因子,从而通过影响蛋白质的稳定性来调控 NH_4^+ 的转运体系。因此,植物对氮的吸收、代谢和运输在翻译后蛋白质水平上同样有重要的调控作用,以此来适应植物生长的内、外部不同的氮水平环境。

植物磷素营养
Phosphorus Nutrient in Plant

磷素营养对于植物极其重要，它是植物正常生长和代谢所必需的第二大矿质营养元素。在植物体内，磷的含量仅次于氮，占总干重的 0.05%～0.50%。磷不仅是生物分子的组成部分，如核苷酸及细胞膜分子等，还参与各种重要的代谢调控，包括能量传递、信号转导、生物大分子的合成、光合作用和呼吸作用等。磷素营养供应缺乏严重限制植物生长。例如，水稻生长在低磷土壤条件下，其分蘖能力及地上部生长都将受到严重抑制，最终导致产量下降。尽管磷对植物代谢生长如此重要，然而它在水生和陆生生态系统中却是可利用态最少的养分之一。植物吸收磷的主要形态为 $H_2PO_4^-$、HPO_4^{2-} 和 PO_4^{3-}，其中 $H_2PO_4^-$ 最易被植物吸收。尽管土壤中磷的含量很高，但由于其化学特性，地壳中大多数的磷以植物不可利用的难溶性矿物质的形式存在，如磷酸钙盐等。因此，如何有效地吸收和利用外界环境中的磷，对于植物生长发育至关重要。而植物在长期的进化发育过程中，也形成了一整套应对磷缺乏的生理代谢及发育机制。例如，植物若生长在磷饥饿胁迫条件下，会通过改变其生理代谢途径来提高体内磷的利用效率，从而在磷缺乏条件下维持植物必需的生理代谢。

3.1 植物体内磷的分布及低磷信号

在植物体内，磷以两种形态存在：有机磷及无机磷（Pi）。有机磷占全磷量的 85% 左右，主要以核酸、磷脂和植酸等形态存在。无机磷占全磷的 15% 左右。植物体内的磷多分布在新芽和根尖等分裂旺盛区域，有明显的顶端优势。在生殖生长阶段，多向种子和果实运输。而在细胞内，无机磷的浓度对于维持胞内信号转导及调整酶活性至关重要。例如，质体内无机磷浓度的高低能够影响淀粉合成以及磷酸化碳水化合物的代谢等。体内 ^{31}P NMR（核磁共振)研究也证实,植物细胞中的磷选择性地在细胞质和液泡库间分配。在养分充足的植物中,液泡一般可容纳胞内磷总量的85%~95%。这个库不起代谢作用,而是缓冲因环境中磷水平的瞬间波动而引起的细胞质内磷的波动。如在磷缺乏期间,液泡中的磷释放到细胞质中,这种调节方式与胁迫的严重程度相关。

有关拟南芥的研究发现,在磷饥饿胁迫下,植物体内的无机磷浓度仅为正常培养的植物体内的1/100,体内的磷酸核苷酸含量也只有正常供磷情况下的一半左右,磷酸葡萄糖和磷酸果糖的浓度也急剧下降。而与此同时,在磷饥饿胁迫条件下,植物会通过激活一些特殊的糖代谢途径将一些磷酸化的中间体上的磷释放出来,植物体内的一些不需要依赖磷酸核苷酸和Pi的酶类活性也得以激活,从而维持细胞内的正常生理代谢。

活体的 ^{31}P NMR 分析发现,枫树和拟南芥中细胞质内无机磷浓度并不高,一般为60~80 μmol/L。当受到磷饥饿处理时,细胞质内的无机磷浓度将急剧下降,而液泡中无机磷的向外运输并不足以维持细胞质内无机磷浓度的稳定,因此,在磷饥饿胁迫下,细胞质中无机磷浓度的下降应当是激活细胞内磷饥饿响应代谢调控的第一个内源信号。

随着大量植物基因组测序的完成,以及对植物基因信息的注释和预测的进行,科学家们正试图利用全基因组信息,从基因组水平对植物响应磷饥饿信号进行分析,试图解析植物响应磷饥饿信号的基因表达调控网络,从而了解植物响应磷饥饿信号的分子生理调控系统。例如,莫尔昆德(Morcuende)等分析了拟南芥在缺磷条件下的转录组变化,探讨了磷饥饿胁迫下代谢途径的改变。

3.2 植物磷饥饿应激响应机制

3.2.1 磷脂代谢机制

当植物受到磷饥饿胁迫时,细胞内膜系统中的磷脂将被大量降解并释放出磷以供再利用,从而维持其生理代谢过程。在胁迫下,植物能降解细胞膜中高达70%的磷脂,而释放出磷作为补充,大量的半乳糖脂、硫酸甘油糖脂(SQDG)等不含磷的脂类的合成将加速并整合至细胞膜上,从而维持膜系统的正常功能。而这个细胞膜系统成分更替的过程主要通过磷脂酶C或者磷脂酶D与磷脂酸磷酸酶(phosphatidate phosphatase,PAP)的共同作用所介导(图3-1)。

PAP主要参与降解磷脂酸,释放出磷脂酸上的磷,从而启动磷脂到非磷脂的脂质转化。在拟南芥中存在两个磷脂酸磷酸酶,分别命名为磷脂酸磷酸水解酶1和2(PAH1和PAH2)。这两种酶主要存在于细胞提取物的可溶性部分中,表明其可能参与细胞内各种膜系统中磷脂酸的降解。丧失这两种酶活性的拟南芥突变体体内的磷脂酰胆碱(PC)和磷脂酰乙醇胺(PE)的含量都要高于野生型,而半乳糖二酰基甘油(MGDG)和双半乳糖二酰基甘油(DGDG)的含量都低于野生型。这表明这两种酶对于植物体内磷脂到非磷脂的脂质转化非常重要。尤其是在磷饥饿处理条件下,该突变体的磷脂到非磷脂的脂质转化和生长受到严重抑制。这进一步验证了磷脂到非磷脂的脂质转化对于植物响应磷饥饿胁迫的重要性。

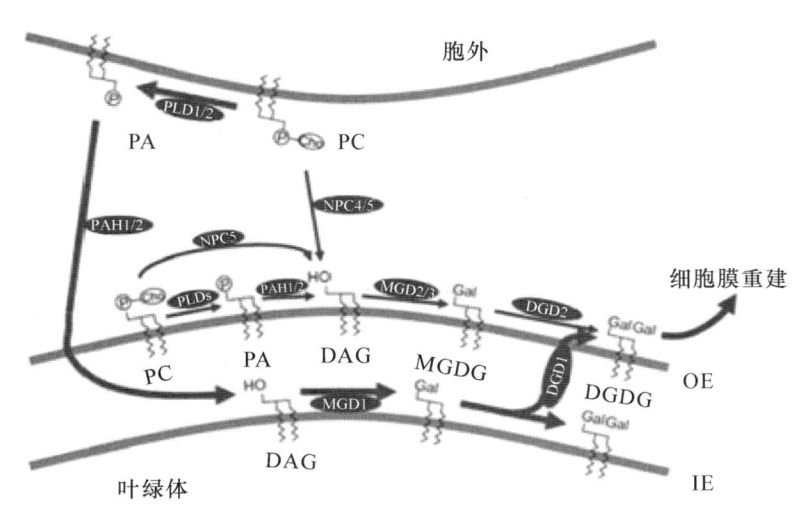

图 3-1　磷饥饿胁迫下植物细胞膜成分更替模型

除了 PAP 外,磷脂酶 C 在植物响应磷饥饿胁迫时的磷脂到非磷脂的脂质转化过程中也起着重要作用。有关拟南芥的研究发现,磷饥饿处理下,磷脂酶 C 的活性会急剧增加,而拟南芥基因组中共有 6 个非特异性磷脂酶 C(NPC1～NPC6),其中 NPC4 的转录受磷饥饿诱导,NPC4 通过其 C-端半胱氨酸的棕榈酰基化修饰定位于细胞膜,丧失该酶活性的突变体植株在磷饥饿处理下,其磷脂酶 C 活性几乎不受诱导。研究表明,缺磷条件下拟南芥 NPC4 通过水解细胞膜中的鞘磷脂糖基肌醇磷酸神经酰胺(glycosyl inositol phosphoryl ceramide,GIPC)释放磷来提高植物对磷饥饿胁迫的适应性。缺磷条件下丧失该酶活性的突变体植株中 GIPC 的含量显著升高、鞘脂代谢受阻,导致根系生长受到抑制。在拟南芥 6 个 NPC 中,NPC5 与 NPC4 非常类似,NPC5 定位于细胞质中,主要参与缺磷条件下甘油磷脂的代谢。然而,与拟南芥不同,其他植物中只有 NPC4,而 NPC5 缺失。研究表明油菜非特异性磷脂酶 C4(BnaNPC4)在体外具有水解鞘磷脂和甘油磷脂的双重活性,BnaNPC4 可以同时改变油菜中鞘磷脂和甘油磷脂的组成。

植物中的磷脂酶 D 也能够令脂类降解,形成磷脂酸。磷脂酸在 PAP 的作用下进一步形成脂质骨架,作为原料合成半乳糖脂。在拟南芥中存在着两个磷脂酶 D——PLDZ1 和 PLDZ2,它们参与将磷脂酰胆碱降解为磷脂酸的过程。在磷饥饿胁迫下,丧失这两种酶的突变体根系中的磷脂转化为半乳糖脂的过程受到部分抑制,根尖分生活力丧失加速,最终抑制根系生长。

当以上酶类共同作用,能将细胞膜中磷脂内的磷降解并释放出来,同时产生的脂质骨架将作为原料。这些脂质骨架在质体中通过酶类的作用,最终将磷脂转化成非磷脂。

3.2.2　根系调控及分泌机制

植物响应磷饥饿信号发生的一个显著改变是根系发育的调控。早期大量的生理分析发现,植物在磷饥饿胁迫条件下生长,地上部茎、叶的生长会受到明显的抑制,同时,根的生长也将加快,从而促进磷的吸收。非常典型的例子是白羽扇豆(*Lupinus albus*),在低磷培养条件下，会有大量的侧根发育出现，最终形成排根（proteoid root）。而排根的形成能够提高植株吸收外部磷的能力。

与之类似，有关模式植物拟南芥的研究发现，磷饥饿胁迫能显著抑制种子根的伸长，并诱导侧根和根毛的发生（图3-2）。对拟南芥主根的细胞模式分析发现，磷饥饿胁迫会诱导根尖静止中心（QC）细胞的分裂，影响根尖分生干细胞，促进其分化，最终影响根系发育。

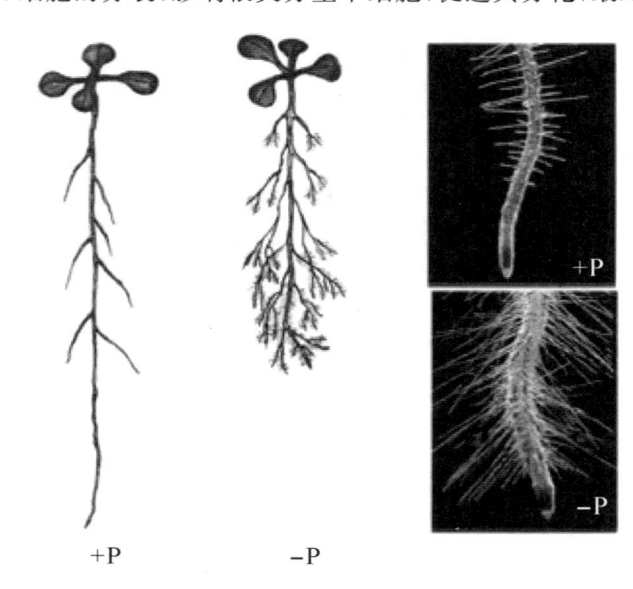

图3-2 磷饥饿胁迫下拟南芥的根构型改变模式

激素被认为是参与这些根系构型改变的主要因子之一，如结合赤霉素信号途径的相关突变体，有研究表明，赤霉素信号途径影响低磷调控根构型变化。而不同研究组通过分析低磷条件下侧根发育的模式及生长素信号途径的拟南芥突变体对磷饥饿胁迫的反应，表明低磷条件下拟南芥通过调整生长素的转运及对生长素的敏感性来影响根构型。磷饥饿胁迫能够增强根系中生长素受体蛋白TIR1的含量，从而促进AUX/IAA蛋白的降解，释放出生长素响应因子（auxin response factor, ARF），最终诱导侧根形成。

另外，通过分析拟南芥不同基因型在低磷条件下根构型的不同，挑选其中构型差异极为明显的两个材料分别作为父、母本，通过杂交形成F1并自交传代，构建遗传群体。通过对该遗传群体在磷饥饿条件下根构型的差异表现，法国的一个课题组分析了该群体内响应磷饥饿信号，从而调控根系伸长的数量性状位点。进一步研究发现，这些影响拟南芥在磷饥饿条件下根系伸长的一个主效数量性状位点对应于拟南芥基因组内编码一个多价铜离子氧化酶的*LPR1*基因。这个多价铜离子氧化酶LPR1及其同工酶LPR2能一起协同作用，调控拟南芥在磷饥饿胁迫下根系的伸长。低磷条件下，这两个蛋白质在根尖的活力能显著地降低根尖分生及伸长能力，从而抑制种子根的伸长。

磷饥饿胁迫能够诱导一个basic Helix-Loop-Helix（bHLH）转录因子RSL4的表达，从而促进磷饥饿胁迫下根毛的伸长和分生。植物维管特异性转录因子TMO5/LHW介导的细胞分裂素信号也调控低磷条件下根毛的生长。

尽管人们已经开始关注磷饥饿胁迫对植物根构型改变的影响，并已找出了一些参与该过程的基因和可能机制,但相关研究还主要以模式植物拟南芥为主,且大多数研究都是基于实验室内人工环境及均一培养基(如琼脂糖)的研究结果。生长在自然环境下、需要面对外部复杂的非均一土壤条件的植物,尤其是作物是否遵循类似的模式及调控机制,从而影响根构型的发育,仍是一个重要的挑战。

植物在磷饥饿胁迫下,除了改变根构型外,同时还发展出一整套机制来提高根系对磷吸收的能力。例如,通过促进根系表面有机酸的分泌,用于置换土壤中被金属离子螯合的磷;通过分泌一些蛋白质,如酸性磷酸酶、植酸酶等,帮助降解土壤中的有机磷,最终提高植物获取外部磷的能力。

在白羽扇豆的研究中发现,磷饥饿胁迫不仅能诱导排根的大量产生,同时还会在根系促进 PEPC(磷酸烯醇丙酮酸羧化酶)的表达,PEPC 活性的提高伴随着苹果酸脱氢酶和柠檬酸合成酶活性的增加,最终导致有机酸分泌的提高。这种根分泌出的有机酸酸化了根际环境,从而增加了环境中矿质磷的溶解和释放。根系苹果酸的分泌主要通过铝激活型苹果酸转运蛋白(aluminum-activated malate transporter,ALMT)所介导,如 GmALMT5 介导了大豆中的苹果酸分泌和磷饥饿胁迫响应。植物根系柠檬酸的分泌主要是受 MATE(multidrug and toxic compound extrusion)家族成员所控制。

另外,通过对拟南芥紫色酸性磷酸酶(purper acid phosphatase,PAP)的研究发现,PAP 为约 55kDa 的同源二聚体,属高相对分子质量 PAP 类群,它们能水解多种含磷底物,但不同 PAP 对含磷底物的作用有选择性。拟南芥基因组中有 26 个编码 PAP 的基因,其中 ATPAP9、ATPAP10 和 ATPAP13 是组成型表达的酶,它们可能在细胞内分解贮存的或需要重新利用的含磷有机物,参与细胞内磷稳态的日常维持,而且对含磷底物有选择特异性;而 ATPAP11 和 ATPAP12 受磷饥饿胁迫的调节,在植物缺磷时它们能大量表达并分泌到根际土壤中,降解土壤中的含磷底物。水稻中的 PAP3b、OsPAP10c 等也分泌到根际土壤中降解土壤中的有机磷以供植物利用。

有研究通过给拟南芥 ATPAP15 添加一个胡萝卜胞外引导肽,并将该重组蛋白在大豆中过表达,发现当以植酸为唯一磷源的培养条件下,与野生型大豆相比较,分泌该重组蛋白的转基因大豆的磷利用效率获得了显著提高。同时,种植在较低磷水平的酸性土壤上时,该转基因植株的单株结荚率及种子数都要远远高于野生型品种。这些结果进一步表明,植物在磷饥饿胁迫下开始分泌降解外部有机磷的酶类物质,是其应激机制的一个重要途径。

3.3 磷的吸收与转运

由于土壤中的有效磷含量很低,植物细胞内磷浓度要远高于外界环境中的磷,因此,植物通过根系吸收外部土壤环境中的磷,一般通过磷酸转运体,利用 H^+-ATP 酶形成的跨膜质子浓度梯度来协同转运磷酸。植物中存在高亲和性、低亲和性两种磷的吸收机制。当外部磷缺乏时,植物主要诱导高亲和性磷酸转运体,提高植物磷吸收的能力;而其低亲和性磷酸转运体主要是组成型表达。高亲和性磷酸转运体的表达对于植物应对磷饥饿胁迫非常重要,高亲和性磷酸转运体是一种膜蛋白,它能将胞外低浓度的磷转运到胞内。

马奇等对模式植物拟南芥基因组进行了分析,发现拟南芥基因组编码 9 个高亲和性磷酸转运体。对磷饥饿胁迫及其组织特异性的逆转录 PCR(polymerase chain reaction,聚合酶链式反应)分析结果表明,拟南芥中大部分高亲和性磷酸转运体在根系受磷饥饿诱导时增强表达,且该基因家族表达模式具有组织特异性,如 Pht1.6 特异性地在花组织中表达。他们进一步克隆这些高亲和性磷酸转运体基因的启动子,并构建这些启动子驱动的报告基因 GUS 或 GFP 载体,利用转基因技术将这些载体转化到拟南芥中。对目的报告基因的表达模式分析,不仅发现了这些高亲和性磷酸转运体基因对磷饥饿胁迫的响应模式,还发现了这些基因在不同地上部组织及特异细胞的表达模式。研究发现,AtPHT1;1 和 AtPHT1;4 都是高亲和性磷酸转运体(PHT),是拟南芥中主要负责从外界吸收磷酸盐的转运体。而 AtPHT1;5 与磷酸盐在体内的再利用有关,AtPHT1;8 和 AtPHT1;9 是两个高亲和性磷酸转运体,在缺磷条件下参与根系从外界吸收无机磷。在水稻中,对 PHT 基因家族的大量研究发现,OsPHT1;1 和 OsPHT1;8 的表达不受外界无机磷水平的影响,都具有高亲和性磷酸转运体,负责从外界吸收磷酸盐。低亲和性磷酸转运体 OsPHT1;2 参与磷酸盐从根向地上部的运输。OsPHT1;3 和 OsPHT1;7 参与了无机磷在水稻体内的分配过程。这些结果表明,高亲和性磷酸转运体不仅在根系的磷吸收上起作用,还参与了植株体内磷的再转移。此外,OsPHT1;11 和 OsPHT1;13 参与丛植体菌根共生过程,并受菌根诱导表达。OsPHT1;11 负责吸收菌根里的无机磷,OsPHT1;13 不参与磷的吸收,但参与调控共生过程。

研究发现,在拟南芥中存在一个在结构上与 SEC12 类似的 PHF1 蛋白,早期分泌途径中的 SEC12 蛋白的表达受磷饥饿诱导。PHF1 在植物细胞的分泌运输早期起作用,该蛋白质定位于内质网,并且特异性地参与磷酸转运体 PHT1.1(可能包括这一家族的其他成员)从内质网运输到细胞膜上的过程。丧失该蛋白质功能的拟南芥突变体磷吸收功能受阻,在正常培养条件下就表现出磷饥饿症状。PHF1 介导的 PHT1 的输出过程受到磷酸化的调控,水稻中酪蛋白激酶(CK2)在磷充足的情况下磷酸化 OsPHT1;8 的 517 位的丝氨酸,使 OsPHT1;8 无法与 OsPHF1 互作,最终导致 OsPHT1;8 滞留在内质网。在缺磷的条件下 OsCK2 被降解,而未磷酸化的 OsPHT1;8 在 OsPHF1 的帮助下从内质网输出到细胞膜上,促进无机磷的吸收。

在植物体内,除了磷酸转运体参与磷的吸收和体内转运外,还有另一类膜蛋白——PHO1 可能参与磷的转运。该蛋白质有六个可能的跨膜结构域,氨基端有一个长的亲水结构域。尽管该蛋白质与已知的一些转运体没有任何相似性,但该蛋白质上有 SPX 和 EXS 两个结构域。在酵母中,这两个蛋白结构域被认为参与磷的转运或感受。PHO1 在拟南芥的根系维管束中表达。在拟南芥中缺失 PHO1 的突变体中,磷从根系运输到地上部的过程严重受阻,导致植株的地上部表现出缺磷症状。研究发现,水稻中的三个 PHO1 成员都定位于细胞膜,介导细胞质磷酸盐的外排,其中 PHO1;2 在水稻籽粒灌浆时期的磷再分配过程中发挥重要作用。研究发现拟南芥和水稻中的硫酸盐转运体第三家族成员 SULTR3;4 (sulphate transporter 3.4,也被命名为 SPDT)定位在细胞膜,能够转运磷酸盐并参与磷在植物体内的分配过程。

液泡中磷酸盐的贮存和输出对于维持植物磷的平衡和正常的生长发育非常重要。研究分别鉴定了植物中负责液泡磷酸输入和输出的转运体。SPX-MFS[SPX-major facility superfamily,也被命名为 VPT(vacuolar phosphate transporter)或者 PHT5(phosphate transporter 5)]基因家族参与了细胞质中无机磷运输进入液泡内的过程。而 OsVPE1 和 OsVPE2（vacuolar phosphate efflux）则负责将植物液泡内贮存的无机磷输出到细胞质。

总之,对于磷的转运和运输机制,还需要大量的研究,以进一步阐明植物中磷转运蛋白和相关的膜蛋白的组织定位及其精细功能。另外,与磷转运相关的其他组件,如膜电势和质子转运,它们的变化也被认为与磷缺乏引起的磷吸收增加息息相关,此方面的研究还有待加强。

3.4 磷饥饿信号调控网络

随着分子生物学研究技术手段的发展,结合植物响应磷饥饿信号的生理及生化反应,科学家们也越来越清楚地认识到磷饥饿信号调控网络的重要性。对于该系统中的重要调控因子的分离,将极大地促进我们对该网络的认识。

针对该方面的研究,鲁比奥（Rubio）等通过磷饥饿诱导报告融合基因 *AtIPS1∷GUS* 筛选获得了 *phr1*（*phosphate responsive less 1*）突变体并克隆了 *PHR1* 基因。*PHR1* 属于一类 MYB-CC 转录因子家族,与衣藻中的磷反应相关转录因子 *PSR1* 基因同源,该蛋白质能以二聚体的形式特异性地结合在磷饥饿诱导表达基因启动子区域的一个顺式作用元件上,从而调控这些基因在磷饥饿胁迫下诱导表达。PHR1 功能丧失的拟南芥突变体,在缺磷条件下磷饥饿诱导基因的诱导表达被抑制,如 AtIPS1 和 At4、核糖核酸酶 RNS1、酸性磷酸酶 AtACP5 及高亲和性磷酸转运体 AtPT1。同时,磷饥饿胁迫下诱导地上部花色素苷合成的反应,在该突变体中也受到了阻断。

对 PHR1 功能缺失突变体的进一步分析发现,该突变体中磷在地上部及地下部间的分配发生了改变,同时,在磷饥饿胁迫下体内糖和淀粉的积累也远低于野生型。在该突变体中增强表达 *PHR1* 基因,能够恢复突变体磷饥饿胁迫下糖和淀粉的积累,但同时也导致了植株中磷含量的超积累。这些结果都表明了 *PHR1* 在磷吸收代谢中的重要性。

比斯托（Bustos）等利用一系列的芯片分析发现,PHR1 及其类似蛋白 PHL1 一同调控着拟南芥基因组中绝大多数缺磷诱导及抑制表达的基因的转录水平。例如,在 *phr1/phl1* 双突变体中,近 90% 的野生型中缺磷诱导四倍以上的基因,其缺磷诱导表达受到明显抑制(两倍以上)。同时,结合地塞米松诱导系统的芯片分析,比斯托等人还鉴定出 PHR1 直接调控的下游基因,并且发现绝大多数的 PHR1 直接调控基因中都存在 PIBS。这些结果表明,PHR1 及其类似蛋白 PHL1 作为中心调控因子整合磷饥饿信号,调节基因组表达,从而应对磷饥饿胁迫。

研究人员也发现,一些特异性的小分子 RNA 也参与磷饥饿信号调控。例如,在拟南芥中 miR399 是一类受磷饥饿特异性诱导表达的微 RNA（microRNA,miRNA）在磷饥饿胁迫条件下,植物会诱导该类小分子 RNA 的表达。该 miRNA 的缺磷诱导依赖于 PHR1,在拟南芥 *phr1* 突变体中,miR399 的磷饥饿诱导表达的模式受到强烈抑制,与之吻合的是,miR399 的启动子区域也有 PHR1 结合位点存在。miR399 能够特异性地与一个编码泛素降解途径的 E2 结合酶 PHO2 的 mRNA 5′非翻译区结合,从而导致该 mRNA 的降解,解除 PHO2 对 PHO1 的抑制作用,增强植物体内的磷从地下部朝地上部转运。

以 PHR1 及其类似蛋白 PHL1 为中心的调控体系中,还存在着一个小分子的非编码 RNA 基因 *IPS1*。该非编码 RNA 基因是 PHR1 的直接调控基因,其 RNA 序列中存在着一个能与 miR399 序列互补的区段。但该互补区段中对应 miRNA 剪切位点处有一个环状链,能够导致 IPS1 与 miR399 配对但不被降解,从而抑制 miR399 的功能,最终实现对磷饥饿信号及体内磷平衡的微调。

PHR 作为磷养分调控的核心因子,其功能受到精密的调控。近年来研究发现,PHR 转录调控活性受到 SPX 和肌醇磷酸(InsP)类分子的协同调控。InsP 作为感受细胞内磷水平的"信号分子",其含量受到一类双功能酶——肌醇磷酸激酶/磷酸酶(VIH)的控制,InsP 分子通过改变 PHR 和 SPX 的互作来调节植物缺磷反应。当磷充足时,细胞内 ATP 含量上升,VIH 发挥激酶活性,从而合成 InsP8,而 InsP8 与 SPX、PHR 形成复合体,抑制 PHR 激活缺磷信号;当缺磷时,VIH 发挥磷酸酶活性,细胞内 InsP8 含量下降,SPX-InsP-PHR 复合体解聚,PHR 转录因子形成二聚体激活下游缺磷响应基因的表达,启动缺磷响应。因此,SPX 作为细胞内磷水平的感受器,通过蛋白互作抑制 PHR 的转录活性,从而抑制低磷响应基因的表达。除此以外,PHR 功能还受到泛素 E3 连接酶 HRZ 的调控。当磷充足时,HRZ 会加速 PHR 的降解,抑制缺磷信号;当磷不足时,HRZ 的转录及蛋白质水平都被抑制,从而有效释放 PHR 的转录激活能力。与此不同,研究发现 PHR 的活性还受到另一个泛素 E3 连接酶 SIZ1 的单类泛素化修饰(SUMO),并有潜在激活 PHR 转录活性的功能。与此同时,SPX 作为一类重要的磷养分负调控因子,其转录水平和蛋白质水平也受到磷水平的调控。例如,SPX1 和 SPX2 的转录水平受到 PHR 的调控,在磷缺乏时会大量诱导表达,以备磷充足时能及时抑制 PHR 的转录激活能力;在蛋白质水平调控方面,SPX4 在缺磷条件下被 E3 泛素连接酶 SDEL 泛素化修饰并降解,从而解除对 PHR 的抑制作用。最近的研究还发现 PHR-SPX 这一调控模式除了调控磷养分外,还调控水稻与丛植菌根的共生过程。

总之,植物磷饥饿信号网络是一个复杂的体系,只有通过全面、系统的研究,将该网络系统重建出来,我们才能了解植物如何感受、传递和调控磷饥饿信号,从而有目的地对该体系进行调控,最终令农作物的磷素营养得到高效利用。

植物钾素营养
Potassium Nutrient in Plant

钾（potassium，K）是植物生长的必需营养元素，也是所有活有机体唯一必不可少的一价阳离子，它的某些生理功能是其他一价阳离子无法替代的。钾作为作物生产中影响作物产量及质量的一个重要限制因子，已经引起植物生理学、植物营养学等学科的研究人员的重视。钾具有促进碳水化合物的代谢，有利于氨基酸的形成，调节气孔运动，促进光合作用，稳定蛋白质构象等生理功能。

4.1 钾离子的吸收与转运

4.1.1 植物 K^+ 的吸收

钾吸收的主要部位是根系，吸收钾的方式有主动吸收和被动吸收两种。细胞中 K^+ 浓度较高，而根系附近土壤溶液中的 K^+ 由于根系的吸收而浓度较低。高等植物根细胞积累 K^+ 的浓度可以达到土壤溶液中 K^+ 浓度的 10～1000 倍，所以植物根系吸收 K^+ 的过程以逆浓度梯度的主动运输为主。K^+ 移向根部皮层的细胞壁空间后就被表皮和皮层细胞所吸收。这些外层细胞对 K^+ 的吸收速率是很高的，从而使内层皮层细胞的细胞壁空间中的 K^+ 浓度与根附近的土壤溶液中的 K^+ 浓度大大降低。在细胞壁空间的 K^+ 从根表层向维管束的木质部运输过程中受到了内皮层木栓化凯氏带的阻碍。由于这些原因，K^+ 主要是通过根皮层的外部细胞的细胞膜进入植物体内。一旦 K^+ 在皮层细胞中积累，就能贮存在这些细胞的大液泡中。皮层细胞里的 K^+ 通过细胞间的胞间连丝进入维管束。

植物对 K^+ 的吸收受内部因素（即植物自身对其根部 K^+ 吸收的控制和调节）和外界因

素（如养分离子，包括 K^+ 本身）共同的调节。植物内 K^+ 的含量是外界的几十倍甚至千倍，然而植物并不是无限制地吸收 K^+。植物体内存在 K^+ 吸收的反馈调节系统，能根据体内 K^+ 浓度调节 K^+ 的吸收速率，使植物体内 K^+ 浓度维持在一个较窄小的范围内。同时，细胞内外 H^+、Ca^{2+}、Na^+、NH_4^+、Mg^{2+} 等离子也影响 K^+ 的吸收。在外界供钾不足时，胞内 K^+ 浓度降低，为了维持正常的胞内膨压、电荷平衡、pH 的稳定和植物的正常生长，Na^+ 可以部分替代 K^+，Na^+ 可以竞争选择性差的 K^+ 转运体上的 K^+ 结合位点进入植物体内，缓解缺钾症状。如在较低 K^+ 下补充 Na^+ 后，番茄（*Lycopersicon esculentum*）出现缺钾症状的临界 K^+ 浓度略有下降。Ca^{2+} 是钾离子通道的抑制剂，高浓度的 Ca^{2+} 抑制 K^+ 的吸收，而低浓度的 Ca^{2+} 促进 K^+ 的吸收。Mg^{2+} 与 K^+ 在植物体内具有拮抗作用，K^+ 能降低植物体内 Mg^{2+} 的含量，而在 Mg^{2+} 含量较高的土壤中，K^+ 的有效性将被抑制。

4.1.2 植物 K^+ 转运系统

1. K^+ 转运体

KUP/HAK/KT 转运体：这类 K^+ 转运体最早在大肠杆菌中得到鉴定。在拟南芥中，KUP/HAK/KT 转运体有 13 个成员，而且具有高度的同源性。分析酵母异源表达表明，拟南芥中 KUP/HAK/KT 转运体中的部分成员负责高亲和性 K^+ 吸收。但人们对大部分成员在膜上的定位及如何转运、维持 K^+ 的动态平衡还不清楚。

Trk/HKT 转运体：植物中的 HKT 转运体与真菌的 Trk 转运体和原核生物的 KtrB 及 TrkHK$^+$ 转运体的亚基相似。在真菌和原核生物中，这一家族的 K^+ 转运体以协同转运方式起作用，其耦联离子是 H^+ 或 Na^+，作用方式取决于转运体本身。HKT 转运体在拟南芥中只有 AtHKT1 一个成员，在拟南芥中可能执行 Na^+ 转运体的功能。

K^+/H^+ 反向转运体：这类转运体是植物中研究较少的一类。在拟南芥中，有 KEA1、KEA2、KEA3、KEA4、KEA5、KEA6 六个成员。K^+/H^+ 反向转运体的表达无特异性。目前还没有实验证据可以证明 KEA 的功能特性，但从理论上推测其可能参与 K^+ 的装载。

2. K^+ 在植物体内的转运

在植物体内钾以离子的形态存在，被根吸收后很容易被转运到地上部，也很容易从植物体内的一个部位转移到其他部位，并可以被重复利用。在植物体内 K^+ 不足的情况下，K^+ 被优先分配到生长旺盛的幼嫩组织和器官中。

K^+ 在植物的木质部和韧皮部中进行长途运输。K^+ 从土壤溶液中进入根部，通过皮层薄壁细胞逆电化学梯度进入木质部导管，然后通过导管运输到植物体的各个部分。韧皮部筛管液中高浓度的 K^+ 随着同化物运输流而流动，可以向上运输到正在生长的茎端、幼叶或成熟前的果实中，也可以沿着韧皮部筛管向下运输到根部或地下贮藏器官。K^+ 是筛管液中含量最高的阳离子，因此凡是被优先供应韧皮部液的器官中钾含量较高。

4.2 钾离子通道蛋白的结构与功能

K^+ 在植物生长发育过程中起着重要的作用，具有重要的生理功能。植物中可能存在钾离子通道，这一点早在 20 世纪 60 年代植物营养学界就有人提出，而一直到 80 年代才被施罗德(Schroeder)等人证实,他们利用膜片钳(patch clamp)技术,首先在蚕豆(Vicia faba)的保卫细胞中检测出了钾离子通道的存在。后来,人们又陆续在其他植物及细胞中发现了多种类型的钾离子通道。

离子通道是跨膜蛋白,离子在跨膜电化学势梯度的作用下进行的运输,不需要加入任何的自由能。一般来讲,离子通道具有两个显著特性:一是离子通道是门控的,即离子通道的活性由通道开或关两种构象所调节,并通过开关应答相应的信号。根据门控机制,离子通道可分为电压门控、配体门控、压力激活离子通道。二是通道对离子具有选择性,离子通道对被转运离子的大小与电荷都有高度的选择性。根据通道可通过的离子不同,离子通道分为钾离子通道、Na^+通道、Ca^{2+}通道等。其中,钾离子通道是种类最多、家族最为多样化的离子通道。根据其对电势依赖性及离子流方向的不同,钾离子通道分为两类:①内向整流型钾离子通道(inward rectifier 钾离子 channel,K_{in}^+);②外向整流型钾离子通道(outward rectifier 钾离子 channel,K_{out}^+)。

有关钾离子通道在植物体内的作用的研究并不多。从目前的结果来看,认为只要是与K^+吸收和细胞中的信号传递(尤其是保卫细胞)有关。小麦根细胞中的过极化激活的选择性内流钾离子通道的表观平衡常数K_m值相似。近年来,大量对钾离子通道基因的研究表明,钾离子通道是植物吸收和转运K^+的重要途径之一。保卫细胞中气孔的开闭与其液泡中的K^+浓度有密切关系。细胞膜去极化激活的外向整流型钾离子通道引起K^+外流,胞质膨压降低,导致气孔关闭。相反,细胞膜上H^+-ATP酶激活的超极化(hyperpolarization)促使内向整流型钾离子通道打开,引起K^+内流,最终导致气孔张开。可见钾离子通道在保卫细胞开闭的过程中具有传递信号的功能。

4.2.1 钾离子通道的结构

单个钾离子通道是同源四聚体,4个亚基对称围成1个传导离子的中央孔道,恰好让单个K^+通过。对于不同家族,每个亚基有不同数目的跨膜元件(membrane-spanning element)组成。2个跨膜链与它们之间的P-回环(pore helix loop)是钾离子通道结构的标志(2TM/P),不同家族的钾离子通道都有这样1个结构。电压门按钾离子通道在2TM/P之间有4条跨膜链(S1~S4),使得通道具有感受并响应膜电位的能力(sensor)。S4跨膜链每隔2个残基就有1个带正电荷的精氨酸或赖氨酸,其他位置都有疏水性残基,正是这样的特殊结构使得S4片段在门控过程中起着重要的作用(图4-1)。

目前从植物中发现的钾离子通道几乎全是电压门控型的,如保卫细胞中的外向整流型钾离子通道等,其结构模型如图4-2所示。离子通过过程中离子的选择过程主要发生在狭窄的选择性过滤器(selectivity filter,SF)中,X-射线晶体学显示选择性过滤器长1.2nm,孔径约为0.3nm,K^+脱水后(直径约为0.26nm)恰好可以通过。过滤器中每1个亚基都存在1个保守的TVGYG序列,每1个氨基酸上的羧基氧原子都指向孔道。每8个氧原子以1个近似方形棱镜的形式包围成1个K^+适合的结合位点(ion-binding site),过滤器中存在4个这样的位点。前面1~3个位点处于细胞外侧,由8个TVGYG序列氨基酸上的羧基氧原子组成,第4个羧基氧原子和4个侧链苏氨酸上的羟基氧原子组成。钾离子通道1个独特的结构特征是孔道内有1个部分可以膨胀到1.0nm,成为中心腔(cavity),位于选择性过滤器的细胞内侧、细胞膜的中间。中心腔中可以容纳1个K^+,其他空间则充满了水。另外,通道胞外侧的出口处存在2个K^+适合的结合位点。

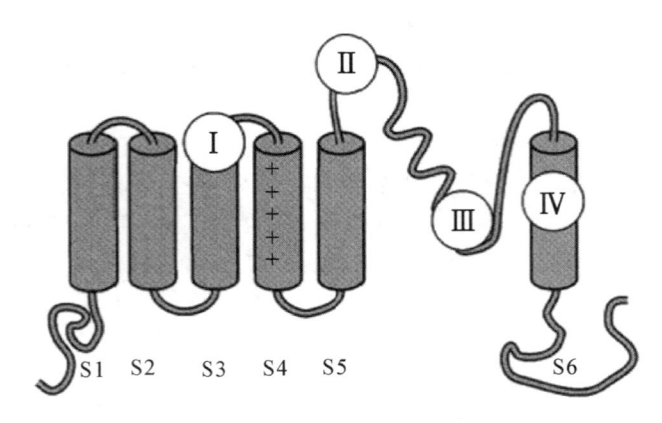

图 4-1 植物钾离子通道结构示意图

注:很多钾离子通道亚基都由六个跨膜链组成(S1~S6),其中 S5、S6 之间的多肽链属于孔道区,S1~S4 处于电压敏感区,S4 上的一些特殊结构使其在电压门控中起到特殊作用。

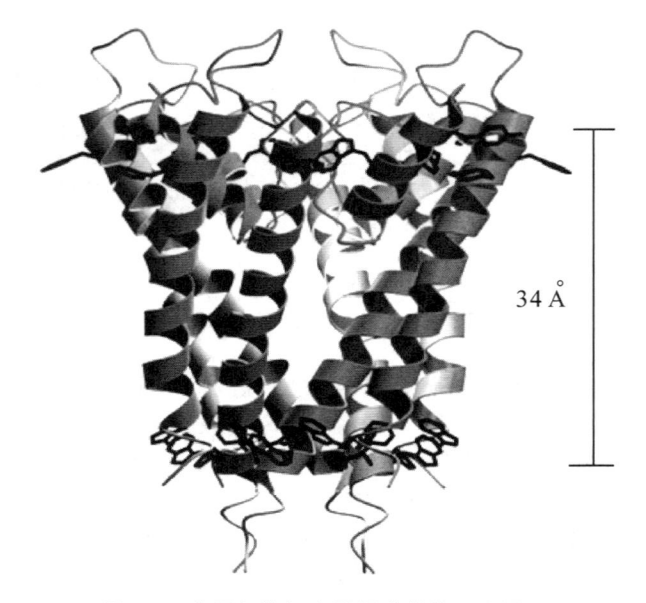

图 4-2 电压门控钾离子通道结构示意图

注:图中只标出直径上对置的两个亚基,每个亚基上的 P-回环形成狭窄的选择性过滤器,在其胞内侧、细胞膜的中间是一个中心腔。

4.2.2 钾离子通道的功能

迄今为止,已从多种植物或同种植物的不同组织器官中分离得到多种钾离子通道基因,根据对其结构功能和 DNA 序列的分析,可以把它们分为五个大组:Ⅰ、Ⅱ、Ⅳ组基因属于内向整流型通道;Ⅲ组属于弱内向整流型通道(weakly inward rectifier channel);Ⅴ组则是外向整流型通道。

1. 内向整流型钾离子通道基因

已有研究表明,内向整流型钾离子通道是植物 K^+ 吸收的主要途径,对其分子生物学的研究也较为清楚。植物内向整流型钾离子通道主要存在于细胞膜上,具有特殊的电势依赖性。K_{in}^+ 通道主要有两项功能:①为低亲和性 K^+ 吸收提供一条途径,吸收由 H^+ 泵建立的膜电压驱动;②调节膜传导性和感受细胞内外 K^+ 浓度梯度而影响膜电压的控制。在细胞膜超极化的电压条件下,内向整流型钾离子通道被打开,从而介导钾离子流入胞内和调控膜蛋白。植物细胞膜上的 K_{in}^+ 通道对植物根、胚芽鞘、维管束等部位的 K^+ 内流,膜蛋白的调控,气孔开闭等各种细胞功能起着重要的作用。大麦、黑麦草和玉米等植物中的 K_{in}^+ 对 K^+ 表现为低亲和性;然而,在向日葵和拟南芥中,低钾的情况下,K^+ 内流量和钾离子通道的活性都有所提高,表现为高亲和性。随着分子生物学技术的发展和应用,目前已克隆出了许多与 K^+ 吸收有关的通道基因。外源高亲和性钾离子通道基因的导入不仅可以提高肥料钾和土壤缓效钾的利用率,而且可以显著增加植株的钾含量,使植物产量和品质得到较大幅度的提高,从而开辟利用外源基因改良植物营养遗传特性的新途径。

(1)内向整流型钾离子通道基因的分类

到目前为止,已从多种植物或同种植物的不同组织器官中分离得到了许多 K_{in}^+ 通道基因。这些通道基因的表达特性各不相同,常见的有两种分类方法。埃利德(Elide)等根据 K_{in}^+ 通道基因的结构和 DNA 序列的不同,把 K_{in}^+ 通道基因分为四个大组(表 4-1),其中Ⅲ组为弱内向整流型钾离子通道基因。施罗德等根据其结构域的不同,把这些 K_{in}^+ 通道基因分为 KAT 亚族和 AKT 亚族(表 4-2)。

表 4-1 内流型钾离子通道的分类

组名	结构特征	基因	物种
Ⅰ组	其基因产物在羧基端有锚蛋白区	AKT1	拟南芥 Arabidopsis thaliana
		LKT1	番茄 Lycopersicon esculentum
		ZMK1	玉米 Zea mays
		QsAKT1	水稻 Oryza sativa
		DKT1	胡萝卜 Daucus carota
Ⅱ组	其基因产物在羧基端没有锚蛋白区	KAT1	拟南芥 Arabidopsis thaliana
		KST1	马铃薯 Solanum tuberosum
		SIRK	葡萄 Vitis vinifera
		KZM1	玉米 Zea mays
		KPT1	白杨 Populus stremula
Ⅲ组	介导流入流出;羧基端有锚蛋白区	AKT2	拟南芥 Arabidopsis thaliana
		ZMK2	玉米 Zea mays
		SPICK1	雨树 Samanea saman
		SPICK2	雨树 Samanea saman
Ⅳ组	其基因产物在羧基端没有锚蛋白区	AtKC1	拟南芥 Arabidopsis thaliana
		KDC1	胡萝卜 Daucus carota

表 4-2 KAT 亚族和 AKT 亚族分类表

组名	基因	物种
KAT 亚族	KAT1	拟南芥 *Arabidopsis thaliana*
	SIRK	葡萄 *Vitis vinifera*
	KMT1	冰叶日中花 *Mesembryanthemum crystallinum*
	KST1	马铃薯 *Solanum tuberosum*
AKT 亚族	AKT1	拟南芥 *Arabidopsis thaliana*
	SKT1	马铃薯 *Solanum tuberosum*
	MKT1	冰叶日中花 *Mesembryanthemum crystallinum*
	MKT2	冰叶日中花 *Mesembryanthemum crystallinum*

(2) 内流型钾离子通道的结构特征

这些 K_{in}^+ 通道(图 4-1)具有 S1～S6 六个跨膜结构域和一个位于 S5 和 S6 之间的 P 结构区域(又称为 H5 区域)。S4 是通道电压敏感区,是一个 Arg/Lys-X-X-Arg/Lys 重复序列区,对跨膜电压变化产生反应,是导致通道门开放所必需的。P 结构区域是离子通道孔径形成区,含有离子结合部位,其中间在内,两端暴露在外,呈 β 发夹状。H5 中 GYGD 片段的存在表明它是一个高度保守的 K^+ 选择区。该区域氨基酸残基的微小变化都会直接影响离子的选择性与导度,如苏氨酸和苯丙氨酸分别被丝氨酸替换时,对 Rb^+ 和 NH_4^+ 的导度增加。在—COOH 端有一个锚蛋白相关区(ankyrin related domain, ANKY)和一个环核苷酸结合位点(NBS),锚蛋白区在环核苷酸结合位点的下游,与其他蛋白质之间的相互作用有关。

目前认为,锚蛋白相关区只存在于 AKT1 及相近 K^+ 的通道,KAT1 没有 ANKY。保守的 N-端可能在亚基间及它们在胞质集合装配时起特异识别作用。具有生理功能的钾离子通道可能是由 4 个相对分子质量为 $6.5×10^4～1.0×10^5$ 的 α-亚基和一个 β-亚基组成的同源四聚体,其中 α-亚基上有 P-回环形成的狭窄的选择性过滤器(SF)和电压敏感器(VS)。X-射线晶体学显示,选择性过滤器长 112nm,孔径约为 0.13nm,K^+ 脱水后(直径约为 0.126nm)恰好可以通过。过滤器中每一个亚基都存在着一个保守的 TVGYG 序列,每一个氨基酸序列上的羧基氧原子都指向孔道。每八个氧原子以一个近似方形棱镜的形式包围成一个 K^+ 适宜的结合位点,过滤器存在四个位点,从胞内到胞外分别定义为位点 1～4。钾离子通道孔的氨基酸序列是高度保守的,Tyr-Gly 序列在离子选择性中起到重要作用,离子通道对离子选择性差异可能就在于 Tyr-Gly 序列在离子通道氨基酸序列上位置的不同。β-亚基具亲水性,可能起到调节的作用。

(3) 内流型钾离子通道的功能特征

1) AKT1 组

AKT1 组基因主要包括 *AKT1*、*LKT1*、*ZMK1*、*OsAKT1*、*DKT1* 等,现介绍如下:

AKT1 基因是 1992 年桑特纳克(Sentenac)等于利用酵母的吸钾缺陷突变体,从拟南芥 cDNA 文库中分离得到,是第一个克隆得到的植物钾离子通道基因。cDNA 序列分析表明,AKT1 长 2649bp,其中的阅读框为 2517bp,编码 838 个氨基酸残基组成的多肽,相对分子质量约为 95400。其—COOH 端有锚蛋白区(ANK),且 N-端较短,为 60 个氨基酸,C-端较长,有 562 个氨基酸。研究证明,AKT1 与 Shaker 家族的结构相似,具有六个跨膜区域 S1～S6

及一个 P(H5) 结构区域。AKT1 编码的钾离子通道对 K^+ 有极高的选择性，其选择性依次是 $K^+>Rb^+\gg Na^+>Li^+$。Northern blot 分析表明，AKT1 组织特异性较强，主要在根组织的根毛、表皮、皮层中表达。除了成熟根的表层细胞以外，在叶片的叶肉细胞、保卫细胞和水孔中也存在。近来研究发现，AKT1 通道不仅能促进植物对土壤中 K^+ 的吸收，还能影响根细胞的生长发育，当把 *akt1* 突变体植株幼苗（*akt1* mutant seedling）置于低外界 K^+ 浓度时，其根毛会萎缩至非常小。

LKT1 是从番茄（*Lycopersicon esculentum*）根毛特化的 cDNA 文库中克隆出来的。RNA 印迹分析表明，*LKT1* 的 mRNA 在根毛中强烈表达。最新的研究表明，*LKT1* 定位在根的表皮和皮层细胞中，主要是参与植物根表皮细胞对 K^+ 的吸收。*LKT1* 编码的多肽中有 97% 的氨基酸序列与马铃薯的 SKT1 一致，它们在功能上的相似性已经在一个电生理学实验中得到了证实。

ZMK1 是从玉米胚芽鞘中分离出的钾离子通道基因。最新的研究表明，*ZMK1* 也定位在根的表皮和皮层细胞中，负责将 K^+ 吸收到根细胞中。在卵母细胞中的表达表明，*ZMK1* 编码的钾离子通道是通过外部酸化激活的。有研究表明，蓝光对 ZMK1 通道在玉米胚芽鞘中的分布有一定影响。

OsAKT1 来源于水稻（*Oryza sativa*）特化的 cDNA 文库，Northern blot 分析表明 *OsAKT1* 主要在根组织中表达，叶片组织中也有少量表达。*OsAKT1* 的表达具有明显的细胞特异性（cell specificity），比如在根组织中，其在表皮和内皮层细胞中强烈表达，而在脉管系统（vasculature）和外皮层细胞中表达量则要低得多。最新研究表明，*OsAKT1* 似乎在盐胁迫下水稻的 K^+ 吸收过程中扮演重要的角色。

DKT1 是埃利德等人从胡萝卜（*Daucus carota*）中分离出来的一种 α-亚基类的钾离子通道基因。*DKT1* 基因长 2827bp，其中阅读框含有 2622 个核苷酸，编码由 873 个氨基酸组成的多肽，相对分子质量约为 99000。它与拟南芥的 *AKT1* 有 82% 的同源性，与 *LKT1* 则有 85%。*DKT1* 能在成熟胡萝卜的叶片中大量表达，在根部、子叶、茎等很多部位也有表达，可能在植物营养物质吸收和其他一些生理过程方面发挥重要作用。

2）KAT1 组

KAT1 组基因编码内向整流型钾离子通道，其与 AKT1 组基因产物结构上的最大区别是在—COOH 端没有锚蛋白相关区。KAT1 组基因主要包括 *KAT1*、*KST1*、*SIRK*、*KZM1*、*KPT1* 等。

KAT1 是与 *AKT1* 同时从拟南芥 cDNA 文库中筛选出来的植物钾离子通道基因。*KAT1* 基因的阅读框含有 2031 个核苷酸，编码的多肽由 677 个氨基酸残基组成，相对分子质量约为 78000。该蛋白可能有七个跨膜结构，其中有六个结构成串排列在多肽的 N-端，这一结构是所有电压敏感 Shaker 家族钾离子通道的结构特征。*KAT1* 的表达具有组织特异性，*KAT1* 在拟南芥植株中的主要表达部位是保卫细胞，可能在调节气孔的开闭和 K^+ 向液泡转运中起作用，在根和茎中也有少量表达。人们认为 KAT1 通道可能参与了气孔的开闭，并向维管束中转运 K^+，而不是直接从土壤中吸收 K^+。以 *KAT1* 为探针，从拟南芥 cDNA 文库中筛选出 *KAT2* 等功能类似的内向整流型钾离子通道基因。*KAT2* 在保卫细胞、木质部和花中表达，可能在气孔的开闭过程中参与 K^+ 向保卫细胞的内流。

KST1 是 1995 年由米勒（Mueller）等以 *KAT1* 和 *AKT1* 作为探针从马铃薯（*Solanum tuberosum*)的 cDNA 文库中筛选出来的。KST1 长约 2381bp，可编码 689 个氨基酸残基的多肽。其结构与 Shaker 家族钾离子通道类似，所编码的蛋白也有 S1～S6 和 P(H5)结构区域。以 KST1 为探针，与马铃薯的绿花蕾、展开的花、叶片、表皮、茎节、块茎和根的各部位 RNA 进行 Northern blot 分析，发现 *KST1* 主要在花和叶部位表达，而在茎节、块茎和根中不表达。原位杂交的结果还表明，*KST1* 基因产物主要存在于气孔的保卫细胞中参与气孔的开闭。

SIRK 是普拉泰利(Pratelli)等人从葡萄藤植物(*Vitis vinifera*)中分离出来的一种钾离子通道基因。基因表达的结果表明，SIRK 所显示的功能特性与 KAT2 很相似。通过将 *SIRK* 的启动子区与 *GUS* 报告基因整合后在葡萄藤和拟南芥中的表达，分析发现，*SIRK* 在葡萄藤保卫细胞中表达，在拟南芥的木质部薄壁组织中也有表达。

KZM1 是来源于玉米的一种内向整流型钾离子通道基因，主要表达在玉米的保卫细胞和脉管系统等部位。单从 DNA 序列分析来看，KZM1 通道很可能与拟南芥的 KAT2 具有相似的功能，但与 KAT2 相比，KZM1 通道缺少分布在细胞膜外局部的组氨酸，因此它不会受到外部环境酸化的影响。

KPT1 是 Hedrich 等从白杨中分离得到的钾离子通道基因，主要在保卫细胞和芽部位中表达。其基因产物在保卫细胞开启和芽生长时的 K^+ 吸收过程中起作用。

3)AKT2 组

AKT2 组基因包括 *AKT2*、*ZMK2*、*VKC1*、*SPICK1*、*PTK2*、*SKT2* 等，是 Shaker 家族中唯一既能介导钾的内流也能调节钾外流的弱内向整流型钾通道。与 AKT1 组通道一样，C-端也具有 ANKY 结构。近年来，关于 AKT2 组的研究主要集中在 *AKT2* 与 *ZMK2* 上。

AKT2 是利用 *AKT1* 作探针，从拟南芥 cDNA 文库中得到的克隆，同时被分离的还有 *AKT3*、*AKT4* 等。*AKT2* 基因编码由 802 个氨基酸残基组成的多肽，相对分子质量约为 91300，它与 *AKT1*、*KAT1* 有 60% 同源性，能在卵母细胞中表达并具有转运 K^+ 的作用。AKT2 的多肽序列有 6 个可能的跨膜结构 S1～S6 及 1 个 P(H5)结构区域，以及包含 6 个糖基化位点和 15 个磷酸化位点。氨基酸糖基化位点和磷酸化位点是跨膜蛋白所特有的。*AKT3* 可能是 *AKT2* 的一部分(缺失前 15 个密码子)。在卵母细胞中的表达表明它们都是电压门控的内向整流型钾离子通道。AKT2 在叶肉、叶表皮和保卫细胞韧皮部中都有表达。

跟 *ZMK1* 一样，*ZMK2* 也是从玉米胚芽鞘中分离的钾离子通道基因，在脉管系统表达，编码弱内向整流型钾离子通道，其基因产物在—COOH 端具有锚蛋白相关区。在卵母细胞中的表达表明，ZMK2 依电压独立性及质子禁止性通道方式调节 K^+ 电流。

4)AtKC1 组

AtKC1 组基因产物无 ANKY 结构，主要有 *AtKC1* 和 *KDC1* 两种。

AtKC1 是赖因坦茨(Reintanz)等从拟南芥中分离克隆的一个 α-亚基类钾离子通道基因，基因产物没有锚蛋白相关区。研究表明，*AtKC1* 主要在根毛区和根的内皮层表达。由逆转录 PCR 和膜片钳技术研究发现，AtKC1 通道的 α-亚基是根毛 K^+ 吸收通道的重要组成单位。

KDC1 是从胡萝卜根中分离和克隆出来的，它属于植物内向整流型钾离子通道的一个新亚族。原位杂交实验显示，*KDC1* 在胡萝卜根毛细胞中有高水平的表达，和拟南芥的

AtKC1 具有很相似的表达方式。KDC1 不能单独在卵母细胞中表达,即不具功能性。但当其与 DKT1 共同在卵母细胞中做异源表达时,它们的基因产物能介导 K$^+$ 流的产生。

2. 外向整流型钾离子通道基因

K$_{out}^+$ 通道存在于植物的各类细胞中,它在细胞膜去极化(depolarization)的条件下被激活打开,此时跨膜电势比较高,导致 K$^+$ 由胞内排出胞外。

KCO 家族在拟南芥中共有 KCO1～KCO6 六个成员,均为外向整流型钾离子通道。KCO1 是研究的较为清楚的一个成员。KCO1 是第一个从植物细胞中筛选出的具有外向整流性的钾离子通道基因。KCO1 是以 Shaker 通道的 P-回环的保守序列为探针,从拟南芥的 EST 数据库中筛选出的。它具有两个 P-回环、四个跨膜链(片段)。KCO1 能够向外转运 K$^+$ 并且依赖于胞质中的 Ca^{2+}。KCO1 不仅能在叶片和花中表达,也能在幼苗中表达,但表达量较低,亚细胞水平上定位于液泡膜。

从拟南芥中,人们还分离克隆了外向整流型钾离子通道基因 SKOR。SKOR 是拟南芥去极化激活的钾离子通道,已经在卵母细胞中得到表达,pH 变化可以调节活化的通道数量。SKOR 对于 pH 的敏感性在生理范围内说明,内外 pH 在调节 K$^+$ 分泌到木质部时起作用。SKOR 在根中柱鞘、木质部软组织、花粉中表达。

GORK 来源于拟南芥的保卫细胞。当在卵母细胞中异源表达时,GORK 基因产物可以介导去极化激活的 K$^+$ 流。拟南芥的 SKOR 和 GORK 有 73% 的序列同源性,雨树(Samanea saman)的 SPORK 与 GORK 有 75% 的序列同源性。GORK 与 SKOR、PTORK、SPORK 等共同组成了植物钾离子通道家族的一个亚科(subfamily)。GORK 是在保卫细胞中的唯一外向钾离子通道,介导气孔关闭时 K$^+$ 的释放。

通过基因工程技术,人们已相继开展了将 KAT1 和 AKT1 基因导入拟南芥、烟草和水稻的研究,并获得了一些转基因植株。有科学家应用花粉管通道法将高钾植物空心莲子草 DNA 导入水稻中,在后代的大量筛选中也发现一些株系的吸钾速率和对 K$^+$ 的积累能力比对应的受体有明显的提高;RAPD 检测也表明外源 DNA 的导入引起了受体植物基因组的改变。这些研究工作表明,应用分子育种手段和基因工程技术完全有可能将钾离子通道基因转入植物中去,使其在转基因后代中表达,从而达到改良植物的营养性状的目的。因此,运用现代分子生物学手段和基因工程技术筛选高效利用钾的作物品种或利用现有的钾离子通道基因改良作物品种,从而提高作物本身的钾吸收利用能力是目前主要的研究方向。

专题 5

植物铁素营养
Iron Nutrient in Plant

Fe 是植物必需的营养元素。它居于许多金属蛋白的活性中心,参与多种与植物氧产生和消耗相关的基础氧化还原反应,同时又是许多重要酶,如固氮酶、脱氧核苷酸还原酶、ACC(1-氨基环丙烷-1-羧酸,1-aminocyclopropanel carboxylic acid) 氧化酶等辅基,构成酶的活性中心。哺乳动物中,大部分的 Fe 作为血液系统中运输氧的重要蛋白——血红素的成分而存在。

土壤中全铁含量很高,但有效铁含量很低。其中大部分以不溶状态存在于矿物质的晶格中,地球上约 30% 的土壤由于缺乏生物可获得性 Fe 而限制植物对 Fe 的吸收,进而影响农作物的产量和品质。现在,世界上由于农作物缺铁而导致的铁摄入量不足的人口数量已经达到了十亿以上。因此,研究植物对 Fe 的吸收以及植物体内 Fe 平衡的分子机制有非常重要的意义。

植物可吸收的主要是可溶性的 Fe(Ⅱ) 和 Fe(Ⅲ) 的螯合物形式。pH 对 Fe 在土壤中的可溶性有很大影响,高 pH 的石灰性土壤中可溶性铁含量很低。植物缺铁时,表现出叶片黄化,根尖膨大,根部还原能力增强,侧根生长靠近根尖部位等表型。但是,在酸性或者淹水的土壤中,使还原性的 Fe(Ⅱ) 增多,这同样会对植物产生毒害,因为 Fe(Ⅱ) 被植物吸收后,与还原形式的氧反应,形成自由基,对植物有较强的毒害作用。

因此,植物对铁的吸收和利用有着严格的调控机制,既要努力从可溶性铁严重缺乏的环境中快速、高效地利用铁,又要防止特殊条件下的铁毒害,使植物体内的铁元素维持一个相对平衡的状态。对铁毒害作用的调控,植物主要通过形成铁蛋白(ferritin)来缓解。铁蛋白在植物中是一种铁的缓冲体,当植物体内铁含量过多时,大量的 Fe 原子以一种可溶、非活性、可生物获得的形式贮存在铁蛋白中,降低植物中活性铁的含量,并将其作为一种 Fe 库的形式,在需要的时候,Fe 被重新释放、利用。

植物在更多的时候是面对缺铁的环境,需要解决如何最大限度地获取自己生长发育所需的 Fe 营养的问题。因此,在长期的进化过程中,植物逐渐形成了一些适应环境中铁缺乏的机制。

5.1 植物铁素营养吸收的机制

在植物生长环境中铁供应充足的条件下,所有植物都通过根表皮细胞膜上的一种低亲和性 Fe 载体,将由 Fe(Ⅲ)-螯合物还原酶(FRO)还原 Fe(Ⅲ)形成的 Fe(Ⅱ)运入细胞加以吸收。但到目前为止,这种 Fe 吸收的低亲和性载体系统工作的分子机制还不清楚。

但当植物可吸收的铁缺乏时,植物提高从根际环境中获得 Fe 的策略,根据植物的不同,有两种机制(图 5-1)。双子叶植物和非禾本科单子叶植物采用机制Ⅰ(strategy Ⅰ);而禾本科植物采用机制Ⅱ。

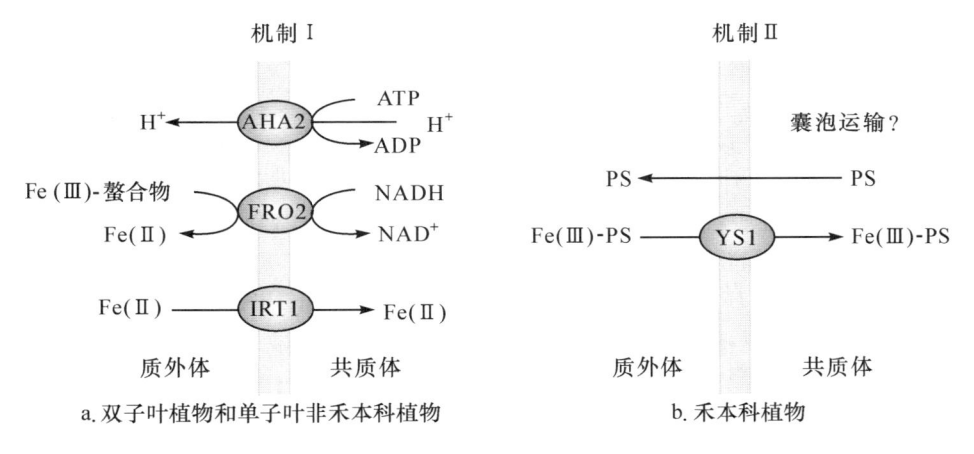

图 5-1 高等植物 Fe 营养吸收的机制

5.1.1 双子叶植物和单子叶非禾本科植物

采用机制Ⅰ的植物,主要是通过提高特异性的 Fe(Ⅲ)-螯合物还原酶以及 Fe(Ⅱ)运输载体的活性,提高植物根从根际环境中吸收 Fe 的能力。

在 Fe 缺乏的条件下,这类植物首先通过激活根部皮层细胞膜上特异性的 H^+-ATP 酶,酸化根际空间,迅速将根际土壤中的 pH 降到 3 或更低,以提高土壤中 Fe 的可溶性。然后,可溶性的 Fe(Ⅲ)被螯合物还原酶还原成 Fe(Ⅱ),经 Fe(Ⅱ)载体转运吸收。在拟南芥中,Fe(Ⅲ)-螯合物还原酶基因已经被克隆,为 *FRO1*、*FRO2* 和 *FRO3*;而转运 Fe(Ⅱ)的载体基因则为 *IRT1*、*IRT2*(图 5-1a)。其中,FRO2 是一个有 725 个氨基酸,根部特异性表达,含八个跨膜域,并与酵母 Fe(Ⅲ)-螯合物还原酶 Frep 和人类噬菌体 NADPH gp91[phox] 具有同源的蛋白质。它还具有血红素和核酸辅酶因子结合位点,这与其从胞质 NADPH 上向胞外 Fe(Ⅲ)上转移电子的功能相一致。豌豆(*Pisum sativum*)中也发现了类似基因 *PsFRO1*,但与

AtFRO2 不同的是,它在植物根部和地上部分都有表达,暗示它可能参与了植物体内 Fe 的分布机制。其他的 FRO 基因也具有类似的结构和功能。

IRT1 则由 347 个氨基酸组成,同样包含八个跨膜域,是一类在线虫、拟南芥、水稻(Oryza sativa)和酵母(Saccharomyces cerevisiae)中具有相似蛋白序列的真核生物金属离子转运体,属于 ZIP 家族。酵母互补实验表明,IRT1 除了能够作为 Fe(Ⅱ)的转运体外,同样可以介导 Mn^{2+} 和 Zn^{2+} 的吸收。

拟南芥在缺 Fe 时,其根中 IRT1 的转录和蛋白积累水平都相应提高。而 IRT1 的敲除纯合体则在土壤栽培时表现出与一般植物缺铁时一样的叶片黄化、生长发育受阻等表型,并最终导致植株死亡。irt1 突变体的根不但不能进行 Fe 的吸收,同时,在缺 Fe 的条件下,也不能积累 Zn、Cd、Mn 和 Co 等离子。这些结果与酵母互补实验中证实 IRT1 是一个广谱金属底物运输体,以及在缺 Fe 植物中观察到的 Zn、Cd、Mn 和 Co 等离子的积累特性是一致的。

IRT1 不仅作为 Fe(Ⅱ)载体影响植物对 Fe 的吸收,对植物发育也有重要影响。IRT1 缺失突变使植物中的类囊体减少,叶片缺乏栅栏通气组织的分化,木质部中的维管束减少,同时有不正常的根部表皮和皮层细胞的膨大;它同样会影响植物的光合作用,使光合系统Ⅱ中的量子产率降低,改变光敏特性和叶绿体的荧光参数,以及光合装置的多肽组成。

到目前为止,除了拟南芥的 IRT1 外,在豌豆和番茄(Solanum lycopersicum)中也发现它的同源基因:RIT1、LeIRT1 和 LeIRT2。它们的功能与 IRT1 相似,RIT1 同样可以介导 Fe 和 Zn 的高亲和性吸收;LeIRT1、LeIRT2 都在根中表达,但只有 LeIRT1 能被缺铁强烈诱导,同时两者还都能互补铜运输载体缺失型酵母突变体的功能,RIT1 则不能。这在一定程度上加深了人们对 IRT 类基因金属离子运输具广谱性的认识。

IRT1 在非禾本科植物中作为主要的根部 Fe 载体参与缺 Fe 条件下 Fe 的吸收。但是在该过程中,可能也有其他的运输系统参与。例如,同样属于 ZIP 基因家族的 IRT2,在拟南芥中与 IRT1 密切相关,同源性很高。它在酵母中表达时,编码一个能运输 Fe 和 Zn 的载体蛋白。它在拟南芥根中的表达模式也与 IRT1 相同,但表达量却是 IRT1 的 1/20。Fe 缺失对 IRT2 的诱导效应也远远低于 IRT1。其敲除突变体没有明显的表型,在 irt1 突变体中的过表达也不能恢复其生长缺陷表型。这说明 IRT2 在植物中金属离子运输方面具有区别于 IRT1 的功能,这种功能极有可能与 Fe 在植物内的分布平衡有关。

植物中另一类由 NRAMP 基因家族编码的金属载体也与 Fe 的吸收、利用有关。NRAMP 基因广泛分布在植物各个器官中,参与较宽范围的二价金属离子,包括 Fe(Ⅱ)的运输。该类基因在拟南芥中有七个成员,参与乙烯(ethylene)响应的基因 EIN2 也在其中,但它在金属运输中的功能至今不清楚。AtNRAMP1、AtNRAMP2、AtNRAMP3 和 AtNRAMP4 在根和地上部都有表达。在根中,AtNRAMP1、AtNRAMP3 和 AtNRAMP4 的 mRNA 能响应 Fe 缺失而被诱导。而过表达 AtNRAMP1 可提高植物对铁毒害的抗性,过表达 AtNRAMP3 的植物在用 Cd^{2+} 处理后,可增加 Fe 的积累,在 Fe 缺乏条件下,植物体内金属离子的积累被大大提高;而 AtNRAMP3 的插入突变,则表现出在缺 Fe 条件下,Fe 吸收机制的下调以及金属离子积累的下降,但对 Cd^{2+} 抗性有所提高等。这些结果都倾向于 AtNRAMPs 在植物金属离子的运输中起比较重要的作用,现在已经有证据表明,AtNRMAP3、AtNRMAP4 在缺 Fe 条件下,能够通过协同作用将液泡中贮存的 Fe 运输到细胞质中,供植物利用,尤其是在种子萌发和幼苗早期发育阶段,它们起了非常重要的作用。在水稻中也克隆了三个 NRAMP 基因,OsNRAMP1、OsNRAMP2 和 OsNRAMP3 分别在根、叶和其他组织中表达,同样参与各种金属离子的运输和利用。

5.1.2 单子叶禾本科植物

禾本科植物在 Fe 缺乏时利用机理 II 来提高植物对 Fe 的吸收效率。土壤中可利用 Fe 缺乏时,植物可向根际空间中分泌大量的植物铁载体 PS(phytosiderophore)。PS 实际上是一种对 Fe(III)具有高亲和性的螯合剂,由麦根酸类(mugineic acid,MA)家族成员组成,如麦根酸(MA)、脱氧麦根酸(DMA)、3-表-羟基麦根酸(epi-HMA)、3-表-羟基脱氧麦根酸(epi-DHMA)、阿凡酸(avenic acid)等。不同的禾本科植物分泌不同的麦根酸,如水稻分泌的是脱氧麦根酸(DMA),而大麦分泌的则主要是麦根酸(MA)和 3-表-羟基麦根酸(epi-HMA)。PS 通过螯合作用能高效地溶解 Fe(III),形成 Fe(III)-PS 复合物,再通过根部表皮细胞膜上的特异性载体被转运、吸收,而 PS 可以重新被分泌出来,并重复利用(图 5-1b)。禾本科植物的这种 Fe(III)的螯合吸收机制比其他植物的还原吸收机制还要高效,使禾本科植物对铁缺乏逆境的忍受性更强。

禾本科植物中麦根酸合成途径已经清楚,该途径中的合成酶在缺 Fe 条件下均表现为被诱导的趋势。合成过程简述如下:甲硫氨酸循环中产生 SAM,三分子的 SAM 经尼克酰胺合成酶(NAS)催化形成一个尼克酰胺(NA),NA 是植物中一种很强的二价金属螯合剂[也可以螯合 Fe(III)],与金属离子在植物体内的运输、分布及平衡关系密切,在双子叶植物和单子叶植物中都能产生,但由 NA 形成 MA 的步骤却是禾本科植物中所特有的。催化 MA 合成中这一关键步骤的酶是尼克酰胺氨基转移酶(NAAT),它将 NA 转化成能形成各类麦根酸的前体物 DMA。大麦中,有两个 NAAT 基因被克隆:HvNAAT-A 和 HvNAAT-B,水稻中也有与其同源的基因 OsNAAT1。当大麦中 NAAT 基因转入水稻后,发现水稻中的 PS 分泌量增加,铁吸收量提高,说明水稻中 NAAT 活性为 PS 合成的一个限速步骤。在大麦中,DMA 可以被 IDS2 和 IDS3 转化为 epi-HDMA 和 MA,而 MA 又可以被 IDS2 转化为 epi-HMA(图 5-2)。

麦根酸通过麦根酸转运体(TOM)进行分泌。水稻中的 OsTOM1、大麦中的 HvTOM1 和玉米中的 ZmTOM1 都能被铁缺乏强烈诱导,发挥麦根酸分泌转运作用。而且,麦根酸的分泌有明显的昼间节奏,光照开始后,很快就达到分泌高峰。在缺 Fe 条件下的大麦中,根部皮层细胞中有一种特殊的粒子的数量和体积在麦根酸分泌前都有所增加,而后又降低。他们认为,这种粒子为麦根酸的合成场所。这种粒子被认为源于粗糙型内质网,因为在其细胞膜表面上存在核糖体。大麦中两个分别编码 Rab GTPase 和 ARF 家族成员蛋白的基因可能是导致 MA 节奏性分泌,从而在特异性粒子极性运输过程中起作用的两个组分。日出前,可以观察到根部表皮细胞面向根际空间的细胞边界上有大量的类粗糙内质网粒子聚集,说明了 MA 的节奏性分泌与这些粒子的运输有密切关系。

Fe(III)被 MA 螯合后,针对 Fe(III)-MA 复合物的高亲和性的 Fe 吸收系统在根部皮层细胞的表面被激活。玉米的 ys1 突变体为这个事实提供了强有力的证据,ys1 突变体中铁吸收的低效性是由于植物不能吸收 Fe(III)-PS 而造成的。因此,YS1 很可能是编码

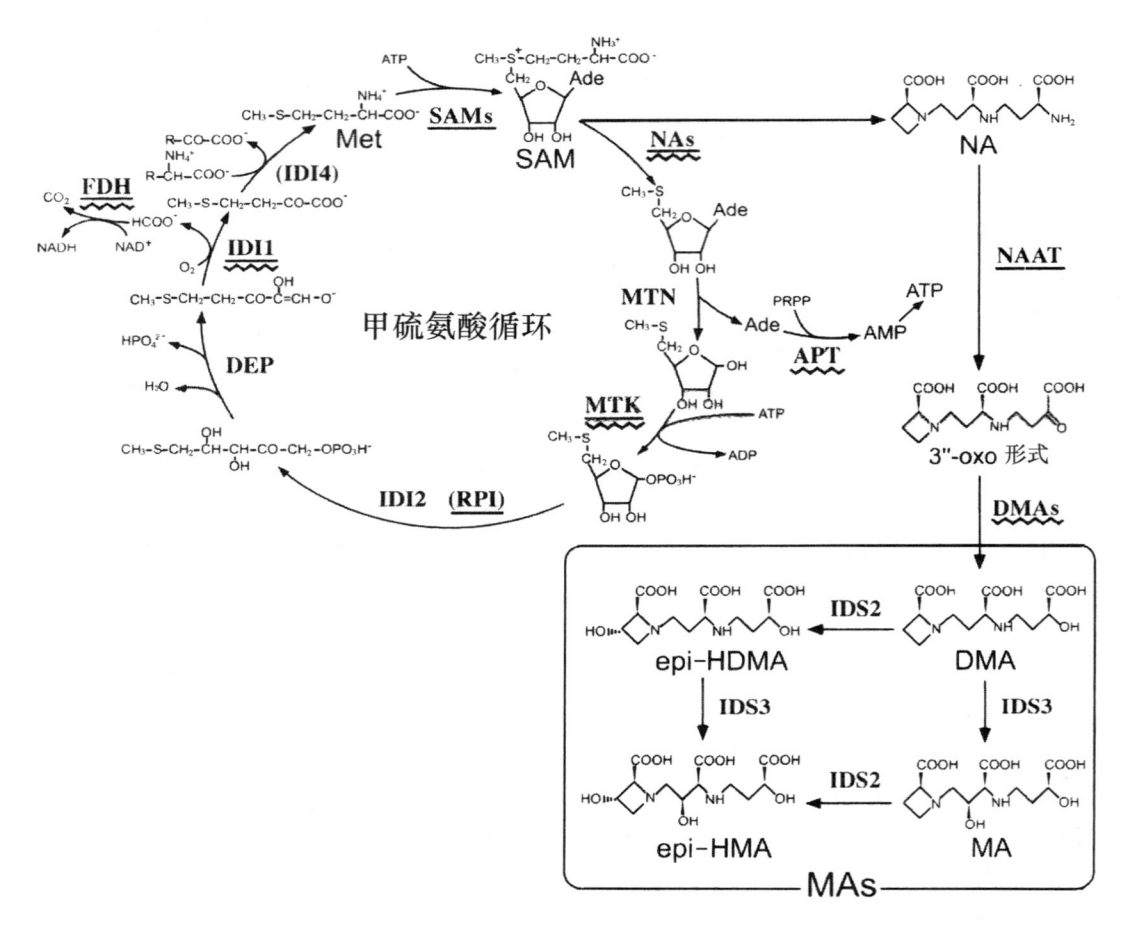

图 5-2　甲硫氨酸循环和禾本科植物中麦根酸类物质的生物合成途径

Met:甲硫氨酸；Ade:腺嘌呤；SAM:硫腺苷甲硫氨酸；SAMS:硫腺苷甲硫氨酸合成酶；NAS:尼克酰胺合成酶；NAAT:尼克酰胺氨基转移酶；MA:麦根酸；DMA:2′-脱氧麦根酸；DMAs:2′-脱氧麦根酸合成酶；IDS2与IDS3:麦根酸脱氧酶；epi-HDMA:3-表-羟脱氧麦根酸；epi-HMA:3-表-羟麦根酸；MTN:S腺苷高半胱氨酸核苷酶；MTK:甲疏基腺苷激酶；IDI2:真核生物转录起始因子2β-甲疏基腺苷磷酸化异构酶；RPI:5-磷酸核苷异构酶；DEP:甲疏基腺苷酸-1-磷酸烯醇式磷酸脱氢酶；IDI1:2-氧-甲基丁酸合成酶；IDI4:2-氧-甲基丁酸氨基转移酶；FDH:蚁酸脱氢酶；APT:腺嘌呤磷酸核苷转移酶；PRPP:磷酸核糖焦磷酸

Fe(Ⅲ)-PS载体或者调控该吸收系统组分的因子。现在已经证明,YS1编码的蛋白包含682个氨基酸残基,有12个跨膜结构域,属于一类新的短肽转运体(OPT)子家族。因为MA本身是由3个SAM形成的,性质上等同于一个短肽,这与YS1所属基因家族的功能很相似。同时,YS1蛋白在N-端富含Glu(E)残基,尤其是在REXXE序列附近,而REXXE是涉及真核生物的铁蛋白和酵母透性酶Ftr1p中Fe(Ⅲ)结合的序列。这都说明YS1就是植物中Fe(Ⅲ)-PS的运输载体。

实际上,*ys1*在酵母严谨性突变体*fet3*、*fet4*(高亲和性、低亲和性铁吸收双缺失突变体)中表达时,在含Fe(Ⅲ)-DMA培养基上,能恢复其正常生长,而在含Fe(Ⅲ)-柠檬酸的培养基上,*ys1*的表达却仍不能恢复其正常生长,这充分说明YS1介导了禾本科植物Fe(Ⅲ)-

PS 的吸收，且 YS1 表达的 Fe(Ⅲ)-PS 载体具有高度的选择性。已有实验证据表明，YS1 是通过质子共运输的形式来运输 Fe(Ⅲ)-PS 的。另外，水稻中 OsYSL15 也被认为参与根部 Fe(Ⅲ)-PS 的转运；玉米中 YS1 的表达在根和地上部分都受到铁缺乏因素的影响而上调，这说明某些 YS 蛋白除了介导根中 Fe(Ⅲ)-PS 的吸收外，在植物体内 Fe 的运输方面可能也具有一定的功能。

生物信息学的分析发现，在拟南芥中也含有与玉米 YS1 具有高度同源性的基因，蛋白序列相似性在 80% 左右的就有 8 个。这个基因家族在拟南芥中被命名为 YSL（yellow-stripe-like）家族，它们同样属于 OPT 的子家族。这个发现有点令人吃惊，这是因为：①拟南芥从土壤中吸收 Fe 基本上是靠 IRT1 编码的高亲和性载体进行的；②在高等植物中，只有禾本科植物能合成、分泌 PS，并以其与 Fe 的螯合形式作为 YS1 的运输底物。因此，拟南芥中的 YSL 基因可能有其他的功能。作为 MA 前体的 NA 是所有植物中都能合成的，而且其在化学结构和结合 Fe 原子的能力上与 MA 很相似。因此，有人推测，非禾本科植物中的 YSL 蛋白可能是 Fe-NA 复合物的运输载体。ZmYS1 和 OsYS2 的异源表达也证明这类蛋白有运输金属-NA 复合物的能力。由于 NA 在木质部汁液中非常丰富，所以，它很可能通过形成 Fe、Zn、Ni、Cu 等各种金属螯合物的形式在植物体内的金属离子平衡方面，如金属离子长途运输、分布的细胞区域化、金属离子水平信号的引发等方面发挥重要的作用。已经证实，种子 Fe 的装载就依赖于 AtYSL1 对 Fe-NA 的运输。而 AtYSL2 则同样以运输 Fe/Zn-NA 的形式，在 Fe 和 Zn 在植物体内的离子平衡方面发挥着重要的作用。

5.2 植物铁运输的分子生物学

5.2.1 Fe 在植物器官和组织之间的长程运输

Fe 一旦被植物的根吸收，就会被装载到木质部中，通过蒸腾流运输到地上部分。研究发现，有机酸，尤其是柠檬酸（citrate acid）在木质部中是 Fe 的主要螯合剂，也就是说 Fe(Ⅲ)-柠檬酸是木质部中 Fe 的主要运输形式。这就需要在根部皮层细胞中有特定的 Fe 载体把吸收的 Fe 装载到木质部中，拟南芥中 FPN1 负责将 Fe 从根部皮层细胞装载到木质部中，而 FRD3 则负责向木质部中转运柠檬酸。另外，OsTOM1 也可以向木质部转运麦根酸，让 Fe(Ⅲ)与 DMA 螯合后进行木质部运输。Fe(Ⅲ)被运输到地上部分之后，在叶片中会作为 Fe(Ⅲ)-螯合物还原酶的底物，将 Fe(Ⅲ)还原为植物中的活性 Fe(Ⅱ)的形式加以利用。在拟南芥中，是否某些 FRO 基因参与了这个还原过程还不是很清楚；在豌豆中，FRO1 基因确实在叶片中表达，表明它有可能是叶片中具有 Fe(Ⅲ)还原功能的候选者。而 ZIP(Zn、Fe 运输载体)、NRAMP 和 YSL 载体类家族极有可能参与了叶片细胞中 Fe 的跨膜运输。

5.2.2 Fe 在植物组织和器官中的装载

现在认为，Fe 经由韧皮部从"源"到"库"组织的运输既可以 Fe(Ⅱ)-NA 的形式进行，也可以 Fe(Ⅲ)-DMA 的形式进行。有人认为,NA 以金属-NA 的形式作为韧皮部金属运输的载体。但是,也有人指出,Fe 在韧皮部的运输主要是以 Fe(Ⅲ)结合特异蛋白的形式进行运输的,并且在蓖麻(*Ricinus communis*)中克隆到 1 个编码 96 个氨基酸,属于胚胎发育后期丰富蛋白 LEA(late-embryogenesis-abundant)家族的基因 *IPT*。IPT 可以结合 Fe(Ⅲ),但不结合 Fe(Ⅱ),它在植物体外同样还可以结合 Cu^{2+}、Zn^{2+} 和 Mn^{2+}。IPT 与 Fe(Ⅲ)结合特性,与在蓖麻幼苗中观察到的韧皮部流出物还原铁含量仅占总铁含量的 4% 是一致的。由于 NA 与 Fe(Ⅱ)结合的稳定性远远大于它与 Fe(Ⅲ)结合的稳定性,所以在韧皮部中 NA 以与 Fe(Ⅱ)结合的形式存在,由于 Fe(Ⅱ)-NA 在韧皮部中的浓度要远小于 Fe(Ⅲ)-IPT 的浓度,推测 NA 可能通过螯合从 Fe(Ⅲ)-IPT 转化来的 Fe(Ⅱ),以 Fe(Ⅱ)-NA 和 Fe(Ⅲ)-IPT 穿梭形式,在韧皮部的装载和卸载中发挥作用。这个假设包含两个内容:①必须有特异性的 Fe(Ⅱ)-NA 载体负责其在韧皮部上的装载和卸载,YSL 比较符合担负这个任务。②韧皮部内必须有一个氧化-还原系统,它有两个作用:(a)氧化 Fe(Ⅱ)-NA 中的 Fe(Ⅱ)产生 Fe(Ⅲ)用以与 IPT 结合;(b)还原 Fe(Ⅲ)-IPT 产生 Fe(Ⅱ),结合 NA。现在还没有发现具有氧化活性的酶,IPT 本身可能就具有这种氧化活性。对于还原酶,在南瓜(*Cucurbita maxima*)中发现一个 N-端含有跨膜结构域的细胞色素 b_5(Cytb_5)还原酶,其跨膜结构域降解,进入韧皮部的筛管后,仍具有 Fe(Ⅲ)-螯合物还原酶活性。有趣的是,这个酶在 Fe 缺乏条件下被上调,而在铁过量的条件下被下调。因此,该酶极有可能参与了韧皮部中 Fe(Ⅱ)-NA、Fe(Ⅲ)-IPT 之间 Fe(Ⅲ)/Fe(Ⅱ)的循环。

5.3 植物对铁的感应和信号调控

尽管植物生长的环境条件在不停变动之中,但植物却能够保持细胞质中 Fe 浓度的稳定及动态平衡。这是植物通过一个对 Fe 吸收、Fe 区化分配以及 Fe 贮存平衡的精密调控来实现的。这是因为,一方面 Fe 作为氧化逆境的催化剂具有毒害作用;另一方面,Fe 的缺乏又会导致植物生长缺陷。这个平衡的实现需要一个严格的控制过程。

5.3.1 转录调控

植物中对 Fe 平衡的维持,主要通过在转录水平上对基因表达的调控来实现。这种调控既不像上述所说的 IRE/IRP 机制,也不同于酵母中转录因子 *Aft1p* 所介导的那样,因为在拟南芥中没有发现与 *AFT1* 同源的序列。在玉米和拟南芥中,ferritin mRNA 在 Fe 装载过量时的积累,是依赖于该基因启动子区的顺式作用元件正向、负向的组合调控来实现的。Fe 缺乏响应基因——*FRO2*、*IRT1* 和 *IRT2* 在转录水平上的积累则是由 Fe 在植物体内的含量水平决定的。这三种 mRNA 在根部会受 Fe 缺乏因素的诱导积累,而在 Fe 重新供给充足时停止积累。而且,它们的启动子活性也在 Fe 缺乏条件下被诱导提高几倍。尽管这几个基因的表达在铁缺乏下存在非常明显的一致性,但比较它们的启动子区域,并没有发现任何能与相同的转录因子互作的共有顺式作用元件。在番茄中发现的 *FER* 有可能担负这些基因的转录调控任务。*FER* 编码一个 bHLH 转录因子。在番茄中,该基因缺失的突变体

fer 在 Fe 缺乏条件下,根部铁缺乏响应的生理和形态特征却完全消失,而且既不能诱导根部 Fe(Ⅲ)-螯合物还原酶的活性和 Fe 的吸收,也不能形成响应 Fe 饥饿的转移细胞和额外根毛。而该突变体的地上部分在正常 Fe 浓度条件下高度黄化,这种表型可以被供给 Fe-HEDTA 或者嫁接到野生型的砧木上得以恢复。

尽管 fer 的表型说明 FER 参与了导致 Fe 缺乏响应基因,如 IRT1 和 FRO2 等表达的级联调控反应。但仍不知道它在 Fe 感应、信号传递级联或者响应基因转录调控途径中的具体位置。FER 的表达独立于 Fe 在体内的水平,而且主要在根部皮层和中柱鞘细胞中表达。研究发现,当 FER 与 IRT1 的启动子融合后,在拟南芥根部皮层细胞中也能活跃表达。因此,FER 和 IRT1 的共表达模式说明,FER 转录因子很有可能直接与 IRT1 的启动子或者结合在该启动子和启动子转录区上的蛋白质互相作用,调控它的表达。研究发现,FER 可能是通过结合在 Fe 缺乏响应基因(如 IRT1)启动子上的 IDE1 和 IDE2 元件上,调控相关基因的表达,在 Fe 缺乏响应的分子机制上起着重要的作用。在大麦(Hordeum vulgare)和烟草(Nicotiann tabacum)中,这两种元件在 Fe 缺乏响应基因的启动子上也具有很强的保守性。另外,拟南芥中与 FER 同源的三个基因 FIT1/FRU/AtbHLH29 也参与调控 Fe 缺乏响应基因的表达,如 FRO、IRT1 等,它们主要在根部表达,启动子上同样具有 IDE1 和 IDE2 两个顺式作用元件。

现在的研究发现,拟南芥中的 FER 同源基因 FIT 在调控植株缺铁响应中发挥了非常重要的作用。植物缺铁时,可以通过乙烯、赤霉素、活性氧物质以及茉莉酸等激素信号转导给它们下游的响应蛋白,如 EIN3、DELLA、ZAT12 和 MYC2 等。这些蛋白通过与 FIT 的互作,分别发挥对缺铁响应基因的调控。例如,EIN3 与 FIT 结合后可促进 IRT1、FRO2 等基因的表达;而 DELLA 和 ZAT12 与 FIT 结合后会抑制铁缺乏响应基因的表达;MYC2 可以促进 bHLHIVa 与 FIT 的结合,进而引起 FIT 的降解,影响缺铁响应基因的表达。

5.3.2 转录后调控

IRT1 需要进一步在蛋白质水平上加以调控,因为 IRT1 蛋白的积累受充足的 Fe 和 Zn 的抑制,在 [^{35}S]-IRT1 转基因植物中,尽管 IRT1 mRNA 为组成型表达,但在 Fe 缺乏条件下,除了在根中,其他任何组织中都不能产生 IRT1 蛋白。在酵母中,响应 Zn 缺乏而参与高亲和性 Zn 吸收的一个 ZIP 家族成员 ZRT1 同样在转录后水平上受到调控。在低 Zn 条件下,ZRT1 定位在细胞膜上,参与高亲和性 Zn 的吸收。而当其转移到 Zn 充足的基质上后,就会导致蛋白质的细胞内吞作用,并通过定位在其细胞内可变环上的一个 Lys 残基泛肽化,随之被降解。IRT1 在 Fe 与 Zn 充足的条件下,可能也会通过同样的机制被降解。这个附加的在蛋白质水平上对 IRT1 表达的调控,为植物提供了一个在胞质 Fe 与 Zn 含量提高时关闭根部 Fe 吸收活性的有效手段。CIPK11 还可以通过对 FIT 的磷酸化正调控缺铁响应基因的表达。

5.3.3 信号的长程传递

尽管人们已经知道 Fe 缺乏逆境能够和产生植物的形态变化一样,也会刺激根部

Fe(Ⅲ)-螯合物还原酶活性和 Fe(Ⅱ)的吸收,但对这个系统在植物整体水平上的调节和整合仍了解得不多。Fe 的吸收到底是受根部局部的单独控制,还是存在一个能结合植物其他部位信息的长程信号转导途径呢?

实验证明,在含 Fe 充足的基质中生长的一半根,同样受另一半 Fe 缺乏基质的诱导而产生 Fe 缺乏响应,表明植物中有一个长程信号传递过程,能将 Fe 含量水平信号从根中传递到植物的其他远距离部位。在进行分根实验的长叶车前(*Plantago lanceolata*)中,Fe(Ⅲ)-螯合物还原酶活性在根系统中无 Fe 的部分被大大降低,在铁含量充足的部分却被大大提高,尽管根中对称的两部分 Fe 含量相同。在这里,Fe 浓度与 Fe(Ⅲ)-螯合物还原酶活性无相关性说明,有另外的因子参与到植物地上部分对根吸收部位调控的信号传递中来。植物适应 Fe 水平的变化,也会以激活地上部分向根的信号传递起作用。另外,一直生长在供 Fe 充足环境中的豌豆在生命周期中,Fe(Ⅲ)-螯合物还原酶活性具有急剧变化。这些变化被证明是由繁殖器官产生,经韧皮部传递到根中的。这种信号可能是激素,也可能是 Fe 结合复合物,或者 Fe 再利用水平的改变所产生的。

根部 Fe 缺乏响应改变的几个突变体的发现,对我们加深对 Fe 信号机制的了解非常有价值。豌豆突变体 *brz* 和 *dgl* 由于 Fe 的超量积累分别表现为叶部青铜色的坏死斑点和棕色叶片退化的表型。这两个非等位突变体在根部都有 Fe(Ⅲ)-螯合物还原酶活性的组成型表达,不能在 Fe 充足条件下关闭 Fe 缺乏的响应。*brz* 和 *dgl* 突变体与野生型之间的相互嫁接实验表明,根部 Fe(Ⅲ)-螯合物还原酶活性是由植物地上部分衍生的信号传递引起的。因此,推测这两个突变体可能在 Fe 供应充足条件下,关闭 Fe 缺乏响应级联途径中,缺失了一个负调控因子。*DGL* 和 *BRZ* 可能编码了一个抑制因子,或参与激活一个终端抑制子的因子。然而,以野生型做砧木,野生型和 *dgl* 地上部分的双嫁接植株,表现为 *dgl* 的表型。这使实验者认为,*DGL* 的产物可能是一个促进因子而不是抑制因子,因为突变体抑制因子的缺失应该能被野生型地上部分产生的抑制因子所弥补。

有趣的是,Fe 诱导基因的表达在根部和地上部分可能有不同的途径。豌豆的 Fe(Ⅲ)-螯合物还原酶在 Fe 缺乏条件下,根部皮层细胞和地上部分都有 mRNA 的积累,但在 *dgl* 和 *brz* 突变体中,*FRO1* 在根部成组成型表达,而其在地上部分的表达模式没有被改变,说明 *FRO1* 的表达在根中和地上部分被不同的信号所影响。

番茄突变体 *chln* 进一步阐明了一个非禾本科植物中 Fe 缺乏响应的关键调控元件。*chln* 突变体由于 NAS 的突变导致不能正常合成 NA,像 *dgl* 和 *brz* 一样,*chln* 不管外部 Fe 的水平如何,都在植物根和地上部分积累高浓度的 Fe。然而,*chln* 却能表现出 Fe 缺乏的形态和生理表型。这些表型特征可被外部施加 NA 或者嫁接到野生型的根砧木上恢复,说明 NA 在 Fe 的运输过程中非常重要。由 NA 缺乏所导致的多效性表型说明 NA 在植物 Fe 的生理中是一个重要的成分。NA 在其中可能具有多重功能,包括 Fe 通过韧皮部装载和卸载的长距离运输,以及通过 Fe 向液泡的运输而消除 Fe 毒害等。由于 NA 的缺失,导致地上部分不能得到充足的 Fe,尽管植物体内具有 Fe 的积累,但它仍表现为缺 Fe 的表型,说明植物缺 Fe 响应的信号可以在地上部分产生。

另外,*chln* 不能感知植物体内 Fe 的水平,像 *dgl* 和 *brz* 一样,不能在外部 Fe 充足的条件下关闭植物对 Fe 缺乏的响应。突变体中的错误调控可能有两个原因:①NA 与 Fe 的结合能阻止 Fe 的沉淀,以可溶性的 Fe(Ⅱ)的形式保持一个 Fe 库(pool),这与 *chln* 叶部细胞中积累大量不溶性的磷酸铁复合物相一致,这些磷酸铁复合物有可能具有保护细胞免受过量铁产生的毒害作用。因此,NA 在细胞中保持一种可获得性的形式非常必要。然而,NA 在植物中可能会作为一个感应 Fe 水平的感应器,Fe(Ⅱ)-NA 可能直接或者通过一个信号级联传递作用,控制 Fe 缺乏的响应。在非禾本科植物中,当 Fe 的浓度提高时,NA 的含量也被增加,它有可能作为一个下调根部 Fe 吸收的信号而存在。在 *chln* 中,Fe(Ⅱ)-NA 复合物是不存在的,因此根部 Fe 缺乏的响应就是组成型的。如果 NA 在植物 Fe 平衡中是非常重要的,那么金属-NA 运输载体 YSLs 在介导植物中对这些复合物的分配同样起非常关键的作用。

拟南芥的 *frd3* 突变体也是因为不能吸收到充足 Fe 条件下而降低 Fe(Ⅲ)-螯合物还原酶的活性而得到的。同时,由于上调了金属载体 IRT1,使植物体内积累了一系列包含 Fe 和 Mn 在内的金属元素。FRD3 编码了一个属于流出载体家族 MATE 的跨膜蛋白,属于多重药物和毒素输出因子(MATE)的家族,因此可能可以转运小的有机酸分子。现在已经证明 FRD3 是高等植物中柠檬酸的载体,负责从根中向木质部装载柠檬酸,用来螯合木质部中的 Fe(Ⅲ)离子,柠檬酸-Fe(Ⅲ)-螯合物在特异性载体的转运下,运输 Fe(Ⅲ)到地上部分。另外,有人同时认为,FRD3 是 Fe 水平信号从地上部分向根部(shoot-to-root)传递所需要的。因为 FRD3 是根部特异性表达的,所以它可能是介导地上部分衍生信号感受的因子。*FRD3* 在被地上部 Fe 充足条件释放的信号激活后,能抑制根部 Fe 缺乏条件下的响应。当然,如果 Fe 缺乏能产生一个信号,而 Fe 充足条件下,这个信号的缺失能够去阻遏 FRD3 的活性,同样可以导致 Fe 缺乏响应基因的表达,这是对 FRD3 功能的另外一个解释。

实际上,植物中 Fe 缺乏响应信号的产生和传递可能是一个复杂的过程,既存在根部响应信号的产生,然后通过木质部向地上部分传递的路线(root-to-shoot);也可能存在由于 Fe 缺乏导致的体内 Fe 分布不平衡,使地上部分产生 Fe 缺乏响应信号,通过韧皮部向根部传递,产生生理和形态变化的信号传递途径(shoot-to-root)。然而,这两种 Fe 缺乏响应的信号传递模式并不是独立的,它们之间可能存在着极其复杂的交叉互作效应(图 5-3)。

在采用机制 I 吸收 Fe 的植物中,根部皮层细胞的分化在一定程度上就依赖于植物吸收 Fe 的能力或者细胞内 Fe 含量的水平。环境中过量的 Fe 可抑制根毛的产生,而 Fe 缺乏时,根毛却被大量诱导。在拟南芥的 *man1/frd3* 突变体中,由于 Fe 缺乏响应的基因组成型表达,使植株根和地上部分都积累了较多的 Fe,但根毛并没有被抑制,说明皮层细胞分化而导致的根毛的形成仅依赖于介质中 Fe 的含量。根细胞附近较多的 Fe 离子可以结合在根细胞的 Fe 信号感应分子上,从而抑制过量根毛的产生。而 Fe 缺乏时,这种响应被阻断,根毛会被诱导产生。然而,在 Fe 供应充足的条件下,*irt1* 敲除突变体却比野生型能产生更多的根毛,该突变导致植株体内不能吸收到足够的 Fe,但介质中的 Fe 却是充足的,暗示控制皮层细胞形态分化的感知因子位于细胞内部。因此,尽管 Fe 缺乏的响应的确能影响到皮层细胞的分化,但到目前为止,人们对这种信号感应分子及其在细胞上的定位仍然知之甚少。

Fe 被根吸收后,通过木质部运往地上部分,参与叶片细胞 Fe 的吸收等很多过程。而当叶片细胞 Fe 的含量下降时,这种叶片细胞的低 Fe 水平同样可以被某一种特定的信号分子所感知,并诱导能够传递这种信息的分子合成以及运输,通过韧皮部将 Fe 缺乏的信息传递给根部。这种信息被位于根部细胞内的特异性感应分子接收后,它即通过电子传递的变化、质子的分泌等形式调控 Fe 吸收和运输载体的活性,促进根部相应 Fe 吸收机制效率的提高,以增加 Fe 吸收的量。

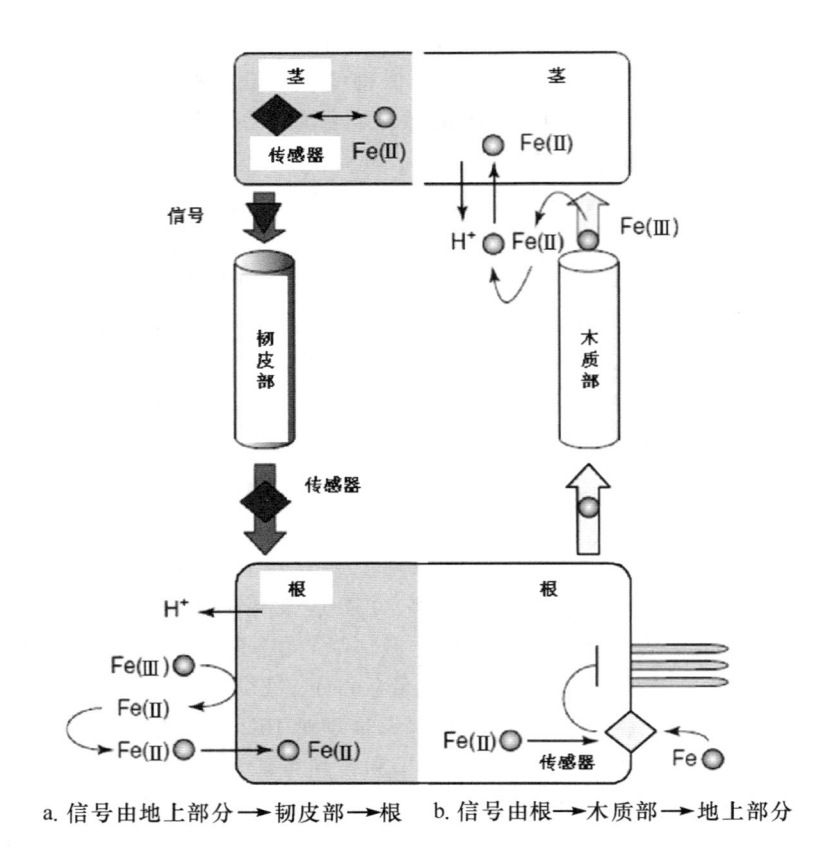

a. 信号由地上部分→韧皮部→根   b. 信号由根→木质部→地上部分

图 5-3　Fe 缺乏响应的信号传递模式的两种调控途径

到目前为止,机制 Ⅱ 植物中 Fe 信号的转导机制仍不甚明了。但很多迹象表明,它们可能也同样存在这两种 Fe 缺乏信号响应的途径。

5.4　激素、其他信号分子在植物铁缺乏响应中的作用

5.4.1　乙烯和生长素

激素被认为是植物中参与 Fe 平衡调节的另外一个组件。乙烯和生长素都参与了根部的形态发育,可能介导了 Fe 缺乏响应中根部形态的变化。另外,Fe(Ⅱ)还是乙烯形成过程关键酶 ACC 氧化酶(ACO)的辅助因子。ACO 活性的发挥,必须要有 Fe(Ⅱ)的参与。缺铁可以导致植物体内乙烯含量的提高,这种现象主要在缺 Fe 条件下,以机制 Ⅰ 的方式吸收 Fe 的植物,如番茄、豌豆、黄瓜、太阳花等植物的根中存在;而且,根中大量的乙烯在植株由于缺 Fe 而造成的黄化症状表现出来之前就已经开始产生。而在以机制 Ⅱ 的方式吸收 Fe 的植物,如玉米、大麦、小麦中却没有这种现象的发生(高粱除外),相对而言,这类植物对 Fe 缺乏逆境的抗性较强。同样的,在机制 Ⅰ 植物中,缺 Fe 条件下施用乙烯合成抑制剂(AVG、

Co^{2+}等)或作用抑制剂,能在一定程度上缓解缺 Fe 造成的根部形态变化,抑制根部 Fe(Ⅲ)还原能力的增强;添加乙烯合成前体物 ACC 或能产生乙烯的物质——乙烯利(ethephon),则能加重缺 Fe 造成的根部形态反应,提高根部 Fe(Ⅲ)还原能力。而机制Ⅱ植物中不存在这种情况(大麦除外)。这表明乙烯在植物对 Fe 缺乏的适应中具有一定的作用,而且这种作用主要存在于机制Ⅰ植物中。甚至有人认为 ACC 就是传导植物根中缺 Fe 响应的物质,因为 ACC 能够在木质部和韧皮部中移动。乙烯可能介导了植物缺 Fe 响应中对 Fe 缺乏基因的表达调控。但是,由于在这些植物中,根部还原能力的增强只在添加 ACC 或者乙烯利几个小时之后达到最强,而 1 天后,根部的还原能力与对照相比,则不再看到增强的反应。这说明乙烯只能在特定浓度范围和特定时间诱导 Fe 缺乏的逆境响应。

近年来的研究表明,铁缺乏通过乙烯信号调控 FIT 蛋白的丰度来影响铁缺乏响应的基因的表达。乙烯信号响应因子 EIN3/EIL1 通过与 FIT 的互作促进它的稳定性,最终增强 FIT 介导的铁缺乏响应基因的表达。EIN3/EIL1 与 FIT 互作后,通过蛋白酶体降解的 FIT 明显减少。而 *ein3eil1* 双突变体中,FIT 的含量则明显低于野生型中的。

在拟南芥乙烯代谢改变的突变体中,对 Fe 缺乏响应的异常根毛形成被抑制;而 Pi 缺乏诱导的根毛形成却没有被改变。相反的,激素信号响应发生改变的突变体,在 Fe 缺乏的条件下,却能正常上调 Fe(Ⅲ)-螯合物还原酶的活性。此外,Fe 的缺失响应还可以提高靠近根尖部位的组织内生长素含量,因为高浓度的生长素可以通过促进 ACC 合成酶(ACS)的合成,诱导乙烯的生成,因此生长素的效应有可能会通过乙烯的作用来发挥。这些结果表明,乙烯和生长素可能不是 Fe 缺乏的生理响应所必需的。因此,调控生理和形态变化的响应可能是涉及互不依赖的不同长程调控途径。

5.4.2 NO

NO 作为植物中一种生物活性分子,在多个植物生理过程中以一种胞内信使的形式出现。在动物中由 NO 介导的 ferritin 调节机制在拟南芥中也被报道,它通过调控 *AtFER1* 启动子中 Fe 依赖性的序列(IDRS),在 Fe 信号的下游起作用,而且 NO 介导 ferritin 的转录积累是不需要 Fe 的。这表明 NO 在调节植物中 Fe 的平衡方面起着非常重要的作用。已经知道,NO 与过渡态的金属之间具有高度的亲和性。它的几种生化状态(NO、NO^-、$NO\cdot$ 和 NO^+)都能和 Fe(Ⅲ)/Fe(Ⅱ)反应形成各种复合物。尤其是 $Fe-NO^+$ 在体内与血红素中心的 Fe-S 簇形成的复合物对 NO 生物活性是非常重要的。在动物中,Fe-S 簇可以作为 Fe 感受器调节 ferritin 和 transferritin 等参与 Fe 平衡蛋白的表达,在 Fe 平衡方面发挥重要的作用,同时它还可以作为载体蛋白运输 Fe,使细胞被保持低浓度活性 Fe 的运输,避免其造成的毒害。NO 的各种氧化-还原态可以通过形成亚硝基硫、Fe-S 簇配体或者通过 NO 与 Fe 的互作将 Fe-S 中心的 Fe 移除等作用形式影响细胞内 Fe 的平衡和代谢。

另外,NO 还可能通过形成 Fe-亚硝基复合物的形式提高植物中 Fe 的可获得性。对生长在低浓度 Fe 条件下的玉米和玉米 Fe 低效突变体 *ys1*、*ys3* 施加 NO,可以逆转它们的 Fe 缺乏表型。而且这种逆转并没有增加植物体内总铁的含量。如果植物内源的 NO 作用被 NO 清除剂 cPTIO[2-(4-羧基苯基)-4,4,5,5-四甲基咪唑啉-1-氧-3-氧化物]抑制后,即使生长在含充足 Fe 的基质中,植株仍表现出黄化的表型。植物体内 NO 的诱导总是伴随着 Fe-

NO$^+$复合物的增加。这些复合物可能是在缺 Fe 条件下保持可获得性 Fe 含量的重要物质。

在植物细胞中,NO 由硝酸还原酶(NR)和一个具有 NO 合酶活性的类 NOS 酶酶促合成。NO 的质外体合成不需要酶的参与,在酸性 pH 值(4.5～5.5)的环境和 NO$_2^-$ 的存在下,就可自动生成,并可以被还原剂加速。在低 pH 值(4.5～5.5)条件下,抗坏血酸和 NO$_2^-$ 就能促进体内 NO 的形成。在叶片细胞的质外体中,较低的 pH 和还原剂同样有利于 Fe 的溶解和还原,进而提高叶片细胞 Fe 的吸收。因此,依赖于 pH 值降低 Fe 的还原和细胞吸收与 NO 合成可能存在密切的联系。

根据这些研究结果,加齐亚诺(Graziano)等提出了一个有关 NO 和 Fe 吸收的模型(图 5-4)。他们认为,可能有五种细胞膜蛋白质家族参与了叶肉细胞中 Fe 的获得和代谢:Fe(Ⅲ)-螯合物还原酶(FRO 家族)[Fe(Ⅲ)-chelate reductase];Fe(Ⅱ)转运体(IRT 和 NRAMP 家族)[Fe(Ⅱ) transporter];潜在的 Fe(Ⅱ)-NA 转运体(YSL 家族)[Fe(Ⅱ)-NA transporter];H$^+$-ATP 酶(H$^+$-ATP 酶)和 Fe 氧化还原酶-NO 转运体(RS-Fe-NO transporter)。质外体在 Fe 缺乏的条件下,激活 H$^+$-ATP 酶,酸化质外体空间,使 Fe 的可溶性增加。质外体中存在的 NO$_2^-$ 在低 pH 条件下导致 NO 的非酶促反应生成,通过以下两种机制促进 Fe 的细胞内吸收:①还原 Fe(Ⅲ)为 Fe(Ⅱ);②形成亚硝基-Fe-S 复合物(DNIC),这种复合物可以通过扩散、跨膜或被细胞膜载体运输,并与谷胱甘肽作用协助 Fe 通过细胞膜的转运。细胞内形成的或从细胞外转运来的 DNIC 和 Fe-NA 构成 Fe 运输和不稳定 Fe 库的主要形式。Fe-S 簇和蛋白质的血红素可能是 Fe 的最终功能形式;而 Fe 蛋白

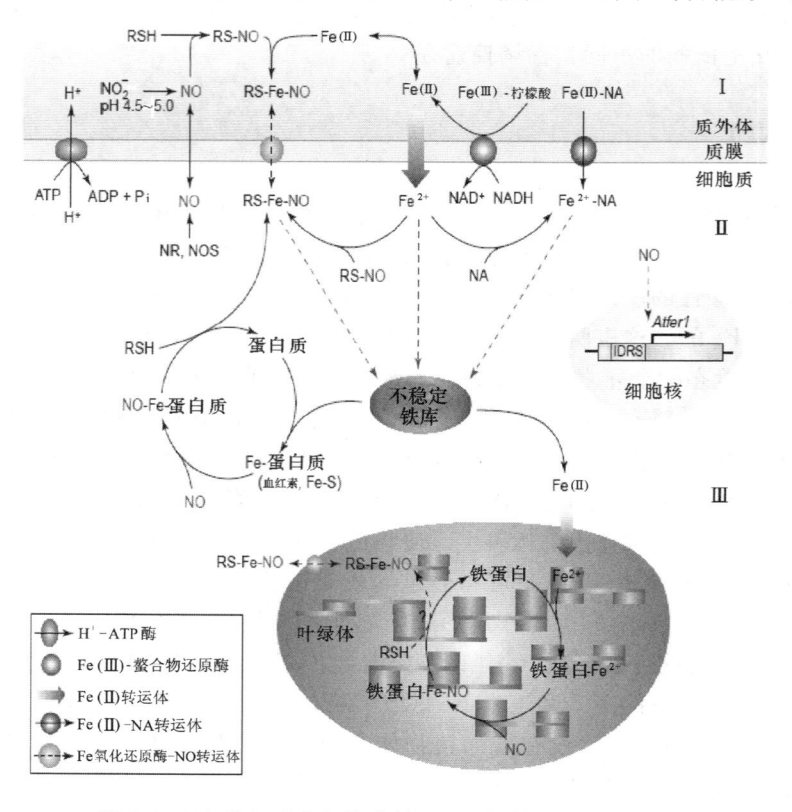

图 5-4 NO 参与叶肉细胞中的 Fe 吸收、转运、贮存模式图

主要是胞质和叶绿体用来贮存 Fe 的主要形式。NO 和它的衍生复合物可能可以促进 Fe 从 Fe 蛋白中的释放。

在细胞内，DNIC 可以通过 Fe(Ⅱ)、胞质硫基以及 NR 和 NOS 生成的 NO 相互作用而形成。这些 DNIC 可能是贮存 Fe 的一种途径，这条途径可能和已知的 Fe 以 Fe-NA 形式贮存、运输的形式共存。DNIC 可能能够对含 Fe 蛋白和 Fe 蛋白中的 Fe 进行重复利用。尽管没有肯定的证据证明叶绿体中有 NO 的合成，但 NOS 蛋白在叶绿体中的免疫活性与在过氧化物酶体中的一样。另外，抗坏血酸可能也参与了叶绿体中 Fe 从 Fe 蛋白中的释放。

5.5 特殊的铁吸收植物——水稻

5.5.1 水稻既可以吸收 Fe(Ⅲ) 也可以吸收 Fe(Ⅱ)

作为单子叶禾本科植物的水稻，在低 Fe 浓度条件下，以机制 Ⅱ 的形式利用根部分泌的能溶解 Fe 的 PS(DMA)，螯合 Fe(Ⅲ) 形成 Fe(Ⅲ)-PS 复合物，再通过根部的 Fe(Ⅲ) 运输载体 YSL 将 PS-Fe(Ⅲ) 运入植物中。一直以来，人们认为在水稻中，低 Fe 浓度条件下提高 Fe 有效吸收的机制只有这一个。但是最近发现，水稻在低 Fe 浓度条件下，*OsIRT1* 和 *OsIRT2* 这两个与拟南芥中 Fe(Ⅱ) 运输载体同源的两个基因也被诱导，而且严谨性 Fe 吸收酵母突变体(*fet3*、*fet4*)实验证明，OsIRT1 也具有运输 Fe、Zn 的能力。实验证明，水稻的根不但具有吸收 PS-Fe(Ⅲ)，也具有吸收 Fe(Ⅱ) 的能力。对 Fe(Ⅱ) 的吸收，就是通过 *OsIRT* 基因进行的。*Osnaat1* 突变体的发现，同样证明了水稻具有吸收 Fe(Ⅱ) 的能力。在 *Osnaat1* 中，*OsNAAT1* 的突变导致 DMA 几乎不能合成，突变体丧失了吸收 Fe(Ⅲ) 的能力，但当把突变体在含 Fe(Ⅱ) 的培养液中进行培养时，突变体的缺 Fe 表型得以恢复，有力地证明了水稻也具有 Fe(Ⅱ) 的吸收能力。但是，在水稻中并没有发现有功能的 Fe(Ⅲ)-螯合物还原酶的活性，说明低 Fe 浓度条件下，水稻中 Fe(Ⅱ) 的吸收与机制 Ⅰ 型植物对 Fe(Ⅱ) 的吸收机制还是不同的。水稻对 Fe(Ⅱ) 的吸收是直接的，它与机制 Ⅰ 和机制 Ⅱ 的机理都不相同，是适合于淹水条件的一个新的吸收概念，它可能与淹水条件下土壤溶液中含有较多的还原性 Fe(Ⅱ) 这一特殊环境有关。由于水稻和其他禾本科植物相比，分泌的 MA 比较少，Fe(Ⅱ) 吸收可能是一条补充途径。

最新研究发现，利用从高 pH 培养基中筛选出来的表现较好的酵母 Fe(Ⅲ)-螯合物还原酶基因 *refre1/372* 与受 Fe 调控的载体基因 *OsIRT1* 的启动子结合后转入水稻中，在转基因植株根中，该基因受低 Fe 浓度营养条件所诱导。表达 *refre1/372* 的转基因植株相对于转空载体表现出很高的 Fe(Ⅲ)-螯合物还原酶活性，在 Fe 缺乏条件下，比转空载体也具有更高的 Fe 吸收速率。该植株对低 Fe 浓度的土壤也有较好的抗性，在钙质土壤中是非转基因植株产量的 7.9 倍。这说明提高水稻 Fe(Ⅲ)-螯合物还原酶活性可以提高对 Fe 缺乏的抗性。这从另外一个角度证明了在水稻中的确存在 Fe(Ⅱ) 吸收。

此外，在 Fe 缺失条件下，*OsIRT1* 在根部，主要在伸长区的表皮和外皮层以及成熟区皮层的内层表达，此外，该基因在茎中也有表达，尤其是在韧皮部伴胞中表达的活性最高。这暗示 IRT1 可能有从土壤中吸收 Fe(Ⅱ)以及韧皮部装载,进而长途运输的双重功能。此外,*OsIRT1* 的表达与水稻中 *OsNAS* 的表达模式非常相似,在 Fe 缺乏条件下,两类基因都在根和茎的韧皮部细胞,尤其是伴胞中被强烈诱导,说明 IRT1 对 Fe(Ⅱ)的运输与 *OsNAS* 表达形成的 NA 有相互作用。因为游离的 Fe(Ⅱ)具有细胞毒性,通过 IRT1 的运输进入共质体时必须避免被氧化,阻止 Fe 的沉淀和产生氧自由基,因此,有可能质外体的 Fe(Ⅱ)被运入细胞后就被 *OsNAS* 表达形成的 NA 所螯合。*OsIRT2* 也有类似的功能和表达模式。

5.5.2 水稻中 Fe 吸收相关基因的表达

与 MA 分泌较多、抗缺 Fe 的大麦相比,MA 分泌较少、对缺 Fe 比较敏感的水稻在 *NAS* 基因的表达上有很大的差异。大麦中 *HvNAS* 基因只在根中被缺 Fe 因素诱导表达。而 3 个 *OsNAS* 中,*OsNAS1* 和 *OsNAS2* 在生长环境 Fe 充足的条件下,只在根中检测到,在叶中不表达,在根中,它们主要在伴胞和中柱鞘细胞中表达;而当 Fe 缺乏时,两者在根和叶中的表达量均被大幅提高,在根部,随着 PS 分泌的提高,延伸至所有的根部细胞,在地上部分,则扩大到绿色叶片的维管束以及严重黄化叶片的所有细胞中表达。而 *OsNAS3* 在 Fe 充足条件下,主要在叶中表达,而根中的表达量很低;受到缺 Fe 条件的诱导时,其在根中的表达量提高,而在叶中的表达被抑制。在表达模式上,*OsNAS3* 则不管 Fe 的水平如何,其表达都限于根部的中柱鞘、伴胞细胞以及叶片中的伴胞细胞。这些结果表明,NA 和 NAS 除了有形成 PS 的功能以外,在水稻 Fe 的长程运输中也起着重要的作用。

大麦中的 *NAS* 基因在 Fe 充足的条件下,受到严格的抑制,甚至检测不到 NAS 的活性;而水稻中,NAS 在 Fe 充足的条件下仍有较高水平的组成型表达。这可能是因为大麦在 Fe 充足的条件下,也会以 MA 的形式吸收 Fe,MA 在根部的积累导致了对 NAS 的抑制。总体上来说,和大麦的根相比,水稻的根中 NA 的含量高而 MA 的含量低,这可能是由于大麦把所有的 NA 都转变成了 MA,而水稻的一些内源 NA 被保留下来了,这部分的 NA 很可能与水稻体内 Fe 的运输、平衡,或者 Fe 缺乏响应信号的传递有关。*OsNAS3* 在缺 Fe 条件下,根、叶中表达的逆转也说明了 NA 在水稻中除了作为 MA 的前体外还有其他重要的作用。

以 NA 为底物合成的 MA 的关键酶 NAAT 在水稻中的表达与大麦中的表达也有差异。大麦中 *NAAT* 主要在根中表达;而水稻中的 *NAAT* 在根和叶中都有表达,叶片中还有较高的 DMA 浓度。该酶可能也与 Fe 在水稻中的长途运输有关系,叶片中的 DMA 可能参与了 Fe 的贮存和再利用过程。NAAT 在根中的表达强度上也远远不如大麦中的强。将大麦中的 *NAAT* 基因转到水稻中,可明显提高水稻根分泌 DMA 的量,提高其抗缺 Fe 的能力,说明大麦和水稻在 Fe 的吸收和调控上有较大的差别。

水稻中的 *OsNAAT1* 基因已经被克隆,它和大麦中的 *HvNAAT-A*、*HvNAAT-B* 具有很高的同源性。我们分析了在水稻基因组中和 *OsNAAT1* 同源的基因,发现除了 *OsNAAT1* 外,还有五个与 *OsNAAT1* 同源性较高的基因,分别命名为 *OsNAAT-L1*~*OsNAAT-L5*。除了 *OsNAAT1* 外,其他五个基因的功能尚不清楚。

在 Fe(Ⅲ)-PS 的载体方面,玉米和大麦中都发现了根部特异性表达的 Fe(Ⅲ)-PS 载体——YS1。大麦中的 YS1 具有高度的底物特异性,只能运输 Fe(Ⅲ)-PS;而玉米中的 YS1

则可以运输能与 PS 结合的多种金属,如 Zn、Cu、Ni 所形成的复合物,甚至可以运输 Ni(Ⅱ)、Fe(Ⅱ)和 Fe(Ⅲ)与 NA 形成的复合物。水稻中的 YSL15 被认为与玉米中的 YS1 和大麦中的 YS1 一样,用来运输 Fe(Ⅲ)-PS 的载体。

另外,在 Fe 缺乏响应的转录调控方面,由于水稻中和双子叶植物 *FER* 同源性最高的 bHLH 转录因子的表达模式不同于双子叶植物,Fe 缺乏时,并不在根中有较高的表达量。因此,禾本科植物和非禾本科植物在响应 Fe 缺乏的转录调控方面,除了有 IDE1、IDE2 结合的转录因子的调控机制外,可能还存在另外的调控形式。在水稻中还克隆到了一个 bHLH 转录因子 *OsIRO2*,它的结合元件是 5'-CACGTGG-3',不同于 IDE1 和 IDE2,但在它的启动子上游缺少类似于 IDEs 的 Fe 缺乏响应元件。它的表达能在很大程度上影响 DMA 的合成以及多种 Fe 缺乏响应基因的表达,如 *OsNAS1*、*OsNAS3*、*OsIRT1*、*OsFDH*、*OsAPT1* 和 *IDS3* 等。根据对 *OsIRO2* 调控基因的模式以及某些 Fe 缺乏响应基因上游元件的分析,Ogo 等提出了水稻中一种新的 Fe 缺乏响应的基因转录调控模式。他们认为,植物细胞在接收到 Fe 缺乏响应的信号后,首先,具有 Fe 缺乏响应顺式作用元件——IDE 的转录因子被诱导;接着,该类转录因子会启动 *OsIRO2* 的表达,进而调控水稻中一些 Fe 缺乏响应下游基因的表达(图 5-5)。

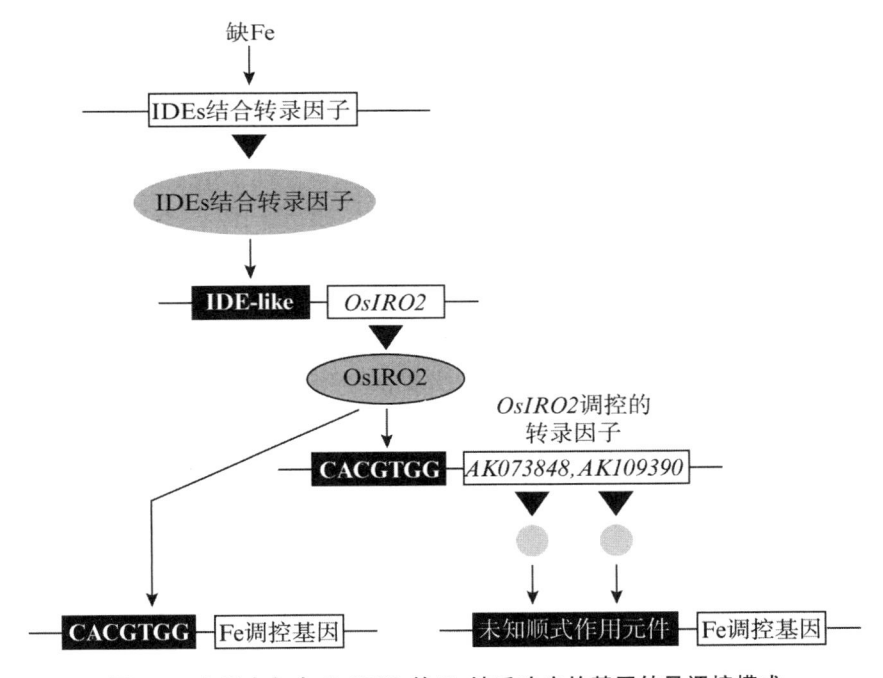

图 5-5　水稻中包含 *OsIRO2* 的 Fe 缺乏响应的基因转录调控模式

目前,在水稻及其他植物中,有关 Fe 吸收、转运以及代谢的分子生物学机制研究进展速度非常迅速。相信在不远的将来,我们会对植物中有关 Fe 吸收、代谢的机制有更加全面、透彻的理解。在此基础上,我们可以利用已有的或将来更为先进的分子生物学技术和手段改良植物中 Fe 的吸收效率,提高其在植物中的积累量和生物利用效率,为人类的健康事业和社会经济的发展做出贡献。

专题 6

Rubisco 与 Rubisco 活化酶的分子生理
Molecular Physiology of Rubisco and Rubisco Activase

　　1,5-二磷酸核酮糖羧化/加氧酶简称为 Rubisco,它是在 1947 年由维尔德曼(Wildmen)和博诺龙(Bonnor)发现的。1965 年人们首次从菠菜中提纯了这个酶,同时发现它具有催化 CO_2 和 RuBP(1,5-二磷酸核酮糖)形成 PGA(3-磷酸甘油酸)的功能,参与光合作用。后来又发现该酶具有催化 RuBP 的氧化反应的功能,参与光呼吸作用。Rubisco 存在于高等植物和自养细菌中,是所有光合生物进行光合碳同化的关键酶,它是将 CO_2 还原成有机碳的限速酶,对净光合速率起着决定性作用。Rubisco 本身是植物可溶性蛋白中含量最高的蛋白(占 30%~50%),是植物体内重要的贮藏蛋白。因此,对 Rubisco 的深入研究具有深远的意义。

6.1　Rubisco 的结构及功能

　　Rubisco 的结构比较复杂,随个体的不同差异较大。植物与微生物之间、不同植物之间、不同微生物之间的 Rubisco 结构不同。根据 Rubisco 大亚基氨基酸序列同源性及空间结构的相似性,可以将其分为四类,即 Ⅰ、Ⅱ、Ⅲ、Ⅳ 型。

　　Ⅰ型主要存在于能够进行光合作用的有机体内,如高等植物、真核藻类、蓝藻、光能及化能自养细菌及其他一些原核生物等。它是由 8 个大亚基和 8 个小亚基组成的大约为 560kDa 的八聚体 L8S8(图 6-1)。Rubisco 外形呈"桶状"。位于八聚体中心的 8 个大亚基被 2 层 4 个小亚基包围;4 个二聚体 L2 集合成 8 个大亚基的核心 $(L2)_4$;小亚基由 2 串独立的 $(S4)_2$ 亚基(每串 4 个)组成。小亚基与大亚基紧密联系在全酶的中心,沿着 4 层的轴,分子中间有一条通道穿过。研究发现,所有与催化活性有关的氨基酸残基都位于大亚基上,大亚基中一个二聚体单位被认为负责催化活性,小亚基被认为不直接参与催化,而是与大亚基的结构有关。有报道称,第8个螺旋的位置与余下桶状部分的关系在类型Ⅰ和Ⅱ中不同,也因此决定了Ⅰ型酶有更高的羧化活性。高等植物和大多数藻类的质体中含有Ⅰ型Rubisco,在高等植物和绿藻中,大亚基由质体基因编码,小亚基由核基因编码。不同植物的大亚基之间同源性较高,小亚基的同源性则较低。而在大多数非绿藻中,大、小亚基基因均位于质体中,即小亚基编码基因位于质体中,这不同于绿藻和陆地植物。

图 6-1　Ⅰ型 Rubisco 结构模型

塔比塔(Tabita)分析不同的Ⅰ型Rubisco结构后,根据大亚基的氨基酸序列不同,将Ⅰ型又可进一步分为"Green-like"和"Red-like"两类。Green-like类型主要存在于绿藻和高等植物中。Red-like类型主要存在于红藻和紫细菌中,在大气氧浓度下其加氧酶活性较低,因此降低了光合过程中被氧抑制的可能性,在对微藻的研究中发现,高亲和性CO_2浓缩机理与藻类中蛋白核的存在有密切关系。

Ⅱ型Rubisco发现于光合紫色非硫细菌、共生和化能自养细菌、双鞭毛藻等。它只由50kDa的大亚基组成,亚基数目为2~8个,二聚体可组装成L8八聚体(图6-2)。Rubisco在无小亚基的情况下还有活性,进一步说明Rubisco活性的位点位于大亚基上。与Ⅰ型大亚基相比,L2的大亚基C-端有延伸,如在441或449位删除,与Ⅰ型相比,Ⅱ型有低的底物专一性和低的CO_2吸附力。

Ⅲ型Rubisco主要存在于耐高热古细菌中。Rubisco大亚基DNA序列与前两种有50%的同源性。氨基酸序列和Ⅰ型、Ⅱ型相比分别有大约36%、30%的同源性,菠菜的氨基酸序列和Ⅲ型Rubisco仅有28%的同源性。Ⅲ型Rubisco高度耐热,在高达90℃时还有活性,其催化羧化反应有高度的特异性。它与Ⅱ型Rubisco一样,也无小亚基存在。但经晶体结构分析发现,它与Ⅱ型Rubisco有较大的不同,应归为新的Ⅲ型Rubsico。以上三种类型均含有催化活性所需的氨基酸残基。

Ⅳ型Rubisco发现于低等藻类中。它缺少活性所需的几个氨基酸残基,在光合紫色非硫细菌中发现类似Rubisco蛋白的酶缺少催化活性,这种细菌中也无卡尔文循环存在,其同化CO_2可能通过Wood/Ljundahl途径、反向Krebs循环等方式进行。

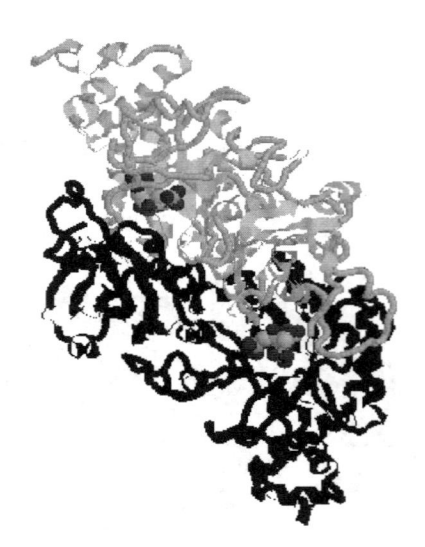

图 6-2　Ⅱ型 Rubisco 二聚体结构模型

不同来源的 Rubisco 大亚基是很保守的,氨基酸序列的同源性一般大于80%,大亚基由 N、B 和 C 三个结构域组成。N 结构域开始于 N-端,包括 137 个氨基酸残基,并含有 5 股 β-折叠。B、C 结构域由 α-螺旋构成。C 结构域有 1 个由 8 个平行的 β-折叠和 8 个 α-螺旋以及连接两者的 8 个环组成的 α-β 桶状结构。而小亚基的序列变化较大。Rubisco 的活性中心位于大亚基上,而不在小亚基上。这一点从由单一大亚基组成的多聚体(如 L2、L4、L6、L8)仍具有催化 RuBP 的羧化和加氧活性可以得到证实。尽管有时不同来源的 Rubisco 的同源性较低,但是位于大亚基活性中心附近的氨基酸,如 Lys329、Lys191 和 Lys166 则表现出了序列的保守性。大多数 Rubisco 小亚基由 123 个氨基酸组成,它与 Rubisco 的活性无关,而与 Rubisco 的装配有关。

6.2　Rubisco 的钝化和活化

尽管 Rubisco 是植物体内含量最丰富的蛋白质,但是由于有磷酸丙糖、RuBP 等抑制物与 Rubisco 紧密地结合,使 Rubisco 本身的活力非常低,不能催化植物光合碳同化过程。植物体内的 Rubisco 只有经过活化后才能催化底物 RuBP 的羧化,这称为 Rubisco 的氨甲酰化(图 6-3)。其活化是与 CO_2 结合的一个缓慢的过程,需要好几分钟时间,这一活化过程就是 Rubisco 的氨甲酰化作用。Rubisco 氨甲酰化过程受到 Rubisco 活化酶(Rubisco activase,RCA)的调控。氨甲酰化过程如图 6-3 所示,它是通过大亚基上赖氨酸 201 的 ε-氨基与 CO_2 结合成为具有催化能力的氨甲酰化合物。然后,再与二价金属离子 Mg^{2+} 结合,形成 Rubisco-CO_2-Mg^{2+}(ECM)三元复合物,成为活化态,使得氨甲酰化合物明显地稳定。这个三元复合物即是 Rubisco 催化的功能单位。氨甲酰化过程使得 Rubisco 由带正电荷转变成带负电荷。Rubisco 氨甲酰化是受到 RCA 的催化的。然而,这种氨甲酰化过程受植物体内很多因子(如 RuBP、CA1P 和某些 RuBP 羧化反应的副产物)的调节。植物体内 Rubisco

氨甲酰化过程也很容易受到环境因子（如光照、水分、矿质元素、CO_2浓度、温度等）的影响。降低CO_2浓度、降低辐照度、低温等均使Rubisco活性下降。有研究发现，长期在高浓度CO_2的环境中生长的植物的Rubisco活性也会下降。植物为了适应不同CO_2浓度、低温、低光照的环境，致使Rubisco活性和含量均下降。高温胁迫也会导致酶活性和含量明显下降。如高温胁迫引起大叶黄杨Rubisco活性降低，但酶含量基本不变。植物在生育过程中，其Rubisco活性变化较大；在叶片老化过程中，Rubisco活性和含量的降低快于光合速率、叶绿素含量和光合电子传递链活性的下降。

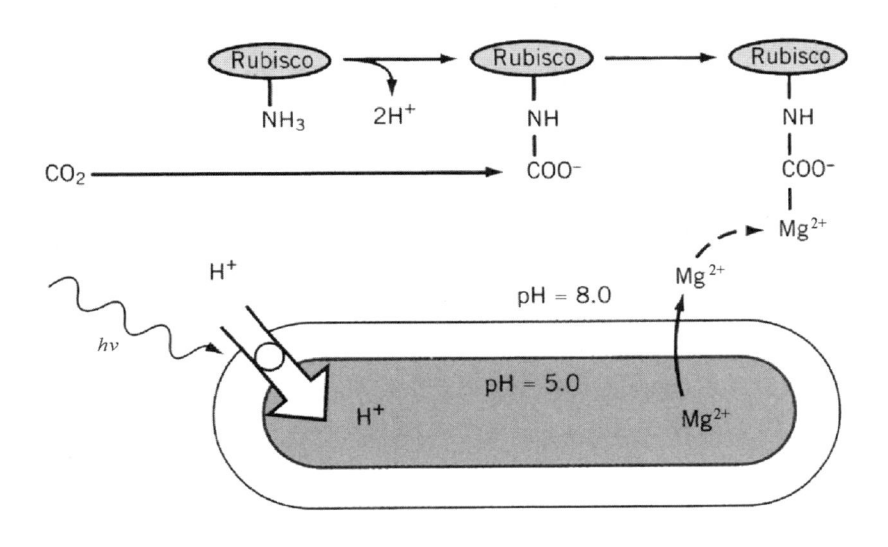

图 6-3　Rubisco 氨甲酰化过程

Rubisco只有在先与CO_2和Mg^{2+}结合后才能催化羧化或加氧反应，该CO_2不同于底物的CO_2，不直接参与反应，而是作为活化因子存在。研究表明，Rubisco不仅在黑暗条件下易脱去Mg^{2+}和CO_2而钝化，也易被许多叶绿体的代谢产物（如RuBP、CA1P、Xu5P）所钝化，其钝化过程如图6-4所示，这些钝化态称为E(酶)-糖磷酸酯或ECM-糖磷酸酯。由于在反应过程中或低光照强度（简称光强）下Rubisco钝化失活，RCA需不断催化E-糖磷酸酯或ECM-糖磷酸酯的解离，使Rubisco形成活化的ECM状态，并促进酶在生理CO_2浓度下变

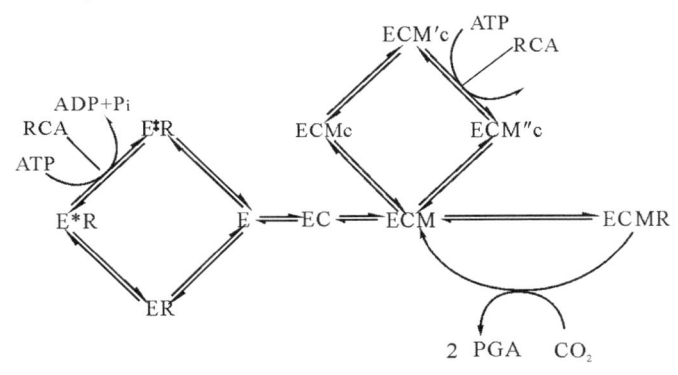

图 6-4　Rubisco 在植物体内的活化态和各种钝化态之间的关系

为 ECM 活化状态。菠菜中纯化的酶(E)在无 RCA 存在情况下,被低浓度的 RuBP 钝化后形成的 E-RuBP 固定 CO_2 的能力很低,加 RCA 6min 后活力可达到活化态酶(ECM 形式)的活力水平,活化过程中所加的 RCA 量与 E-RuBP 的活化间有线性关系,即随着 RCA 量的增加,E-RuBP 的活化增加,对水稻的研究也有相同结果,都充分说明 RCA 在催化 Rubisco 中的功能。RCA 在活化 Rubisco 时必须依赖 ATP 水解产生的能量,无 ATP 时钝化的酶很快失活。其他三磷酸核苷酸不能替代 ATP 的作用,ADP 是 RCA 的专一性强抑制剂。在无 E-RuBP 等条件下,RCA 在体外仍具有 ATP 酶的活性。

6.3 RCA 的发现、亚基组成与分子特性

6.3.1 RCA 的发现

光合碳代谢是由 1,5-二磷酸核酮糖羧化/加氧酶催化下的 CO_2 和 RuBP 结合产生两分子的磷酸甘油酸而启动的。而 Rubisco 必须经 RCA 去除磷酸糖等抑制物后才具有催化活力。1982 年,萨默维尔(Somerville)等发现一个拟南芥突变体,它不能在大气 CO_2 浓度下生长,只能在很高的 CO_2 浓度下生长,主要原因是体内 Rubisco 不能被有效活化。1985 年,萨尔沃奇(Salvucci)等进一步研究该突变体时,发现该突变体缺失了 41kDa 和 45kDa 两条多肽。突变体的叶绿体提取液和野生型的这两条多肽的重组试验表明,重组能使突变体 Rubisco 依赖光活化。这就证明在体内存在着能使 Rubisco 在大气 CO_2 浓度下活化的多肽。因此,后来将这两条多肽称为 RCA。RCA 是一种核基因编码的叶绿体蛋白,现已经发现 RCA 普遍存在于高等植物、绿藻和部分蓝细菌中。由于该酶与光合作用有着密切的关系,因此该酶一直是农业生物工程研究中的焦点。

6.3.2 RCA 的结构亚基组成及氨基酸序列

在大多数植物中,由于 RCA 前体 mRNA 的选择性剪接形成两条同工型多肽,长的多肽称为 α 多肽,短的多肽称为 β 多肽,两者也称为大亚基和小亚基。两条多肽不同的仅仅是大亚基 C-端加了 30~40 个氨基酸。但在不同的植物中,两条多肽的长短有所不同,菠菜中为 41kDa 和 45kDa,拟南芥中为 44kDa 和 47kDa,棉花中为 43kDa 和 47kDa,水稻中为 41kDa 和 45kDa,但是也有报道说水稻中为 43kDa 和 47kDa;而有的植物可能只有 1 条多肽,如烟草、玉米和衣藻。大部分植物(如拟南芥、菠菜、水稻等)的 RCA 都由 1 个基因编码。而山核桃中则是由 2 个基因编码的(图 6-5):山核桃 RCAα 基因组 DNA 包括 6 个内含子和 7 个外显子,长度分别为 1590bp 和 1419bp;山核桃 RCAβ 基因组包含 5 个内含子和 6 个外显子,长度分别为 817bp 和 1302bp。山核桃 RCA 基因组 DNA 的分析证实已发现的两种 RCA mRNA 分别由 2 个独立的基因编码而来,即 1 个 α 型基因和 1 个 β 型基因。有人发现棉花中含有多个活化酶基因,每条多肽都有具体的基因编码,而不是由于选择性剪接形成的。

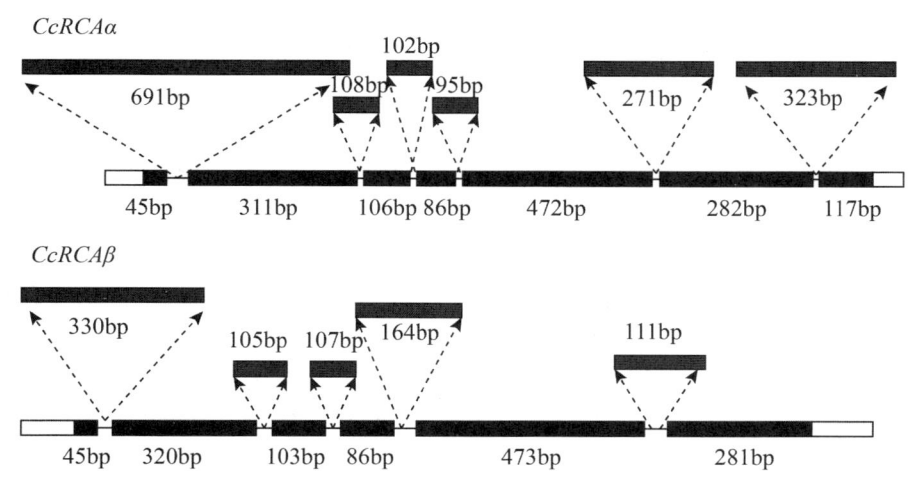

图 6-5 山核桃 2 个 rca 基因的内含子、外显子结构

6.3.3 RCA 的分子特性

桑切斯(Sánchez)等根据 AAA 蛋白结构预测了几个 RCA 蛋白的空间结构,发现这些 RCA 的 AAA 结构域相当一致。AAA 蛋白有各种各样的细胞活力,包括 ATP 依赖的蛋白激酶、膜融合、DNA 加工、微管的切割和运输。这些蛋白的普遍特点是它们含有一个或更多的 AAA 基序的拷贝,典型的结构是环状结构,目前,已经确认 RCA 是 AAA$^+$ 家族成员,具有 WalkerA、WalkerB、Sensor 1、Box Ⅶ 和 Sensor 2 结构域,有保守的核苷酸结合位点。ATP 和 Mg^{2+} 能促发其形成高度有序的低聚体,执行多种拟伴侣蛋白的功能,参与大分子复合体的形成。这准确地描述了 RCA 在破坏 Rubisco 与磷酸糖抑制子结合物中的作用。RCA 的两种亚基结构中均含有 P-环(G-X-X-X-X-G-K-S/T)序列。P-环是许多 ATP 酶具有的核苷酸结合序列,能维持酶和 ATP 上的 α-、β- 和 γ-磷酸基团形成的氢键,稳定 ATP 水解过程的中间状态,因此,RCA 本身虽不是 ATP 酶,但具有 ATP 酶的活性,具有活化 Rubisco 的功能,此活化过程依赖于 ATP 而受 ADP 抑制,符合 ATP 酶的作用特征。

6.4 RCA 与 Rubisco 的相互作用

6.4.1 Rubisco 和 RCA 的细胞定位

早在 20 世纪 70 年代就有了关于 Rubisco 定位研究的报道。哈特斯利(Hattersley)等运用原位免疫荧光标记技术分别对 C$_3$、C$_4$ 植物叶片中的 Rubisco 进行了定位,发现 Rubisco 分布于整个叶片的绿色组织中。之后,凯瑟琳(Catherine)等也采用免疫荧光标记技术对三种不同光合类型的黍属(Panicum)植物 P. miliaceum(C$_4$ 植物)、P. bisulcatum(C$_3$ 植物)

以及 *P. decipiens* 和 *P. milioides*（C_3-C_4 中间型植物）分别进行了 Rubisco 的定位,发现 C_4 植物的 Rubisco 定位在鞘细胞叶绿体中;C_3 植物的 Rubisco 只位于叶肉叶绿体中。比较而言,C_3-C_4 中间型植物的酶分布与其品种有关,如 *P. decipiens* 中 Rubisco 的分布类似于 C_3 植物黍,而 *P. milioides* 中 Rubisco 的分布与 C_4 植物黍的更为接近,Rubisco 同时分布于叶肉细胞和鞘细胞的叶绿体中。总体看来,有关 Rubisco 在高等植物定位的研究比较多,除了前面提到的黍属植物,还有对玉米、马齿苋、豌豆、水稻等植物的免疫金标记研究,这些研究表明,Rubisco 在 C_3 植物中主要分布在叶肉细胞叶绿体的基质区域,而在 C_4 植物中主要分布在鞘细胞叶绿体的基质区域。洪健等采用免疫金标记技术,结果显示大麦、青菜与其他 C_3 植物一样,Rubisco 主要分布在叶绿体基质区域,不在基粒片层及基质片层上。洪健等发现 C_4 植物苋菜的 Rubisco 主要分布在维管束鞘细胞叶绿体的间质中,在叶肉细胞叶绿体中也有一定的分布。另外,在藻类植物中有关 Rubisco 定位的研究也很多,涉及的藻类包括衣藻（如 *Chlamydomonas reinhardtii*）、褐藻（如 *Pilayella littoralis*）、眼虫藻（如 *Euglena gracilis*）、绿藻（如 *Bryopsis maxima*、*Caulerpa lentillifera*）、红藻（如 *Chlorella* spp.）等多种藻类。其中,何培民等的研究结果表明,Rubisco 除了集中分布在淀粉核外,全酶在淀粉鞘区域也有较多的分布,这可能与藻类植物淀粉核具有光合功能有关。由于藻类生活在水中,而水中 CO_2 浓度很低,Rubisco 集中于淀粉核更有利于固定浓度很低的 CO_2,从而有效地进行光合作用。因此,总的来说,Rubisco 在低等藻类中存在于叶绿体淀粉核中,在高等植物中存在于叶绿体的基质中,其结构大多由八个大亚基和八个小亚基组成,核基因编码的小亚基通过叶绿体膜进入叶绿体基质,与叶绿体基因编码的大亚基结合成全酶。

关于 RCA 的性质、结构及生理功能已有不少报道,但对它们的细胞学定位报道相对较少。安德松（Anderson）等发现豌豆中 RCA 主要存在叶绿体基质中。罗卡（Rokka）等报道在高温胁迫下,菠菜 RCA 会大量与类囊体膜结合。大麦叶细胞的 RCA 免疫金标记结果清楚地显示,该酶主要分布在叶肉细胞叶绿体的基质中,在基粒片层上标记率很低,在叶绿体之外的细胞区域,包括液泡、细胞壁、细胞核（又称胞核）,尤其是线粒体中并无明显的特异性标记。在玉米叶片中,RCA 分别标记在叶肉细胞和鞘细胞叶绿体的基质区域。王妮妍等首次报道了水稻 RCA 分布于叶绿体中,但在特定的时候在线粒体中也有一定的标记率。在 C_4 植物中,Rubisco 在维管束鞘细胞中参与卡尔文循环,使 CO_2 转化为有机物。RCA 在调节 Rubisco 的活性中起着重要作用,其在 C_3 植物叶绿体中的定位与功能是吻合的,但在 C_4 植物中,RCA 除了在鞘细胞叶绿体内活化 Rubisco 外,在叶肉细胞叶绿体中也存在,RCA 是否与叶肉细胞的 C_4 二羧酸途径也存在着某种联系,值得今后进一步研究。

6.4.2 RCA 活化 Rubisco 的作用机制

Rubisco 要具有催化活力,必须通过 RCA 解除 Rubisco 位点上的抑制物。而 RCA 在催化这一过程中需要依赖 ATP 水解的能量,但这个调节机制还不完全清楚。现已公认 RCA 从 Rubisco 活化位点上去除磷酸糖抑制物,使 CO_2 和 Mg^{2+} 更快地与 Rubisco 发生氨甲酰化作用,以激活 Rubisco。这表明 RCA 激活 Rubisco 可能涉及 RCA 和 Rubisco 构象变化、RCA-Rubisco 复合物的形成和解离等多个复杂的过程。这个过程中 RCA 必须结合到 Rubisco 的某个位点,并诱导其活化位点发生构象改变,从而改变 Rubisco 和磷酸糖等抑制物结合的亲和性。研究表明 RCA 是以自身寡聚体的形式参与这些过程的,但由于缺乏有效的研究手段,RCA 自身寡聚化的特点和具体机制仍然不清楚。与 RCA 自身寡聚化相反,很难获得 RCA-Rubisco 复合物的直接证据。曾经报道过 RCA 和 Rubisco 大亚基化学交联以及这两个蛋白共同免疫沉淀,推测 RCA 可能和 Rubisco 的其中的一个大亚基结合,使其他的亚基发生构象变化,从而增加了 Rubisco 活化位点对 CO_2 的亲和性。洪法水等利用 $LaCl_3$ 和 $CeCl_3$ 处理菠菜后,纯化得到的蛋白非变性 PAGE 电泳分析发现除了具有 Rubisco 的一条带以外,还有一条相对分子质量在 1.1×10^6 左右的条带,推测可能为 Rubisco 和 RCA 的复合体,这可能是由于稀土元素促进 RCA 的聚合反应。然而,这些通过定性分析复合物形成和形成条件的报道,都缺乏形成过程的重要特征,因此目前并不清楚 RCA 和 Rubisco 相互作用的确切性质。利用电子显微技术对 RCA-Rubisco 复合物进行初步研究,表明 RCA 可能是环绕 Rubisco 全酶的。图 6-6 显示 RCA 去除 Rubisco 上抑制物的作用模型。在这个模型中,RCA 在结合到 Rubisco 之前处于多种低聚形式的平衡。RCA 组装的生命周期取决于核苷酸结合状态,涉及通过二聚体、四聚体和六聚体形式的动态循环。

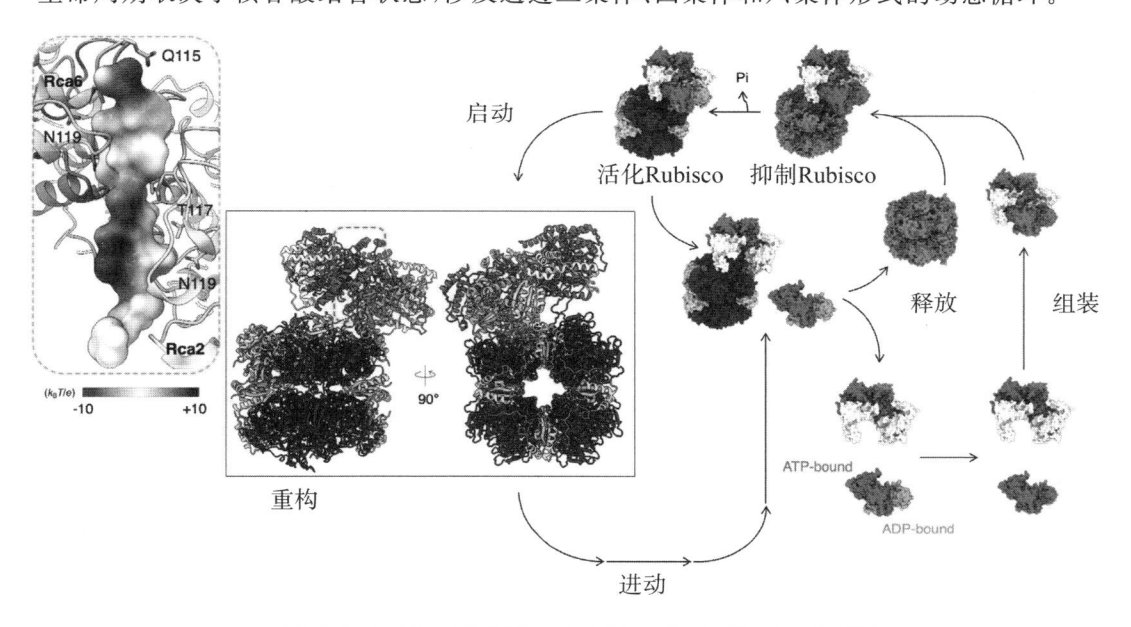

图 6-6　Rubisco 活化酶去除 Rubisco 上抑制物的作用模型

另一方面,RCA 对 Rubisco 的活化表现出显著的物种专一性,这也为 RCA 和 Rubisco 的物理结合提供了间接依据。两种茄科植物(烟草、矮牵牛)的 RCA 并不能活化几种非茄科植物(菠菜、大麦、衣藻)的 RCA。非茄科植物(菠菜、大麦)也不能活化三种茄科植物(烟草、矮牵牛、番茄)的 RCA。通过对 Rubisco 大亚基序列的比较发现,两组植物大亚基表面的一组氨基酸残基明显不同。由于衣藻 Rubisco 能被菠菜 RCA 激活,而不能被烟草 RCA 激活,利用直接突变和叶绿体转化将菠菜 RCA 的四个氨基酸残基改变成为烟草中发现的氨基酸残基。两个改变(Lys356→Gln,Asp→Arg)对菠菜 RCA、烟草 RCA 激活这个突变体 Rubisco 的相对活力影响很小,然而,Pro89 变为 Arg,Pro89 变为 Ala,Asp 变为 Lys,导致这些 Rubisco 不能完全被菠菜 RCA 激活,但能被烟草 RCA 激活。这就说明 Rubisco 大亚基上与活化位点紧密相连的区域与 RCA 发生相互作用。

6.5 RCA 活力的调控

6.5.1 ADP/ATP 比例对 RCA 活力的调控

RCA 是由核基因编码、在细胞质中合成的叶绿体蛋白,其转录与翻译在时间上并不同步,光强对 RCA 的转录和翻译有着重要的调控作用,但是 RCA 的具体调控机理仍有待阐明。近来的研究主要认为 RCA 是通过 ADP、ATP 和硫氧还蛋白-f 介导的氧化还原调控的。在叶绿体基质中发现 RCA 活力对 ADP/ATP 比例相当敏感:在黑暗且 ADP/ATP 比例为 1∶1 时,RCA 表现出最小的活力;在光下且 ADP/ATP 比例为 1∶(2~3)时,RCA 活力小于最大活力的一半。在表达大、小亚基重组的 RCA 蛋白的转基因植物中,能改变 RCA 对 ATP/ADP 比例的敏感性。在基质中 ADP/ATP 比例为 1∶3 时,等摩尔的大亚基能完全抑制 43kDa 多肽的活力。在黑暗条件下,ADP/ATP 比例为 1∶1 时,43kDa 多肽有明显的 ATP 激酶活力。在黑暗条件下,由于不需要激活 Rubisco,为了贮存能量,46kDa 多肽可能关闭了 43kDa 活力。因此,对转基因植物的研究可能阐明 RCA 的 ATP、ADP 调控,Rubisco 活力,磷酸糖等抑制物之间的关系。

6.5.2 硫氧还蛋白-f 介导的氧化还原 RCA 活力的调控

早期用菠菜重组 RCA 的研究表明大亚基更容易被 ADP 抑制,暗示大亚基可能有一个调控功能。近来发现 RCA 大亚基活力是通过氧化还原调控的,为这个假设提供了依据。通过二硫化物硫氧还蛋白的还原作用后,RCA 的大亚基对 ATP/ADP 比例的敏感性大大减小,这个二硫化物可能是大亚基 C-端的 Cys 残基形成的。研究天然 RCA 蛋白以及重组 RCA 多肽混合物的还原作用和氧化作用表明 RCA 大亚基的氧化还原变化可能改变小亚基的活力,推测可能是通过 RCA 复合物的协调作用。但是大亚基还原之后,最大活力仅仅增加了 10%,仍比小亚基低了 20%~30%。这个结果更进一步说明了大亚基的主要功能是调节两条多肽的活力。在两条多肽等摩尔混合的实验中,也同样揭示了大亚基的调控作用。RCA 的 C-端结构域的氧化还原作用是怎样改变大亚基的 ATP、ADP 敏感性的细节仍然有待阐明。

RCA 对氧化还原的反应为研究光强对 RCA 活力和 Rubisco 活力的调控提供了方法。很早就已经发现了 Rubisco 活性是受光强调节的,但是具体的生化机制仍有诸多疑问。研究发现 RCA 和叶绿体基质中许多其他光合酶都是通过氧化还原调控的,而仅仅表达 RCA 小亚基的转基因拟南芥在低光强下不能下调 Rubisco 活力,仅仅表达 RCA 大亚基的植物的 Rubisco 光调节与野生型的相似。然而,如果在大亚基 C-端的一个或两个 Cys 被 Ala 替换,仅含大亚基的转基因植物在低光强下也不能下调 Rubisco 活力。这些结果表明拟南芥

Rubisco 光调节是 RCA 氧化还原调控的结果。近来用减少 $Cytb_6/f$ 或甘油醛-3-磷酸脱氢酶的转基因烟草研究 Rubisco 调控，表明 RCA 的光调节并不是直接通过改变电子传递速率或 ADP/ATP 比例来实现的，而是一个电子传递和传递物消耗之间平衡的现象。实际上，通过氧化还原变化对 RCA 的调控与这一观点是不谋而合的。

那么在不含 RCA 大亚基的植物中 Rubisco 是怎样被调控的呢？进一步研究拟南芥 RCA 氧化还原调控的特征表明，两条多肽 1:1 的比例是有效调控所需要的。然而，大部分植物 RCA 的小亚基表达得更多，有的植物大亚基完全缺乏，例如，烟草不含大亚基。因此，RCA 的氧化还原调节机制仍然有待进一步研究。

6.6 热胁迫对 RCA 的影响

6.6.1 热胁迫下 RCA 和 Rubisco 的相互关系

热胁迫对 Rubisco 的抑制早在 Rubisco 被 RCA 调节发现之前就已经证实。并且人们很早就认识到了 Rubisco 活力和 CO_2 固定受高温抑制是可逆的。近来报道在热胁迫处理棉花和其他植物时，发现光合作用 CO_2 固定的代谢障碍主要是由于 Rubisco 活力的降低，而 RCA 是 Rubisco 活力热不稳定的主要因素之一。克拉夫茨-布兰德纳（Crafts-Brandner）对此的解释是在热胁迫下，RCA 激活 Rubisco 的速度跟不上 Rubisco 失活的速度。RCA 蛋白本身的热不稳定性可能也是重要原因。

在分离的叶绿体和完整植株的叶绿体中，高温对 Rubisco 活力的抑制都和光合作用的抑制密切相关，而且，洛（Low）等观察到光合作用和 Rubisco 活力对热胁迫具有相同的模式。高温抑制卡尔文循环的主要位点是 Rubisco，高温能引起 Rubisco 催化能力的减小。但是，Rubisco 活力对体内和体外的高温并不特别敏感，且光强依赖的 Rubisco 活力具有极强的热稳定性，表明高温胁迫并不是直接抑制 Rubisco 本身的，可能是通过抑制 RCA 起作用的。夏基（Sharkey）等用反义 RCA 基因的烟草分析了高温对光合作用的抑制和 Rubisco 的关系，发现热胁迫后野生型烟草的光合作用恢复得很快，而反义 RCA 烟草很少恢复，进一步证实了高温对 RCA 的抑制可能是高温下光合作用的重要的调控过程。

根据近年的报道，高温对 RCA 的影响能够很好地解释 Rubisco 和光合作用的高温抑制。高温引起 RCA 的结构紊乱，导致酶活性被抑制，并影响 Rubisco 的光活性，但高温下 RCA 对 Rubisco 的抑制和激活的调控模式至今了解得很少。RCA 通过 ATP 依赖的构象改变直接和 Rubisco 相互作用，促进 RuBP 和其他磷酸糖类抑制物的释放，这些释放的抑制物和二价金属离子结合，能促进 Rubisco 的氨甲酰化。因此，高温对 RCA 的抑制可能是由于 ATP、RCA 或 Rubisco 和 RCA 的相互作用被抑制引起的。

6.6.2 热胁迫对 RCA 结构及其亚基影响

克拉夫茨-布兰德纳研究了菠菜 RCA 的两条多肽的热敏感性,发现在 ATP 或者 ATP 类似物 ATPγS 存在时,45kDa 多肽的热稳定性比 41kDa 强得多,当 45kDa 和 41kDa 组成重组酶时,其热稳定性和 45kDa 相近,表明 45kDa 的存在能保护 41kDa 的热稳定性。但在 ATP 不存在而 ADP 存在时,45kDa 或其重组酶的热稳定性并没有这么强,说明 ADP 不能有效防止 RCA 的热失活。ATP 或 ATPγS 能促进 RCA 亚基的相互结合,而 ADP 则不能。事实上,RCA 亚基在水解 ATP 中表现出相当的协同性,但是 RCA 自身缔合的倾向使确定亚基的精确的功能变得相当困难。克拉夫茨-布兰德纳等用能引起 41kDa 多肽完全失活而 45kDa 不失活的高温处理菠菜后,发现蛋白水解并没有太大的变化。因 ATP 或 ATPγS 诱导的 RCA 亚基缔合而发生构象的改变能把 Trp 转移到更亲水性的环境中,引起蛋白内在荧光的增大。综合考虑这些结果,表明 RCA 的热抑制是由于亚基的分离引起的,而不是亚基的变性引起的,但是否是因为 45kDa 的诱导使 ATP 与大小亚基更紧密的结合是增加亚基相互关系的主要原因至今还不清楚。两条多肽的热稳定性不同表明,45kDa 的 C-端延伸在热稳定性中有重要的作用。克拉夫茨-布兰德纳等认为 C-端的延伸序列增强了 RCA 亚基的结合能力。

在 Mg^{2+} 和 ATPγS 存在时,一个完整的 RCA 寡聚体的相对分子质量超过 6.0×10^5,而热失活的 RCA 相对分子质量是 1.4×10^5,显然 RCA 多肽结合成更高级的寡聚体。叶片中能形成高相对分子质量的非可溶性的 RCA 聚合群,这为高温能破坏 RCA 的物理结构提供了直接的依据。目前只明确这种 RCA 聚合物并不是由于 RCA 和类囊体膜的黏附而引起的,其精确的物理结构还不清楚。高温对小麦的 RCA 的结构的影响比棉花更加严重,Rubisco 活性和叶绿素荧光的研究也有相似的结果。影响 RCA 物理结构及其分布的温度比引起 Rubisco 可逆失活的温度要高得多。

6.6.3 热胁迫下 RCA 的基因表达

高温对 Rubisco 和 RCA 活性影响的研究较多,但对 RCA 蛋白在热胁迫下的基因表达知之甚少。为数不多的报道显示,热胁迫导致单子叶植物玉米中形成一个新的活化酶多肽,在玉米恢复正常的条件下,该活化酶多肽又消失。由于热胁迫而形成的活化酶多肽,以及 RCA 能改变底物蛋白质的构象都是分子伴侣的特征。

后来发现小麦在高温胁迫下也会产生一种新的活化酶多肽,这种现象在双子叶植物棉花中也存在,表明高温胁迫能诱导形成一种新的活化酶可能是高等植物中普遍存在的现象。目前还不清楚在体内 RCA 与 Rubisco 相互作用的化学计量,但有关反义 RCA 突变体的研究表明,很多植物即使拥有野生型植物 RCA 蛋白的 30% 或更少,其 CO_2 固定率并没有减少。另外,RCA 是一个亚基相互作用的自身高度缔合的蛋白,因此即使只有很少的热诱导 RCA 蛋白合成,也能有效保护 Rubisco,防止 CO_2 固定的减少。尽管这种热诱导合成新的活化酶的作用和机制目前还不是很清楚,但推测它在植物适应高温胁迫过程中以及防止光合作用机构的损伤方面应该有重要的作用。棉花中新形成的 46kDa 活化酶多肽在热胁迫 24h 和 48h 后仍然能合成,特别是在早晨光周期的初始阶段,但该活化酶即使在 48h 的高温处理中不停地合成,也不能大量积累。然而,三种 RCA 蛋白的 mRNA 翻译效率是相近的,因此,46kDa 多肽低水平积累说明在热胁迫下该酶是迅速周转的。通过扫描图像分析,热胁迫能增加棉花的总 RCA 的丰度,其中 46kDa 多肽大约占总 RCA 的 5%。而小麦有所不同,高温能增加小亚基的合成和丰度,46kDa 的新多肽占总 RCA 蛋白的 20%。当棉花和小麦都回到正常条件后,通过分析 46kDa 多肽的持久性表明,小麦的 46kDa 多肽持续的时间要长得多,说明高温对小麦的光合作用机构的破坏更加严重。

在棉花、烟草等植物的叶片中,RCA 的转录随昼夜节奏变化:在早晨的初始阶段大部分转录是高丰度的,到中午的时候下降到不能检测的水平,在晚上又重新积累。关于苹果、拟南芥、小麦和水稻也有相似的报道。劳(Law)等研究了棉花从早晨开始的 7h 内活化酶的转录模式,活化酶的 mRNA 在这 7h 内逐步下降到不能检测的水平,对照叶片的活化酶基因和高温处理 24h 的叶片在光周期初始阶段的表达是相似的,但是热胁迫叶片的 Rubisco 小亚基的表达量减少了 75%。这个结果和小麦的结果有所不同:高温胁迫时,小麦的 RCA 基因和 Rubisco 小亚基的表达量都减少了近 2/3,而去除高温胁迫后,小亚基的表达在 7h 内完全恢复。

在没有热胁迫的植物中,很容易在早晨检测到活化酶的从头合成,在早晨期间,棉花的 47kDa 活化酶多肽的表达量相当于 43kDa 多肽的 65%~70%。通过放射自显影分析发现,41℃、3h 的热胁迫并没有明显影响 47kDa、43kDa 活化酶多肽的合成。长时间的热胁迫对蛋白从头合成的影响非常明显,当回到正常条件下后,HSP 的表达量迅速减少。新形成的 46kDa 活化酶多肽在热胁迫 24h 和 48h 后仍然能合成,特别是在光周期的初始阶段。相反,小麦对热胁迫的反应是活化酶小亚基组成型多肽的从头合成增加,而大亚基多肽的合成没有影响。棉花的 46kDa 多肽在热胁迫消失后 1h 内开始减少,24h 后不能检测到。而小麦的结果有所不同,在热胁迫恢复 24h 后,小亚基多肽和 46kDa 多肽的合成仍然增加。这些结果都说明热胁迫时棉花的 RCA 的合成是通过其转录丰度调控的;而小麦在热胁迫时 RNA 的转录减少,RCA 小亚基合成增加,说明小麦中热诱导形成的新 RCA 多肽是出现在转录后的调控阶段。

6.7 RCA 与光合作用

6.7.1 RCA 与光合作用的关系

RCA 的含量随光照增加而逐渐上升,经光照处理后再置于黑暗中,RCA 的含量不断下降。RCA 的活化只依赖于光强,经光照处理后再置于黑暗中,RCA 活力迅速下降。玉米的高产品系的光合速率高,是由于 Rubisco 活性高及 RCA 含量高,把这一品系的 RCA 加到低产品系的抽提液中,使后者 Rubisco 活性增加,因而认为玉米灌浆期 RCA 水平调节 Rubisco 活性,再调节光合速率。翁晓燕等在研究水稻光合速率、Rubisco 及 RCA 活力的关系时,发现水稻剑叶衰老过程中光合能力的下降与 rca 表达密切相关。随着剑叶的衰老,RCA 占总蛋白的比值加速下降,这表明水稻剑叶衰老期间,RCA 对维持净光合速率有重要的调节作用,但是 RCA 活力对光合速率的直接影响较小,其本质是调节 Rubisco 的初始活力。

RCA 蛋白具有昼夜变化,在调节水稻体内 Rubisco 活力日变化中可能有重要作用。水稻剑叶的净光合速率和 RCA 活力在 1 天内变化较大,两者的日变化模式基本一致,都具有两个高峰和一个低谷。RCA 活力只有在"午休"前和"午休"后才分别与净光合速率和 Rubisco 初始活力有显著正相关,"午休"期间无显著相关。这说明光合"午休"涉及 Rubisco 初始活力的下降,但"午休"前的光合上升和"午休"过后的光合再下降与 Rubisco 和 RCA 的活化和钝化有关。

6.7.2 RCA 基因工程与光合作用

光合作用制造了植物 95% 以上的干物质,因此作物的产量与光合作用有很大关系,提高植物的光合能力自然成了这一研究领域的热点。光合关键酶 Rubisco 是催化光合碳代谢中 CO_2 固定和光呼吸最初步骤的酶,也是植物中含量最多的蛋白,但催化效率极其低下。因此,提高 Rubisco 效率和活力将有助于提高植物的光合作用。为了增加 Rubisco 效率和活力,国际上曾经掀起改进 Rubisco 酶的结构的热潮,但是这种酶结构的改变需要考虑 RCA 能否识别这种改变的 Rubisco,如果不能识别,还需要重新设计 RCA 结构才行。同样的,在 Rubisco 基因工程中,不仅要考虑大、小亚基的装配问题,还要考虑构建基因对多酶复合体的影响,这就大大增加了 Rubisco 基因工程的难度。而 RCA 在 ATP 存在的条件下,能解除磷酸丙糖等抑制物对碳同化限速酶 Rubisco 活力的抑制,同时激活 Rubisco 活性。因此,RCA 的发现为提高植物体内 Rubisco 的活力开辟了新的途径。

RCA 基因工程的研究为数不多,而且大部分研究者都是通过基因工程的手段获得反义 RCA 基因植株。马特(Mate)等首先利用农杆菌介导的方法将 RCA 基因反向导入烟草中,获得了一系列不同 RCA 含量的 RCA 反义转基因烟草。他们还研究了 RCA 和 Rubisco、CO_2 同化率等相互关系,发现只有当 RCA 含量降低到正常烟草的 10%～30% 时,光合速率才明显降低,但当 RCA 含量进一步降低时,烟草又不能在大气 CO_2 浓度下生长,而是需要在高浓度 CO_2 下才能生长,但高 CO_2 浓度并不能提高 Rubisco 氨甲酰化水平。另外,在反义转基因烟草中,Rubisco 含量大量上升。尽管当时已经有报道认为 RCA 是分子伴侣的新成员,但马特等仍然把 RCA 简单地当作是催化 Rubisco 的酶。随后,蒋德安等、埃卡特(Eckardt)等也分别反义转基因烟草和拟南芥,并获得了类似的结果。

目前正义 RCA 基因转基因植株只在拟南芥和水稻中获得成功,而且都是最近才出现的研究成果。一是张宁等利用农杆菌介导的真空渗透方法分别获得了转大亚基和小亚基 cDNA 的正义拟南芥,发现仅表达大亚基的转基因拟南芥的表型与野生型拟南芥差不多,光合作用也无明显的差异;仅表达小亚基的转基因拟南芥的光合作用明显高于野生型拟南芥,尽管在饱和光强下,Rubisco活力、RuBP含量和野生型差不多,但在低光强下,Rubisco活力和RuBP含量并不会下降。另一则报道是日本学者也分别获得了转大亚基和小亚基cDNA的正义水稻,发现转小亚基的水稻的株高明显高于转大亚基水稻和野生型水稻,但是该报道并没有研究RCA与Rubisco、光合作用的调控关系以及对水稻产量的影响,而是研究了RCA与GA信号转导的关系。但是这两个研究为通过RCA等光合酶的基因工程手段提高作物产量奠定了基础。

专题 7

植物光保护的有效途径和机制
Effective Way and Mechanism of Plant's Photoprotection

太阳能是人们所需能量的最终来源,它通过光合作用进入生物圈。光合作用(photosynthesis)是指绿色植物在光下,把二氧化碳和水同化成有机物,并放出氧气的过程。它是地球上最重要的化学反应。植物、藻类和一些光合细菌都能进行光合作用。其中,绿色植物是地球上最大规模的自养生物,它们通过光合作用合成了 95% 以上的有机物,不仅满足自身的需要,还为地球上的异养生物提供有机物。有机物中贮藏的化学能可作为人类活动的能量来源。如人们所用的煤炭、天然气、石油等能源都是植物光合作用的直接或间接产品。

叶片是高等植物进行光合作用的主要器官,光能的吸收、CO_2 的固定及还原、淀粉的合成等都可以在叶绿体内独立完成。因此,叶绿体是植物整个光合作用的功能单位,是植物光合作用的细胞器。叶绿体有内、外双层被膜(图 7-1):其外膜透性较大;内膜有较强的选择透性。内膜里面的液体为间质或基质,其主要成分是可溶性蛋白质,包括光合作用中同化

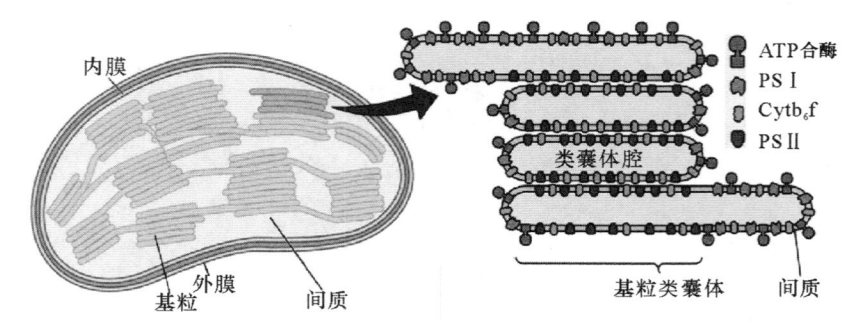

图 7-1 叶绿体的结构模型

CO_2 及合成淀粉的所有酶系,在叶绿体内部的间质里分布着许多复杂的膜系统,它们由一些内充液体的扁平囊状物——类囊体或片层组成。若干类囊体堆叠在一起的结构称基粒,其类囊体称为基粒类囊体;连接基粒与基粒之间的类囊体称间质类囊体,有的一个间质类囊体可穿过数个基粒,把类囊体连接成一个复杂的膜系统。几乎所有的光合色素都结合在这些膜上,光合作用中光能的吸收、传递、转化、电子传递和光合磷酸化均在类囊体膜上进行,故人们把类囊体膜称为光合膜(photosynthetic membrane)。

光合作用中光反应与碳同化反应关系如图7-2所示。光量子在类囊体膜上被光合色素吸收,通过反应形成同化力——ATP和NADPH,用于后面的碳同化反应。

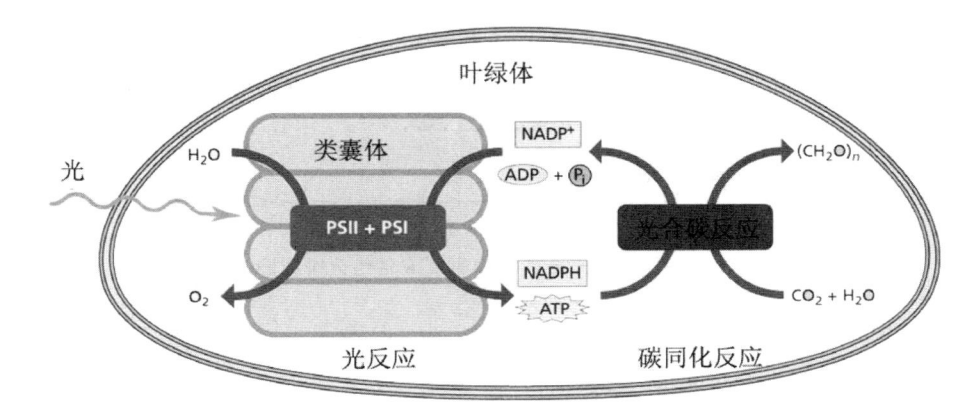

图 7-2 光合作用中光反应与碳同化反应的关系

7.1 光合电子传递链

光合作用中光反应过程发生于类囊体膜上,其主要组分包括光系统Ⅱ(PSⅡ)反应中心、质醌(PQ)、细胞色素 b_6/f 复合体($Cytb_6/f$)、光系统Ⅰ(PSⅠ)反应中心和ATP合酶(ATP synthetase)(图7-3)。其中,PSⅡ反应中心包括反应中心P680、捕光天线和放氧复合体,其反应中心位于由D1和D2蛋白组成的杂二聚体上。正常情况下,PSⅡ反应中心受光诱导进行原初光化学反应,即P680受光激发产生电荷分离,形成离子对$P680^+ \cdot Pheo^-$(Pheo,去镁叶绿素),随后$Pheo^-$把一个电子传递给初级醌受体Q_A,同时次级电子供体Z(D1蛋白的tyr^{161})把一个电子传递给氧化型P680($P680^+$),使$P680^+$还原成P680,$P680^+/Pheo^-$的形成是可逆的。PSⅠ反应中心复合体包括反应中心P700、电子受体和捕光天线。PSⅠ反应中心色素P700存在于由PsaA和PsaB蛋白组成的二聚体上。在PSⅠ中,P700和原初电子受体Chl A_0电荷分离后,进一步将电子传递给次级电子受体A_1(维生素K)和铁-硫中心F_x(第三电子受体)和$F_{A/B}$(终端电子受体)而达到电荷稳定状态。植物吸收的激发能在PSⅠ和PSⅡ之间的合理分配是保证光合作用高效进行的关键。

人们把位于光合膜上的由两个光系统(PSⅠ和PSⅡ)和$Cytb_6/f$复合体及其他电子(质子)传递体(PC、PQ、Fd等)构成的,按一定的氧化还原电位依次排列而成的电子传递系统称为光合链(图7-4)。在这个"Z"字形光合链中,最早发生的是两个光系统反应中心色素的激发,然后进行水的分解及两个光系统间的电子传递,再到 P700 还原侧的电子传递。整个光合链中只有两处(P680→P680*,P700→P700*)是逆氧化还原电位梯度、需要光能推动的需能反应,其余都是顺着电化学势梯度的反应。

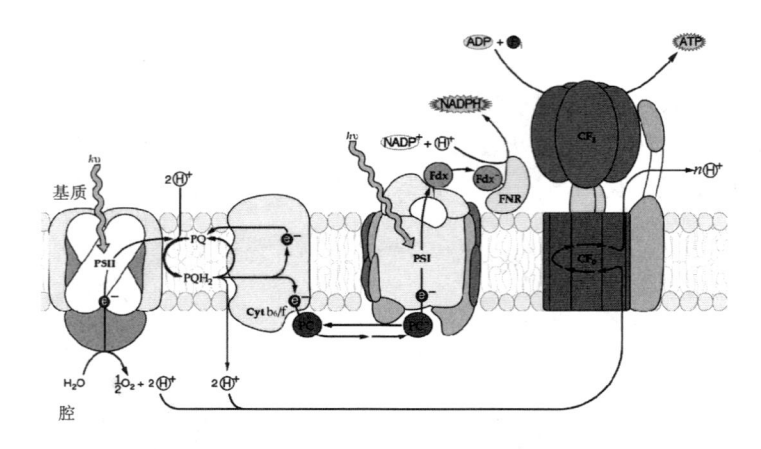

图 7-3 光合作用中光反应各组分排列图

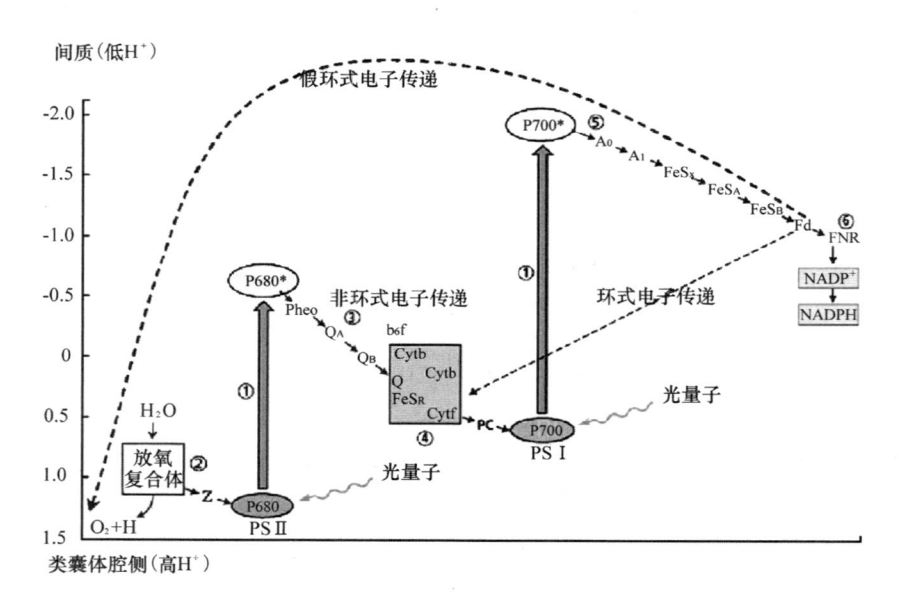

图 7-4 光合链"Z"字形图

P700*、P680*:分别是激发态的 PS Ⅰ 和 PS Ⅱ 的作用中心色素;Fd:铁氧还蛋白;FNR:铁氧还蛋白-$NADP^+$ 还原酶;图中的数字反映非环式电子传递的可能时间顺序

目前认为,在植物体内存在三条不同的光合电子传递的途径。其中,非环式光合电子传递是"Z"字形方案中最主要的电子传递途径,在通常情况下占总电子传递的70%以上。这种电子传递是在 PS Ⅰ 和 PS Ⅱ 都受到光能激发后,由 H_2O 分解氧,同时,产生的电子经放氧复合体、PS Ⅱ、PS Ⅰ 及其他一系列的电子和氢传递体,最终把电子传给 $NADP^+$,形成 NADPH 的过程,并在光合磷酸化耦联的情况下生成 ATP。该途径的电子传递过程为:
$H_2O→Mn→Z→P680→Pheo→Q_A→Q_B→PQ→FeS_R→Cytf→PC→P700→A_0→A_1→F_x→F_A$

→F_B→Fd→FNR→$NADP^+$。而环式光合电子传递只有在PSⅠ受光激发而PSⅡ未激发的情况下发生。电子由P700出发,依次经A_0→A_1→F_x→F_A→F_B→F_d→$Cytb_6/f$→PQ→FeS_R→Cytf→PC→$P700^+$又形成P700,构成一个循环。这个过程无O_2释放和$NADP^+$还原,但在耦联情况下能产生ATP。一般认为这是光合作用中ATP的补充形式,在正常光合作用情况下电子传递量占总量的30%以下,但在许多逆境条件下显著增加。假环式光合电子传递的路径与非环式电子传递十分相似,只是由H_2O分解而来的电子不是被$NADP^+$接收,而是传给分子态氧形成超氧阴离子($\cdot O_2^-$),再经一系列的反应形成H_2O。这种看似电子从H_2O到H_2O的循环,又称水-水循环。在正常情况下,植物的光合机构通过光能的吸收和传递把大部分激发能用于光化学反应,推动线性电子传递,最终通过光反应合成NADPH和ATP,这就是光合作用中的光反应阶段。NADPH和ATP作为光反应的产物进一步用于暗反应中CO_2的同化以及其他的同化途径。

7.2 光抑制的作用机理

光是绿色植物光合作用所必需的。光不足会限制植物光合作用的进行,但是如果植物长时间生长在过强的光环境下,会因光合速率降低而导致光能过剩。通常没有被用来固定CO_2或不能被植物消耗的光能被认为是过剩光能,这部分光照会对光合器官产生光氧化伤害,植物因此会受到胁迫,引起光合效率和光合功能的下降,这种现象被称为光抑制。光抑制主要由强光等胁迫导致光合组分等受损引起的(图7-5)。强光是导致植株光能过剩的直接原因,但光能过剩的实际情况取决于光合作用利用光能的情况。有时光能过剩可以发生在相对较弱的光照条件下,如在温度、干旱、盐渍、营养缺乏等胁迫环境下,使光合生物在没

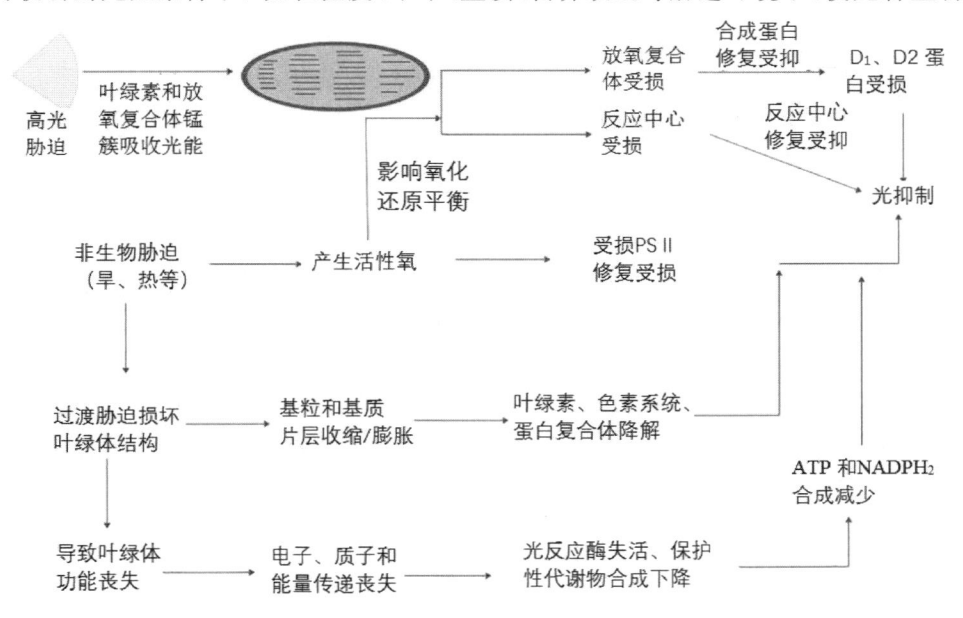

图7-5 胁迫环境下植物光抑制代表性机制

有强光照射的情况下产生与强光胁迫时相同的光系统损伤,轻则导致植物生长不良,重则令植物光合色素被破坏,叶片发白,直至死亡。光抑制普遍存在于植物界中,只是大多数植物体内有一系列的防御机制,不至于在强光下发生光漂白而死亡。大田作物因光抑制而减少的产量可达15%以上。因此,光抑制已成为人们日益关心的问题。

随着叶绿素a荧光测定等技术的发展,通过对整体植物材料进行无损伤测定的研究,加深了对光抑制本质的理解,同时也推动了光保护机制的研究,发现光抑制有时是一些保护机制的反映,即以光能转化效率的降低来避免反应中心的过度破坏和光合能力的损失。可将光抑制分为动态光抑制和缓慢光抑制两种类型:前者是和能量耗散过程相关的光抑制,主要是植物应对胁迫所表现出的一种保护性反应,在光胁迫条件去除后,光合功能恢复迅速;后者是光合机构破坏引起的光抑制,主要和PSⅡ反应中心D1蛋白的净损失有关,表现为光胁迫条件去除后,光合功能恢复很慢。

光抑制对植物的伤害主要表现为PSⅡ的光抑制、PSⅠ的光抑制和活性氧物质伤害。

7.2.1　PSⅡ的光抑制

一般认为光抑制主要发生在PSⅡ反应中心。在强光等环境胁迫下,正常的电子传递受阻,通过电荷分离的能耗降低,植物叶片、类囊体膜、PSⅡ颗粒或放氧颗粒均能观察到光破坏现象。早期研究发现,只含少数色素和多肽分子的PSⅡ反应中心D1/D2/Cytb559复合物对强光敏感,容易受到光破坏。目前认为这种光破坏可分别由PSⅡ供体侧和受体侧诱导发生。受体侧引起的光破坏是胁迫导致植物吸收的光能超过其光合利用率,PSⅡ受体侧的Pheo来不及将电子传递给Q_A,造成还原型Q_A(Q_A^-)的积累;同样的,Q_A^-的电子也不能顺利传递给Q_B,导致Q_A^-再接受一个电子,形成Q_A^{2-}。由于Q_A的过度还原,导致光反应中心P680通过脱镁叶绿素(Pheo)传递到Q_A和Q_B的过程受到抑制。

除受体侧抑制外,当氧化侧的电子供应速率低于反应中心的电子输出速率时就会发生供体侧光抑制。供体侧光抑制起始于水氧化受阻,在光子过剩的情况下,类囊体膜两侧形成的跨膜质子梯度使Ca^{2+}由放氧复合体释放或者水氧化所需要的外在蛋白释放,导致水氧化酶活性降低,水氧化受到抑制。当水光解受阻时,放氧复合体不能很快地把电子传递给反应中心,延长了$P680^+$的寿命。$P680^+$是具有高氧化还原电位(超过+1V)的残基,能从周围夺取电子,引起蛋白或色素的氧化破坏,如强氧化性的$P680^+$将氧化β-Car(β-胡萝卜素)形成β-Car^+,造成β-Car分子结构破坏。另外,$P680^+$还能氧化D1蛋白肽链中的酪氨酸残基和叶绿素等色素。这个过程在有氧和无氧的条件下都能发生。$^1O_2$和$P680^+$都是强的氧化剂,如果不能及时清除掉,都可以氧化并破坏附近的胡萝卜素、叶绿素和D1蛋白等,引起光合作用不能正常进行。因此,一旦植物体内供体侧电子传递受阻,PSⅡ对光更加敏感,光对PSⅡ的破坏也会更加迅速。这种情况尤其在类囊体腔内pH值很低,或高温、低温引起的锰簇不稳定,放氧复合物脱落的情况下发生。有研究利用PSⅡ中心复合物证实了供体侧受到光抑制引起D1蛋白快速周转。

有关PSⅡ光破坏机理存在两种假说。一种假说认为是由叶绿素吸收的光能过多产生过剩激发能造成的(图7-6)。逆境导致光合碳固定受阻,对光能需求减少,导致过剩激发能产量增加,产生三线态P680($^3P680$),$^3P680$与氧结合又生成单线态氧($^1O_2$)。两种强氧化剂直接破坏光合色素或 D1 蛋白,最终分别造成了受体侧和供体侧的光破坏。后续研究证实了这一假说,认为过剩光能可能不是通过直接损伤而是通过抑制 PSⅡ 的修复来加快光抑制的发生。PSⅡ 的不可逆光损伤会导致 PSⅡ 产生光失活。这种损伤需要漫长的修复过程,主要通过 D1 蛋白的降解和从头合成来实现。另一种是锰假说。该假说把光抑制过程分两步(图 7-7):第一步,光,尤其是紫外光或蓝光促进激发态锰簇激发成不可逆状态,1 个锰离子从有活性的 PSⅡ 复合体的 OEC 复合体脱离,同时导致 OEC 复合体失活;当 OEC 复合体失活后,强氧化态 P_{680}^+ 或长期存在氧化反应中心或与 Q_A^- 结合,最终产生 $^1O_2$;第二步,天线色素吸收的过剩激发能诱导 PSⅡ 光化学中心在光下发生二次失活。此外,胞内活性氧物质(reactive oxygen species,ROS),如 H_2O_2 和 $^1O_2$,通过抑制叶绿体 psbA 基因的转录和翻译而加剧光破坏程度。

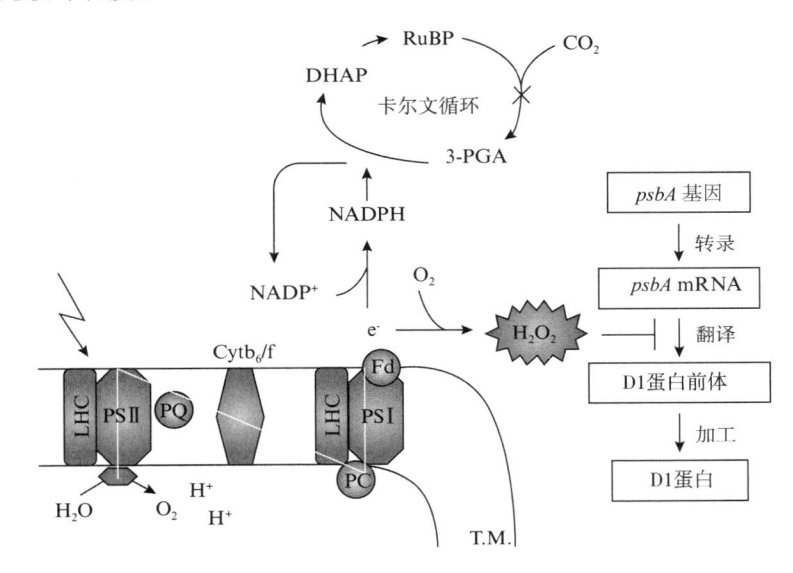

图 7-6　PSⅡ 光抑制的过剩激发能假说

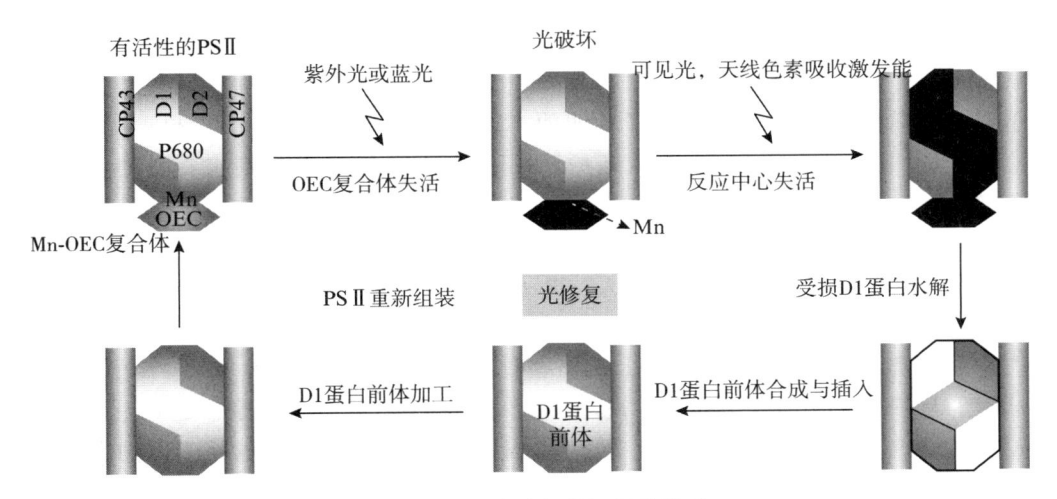

图 7-7　PSⅡ 光破坏的锰假说模型

总之，强光等环境胁迫 PSⅡ反应中心复合物，如 P680、Pheo、β-Car、叶绿素和氨基酸等的破坏，ROS 的积累最终导致 D1 蛋白和 D2 蛋白的降解，表明了由 PSⅡ供体侧和受体侧诱导时 PSⅡ反应中心光破坏的分子机理，即无论是哪种机制诱发的 PSⅡ光抑制，主要归因于由光能过剩所诱导的电荷分离能力的丧失(图 7-8)。

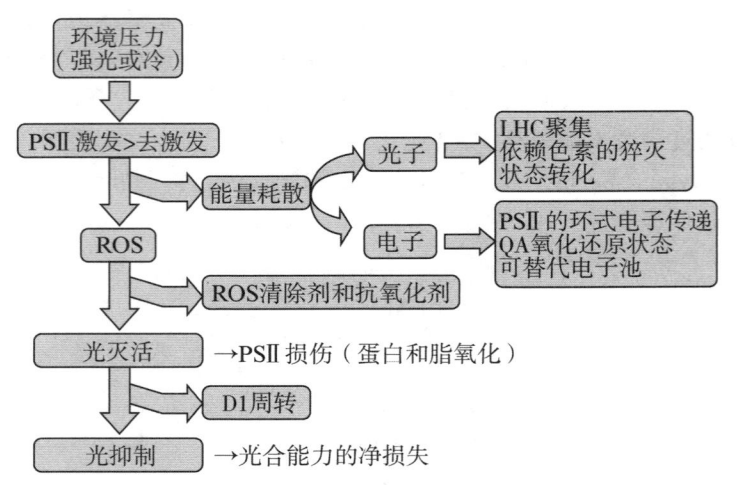

图 7-8　环境胁迫引起 PSⅡ损害及防御机制

7.2.2　PSⅠ的光抑制

长期以来，人们一直认为 PSⅡ是光抑制的主要部位，光合作用的光抑制几乎成了"PSⅡ光抑制"的同义词，而对 PSⅠ光抑制注意的比较少，甚至认为可以不予考虑。之后，有研究报道高等植物体内存在 PSⅠ的选择性光抑制，尤其在低温对植物的胁迫中，即在低温条件下 PSⅠ对光更敏感，相比 PSⅡ更易发生光抑制。同时还发现某些逆境条件使 PSⅠ光合功能减弱，而对 PSⅡ光合功能的影响不大，这促使人们重新注意 PSⅠ光抑制，尤其是低温下 PSⅠ的光抑制，并对其生理意义有了重新认识。通过对藻类细胞、植物叶片、叶绿体、类囊体膜等在不同光强、温度和氧分压等条件下发生的 PSⅠ光抑制的研究，已初步明确了 PSⅠ光抑制的特点，并提出了需进一步证明的 PSⅠ反应中心光破坏的分子机理。

和 PSⅡ光抑制主要受 Q_A 氧化还原调控不同的是，PSⅠ光抑制主要取决于温度，后来甚至提出温度是 PSⅠ发生光抑制的必要条件，即当温度高于或低于临界温度时，植物才会发生 PSⅠ光抑制。因此，有关 PSⅠ光抑制的研究更多地集中在低温胁迫时。已知 PSⅠ复合体上的电子传递途径为 P700-A_0(原初电子受体 Chl)-A_1(次级电子受体)-$F_X/F_A/F_B$(三个 Fe-S 中心)-Fds(铁氧还蛋白)，低温首先使 PSⅠ反应中心复合物的外周保护蛋白与反应中心复合物分离。有研究认为在 PSⅠ受伤害过程中，P700 受体侧的 Fe-S 中心最先受到伤害，然后是 P700 本身。后续研究发现，光下 PSⅠ受体侧 Fe-S 的还原态是 PSⅠ发生光抑制所必需的，并提出所有影响 Fe-S 或 H_2O_2 含量的因子，如低温或低温弱光等均影响 PSⅠ光抑制，而严重逆境还会导致 PSⅠ反应中心色素分子 $P700^+$ 受破坏或核心蛋白受损。此外，逆境胁迫会因光化学反应受阻而导致激发能积累，过度光量子会诱导光抑制发生，并通过光合电子传递在叶绿体中产生大量 ROS,破坏光合机构,其中就包括 PSⅠ。尤其是当大量 ROS 无法被清除时,PSⅠ的光抑制程度会加剧,表明 ROS 积累也是导致 PSⅠ光抑制的原因。

PSⅠ和 PSⅡ及其他电子传递体共同构成光合线性电子传递通道,协同完成光能的吸收和转化,它们结构不同但功能相依。从诱发因素看,低温弱光是 PSⅠ光抑制的诱导因子,强光下发生光抑制的部位则主要在 PSⅡ。从两个光系统发生光抑制时的相互关系看,当 PSⅠ发生光抑制时,位于 PSⅡ与 PSⅠ之间的电子传递体处于高度还原态,使 PSⅠ极易遭受体侧电子传递受阻的威胁。因此,PSⅠ光抑制可能加剧 PSⅡ的光抑制。当 PSⅡ发生光抑制时,多数电子不能从 PSⅡ传递到 PSⅠ,减轻了 PSⅠ的还原压力,对 PSⅠ反应中心起到了一定的保护作用。或许正因为如此,强光下光抑制的发生对 PSⅡ的影响往往大于对 PSⅠ的影响,掩盖了某些因素对 PSⅠ光合机构的破坏,这可能是发生在 PSⅠ部位的光抑制未能引起足够重视的原因之一。

与 PSⅡ相比,PSⅠ光抑制缺乏有效的修复,因此,PSⅠ光抑制的恢复极其缓慢,PSⅠ光抑制一旦发生就难以逆转,而且可能产生二次伤害。在这个过程中,电子传递在 PSⅠ处被抑制,将会导致 ATP 合成的减弱。而在 PSⅡ循环修复过程中,合成 D1 蛋白需要大量能量供应,ATP 合成的减弱减慢了 PSⅡ光抑制修复循环速率。因此,PSⅠ的光抑制通过降低修复速率导致 PSⅡ发生光抑制。

7.2.3 活性氧物质伤害

光抑制对植物的间接伤害是指过剩光能导致 ROS 的形成,从而使光合膜等受损。

正常情况下,叶绿素分子吸收的能量大部分以共振方式迅速传递到 P680 和 P700,少部分通过荧光发射散失,其细胞内 ROS 的产生与清除处于平衡状态,不会导致植物的损伤。但是当植物处于干旱、冷、热等逆境胁迫时,细胞的这种动态平衡就会被破坏,从而引起 ROS 的大量产生,其中叶绿体被认为是植物体内形成 ROS 的主要细胞器之一。究其原因主要是植物受胁迫使电子传递受阻,电子通过光合线性电子传递至铁氧还蛋白后,不是进一步传递至下一电子传递受体,而是返回至 O_2,使其还原成 $·O_2^-$,这就是所谓的 Mehler(梅勒)反应。$·O_2^-$ 不仅具有重要的生理功能,而且与多种疾病密切关联。它还常常是自由基链中所产生的第一个自由基,可进一步和 H_2O_2 反应或可借助一系列反应诱发生成其他损伤生物体的活泼自由基。如 $·O_2^-$ 会跟细胞色素、质体蓝素等产生羟自由基($·OH$)。同时,因电子传递受阻,进而使通过电荷分离的能耗降低,促进了单线态叶绿素(^1Chl)经系统间交换并转变成三线态叶绿素(^3Chl),在有氧分子参与时,激发态的叶绿素将能量交给基态氧,使其成为单线态氧($^1O_2$),而自身又成为基态叶绿素。$^1O_2$ 也可进一步通过自由基链反应产生一系列更强的自由基。

活性氧物质对植物的危害作用是各种活性氧物质相互协调转化的结果,其中 $·O_2^-$ 是形成其他活性氧物质的主要因子,对植物具有很强的毒害作用。它可以启动膜脂过氧化或膜脂脱脂作用,从而破坏膜的结构。H_2O_2 是具有强氧化性的自由基之一,容易造成毒害,它可以抑制 CO_2 的固定并参与降解叶绿体。此外,H_2O_2 和 $·O_2^-$ 相互作用可直接引发膜脂过氧化。因此植物中最先受到自由基攻击的是膜系统,各种 ROS 可在生物膜的不同位点启动膜脂过氧化反应。如·O_2^-和由其产生的·OH 在叶绿体内能够启动膜脂过氧化反应,首先发生脱氢,形成脂质自由基,不稳定的脂质自由基重排成共轭二烯结构,并在氧参与下形成脂质过氧自由基,它能与邻近的另一个不饱和脂肪酸作用而生成半稳定性的氢过氧化物和一个新脂质自由基,氢过氧化物进一步形成丙二醛。因此,通常以测定丙二醛的量来反映膜的受伤害程度。

总之,各种活性氧物质可以通过膜蛋白(包括酶分子)链式聚合作用等使细胞膜系统产生变性或分解光合色素,从而加剧光抑制。一般而言,少量活性氧物质对植物的生长是无碍的;而过量的活性氧物质则会对植物造成严重伤害,如膜质过氧化、蛋白质氧化、酶活性抑制等等,并可直接参与植物某些基因的表达,诱使细胞产生分子水平上的不可逆损伤,如 DNA 和 RNA 的剪切、损伤和修饰,引起 DNA 的蛋白质合成减缓或降解,导致组织结构和细胞区隔化丧失,最终会引起细胞的损伤和死亡。

7.3　植物的光保护机制

光抑制普遍存在于植物界,无论是发生哪种形式的光抑制,过剩光能的存在是必然的,所以,植物能有效、安全地耗散过剩的光能对保护光合机构免受光诱导破坏是必需的。在漫长的进化过程中,光合生物已经形成了一系列的光保护机制来降低光能过剩对自身产生的损伤。因此,一定范围内的光抑制并不一定导致反应中心的破坏,有时可能仅表现为反应中心的光能转化效率和叶片光合效率的下降,包括碳同化光量子效率、PSⅡ光化学效率以及饱和光强下光合速率降低。目前,围绕光能过剩问题可将植物防御光破坏的途径大致分为以下几类:①减少光能的吸收,主要是通过植物形态结构上的变化来减少光能的吸收。②增强光能利用,主要是通过增加光合电子传递载体和光合关键酶的含量及活化水平来提高叶片的光合能力,增加对光能的利用,从而减少光能的剩余,缓解光抑制。③促进光能耗散,主要是植物通过各种途径对已吸收的除用于光化学反应外的过剩光能进行耗散,如通过天线系统非辐射耗散将过剩的光能以热能的形式耗散,通过状态转换、光化学途径(光呼吸、水-水循环和 PSⅠ 环式电子流等)进行光保护性调节、ROS 的清除系统(抗氧化剂和抗氧化酶)及光氧化伤害的修复(如 D1 蛋白修复循环等)。我们把前一种保护途径归属于植物形态结构上的光保护机制,后两种归为植物生理生化方面的光保护机制。无论是哪种光保护机制,其目的都是增加利用光能的途径,避免光合机构遭受损失。

7.3.1　形态结构方面的光保护机制

植物在长期进化中,形成了一系列形态和结构上的保护措施,以减少光能的吸收,从而保护光合器官免受损害。植物形态结构方面的光保护机制主要通过减少光能吸收实现。例如,一些植物的叶片会因光强不同而改变叶片与光线之间的角度:光弱时叶片平展,尽可能多吸收光;光强时叶片趋于直立,将到达叶片的光能大量地反射出去。酢浆草叶片在几分钟内可完成从平展到垂直的 90°摆动。一些禾本科的植物(如玉米、高粱等)在严重的环境胁迫条件下叶片会卷起来,以防止光破坏。在强光下,叶片内的叶绿体向细胞的侧壁移动,并以受光面小的侧面对着光,以便减少光能吸收;而在弱光下,它们则聚集在细胞向光的正面,并以受光面大的正面对着光,以便尽可能多地吸收光。高山植物也有其适应高光强的结构。例如,高海拔植物叶片细胞中的叶绿体趋向细胞中央排列;而低海拔地区植物的叶绿体却趋向细胞壁排列。叶绿体类囊体的垛叠程度有随海拔升高而下降的趋势。干旱、强光下,叶片变小、变厚、天线色素含量降低以及叶片轻度萎蔫等都可减少叶片的光能吸收。叶运动和叶绿体运动对强光的快速响应也可有效减少叶片对光的吸收,从而避免光抑制。许多植物叶片表面生长毛或积累盐等,也可增加叶片反射,减少光能吸收。如一种叫 *Encelia farinose* 的植物,生长在强光、干旱的加利福尼亚死亡谷中,表面密生茸毛,茸毛内充满空气和盐晶体,使叶片近似白色。在强光、干旱条件下,叶片吸光率可从原来生长在暖湿条件下的 0.81 减少到 0.29,即增加透射,减少光能吸收。这主要由叶绿体在不同光照条件下的运动所致。这种运动可有效防止 PSⅡ 的失活。植物还可以通过改变 Chla/b 比例来改变聚光色素和作用中心的量,也可在一定程度上减少光抑制。如阳生植物的 Chla/b 比例较高,适应在较高光强下生长。

虽然从 19 世纪初以来人们就已经知道光诱导的叶绿体运动现象,但是调节这种运动的蓝光受体却一直没有被鉴定。后来,日本科学家分离到强光下叶绿体不能进行避光运动的拟南芥的一个突变种,鉴定了突变的基因,发现控制叶绿体避光运动及再定位是由蓝光受体 phototropins 所介导的,利用突变体进行的研究也证实了这一点,使人们对叶绿体避光运动机理的认识深入到分子水平。

类囊体基粒垛叠方式的改变也有助于减少光能的吸收。在正常条件下,基粒在类囊体膜上是以非猝灭态的垛叠结构排列,这种排列结构可以使 LHC Ⅱ 间连接更紧密,从而增加捕光能力和能量传递效率,并提高 PSⅡ 和 $Cytb_6/f$ 复合体的光合电子和质子传递能力,能够最大程度地增加线性电子传递速率;另外,这种垛叠结构还有利于两个光系统之间的协调和同化力的形成,并在能量满溢时使 PSⅡ 和 PSⅠ 更接近以增加激发能在两个光系统间的分配。而当过剩光能过量时,垛叠排列的基粒在光诱导下发生结构变化,以猝灭态的结构排列,从而调控能量耗散,并调节 D1 蛋白的周转以避免光合器官遭受光破坏。

7.3.2 生理生化方面的光保护机制

近年来的大量研究表明,植物除了一些形态上的适应机制外,在光合机构内,也存在多种保护其免受强光破坏的生物物理和生物化学机制,从而使植物体在自然界中能够灵活地应对各种复杂多变的光照胁迫。一般情况下,植物光合机构吸收的光能可用于荧光发射、光化学能转换和非光辐射(热耗散)等形式,而且它们之间存在相互竞争的关系,其中荧光发射仅消耗光能中的一小部分,而光化学能转换通过光合碳同化和光呼吸来进行。因此在强光或遇到逆境时,植物光合碳同化能力下降,这时热耗散对消耗过剩的激发能以避免超氧阴离子对光合机构产生破坏的途径尤为重要。除了光能的热耗散,植物内部的光保护机制还包括通过光化学进行的光保护性调节(光化学电子传递)、ROS 的清除系统及光氧化伤害的修复(如 D1 蛋白修复循环等)、硝酸还原代谢等。植物通过所有这些光保护机制的协同作用最大限度地避免和减少光抑制所造成的伤害。

1. 过剩光能的耗散

光合生物吸收的光能有三条去路：①光化学反应（photochemistry，P），即被绿色植物利用进行光合作用；②极少部分光能被利用产生叶绿素荧光（fluroescence，F）；③热耗散（dissipation，D），即不能被植物利用而被淬灭的能量。光合作用引发的荧光淬灭称为光化学淬灭（photochemical quenching，qP 或 qL）；热耗散引起的荧光淬灭称为非光化学淬灭（non-photochemical quenching，qN 或 NPQ）。光化学淬灭反映了植物光合活性的高低；非光化学淬灭反映了植物耗散过剩光能为热的能力。一般认为，NPQ 发生程度越高，热耗散越多，也就是光保护能力越强。热耗散被认为是植物众多耗能机制中最灵活有效的一种手段。有人将热耗散称为"安全阀"，是防御光破坏的基石。过剩光能的耗散对于调节光能的吸收和电子传递起关键作用，而且对于防止光器官的光抑制及光氧化也起着至关重要的作用。热耗散的耗能机制包括跨类囊体膜的质子梯度、叶黄素循环、PSⅡ反应中心可逆失活、LHCⅡ磷酸化引起的状态转换等等。其中，跨膜质子梯度的增加是对过剩光能的最快响应，强光条件下，类囊体膜两侧的质子梯度加大，触发 LHCⅡ 将过剩的激发能以热的形式安全释放。这种通过类囊体膜两侧的质子梯度来进行调节的热耗散是植物保护其光合器官免受光氧化破坏的主要机制。植物整体的热耗散主要发生于 PSⅡ 捕光天线部位。强光下，植物可以通过热耗散消耗掉天线系统所吸收光能的一半以上；而在中等和严重干旱条件下，热耗散的能量可以占到叶片吸收光能总量的 70%～90%。热耗散主要通过以下三种机制保护光合器官：①降低 ^{1}Chl 的寿命周期，从而减少 PSⅡ 反应中心和 LHCⅡ 中的 $^1O_2$ 的产生；②阻止类囊体的过度酸化和产生 $P680^+$；③降低 PSⅠ 还原 O_2 成为 $·O_2^-$ 的速率。

热耗散方式被认为是防止植物光合器官免受光氧化胁迫伤害的一种重要而又无害的光保护机制。依赖于 qP 和 NPQ，植物能够在相对较强的光强范围内维持较低的稳态荧光和 Chl 产量。这样，qP 和 NPQ 就能够最大限度地减少 LHCⅡ 中 $^1O_2$ 的生成。在强光条件下，NPQ 的热耗散作用是保证植物光合器官降低受光抑制程度和免受光氧化破坏的有效途径。

NPQ 是一种协作现象，受跨类囊体膜的质子梯度反馈调节。当光能过剩时，跨类囊体膜的质子梯度的增加诱导了过剩光能的热耗散，从而调节 PSⅡ 的光捕获效率；与此同时，内膜的 pH 下降也引起了 PsbS 的质子化，进而引起了这些蛋白的一些构象的变化，而这个构象的变化对 NPQ 的诱导是必需的。根据其在黑暗中弛豫的时间动力学，NPQ 可以分解为三个不同组分：NPQ 在大多数藻类和植物中最主要和最快的组分为依赖于能量或者跨类囊体膜的质子梯度的 qE（高能态淬灭）组分，是非光化学淬灭三组分中的快相，为依赖于 pH 值的荧光淬灭。研究表明，qE 产生于 LHCⅡ，LHCⅡ 的两个组分 CP26 和 CP29 可能在 qE 的形成中起主要作用。第二个组分为状态转换淬灭（qT），依赖状态 1 向状态 2 的转换，为中间相，反映捕光天线色素蛋白复合体在光系统间的动态分配。第三个组分是最慢的，为慢相，是与光合作用光抑制有关的光抑制淬灭（qI），反映通过叶黄素循环产生的玉米黄质积累导致非辐射热耗散的增加情况，常表现为可变荧光与最大荧光的降低。

光合机构在受到光照后，伴随电子在膜上的定向传递，叶绿体内类囊体膜两侧形成质子浓度差，即 ΔpH，这时类囊体腔内偏酸性，而叶绿体间质偏碱性。ΔpH 是 ATP 形成的不可缺少的条件，也是重要的调控因子。当光合机构接受的光能超过光合作用所能利用的数量时，依赖 ΔpH 的能量耗散过程会以热的形式把过剩的能量耗散掉。已有实验证明，在叶片光合诱导期,其他保护机制还未有效运转时,这种热耗散就能保护PSⅡ。ΔpH增加是对光能过剩的最快响应,它不仅本身是一种有效的保护机制,而且是其他形式热耗散过程的前提条件。如类囊体腔内pH的降低可以活化叶黄素循环的关键酶——紫黄质去环氧酶。强光下高的跨膜质子梯度通过热钝化激发态叶绿素,在一定程度上避免植物产生光抑制。

(1) 依赖叶黄素循环的非辐射能量耗散

叶黄素循环依赖的光保护被认为是植物处理过剩光能的主要机制,是非光化学淬灭的重要机制之一。研究表明,叶黄素循环存在于所有高等植物、蕨类、苔藓和一些藻类的类囊体膜上,且自然光下的植物比室内的具有更高水平的叶黄素循环组分库,增加的部分主要与LHCⅡ复合物结合。依赖叶黄素循环的热耗散是保护光合机构,包括PSⅠ和PSⅡ免受过剩激发能破坏的主要途径。叶黄素(lutein)是类胡萝卜素中含氧的一组多萜类的总称,主要由含双氧的紫黄质(violaxanthin,V)、含单氧的环氧玉米黄质(antheraxanthin,A)和去环氧的玉米黄质(zeaxanthin,Z)组成,这三种色素均位于光合膜上,其基本骨架都来自β-胡萝卜素,每一个环的末端都有一个羟基。叶黄素循环就是指这三种物质在不同的光强和pH值条件下,通过脱环氧化酶和环氧化酶作用相互转化的循环体系。强光等导致激发能过剩时,光合膜囊腔侧酸化,因脱环氧酶(de-epoxidase,VDE)在相对较低pH(<6.5)条件下具有催化V转化为A和Z的作用,因此在与LHCⅡ结合的VDE的作用下,中间体A转化为Z,质子和Z结合到捕光天线蛋白上,引起其结构变化,导致淬灭和热能耗散。而在弱光下光能需要被充分利用时,Z又会在环氧酶(epoxidase,ZE)的催化下通过中间体A进一步转化成为V,该反应需要O_2和NADPH,被称为叶黄素循环(图7-9)。在LHCⅡ中,V、A、Z主要在内周叶绿素结合蛋白CP29、CP26CP24上,不同条件下,V在不同LHC上转化为Z的程度不同。李(Li)等发现色素Z结合蛋白CP22在热耗散中起关键作用。V、A、Z在相互转变过程中除充当媒介角色外,还可能直接参与了PSⅡ复合体上过剩激发能的耗散。除了叶黄素循环外,叶黄素等其他类胡萝卜素也参与了PSⅡ的热耗散。包括叶黄素在内的类胡萝卜素是集光复合体的重要组分,它们可以直接消除单线态氧,或通过淬灭三线态叶绿素间接减少单线态氧的形成。

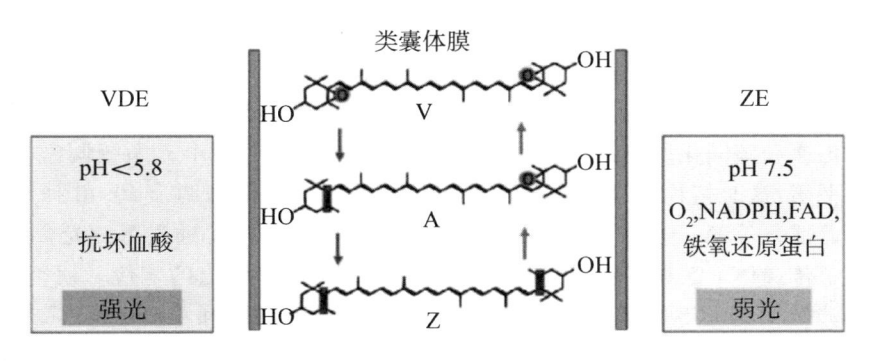

图7-9 叶黄素循环发生示意图

已有研究发现,Z与NPQ之间呈正相关性,后进一步证实A、Z含量之和与NPQ之间具有更好的线性关系。目前主要有两种有代表性的理论:①Z直接淬灭单线态叶绿素而引起的热耗散的作用。②间接猝灭制,即 LHCⅡ经叶黄素循环结合 Z 后,发生构象变化,引起 LHCⅡ聚集,从而将过剩的激发能耗散。此前,人们已经充分研究了与 PSⅡ 天线系统的组分结合的 Z 的 NPQ。研究显示,它们有助于消耗过量的叶绿素激发态、清除氧自由基。

一直以来,人们认为 LHCⅠ既不发生叶黄素循环,也不具备非光化学淬灭能力。近几年来,陆续有研究发现 PSⅠ可以发生 V 向 Z 的转化。如发现棉花和玉米叶片的 PSⅠ碎片中也含有叶黄素循环组分,存在从 V 到 Z 的转换,这表明 PSⅠ内部也可能发生叶黄素循环。在棉花类囊体中,30%的叶黄素循环色素与 PSⅠ相关,包括 PSⅠ捕光复合物和 PSⅠ核心复合蛋白 RCⅠ。用拟南芥的野生型与突变体(积累 Z,缺乏 V)为材料,研究发现,这种组成型 Z 在 PSⅠ-LHCⅠ中具备淬灭能量的作用;高光诱导产生的结合 Z 的 PSⅠ-LHCⅠ对能量传递过程不产生影响,并不发生 NPQ,但是高光条件下积累的 Z 可以显著降低蛋白质和脂类的光氧化,从而保护 PSⅠ。林雪乔等用豌豆为材料,证明在高光条件下,叶片、类囊体膜、PSⅠ-LHCⅠ、LHCⅠ均显示叶黄素循环的发生。

(2) 状态转换与激发能耗散

早期研究发现,植物具有一种调节激发能分配的机制,以适应环境中光照强度(简称光强)和光照质量(简称光质)的不断变化。该机制被称为状态转换(state transition,ST)。此后,人们对状态转换的机理及其调控机制进行了大量的研究,发现光合机构的状态转换是光系统间激发能转移、提高光能利用效率、减轻光系统破坏的机制之一。

状态转换普遍存在于光合生物中。从蓝细菌、红藻到绿藻和高等植物,光合能量传递都受到状态转换的调控。最初发现状态转换是由于两个光系统处于不平衡的激发态引起的,由于 PSⅠ和 PSⅡ分布在类囊体膜上的不同区域,PSⅠ主要分布在类囊体膜的非垛叠区,而 PSⅡ主要分布在类囊体膜的垛叠区,两个光系统都有自己的捕光色素和特异的吸收峰,它们互相协调作用,共同完成线性电子传递。如图 7-10 所示,在光照 1 条件下(该光利于 PSⅠ的吸收),叶绿素荧光发射的增加可持续几分钟,说明 PSⅠ的多余激发能回到了受限速的 PSⅡ荧光,从而诱导激发能向 PSⅡ分配的比例增加,导致状态Ⅰ的发生,这时称为状态Ⅰ。相反,如用利于 PSⅡ吸收的光照射(如光照 2),光量子饱和时其叶绿素荧光有个急剧上升的过程,随后几分钟,荧光随着因受限速的 PSⅠ吸收因光照 2 引发的多余激发能而下降,从而导致状态Ⅱ的发生,这时称为状态Ⅱ,两个光系统就是通过这种转换使激发能重新在 PSⅠ和 PSⅡ之间平均分配,并最终取得两个光系统间的能量平衡。现在发现除了不同光质以外,其他逆境,如光强、温度等变化条件下,只要是导致植物光系统所捕获的激发能超过自身光合电子传递和碳同化所能利用范围的各种因素,均会引起两个光系统间激发状态或电子传递的不平衡,这时植物可通过状态Ⅰ和状态Ⅱ之间的转换来调节 PSⅡ捕光色素复合物的大小及其捕光效率。进一步研究发现植物状态转换的发生是通过感知光合电子传递链中相关的电子传递体 PQ 和 Cyt_6/f 氧化还原的变动而迅速做出的响应。研究发现,状态转换过程中涉及一对关键的激酶和磷酸酶,即 Stt7/STN7 激酶和 PPH1/TAP38 磷酸酶。它们是状态转换所必需的一对蛋白,通过调节捕光蛋白 LHCⅡ 的磷酸化和去磷酸化,改变它与 PSⅡ、PSⅠ的识别和亲和能力,使 LHCⅡ在 PSⅡ、PSⅠ之间发生转移,影响它与 PSⅠ、PSⅡ的结合比例和调节激发能在 PSⅡ、PSⅠ之间的分配。这也足以用来解释为什么任何影响光合电子传递的因素都可能诱发状态转换的产生,所以状态转换被认为是植物对逆境做出的一种响应,它作为一种反馈机制可以平衡激发能在两个光系统间的分配,是植物调节光系统间能量失衡的重要机制之一。

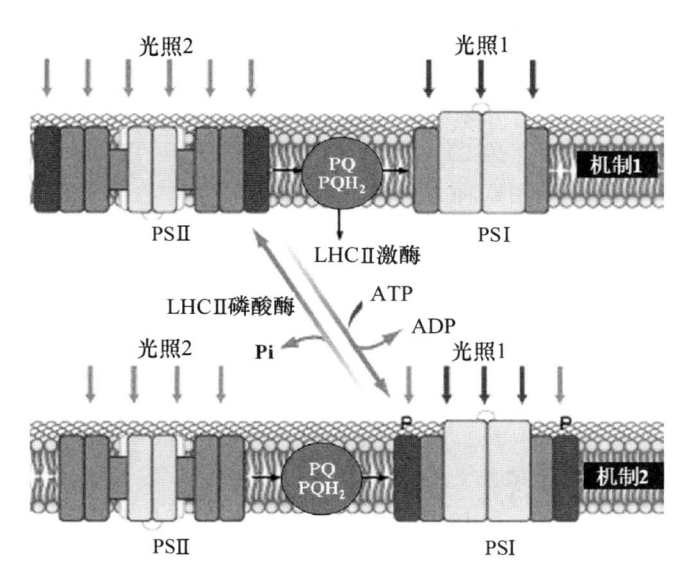

图 7-10 光系统状态转换图

研究发现高等植物中有 15%～20% 的 LHC Ⅱ 可以在两个光系统间发生可逆转移,从而改变两个光系统的捕光截面积。有研究发现除了因部分 LHC Ⅱ 的移动而改变两个光系统的光吸收截面积而诱导的状态转换外,激发能的溢满(即激发能从 PSⅡ 直接向 PSⅠ 溢满)也参与调节两个光系统间的能量分配,所不同的是溢满的发生会引起 PSⅡ 光化学效率的下降(用 F_m/F_o 表示,F_m 或 F_o 分别为 PS 反应中心全部关闭或全部开放时所测得的荧光强度),而 LHC Ⅱ 转移只引起荧光参数 F_m、F_o 发生等比例的变化,F_m/F_o 为一稳定值。也有研究提出溢满和 LHC Ⅱ 转移是相继发生的,只是前者比后者更迅速。此外,有些低等植物,如蓝藻和红藻等是以藻胆体为捕光天线,它含有藻胆素,而不是叶绿素 b。已发现蓝藻和红藻中的状态转换是通过藻胆体在类囊体膜上移动实现的,且认为当蓝藻向状态Ⅱ转换时,PSⅠ 中的 Psak2 亚基可能介导藻胆体与 PSⅠ 的结合。Ma 等发现状态转换过程中既有藻胆体在类囊体膜上的移动,又有激发能溢满,而前者是调节激发能分配的主要方式。

状态转换已被认为是自然条件下高等植物防御光破坏的一种重要机制。尽管不同植物有不同的状态转换机制,但在光破坏的防御上,状态转换所起的作用是一致的,只是作用大小有差异。在正常情况下,植物光合机构所吸收的光能在两个光系统间的分配处于平衡状态,此时的光能转化效率达到最高。而在胁迫条件下,当植物光能过剩时,状态转换可能通过调节两个光系统间的能量平衡,使光系统间的光能由不平衡变为平衡,从而使得光能被最大程度地利用,减缓光抑制的发生。状态转换是对光抑制的较快响应,在光抑制发生初期,状态转换作用表现明显。

具体状态转换减轻光抑制的过程可解释如下:不利环境条件导致光合作用下降,引起碳同化过程不能完全利用掉光反应产生的同化力,导致两个光系统间的能量不平衡。当 PSⅡ 被过度激发时,从 PSⅡ 传来的电子量超过从 PSⅠ 传出的电子量,也即植物吸收的光能多于其消耗的能量时,植物会转向状态Ⅱ,使原来结合 PSⅡ 的部分 LHC Ⅱ 脱离 PSⅡ,并使一部分 PSⅡ(α)转为 PSⅡ(β),从而缩小 PSⅡ的光能吸收截面积,减少 PSⅡ对光能的吸收。同时部分 PSⅡ(β)从类囊体基质片层区移到间质片层区,与 LHCⅡ结合后一起转移至 PSⅠ,从而成为 PSⅠ的捕光天线,增加 PSⅠ的光能吸收截面积,使本来分配给 PSⅡ的一部分光能被传递给 PSⅠ,从而使两个光系统的能量达到平衡。相反,如果当 PSⅠ被过度激发时,细胞转为状态Ⅰ,和 PSⅠ结合的 LHCⅡ脱离 PSⅠ重新回到 PSⅡ并与之结合,从而增加 PSⅡ的光能吸收。植物就是利用这种方式调节激发能在两个光系统间的分配,从而较好地利用光能,减轻光抑制的发生。早期研究发现 PSⅠ与 PSⅡ光能吸收截面的变化在状态转换过程中并不相等,PSⅡ的变化要大于 PSⅠ的。这说明一部分与 PSⅡ分离的 LHCⅡ并未与 PSⅠ结合,而是处于游离状态,将吸收的光能以热的形式散失,这样一方面减轻了 PSⅡ的压力,另一方面避免了由于状态转换造成过量的激发能流向 PSⅠ,减少 PSⅠ伤害,这在一定程度上起到保护光合作用中心免受强光破坏的作用。

(3) D1 蛋白周转与依赖 PSⅡ反应中心可逆失活的能量耗散

PSⅡ反应中心被认为是植物光抑制的主要位点,所有高等植物的 PSⅡ反应中心都含有 D1(32kDa)和 D2(34kDa)、Cytb559 及 PsbⅠ等蛋白。其中 D1、D2 蛋白是 PSⅡ反应中心的重要组分,尤其是 D1 蛋白作为 PSⅡ反应中心中的重要亚单位,有着极高的周转速率,其完成一次周转不需要 30min,被认为是所有类囊体膜蛋白中周转(降解和合成)速率最快的蛋白。后来发现,D1 蛋白的快速周转是 PSⅡ反应中心复合体的内在特征。有资料显示,D1 蛋白直接参与水的光解,与 D1 蛋白相连的反应中心 P680 是原初电子供体,去镁叶绿素和 QB 作为初级和次级电子受体也分别与 D1 蛋白相连。因此,D1 蛋白不仅能够为各种辅助因子提供结合,维持 PSⅡ反应中心构象的稳定,而且与原初电荷分离和传递有关。这就意味着 D1 蛋白的破坏不仅会导致 PSⅡ反应中心结构的变化,而且很可能还会引起电子传递的受阻。所有这些特征都决定了 D1 蛋白可能在 PSⅡ反应中心中起着非常重要的作用,也因此被认为 D1 蛋白的周转过程代表 PSⅡ抑制与恢复的循环。后续研究证实,D1 蛋白不但参与光合电子传递,还是 PSⅡ反应中心各种辅因子的结合位点。植物中的 D1 蛋白处于不断降解与合成的周转过程。在生物进化过程中,D1 蛋白周转是一种特殊的破坏和修复机制,从而保证 D1 蛋白的快速降解和合成,如果 D1 蛋白的降解和合成达成平衡,不会发生 PSⅡ功能的净损失;而当叶绿体编码蛋白的合成被强光或林可霉素所阻止时,PSⅡ功能就会严重降低。D1 蛋白周转过程如下:光诱导类囊体堆垛区 PSⅡ核心蛋白发生磷酸化反应;强光导致 D1 蛋白受损,PSⅡ失活,失活 PSⅡ反应中心在类囊体膜积累;失活 PSⅡ从堆垛区转移到间质片层,PSⅡ双体发生单体化并脱离 LHCⅡ;D1 蛋白在间质片层重新合成,受损 D1 蛋白发生去磷酸化反应并降解;降解 D1 蛋白后的 PSⅡ重新结合新合成的 D1 蛋白;重新组装 PSⅡ及 CP43;完整的 PSⅡ迁移回类囊体堆垛区并发生双体化,随后,在磷酸化酶的作用下发生磷酸化反应,重新形成具有正常功能的 PSⅡ。D1 蛋白的合成和功能性 D1 蛋白的存在对光抑制的修复起着至关重要的作用。

PSⅡ的失活修复循环过程大致为:过量光能引起 PSⅡ反应中心可逆失活,并进一步发生 D1 蛋白破坏;失活的反应中心从基粒片层转移到间质片层,破坏的 D1 蛋白被蛋白酶清除;新合成的 D1 蛋白组装到缺少了 D1 蛋白的反应中心,新组装的反应中心再组装到垛叠部分,重新被激活,行使正常功能。这种修复机制的有效运转对防止强光对 PSⅡ反应中心的过度破坏十分重要。一般在没有其他严重胁迫条件伴随的饱和光或有限光下,D1 蛋白降解和合成形成动态平衡。PSⅡ的活性基本不变,这主要归因于 D1 蛋白的快速从头合成,重新装配到失活的 PSⅡ上,使其重新具备活性,从而保持光胁迫条件下 D1 蛋白含量的稳定。但在强光条件下,D1 蛋白的降解速度超过了其从头合成速度,出现 D1 蛋白净损失,对反应中心的破坏超过其修复能力,造成 PSⅡ不可逆失活,这种损伤就会导致光抑制和光合效率的降低。一般高光强下生长的植物比低光强下生长的植物有更强的修复能力,是因为强光下的 D1 蛋白周转速率比弱光下高,所以观察不到 D1 蛋白的净损失。同样的,阳生植物的 D1 蛋白周转速率比阴生植物高,发现用 D1 蛋白合成抑制剂链霉素阻断 D1 蛋白周转可加剧光抑制。可见光抑制的程度不仅取决于 D1 蛋白的破坏速度、受损 D1 蛋白的降解速度以及新 D1 蛋白的合成速度,而且取决于膜内受损 PSⅡ转移和修复速度。所有这些都说明植物光抑制和抑制后的恢复过程就是 D1 蛋白损伤、修复的循环。D1 蛋白的不断更新既是伤害的结果,也是消耗多余能量的一条途径,因为 D1 蛋白的合成、新 PSⅡ的装配过程需要 ATP 和 NADPH。

有实验表明,几乎在所有的光抑制过程中都积累失活的反应中心,因此推测失活的反应中心可能都能够耗散多剩激发能,从而保护相邻又相连的反应中心免遭光破坏。后续研究发现,植物可以根据类囊体膜上的能量状态动态调控 PSⅡ周转,从而平衡有活性的 PSⅡ数量和 PSⅠ电子受体数量,而且植物通过 PSⅡ修复循环严格控制有活性的 PSⅡ反应中心数量可以有效避免 PSⅠ发生永久性损伤,从而让氧化态 PSⅠ反应中心充分发挥淬灭过剩激发能的作用。近期研究发现,状态转换能够诱导 PGR5-CEF。如通过光照和化学试剂诱导类囊体的状态转换发现,当在状态 1 时,大多数 PGR5 都结合在 Cytb$_6$/f 复合体上,参与调控电子和质子的传递;而当发生状态 1 向状态 2 转换时,部分 PGR5 会跟随 LHCⅡ结合到 PSⅠ上,从而调节 PSⅠ处的电子流,以维持整个光合系统的稳定。

2. 通过光化学进行的光保护性调节

通过光化学进行的光保护性调节主要是围绕电子传递的三种主要途径:线性电子传递、环式电子传递和依赖于氧的电子传递。

(1) 线性电子传递

植物体内的捕光天线复合体吸收的光能大部分都是被光化学途径利用,通过从 H_2O 到 NADPH 的线性电子传递,从而导致了 O_2 的产生及 CO_2、NO_3^- 和 SO_2 的还原。最大光合速率是一个动力学参数,它能够通过酶活力和基因表达的改变而发生改变,进而适应不同的生长环境条件。这种适应反应一般发生在几天之内。几乎很少或者没有遗传数据表明长期适应反应对光保护的重要性。

(2) 环式电子传递

除了正常的光合作用电子传递外,还有两个公认的循环电子传递:环 PSⅡ的环式电子传递和环 PSⅠ的环式电子传递,两者均可以耗散多余光能来避免光氧化。

1) 环 PSⅡ的环式电子传递

环 PSⅡ的循环电子流由泛醌提供电子给 Cytb559,后经天线色素和 PSⅡ反应中心辅助叶绿素将电子传递给 P680,从而完成循环。这一途径在保护 PSⅡ免遭光抑制方面具有重要意义。Cytb559 在其中起着关键性的作用,它可能通过氧化 Pheo$^-$ 或还原 P680$^+$ 来保护 PSⅡ免受光氧化伤害。Cytb559 有两种存在形式:一种是高电势状态,另一种是低电势状态,两种状态可以相互转化。一般认为,Cytb559 的低电势状态可以从还原的 Q_A^- 获取电子,转化为高势能状态,最后再重新将电子传递给 PSⅡ 反应中心,从而防止过度还原的 Q_A^- 的形成和积累,故被认为具有光破坏防御作用。当 PSⅡ 供体侧电子传递受阻时,$P680^+$ 可以从叶绿素分子夺取电子生成氧化态 Chl^+,Chl^+ 如果不能及时还原也能够导致 PSⅡ 的氧化破坏。在这种情况下,Cytb559 可以直接从 $Pheo^-$ 获得电子,并将电子传递给 Chl^+,从而防止 $P680^+$ 与 $Pheo^-$ 重新聚合生成 $^1O_2$,避免对光合机构的破坏。

2)环 PSⅠ 的环式电子传递

环 PSⅠ 的环式电子传递是指 PSⅠ 释放的电子经过 PQ 介导的一个环式传递又重新回到 PSⅠ 的过程。该过程被认为在光保护中有重要的作用,与作用光关闭后荧光的短时上升有关。研究表明,高等植物中存在两条环 PSⅠ 的电子传递途径:一条是依赖于 NADH 脱氢酶复合体的 NDH 途径;另一条是由 PGR5/PGRL1 介导的围绕 PSⅠ 的环式电子传递途径,且该途径被认为是高等植物中的主要途径。大量研究表明,PGR5/PGRL1 介导的环式电子传递在逆境胁迫下具有以下生理功能:在光抑制情况下,围绕 PSⅠ 的环式电子传递通过加强电子从 PSⅠ 传递到 PQ,提高了跨类囊体膜质子梯度 ΔpH,激发 ATP 合酶合成 ATP,从而提高 ATP/NADPH 比例。由于 ATP 的合成提高了能荷,进而通过反馈作用抑制 ATP 合酶活性,而 ATP 合酶是以质子梯度为动力合成 ATP 的,既然 ATP 合酶活性被抑制,那么用来推动 ATP 合酶的质子梯度就保留在类囊体膜,通过酸化类囊体腔,建立跨膜质子动力势,从而加强 PSⅡ 处的热耗散,稳定放氧复合体,保护光系统Ⅱ免受光抑制;能够缓解 PSⅠ 处电子受体的过度还原,减少超氧阴离子在 PSⅠ 处的合成,防止 PSⅠ 受到光抑制。目前有很多研究证实环式电子传递对缓解干旱、极端温度、波动的光胁迫以及在植物早期发育阶段起着重要作用。

(3)依赖于氧的电子传递

有很多证据证明非同化的电子到 O_2 的传递在耗散过剩激发能中扮演着重要的作用。氧气作为一个电子受体能够通过 Rubisco 催化加氧反应(光呼吸)或通过 PSⅠ 受体侧 O_2 的直接还原(水-水循环)而起作用,并且有很多研究认为这些过程对光保护是很重要的。

1)光呼吸

光呼吸(photorespiration)是植物绿色细胞在光下与光合作用有联系而发生的吸收 O_2 放出 CO_2 的过程,也称为氧化的光合碳循环,或乙醇酸氧化途径,简称 C_2 循环或 C_2 途径。光呼吸现象最早于 1955 年由德克尔(Decker)在烟草中发现。光呼吸作为一种重要的光保护机制,由奥斯蒙德(Osmond)等于 1972 年首次提出。其他研究也发现在强光抑制的情况下,光呼吸还在消耗着相当的同化力,降低 $^1O_2$ 的形成,从而保护光合器官。后来,光呼吸可以防止光抑制发生的观点陆续得到多方的证实。

整个光呼吸的主要过程也就是乙醇酸的生物合成和氧化过程。其循环的第一步是 RuBP 在 Rubisco 的催化下,吸收 O_2,生成磷酸乙醇酸,然后在一系列酶的催化下,释放一个 CO_2,经过在叶绿体、过氧化体和线粒体的多步反应,最后生成 3-磷酸甘油酸,重新进入卡尔文循环。光呼吸虽在 C_3、C_4、CAM 等各类型植物上都存在,但 C_3 植物却表现了较其他两种类型植物明显高的光呼吸活性,可消耗总光合作用已固定碳素的 20%~50%。由于光呼吸将光合作用刚刚固定的碳素又重新消耗掉,长期以来曾被认为是限制光合效率及作物产量提高的主要因素。因此,在很长一段时间内,通过对光呼吸功能进行不同角度的评价,就其是否真的具有光保护功能一直存在两种截然不同的观点,而目前比较公认的观点是光呼吸消耗了多余能量,是一种重要的光保护机制。

支持光呼吸具有光保护功能的观点认为,光呼吸主要从以下几个方面实现其保护作用。①光呼吸释放一分子 CO_2 比光合碳同化固定多消耗两倍的化学能,逆境条件下植物光合碳同化能力降低,光呼吸可消耗过剩光能,防止过量光能积累。②光呼吸可阻止 PSⅡ 及 PSⅠ 间电子载体 Q_A 的过分还原,维持电子传递系统的氧化还原平衡和围绕 PSⅠ 的循环电子传递,与假环式电子传递一起,通过维系跨类囊体膜的质子梯度来保证 PSⅡ 天线热耗散机制的有效运行。③光呼吸可以向光反应提供电子受体 $NADP^+$,通过乙醇酸循环促进无机磷的循环利用,缓解磷的不足对光合作用的限制,从而通过将光合能力维持在较高水平间接地保护了光合机构。④在空气中或 CO_2 供应受限制的情况下,Rubisco 加氧酶催化形成磷酸甘油酸,磷酸甘油酸通过光呼吸代谢生成 CO_2 重新进入卡尔文循环,驱动卡尔文循环的运转,这在一定程度上起到保护光合作用中心免遭光破坏。⑤光呼吸降低了水-水循环速率,有利于减轻 $·O_2^-$ 等活性氧物质的潜在危害,对减轻 C_3 植物光抑制的作用比水-水循环更为有效。同时光呼吸过程消耗大量 O_2,降低了叶绿体周围的 O_2/CO_2 比例,有利于提高 Rubisco 对 CO_2 的亲和性,防止 O_2 对光合碳同化的抑制作用。

相当多的实验证据支持光呼吸具有光保护功能的观点,将 C_3 植物置于无光合、无光呼吸的条件下强光照射,发现可导致 PSⅡ 电子传递受阻和叶绿素 77K 荧光发射减弱,而这些都可通过将叶片置于 CO_2 补偿点下缓解。尽管光呼吸通过与光合碳同化循环连接,将碳损失降低到了最低限度,但其仍通过电子传递来有序耗散激发能并防止光抑制的发生。通过构建富含和缺乏光呼吸关键酶——质体谷氨酰胺合成酶(GS2)的转基因烟草植株,发现富含 GS2 的植株有较高的光呼吸并且对光氧化胁迫有更强的抗性,而降低了 GS2 活性的植株在光呼吸减少的同时,在高光条件下遭到了比野生型更严重的光氧化胁迫,从而认为光呼吸可以保护 C_3 植物免遭光抑制,利用膦丝菌素抑制 GS 的实验也证明了光呼吸的光保护作用。但也有研究,发现光呼吸在保护光合器官免遭光破坏方面并没有显著作用。有研究发现,将大气 O_2 浓度由 21% 降低到 2%,都未对 PSⅡ 最大光化学效率(F_v/F_m)产生影响,认为光呼吸耗散掉的激发能只占总激发能的一小部分,而通过 PSⅡ 天线的热耗散才是过量激发能的主要分配去向。尽管关于光呼吸的保护作用存在争议,但有一点是肯定的,即在胁迫条件不严重、光呼吸不降低或降低较少的情况下,它可起到耗散过剩光能并保护光合器官的作用;而随着胁迫加重,当光呼吸降低过多,无法有效耗散过剩光能的时候,主要的保护机制可能就转向 PSⅡ 天线热耗散了。

2) 水-水循环

水-水循环又被称为假环式电子传递途径或 Mehler-抗坏血酸过氧化反应途径。该反应利用过剩的还原力 NADPH 去除叶绿体形成的 $·O_2^-$,涉及一系列酶的参与。如图 7-11 所示,通过由假环式电子传递在 PSⅠ 侧形成 $·O_2^-$,位于类囊体膜上的 Cu/Zn 超氧化物歧化酶(SOD)把 $·O_2^-$ 催化成 H_2O_2,H_2O_2 可以被过氧化物体中的过氧化氢酶(CAT)分解,而叶绿体中不含有 CAT,但可在类囊体膜过氧化物酶(tAPX)的催化下生成 H_2O 和 O_2,同时把抗坏血酸(AsA)氧化为单脱氢抗坏血酸(MDA),完成对活性氧物质的初级清除。其余溢出到间质的 $·O_2^-$ 再在间质 Cu/Zn-SOD 和间质过氧化物酶(sAPX)的催化下生成 H_2O 和 O_2,完成次级清除。由 sAPX 催化形成的 MDA、脱氢抗坏血酸(DHA)分别在单脱氢抗坏血酸还原酶（MDAR）和脱氢抗坏血酸还原酶（DHAR）的作用下，利用 NADPH 和还原态谷胱甘肽（GSH）再生 AsA。氧化态谷胱甘肽（GSSR）在谷胱甘肽还原酶（GR）的作用下，利用 NADPH 再生 GSH，该循环过程也称为 ASA-GSH 循环。经该循环耦联再重新生成水，这种从水到水的循环就称为水-水循环。由上可见，通过一系列的反应，既清除了自由基，又消耗了多余的还原力。自从梅勒（Mehler）发现在 Hill 反应中叶绿体能利用 O_2 作为电子受体后，对 Mehler 过氧化反应，即水-水循环的研究受到了广泛的关注。自从 Mehler 发现在 Hill 反应中叶绿体能利用 O_2 作为电子受体后，对 Mehler 过氧化反应，即水-水循环的研究受到了广泛的关注。

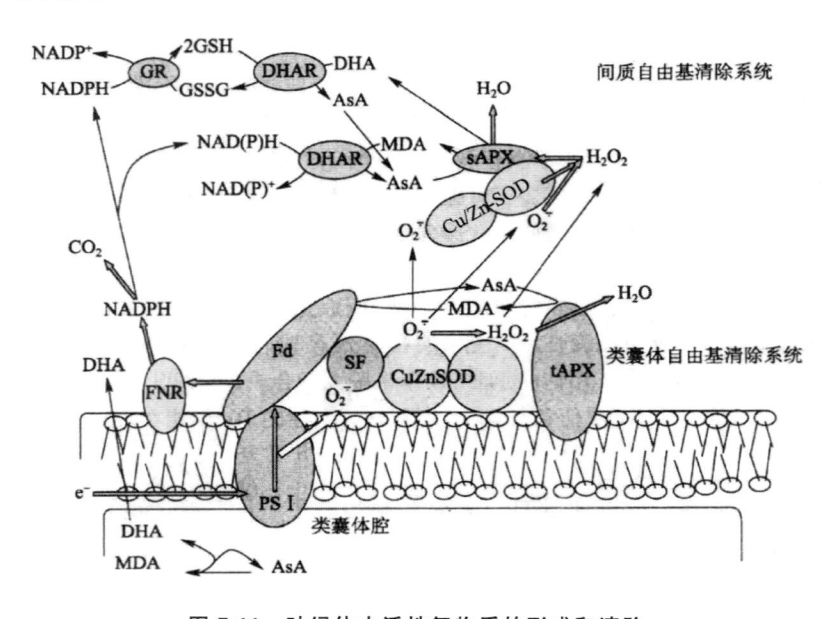

图 7-11　叶绿体中活性氧物质的形成和清除

SOD：超氧化物歧化酶；tAPX：类囊体膜上过氧化物酶；sAPX：间质过氧化物酶；AsA：抗坏血酸；MDA：单脱氢抗坏血酸；DHA：脱氢抗坏血酸；MDAR：单脱氢抗坏血酸还原酶；DHAR：脱氢抗坏血酸还原酶；GSH：还原态谷胱甘肽；GSSR：氧化态谷胱甘肽；GR：谷胱甘肽还原酶；FS：间质因子

水-水循环在光保护中有重要作用，因为它可消除对细胞的毒害作用并可在同化力过剩的情况下维持一定的光合电子流，以减轻过剩光能对光系统造成的破坏。水-水循环主要通过以下几种途径防御光破坏：①水-水循环降低了 PSⅠ产生三线态叶绿素的可能性，因而也降低了 PSⅡ捕光色素蛋白复合体附近单线态氧产生的机会。同时水-水循环还能够有效地清除 $·O_2^-$ 和 H_2O_2，从而减轻活性氧物质对光系统尤其是对 PSⅠ反应中心的破坏。②水-水循环能调节 ATP/NADPH 比例。水-水循环能通过假循环光合磷酸化合成 ATP，并依据叶绿体中反应的需求调节 ATP/NADPH 比例，促进光呼吸，耗散过多的光能。在缺 O_2 情况下，若增加 O_2，使水-水循环中产生的 ATP 增多，从而可以启动 CO_2 的固定。③有利于加快光呼吸的运转以耗散过剩能量，水-水循环中的线性电子传递也耦联形成跨类囊体膜的质子梯度，该反应在每氧化生成一分子氧的同时还产生八个质子的跨膜梯度，这对促进叶黄素循环组分的脱环化、维系热耗散具有重要作用。④水-水循环将电子传递到 O_2，缓解了电子传递体的过度还原，促进电子的流动，从能量转化的角度看，水-水循环以 O_2 为底物分流激发态电子，而且无 NADPH 的净生成，是耗散过剩光能的途径之一。

有研究表明，在高光强下通过水-水循环途径的光还原 O_2 形成 H_2O 占总的电子流的 30%。为了维持水-水循环的快速周转，在叶绿体中会出现极端高浓度的抗坏血酸和谷胱甘肽。然而，也有研究对水-水循环在光保护中的作用持有否定的看法，认为水-水循环在光保护中是不重要的。水-水循环耗散过剩光能的保护作用是有限的，而且在正常生理条件下，这种假循环途径电子传递只占总光合电子传递的一小部分。在电子传递过程中，水-水循环这种假循环途径电子传递所维持的电子传递能力还不清楚。在正常生理条件下，这种假循环途径只占总光合电子传递的较小比例。一些研究认为，在干旱条件下水-水循环在数量上对光保护是不重要的。此外，由于水-水循环同时还是植物体内 $\cdot O_2^-$ 产生的主要途径，这一活性氧物质如不能被及时清除掉，还会对光合器官造成伤害。因此，水-水循环对总光合电子传递贡献的大小及其防止光抑制的有效性程度仍有争议。

3) 活性氧物质清除体系

植物在进行光合作用和线粒体呼吸等正常新陈代谢活动过程中不可避免会产生一些活性氧物质。植物为保证其正常的代谢机能，形成了对活性氧物质具有适应和抵御能力的一套精细而又复杂的系统——抗氧化系统。比如光合作用中的叶绿体为了避免这些活性氧物质可能造成的伤害，存在一套完整的抗氧化系统，包括酶促的抗氧化体系和非酶促的抗氧化体系。当光能过剩时，这些抗氧化体系相互配合，与其他光保护机制相协调，在一定范围内保持一定的氧化还原的动态平衡，从而减轻或避免光氧化伤害。

如前所述，植物体内的 ROS 主要包括 $\cdot O_2^-$、$\cdot OH$、H_2O_2、ROOH（脂质过氧化物）及 $^1O_2$ 等。植物体内的抗氧化酶系包括 CAT、SOD、抗坏血酸过氧化物酶（AsaPOD）等活性氧物质清除酶。SOD 主要在类囊体膜外侧催化 Mehler 反应产生的 $\cdot O_2^-$ 的还原；而 AsaPOD 则可以催化 $\cdot O_2^-$ 的还原和光呼吸产生的 H_2O_2 的还原。活性氧物质清除系统还包括植物体内的一些抗氧化分子，如谷胱甘肽、抗坏血酸、类胡萝卜素和 α-生育酚等。谷胱甘肽可以与其反应以清除其毒性，并可参与抗坏血酸和 α-生育酚的再生；抗坏血酸即维生素 C，它不仅可直接猝灭 $\cdot O_2^-$、$\cdot OH$ 和 $^1O_2$，还可作为 VDE 和 AsaPOD 反应中的底物；α-生育酚又称维生素 E，主要在类囊体膜的膜脂中，用物理的方法猝灭或用化学的方法消除类囊体膜上的 $\cdot O_2^-$、$\cdot OH$ 和 $^1O_2$，以防止膜脂过氧化的发生；类胡萝卜素能够猝灭 ^3Chl 和 $^1O_2$，抑制脂质过氧化，从而稳定膜结构。

(1) 酶促抗氧化体系——抗氧化酶类

酶促抗氧化体系中重要的酶有对活性氧物质直接起作用的 SOD、CAT、POD、APX、GR、MDHAR 和 DHAR 等 ROS 清除酶。

SOD 广泛存在植物体内，参与叶绿体中 ROS 的清除，能够把水-水循环中产生的 $\cdot O_2^-$ 催化生成 H_2O_2，是生物体内特异清除 $\cdot O_2^-$ 的酶。SOD 是清除 ROS 的第一道防线，它是一种含金属的酶。根据金属辅助因子的不同，植物体内的 SOD 可分为 Cu/Zn-SOD、Fe-SOD、Mn-SOD 三种类型。SOD 清除活性氧物质的机理主要是催化两个 $\cdot O_2^-$ 发生歧化反应，减轻或消除 $\cdot O_2^-$ 对机体的伤害。SOD 在清除 $\cdot O_2^-$ 的同时还能避免 Fenton 反应产生更多的 $\cdot OH$，因为它可以阻止 Fe^{3+} 受 $\cdot O_2^-$ 作用还原生成 Fe^{2+} 而催化此反应；而且 SOD 参与水-水循环，把此过程产生的 $\cdot O_2^-$ 催化生成 H_2O_2。

CAT 是存在于所有的植物细胞中的抗氧化酶，它可将 H_2O_2 迅速分解为 H_2O 和 O_2，而且在清除过程中不需要还原力就有较高的酶活速率，但对 H_2O_2 的亲和性较弱。CAT 在细胞中主要存在于过氧化体中，负责清除过氧化体中产生的 H_2O_2。乙醛酸体中也有 CAT 的存在，其主要是清除光呼吸过程或脂肪酸 β-氧化反应形成的 H_2O_2。CAT 不直接参与 H_2O_2 分解过程，它的清除机理是酶的血红素铁与 H_2O_2 反应生成铁过氧化物活性体，它再将 H_2O_2 氧化，同时它还可以催化分解过氧化乙醇、甲酸盐和亚硝酸。

POD 是广泛存在于植物体内不同组织中、活性较高的酶。它与光合作用和呼吸作用的氧化等有密切关系，它还能够反映植物生长发育的特点、体内代谢状况以及对外界环境的适应性。POD 的作用具有双重性：一方面，POD 可以作为细胞活性氧物质保护酶在逆境或衰老初期表达，清除 H_2O_2，表现为保护效应；另一方面，POD 还可以表现为伤害效应，它在逆境或衰老后期表达，参与活性氧物质的生成、叶绿素的降解，并引发膜脂过氧化作用，是植物体衰老到一定阶段的产物，甚至有时可作为衰老指标。

结合在类囊体上的 APX 可以有效地使 $\cdot O_2^-$ 和 H_2O_2 在它们的产生位点解毒，从而防止卡尔文循环中酶的失活。CAT 与 APX 的不同之处在于：前者不需要还原力就具有较高的酶活速率，但对 H_2O_2 的亲和性较弱；后者需要还原性底物，并对 H_2O_2 具有较高的亲和性。叶绿体 APX 主要清除水-水循环过程中产生的 H_2O_2；而 CAT 主要清除光呼吸中产生的 H_2O_2。这不但是因为两种酶的催化活性不同，而且因为 H_2O_2 可以穿过膜扩散且无严格的区域性。

此外，GR 也是重要的抗氧化酶，主要存在于叶绿体、线粒体和细胞质中。它是一种黄素蛋白氧化还原酶，主要参与抗坏血酸-谷胱甘肽循环过程，在植物的逆境胁迫中对活性氧起很重要的作用。MDHAR 和 DHAR 主要是通过参与抗坏血酸-谷胱甘肽循环来清除 ROS。

（2）非酶促抗氧化体系

非酶促抗氧化体系包括抗坏血酸（ASA）、谷胱甘肽（GSH）、类胡萝卜素、α-生育酚等，它们通过多条途径直接或间接地起到光保护作用。

ASA 也称维生素 C，是存在于叶绿体基质中的一种可溶性的抗氧化分子，它能直接猝灭 $\cdot O_2^-$、$^1O_2$ 和 $\cdot OH$，减轻氧化胁迫伤害。ASA 不仅在 Halliwell-Asada 循环中作底物，还作为抗氧化剂直接清除活性氧物质。它可以清除膜脂过氧化过程中产生的多聚不饱和脂肪酸自由基。ASA 可还原 $\cdot O_2^-$，清除 $\cdot OH$，猝灭 $^1O_2$，歧化 H_2O_2，还可再生 VE。由于 ASA 有多种抗氧化功能，故有人认为 ASA 水平的降低可作为植物抗氧化能力总体衰退的指标。

GSH 是植物体内另一类重要的抗氧化物质，它是一类小分子多肽。GSH 的生理功能主要分为两方面：一方面，GSH 可作为清除剂，它作为硫醇缓冲剂，能够与 $^1O_2$ 和 $\cdot OH$ 发生化学反应，直接清除活性氧物质；另一方面，GSH 可以作为信号分子，在氧化还原反应信号转导调节中起到关键作用，还可通过抗坏血酸-谷胱甘肽循环参与 α-生育酚和抗坏血酸的再生。

植物体内的类胡萝卜素具有重要的保护作用，分为叶黄素和胡萝卜素两种，它们是结合在膜上的抗氧化分子，能猝灭单线态叶绿素和 $^1O_2$，抑制膜脂过氧化，稳定膜结构。结合在 HLC 蛋白上的叶黄素位于 Chl 附近，能高效地猝灭 ^3Chl 和 $^1O_2$。在 PSⅡ反应中心的 β-胡萝卜素能够猝灭 $^3P680$ 和 O_2 相互作用产生的 $^1O_2$，从而保护光合机构。

α-生育酚也称为维生素 E，也是一种结合在类囊体膜上的自由抗氧化分子。其自身可以作为猝灭剂,用物理方式猝灭或化学方式消除膜上的 $^1O_2$、$·O_2^-$ 和 $·OH$,以阻止脂质过氧化,还能有效地终止脂氧化链式反应。叶黄素类物质主要结合在蛋白质上,而 α-生育酚则游离于膜脂中,而且在控制膜的流动性和稳定性方面可能起一定作用。

SOD、POD 和 APX 等抗氧化酶作为植物体内抗氧化系统的主要组成,是清除 ROS 的关键因素。因此,近年来通过导入抗氧化酶的基因工程改良植物耐高温强光的研究有很多,关于 SOD、POD 和 APX 的基因工程技术都有所报道。如通过将从豌豆中得到的编码位于叶绿体中 Cu/Zn-SOD 的基因导入烟草中,发现高表达 SOD 的转基因烟草对强光具有很高的耐受性;利用以 *SWPA2* 为启动子的基因嵌合结构 pSSA.K 将 Cu/Zn-SOD 和 *APX* 基因导入马铃薯中,发现 SSA 转基因马铃薯对高温具有很强的抗高温性;通过研究高表达 Mn-SOD 和 POD 的转基因烟草幼苗对高温的耐热性,发现高表达这两种酶的烟草幼苗能有效地清除 ROS,提高植物的抗热性。

通过对上述光保护机制的介绍可以看出:光合作用的光保护是一个动态平衡的过程。植物生长在多变的自然环境中,天线大小的变化、热耗散、交替电子传递路径以及整个光合能力的改变都能改变光的吸收和利用的平衡状态。ROS 的产生和消除平衡是通过抗氧化系统来调节。各种保护机制之间相互作用和协调,保证植物正常生长和抵抗胁迫逆境。

专题 8

树木果实、种子光合作用的分子生理
Molecular Physiology of Photosynthesis in Fruit and Seed of Tree

　　果实、种子(简称种实)是人类食品的主要来源。果树干物质的 90%～95% 来源于光合作用。呼吸作用为树木种实的生长发育及内部贮藏物质的形成提供了大量的碳源和能量。研究表明,包裹在种实外部的果皮、种皮能重新固定呼吸作用释放出来的 CO_2。除叶片光合作用产生的碳水化合物外,种实重新固定呼吸释放的 CO_2 对满足其生长发育所需的碳需求具有重要的生理意义,是光合器官的重要补充。

8.1　种实光合作用的结构基础

　　叶绿体是植物进行光合作用的主要场所。其结构特性与光合作用的强弱密切相关。此外,气孔是植物体吸收 CO_2 和放出 O_2 的主要通道,对光合作用的强弱起着决定性的作用。因此,分析种实的叶绿体和气孔特性是研究种实光合作用特性的一个重要方面。

8.1.1　叶绿体结构

　　研究表明,种实的种皮、果皮中也具有完整的叶绿体结构。在绿熟果期,番茄果皮细胞具有完整的叶绿体结构,且内含一定数量典型的基粒片层结构。随果实发育时间的推进,其果皮叶绿体中垛叠的类囊体层数减少,而其嗜锇颗粒的大小逐渐增大。苹果绿色表皮下 5～6 层细胞和内部维管束周围 4～5 层细胞都有叶绿体。其中,表皮组织下的叶绿体虽小

(直径仅 2～4 μm),但是在整个果实的发育过程中叶绿体中均有基粒存在,每个基粒由 4～8 个类囊体组成,内部淀粉的逐渐积累可使叶绿体内平行的片层结构发生扭曲;而维管束周围的叶绿体要大于叶片中的,且不含淀粉粒。苹果开花后 60 天,表皮下叶绿体发生液泡化;120～150 天,淀粉粒的数量和大小显著增大,随后迅速变小;果实成熟后,叶绿体解体。布兰克(Blanke)发现,苹果阴面和阳面内部叶绿体表现出不同的特征:阳面叶绿体垛叠程度低,淀粉粒大,每个基粒类囊体少;阴面叶绿体 Chla 含量较低。在豌豆荚果皮中,内果皮的叶绿体的基粒数量显著高,中果皮的低,外果皮的最低。荚果表皮的叶绿体大小与叶中的相似,但是靠近中央区域的叶绿体与造粉体类似。研究表明,猕猴桃外部与中部果肉、果心均存在叶绿体,并具有片层结构和淀粉粒,但数量和体积均小于叶片中的叶绿体;外部果肉叶绿体的片层结构平行排列,而中部果肉和果心的片层结构排列不整齐,弯曲扭转于叶绿体中,果肉即使接收大约仅为照射到果实表面 1/30 的光线,其叶绿体也能较好地发育。在香榧种实充实期(突破种鳞 70 天时),香榧假种皮叶绿体中已出现明显的嗜锇颗粒和淀粉颗粒,但叶片叶绿体具有完整、良好的基粒片层结构,并未发现有嗜锇颗粒和淀粉颗粒,表明此时香榧假种皮叶绿体已开始衰老。授粉后 65 天,山核桃外果皮表皮第一层细胞较小,排列紧密,越靠里面,细胞越大,并有完整的叶绿体结构。

果实外果皮的叶绿体中的蛋白与叶片的一样,是受转录因子调控的,也能参与捕光复合体、电子传递体、CO_2 的固定。番茄果实中的 *SLGLK1* 和 *SLGLK2*(属 MYB 转录因子)过表达不仅能增强其果实光合作用相关蛋白的基因表达,还能使外果皮的叶绿体个体增大、类囊体垛叠层数增多,从而使果实中的碳水化合物增多。

8.1.2 气孔结构

气孔是植物体进行气体交换和蒸腾作用的主要通道。花后 63 天,柑橘果皮的气孔密度明显低于橘子完全展开叶片背面的气孔密度,与南瓜叶片背面的气孔密度相当,但又明显高于向日葵和玉米叶片背面的气孔密度。与香榧叶片(叶片背面有两条气孔带)相比,香榧假种皮上的气孔数量明显减少,气孔类型为单唇型,表面由于蜡质层较厚而具乳状角质钉,以及明显的伏罗林环。目前,有关种实气孔的研究主要集中在气孔的形状、结构方面,而生理、遗传分析及分子水平上的研究工作未见报道。

8.2 种实光合作用的生理分子基础

8.2.1 光合特性

种实的基本光合特性是通过 CO_2 气体交换方法、叶绿素荧光方法和氧电极方法测定获得的。蓝莓从花瓣脱落至转色时,果实的净光合速率从16～22 μmol CO_2/(g·h)降至 0.2 μmol CO_2/(g·h)。通过测定不同发育时期麻枫果的光响应曲线(CO_2 气体交换方法),发现麻枫幼果的外果皮光饱和点约为(2155±340)μmol/(m²·s),但其成熟果的外果皮光饱和点降至$(1108\pm185)\mu mol/(m^2 \cdot s)$。采用氧电极方法测定不同胞间$CO_2$浓度下温州蜜柑果皮和叶片的表观光合速率的变化,发现胞间CO_2浓度(C_i)为0~200ppm($1ppm=10^{-6}$)时,果皮表观光合速率明显高于其叶片的;C_i为200~500ppm时,果皮表观光合速率呈明显增加的趋势;但C_i超过500ppm时,果皮表观光合速率明显降低;且相同的光照强度下,果皮表观光合速率明显低于叶片的。通过测定发育期内不同花粉授粉的山核桃果实叶绿素荧光参数的变化,发现薄壳山核桃授粉的山核桃果实表观光合速率增大可能是由于其较高的光合机构PSⅡ反应中心的比例(q_p)均显著高于山核桃授粉的山核桃果实。在香榧种实发育的第二个阶段(突破种鳞70天至种实成熟收获时),其假种皮的F_v/F_m(最大光化学效率)、$\Phi_{PSⅡ}$(实际光化学效率)和光化学猝灭(qP)情况较发育前期均明显降低,表明发育后期PSⅡ活性下调是对源-库比发生变化的一种响应。

8.2.2 叶绿素

叶绿素在光能吸收和转化中起着重要的作用。麻枫果果皮中的叶绿素含量明显低于其叶片的,且果皮中的叶绿素含量随着发育呈明显降低的趋势。与生育前期(花后20天)相比,生育后期(花后50天)棉铃铃壳的叶绿素含量、1,5-二磷酸核酮糖羧化酶(RuBPC)活性的下降幅度小于叶片的,是生育后期其维持稳定光合作用的主要原因。果实发育期内,山核桃外果皮表观光合速率与其叶绿素含量呈现显著正相关性。随香榧种实发育进程的推进,香榧假种皮中的叶绿素含量呈降—升—降的变化趋势。前期的下降是由于其种实的快速膨大把叶绿素稀释了;后期叶绿素含量呈上升趋势,但其光合速率却呈下降趋势,表明叶绿素不是限制光合能力的主要因素,后期光合速率的下降是由种实的衰老引起的。研究表明,参与叶绿素的生物合成的GSA对番茄种子的发育起着重要的作用,这可以从反义RNA植株种子的形态、种子数得到证实。

8.2.3 关键光合酶

果实的光合作用与C_4植物的光合作用类似,具有较低的CO_2饱和点。研究表明,温州蜜柑果实外果皮能有效地重新固定呼吸释放出来的CO_2,这与其磷酸烯醇式丙酮酸羧化酶(PEPC)活性较强有关。在绿果期,番茄外果皮的RuBPC活性与其叶片的相当,且随果实发育呈逐渐下降的趋势。研究表明,小麦非叶绿色器官中护颖中的碳酸酐酶(CA)可能参与C_4途径,将大气中的CO_2催化成HCO_3^-,为PEPC提供底物,为其光合机构提供大量苹果酸,从而进入C_3循环。与叶相比,小麦穗具有较高的PEPC活性,这可能与其重新固定呼吸释放的CO_2有关。PEPC能使PEP与HCO_3^-发生羧化反应,形成草酰乙酸。果实胞液中的PEPC能重新固定呼吸释放的CO_2而合成苹果酸,为线粒体呼吸和糖代谢提供碳源。小麦穗中的PEPC不仅能在光下固定大气中的CO_2,而且无论在光下或暗中均能重新固定籽粒呼吸释放的CO_2。小麦外颖的PEPC活性在调控穗的碳、氮代谢中起着重要的作用,其活性与籽粒重呈正相关性。现今,如何改进C_3植物的C_4途径已逐渐成为提高作物产量的一个重要研究方向。

8.3 树木种实光合作用对其产量和品质的影响作用

由于果实的外果皮能进行光合作用,且具有较短运输距离的优势,因此人们开展大量的研究探索果实光合作用对产量的影响。目前,主要有气体交换参数估算、遮阴、环割、同位素饲喂、光合调节剂处理等方法来评估种实光合作用对其自身发育的贡献作用。研究表明,可根据果实干物质积累特性和 CO_2 气体交换参数估算外果皮光合作用对其果实发育所需碳源的相对贡献率。例如,黄瓜果实光合作用对其果实发育所需碳源的相对贡献率可达 1%~5%;整个果实发育时期内,蓝莓果实光合作用对其果实发育所需碳源的相对贡献率为 15%,然而,在开花后前 10 天中和花瓣脱落后的 5 天中,其光合作用对其果实发育所需碳源的相对贡献率分别为 50% 和 85%;桃和荔枝的外果皮光合作用对其果实发育所需碳源的相对贡献率分别为 5%~9% 和 3%;番茄的外果皮光合作用对其果实发育所需碳源的相对贡献率为 20%;果实发育后期,山核桃和薄壳山核桃的外果皮光合作用对其果实发育所需碳源的相对贡献率分别为 6.85%~13.3% 和 19.4%~33.8%。此外,通过对棉铃铃壳进行铝箔纸遮阴处理,发现铃壳的光合作用对单铃生物量积累的相对贡献率约为 24.1%。冷锁虎等通过环割油菜果柄的方法,估算出角果的光合作用对籽粒产量的相对贡献率为 62%~70%,角果是油菜生育后期重要的光合器官。用二氯苯基二甲脲(DCMU,一种光合抑制剂)对小麦的穗进行喷雾处理后,其单穗干重的下降幅度与穗遮阴处理时一致,穗光合作用对其产量的相对贡献率为 22%~45%。研究表明,对香榧假种皮进行 DCMU 处理(抑制率约达 30%)后,香榧籽的干重和含油量分别降低了 25.4% 和 25.5%。鲁德(Rood)等在不同时期用 $^{14}CO_2$ 标记油菜叶、茎、角果后发现,在开花期,叶片和茎是主要的 $^{14}CO_2$ 同化场所;在角果充实时,叶、茎的同化物减少,角果变成了 $^{14}CO_2$ 同化的主要场所。

通常果实被认为是光合产物的库,而它的发育和成熟取决于从叶片运输而来的糖含量,可认为运输到果实中的光合产物影响果实的品质。种实含油量的多少取决于光合器官运输过来的光合产物。研究表明,通过改变番茄果皮的叶绿体数量和结构,能使果肉中的类胡萝卜素、黄酮类及其他挥发性物质的含量发生变化。胡椒和番茄果皮的叶绿体结构特性与其果实的品质和成熟期有关。通过反义抑制技术抑制番茄外果皮的 1,6-二磷酸果糖(FBP)表达,发现 FBP 抑制表达的果实比对照果实小 20%。油菜果荚中的 *BnRBCS1A* 与种子中的含油量呈正相关性。

不同物种种实光合作用对其产量形成的相对贡献率见表 8-1。

表 8-1 不同物种种实光合作用对其产量形成的相对贡献率

物种	种实器官	对干物质积累的相对贡献率
番茄	外果皮	10%~15%
大豆	豆荚	15%~19%
黄瓜	外果皮	1%~5%
蓝莓	外果皮	11%

续表

物种	种实器官	对干物质积累的相对贡献率
桃	果皮	5%~9%
油菜	豆荚	62%~70%
棉花	铃壳	24.1%
咖啡豆	果皮	20%~30%
荔枝	果皮	3%
山核桃	外果皮	4.9%~13.3%
香榧	假种皮	25%

不同物种种实光合作用对其品质的相对贡献率见表8-2。

表8-2 不同物种种实光合作用对其品质的相对贡献率

物种	种实器官（测定方法）	对种实品质的相对贡献率
油菜	豆荚（遮阴）	含油量（44.7%）；蛋白质含量（明显上升）
香榧	假种皮（DCMU）	含油量（25.5%）
欧洲油菜	豆荚（百草枯）	含油量（约50%）
棉花	铃壳遮阴	纤维变短
山核桃	外果皮（DCMU）	含油量（3.5%~5%）

生长素 Auxin

专题 9

生长素(auxin)是第一个被确认的植物激素。生长素参与植物生长和发育诸多过程,调控众多生理反应,在植物的整个生命周期中发挥着重要的作用,主要包括根和茎的发育和生长、器官的衰老、维管束的形成和分化发育、顶端的优势维持、植物的向地与向光反应以及花器官的生长等。此外,生长素还影响早期胚胎发育中的胚轴形成,影响原基发育及协调植物的形态发生。吲哚-3-乙酸(indole-3-acetic acid,IAA)是生长素类中最主要的一种植物激素。除IAA以外,植物体内还有其他生长素类物质,如苯乙酸(phenylacetic acid,PAA)、4-氯-3-吲哚乙酸(4-chloro-3-indole acetic acid,4-Cl-IAA)、吲哚丁酸(indole-3-butyric acid,IBA)等。生长素主要在植物体内生长活跃的地方合成,如茎尖、幼叶、发育的种子、主根根尖的分生组织及发育中的侧根,然后运输到其他地方。IAA在植物体内的运输主要有两种形式:一是与其他代谢产物一起通过韧皮部进行的被动运输;二是只能从形态学上端向形态学下端单方向运输的极性运输(polar transport)。

9.1 生长素的生物合成

生长素主要合成于植物茎顶端分生组织(SAM)、幼叶及发育中的果实。其生物合成有两条途径,分别为依赖色氨酸(tryptophan-dependent)和非依赖色氨酸(tryptophan-independent)的生物合成。农杆菌在形成冠瘤(crown gall)时,利用吲哚-3-乙酰胺(indole-3-acetamide,IAM)合成生长素,造成冠瘤形成。虽然对于植物生长素功能方面的研究很多,但是由于其生物合成途径不止一条,而且有些反应途径的酶具有冗余性,在生长素合成方面的研究还不是很完整。此外,生长素多以糖、氨基酸或以多肽形式形成的结合态存在,使得生长素的合成途径变得更复杂。采用分子遗传学和同位素标记法,发现了参与依赖色氨酸的 IAA 生物合成途径的酶和中间分子,以及它们催化反应的顺序。目前主要有三种依赖色氨酸的 IAA 合成途径(图 9-1):色胺(TAM)途径、吲哚-3-丙酮酸(indole-3-pyruvic acid,IPA)途径、吲哚-3-乙腈(indole-3-acetonitrile,IAN)途径。TAM 途径主要存在于包括拟南芥在内的大量植物中;IPA 途径则存在于缺少 TAM 途径的植物中;IAN 途径可能存在于十字花科、禾本科和芭蕉科这三个科的植物中。然而,在菠菜、番茄、豆科和玫瑰中也鉴定出与腈水解酶类似的基因或活性,这表明 IAN 途径可能更广泛地存在。

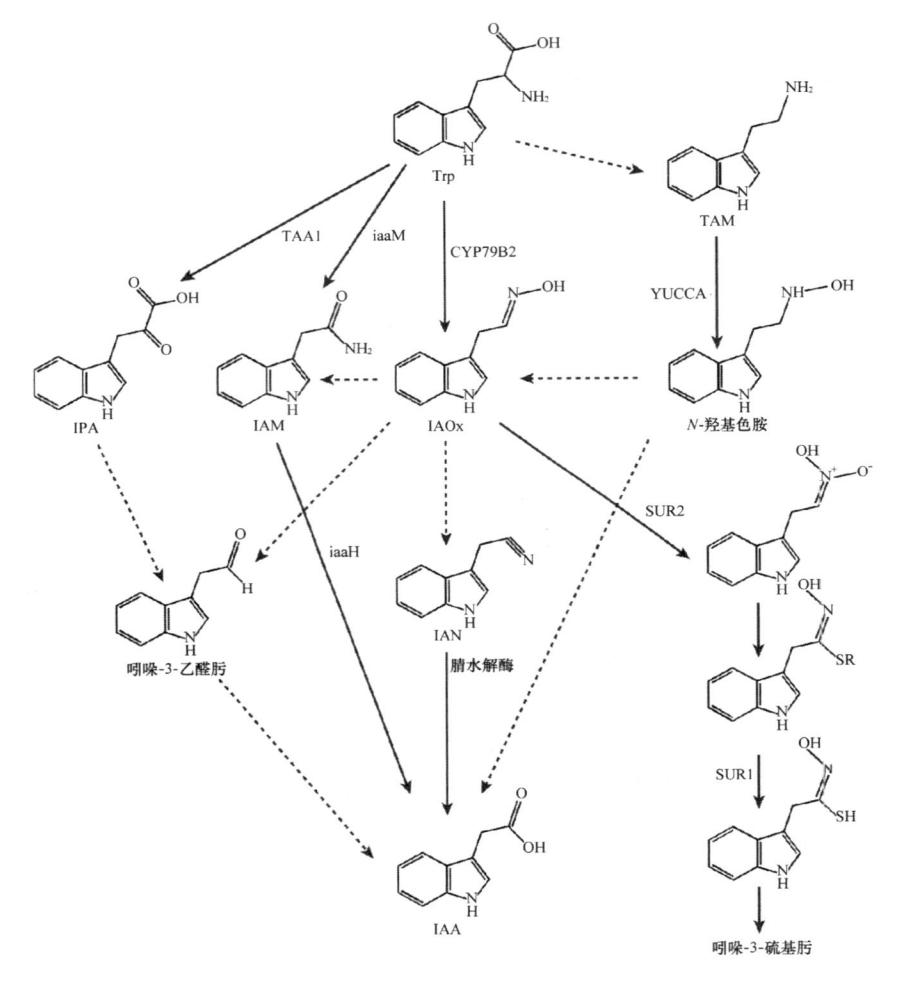

图 9-1　依赖色氨酸的 IAA 合成途径

9.1.1　生长素的全新合成(de novo synthesis)

生长素 IAA 主要是由色氨酸(tryptophan,Trp)合成而来(图 9-1)。首先是由色氨酸合成吲哚-3-乙醛肟(indole-3-acetaldoxime,IAOx),然后转化为 IAN,最后合成 IAA。赫尔(Hull)等在 2000 年发现两个 P450 蛋白酶(CYP79B2 和 CYP79B3)催化由色氨酸到 IAOx

的反应,并推测 IAOx 可能会被用来合成 IAA 和硫苷。

1998 年,温克勒(Winkler)等发现一个含有 T-DNA 插入突变的 CYP83B1 的拟南芥表现出生长素过量合成的表型,并进一步证明 CYP83B1 可以将 IAOx 转化为 aci-nitro 的化合物,也是转化为吲哚硫苷的第一个步骤。在 CYP83B1 缺少时,IAOx 被合成为 IAA,导致 IAA 含量的增加,表现出生长素过量累积表型。巴克(Bak)等和巴尔利耶(Barlier)等认为 CYP83B1 是调节生长素合成的一个关键酶。由 IAOx 合成转化为 IAA 经过 IAN 的合成步骤,主要由腈水解酶完成。拟南芥有三个腈水解酶基因,分别是 *NIT1*、*NIT2* 和 *NIT3*,其中只有 *NIT1* 参与 IAN 至 IAA 的合成反应。但是,*nit1* 突变体没有生长素缺失的表型,暗示可能还有其他的生长素合成途径来替代 IAN 合成 IAA 的反应路径。随后的研究发现,IAOx 可能不是被转化为 IAN,而是在水解后合成为吲哚-3-乙醛(indole-3-acetaldehyde,IAAld),再经由乙醛氧化酶(aldehyde oxidase)转化为生长素。

9.1.2　微生物及非酶途径的 IAA 合成

Epstein 曾经报道 5-[³H]-色氨酸在真空干燥时,会有 30% 自动转化为 IAA。这种氧化反应的发生可能是因为放射性同位素溶液里的自由基和过氧化物(peroxide)存在所造成的。微生物可以经由 IPA 将色氨酸转化为 IAA。

9.1.3　真菌合成系统

植物病原菌 *Pseudomonas savastanoi* 侵染植物后能够将色氨酸催化为 IAA。这个途径首先是在色氨酸加单氧酶(tryptophan monooxygenase)作用下将色氨酸氧化脱羧(decarboxylation),然后转化为 IAN,而在 IAN 水解后产生 IAA。

9.1.4　由非吲哚前体全新合成的 IAA

将玉米幼苗在含有 30% 的 ^2H_2O(deuterium oxide)下培养,证实部分 IAA 的合成是由于至少一个或多个 ^2H 被转移到 IAA 的吲哚环上不可交换的位置上。由此可见,部分 IAA 可能存在其他的新合成途径,而其反应前体很可能是邻氨基苯甲酸(anthranilic acid),而不是来自色氨酸。

9.2　生长素的信号转导

生长素信号转导途径并不是单一的,它包括信号识别、下游生长素相关基因的表达以及植物最终表现出的生理反应。目前认为与生长素信号转导相关的三类主要蛋白组分是:生长素/吲哚-3-乙酸(AUX/IAA)蛋白、生长素反应因子(auxin-response factor,ARF)和 SCF 复合物。

9.2.1 生长素的受体

在烟草细胞中,有一种蛋白质能够与生长素特异地结合,因此被命名为生长素结合蛋白(auxin blinding protein,ABP)。ABP1 与其他信号受体蛋白没有同源性,但它在烟草的原生质体和细胞培养中能够介导对外源生长素的反应,如细胞扩张、细胞分裂、气孔关闭及细胞的极性化。拟南芥 ABP1 基因的插入突变导致胚胎死亡,说明该蛋白在植物发育中的重要性。

用不能够进入细胞的 ABP1 抗体处理细胞,ABP1 就丧失了与生长素结合的能力,说明 ABP1 位于细胞膜上。但大量研究证明,植物细胞对生长素的感受位点在细胞的内部。拟南芥的 AUX1 (auxin influx transporter) 基因编码一个氨基酸渗透酶(permease),它能够携带生长素进入细胞。aux1 突变株对不能够渗透进入细胞的生长素,如 2,4-D 表现抵抗,即不产生反应,而对能够渗透进入细胞膜的生长素,如萘乙酸(naphthylacetic acid,NAA)表现敏感,这说明细胞内存在生长素的受体。在拟南芥中,至少有四个生长素内运蛋白(auxin influx carrier),八个外运蛋白(auxin efflux carrier)。在水稻细胞中,有一个 57kDa 可溶性蛋白,它能够与生长素结合,并与细胞膜上的质子泵 ATP 酶结合。

已经鉴定另一类生长素受体蛋白 F-box 蛋白属于 TIR1/AFB 蛋白质家族。对拟南芥突变体的分析表明 TIR1 对生长素依赖的下胚轴伸长和侧根形成具有重要作用。TIR1 是一个特定的 E3 泛素连接酶复合体(SCF^{TIR1})的组成部分。SCF^{TIR1} 是细胞中生长素信号转导所必需的。拟南芥中 SCF^{TIR1} 复合体中 SKP1 的同系物称为 ASK1。SCF^{TIR1} 复合体的作用是将泛素蛋白链连在生长素诱导的组成型表达的转录因子 AUX/IAA 蛋白上,从而降解它们。TIR1 蛋白与生长素直接结合,它们的结合促进了 SCF^{TIR1} 与 AUX/IAA 蛋白的结合。目前,研究结果表明另外三个与 TIR1 相关的 F-box 蛋白也具有生长素受体活性。这些蛋白质叫作生长素信号 F-box(auxin signaling F-box,AFB)蛋白。生长素能够稳定 TIR1 和 AUX/IAA 蛋白的第二个结构域(domain Ⅱ)的相互作用,介导了转录抑制子 AUX/IAA 蛋白的降解,从而将 ARF 从 AUX/IAA-ARF 二聚体中释放出来。不同的 TIR1/AFB 和 AUX/IAA 配对组合的结合活性差异很大,这使得 AUX/IAA 蛋白具有一系列不同的半衰期,能够响应不同浓度的生长素,并发生差异化的反应。

9.2.2 生长素与转录因子

有两类转录因子参与生长素控制的基因表达调控:一类是生长素反应因子 ARF,它们是转录因子,能够抑制或促进下游基因的表达,在拟南芥中由 23 个基因编码;另一类转录因子是生长素/吲哚-3-乙酸蛋白(AUX/IAA),在拟南芥中由 29 个基因编码。AUX/IAA 不直接与 DNA 结合,但含有保守的、蛋白质-蛋白质间相互作用的结构域。目前认为,AUX/IAA 通过形成异源双体结构与 ARF 结合,因此抑制了后者的活性。生长素能够诱导 AUX/IAA 蛋白的迅速降解,使 ARF 恢复活性,促进生长素反应基因的表达。生长素信号转导与 AUX/IAA 蛋白降解的关系目前用下面这个模型来解释:在没有生长素的情况下,AUX/IAA 蛋白通过与转录激活子 ARF 结合,抑制自身基因和其他受生长素诱导基因的表达。生长素的出现,导致 SCF^{TIR1} 复合体被激活,后者令 AUX/IAA 蛋白泛素化而被迅速降解。

尽管 ARF 家族的成员众多,但其中一个成员的突变还是能够造成明显的表型。比如,ARF5 的突变能够影响胚胎的早期发育;ARF3 的突变特异性地影响雌蕊群(gynoecium)的发育;而 ARF7 的突变则影响地上组织的分化。这说明,不同的 ARF 具有各自独特的功能。这些功能特异性的产生,既可以来自在时间和空间表达上的不同,也可能是来自对目的基因启动子的亲和性差异。

拟南芥 IAA12 的一个突变体(*bdl*)和 ARF5 的一个突变株(*mp*)的表型相似,都是在胚胎发育过程中不能够形成根分生组织。这两个基因的表达方式相互重叠,它们的蛋白质在酵母二元杂交系统中相互作用。在 *bdl* 突变株中,IAA12 的第二个结构域发生了一个点突变,导致这个蛋白质的稳定性上升。这是 IAA12 功能获得性突变。相反,在 *mp* 突变株中,ARF5 丧失了功能。这些结果说明 IAA12/ARF5 之间通过特异性结合影响根部的发育。

生长素诱导基因表达的短信号转导途径是从生长素与 SCF^{TIR1} 泛素连接酶复合体中的 TIR1 结合开始的。生长素与 TIR1 的结合导致 SCF^{TIR1} 发生构象变化。这种构象变化加强了其与 AUX/IAA 的二聚体化并激活 E3 连接酶的活性(图 9-2)。和其他 SCF 复合体不同,生长素激活 SCF^{TIR1} 没有共价修饰。它使 AUX/IAA 蛋白被迅速地泛素化,随后通过蛋白酶体降解(图 9-2)。在没有负调控因子 AUX/IAA 的情况下,不同的 ARF 蛋白起到激活或抑制基因表达的作用。

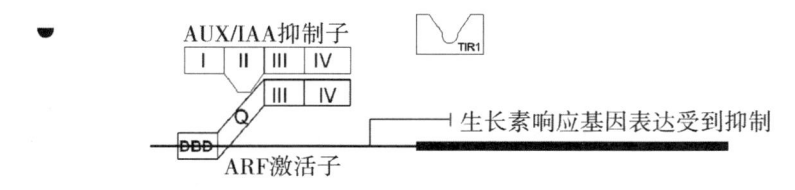

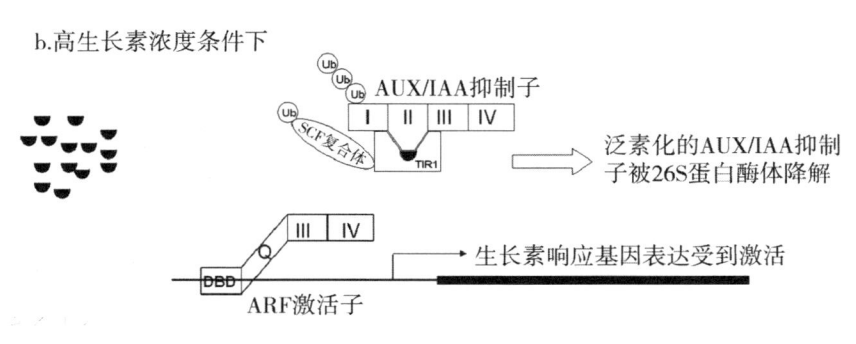

图 9-2　SCF^{TIR1} 介导的生长素信号转导

9.3　生长素的极性运输

阐明生长素极性运输机理的化学渗透假说(chemiosmotic hypothesis)认为,在细胞水平上，生长素运输是通过特定的输入载体(influx carrier)和输出载体(efflux carrier)来完成的。近年来，随着分子生物学技术的飞速发展及新方法的使用，研究者克隆到了一些植物极性运输相关基因，从分子角度对其有了进一步的认识。研究发现，一些新的蛋白质家族(如多重抗药性/磷酸糖蛋白)也参与生长素的极性运输(图9-3)。

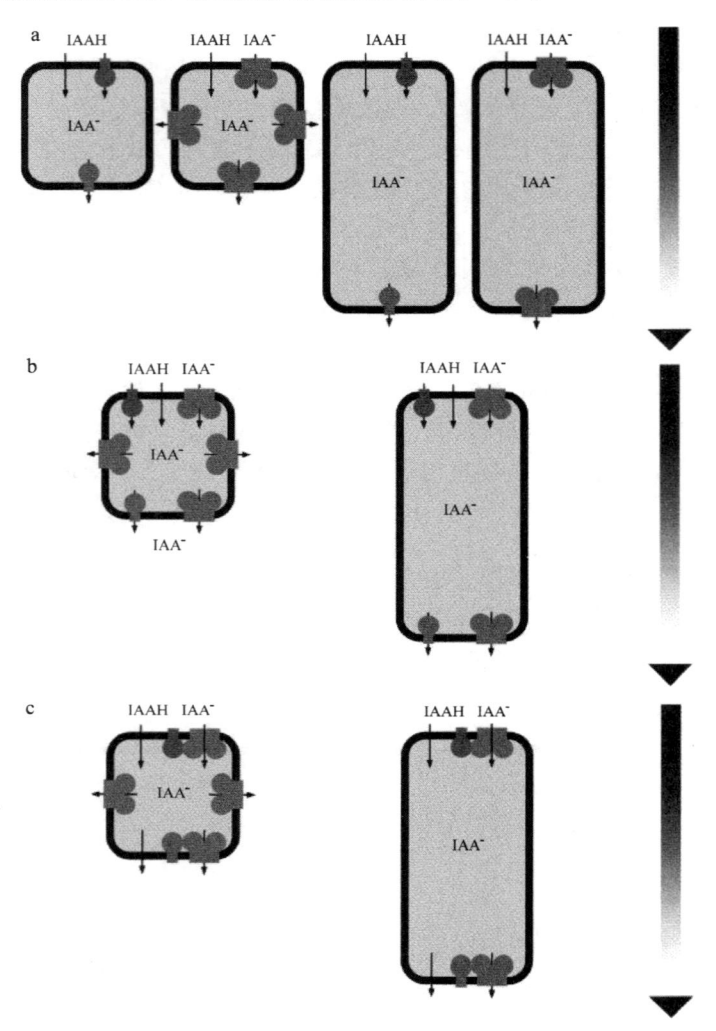

图 9-3　PGP-介导(a)、PIN-(b)和 AUX1/LAX-介导(c)的生长素极性运输模型

9.3.1　生长素输出载体

根据生长素极性运输的化学渗透假说，生长素只有通过位于细胞基部的特定载体蛋白才能输出。莫里斯(Morris)等推测生长素输出系统至少应包括三种多肽：一是嵌于细胞膜上的生长素载体蛋白；二是可与 NPA 结合从而抑制运输的蛋白；三是一个易变的、可能是胞质组分的蛋白。后来的研究证实植物体内确实存在这几种蛋白，从而有力地支持了化学渗透假说。1998年，盖尔魏勒(Galweiler)等用转座子标签的方法克隆到了拟南芥 *PIN1* 基因(*AtPIN1*)。该基因编码一个由 622 个氨基酸组成的蛋白质(AtPIN1),它由 12 个跨膜转运蛋白组成,与真核和原核生物的转运蛋白同源。到目前为止,*AtPIN* 基因家族一共克隆到了 8 个基因,并且在玉米、水稻、大豆、野樱桃和杨树等植物中也发现了其同源基因。拟南芥中克隆到的 8 个 *PIN* 基因,其蛋白长度位于 351 个(*AtPIN1*)和 647 个氨基酸(*AtPIN2*)之间。最先分离出来的 AtPIN 蛋白质家族中的 AtPIN1、AtPIN2、AtPIN3 和 AtPIN4 之间的序列具有超过 70% 的同源性并具有同样的拓扑结构:5 或 6 个跨膜组分分别组成 2 个高度疏水的区域,中间为亲水区域。PIN 蛋白质家族与真核生物、原核生物的转运蛋白具有一定的序列同源性,这就支持了 PIN 蛋白质家族可能为转运蛋白的观点。然而 PIN5 和 PIN8 都缺少中间的亲水区域,说明 PIN 功能可能发生了分化。目前有关 *PIN5*、*PIN6* 和 *PIN8* 基因功能的研究还较少,已知 PIN1、PIN2、PIN3、PIN4 和 PIN7 都参与了生长素极性运输。PIN3 主要分布于根的中柱鞘、下胚轴的内皮层细胞以及顶点钩(apical hook),参与控制植物的向性生长;PIN4 主要呈极性分布于根尖分生组织生长素浓度最高区域的周围,起着稳定分生组织细胞内生长素的最大浓度的作用;PIN7 则在植物胚胎形成的早期表达,参与生长素调节的胚轴的形成。为进一步验证 PIN 蛋白的功能,Petrasek 等通过 PIN 蛋白的异源表达实验证明了其具有从细胞内输出生长素的功能。

9.3.2 生长素输入载体

由于前期缺乏生长素输入载体的特定抑制剂,有关生长素输入载体的研究也大大落后于输出载体的研究。直到 2000 年以后生长素输入抑制剂,如 1-萘氧乙酸(1-naphthoxyacetic acid,1-NOA)和 3-氯-4-羟基苯乙酸(3-chloro-4-hydroxyphenylacetic acid,CHPAA)的发现才大大促进了对生长素输入载体的研究。1996 年,Bennett 等从抗生长素(auxin resistant)的拟南芥突变体 *aux1* 中克隆基因 *AUX1*。它编码的蛋白质 AUX1 被认为是膜蛋白,由 485 个氨基酸组成,其序列与植物的氨基酸通透酶有很高的同源性,这就暗示 AUX1 蛋白可能具有运输氨基酸类似物的能力。由于 IAA 与色氨酸结构类似,因此 AUX1 蛋白可能具有吸收生长素及转运生长素通过膜的功能,很多实验都证实了 AUX1 确实参与了生长素的输入。

研究者已经从拟南芥上克隆到了 *AUX1* 基因及三个类似 *AUX1* 基因(*LIKEAUX1*,*LAX*)——*LAX1*、*LAX2*、*LAX3*。其中,*AUX1* 主要在原生韧皮部、中柱、侧根根冠以及根尖表皮细胞中表达;而 *LAX1*、*LAX2*、*LAX3* 主要在拟南芥根部及地上部分的维管束中表达。到目前为止,研究者的工作主要集中在 *AUX1* 基因上,对 *LAX* 基因的研究还比较少。

除了在拟南芥上分离到生长素输入载体基因,研究者也在蒺藜苜蓿(*Medicago truncatula*)、水稻(*Oryza sativa*)、豌豆(*Pisum sativum*)、野樱桃(*Prunus avium*)、康乃馨(*Dianthus caryophyllus*)等植物上分离到了生长素输入载体基因。将野樱桃的 AUX1/LAX 同源基因 *PaLAX1* 转入烟草和拟南芥中都证实 PaLAX1 蛋白参与了生长素的吸收,应该属于一种生长素输入载体。

9.3.3 生长素输入、输出载体

除了输入载体 AUX/LAX 和输出载体 PIN 家族参与了生长素极性运输外,研究还发现另外一种新的基因家族,即多重抗药性/磷酸糖蛋白(multi-drug-resistant/P-glycoprotein,MDR/PGP,ABCB)家族也参与了生长素极性运输。磷酸糖蛋白(PGP)属于ATP 结合盒(ATP-binding cassette,ABC)转运蛋白超级家族中的一个亚家族。目前,研究较多的是拟南芥的 PGP1 (ABCB1)、PGP4 和 PGP19 (MDR1/ABCB19),其中 PGP1、PGP19 与生长素的输出相关。而有关 PGP4 的功能则存在相反的研究结果:在拟南芥根毛细胞和烟草细胞中过表达的结果表明 PGP4 与生长素输出相关;但在酵母细胞和哺乳动物 Hela 细胞中过表达的结果则表明 PGP4 与生长素的输入功能相关。

为了清楚地了解 PGP4 基因的功能,杨(Yang)等通过建立的裂殖酵母(*Schizosaccharomyces pombe*)异源表达(heterologous expression)系统证实,在低浓度生长素条件下,PGP4 主要行使生长素输入功能,在达到一定的生长素浓度后,转而行使生长素输出功能,使细胞内的生长素浓度始终维持在一定范围内。PGP4 具有生长素输入和输出的双重功能,这可能与其独特的蛋白质结构有关。PGP4 的蛋白质结构主要由两部分组成:一部分是氨基末端跨膜域(amino-terminal transmembrane domain,TMD),含有六个跨膜螺旋(TMH1~TMH6),另外一半是两个细胞内环(intracellular loop,ICL1、ICL2)及一个羧基末端核苷酸结合域(carboxy-terminal nucleotide binding domain,NBD),两者由一个连接域(linker domain)连接。与 PGP1 和 PGP19 不同,PGP4 的 N-端有一个卷曲螺旋(coiled-coil),连接域内也有一个相同的卷曲螺旋。可能就是这两个卷曲螺旋的存在,使得 PGP4 具有生长素输入、输出双重功能。

9.4 生长素的极性运输对植物生长、发育的影响

目前,已知的植物激素中只有生长素具有极性运输特征,因此,很自然地把它与植物的极性发育、分化、生长等生理现象联系起来。一般认为,生长素合成后通过极性运输到达靶细胞,调节植物的生长和发育,因此生长素极性运输广泛参与植物的叶片发育、花的分化、维管束的分化、胚胎的发育、光形态的建成以及侧根的发育等。

9.4.1 生长素极性运输对叶片发育的影响

叶片是植物进行光合作用和呼吸作用的主要器官,对植物生命活动起着重要作用。早期叶片发育被人为分为三个阶段:叶原基的起始、腹背性的建立和叶片的延展。在这些阶段中发生的任何突变都有可能产生叶片发育和叶片形态的缺陷。在叶片形态发生和两侧对称的形成过程中,生长素的极性运输发挥着重要作用。生长素代谢在过程中发生突变也可能会导致叶片形态缺陷的产生。塞米阿蒂(Semiartietal)等在 *AS1* 和 *AS2* 基因突变体中,发现两侧叶片不对称,且叶片具不同程度的裂(叶裂),甚至在叶柄上长出类似小叶的结构。生

长素还可以影响叶片脉型,生长素极性运输与叶片微管组织分化密切相关。在研究离体芥菜胚和小麦胚的培养中,生长素极性运输抑制剂导致了芥菜胚筒状子叶和小麦胚柄与芽分生组织之间的伸长。刘(Liu)等提出生长素极性运输可以使将来发育成子叶的两个区域中的生长素达到合适的浓度,从而有利于子叶原基的发端而形成两侧对称的子叶。

近年来,科学家人工构建了一个能够对生长素响应的报告基因 *DR5-GUS*。通过表达后染色可以检测它在整个植物体的表达部位和表达量。染色结果可以间接监测植物体生长素流向及其动态变化。这个实验研究得出两个结论:①是生长素极性运输导致生长素浓度梯度的形成;②植物的叶原基出现在生长素浓度最大的区域,且它的出现位置与生长素输出蛋白 PIN1 的分布高度相关。另一个报道发现 *pin1* 突变体长出的叶片形态异常,但若外源施加(简称外施)生长素可使异常叶片恢复正常。然而,外源生长素处理的位置和浓度与叶片能否恢复正常的关系很大。这两个研究均表明,*PIN* 基因表达与 PIN 蛋白分布的改变都可能影响叶原基出现的部位及叶片形态。

叶片维管束细胞起源于具有维管束分生组织能力的原形成层。已有证据表明,固醇、小肽、细胞分裂素和生长素都能够促进维管束发育。而更多证据表明生长素的极性运输在叶片维管束的发育中起着至关重要的作用。定向发育假说(canalization hypothesis)就很好地概括了生长素供应、极性运输与维管束发育之间的密切联系。该假说认为生长素在合成后先通过扩散方式缓慢运输,在这个运输过程中导致了生长素极性运输系统的形成。在极性运输下的生长素在定向运输过程中诱导了原形成层细胞的形成与分化,最终使植物发育出功能性的维管束。马特松(Mattsson)等采用不同浓度的生长素极性运输抑制剂(NPA)处理拟南芥,发现抑制剂浓度越高,叶片维管束发育越异常。斯卡尔佩拉(Scarpella)等观察了拟南芥叶片早期发育中的一个生长素输出载体 PIN1 与 GFP 构成的融合蛋白在叶片表皮细胞中的定位,发现 *AtPIN1* 的表达能够将要发育为维管束的细胞区别开来,并且 *AtPIN1* 的出现早于任何目前已知的原形成层标记基因。而且 AtPIN1 在表皮细胞中的极性定位暗示生长素在表皮中流向不同的集合点(convergence point),而在这些地方将形成主叶脉。外施生长素和极性运输抑制剂发现集合点的定位和 *AtPIN1* 表达区域的动态变化是一个生长素运输依赖的自我组织过程。这些发现为定向发育机制在维管束发育中起着重要作用提供了强大的证据。最近,另外一个报道暗示生长素的原位合成可能也在叶脉模式形成中起着极为重要的作用。由于还不清楚叶片中生长素的真正来源,目前,推测叶片中原位合成的生长素通过极性运输来影响维管束形成。

9.4.2 生长素极性运输对维管组织系统发育的影响

植物维管组织系统将植物体连成一个整体,从根、茎一直延伸到叶片,并随着植物的生长不断扩展。人们很早就注意到生长素影响维管组织系统的形成。近年来的研究更表明生长素的极性运输对形成连续的维管组织系统是必需的。用特定的抑制剂来阻止生长素的极性运输可以促使维管细胞发生局部聚集,并且导致叶发育受阻,形成不连续的叶纹。由于这类抑制剂对维管细胞分化的影响不大,因此推断这些抑制剂是通过阻碍生长素的运输进而影响了原形成层的发育,由此提出了定向发育假说。

通过研究拟南芥生长素极性运输的突变体,可以观察到生长素沿植物主干极性运输对维管束产生的影响。PIN1是生长素输出载体,定位于原形成层细胞和木质部薄壁细胞膜的基部。它的极性定位是通过激活GNOM来实现的。GNOM是G蛋白的一个特异性鸟苷酸置换因子(ADP-ribosylation factor G protein guanine nucleotide exchange factor,ARF GEF),它的激活促使运输PIN1的特定小泡(AtPIN1-specificvesicle,AtPINSV)将AtPIN1从内质网运到细胞膜。PIN1的极性定位决定了生长素从上到下的运输方向。这种由于生长素运输载体在细胞表面的不对称分布所产生的生长素定向流诱导形成了一系列连续的原形成层细胞。研究还发现,PIN1的表达和细胞定位受到多种因素的调节,如生长素的反馈调节、细胞命运、磷酸化和不依赖于生长素的调节等。AUX1作为生长素输入载体可以快速转运生长素进入细胞内。它受AXR4蛋白的调节,不对称地分布在PIN1位置的另一侧。观察AUX1蛋白的组织定位,发现它定位于根部的原生韧皮部,这虽然和PIN1的组织定位有所不同,但极有可能是AUX1基因家族的其他成员参与了原形成层和木质部细胞的生长素输入调控。

西埃布尔特(Sieburth)等研究认为,在植株某部位生长素运输减弱的情况下,施用适当浓度的生长素输出抑制剂可延续该部位维管束的继续发育。此外,生长素输出抑制剂还能影响植物叶片脉型,其原因可能在于生长素运输受抑制会使局部生长素浓度升高,从而使得该部位的叶脉异常发达,而其他部位则会因为没有生长素的输入而导致叶脉退化或不明显。

9.4.3 生长素极性运输对植物胚胎发育的影响

生长素对植物胚胎的发育具有非常重要的作用。研究表明,在胡萝卜体胚发生中,生长素在胚胎发育的诱导和随后的胚胎发育正常形态的形成中扮演了一个很重要的角色。研究也表明,生长素的极性运输是胚胎正常形态发生的首要条件。

生长素的极性运输与植物胚胎的两侧对称和极性分化密切相关。刘春明等利用芥菜(Brassica juncea)幼胚培养,首次揭示了生长素极性运输在球形胚期合子胚由轴向对称的生长方式转向心形期的两侧对称的生长方式过程中的重要作用。最近克隆的MP基因通过序列分析表明,该基因可能编码生长素调控的转录因子。通过原位杂交表明,它在球形胚中均匀表达,以后逐渐集中在胚轴(维管束)形成的部位表达。拟南芥的mp突变体的胚胎不能形成下胚轴和胚根,表明生长素通过调节MP基因影响胚胎的极性发育。在拟南芥早期胚胎发育中,PIN蛋白分布的改变能够影响生长素的极性运输,进而改变生长素的分布梯度,对胚胎极性的建立起重要作用。

然而,在形态发生上,生长素对体胚和合子胚产生的影响不同。在体胚发生中,用生长素极性运输抑制剂处理胚胎会导致下一阶段形态发生的障碍。例如,球形胚阶段用抑制剂处理,将继续原来的球形延伸,却不进行极性延长。在心形胚期用抑制剂处理,结果原来的极性生长将继续,子叶的发生却不起始。然而,在合子胚中,用同一个生长素抑制剂处理,却表现出一个相对温和的影响。在芥菜中,用生长素运输抑制剂处理球形胚,结果出现了具有圆柱形子叶的成熟胚,而不是正常的具有两个分离的子叶的成熟胚。然而,对更晚一些的胚胎进行处理,却对随后的形态发生没有影响。

9.4.4　生长素极性运输对植株重力反应的影响

重力刺激后,植物重力反应器官生长素浓度梯度及其不对称分布是重力感受细胞不对称伸长、重力反应器官弯曲生长的要素之一。生长素浓度梯度的形成由生长素合成、代谢以及运输共同起作用。目前对重力刺激下生长素浓度梯度形成的研究主要集中于生长素的运输过程。

生长素在植物茎、叶中的运输除了通过韧皮部的非极性运输外,也可以通过维管形成层和木质部薄壁细胞将生长素以极性运输的方式运送到植物基部,经维管束运至植物根冠(向顶运输),之后从根冠沿侧面返回至根伸长区(向基运输),回到维管束,形成一个环流。生长素的流动方向由生长素输入和输出载体在不同组织细胞上的极性定位所决定。在重力刺激下,茎内皮层以及根冠柱细胞中的生长素发生侧向运输,形成生长素浓度梯度。根冠柱细胞中的生长素浓度梯度通过向基运输传递到根伸长区,导致根的弯曲生长。生长素侧向运输或根冠到伸长区的向基运输的改变都将导致植株重力反应的缺陷。

AUX1 是最早发现的一类生长素输入载体。*aux1* 突变体中生长素朝向柱细胞的运输受到破坏,导致根尖生长素浓度明显降低;而且生长素由柱细胞向外周细胞的向基运输改变,使得根的重力反应减弱。根的重力反应依赖于 AUX1 在侧根根冠和表皮细胞的表达及其介导的生长素由侧根根冠向伸长区表皮细胞运输的过程。AUX1 在细胞内的循环受内质网定位的 AXR4 调控。在 *axr4* 突变体中,AUX1 蛋白在根部表皮细胞和原生韧皮部细胞不对称分布丧失,大量积累于细胞内质网中,导致植物根的重力反应减弱。

生长素输出载体主要有 PIN 蛋白质家族以及 MDR/PGP/ABCB 蛋白质家族。PIN 蛋白质家族是重要的生长素输出载体,其成员具有特异性的表达模式和亚细胞定位,通过调节生长素运输参与重力反应的调控。PIN 蛋白功能缺陷使得正常生长素浓度梯度无法维持,造成植物重力反应的异常。其中 PIN2 和 PIN3 的突变分别导致根以及下胚轴的重力反应缺陷。PIN2 分布在根分生组织和伸长区的皮层或表皮细胞的顶端,参与生长素的向基运输。重力刺激能够促进 PIN2 蛋白通过泛素-蛋白酶体介导蛋白降解途径降解,使得 PIN2 蛋白在根的两侧不对称分布,从而影响生长素浓度梯度的形成。PIN3 定位在茎的内皮层细胞侧壁、根冠外周细胞,以及对称地分布于根冠柱细胞两侧。在重力刺激下,茎内皮层以及根冠柱细胞中 PIN3 快速重新分布,使得生长素运输重新定向,从而影响不对称生长。重力感受器官中生长素输出载体的定位与活性的改变,会影响生长素的不对称分布,从而导致重力反应异常。类黄酮对于生长素的运输具有与 NPA 相似的作用,可能是植物体内天然存在的生长素运输抑制剂。类黄酮缺陷突变体 *transparent testa 4*(*tt4*)重力反应迟缓。类黄酮可能调节 PIN2 的定位,并因此影响植物的重力反应。在 *pint* 突变体根的伸长区,类黄酮的数量和分布都不同于野生型。在 *pint* 突变体根上外施类黄酮,可以部分恢复侧向生长素浓度梯度及根的重力反应。在固醇合成途径缺陷突变体 *smt1*(*orc*)中,生长素的极性运输异常,而且 PIN1 和 PIN3 的定位也发生改变,提示细胞膜上正确的固醇类物质的比例对于 PIN 蛋白的极性定位是必需的。最近的研究表明,固醇合成途径缺陷突变体 *cyclopropylsterol isomerasel 1*(*cpil1*)中固醇类物质的比例异常会影响 PIN2 的内吞作用,导致根的重力反应异常。磷酸化和去磷酸化是一种重要的转录后修饰,PINOID 磷酸激酶可以直接磷酸化 PIN 蛋白的亲水环,这一效应受 PP2A 蛋白磷酸酶拮抗。在 *pid1* 和 *rcn1*(PP2A 一个调节亚单位)突变体中表现出重力反应异常,推测可能是 PIN 蛋白定位变化影响了生长素的正常运输所致。磷脂酶 PLDδ2 及其催化产物磷脂酸(phosphatidic acid)是包含 PIN2 蛋白的囊泡正常循环所必需的,参与调控生长素的运输和分布以及生长素介导的向性反应。ADK1 基因突变会改变 PIN3 蛋白的表达和定位,影响根的重力反应。在 *d6pk* 突变体中,侧根发生缺陷,根的重力反应异常。D6PK 与 PIN1、PIN2 及 PIN4 共定位,而且 D6PK 可以磷酸化 PIN 蛋白。因此,D6PK 可能通过调控 PIN 蛋白影响生长素的运输。微管结合蛋白突变体,如 *altered response to gravity 1/root and hypocotyl gravitropism* (*arg1/rhg*)表现出根和下胚轴重力反应减弱,ARG1/RHG 的同源蛋白 ARG1-LIKE2(ARL2)对根和下胚轴的重力反应也有影响。最近的结果显示,ARL2 和 ARG1 的突变会导致根冠柱细胞的扩展,而且 ARL2 和 ARG1 对重力刺激下 PIN3 蛋白的重新定位以及生长素的不对称分布是必需的。因此,ARL2 和 ARG1 介导了重力感受到根冠中生长素的重新分布过程。

MDR/PGP/ABCB 蛋白质家族可以通过影响 PIN 蛋白的定位和生长素的运输参与植物向性反应。*pgp1* 和 *pgp19* 单突变体及 *pgp1/pgp19* 双突变体下胚轴的重力反应和向光性增强,推测可能是通过影响下胚轴细胞中 PIN1 的定位,使得生长素的侧向运输增加,生长素的不对称分布增大,从而增强植物的向性反应敏感性。

此外,离子通道蛋白也可能影响生长素的极性运输。例如,*tiny root haul*(*trh1*)钾离子通道蛋白突变,导致生长素极性运输改变,表现出根的重力反应异常。

9.4.5 生长素极性运输对植物侧根、不定根发育的影响

生长素在根系生长中起重要的作用,可以促进植物侧根和不定根的发生及生长。外源施加 IAA 可以促进侧根的发育。对生长素丧失敏感性的突变体,都表现出侧根数目的减少,而内源生长素水平升高的突变体 *alf1-1* 或转基因植株则表现为侧根数目的增加。外加侧根发源于中柱鞘的事实,使人们自然而然地将侧根的发育与生长素在中柱细胞中的向顶运输联系在一起。采用定点施加生长素极性运输抑制剂的方法发现,当 NPA 加在茎和根的交界处时,侧根的形成减少,同时根中生长素的含量及生长素的运输均下降;当 NPA 加在根的不同部位时,只有接触部位到根尖的区域,侧根的形成减少,且 NPA 的抑制作用可被加在该区域中的 IAA 所解除;去除茎尖可抑制侧根的发育,而去除根尖则不影响侧根发育。以上结果表明侧根的发育受从茎尖到根尖的生长素极性运输的调控。

生长素极性运输也影响不定根发育。从水稻中分离的生长素输出载体 OsPIN1 在水稻维管束和根原基中的表达模式与拟南芥中的 PIN1 非常相似。通过 RNA 干扰技术,发现水稻根发生和发育严重受到抑制,并且与 NPA 处理野生型植株的表型很相似,此外用 α-萘乙酸(alpha-naphthylacetic acid,α-NAA)处理又可以将此突变表型恢复正常。该基因过表达,将会改变分蘖的数量及茎与根的比例。总而言之,在依赖生长素的水稻不定根发生和分蘖过程中,OsPIN1 起着重要作用。帕格努萨特(Pagnussat)等在对黄瓜的研究中发现,不定根的形成与分生组织的发育有关,生长素 IAA 可以通过调节细胞的去分化和顶端分生组织的重建来启动不定根分生组织的发育。当去除子叶或施用外源生长素运输蛋白抑制剂 NPA

时,生长素不能正常合成或不能被正常运输到不定根的形成部位,使不定根的形成受到强烈抑制。

9.4.6 生长素极性运输对光形态建成的影响

光对植物发育的影响有部分是通过激素的作用实现的,光对植物茎的延伸的调控需要生长素作为中介物质。生长素极性运输突变体不能进行正常的光合作用、物质运输和生长等,这就暗示了极性运输在光形态建成中的作用。光照可以增加下胚轴生长素极性运输能力,进一步暗示了光对植物生长发育的调控可以通过影响生长素的极性运输而实现。而詹森(Jensen)等的试验则为生长素的极性运输参与光形态建成提供了直接的证据:通过研究 NPA 对生长于不同光强、光质条件下拟南芥的下胚轴伸长的影响,他们发现在光下生长的拟南芥下胚轴和根的伸长受 NPA 的抑制,而在黑暗中生长时则不受 NPA 抑制,且下胚轴伸长受抑制的程度与光强呈正相关。上述结果表明,生长素的极性运输为光照下生长的下胚轴的延伸所必需的,而对黑暗中生长的下胚轴的延伸并非必需。

9.4.7 生长素极性运输对花发育的调控

花的形成过程主要包括四个步骤:①从营养生长到生殖生长的转变;②花序的形成;③花原基的形成;④花器官的形成。生长素的极性运输等特性可影响花的形态建成及花芽萌发。杨传平发现,白桦树花发育过程中内源生长素含量呈动态变化,在雄花原基形成时期,生长素含量在一定范围内波动,但总的趋势是不断增高。彭(Peng)等对 MtPIN10 的研究发现,抑制生长素极性运输会导致花发育出现异常。张宪省等研究了生长素运输对兰花子房发育的作用,发现若抑制生长素运输,子房发育会受到严重影响,生长素抑制剂含量越高,子房发育越缓慢,授粉后子房的发育需要极性运输转运来的生长素。克里泽克(Krizek)推测了在拟南芥中生长素调控花的发育的信号转导途径,生长素通过 *AIL/PLT*(*AINTEGUMENTA-LIKE/PLETHORA*)基因家族调控花器官的数目和位置。伊姆萨拜(Imsabai)等用外源生长素处理离体莲花,证明了生长素对莲花花瓣发育的调控作用。拟南芥 *pin1* 突变体的花芽不能正常发育而形成针状花序,其花序轴的内源生长素浓度和生长素极性运输能力比野生型拟南芥明显降低,仅为野生型的 14%。就 *iaaH* 基因的转基因导入拟南芥 *pin1* 突变体来说,外源吲哚-3-乙酰胺(*iaaH* 基因编码的吲哚乙酰胺水解酶的底物)并不能恢复其野生型的表型。这一结果表明,内源生长素含量的提高对 *pin1* 突变体野生型表型的恢复毫无用处。因此,在花序的正常形成中,生长素极性运输不可缺少。

专题 10

赤霉素
Gibberellin

赤霉素(gibberellin,GA)是高等植物体内调控生长发育的重要激素。目前,已经有超过 136 种 GA 被鉴定到。高等植物中的大部分 GA 是没有生物学活性的,仅有少数几种 GA(GA_1、GA_3、GA_4 和 GA_7)对植物生长发育的各个方面(如种子萌发、茎伸长、叶片扩张、开花、果实和种子发育等)产生影响。这些具有生物活性的 GA 主要在双子叶模式植物——拟南芥和单子叶模式植物——水稻中被鉴定到。高等植物以 3-磷酸甘油醛或丙酮酸为前体,首先在原质体内由环化酶催化形成贝壳杉烯,然后贝壳杉烯转移到内质网,在依赖细胞色素 P450 单加氧酶(cytochrome P450 monooxygenase,P450)的作用下转化成 GA_{12}-醛,最后转入细胞质,由依赖 2-酮戊二酸的双加氧酶(2-oxoglutarate-dependent dioxygenase,2ODD)催化成各种 GA 最终产物。许多编码这些酶的基因已经被功能鉴定,它们的调控机制也被阐明。这些酶促反应及生物活性 GA 的产生,在组织和器官水平上的时间和在亚细胞上的定位都受到严格和精确的控制。因此,按照亚细胞区隔 GA 的生物合成一般可以分为三个阶段:质体、内膜系统和细胞质。

10.1 赤霉素的生物合成

赤霉素是通过萜类化合物途径合成的。萜类化合物是由类异戊二烯(isoprenoid)首尾相连而组成的。赤霉素是由四个类异戊二烯形成的双萜类化合物。赤霉素的生物合成主要分为三个阶段:①在质体中,四个类异戊二烯形成一个 C20 的线性分子,牻牛儿基牻牛儿基焦磷酸(geranylgeranyl diphosphate,GGDP)被柯巴基焦磷酸合酶[ent-copalyl diphosphate (ent-CDP) synthase,CPS]和贝壳杉烯合酶(ent-kaurene synthase,KS)环化成为赤霉素的前体内根-贝壳杉烯酸。②在质体折叠区和内质网中,内根-贝壳杉烯酸被贝壳杉烯氧化酶(ent-kaurene oxidase,KO)和贝壳杉烯酸氧化酶(ent-kaurenoic acid oxidase,KAO)催化,逐渐转变为植物体内第一种形式的GA-GA$_{12}$-醛。它是植物体内所有GA的共同前体。GA$_{12}$-醛再接着氧化形成GA$_{12}$,或发生羟基化反应,形成GA$_{53}$-醛。③在细胞溶质中,GA$_{12}$和GA$_{53}$通过GA$_{20}$-氧化酶(GA$_{20}$-ox)和GA$_3$-氧化酶(GA$_3$-ox)经两条平行途径转化为各种GA中间体和具有生物活性的GA。

10.1.1 3-磷酸甘油醛或丙酮酸盐至内根-贝壳杉烯途径

在真菌细胞内或者一些植物的无细胞体系里,甲羟戊酸(MVA)可以被转化成赤霉素的前体,如异戊烯焦磷酸(IPP)、贝壳杉烯(KA)甚至某些种类的赤霉素,故MVA一直被认为是植物体内合成赤霉素的最初前体。但在完整的植株和组织中MVA却无法转化成IPP或者其他赤霉素前体。1996年,施文德(Lichtenthaler)发现某些藻类可以将3-磷酸甘油醛或者丙酮酸盐转化成IPP。在高等植物的原质体内也存在这样一条途径。目前3-磷酸甘油醛/丙酮酸盐是公认的赤霉素合成最初的前体。

IPP首先通过IPP异构酶催化形成二甲烯焦磷酸酯(DMAPP),DMAPP是萜烯生物合成起始单位,与一分子IPP头尾相连形成C10中间产物牻牛儿焦磷酸(GPP),GPP与另一分子IPP缩合为法尼基焦磷酸(FPP),FPP再与第三个IPP分子缩合为中间产物牻牛儿基牻牛儿焦磷酸(GGDP)(图10-1)。

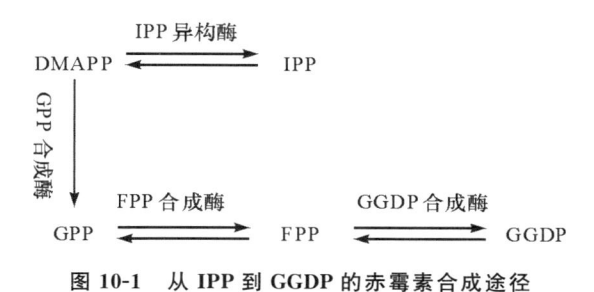

图 10-1 从 IPP 到 GGDP 的赤霉素合成途径

当在番茄中过表达番茄红素,则植株矮小且黄化,经检测发现GGDP大量用于合成八氢番茄红素(类胡萝卜素的一种),减少了用于赤霉素生物合成和叶绿醇合成方向的GGDP,从而引起植株矮化。这说明GGDP作为双萜的母体还参与很多其他萜类物质的合成,例如类胡萝卜素、叶绿素等,所以GGDP是个非常重要的分支点化合物。

GGDP接着被可溶性的柯巴基焦磷酸合成酶(CPS)和内根-贝壳杉烯合成酶(KS)催化而环化形成赤霉素的前身内根-贝壳杉烯(ent-kaurene)(图10-2)。

CPS催化GGDP转变为二环中间产物柯巴基焦磷酸盐(copalyl pyrophosphate,CPP)。CPS是正式进入赤霉素生物合成途径的第一个基因,故此基因在拟南芥中被命名为 *GA1*。CPS若完全突变,植物不能产生任何赤霉素,种子不能萌发,目前在拟南芥中发现的九个 *ga1* 突变体都是CPS不同程度缺失的突变体。它们都保留了CPS的部分功能,但表型各不相同,有的可以萌发但产生雄性不育的花,有的只有外施GA才能萌发。其中 *ga1-3* 是DNA删减5kb的突变体,利用扣除杂交技术从 *ga1-3* 中克隆到 *GA1* 基因。由于CPS在细

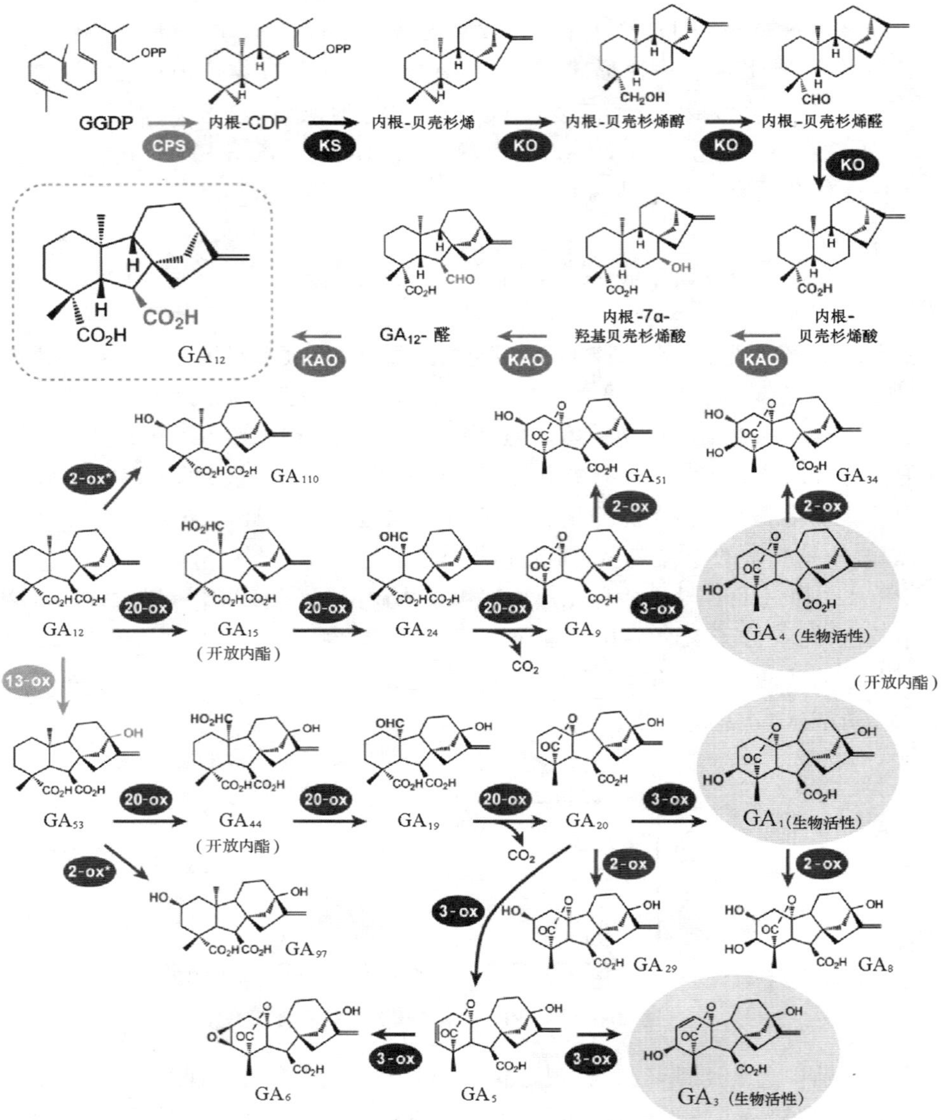

图 10-2　赤霉素的主要生物合成途径

胞的原质体中发挥作用,GA₁ 蛋白前体 N-端具有一段由 50 个氨基酸组成的引导肽,这段引导肽指导蛋白前体转移至植物的原质体,引导肽在转移后被切除。GA₁ 由单基因编码。豌豆 *ls* 突变体经分析发现其突变发生在 CPS 位点,其中 *ls-1* 在内源剪切点发生单碱基突变,因此产生三种剪辑错误的 mRNA,翻译出三种截短的蛋白。*ls-1* 突变体茎部和晚期的种子里活性 GA 含量只有野生型的 10%,但早期种子能正常发育且能够开花,说明突变体内还有其他的 CPS 在起作用,故豌豆的 CPS 是由多个基因编码的。Ait-Ali 分离到其中一个 LS 序列,发现它只有在种子发育的晚期才开始在胚乳里表达。Northern blot 分析发现 CPS 的表达是受到严格控制的,只在旺盛生长的组织和成熟停止生长的导管里表达,说明这些部位是赤霉素合成的起始部位,其中旺盛生长组织是赤霉素的作用部位,但成熟导管不是,可见赤霉素可以从其他部位完成部分合成后转移到活性部位。

KS催化CPP转化成内根-贝壳杉烯。KS作为赤霉素合成步骤的第二个基因,其突变也严重影响植株的发育,拟南芥的 *ga2* 突变体不外施GA无法萌发。对 *ga2* 突变体的一个株系 *ga2-1* 的序列进行分析,发现在其cDNA中单碱基突变,提前出现终止密码子,导致基因失活。*GA2* 编码一个90kDa的蛋白,KS催化的反应也发生在原质体,故 GA_2 在N-端也存在一段引导肽,将蛋白转移入原质体。KS的表达是组成型的,在各个组织里都有表达,但在叶片里表达量相对较高,可见赤霉素合成是通过在转录水平上调节某些合成酶的表达强度而调节的。

10.1.2 内根-贝壳杉烯至 GA_{12}-醛途径

随后内根-贝壳杉烯的C19位甲基不断被氧化,即 $CH_3 \rightarrow CH_2OH \rightarrow CHO \rightarrow COOH$,于是形成内根-贝壳杉烯醇(ent-kaurenol)、内根-贝壳杉烯醛(ent-kaurenal)和内根-贝壳杉烯酸(ent-kaurenoic acid)。该氧化顺序是一系列羟基化反应。豌豆矮化突变体 *lh* 不能催化以上三个步骤的氧化反应,推断这三个反应是由单一酶催化的。这个酶被命名为贝壳杉烯氧化酶(KO)。

拟南芥的 *ga3* 突变体也不能催化上述三步反应,说明相应的基因 *GA3* 编码KO。海利韦尔(Helliwell)利用图位克隆法克隆了 *ga3*。其序列与其他细胞色素P450酶的最高同源性不超过40%,由此判断这是一类新的细胞色素P450酶。*ga3* 含有六个内含子和一个1678bp的开放阅读框,编码58.1kDa的蛋白。由于在第六个内含子和外显子的边界处存在两个mRNA的剪辑点,产生两个不同的转录本。目前发现的两个 *ga3* 突变体皆是单碱基突变,产生阅读框架内的终止密码子。*ga3* 位于内质网上,每个氧化步骤均需要氧和还原态吡啶核苷酸(例如NADPH)参与,它同时具有氧化酶或单加氧酶的催化性质,细胞色素P450是其活性中心的电子受体。*ga3* 基因在所有被检测的组织中都存在,其表达量在生长的茎、叶、花序和正在发育的胚中较高,在成熟的叶片和停止生长的茎中较少。随后,贝壳杉烯氧化酶的基因在南瓜和烟草中被克隆出来。同样编码贝壳杉烯氧化酶,最早鉴定出来的豌豆突变体 *lh* 所对应的基因 *LH*,2004年也由戴维(David)克隆出来。拟南芥KO的转录因子RSG,是一种bZIP类型的激活转录因子,尽管 *KO* 基因在拟南芥中是单拷贝的,*RSG* 基因在拟南芥中含有五个拷贝,属于一个小型的基因家族,RSG与贝壳杉烯氧化酶的启动子上游序列中TCCAGCTT-GA的顺式作用元件结合,启动贝壳杉烯氧化酶的表达。鉴于赤霉素功能的多样性(赤霉素既能调节营养生长又能调节生殖生长),多拷贝转录因子的存在可以对不同发育信号进行相应调控。

形成贝壳杉烯酸之后,又经历了在 7α 位上的三步脱氢氧化反应,依次形成 7α-羟基、7α-醛基、7α-羧酸,从而形成内根-7α-羟基贝壳杉烯酸,然后到 GA_{12}-醛,继而转化成 GA_{12}。

玉米的 *dwarf3* 突变体只有施用合成 GA_{12} 之后的赤霉素才能恢复正常株高,说明其突变在合成 GA_{12} 之前。罗德尼(Rodney)克隆了这个基因 *D3*,发现它与P450酶类的基因具有极高的序列同源性。*D3* 属于 *CYP88A* 基因家族,被命名为 *CYP88A1*。2000年,海利韦尔(Helliwell)又克隆了南瓜中这一家族的 *CYP88A2*,同时在拟南芥中也克隆了两个 *CYP88A* 家族的基因,分别命名为 *CYP88A3* 和 *CYP88A4*。大麦 *grd5* 矮化突变体籽粒中积累过量的贝壳杉烯(KA)，提示 grd5 突变位点在贝壳杉烯酸之后，海利韦尔成功地克隆了这一位点基因，发现它也属于 CYP88A 家族，将大麦的 Grd 基因和在拟南芥分离到的两个 CYP88A 基因在改进的酵母表达系统表达，发现它们编码的酶可以完成三步催化反应，即从贝壳杉烯酸到内根-7α-羟基贝壳杉烯酸，然后到 GA_{12}-醛，继而转化成 GA_{12}，可见这几个 CYP88A 基因家族都编码贝壳杉烯酸氧化酶(KAO)。通过序列的比对，发现玉米的 D3 位点编码的基因也是 KAO。英格拉姆(Ingram)通过 GC-MS 分析、赤霉素合成中间体的挽救试验以及同位素的标记证明豌豆的 na 突变体也是在这一位点突变。戴维松(Davidson)利用大豆中与玉米 D3 相似的一个 EST(表达序列标签)筛选豌豆 cDNA 文库分离到两个不同的 KAO 基因——PsKAO1 和 PsKAO2。PsKAO1 在营养组织、叶片、根、茎中表达，而 PsKAO2 在种子中表达，其中 NA 编码 PsKAO1，故 na 突变株虽然矮化，却具有正常发育的种子。KAO 与 KO 一样，也是 NADPH 依赖性的细胞色素 P450 类的单加氧酶。

几乎所有植物中 KAO 都可以催化三步反应，但目前所知南瓜是唯一的例外，从 GA_{12} 到 GA_{12}-醛是由 7-氧化酶(7-ox)催化的。Theo 采用一种新的方法克隆到南瓜的 7-ox，他将南瓜种子胚乳的 mRNA 提取出来，在兔网织细胞裂解物中进行体外表达，发现胚乳具有双加氧酶的活性；将胚乳的 mRNA 利用大肠杆菌建立了 cDNA 文库，然后筛选能够转化 $[^{14}C]$-GA_{12}-醛的克隆，分离到 7-ox 的 cDNA。重组的 GA_7-ox 可以氧化 GA_{12}-醛产生 GA_{12}，也能够氧化 GA_{14}-醛产生 GA_{14}。

10.1.3 GA_{12}-醛之后的途径

在所有植物中合成 GA_{12}-醛之前的生物合成途径均一样。但是，从 GA_{12}-醛转变成其他 GA 的代谢途径因植物种类的不同而不同，分为早期 3-羟基化途径、早期 13-羟基化途径、早期非 3,13-羟基化途径。不过，从 GA_{12} 开始的反应有一个共同的顺序，就是 C20 位逐渐氧化，以丧失 CO_2 的方式转变成 C_{19}-GA，使得 C19 位和 C10 位形成一个内酯，然后在 3β-位引入羟基，这样形成具生物活性的 C_{19}-GA；若在 2β-位引入羟基，则形成无生物活性的 GA(图 10-2)。C_{20}-GA 氧化(GA_{20}-氧化酶，GA_{20}-ox)以及 3-羟基基团的引入($GA_{3\beta}$-羟化酶，GA_3-ox)、2-羟基的引入($GA_{2\beta}$-羟化酶，$GA_{2\beta}$-ox)，都是由 2-酮戊二酸依赖性双加氧酶催化的 20-氧化酶催化多步氧化的过程，使 C_{20}-GA 氧化掉一个碳原子，转化成 C_{19}-GA。拟南芥 ga5 突变体茎内检测不到任何 C_{19}-GA，这说明 GA5 位点编码茎特异性表达的 GA_{20}-氧化酶。徐(Xu)等用南瓜 GA20 基因作为探针筛选拟南芥基因组文库，克隆到 GA5，大肠杆菌表达分析发现它可以催化 GA_{53} 转化成 GA_{44} 和 GA_{19}，且催化 GA_{19} 转化成 GA_{20}。同时，菲利普斯(Phillips)又在拟南芥克隆到三个不同的 GA_{20}-氧化酶序列，表达模式也不同，其中一个只在茎中表达，另一个只在花中表达，还有一个只在果实中表达。这三个酶具有相似的功能，即催化 GA_{12} 转化成 GA_9，催化 GA_{53} 转化成 GA_{20}，GA_{12} 是此酶的最适底物。对目前所克隆的所有 GA_{20}-氧化酶的表达分析研究表明 GA_{20}-氧化酶是反馈抑制的。实验依据如下：拟南芥 GA5 基因(编码 GA_{20}-氧化酶)的启动子与萤光素酶融合(GA5-LUC)表达分析，活性赤霉素的外施降低了 LUC 的转录水平，说明 GA5 的反馈抑制是在转录水平上的；GA 处理极大地减少了 Ps074(编码豌豆 GA_{20}-氧化酶的 cDNA)的表达；南瓜中过表达 GA_{20}-氧化酶，产生矮化的植株。

GA_9 和 GA_{20} 尽管是 C19 的赤霉素，但是仍然没有活性，只有在 3β-位引入羟基基团，赤霉素才有生理活性（图 10-2）。拟南芥 ga4-1 突变体是能够正常发芽，产生可育性花和正常荚果的半矮化突变体，其突变发生在 3β-羟化酶的位点。在进行 T-DNA 插入的突变试验中，偶然获得了插入这一基因位点的突变体 ga4-2，由此克隆到 GA4 基因。GA4 编码 1 个 40.2kDa 的蛋白，可催化 GA_9 转化为 GA_4，并催化 GA_{20} 转化为 GA_1，最适底物是 GA_9，其 K_m 值比 GA_{20} 低 10 倍。豌豆 le 突变体也是突变在 3β-羟化酶上，LE 基因位点同时被两个研究小组克隆。1999 年，伊藤（Itoh）利用拟南芥 GA4 基因与其他一些依赖 2-酮戊二酸双加氧酶的保守氨基酸序列设计简并引物克隆了烟草的 3β-羟化酶——Nty。Nty 的启动子与 GUS 融合基因转入烟草，原位杂交显示 Nty 在一些分裂细胞内表达，如肋状分生组织、茎尖分生组织、根尖、正在发育花粉绒毡层和花粉粒。可见 3β-羟化酶表达部位就是赤霉素的作用位点，可以看出赤霉素的活性是通过调节作用位点的 3β-羟化酶的表达水平而调节的。

姜（Chiang）报道 GA 处理减少了拟南芥 GA4 基因（编码 3β-羟化酶）的表达，因此 3β-羟化酶也是受反馈调节的。拟南芥 GA_1、GA_2、GA_3 都是由单个基因编码的，而 GA_4、GA_5 在植物体内由一个基因家族编码，即使发生了某单个基因突变，使得蛋白完全丧失功能，如突变体 ga5（含有正常植株 10%～30% 的 C_{19}-GA）仍然保持半矮化性状，可以正常萌发并开花结果。

活性赤霉素 GA_4、GA_1 若在 2β-位引入羟基，则形成无生物活性的赤霉素（图 10-2）。斯蒂芬（Stephen）从红花菜豆正在发育子叶的 cDNA 文库中筛选施用[2β-3H]GA 后能够释放 $3H_2O$ 的克隆，分离到一个 2β-羟化酶的 cDNA——PcGA2ox1。当 PcGA2ox1 在大肠杆菌表达后，可以转化 GA_9 成 GA_{51}（2β-羟基 GA_9）和 GA_{51} 代谢产物。由于其羟基化发生在 GA 的 C2 位上，这个酶被称作 GA_2-氧化酶；同时通过 TBLASTN 在数据库里调出与 PcGA2ox1 序列高度同源的两个拟南芥 2β-羟化酶的部分基因序列和一个全长 cDNA；以两个部分序列为探针筛选拟南芥花序的 cDNA 文库，得到了全长序列。Northern blot 分析发现拟南芥有两个 2β-羟化酶在茎端、花、荚果中高表达，但第三个克隆用 Northern blot 方法检测不到表达；突变体的 2β-羟化酶转录水平大大低于野生型；2β-羟化酶表达是受 GA3 诱导的，这与反馈抑制 3β-羟化酶和 GA_{20}-氧化酶是恰恰相反的，植物利用这种方式调节组织内活性赤霉素的浓度。

10.2 赤霉素的信号转导

对赤霉素信号响应减弱的单基因突变体分析是鉴定编码 GA 受体基因或信号转导途径中间组分的重要方法。近年来，在拟南芥和禾谷类等模式植物中的分子遗传学研究使 GA 信号转导取得了较大进展，已分离得到多个 GA 不敏感突变体，并鉴定了多个 GA 信号转导途径的中间组分。

10.2.1 赤霉素受体

GA 是一种疏水羧酸，作为羧基阴离子可在植物细胞的胞间和胞内溶解，并且可作为质子化酸通过被动运输穿过细胞膜。由此推断,植物体含有与细胞膜结合的可溶性受体。虽然有许多关于 GA 结合蛋白的报道,但迄今还没有足够的分子生物学证据证明它们就是 GA 的受体。

上口-田中(Ueguchi-Tanaka)等于 2005 年发现了一类新的 GA 不敏感的矮小水稻突变体 gid1。相对于其他突变体来说,gid1 突变体表现出对外源 GA 完全不响应的种种特征:①GA 响应的一个明显特征是诱导谷类植物糊粉层中 α-淀粉酶的合成,但在 gid1-1 突变体中,即使外施大量 GA_3,此种诱导过程也未检测到;②在 gid1-1 突变体中积累大量有活性的内源 GA,如 GA_1;③分析与 16,17-二氢 GA_4 竞争的结果表明,水稻中有活性的 GA 至少有 10 个折叠区与 GID1 蛋白有很高的亲和性,且在 GID1 蛋白中即使只有一个氨基酸发生改变,也会使其不能与 GA 结合;④采用酵母双杂交实验的结果表明,在水稻中,GID1 蛋白位于 SLR 蛋白的上游,并与 DELLA 蛋白 SLR1 相互作用;⑤根据不同突变体形态学分析的结果推测,GID1 蛋白位于 GA 信号转导途径的起始,接收 GA 信号。这些都表明,GID1 蛋白是 GA 的一种可溶性受体。

拟南芥的 AtGID1(AtGID1a、AtGID1b 和 AtGID1c)经研究发现也起着 GA 受体的作用。AtGID1 三种单突变体的表型正常;双突呈现部分 GA 缺失的表型,即株高降低,结实率下降;gid1a/gid1b/gid1c 三突变体呈现出严重的 GA 缺失的表型,植株极度矮化,晚开花,花器官发育不完全等,而且三突变体对活性 GA 不敏感。此外 AtGID1 在体外条件或体内都能结合 GA 信号途径的负调控因子 DELLA 蛋白,但该结合活力需依赖 GA_4 的参与,酵母三杂交实验表明 GID1-GA 复合体可以提高 DELLA 蛋白 RGA-SLY1 的相互作用。

GID1 蛋白是由 GID1 基因编码的,含有 354 个氨基酸,与对激素敏感的脂肪酶(hormone-sen-sitive lipase,HSL)类似,定位于细胞核内。在有生物活性的 GA 存在的情况下,GID1 蛋白接收 GA 信号并与其结合,从而促进与 SLR1 蛋白的相互作用,启动 SLR1 蛋白通过 SCF^{GID2} 泛素化降解途径(图 10-3)。曾经有人推测,GA 信号转导途径中还包括 GA 与胞外受体结合,经过异三聚体 G 蛋白或者 Ca^{2+} 的激活促使有生物活性的 SLR1 蛋白与

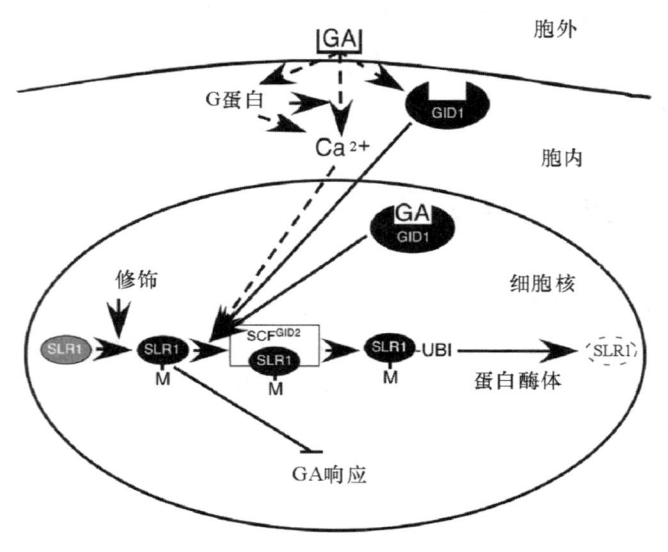

图 10-3 GA 信号转导模式

SCF^{GID2}复合体相互作用,最终使蛋白酶体降解。

最近利用 GID1 晶体结构对活性 GA 与受体的识别机制进行了阐释。利用赤霉素受体的晶体确定了活性 GA 与 GID1a 和拟南芥的 DELLA 蛋白(GAI)相结合的赤霉素的一种三元复合物的结构。GID1a 的 N-端识别活性 GA 后与 DELLA 蛋白的 N-端 GA 感知结构域 DELLA 和 VHYNP 相互作用,进而引起 DELLA 的泛素化。2008 年,岛田(Shimada)等对与赤霉素 GA$_4$ 相结合的水稻 GID1 从三维结构上进行了研究。这些晶体结构的研究进一步揭示了 GA 受体识别机制。

10.2.2 DELLA 蛋白

DELLA 蛋白是一类转录调控因子,它定位于细胞核内,在水稻和拟南芥等植物体中起负反馈调节作用。DELLA 蛋白属于 GRAS[GAI(gibberellin-insensitive)、RGA(repressor of GA1-3)和 SCR]家族,包括水稻的 SLR1(slender rice 1)、拟南芥的 RGA 和大麦的 SLN(slender 1)。

1. DELLA 蛋白的调节机制

DELLA 蛋白作为 GA 信号转导的阻遏物,其在静息状态下大量积累在植物细胞核内,而经外源 GA 处理后会迅速降解。近年来,水稻中 *GID2*(*gibberellin insensitive dwarf 2*)基因和拟南芥中 *SLY1*(*SLEEPY1*)基因的克隆,进一步阐明了 DELLA 蛋白的降解途径。岛田(McGinnis)等和麦金尼斯(Sasaki)等的研究表明,在 *gid2* 和 *sly1* 突变体中积累的 DELLA 蛋白对外源 GA 不再敏感。五味(Dill-Fu-Gomi)等的研究证实,*GID2* 基因和 *SLY1* 基因编码的 GID2 和 SLY1 属于 F-box 蛋白质家族,它们作为 SCF(Skp1、Cullin/cdc53 和 F-box 蛋白)复合体的一个成分,并直接与它们各自的 DELLA 蛋白(SLR1 或 RGA)相互作用。从而证明 GA 信号诱导 DELLA 蛋白通过 SCF^{GID2}/SLY1 的泛素化途径降解。

泛素化降解途径包括两个步骤:特异识别过程(泛素结合级联反应)和非选择性降解过程。在靶蛋白的泛素化降解途径中,泛素连接酶 E3 起着特异性识别底物的作用。SCF 复合体是 E3 类型的一种,在动物、酵母和植物体中,其结构和功能都已有广泛研究。一般 SCF 复合体由四个亚基构成:Skp1(S phase kinase-associated protein 1)、Cullin(或 cdc53)、RBX1(ring boxprotein 1)和 F-box 蛋白。Cullin 作为一个大的支架蛋白,促进 E2 与受 E1 活化的泛素更好地结合;Skp1 连接 F-box 蛋白的 N-端,促进后者与 Cullin 的互作;RBX1 是一个小的环蛋白,介导 E2 和 Cullin 的互作,促进泛素从 E2 转移到靶蛋白;F-box 蛋白是一类含有 F-box 结构域的蛋白质家族,其 C-端通过特殊的二级结构(如亮氨酸拉链、锌指结构等)与靶蛋白特异性结合。

2. SLR1 蛋白的降解

SLR1 蛋白由四部分组成:定位在 N-端的 GA 信号接收域(包含 DELLA 和 TVHYNP 两个保守域)、反馈抑制调节域(poly S/T/V)、同源二聚体域[LZ(Leu ZIP)区,七个亮氨酸重复]和定位于 C-端的反馈抑制域(包含 VHIID、PFYRE 和 SAW 域)。N-端区域接收 GA 信号后,C-端构型即发生改变,SLR1 蛋白磷酸化而降解。因此,认为 GA 信号转导是受核内 SLR1 蛋白存在与否调解的。

GA 信号被由 DELLA 和 TVHYNP 两个保守域组成的信号接收域接收,SLR1 蛋白在核内迅速降解消失;polyS/T/V 区域作为调节区;亮氨酸拉链(LZ)结构对同源二聚体域非常重要;SLR1 蛋白的 C-端区域作为反馈抑制域,抑制 GA 信号的作用。

10.2.3　SLEEPY 蛋白

SLY1(*SLEEPY1*)基因的相关研究表明,它编码了一种预测的 F-box 蛋白,并参与了 GA 诱导的 DELLA 蛋白的降解。在 GA 信号途径中,SLY1 和其特有的 $SCF^{(Skp1/cullin/F-box)}$-E3(ubiquiti-ligase enzyme)-Ub(ubiquitin)复合体起着重要的作用。SLY1 是一种小蛋白,含有 151 个氨基酸,N-端含有 F-box 域。许多试验表明,SLY1 被假定为 SCF^{SLY1} 复合物的一部分,在被 GA 诱导的蛋白复合体降解途径中识别 DELLA 蛋白。在 *sly1* 突变体中,RGA 和 GAI 蛋白浓度显著提高,用 GA 处理后,其浓度也不下降。*rga* 和 *gai* 的等位基因共突变后,可完全抑制 *sly1* 的矮化表型。三重突变体(*sly1/rga/gai*)能正常发育,但花发育不正常,说明 SLY1 在 GA 诱导 RGL 蛋白的降解中也起作用。酵母双杂交系统发现,SLY1 与 RGA 能够直接相互作用,表明 SLY1 把 DELLA 蛋白募集到 SCF^{SLY1}-E3-Ub 连接体上,进而降解它。同时酵母双杂交系统也表明 GAI 具有与 SLY1 相互作用的结构域,但 DELLA 域并不是 GAI/RGA 与 SLY1 相互作用的必需基团,酵母中 GAI 的 GRAS 域单独就可以与 SLY1 作用。

10.2.4　SPINDLY 蛋白

SPY(*SPINDLY*)基因突变可不同程度上抑制与 GA 相关的 *ga1* 突变体的表型,表明 SPY 是 GA 信号途径中的重要负调控因子。拟南芥中 *SPY* 编码蛋白的 C-端序列与动物的丝氨酸/苏氨酸 O-连接 N-乙酰基葡萄糖转移酶 OGT(O-linked N-acetylglucosamine transferase)序列相似。SPY 在体外具有 OGT 活性,且 *spy* 突变体中乙酰化的蛋白大量减少,说明 SPY 具有 OGT 功能,两者有广泛的同源性。在大肠杆菌表达系统中,*SECRETACENT*(*SEC*)基因编码拟南芥另一个 OGT 蛋白。尽管 *sec* 突变株具有野生表型,但 *spy/sec* 双突变株不能合成配子和形成种子,表明 OGT 在这些发育程序中是必需的,且 SPY 除了参与 GA 信号转导外,还调控其他的细胞途径。SPY 和 SEC 的 N-端都含有 34 肽重复结构(tetratdeopeptide repeat,TPR),此多肽是蛋白-蛋白相互作用必需的,对 SPY 和 SEC 正常功能的发挥十分必要。SPY 基因在植物中为组成型表达,其蛋白主要定位在细胞核中。拟南芥中的研究发现 TPR 区过表达可形成无活性的蛋白复合体,进而抑制 SPY 的功能,或者与 SPY 的底物作用,使之不能被修饰。动物体内目标蛋白的 O-乙酰化特别针对丝氨酸和苏氨酸,其功能与磷酸化一样,即影响目标蛋白的活性。O-乙酰化作用与磷酸化作用对目标蛋白的辨认结合存在竞争作用,但 SPY 的目标蛋白还没被鉴定出来,推测 DELLA 蛋白是它的一个靶蛋白。

10.2.5 SLENDER 蛋白

利用转基因水稻的绿色荧光蛋白融合表达技术,通过对 *SLR1*（*SLLENDER-RICE 1*）截断形式的过表达研究,发现了 SLR1 在 GA 信号转导中的功能及功能域。当 N-端高度保守的 DELLA 和 VHYNP 基序缺失后,植株对 GA 严重不敏感,表型矮小。而 GFP 融合蛋白不被 GA 诱导降解,这说明 N-端 DELLA 蛋白是感知 GA 信号的必需组分。但在敲除与 GRAS 相邻的 N-端富含 Ser/Thr 区后,植株对 GA 敏感性下降,出现矮小表型。而敲除 poly S/T(Ser/Thr)基序对 GA 诱导的降解作用并没有改变,同时引起突变蛋白的积累,推测该区域可能通过磷酸化或 O-乙酸化修饰来调控 *SLR1* 活性,敲除 *SLR1* 的 C-端 GRAS 区则产生无功能突变株,说明 DELLA 蛋白无效突变可替换 GRAS 的编码区。突变后蛋白的 C-端因被截断不能被 GA 诱导降解。被截断的 C-端还包含一个亮氨酸拉链,可能在合成 SLR1 同源二聚体时起作用。含有被截断 C-端的蛋白表达对野生型变异株具有显性负效应,使其产生细长的表型。这可能是由于被截断的 C-端与野生型 SLR1 形成无活性二聚体,才产生了细长表型。

10.2.6 DWARF1 蛋白

水稻 *dwarf1*（*d1*）突变体的糊粉层细胞中,GA 诱导的 a-淀粉酶基因表达受到抑制。近年来已克隆到 *DWARF1*（*D1*）基因,并发现它是编码异三聚体 G 蛋白 α-亚基的唯一基因,这验证了以前的药理学研究的结果,即 G 蛋白参与 GA 的信号转导。*d1* 突变体表型为半矮化,叶片浓绿,与 GA 缺失型突变体相似;而 *d1*/*slr1*/双突变体则表现为 *slr1* 突变体细长的表型,这表明 *SLR1* 在 *D1* 的下游起作用。与水稻一样,拟南芥中也仅有一个编码 G 蛋白 α-亚基的基因,但是 G 蛋白 α-亚基功能丧失型突变体的表型为不矮化,所以 G 蛋白 α-亚基在 GA 反应中的作用似乎因种类而异。

10.2.7 PHOR1 蛋白

短日照条件下生长的马铃薯叶片中,*PHOR1*（*PHOTOPERIOD RESPONSIVE 1*）的 mRNA 水平提高。反义抑制 *PHOR1* 基因的表达引起表型的半矮化,其对 GA 的响应能力降低,而内源 GA 水平则提高;过表达 *PHOR1* 引起植株过量生长,且对外源 GA 的响应能力提高。在烟草 BY2 细胞中,GA 处理后,PHOR1：GTP 融合蛋白定位于核内,而 GA 生物合成抑制剂使之定位于胞质溶胶中。缺失突变分析鉴定了两个对 GA 调节 PHOR1 蛋白定位起重要作用的区域,其中一个区域是保守的半胱氨酸-脯氨酸-异亮氨酸基序（CPI）,CPI 缺失引起 PHOR1：GTP 融合蛋白组成型地定位于核内,表明 CPI 是 PHOR1 的胞质溶胶定位信号,但其作用可以被 GA 所抑制。另一个与 PHOR1 蛋白定位有关的区域是 armadillo 重复序列,armadillo 重复序列是最早在果蝇中发现的一种有 42 个氨基酸的多拷贝序列,在其他生物中也存在,具有核定位的功能。PHOR1 含有七个 armadillo 重复序列,缺失实验证明这些 armadillo 重复序列是 PHOR1 的核定位信号,但其核定位功能可为 CPI

所逆转,据此可以推测出 PHOR1 发挥作用的模式:当 GA 信号不存在时,CPI 使 PHOR1 保持在胞质溶胶中,这时 PHOR1 处于非活性状态;当 GA 信号转导时,CPI 受到抑制,armadillo 重复序列使 PHOR1 定位到核内,从而促进 GA 反应中的正向作用因子基因的转录。

10.2.8　PICKLE 蛋白

pickle(*pkl*)突变体的表型为半矮化,与 GA 缺失型突变体相似,但外源 GA 处理不能使矮化茎延长,表明 PKL 参与 GA 的信号转导。另外,*pkl* 突变体种子发芽后,初生根顶端膨胀,保留胚根的特征,这是其他 GA 缺失型突变体和 GA 不敏感型突变体所没有的,初生根的这种表型并不完全外显,GA 处理后外显率(penetrance)降低,GA 生物合成抑制剂烯效唑(uniconazole)处理后外显率提高,因此认为 PKL 调节发芽过程中 GA 诱导的根分化。迄今为止,PKL 在信号转导中的作用还不清楚,由于拟南芥中的 PKL 蛋白包含 CH3 染色质重组因子(chromatin-remodeling factor)中的特征型功能域,而已知 CH3 蛋白参与构成的复合体具有抑制转录的组蛋白脱乙酰酶活性,因而对 CH3 染色质重组因子的进一步研究可望为揭示 PKL 在 GA 反应途径中的作用机制提供有用的信息。

10.2.9　SHI 蛋白

shi(*short internode*)突变体是从转座子活化标记的突变群体中分离到的,其表型为半矮化。SHI 基因在还没有快速伸长的幼嫩器官中表达,说明它可防止幼嫩器官对 GA 发生响应而启动伸长生长。SHI 在大麦糊粉细胞中的表达能使 GA 诱导的 α-淀粉酶的表达受抑制,预示其反向调节 GA 反应。SHI 蛋白含环状的锌指区基序(zinc finger motif),一般认为,锌指区能调节蛋白质水解或转录调控过程中的蛋白质相互作用,但 SHI 在 GA 信号转导中的确切功能尚待确定。

10.3　赤霉素的生理功能

赤霉素是一种高效能的广谱性植物生长调节物质。它能促进植物细胞伸长、茎伸长、叶片扩大,加速生长和发育,使作物提早成熟,并增加产量;能打破休眠,促进发芽,减少器官脱落,提高果实的结实率或形成无籽果实;还能改变一些植物雌雄的比例,并使某些二年生的植物在当年开花。

10.3.1　赤霉素与细胞分裂和茎的生长

赤霉素能刺激茎的节间伸长,而且效果比生长素更为显著,但节间数不改变,节间长度的增加是细胞伸长和细胞分裂的结果。赤霉素还能使矮生突变型或生理矮生植株的茎生长,使其达到正常生长的高度。像玉米、小麦、豌豆的矮生突变种,用 1mg/kg 的赤霉素处理就可明显增加节间长度,达到正常高度,这也说明这些矮生突变种变矮的主要原因是缺少赤霉素。完整植株经赤霉素处理能引起原有节间细胞快速生长,并且茎的亚顶端区有丝分裂加快,还能使每个节间增加原有的细胞数。

在茎端分生组织(SAM)中要维持分生组织的活性,GA 必须被排除在内部细胞外。这种排除作用是通过 *KNOTTED 1-LIKE HOMEOBOX*(*KNOX*)基因编码的 KNOX 同源异型结构域转录因子抑制内部细胞的 GA 生物合成来完成的。KNOX 蛋白对于 SAM 在内的细胞维持分生组织特性是必需的,但是随着叶原基的启动,它们必须消失。在烟草中过表达 *KNOX* 基因 *NICOTIANA TABACUM HOMEOBOX 15*(*NTH15*)能干扰 GA 生物合成中 GA_{20} 氧化反应步骤,导致芽的极度矮小。施加 GA_{20} 或 GA_1 能解除这种矮化表型,但这种表型不能被该步骤前的中间代谢产物所挽救。NTH15 能快速抑制烟草 GA_{20}-氧化酶基因 *Ntc12* 的表达。研究人员对有关 GA 促进茎生长的机理提出了不同的假说,但还没有一种确切的答案。有证据表明,内转葡糖苷酶/水解酶(XTH)在 GA 促进的壁的扩张中起作用。XTH 的功能可能是使扩展蛋白(expansin)易于穿过细胞壁,expansin 是细胞壁蛋白,它能在酸性条件下通过减弱细胞壁的多糖氢键使细胞壁松弛。水稻中由 *OsEXP4* 编码的一种特殊扩展蛋白,在 GA 处理 30min 或浸入水下时,其转录水平都将增加,从而诱导生长。而反义表达 *OsEXP4* 的植株矮小,在深水条件下不生长,过表达 *OsEXP4* 的植株则生长过高。

众所周知,外源生长素诱导乙烯的生物合成,豌豆的生长素合成位点被切除后,外源生长素能提高 GA 生物合成,当用生长素转运抑制因子处理时,GA 也不能正常运转。在去顶的豌豆中,不仅生长素水平降低,茎上部的 GA_1 水平也显著降低。这种变化是由生长素效应引起的,因此外施生长素可替代芽恢复 GA_1 的水平。生长素能促进 GA_3-氧化酶的转录,抑制 GA_2-氧化酶的转录。因此,促进芽顶端生长不仅通过生长素的直接合成,也由于生长素诱导的 GA_1 的生物合成。在拟南芥 *ga1*(GA 缺失)突变体中,幼苗去顶或用生长素转运抑制因子处理的研究表明,生长素可能是 GA 信号转导所必需的。

10.3.2 赤霉素与 α-淀粉酶

20 世纪 60 年代进行的实验证实了哈伯兰特(Haberlandt)在 19 世纪 90 年代最初的观察:大麦糊粉层中淀粉降解酶的分泌依赖于胚的存在。随后发现 GA_3 能替代胚的作用,促进淀粉的降解。将去掉胚的种子在含有 GA_3 的缓冲液里培育,在经过一个 8h 的滞后期后,α-淀粉酶的分泌受到了极大的刺激。在水稻中利用 *GUS* 报告基因与 GA 合成后期的合成酶融合表达,清晰地说明了在萌发的谷粒中 GA 合成的准确位置。在萌发的胚芽上皮细胞和发育中的茎组织中,即使表达受限制,GA_{20}-氧化酶和 GA_3-氧化酶的表达仍表现出组织和细胞特异性。

在糊粉细胞膜、细胞质和核中已经鉴定出了各种 GA 信号转导途径的组分。许多证据表明,有活性的 GA 在细胞膜上与其推测的受体结合,接着与定位在膜上的异源三聚 G 蛋白相互作用。GA 信号转导包括依赖 Ca^{2+} 和不依赖 Ca^{2+} 两类方式,其中一条信号转导途径导致胞内钙离子浓度的增加,而另一分支诱导 α-淀粉酶基因的表达。糊粉层细胞中 GA 信号转导的另一个第二信使是环鸟苷酸 cGMP,经 GA 处理 2h 后,在大麦糊粉层中 cGMP 浓度增加。用一种特殊抑制剂抑制 cGMP 的瞬时增加,则 α-淀粉酶的和转录因子 GAMYB 的积累都下降。

生理学和生物化学的证据已经证明 GA 能提高 α-淀粉酶的转录水平。最近,更多的分子研究表明,GA 的首要作用是诱导 α-淀粉酶基因的表达。GA_3 提高了糊粉层中 α-淀粉酶的 mRNA 水平。研究者利用分离的细胞核也说明了 α-淀粉酶表达量的增加是由于 GA 促进了的 mRNA 合成,而不是降低了 mRNA 的降解。在谷类植物中,α-淀粉酶启动子部分缺失碱基实验表明这些序列与 GA 的应答有关,称为 GA 反应元件(GARE),它们定位在转录起始点上游 200～300 碱基对之间。α-淀粉酶基因启动子的 GARE 序列(TAACAAA)与 MYB 蛋白结合位点相似,MYB 蛋白是真核细胞中一类有保守 DNA 结合区域的转录因子。在拟南芥中已经有超过 120 种的 R2R3-MYB,根据它们的结构特征可划分不同亚类。谷类植物中唯一的 GAMYB 与拟南芥的第 18 亚类相近,该亚类中的三个蛋白质(AtMYB33、AtMYB65 和 AtMYB101)能在 GAMYB 功能缺失的燕麦中激活糊粉层中 α-淀粉酶基因的表达。环己酰亚胺是一种翻译抑制剂,它对 GAMYB 的合成没有影响,这表明蛋白质的合成不需要 *GAMYB* 的 mRNA 表达,因此认为 *GAMYB* 是初级或早期应答基因。相反 α-淀粉酶基因是次级或后期应答基因。GARE 的突变体阻止了 GAMYB 与 DNA 的结合,阻止了 α-淀粉酶的表达。在 GA 缺失时,GAMYB 在糊粉细胞中能诱导和 GA 处理同样的应答反应,表明在增强 α-淀粉酶的表达时 GAMYB 是必需的。

专题 11 细胞分裂素 Cytokinin

　　细胞分裂素(cytokinin,CK)是一类十分重要的植物激素,具有广泛的生理功能,如促进细胞分裂,并参与许多植物生理和发育过程(如叶片衰老、养分运输、顶端优势、茎尖分生组织的形成、花的发育、芽休眠的解除、种子萌发、气孔关闭等)的调控。同时,细胞分裂素还参与许多光调控的发育过程,如叶绿体分化、叶片扩展等,其核心作用是调控细胞的分裂和分化,进而影响植物的生长和发育。天然存在的 CK 是腺嘌呤 N6 位连接替代物的衍生物,最常见的替代物是类异戊二烯侧链,如反式玉米素(*trans*-zeatin,*t*Z)。高等植物中存在的主要 CK 主要包括异戊烯基腺嘌呤(iso-pentyladenine,iP)、反式玉米素、顺式玉米素(*cis*-zeatin,*c*Z)和二氢玉米素(dihydrozeatin,DZ)等。

11.1 细胞分裂素的生物合成

11.1.1 CK 的生物合成途径

　　CK 生物合成途径包括 tRNA 途径和直接合成途径两种。tRNA 途径是指 tRNA 通过水解释放出游离态细胞分裂素的 CK 合成途径。但 tRNA 途径只是植物体内细胞分裂素合成的次要途径,绝大部分内源细胞分裂素是由直接合成途径合成。一般认为,直接合成的 CK 可能来自腺苷或腺嘌呤,其前体是植物代谢的主要中间产物甲羟戊酸焦磷酸、腺苷磷酸及异戊烯基焦磷酸(DMAPP)。其关键步骤包括:DMAPP 与 5′-AMP 在异戊烯基转移酶(IPT)的作用下发生缩合和去磷酸化反应,脱去核糖产生异戊烯腺苷-5′-磷酸盐(iPMP)、异戊烯基腺苷(iPA)和异戊烯基腺嘌呤(iP)，最终分别转变为玉米素核糖5′-磷酸(ZMP)、玉米素核苷(ZR)或玉米素。由于CK前体都是植物代谢的主要中间产物，作用途径较多，应用放射性前体试验所得的CK的量极少，分离、纯化、鉴定不易等原因，利用传统方法深入研究CK的生物合成途径在技术上存在一定的困难，上述可能的直接合成途径由于缺乏直接的证据，目前尚不能完全被确定。

11.1.2 调控CK生物合成相关基因研究

异戊烯基转移酶(isopentenyl transferase, IPT)是编码催化CK生物合成反应第一步反应的关键酶，也是最重要的限速酶。除 IPT 基因外，目前已成功克隆与CK生物合成有关的基因有 Knl、Knal、Kna2 等 Homeobox 基因基因家族。武井(Takei)等从拟南芥基因组中成功分离出九个在结构上与农杆菌 IPT 基因具有一定相关性的基因序列 AtIPT1～AtIPT9，并初步证明了 AtIPT2 酶和 AtIPT9 酶具有催化 tRNA 的 IPT 基因的活性，参与 cZ 类 CK 的合成；AtIPT1 和 AtIPT3～AtIPT8 都能编码 CK 生物合成酶，参与 tZ 和 iP 类 CK 的合成。

Knotted1 基因是第一个从玉米中被克隆的 Homeobox 基因基因家族。功能研究表明，过表达该基因与过表达 IPT 基因的转基因植株形态变化基本一致。叶绿素含量、CK含量测定以及抗衰老测定表明，Knotted1 基因的过表达也可以提高叶片叶绿素含量、CK含量，并延缓叶片衰老。Knat1 和 Knat2 基因是从拟南芥中克隆的另一类 Homeobox 基因基因家族。经转基因实验证实，Knat1 和 Knat2 基因同样参与了CK生物合成的调控，转基因植株叶片CK含量比对照提高了2～4倍。Homeobox 基因家族由多个基因构成，在叶型分化、分生组织分化和顶端优势的控制中发挥重要作用。但 Knotted1、Knat1 及 Knat2 等基因调控CK生物合成的分子途径目前仍不清楚。

自从巴里(Barry)等于1984年首次从根癌土壤农杆菌质粒中克隆出 IPT 基因以来，人们利用基因工程技术对其在植物生长发育中的调控作用进行了大量的研究。转入 IPT 基因在茎中易形成畸形瘤，但在根部却很难形成，一旦在根中形成，它们的生长会被强烈抑制。由于 IPT 基因的启动子是组成型的，IPT 基因在转基因植株茎上会持续表达，很难获得正常生长的植物。研究人员在转基因植物中用多种诱导表达型启动子来调控 IPT 基因的表达。例如利用热休克蛋白启动子使 IPT 基因在烟草和拟南芥中进行诱导表达，当温度升高时，这些植物中的玉米素、玉米素核苷、玉米素核苷酸以及氨结合玉米素含量就会升高。过表达 IPT 的转基因植株大都表现为CK含量增加，茎端分生组织形成更多的叶，叶片叶绿素含量高，叶片衰老延迟，植株形态发生异常（如叶片变小、叶形变圆），不能形成根或形成的根不能伸长，顶端优势丧失，扦插的茎不易生根或根生长速率降低等。

如果可以控制CK的合成，那么过表达CK的部分效应将会对农业生产产生巨大的影响，如延迟叶片衰老可以延长光合作用。在莴苣中表达由衰老诱导启动子控制的 IPT 基因，其叶片衰老明显延迟。

11.1.3 CK在植物体内的合成和转运

目前,已经知道在植物体内具有多个CK的合成部位,在CK的运输方面的研究也取得了重要进展,有关CK的合成部位和作用部位的关系的研究已逐渐清晰。其中,根是植物合成 tZ 类CK的主要部位,通过对木质部的长途运输而对植物体的地上部分施加影响。例如,木质部导管渗出液的分析证实,根中合成的CK能随着根部吸收的水分和矿物质通过木质部运输到地上部茎中。将有根植物的茎从靠近地面的部位切除,木质部液体可以从切口截面部位持续流出一段时间,如果维持地下根部土壤湿润,木质部液体流出甚至可以维持数天。但在此期间渗出液中CK的含量并没有减少,由此推测根部可以合成CK。除了根,地上组织也能合成CK。在拟南芥发育过程中,9个 *IPT* 基因以独特的模式在不同类型的组织中表达,这些组织包括根尖木质部前体细胞、韧皮部、叶脉、胚珠、未成熟种子、根原基、根冠细胞、幼嫩花序上部和果实脱落区等,这些结果表明许多不同的植物组织都具有合成CK的能力。在细胞内,质体是CK合成的重要部位,但目前尚无这方面的实验证据。研究发现,AtIPT7定位于线粒体中,CK的糖基化侧链在液泡内积累,而CK的去糖基化酶-β葡萄糖苷酶位于质体中。CK合成、代谢相关因子在胞内定位的复杂性预示着胞内运输网络存在的可能性。

CK必须通过扩散或选择性的运输方式运往靶细胞而发挥作用。植物细胞能够吸收自由碱基形式和核苷形式的CK,但不能吸收核苷酸形式的CK。目前,已知有六类转运蛋白具备主动运输CK的能力,它们分别是ABC类转运蛋白、PUP类嘌呤透过酶、AZG类嘌呤转运蛋白、ENT类核苷转运蛋白以及SWEET类蔗糖转运蛋白。拟南芥的转运蛋白AtABCG14定位于细胞膜,在植物和酵母中的转运活性表明其转运多种形式的CK,包括 tZ、tZR、iP、iPR 等,是负责CK长距离运输的主要转运蛋白。其负责 tZ 类CK在根部装载,同时参与 tZ 类CK在地上组织向细胞间的卸载和分配。此外,AtABCG14也参与 iP 类CK由地上向地下的运输。嘌呤透过酶AtPUP14定位在细胞膜上,介导CK向胞内的主动运输,维持胞间的激素平衡,AtPUP14功能缺失会导致胚胎发育不良。水稻中OsPUP4和OsPU7分别定位于内质网和细胞膜,参与CK的胞间运输。嘌呤转运蛋白AZG1和AZG2在拟南芥根部被表达,与生长素互作,调控侧根的发生。ENT类核苷转运蛋白也参与CK的运输,其中AtENT8、AtENT3参与糖基化形式的CK胞间运输。最近发现大麦的蔗糖转运蛋白SWEET11b也能转运CK,在大麦籽粒灌浆过程中发挥重要作用。新的CK转运蛋白有待进一步鉴定。对现有CK转运蛋白的调控也将是重要的研究内容。

11.2 细胞分裂素的信号转导

CK主要通过信号转导引起生物学效应(图11-1)。根据CK信号转导的路径,CK首先与组氨酸激酶在膜外的CHASE(cyclases/histidine kinases associated sensing extracellular)结构域结合,从而激活激酶在膜内的传递域在一组氨酸(His)残基上发生自主磷酸化,磷酸基团被传递至位于激酶接收域的天冬氨酸(Asp)残基,Asp残基将磷酸基团进

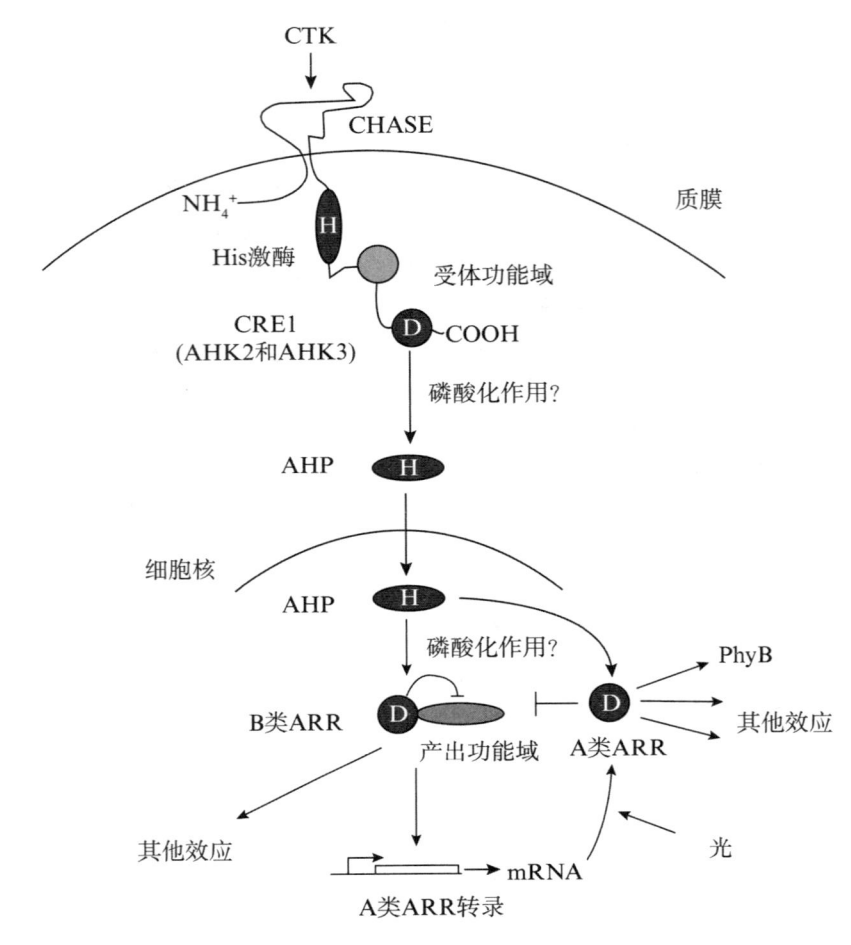

图 11-1　细胞分裂素信号转导途径

一步传递给位于激酶下游的组氨酸磷酸转移蛋白（AHP），磷酸化的 AHP 进入细胞核后诱导 B 类 ARR 的活性，后者进一步激活 CK 原初响应基因——A 类 ARR 的转录。在拟南芥中，CK 信号传导系统主要包括感受环境信号刺激的受体——组氨酸激酶和通过调节靶基因的转录进行信号传递的响应调控因子。在拟南芥中发现了编码 CK 受体（组氨酸激酶）的三个基因：*AHK2*、*AHK3* 和 *AHK4*（*CRE1*）。其中，*AHK2* 和 *AHK3* 主要在地上部器官中表达，而 *AHK4* 主要在根中行使功能。它们均含有一个位于细胞膜外的 CHASE 结构域，其两侧为跨膜结构域，位于膜内的是传递域（或称为激酶域）和接收域，两者之间为次级接收域。组氨酸激酶可能以异源二聚体的形式位于细胞膜上。研究表明，只有 iP 和 *t*Z 能够与 AHK4 结合，表明组氨酸激酶 AHK4 具有 CK 受体的功能。AHK4 除具有组氨酸激酶的功能外，还具有磷酸酯酶的活性。当缺乏细胞分裂素时，AHK4 的磷酸酯酶功能被激活，可以从 AHP 获取磷酸基团。因此，在没有 CK 的情况下，AHK4 可行使反馈调节功能，迅速中断信号转导过程。此外，CK 也可被 AtPUP 吸收进入细胞质中，与潜在的细胞质中的 CK 受体结合，调控相同或不同的 CK 信号转导过程。在拟南芥中基因组中有五个基因（*AHP1*～*AHP5*）。此外，由于 AHP6 在接收来自 CK 受体的磷酸基团所必需的组氨酸残基发生突变,通常被称为"pseudo-AHP",AHP6 可能与其他的 AHP 发生竞争作用,从而抑制 CK 信号转导过程。AHP6 功能缺失引起 CK 信号转导异位,导致根维管束的发育缺陷。

根据氨基酸序列的相似性、结构域等的特征,拟南芥的 CK 响应调控因子(ARR)可分为四组:A 类 ARR、B 类 ARR、C 类 ARR 和 APRRs。其中,10 个 A 类 ARR 具保守性的接收域以及短的 C-端,但缺乏输出域,属于 CK 原初响应基因。11 个 B 类 ARR 含有 N-端的接收域、C-端的输出域以及较长的 C-端延伸区,而 C-端延伸区具有 DNA 结合和转录激活的特征序列。C 类 ARR 接收域的序列与 A 类和 B 类 ARR 的亲缘关系较远,不含输出域且其转录不受 CK 的调控。所有的 ARR 均具有为接收域所需要的 Asp 残基,离体实验已经证实该 Asp 残基能够从组氨酸磷酸转移蛋白 AHP 传递给 ABC 三类 ARR 的某些代表性成员。APRRs 则缺乏 Asp 磷酸化位点,它们的某些成员在调控昼夜节律方面具有一定的作用。A 类 ARR 对 CK 信号转导的反馈调节作用有两种模型:①A 类 ARR 与正向作用的 B 类 ARR 竞争来自 AHP 的磷酸基团;②A 类 ARR 通过与靶蛋白的直接或间接的互作发挥调控作用。有研究表明,接收域的磷酸化作用对 A 类 ARR 的功能是必需的,A 类 ARR 对 CK 信号转导的反馈调节可能需要依赖于磷酸化作用的蛋白互作。此外,某些 A 类 ARR 蛋白的稳定性需要 CK 引起的磷酸接力传递作用。在 10 个 A 类 *ARR* 基因中已知有 8 个基因对 CK 信号转导途径具有反馈调节作用并具有功能的部分冗余。而在 CK 信号转导途径中,B 类 *ARR* 和 *AHP* 的转录不受 CK 的诱导。ARR4 与红光受体 phytochrome B 直接作用,并与其他几个 A 类 *ARR* 基因调节对红光的响应,但 ARR8 和 ARR9 与此拮抗。而 ARR3 和 ARR4 参与对生物钟的调节,而且这一功能被 ARR8 和 ARR9 抑制。在 CK 介导的植物发育的调控中,*AHK* 以及 *ARR* 基因家族内各成员间可能具有一定的功能差异。例如,*AHK3* 和 *ARR2* 基因在延缓叶的衰老方面起主导作用;CK 诱导 *ARR15* 和 *ARR1* 基因的表达产物在拟南芥根中积累。进一步的研究提示,在 AHK4 介导的信号转导中,ARR15 和 ARR16 具有不同的功能。最近的研究发现了一组不同于 B 类 ARR 介导的拟南芥 CK 信号转导的转录因子——CRF(cytokinin response factor)。CRF(CRF2、CRF17 和 CRF6)的转录受 CK 的诱导,其中 CRF2 和 CRF5 对 CK 的响应依赖于 B 类 ARR 的功能。经 CK 诱导后,CRF 蛋白在细胞核内迅速积累。对基因表达谱的分析揭示出 CRF 除与 B 类 ARR 有共同的靶基因外,同时具有 CRF 特异的下游基因。

11.3 细胞分裂素的生物学功能

目前,研究 CK 在植物生长发育过程中的生物学功能主要通过外源施加 CK 和改变植物体内源 CK 水平两种方式进行,使 CK 在植物发育过程中的关键作用得到了很好的阐述。

11.3.1 CK 调控根系发育

在高等植物中,根系由主根、侧根和不定根组成。主根在胚胎分化过程中形成,而侧根和不定根是在胚胎后期形成的根,因而对环境刺激做出响应。CK 在植物的根尖大量产生,它对于根系的发育具有负调控作用,主要影响根系维管束的发育、根向地性的形成、不定根和侧根的发育、根分生组织的活性等。研究表明,根冠的平衡细胞(statocyte)是 CK 合成的主要部位。研究表明了 CK 依赖的根顶端优势理论,认为 CK 依赖的根顶端优势给了主根竞争的优势性,使主根可以向下生长到更深的土层中吸收水分和矿物质。在主根根冠产生的 CK 作为一种激素信号,通过抑制侧根的形成,从而尽量满足主根生长和发育对营养的需求。

对于大多数植物来说,侧根的形成是胚胎发育后期的事件。拟南芥中侧根起源于根伸长区接近木质部脊的中柱鞘细胞。侧根的起源与发育受多种内源因子和环境因子的调控,其中生长素对侧根的起源与发育是必需的。过表达拟南芥细胞分裂素氧化酶(cytokinin oxidase/dehydrogenase,CKX)基因的转基因烟草植株侧根数量增加,在侧根形成过程中,CK 与生长素具有拮抗作用。在侧根起源部位,正在进行分裂的中柱鞘细胞特异的缺失引起 CK 特异强烈响应基因 *ARR5* 表达,表明在侧根起始过程中,CK 的敏感性在时空上受到了抑制。当侧根原基发育形成锥形侧根原基后,*ARR5* 恢复表达,表达部位在锥形侧根原基的基部。同时,他们也通过转 *CKX* 基因的植株观察到了侧根数量增多的现象,这些表型都说明了 CK 对于侧根的抑制效应。外源施加 CK,如激动素(kinetin,KT)、玉米素等,可抑制侧根起源,但却促进侧根的伸长,说明 CK 在侧根发育的不同时期的调控作用可能不同,甚至相反。同时,在转 *IPT* 基因甘蓝型油菜侧根发育过程中,采用不同浓度 CK 处理的油菜幼苗在生长 6 天后在侧根发生量上有很大差异,主要表现在,*IPT* 基因的表达完全抑制了可见侧根的形成,但对于不同种类和不同浓度的 CK 而言,整体趋势均表现为随着浓度的增加,可见侧根发生量减少,表明高浓度 CK 能够抑制侧根原基的起始。研究发现,外源 CK 抑制侧根原基细胞突破表皮过程。通过对水稻研究认为,侧根原基一旦形成,CK 对侧根原基细胞突破表皮过程没有明显的抑制作用,这可能和不同植物的基因型有关。*CKX* 过表达烟草植株可以促进根的生长,且主要是促进根顶端分生组织的生长,表明 CK 可能在调控根和茎分生组织增殖过程中起着相反的作用。

11.3.2 CK 调控叶片发育

植物种子可以在黑暗中萌发,但在暗中与在光下生长的植物幼苗形态有很大差异。在暗中生长的黄化苗下胚轴和茎节间较长,子叶和叶片卷曲,前质体不能发育成叶绿体而形成黄化质体;如果黄化苗叶片在光照前用 CK 处理,将形成具有更多基粒的叶绿体,在光下叶绿素和光合作用酶类的合成也更快。这说明 CK 与光、营养、发育等因素一同调节光合色素以及有关酶的合成。而外源 CK 增强去黄化的能力在过表达 CK 的突变体植株中也得到体现。

在芥菜、黄瓜和向日葵等双子叶植物中,CK 可以促进子叶细胞膨大。在幼苗期子叶的膨大源于细胞的增大,CK 能促进子叶细胞膨大但不增加细胞的干重。子叶在光照条件下比在暗处膨大的体积大,但在光下或暗处 CK 均能促进子叶生长增大。与生长素诱导的细胞生长一样,CK 诱导的萝卜子叶膨大与细胞壁的扩展性增加有关,但 CK 诱导的细胞壁松弛不伴随质子分泌导致的细胞壁酸化,而生长素和赤霉素(GA)都不能促进子叶细胞的膨大。

植物叶片发育的调控机理十分复杂,植物自身发育过程中基因的作用和环境因素是相关联的,环境因素可以引发某些与发育有关的基因表达。正常玉米叶片为互生,但存在对生突变体,即茎秆同一节位上的果穗和叶片都相对且成对而生。玉米对生叶片一般为12~16对,全株叶片可达36~39片,玉米 *abphyl1* 突变体的叶序排列呈对生,*ABPHYL1* 表达产物为 ABPH 蛋白,这是一类 CK 调控蛋白,其表达受植物内源 CK 的诱导,在内源 CK 的作用下其在玉米顶端分生组织的空间表达改变迅速,造成叶原基排列发生改变。关于外源CK 对玉米叶原基分化类型转换的调控,冷泉港实验室发现高浓度的外源 CK 会造成互生玉米幼胚 SAM 位点的膨大,但未获得对生植株。有研究表明玉米幼胚脱分化后形成愈伤组织,随着出芽培养基6-苄基腺嘌呤(6-BA)浓度的增加,愈伤组织诱导的畸形芽频率逐渐增加,说明6-BA 在幼苗叶原基分化过程中具有重要作用。用 CK 处理离体或连体叶片可以延缓叶片衰老,处理黄叶可以使其返青,说明 CK 在控制叶片衰老中也发挥着重要的作用。用 CK 保绿防衰、延长蔬菜贮藏时间也早已在实践中得到广泛应用,但不同类型 CK 的效果有所不同。实验证明,在植物激素中,外施 CK 对烟草叶片延衰作用效果最好,其中外施 *t*Z 比6-BA 更为有效。研究发现,在烟草叶片衰老过程中,各类型 CK 的含量及变化也具有明显的差异。

自从根癌农杆菌中分离出 CK 生物合成关键酶基因——*IPT* 基因后,不同启动子和 *IPT* 基因构成的嵌合基因转化试验的研究结果被陆续报道,这为 CK 在叶片延衰过程中发挥作用的研究提供了支持。实验表明,在 *IPT* 基因表达的组织中 CK 含量明显增加,叶片衰老延迟,但利用组成型启动子获得的一些转基因植株却表现出过量施用 CK 时的一些典型特征,如叶片变小,叶形变圆,不能形成根或形成的根不能伸长,顶端优势丧失等。有证据表明,CK 可以通过对叶片生理活动的影响而延缓叶片衰老,如延缓叶片叶绿素含量下降、蛋白质降解、RuBPC 和 PEPC 活性降低等。但 CK 可以指导溶质向 CK 处理位点运输则暗示,CK 也可能是通过对营养物质定向运输的指导而在叶片衰老中发挥作用。

11.3.3 CK 调控花器官发育

CK 能够促进植物的花芽分化。在花芽分化期,花芽内的 CK 水平逐渐增加,一般在形态分化初期达到最高水平。外施 CK 能导致拟南芥花的发育异常,如萼片腋部形成二级花,花器官数目增多。半定量逆转录 PCR 结果显示,用 CK 处理野生型拟南芥花序24h 时,*WUS*(*WUSCHEL*)高水平转录,而 *CLV1*(*CLAVATA1*)表达水平下降;接着,处理24~96h 时,*WUS* 的表达水平下降,与之相应的是 *CLV1* 表达水平上升。研究表明,外施 CK 引起的花器官数目增多这一表型类似于 *clv1* 突变体的表型,并与 *CLV1* 和 *WUS* 表达水平的变化相协调。CK 对于小麦穗粒数形成具有关键的调控作用。研究表明,高水平的 CK 具有延长幼穗分化持续期的作用,在顶小穗形成之前,CK 相对含量与小穗数呈极显著的正相关,提高 CK 水平可增加小穗数。许多研究者认为小麦雌雄蕊原基分化时期,较高 CK 水平促进幼穗中小花分化和发育,增加可育小花数。对于大穗多粒型品种,其小花原基开始分化到四分体形成期较长,减数分裂期时 CK 相对含量显著较高。CK 在促进穗、花发育的同时,还通过抑制 IAA 从早分化的穗、花向外输出,降低穗生长上的顶端优势,使各小穗、小花生长得以同步,促进穗粒数的增加。

植物细胞中的 CK 水平主要受 CKX 氧化降解调控,在兰花和拟南芥中,*CKX* 过表达会导致植物组织内 CK 水平的降低,具有茎生长缓慢、根生长变快、花原基形成速率降低、花芽数目减少等表型。拟南芥基因组编码七个 *CKX* 基因(*AtCKX1~AtCKX7*)。水稻中编码 *OsCKX2* 的 *QTL* 基因缺失会导致分生组织和花器官内 CK 含量提高,最终使每穗粒数显著增多,在颖花分化形成后期最强,之后又缓慢降低。说明在穗分化过程的枝梗、颖花分化前中期和减数分裂期的几个阶段,CKX 的降解能力较弱,这几个时期是决定水稻总颖花数和颖花育性的关键时期,说明植株自身存在抑制穗部 *CKX* 表达的机制以促进生殖和发育。对转 *ZmCKX1* 基因玉米的研究表明,该基因显著降低花芽 CKX 水平,导致小花不育和结实率降低,而通过外源 CK 处理后育性恢复。在水稻中,细胞分裂素氧化酶基因 *OsCKX2* 是控制穗粒数的主效基因,与玉米 *ZmCKX1* 和拟南芥 *AtCKX2* 基因同源,具有相似的功能。

11.3.4　CK 与植物抗逆性

植物对逆境的适应性与 SOD、CAT 等膜保护酶活性及 MDA 积累有关。CK 可直接或间接地清除自由基,提高 SOD、CAT 等酶的活性,减少脂质过氧化作用和 MDA 积累,这表明 CK 在植物抗逆中发挥着独特的作用。外施 CK 可以提高植物抗逆性,这可能与 CK 增强叶片自由基的清除作用、提高叶片自由基清除系统酶的活性有关。植物在逆境条件下,CK 可能是通过含量的变化引发地上部的基因表达的改变以及 ABA、乙烯、水杨酸、茉莉酸等信号转导,从而导致其他代谢的变化,包括对逆境的适应性改变等。分子水平的研究已经证实,CK 可以通过对基因表达的调节影响植物的抗性。

盐胁迫、水分亏缺、温度逆境均可使 CK 含量发生变化,外施 CK 可以提高植物的抗逆性。例如,外施 CK 可以促进冷后水稻幼苗生长,提高淹水后大麦和小麦的抗涝能力。外施 4-PU[*N*-苯基-*N*′(2-氯-4-吡啶基)脲]和 6-BA 可以显著减轻玉米涝渍伤害,这主要是由于 4-PU、6-BA 延缓叶绿素降解和 MDA 积累,抑制 SOD 和 CAT 活性下降造成的。叶面喷施 6-BA 还可减轻玉米幼苗的干旱伤害,抑制干旱条件下几种膜保护酶活性下降、水分胁迫下幼苗光合速率降低。根系渗透胁迫致使玉米生物膜受到伤害、光合作用下降,但叶面喷施 6-BA 或其他抗氧化剂却可使伤害得到缓解。研究表明,外施 CK 在增强玉米抗冷性的同时,也增加了玉米产量。叶面喷施 4-PU-30 对菜豆在水分逆境和高温逆境条件下具有一定的保护作用;水分逆境前后喷施 4-PU-30 可以减缓菜豆植株由逆境引起的膜脂改变造成的不良影响。CK 或 CK+GA 处理植物种子可以增强幼苗的抗盐性,并能促进脯氨酸、渗透调节蛋白的合成,诱导磷酸烯醇式丙酮酸羧化酶的形成,抑制叶绿素和蛋白质的降解;而用玉米素处理盐渍条件下的葡萄叶片,发现玉米素可明显抑制盐渍效应。

此外,植物叶片遭受昆虫取食后,取食部位 CK 水平明显升高,这表明 CK 可能对植物有一定的防卫作用。利用马铃薯蛋白酶抑制剂Ⅱ基因的启动子序列和 *IPT* 基因构成的嵌合基因对 CK 的防卫功能进行了研究,发现转基因烟草受损伤 24h 内 IPT 基因转录物含量提高了 25～35 倍,48h 后下降了 50%;被虫咬食后的转基因植物叶中玉米素及玉米素核苷水平比对照提高了 70 倍,叶绿素含量提高了 1 倍,烟草天蛾在开花的转基因烟草上的取食量仅为对照的 30%;叶面喷施外源玉米素可提高对烟草天蛾的抗性。目前,CK 提高植物抗虫性的机制还不清楚,可能与 CK 水平提高后影响植物次级代谢产物有关。病程相关蛋白几丁质酶、PRI 蛋白含量及 SOD 酶活性被认为与植株水平抗病性密切相关。已有大量的试验证实,外施 CK 可以提高植株 SOD、CAT 等酶活性;P^{SAVR}-IPT 嵌合基因转基因大豆叶肉细胞内源 CK 含量增加的同时,SOD 酶活性也有了不同程度的提高。内源 CK 的过表达可以促进病程相关蛋白几丁质酶和 PRI 蛋白基因的表达。目前虽然尚没有直接的证据证明内源 CK 含量与其抗病性有关,但各种病害,尤其真菌病害易侵染衰老植株或衰老叶片,CK 可以延衰等研究结果提示我们,适当提高植株内源 CK 含量在推迟病源侵染时间、控制病害蔓延、提高植株水平抗病性方面可能具有一定的效果。

11.4 细胞分裂素与生长素的相互作用

CK 与生长素的互作在植物生长和发育的整个过程中起到重要作用。对植株以及离体组织的研究发现,不同植物类型或器官中 CK 和生长素存在相互促进、相互拮抗,或者其他的相互作用关系。斯科格(Skoog)等对两者之间的关系做了最早的描述。在植株中,CK 和生长素相互作用控制植物的顶端优势。研究表明,在枝条顶端产生的生长素抑制了侧芽的发育。而外施 CK 后,那些受顶端抑制的侧芽再次发育。当通过去除顶芽降低生长素水平后,可以使木质部提取液中的 CK 的浓度提高 40 倍。在拟南芥中生长素通过抑制不依赖 iPMP 的 CK 合成途径抑制 CK 的合成。另一方面,在过表达 IPT 的转基因烟草,以及用外源 CK 处理的玉米和豌豆中均检测到游离的有活性的 IAA 水平增加。但是目前还不清楚是否因为 CK 抑制了降解 IAA 的酶的活性而使 IAA 水平增加。

在未分化的细胞中受 CK 和生长素控制的细胞分裂是研究两种激素正调节的一个很好的例子。研究表明,生长素增加了 CDC2 细胞分裂依赖的激酶在烟草髓外植体中的表达。尽管 CDC2 激酶受生长素调节,但它的催化活性只有同时被 CK 处理后才能明显提高。在愈伤组织中,CK 和生长素对细胞的分裂是协同作用的,但是在侧根的发育过程中,两者作用是相互拮抗的。曾有人指出生长素促进豌豆根中 CDC2 的表达,而 CK 则降低了 CDC2 激酶的水平。在烟草叶片原生质体中,利用拟南芥 CDC2 基因的启动子融合 GUS 报告基因的表达揭示这一基因是受生长素诱导,同时也受 CK 诱导。将这些结果与在愈伤组织中两者的作用比较发现,CK 和生长素的相互作用存在组织特异性。对 PLS(一个含 36 个氨基酸残基的短肽)的分析鉴定结果为 CK 和生长素的信号转导途径之间的交叉提供了一个极有说服力的例子。与野生型拟南芥相比,pls 突变体的根较短,叶片维管束束化程度降低。进一步实验发现,pls 突变体对 CK 高度敏感,CK 标记基因 ARR5 的表达水平显著增加;与之相反,pls 对生长素的敏感程度明显降低,生长素诱导基因 IAA1 的表达水平下降。但是,

PLS 基因本身的表达是受生长素诱导的。这些结果表明，*PLS* 作为一个关键的信号分子控制 CK 与生长素的互作，PLS 蛋白可能分别作为正调控和负调控因子参与了 CK 和生长素的信号转导过程。CK 在苗端分生组织和根端分生组织的作用是相反的，在苗端分生组织中 CK 促进细胞分裂，而在根端分生组织中，在根伸长区到分生区的过渡区中，CK 和生长素相互作用，控制细胞分裂和细胞分化以调节根分生组织大小的模型，CK 通过信号转导途径中的 AHK3/ARR1 作用于下游的靶基因 *SHY2*，通过 *SHY2* 的转录抑制生长素反应。SHY2 蛋白负调节 *PIN* 基因的表达，最终导致生长素的重新分布，使细胞分化，引起根分生组织变小。相反的，生长素通过降低 SHY2 蛋白的水平，激活 PIN 蛋白的活性和细胞的分裂。CK 和生长素在早期胚胎发育的胚根原信号中是相互拮抗的，在胚根原分裂形成的下方细胞中，生长素通过正调节 *ARR7* 和 *ARR15* 的表达抑制 CK 在其中的积累，这种不同组织和器官以及不同发育时期 CK 和生长素之间既促进又抑制的相互作用值得进一步研究。

脱落酸
Abscisic Acid

植物生长的时期和生长的程度受到正负调控因子的协调控制。例如,当环境条件不利时,植物通过种子和芽的休眠停止生长,直到环境条件有利时再继续生长。科学家曾推测种子和芽的休眠现象是由一些起抑制作用的化合物引起。后来发现这些起抑制作用的化合物的化学成分与一种促进棉铃脱落的物质——脱落酸Ⅱ相同,所以将这种化合物命名为脱落酸(abscisic acid, ABA)。ABA 是一种重要的植物激素,普遍存在于维管植物中,它调节植物的生长、气孔的运动、种子的成熟和休眠等,但对于 ABA 是否能引起脱落目前还存在很大争议。

12.1 脱落酸的生物合成

12.1.1 ABA 的生物合成途径

近年来,随着 ABA 缺失突变体的发现及同位素示踪技术、分子生物学技术和化学抑制剂的应用,对 ABA 生物合成途径的研究越来越深入。高等植物的 ABA 合成从异戊烯二磷酸(isopentenyl diphosphate, IPP)开始。IPP 经过 C15 的法尼基焦磷酸(farnesyl pyrophosphate, FPP)生成 C40 的玉米黄质(zeaxanthin),它由玉米黄质环氧化酶(zeaxanthin epoxidase, ZEP,首次发现于烟草中,拟南芥中该酶由 *ABA1* 基因编码)催化,形成全反式堇菜黄素,然后经过一系列构象改变,堇菜黄素转变成 9′-顺式环氧类胡萝卜素,9-顺式环氧类胡萝卜素在 9-顺式环氧类胡萝卜素双加氧酶(9-*cis*-epoxy-carotenoid dioxygenase, NCED)的作用下氧化裂解成 C15 的中间产物——黄质醛(xanthoxal, XAN)。NCED 的合成受水分胁迫快速诱导,表明该催化反应是 ABA 合成中的关键调节步骤。NCED 由一个基因家族编码,这些基因受不同胁迫反应或发育信号的调节,该酶在底物类胡萝卜素所在的类囊体上起作用,表明酶的活性可能受其在细胞中定位的调节。随后,黄质醛转运到胞内,首先由 *AtABA2* 基因编码的醇脱氢酶(short-chain dehydrogenase/reductase-like, SDR)催化产生 ABA 醛,然后 ABA 醛氧化酶(abscisic aldehyde oxidase, AAO)催化 ABA 生物合成途径的最后一步。研究表明,玉米黄质环氧化酶是合成 ABA 的关键酶之一,C40 前体断裂前的环氧化作用是 ABA 生物合成途径中的一个环节。因此,玉米黄质环化、裂解是 ABA 合成过程中的关键步骤。

12.1.2 调控 ABA 生物合成相关基因研究

光可以直接或间接地调节 ABA 合成;干旱及盐胁迫可强烈诱导 ABA 合成,干旱及盐胁迫一般通过对 ABA 合成相关基因的转录调节来诱导 ABA 合成。ABA 合成基因的转录调节在植物体不同的部位、生长发育的不同时期以及不同物种间均有所差别。高等植物中调控 ABA 生物合成相关基因很多,如 *ZEP*、*NCED*、*SDR1*、*AAO3* 以及 *MCSU* 等,它们均可被糖类不同程度地诱导。除 *AtSDR1* 不受胁迫诱导外,其他的 ABA 合成基因可受干旱或盐胁迫的调节。ZEP 是 ABA 生物合成中第一个在 DNA 及氨基酸序列水平上被研究过的酶,在非光合组织,如番茄根中,ABA 水平的增加与特定的叶黄素减少呈线性关系,因此,*ABA2* 编码的 ZEP 及与黄质醛裂解有关的酶可能是调节非光合组织中 ABA 生物合成的关键酶。然而,在光合组织中,干旱条件下 *ABA2* mRNA 水平呈周期性变化,但不影响 ABA 的合成,由此推测 ZEP 可能不是光照条件下 ABA 合成的关键酶。NCED 在干旱、寒冷、果实成熟、萎蔫等条件下对 ABA 的合成起着关键性的调节作用。它由一个基因家族编码,*VP14*、*PaNCED1* 和 *PaNCED2* 都是 9-顺-环氧类胡萝卜素双加氧酶家族中的成员。因此,推测 NCED 可能是 ABA 生物合成中最关键的酶。而 AAO 影响 ABA 合成的后面几步反应,很多植物如番茄、烟草等中已获得由 XAN 到 ABA 合成的缺失突变体,如大麦 *nar2a*、拟南芥 *aba3*、马铃薯 *droopy*、番茄 *fla*、烟草 *aba1/ckr1* 等突变体,其中大部分是缺乏将 ABA 醛转变成 ABA 相关的酶。

与其他生物合成途径一样,ABA 生物合成也受其最终产物的调控。即 ABA 可通过激活分解酶类来反向调节 ABA 的积累,但是 ABA 是否可激活或抑制其自身的合成目前还不清楚。由于胁迫诱导的 ABA 合成相关基因的启动子中具有 ABRE 和 DRE 框,所以 ABA 合成信号转导途径也可能与氧化还原信号、Ca^{2+} 信号及蛋白质磷酸化/去磷酸化反应有关,但还缺乏相关的生化与分子方面的研究结果。另外,糖、乙烯、ABA 合成在种子萌发和其他生理过程中都有复杂的相互作用,因此其他激素反应途径中的信号分子可能也与 ABA 合成的调节有关,这些均需要进一步的研究来证明。

12.1.3 ABA 在植物体内的转运

ABA 在维管束(vascular system)的韧皮部汁液中含量丰富,在木质部和韧皮部均可运输,但大多在韧皮部运输。当韧皮部受到破坏时,能够阻止 ABA 在根部的积累,表明 ABA

是通过韧皮部来运输的。然而,当向日葵受到水分胁迫时,木质部汁液中 ABA 的浓度是正常浇水的向日葵木质部汁液中 ABA 浓度的 200 多倍,说明在根部合成的 ABA 也可以通过木质部运输。用放射性标记的 ABA 处理叶片后发现,ABA 既可以向上运输,也可以向下运输。当土壤水分胁迫开始时,根部受到干旱刺激,合成 ABA 并向上运输到叶片,从而改变叶的水分状况。研究表明,干旱条件下,小肽 CLE25（CLAVATA3/EMBRYO-SURROUNDING REGIONRELATED 25）被由根向地上组织运输,并在叶片中诱导 ABA 合成,调控气孔大小。因此,ABA 被认为是一种植物根对干旱响应的信号,可传送到叶片,使气孔关闭,减少蒸腾作用。

水分胁迫开始后,木质部汁液中一些 ABA 可能是在直接接触干旱土壤的根部合成的,其运输可发生在低水势土壤引起叶水势明显变化之前,说明 ABA 是一种根部信号,它通过关闭叶片上的气孔而降低蒸腾速率。然而,对特定部位 ABA 浓度的报告基因激活实验证明,水分胁迫诱导的 ABA 首先在茎、叶维管束中积累,然后出现在根和保卫细胞中。虽然质外体中较低浓度的 ABA 就足以使气孔关闭,但并不是全部木质部的 ABA 都可以到达保卫细胞,因为许多木质部 ABA 会被叶肉细胞吸收或代谢。在水分胁迫早期,木质部汁液的 pH 从 6.3 上升到 7.2,这有利于 ABA 的形成,它不易跨过膜进入叶肉细胞,更容易随蒸腾流到达保卫细胞,因此,木质部汁液 pH 升高也可以作为促进气孔早期关闭的根信号之一（图 12-1）。

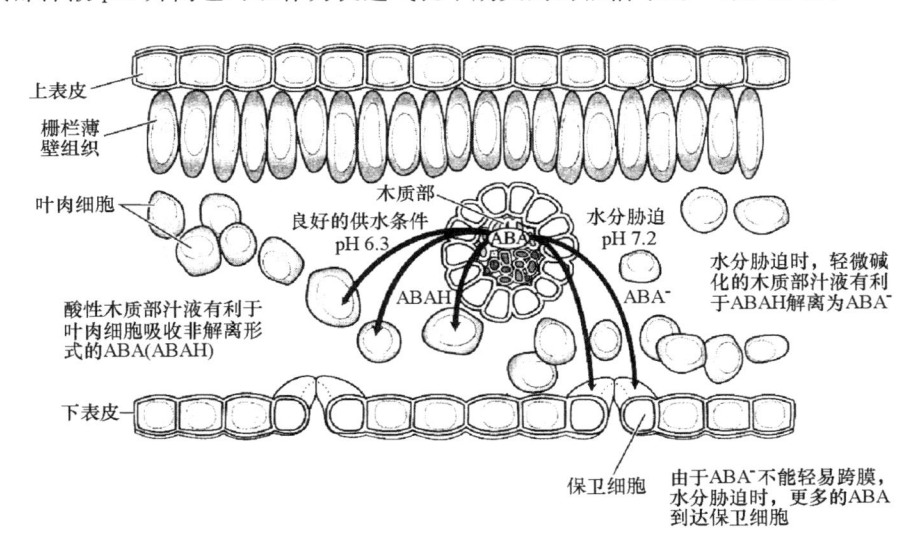

图 12-1　水分胁迫时木质部汁液的碱化导致叶片中 ABA 的再分配

12.2　脱落酸的信号转导

12.2.1　受体

脱落酸的受体有胞内受体和胞外受体两种。研究发现,ABA 促进气孔关闭和抑制气孔张开两个过程可能存在不同的机制,分别由胞内受体和胞外受体作用,或者两个过程均需要胞内受体和胞外受体的同时激活,但是有所侧重。对人工合成的 ABA 类似物——生物素 ABA(bioABA)与荧光标记的抗生物素蛋白的研究发现,ABA 的结合位点可能位于膜上(或膜外)。近年来,随着 ABA 作为逆境信号的作用逐步得到肯定,对 ABA 结合蛋白的研究又掀起了高潮。目前,人们已经在小麦茎、水稻叶、玉米根的糊粉层,葡萄和苹果果实中等检测到高亲和性的脱落酸结合位点,并在玉米根中发现干旱、渗透和热激等胁迫普遍提高脱落酸特异结合活性。目前,人们从蚕豆下表皮中分离纯化了 42kDa 的 ABA 结合蛋白,该蛋白为单体蛋白,与 ABA 只有一个结合位点,最大结合活性为 0.87mol/mol 蛋白。

到目前为止,已经有多种 ABA 受体被鉴定出来,其中一个是编码开花控制基因 A (flowering control locus,FCA)。FCA 是一个 RNA 结合蛋白,介导 ABA 对开花和侧根发生的控制,但是对萌发和气孔调节没有作用。它们都具有受体的特点,即对 ABA 结合的饱和性、可逆性、立体结构的专一性和 ABA 高亲和性。目前研究得比较清楚的 ABA 受体是 PYR(PYRABACTIN RESISTANCE)/PYL(PYR1-LIKE)/RCAR(REGULATORY COMPONENT OF ABSCISIC ACID RECEPTOR)家族成员。PYR/PYL 感知 ABA 后,与 PP2C(PROTEIN PHOSPHATASE 2C)结合,抑制 PP2C 的活性,进而释放 SnRK2s (SNF1-related kinases 2),通过磷酸化下游转录因子激活 ABA 响应。

12.2.2 ABA 信号转导途径

1. 依赖钙离子的信号转导途径

钙离子是重要的第二信使,Ca^{2+} 信使途径参与了 ABA 调节保卫细胞气孔膨压的信号转导过程。保卫细胞对 ABA 产生的第一个反应就是胞质中自由 Ca^{2+} 浓度的增加。在植物体中,调节气孔运动的第二信使肌醇-1,4,5-三磷酸(inositol 1,4,5-trisphosphate,IP_3)可激活液泡膜钙离子通道,脱落酸与受体结合后激活磷脂酶 C(phospholipase C,PLC),释放出 IP_3,使胞内 Ca^{2+} 浓度增加,从而抑制内向钾离子通道,导致保卫细胞 K^+ 浓度降低,而使气孔关闭。此外,环 ADP-核糖(cADPR,cyclic adenosine 5′-diphosphate ribose)及 $NADP^+$ 也能激活液泡膜上的 Ca^{2+} 通道,从而引起胞内 Ca^{2+} 浓度上升。在 IP_3 和 cADPR 的参与下,Ca^{2+} 可跨过细胞膜内流或从胞内的 Ca^{2+} 库释放出来。在这个过程中液泡作为胞内贮钙体部位,成为 Ca^{2+} 的一个重要来源。目前,在液泡膜上已经鉴定出的 Ca^{2+} 敏感通道包括以下三种类型:① 液泡膜电位控制的使 Ca^{2+} 内流整流电阈通道;② IP_3 控制的 Ca^{2+} 释放通道;③ Ca^{2+} 外流通道。

2. 不依赖钙离子的信号转导途径

尽管 ABA 诱导的胞质 Ca^{2+} 浓度增加是目前 ABA 诱导气孔关闭的主要途径,但 ABA 在保卫细胞胞质 Ca^{2+} 不增加的情况下也能诱导气孔关闭,即植物也有不依赖钙离子的信号转导途径。ABA 可以通过 H^+ 和激活阴离子通道起作用。阴离子通道抑制剂能逆转 ABA 诱导的气孔关闭,这表明阴离子通道参与了 ABA 对气孔开闭的调节,而 ABA 对阴离子通道的调节与蛋白磷酸化和脱磷酸化有关。ABA 不敏感型突变体研究也表明其调节气孔关闭与阴离子通道的确有关。

12.3 脱落酸的生物学功能

ABA 在种子和芽休眠的起始、维持以及植物对胁迫的反应中起重要作用。从总体上来说，ABA 同时具有两方面的生理功能，即在胁迫和非胁迫的条件下分别起到了抑制和促进植物生长的作用。

12.3.1 促进生长发育

低含量的内源 ABA 主要促进了植物的生长发育，例如可以促进叶、花、果脱落，气孔关闭，叶片衰老，种子及果实的成熟，决定器官和植物体形态大小等。如种子中 ABA 含量在胚形成早期很低，中期达到最大，种子成熟时又降到很低的水平。ABA 合成突变体即使生长在良好的环境下仍表现为形态矮小，这种生长的延迟性也进一步证明了内源 ABA 可以促进植物的叶、茎等生长发育。对拟南芥单突变体 *aba2/gin1* 和互补的转基因 *ABA2/GIN1* 的研究表明，内源 ABA 对于拟南芥子叶、真叶、根、茎和荚的发育都非常重要。在对 *ABA1* 基因的九种突变体的研究中发现，它们的叶子、花序和花的形态变小，莲座叶的湿重和干重也远少于野生型的，而外源低浓度的 ABA 可以增加突变体的湿重和干重，表明 ABA 在器官形成中具有重要的作用。虽然 ABA 可以调节植物许多方面的生长发育，但是许多 ABA 反应突变体在正常生长条件下并没有明显的表型变化，如拟南芥 ABA 不敏感突变体 *abi1*、*abi2*、*abi3*、*abi4* 和 *abi5*，可能是因为这些基因有组织或反应途径特异性，但 *abi8* 突变体表现为矮化，气孔反应缺陷，开花延迟和雄性不育，从而证明了 ABA 调节植物多方面的生长发育。

关于 ABA 在冷害、盐害和水分胁迫中的作用的研究结果表明，ABA 是一种胁迫激素（图 12-2）。ABA 对气孔运动的调节早已得到了公认，ABA 在相对酸性的汁液中主要以其非电荷质子化形式（ABAH）存在，当木质部汁液中的 ABA 随蒸腾流流经叶片的叶肉细胞时，由于 ABAH 是膜的透过性分子，因而易通过细胞膜被动扩散进入保卫细胞，也可通过位于细胞膜上的 ABA 转移蛋白进入细胞质。进入碱性细胞质后，ABAH 解离为 ABA$^-$。因此，pH 升高通过降低叶肉和表皮细胞从质外体中分流 ABA 的能力，以提高气孔保卫细胞周围 ABA 浓度的间接方式，使完整叶片的气孔关闭。干旱胁迫下植物中的 ABA 在几分钟内引起气孔快速的关闭。研究发现，干旱能使大麦木质部汁液的 pH 值从 5.9 增加到 6.9，在碱性汁液中，ABA 离解为 ABA$^-$，在木质部汁液中 ABA 到达保卫细胞周围时，将有足够浓度的 ABA 激活气孔保卫细胞膜外侧的受体，从而引起气孔关闭。ABA 的合成有赖于 ABA 合成链的转录和翻译，其中包括限速酶 NCED。基因过表达的转基因植株耐受干旱胁迫的能力远高于野生型，从而暗示了高 ABA 含量有利于植物在不利的环境中长期生存。在研究 ABA 诱导鸭跖草气孔关闭时，发现由于 H$^+$-ATP 酶被抑制而引起气孔关闭。在对冰叶日中花成熟和未成熟植株研究时发现，ABA 只对该植物成熟植株增加 H$^+$-ATP 酶运输活性起作用，而对未成熟植株不起作用。

此外，ABA 还可以促进种子获得脱水抗性和植物体细胞胚的发生和发育。在胚胎发生

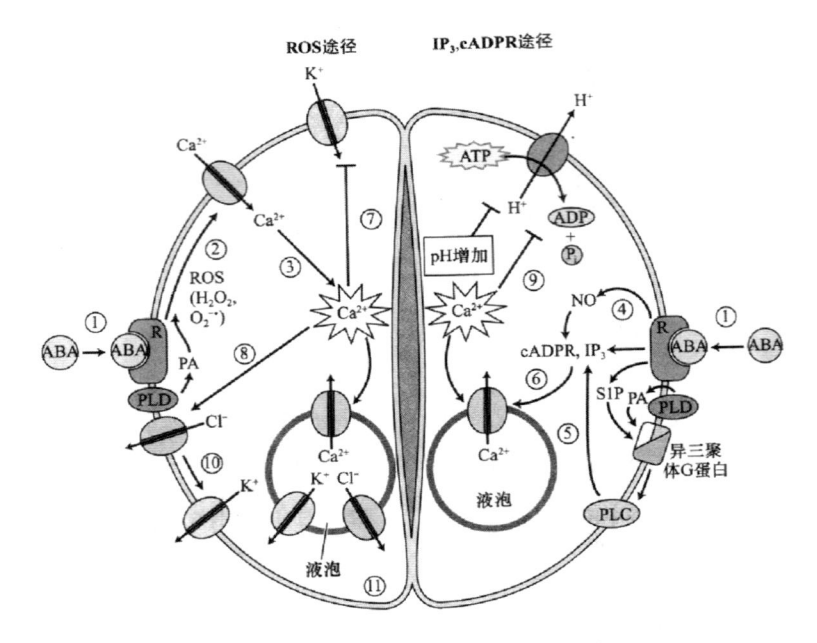

图 12-2 气孔保卫细胞中 ABA 信号的简单模式

中晚期,种子中的 ABA 水平达到最高,这时种子中积累贮藏物质以保证种子萌发后幼苗的生长。在发育的种子中,ABA 的另一个重要作用是促使种子获得脱水抗性。成熟种子开始失水时,编码胚胎发育后期丰富蛋白(late-embryogenesis-abundant,LEA)的特异性 mRNA 参与了胚胎脱水抗性的形成。研究表明,ABA 影响贮藏蛋白、脂类以及 LEA 的合成。大多数 LEA 蛋白的合成受到 ABA 的控制。研究体细胞胚胎发生时发现,ABA 在早期胚分化中发挥了重要的功能,ABA 促进体细胞胚中贮藏物质的积累,在针叶树体胚分化过程中,ABA 可以促进贮藏蛋白和 LEA 的合成,以及胚胎发生中特异性蛋白、脂类和碳水化合物的积累。随着分子生物学技术的发展,多种 ABA 相关基因已被克隆、分离和鉴定,从而促进了 ABA 作用机制的研究。但人们对 ABA 调节早期胚胎发育的精确时期和其机制及功能的了解仍然有限,还需进一步研究。

12.3.2 抑制生长发育

在胁迫和外源 ABA 存在下,ABA 被认为是植物体内最重要的胁迫激素和生长抑制剂。外源 ABA 在 $0.3\mu mol/L$ 时就可以抑制拟南芥种子的萌发,研究表明拟南芥基因 *AtNCED6* 和 *AtNCED9* 在种子发育过程中在胚乳和胚中表达,合成的 ABA 促进种子的休眠并抑制萌发。这表明 ABA 可抑制核酸和蛋白质的生物合成,抑制种子的发芽和植株的生长。研究表明,外源性的糖可通过克服由于外源 ABA 对贮存移动抑制所造成的营养缺陷而使得种子萌发,然而,种子萌发最适的糖浓度较低。低浓度的糖(30~90mmol/L 的葡萄糖或蔗糖)或蛋白胨能够克服外源性的 ABA(ABA 的浓度可高达 $100\mu mol/L$)抑制胚根露出,但子叶变绿和后续的幼苗生长仍然被抑制。有些物种成熟的种子有较高的内源 ABA,要提高种子萌发率,必须清除这些高浓度的内源 ABA。此外,对异柠檬酸盐裂解酶的突变体分析表明,乙醛酸循环对拟南芥的萌发并非是必需的,萌发后的生长在缺乏功能性的乙醛酸循环的条件下可被光合作用或外源性的糖所抑制。当存在 ABA 和无糖时,拟南芥的种子能调用很多贮存性的脂类。野生型的种子用低浓度的糖和 ABA 处理并春化作用后保温 5 天,会使胚根出现后的萌发延迟,同时也会使得 ABI5 蛋白得以积累,而 ABI5 蛋白的积累与维持延迟生长的幼苗的脱水耐受性紧密相关。

将未成熟胚从种子中移出,置于培养基中培养时,它们会在休眠开始前的发育过程中过早发芽,即没有通过正常发育的静止和休眠阶段,将 ABA 加入培养基可以抑制早萌,说明 ABA 在胚胎发生阶段具有控制胚胎发育的作用。目前,人们已从玉米中筛选出了一些胚萌突变体,它们的种子的胚胎能够直接在与植株相连的穗上萌发,其中有一些是 ABA 缺失突变体($vp2$、$vp5$、$vp7$、$vp9$、$vp14$),还有一个是 ABA 不敏感突变体($vp1$)。用外源 ABA 处理可以部分阻止 ABA 缺失突变体的胚萌。玉米的胚萌也需要在胚胎形成早期合成 GA,后者作为正调节信号发挥作用。与玉米突变体相比,ABA 缺失或不敏感拟南芥单基因突变体的种子虽然不休眠,但也不发生胚萌。然而,其他的具有正常 ABA 反应但 ABA 水平下降的拟南芥突变体,即使在低湿度条件下也会出现胚萌。此外,ABA 生物合成或 ABA 反应缺失突变体与 $fusca3$ 的双突变体存在高频率的胚萌,表明在拟南芥中存在抑制胚萌的功能冗余控制机制。

除了 ABA/GA 拮抗效应影响种子休眠外,ABA 还抑制 GA 诱导的水解酶合成。这些水解酶对萌发种子中贮藏物质的降解至关重要,如 GA 刺激谷物种子发芽时糊粉层产生 α-淀粉酶和其他水解酶,分解胚乳中贮藏的有机物。ABA 通过抑制 α-淀粉酶 mRNA 的转录从而抑制依赖 GA 的酶合成。此外,一些细胞周期调控因子、细胞壁的修饰酶和转录因子可能都参与了 ABA 对生长的抑制。一直以来,人们认为是由于 ABA 限制了细胞的延展性,并通过诱导细胞周期依赖蛋白激酶抑制子的合成,减少 Cdc2(类似组蛋白 H1 激酶)活性来抑制细胞的分裂。而对于 ABA 抑制生长(包括抑制根生长)的机制了解得不多,在对 ABA 抑制水稻根生长研究中发现,这种抑制生长的现象依赖于新合成蛋白的参与,并且在水稻中是一个 Ca^{2+} 依赖的过程,但是对于 ABA 如何抑制拟南芥根的生长信号转导机制还有待于进一步研究。

12.4　胁迫与脱落酸调控的基因表达

ABA 是植物体内重要的逆境响应激素。研究表明,ABA 与干旱、高盐、低温、损伤、低氧、光照以及病原体侵染等多种生物和非生物胁迫有关,是植物体响应逆境胁迫信号,并引起体内适应性调节反应和基因表达的重要因子。目前已发现 150 多种基因的表达可被外源 ABA 诱导,其中大多数基因在种子后熟期或植物器官对逆境胁迫响应中表达。目前,已鉴定了 ABA 诱导基因的四种转录因子,它们参与激活种子成熟过程。这四种转录因子分别是:玉米中的 VIVIPAROUS1(VP1)和拟南芥中的 ABA-INSENSITIVE(ABI)3、4、5。四种转录因子编码基因中的任何一个发生突变都会降低种子对 ABA 的反应。玉米 $VP1$ 和拟南芥 $ABI3$ 基因编码的蛋白质高度类似,而 ABI4 和 ABI5 基因编码了另外两个转录因子家族成员。ABA 应答基因根据其表达对 ABA 的依赖性的不同,基本可分为 ABA 依赖型和

ABA 非依赖型。

12.4.1 ABA 依赖型基因表达

对拟南芥 ABA 缺陷突变体 *los5/aba3* 和 *los6/aba1* 的遗传分析表明，ABA 在渗透胁迫调节的基因表达中起着关键性的作用。在 *los5* 突变体中，胁迫响应基因 *RD29A*、*RD22*、*COR15A*、*COR47* 和 *P5CS* 的表达强烈下调。而在 *los6* 中，*RD29A*、*RD22*、*COR15A*、*COR47*、*KIN1* 和 *ADH* 的表达较野生型有所降低。因而，ABA 依赖途径在渗透胁迫基因表达中起着重要的作用。胁迫响应基因的启动子顺式元件中包含 DRE、ABRF、MYC 和 MYB 识别序列。ABA 依赖的信号激活需要 ABF/AREB 的碱性亮氨酸拉链转录因子以诱导胁迫基因表达。研究表明，在 RD29A 的表达中，DRE 和 ABRF 元件是相互依赖的。

拟南芥中过表达菜豆中受冷和 ABA 诱导的 C_2H_2 型的锌指蛋白（SCOF1）导致胁迫响应基因和冷耐受基因的组成型表达。尽管 SCOF1 不能直接与 ABRF 或 DRE/CRT 基序结合，但其可增强 SGBF1（与 ABRF 结合的 bZIP 类转录因子）与 DNA 的结合活性。AREB1 和 AREB2 为 ABI5 相关的 bZIP 类转录因子，它们能促进 ABA 激活的目标基因表达，这些表达的基因在野生型或显性负向调节突变体 *abi1-1* 中可被蛋白激酶抑制剂所抑制。

12.4.2 ABA 非依赖型基因表达

ABA 非依赖的胁迫基因表达是通过 DRE 顺式作用元件而被调节。在 ABA 非依赖途径中，AP2 类转录因子 DREB2A 和 DREB2B 反式激活含有 DRE 顺式作用元件的胁迫响应基因。然而，在拟南芥中克隆和转基因分析 DREB1 相关的转录因子 CBF4 时发现，DRE 元件的调节可能也被 ABA 依赖的途径所介导。拟南芥中过表达 CBF4 导致包含 CRT/DRE 元件的胁迫响应基因的组成型表达，从而增强了对干旱和冷冻的抗性。分析表明，ABA 依赖的和非依赖的途径没有十分清晰的界限，在两种途径中所含的组件具有交互作用或在信号途径中交汇。研究已显示当植物细胞受 ABA、干旱、冷和高盐胁迫时均会使 Ca^{2+} 水平迅速升高，激活不同基因的表达以保持细胞内平衡（图 12-3）。

12.5 脱落酸与其他信号的相互作用

在植物的非生物胁迫中，ABA 并不是单独发挥作用的，它与植物体内的各种信号之间存在着广泛的联系。已经有很多的突变体证明，ABA 与生长素、赤霉素（GA）、乙烯和糖信号系统之间存在着相互调控机制。尽管目前对外源 ABA 与种子萌发抑制的相关性还存在疑问，但因它是一个方便分析 ABA 敏感性的手段，因此被广泛用来解析 ABA 应答的机制。GA、乙烯和油菜素内酯（BR）对萌发的 ABA 影响起拮抗作用，而 ABA 的缺陷突变体最早也是作为抑制子抑制由 GA 缺陷所造成的不萌发突变体中所分离得到的，而 GA 响应的突变体 *sleepy*（*sly*）是作为 *abi1-1* 的抑制子被分离。研究表明，*sly* 的不萌发可被 BR 所恢复，然而 BR 缺陷或 BR 不敏感系对 ABA 抑制作用是超敏感的。此外，乙烯响应基因，如 *ctr1*

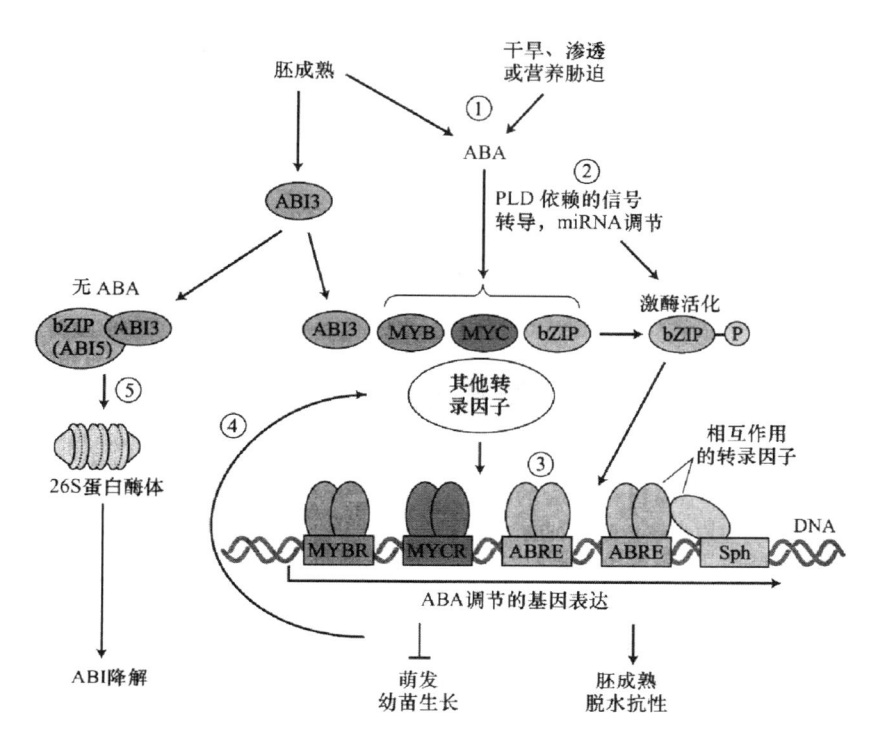

图 12-3　ABA 调节机制及介导 ABA 调节基因表达的转录因子

注：① 植物对发育或环境信号做出反应时，产生 ABA 和各种转录因子。② 磷脂酶 D(phospholipase D, PLD) 依赖的信号转导、小 RNA(miRNA) 的调节以及许多激酶的激活都与 ABA 激活的转录因子有关。ABA 调节基因的启动子存在不同识别位点的组合（MYBR、MYCR 等），多种相应转录因子家族成员都可以结合到这些位点上。每类转录因子中都有多个家族成员参与 ABA 信号转导。③ 这些转录因子除了在家族内形成同源或异源二聚体外，有些彼此相互作用，有些则与转录中的其他成分相互作用。特异结合决定了该基因是被活化还是被抑制。④ 一些转录因子基因相互调节或自我调节，有些情况下受正反馈调节使 ABA 反应增强。⑤ 没有 ABA 时，这些 ABA 不敏感 (ABI) 转录因子通过蛋白酶体被降解。

和 *ein2* 是根据种子对 ABA 的抑制作用敏感性的加强或抑制而被鉴定得到的。研究显示，单个基因突变对 ABA 响应的改变不显著。对单突变和双突变表型的比较发现，*ctr1* 和 *abi1-1* 突变会协同增强抗 ABA 的萌发。

　　ABA 的响应除了受已被克隆的五个 *ABI* 基因座的调节外，*ERA* 基因座、*CTR1*、*SLY*、*DET2*、*BRL1*、*ABH1* 和 *Rops2*、*Rops9* 及 *Rops10* 也参与了 ABA 响应的各个方面。ABA 响应通过高水平表达 AtPLC1 能产生 IP$_3$ 的磷酸酶使 ABA 响应减慢。在已消除 ABA 诱导的 IP$_3$ 提高的转基因系中，提高 IP$_3$ 的水平可降低在种子萌发、幼苗生长和基因表达中对 ABA 的敏感性。生长素的识别引发乙烯的合成，乙烯又促进 ABA 的合成。ABA 的信号强度由 ABA，即一些信号组分（如 MAPK 级联蛋白激酶和转录激活因子）的含量所决定。乙烯信号可降低 ABA 激发的信号强度；ABA 信号负调控生长素的信号；而糖和 ABA 信号相互配合共同调节植物的生长和发育。尽管高浓度的糖在胁迫下可抑制生长，但低浓度的糖却促进其生长，这种糖对生长的抑制影响可被乙烯所减弱。这些胁迫因素间的相互作用似乎依赖于激素的组织特异性和浓度。目前，对 ABA 对萌发的影响研究得较为深入的是与 GA 诱导的贮存调运有关的过程,特别是在谷粒淀粉的调运过程中,淀粉的调运由活性的 α-淀粉酶所催化,GA 通过诱导转录因子 GAMyb 的合成来促进响应性的 α-淀粉酶的表达,而 GAMyb 能特异性地与启动子上的 GA 响应元件进行结合并促进转录。在种子成熟前,VP1 抑制子特异性地抑制 GA 诱导的基因的表达,导致在此阶段具有非常低的 GA 敏感性。

专题 13

乙 烯
Ethylene

植物激素乙烯(ethylene,ETH)是最早发现的气体激素,它与脱落酸(ABA)一样,没有衍生物。它可能也是最早被应用于农业生产的激素。早在古埃及时代,人们就用乙烯来催熟无花果,我国古代果农也会通过在室外燃烧香来催熟果实。1864年,希拉尔丁(Girardin)报道了由照明煤气灯泄漏出的气体能造成附近植物提前落叶,但由于当时技术手段有限,无法鉴定是何种气体在起作用。直到1901年,列别沃夫(Neljuibow)通过比较煤气中不同成分对黄化豌豆幼苗下胚轴的伸长生长、侧向加粗生长及负向地性生长的影响,发现ETH有最强的生物活性。1910年,库森(Cousins)发现成熟的苹果对香蕉的成熟有着促进作用。1917年,道布(Doubt)发现ETH能促进植物离层的出现。1934年,甘恩(Gane)从苹果释放的气体中结晶出乙烯的衍生物 N,N-二甲基乙二胺,首次证实了ETH就是植物果实产生的天然成分。但当时对乙烯的研究并没有得到重视,人们发现施用生长素可以刺激植物产生ETH,因而认为生长素是植物的主要激素,而ETH是一个不重要的、只具间接生理作用的化学物质。而且当时没有有效的定量检测技术,也阻碍了乙烯的研究进展。1959年,伯格(Burg)等应用气相色谱,检测出未成熟果实中也有极少量乙烯产生,且含量随着果实成熟度的增加而增加。随后,高等植物的各个部位都被检测出有乙烯产生,种子植物、蕨类植物、苔藓、地衣和某些蓝藻都可产生ETH,土壤中的ETH主要是由一些真菌和细菌产生的,而且乙烯对多个生理过程,包括种子萌发到衰老、死亡的整个过程都有调节作用。1965年,在伯格(Burg)的提议下,ETH被公认为植物的天然激素。

13.1 乙烯的结构和含量

ETH是一种不饱和碳氢化合物,是最简单的烯烃,相对分子质量为28,分子式为

C_2H_4，化学结构式为 $CH_2=CH_2$，在生理条件下，是一种密度比空气小的气体，容易燃烧和氧化。研究者曾用 $^{14}C_2H_4$ 喂饲植物，发现乙烯的氧化产物有乙烯氧化物(ethylene oxide)，水解后生成乙烯二醇(ethylene glycol)和乙烯二醇的葡萄糖苷，它们在许多植物组织中可以被彻底氧化成 CO_2。ETH 在极低浓度(0.01~0.1μL/L)下就能对植物产生生理效应，介导了植物对环境胁迫的响应，并能促进植物器官的成熟、衰老和脱落。

ETH 广泛存在于植物的各种器官内，但在不同的组织、器官和发育时间，乙烯的释放量不同。例如，成熟组织释放的乙烯较少，一般为 0.01~10ng/g 鲜重，而分生组织、萌发的种子、凋谢的花朵和成熟过程的果实中乙烯的产生量较大。经研究发现，ETH 合成的位置通常是外周组织，如桃(*Amygdalus persica*)和鳄梨(*Persea americana*)种子主要由种皮产生 ETH，番茄(*Lycopersicum esculentum*)果实和菜豆(*Phaseolus vulgaris*)下胚轴主要是由表皮组织产生 ETH，合成 ETH 的具体部位是在液泡膜的内表面。逆境条件，如干旱、水淹、缺氧或机械损伤都可以诱导乙烯的合成，称之为逆境乙烯。

由于 ETH 在常温下为气体，易挥发，又不溶于水，使用极为不便。在农业生产上常使用乙烯释放剂——乙烯利，其化学名为 2-氯乙基膦酸，分子式为 $ClCH_2CH_2PO(OH)_2$，在 pH 3.0 以下稳定存在，但在 pH 4.1 以上时，就开始分解释放 ETH，随着 pH 升高，ETH 释放加快。生产上常用 40% 的水剂，为酸性棕色液体，在植物吸收乙烯后，体内较高的 pH 会诱发乙烯利释放乙烯。另外，农业生产中还使用乙烯的吸收剂(如 $KMnSO_4$)和拮抗剂[如 $AgNO_3$ 和 $Ag(S_2O_3)_2^{3-}$ 等]来调节农作物生长、发育，果实和花卉的贮存及成熟度。

13.2 乙烯的相关突变体

将用诱导剂处理后的拟南芥种子，放到含有或不含有用 ETH 或其前体 ACC 的琼脂培养基上在黑暗条件下生长 3 天。处理的黄化苗在形态学上的改变被称作乙烯的三重反应，这些形态的改变包括顶端弯钩的曲率增加、下胚轴横向增粗及下胚轴和根缩短。在过去的十多年里，根据三重反应是 ETH 的特异反应，而且在发育的早期发生，这便利了大规模筛选乙烯突变体。获得的拟南芥乙烯突变体可分为三类：第一类突变体对外源 ETH 及其合成前体 ACC 表现为部分或完全不敏感，这类突变体包括 *etr1* (*ethylene resistant 1*)、*etr2*、*ein2* (*ethylene insensitive 2*)、*ein3*、*ein4*、*ein5*、*ein6*、*hls1* (*hookless 1*) 和 *eir1* (*ethylene insensitive root 1*)；第二类突变体为组成型的三重反应突变体，包括 ETH 过量产生突变体，如 *eto1* (*ethylene overexproduction 1*)、*eto2*、*eto3*，以及组成型活化 ETH 信号突变体，如 *ctr1* (*constitutive triple response 1*) 和 *ran1* (*responsive to antagonist 1*)；第三类突变体对外源 ETH 及其合成前体 ACC 表现出超敏感，如 *eer1* (*enhanced ethylene response 1*)。利用这些突变体进行上位分析，构成乙烯合成途径和信号转导途径各组分的起源先后得以证实。

13.3 乙烯的生物合成

由于乙烯分子结构简单，很多化合物都有可能作为其生物合成的潜在前体，再加上乙为气体，给取样和分析带来了困难，因此在很长一段时间内，人们对植物体内乙烯的合成、调控以及极微量乙烯的感知等各方面知道得很少。乙烯生物合成研究的第一个突破是1964年，利伯曼(Lieberman)等发现了甲硫氨酸(methionine, Met)是乙烯的前体；第二个突破是20世纪70年代末亚当斯(Adams)和杨(Yang)对乙烯合成途径的研究。1977年，他们使用[^{35}S]-Met 和[^{3}H-甲基]-Met 合成 5′-甲硫基腺苷(5′-methylthioadenosine, MTA)，MTA的水解产物 5′-甲硫基核苷(5′-methylthioribose, MTR)可转化为 ETH；1979年，他们用 L-[U-^{14}C]-Met 让苹果吸收后，将苹果置于缺氧环境以减少 ETH 合成，找到了 ACC、MTA 和 MTR 等中间产物；随后他们将标记过的苹果放到有氧环境下，发现 ACC 转化为 ETH。这些研究结果表明植物体内的 ACC 是 ETH 的直接前体，且在 ACC 转化为 ETH 过程中氧是必需的。同年，吕尔森(Lürssen)等证实 ACC 在植物体内能迅速刺激 ETH 产生，并推论 ACC 是由 S-腺苷甲硫氨酸(S-adenoyl methionine, SAM)转化而来。基于这些研究结果，我们现在能够完整地描述 ETH 合成代谢的途径(图 13-1)。

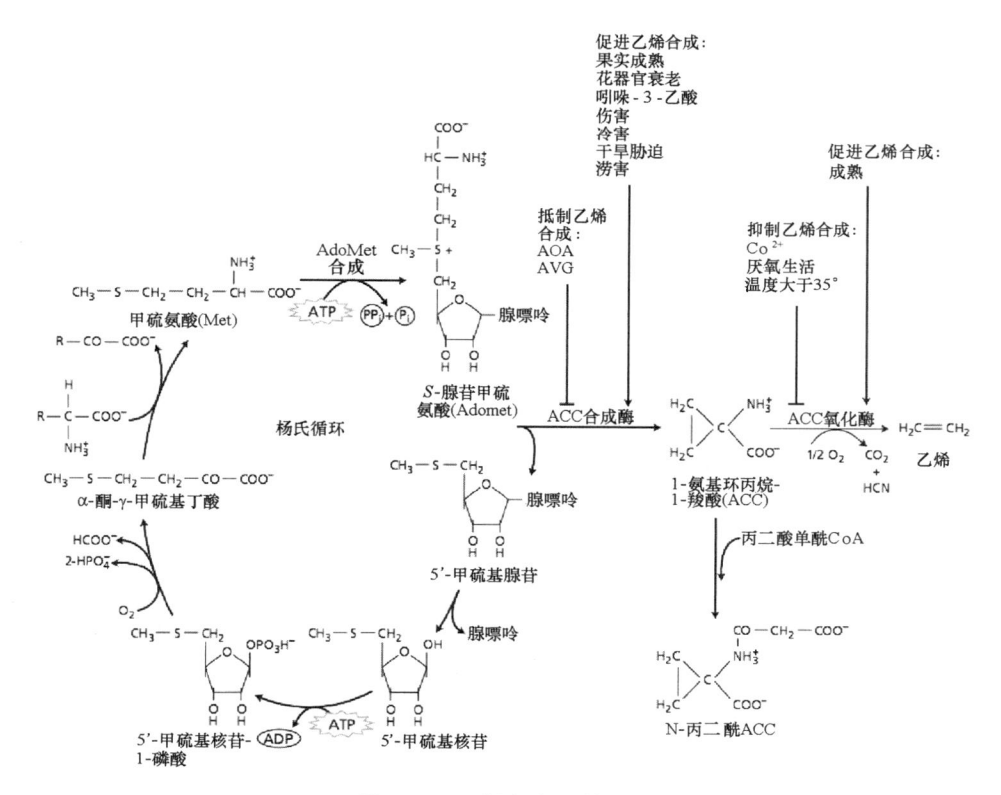

图 13-1 乙烯合成代谢途径

13.3.1 ETH 合成机制

SAM 是 ETH 合成的前体，细胞中大约 80% 的 Met 是通过 SAM 合成酶(SAM synthase)利用 ATP 形成 SAM。在植物中，SAM 是主要的甲基供体，通过作为底物参与许多生化途径，包括多胺和 ETH 的合成。另外，它也参与甲基化反应以修饰脂类、蛋白质和核酸。按照杨氏循环图，ETH 合成的第一个基础步骤是通过 ACC 合成酶（ACC synthase，ACS）催化 SAM 到 ACC 的转变，同时产生 MTA。MTA 通过一系列转化，可重新形成 Met，为下一个 ETH 合成反应准备好甲基供体，这样 ETH 的合成就可以不需要额外的 Met 而得以连续进行，同时 Met 的硫基也得以保全。最后 ACC 在 ACC 氧化酶的作用下生成 ETH、CO_2 和氰化氢（HCN）。HCN 和丙氨酸由 β-氰丙氨酸合成酶催化形成 β-氰丙氨酸，β-氰丙氨酸可继续代谢为天冬氨酸或 γ-谷氨酰胺-β-氰氨丙氨酸，这样就可以去除 HCN 对于细胞的毒性，即使在 ETH 合成的高峰期也不会造成 HCN 积累。ACC 除了可形成 ETH 外，还能代谢形成丙二酰 ACC（N-malonyl-ACC，MACC），这是一个不可逆过程。这种 ACC 结合物质最早是阿姆莱茵（Amrhein）等于 1981 年发现的，当时他们注意到 ACC 能被真菌和细菌代谢为其他产物，而非乙烯，所以希望找出 ACC 的其他代谢途径，并最终发现 ACC 能形成结合态的 MACC。在 ETH 生物合成过程中，有三个重要的酶已被鉴定和研究，它们分别是 SAM 合成酶（SAMS）、ACC 合成酶（ACS）和 ACC 氧化酶（ACO）或 ETH 形成酶（EFE）。

1. ACC 合成酶

ACS 是 ETH 生物合成的关键酶，它催化 SAM 转化为 ACC。它存在于细胞质内，含量极低且不稳定。例如在成熟的番茄果实中，ACS 只占蛋白总量的 0.0001%，并且极易降解，很难提纯和分析。

ACS 由多个不同的基因家族编码，各种 ETH 生物合成诱导物以不同方式调控这些基因。该酶于 1986 年首次由布利克（Bleecker）等从番茄果实中纯化出来，其基因也于 1989 年从小西葫芦（*Cucurbita pepo*）果实中被克隆到。此后番茄、烟草（*Nicotiana tabacum*）、苹果（*Malus sieversii*）、笋瓜（*Cucurbita maxima*）、康乃馨（*Dianthus caryophyllus*）、水稻（*Oryza sativa*）和拟南芥（*Arabidopsis thaliana*）等不少植物中也克隆到 ACS 基因。所有研究过的 ACS 都是由一个以上的基因所编码。如在番茄中至少有九个 ACS 基因，根据是否受生长素、机械损伤和(或)果实成熟诱导，又可将它们分成不同的亚类。又如拟南芥中有八个 ACS 基因，对纯化的拟南芥 ACS 蛋白研究发现，这八个同工酶具有不同的动力学特征，可能在不同组织和细胞中发挥作用。

根据苹果和番茄 ACS 的晶体结构，推测 ACS 类似于依赖 5′-磷酸吡哆醛（pyridoxal 5′-phosphate，PLP）的氨基转移酶的亚家族Ⅰ。PLP 作为辅助因子结合在 ACS 的活性位点附近，而酶由 2 个单位组成同源性二聚体形式。每个单位亚基（subunit）又由两个结构域（domain）组成，其中大结构域占据了包括中心的大部分结构，其二级结构在依赖于 PLP 的氨基转移酶中变化较小，小结构域则由氨基端和羧基端的氨基酸残基组成，其结构在 ACS 和氨基转移酶之间变化比较大。其活性位点与结合的 PLP 位于两个结构域之间形成的缝隙中。序列分析表明，在 ACS 和氨基转移酶之间保存的 11 个氨基酸残基绝大部分都簇集在活性位点附近和二聚体相互接触的表面，不仅是这些残基相同，而且所形成的三级结构大致相同。正因为与氨基转移酶如此的相似，ACS 对吡哆醛磷酸盐的抑制剂，特别是氨基氧乙酸（aminooxyacetic acid，AOA）和氨基乙氧基乙烯基甘氨酸（aminoethoxyvinylglycine，AVG）非常敏感。

ACS 对于 ETH 合成的调节有着非常重要的作用，包括种子发芽、果实成熟、各种胁迫等过程中，ETH 都会大量产生，都观察到 ETH 合成量的增加和 ACS 活性的提高。ACS 活性可能经由诱导表达或活化此两种途径实现。由 ^2H_2O 标记的番茄实验发现,ACS 是受伤后从头(de novo)合成的。

2. ETH 氧化酶

ACO 是 ETH 合成途径的最后一个酶。它的活性最早为亚当斯(Adams)和扬(Yang)确定,定名为 ETH 合成酶(EFE)。直到 20 世纪 90 年代才阐明了这个酶的反应特征。它需要抗坏血酸和氧作为辅助底物,Fe^{2+} 作为辅助因子,所以称它为 ACO 更适合。把外源的 ACC 供给植物组织就能使 ETH 的产量增加,表明该酶是组成型的,不构成 ETH 生物合成的限速酶。可能 ACO 的活性依赖于细胞结构的完整性,用传统的方法不能分离到 ACO,但通过在酵母(Saccharomyces cerevisiae)中表达一个成熟相关的 Ptom13 鉴定了 ACO。由于该酶 cDNA 推导出的氨基酸序列与黄烷酮-3-羟化酶(flavanone 3-hydroxylase,F3H)的序列同源,维尔维尔迪斯(Ververidis)等用提取 F3H 的方法成功地从甜瓜(Cucumis melo)中分离到有活性的 ACO。

在一些 ETH 产生量大的器官和组织中,如成熟的果实中,该酶是 ETH 生物合成途径的限速酶。多种植物中克隆到了 ACO 基因,包括番茄、苹果、笋瓜、康乃馨、水稻和拟南芥等。其氨基酸序列与以植物中的 Fe^{2+}/抗坏血酸为辅基的氧化酶类非常相似。ACO 的生化分析表明,该酶在催化过程中必须要有 Fe^{2+} 和抗坏血酸作为辅基,与 ACS 一样,ACC 氧化酶同样也是由多基因家族编码的。已经从番茄中分离到了四个不同的 ACO 基因。用专一的基因探针进行的研究表明,这些基因在成熟果实和伤害叶片里表达有差异,且不同植物 ACO 基因的同源性要比 ACS 的同源性要高,一般蛋白水平的同源性可达 80% 以上。

该酶依赖于膜的完整性,膜结构一旦破坏,催化 ETH 的作用即停止。Co^{2+} 在低浓度时对 ACC 合成并无影响,但当浓度达到 10~100 μmol/L 时,会影响 ACO 活性。氧化磷酸化解耦联剂〔如 2,4-二硝基苯酚(2,4-dinitrophenol,DNP)和羰酰氰间氯苯腙(carbonyl cyanide m-chlorophenylhydrazone,CCCP)〕、自由基清除剂(如没食子酸丙酯和多胺等)、能够改变膜性质的理化处理(如使用去垢剂)都能抑制 ETH 的合成。α-氨基异丁酸(α-aminoisobutyric acid)是一个 ACC 的结构类似物,它可竞争性抑制 ACC 作为底物合成 ETH。另外,ACO 也有自催化特性,外施少量 ETH 于甜瓜和番茄等跃变型果实,经过一段时间后,ACO 活性剧烈升高,ETH 大量合成。

3. ACC 丙二酰基转移酶

当植物遭受生物胁迫和非生物胁迫时,体内 ACC 含量会上调,植物需要一个负调控机制以清除过多的 ACC,避免过多的 ETH 产生,而 ACC 丙二酰基转移酶(ACC N-malonyl transferase)就起了这样的作用。ACC 丙二酰催化 ACC 发生丙二酰反应,从而形成丙二酰 ACC(N-malonyl-ACC,MACC)。丙二酰基团由丙二酰 CoA(辅酶 A)提供,其 K_m 值为 0.25 mmol/L;但当 K_m 值达到 0.75 mmol/L 时,丙二酰 CoA 反而会抑制 ACC 丙二酰基转移酶的活性。ACC 丙二酰基转移酶对 ACC 的 K_m 值为 0.15mmol/L。MACC 在细胞液中合成,贮存于液泡中。有研究者认为 MACC 可能作为 ACC 的一种贮存方式,当植物需要大量 ACC 和 ETH 时,MACC 可以被水解为 ACC,作为前体合成 ETH。但是在发芽的花生(Arachis hypogaea)种子中,MACC 含量最高可达 50~100nmol/L,而 ETH 的合成的前体主要来自新合成的 ACC,MACC 水解为 ACC 所占 ACC 总量的比例只有新合成 ACC 量的

2%不到。因此,MACC 可能并不是 ACC 的贮存方式,而仅仅是用来去除体内多余 ACC 的一种产物。ACC 丙二酰基转移酶广泛存在于植物的不同组织内,其酶活性在果实成熟时受到 ETH 刺激而增强,暗示着 ETH 合成有一种自动调节机制。

13.3.2 乙烯生物合成的调控

ETH 的生物合成受到许多因素的调节,如发育阶段、环境因子、物理与化学伤害及其他植物激素等。它们起到促进或抑制 ETH 生物合成的作用。

1. 乙烯生物合成的促进因素

果实成熟时,由于 ACS 和 ACO 的活性的增强,编码这些酶的基因的 mRNA 水平也相应提高,从而导致 ACC 和 ETH 的合成速率增加。然而,给未成熟的果实外施 ACC 仅能轻微增加 ETH 合成量,表明 ACS 活性增加是果实成熟的限速步骤。

在干旱、水淹、冷害、臭氧及机械损伤等许多环境胁迫条件下,ETH 的生物合成均受到促进。这种逆境 ETH 经常由正常的生物合成途径产生,并且 ETH 产量的增加至少部分是由于 ACS 的 mRNA 转录水平提高所引起的。它参与了胁迫反应答的启动,如器官脱落、衰老、伤口愈合和植物抗病性的增强等。

在某些情况下,生长素吲哚-3-乙酸(indole-3-acetic acid,IAA)可以使植物产生和 ETH 功能相似的反应,如两者均可诱导菠萝开花和抑制茎、叶的伸长。这可能是由于 IAA 能通过增加 ACS 的 mRNA 的转录水平,提高 ACS 的活性,从而促进 SAM 转化为 ETH 的反应。这些结果表明,先前归于 IAA 的反应,实际上是由 ETH 介导的,是植物应答生长素反应产生的。使用蛋白合成抑制剂可阻断 ACC 和 IAA 诱导的 ETH 合成的研究结果表明,由生长素导致的 ACS 的合成的增加显著促进了 ETH 的产生。研究者已经鉴定出一些 ACS 基因,发现外施 IAA 可提高这些基因的转录水平,说明生长素作用下 ETH 合成的增加至少部分是由于这些基因转录增加所引起的。

一般认为促进 ETH 生物合成关键酶的形成会提高 ETH 的合成量,但是在某些情况下,ETH 生物合成水平的提高除了由 ACS 基因转录水平提高引起外,主要是 ACS 的稳定性增加的结果。比如,果实成熟、病菌侵袭和细胞分裂素都能增加 ETH 的合成量,这是由于 ACS 稳定性提高,降解速度减慢所引起的。研究表明,ACS 的羧基端结构域在控制其稳定性方面发挥了重要作用,这个区域可被 26S 蛋白体识别并快速降解。受病原菌侵袭所激活的促分裂原激酶(MAPK)或钙依赖性蛋白激酶都可以磷酸化 ACS 的羧基端区域,从而有效阻断其被 26S 蛋白体识别降解。

2. 乙烯生物合成的抑制因素

ETH 生物合成和生理作用可以被许多化合物所抑制。这些抑制剂对于研究激素合成途径及其生理作用非常有用。而且,当难以区分具有相同作用的不同激素对植物组织的影响,或者一种激素影响另一种激素的合成或作用时,抑制剂对研究特别有帮助。比如,ETH 可以模拟高浓度 IAA 抑制茎、叶的伸长,导致叶的偏上性生长。使用抑制剂的研究表明,ETH 是引起偏上性生长的主要效应物,而 IAA 是通过显著增加 ETH 合成量起间接作用的。

在研究和生产中被大量应用的抑制剂是 AVG 和 AOA。AVG 和 AOA 是以磷酸吡哆醛为辅助因子的特异性抑制剂,因为 ACS 也是一种以磷酸吡哆醛为辅酶的酶,所以 AVG 和 AOA 可以竞争性抑制 ACS 活性,阻断了 SAM 向 ACC 的转化。

Co^{2+} 也是 ETH 合成途径的一种抑制剂,它可阻断 ETH 生物合成的最后一步反应,即由 ACC 氧化酶催化 ACC 转变为 ETH 的反应。$AgNO_3$ 或 $Ag[S_2O_3]_3^{3-}$ 中的 Ag^+ 是 ETH 生理作用的有效抑制剂,它可竞争性抑制 Cu(Ⅰ)与 ETH 受体蛋白的协同作用,影响受体蛋白与 ETH 的结合,从而影响 ETH 信号的传递。Ag^+ 的作用非常特异,其他任何金属都不会产生该阻抑效果。

高浓度(5%~10%)的 CO_2 也能抑制 ETH 的许多作用(如诱导果实成熟),不过其抑制效率要低于 Ag^+。高浓度的 CO_2 可以使果实延期成熟,但也只有高浓度的 CO_2 才有抑制 ETH 催熟的作用,自然条件下的 CO_2 不可能是 ETH 的拮抗剂。

易挥发的化合物反式环辛烷(*trans*-cyclooctene)是一种 ETH 结合作用强竞争性抑制剂,反式环辛烷与 ETH 竞争结合 ETH 受体。而目前市场上大量应用的 1-甲基环丙烯(MCP)可与 ETH 受体几乎不可逆地结合,可有效阻断多种 ETH 反应。这种几乎无味的化合物已经被注册商标,其商品名为 EthyBloc™,用于花卉培养上,可大大地提高鲜切花的货架保鲜期。

13.4　乙烯的信号转导

研究表明,ETH 对植物产生的各种生理效应与 ETH 的生物合成及所引发的信号转导途径有关,受到环境和生理发育状态的调节。早期对于 ETH 的研究主要集中于其生理学和生物合成方面的研究,信号转导直到 20 世纪 90 年代才有较大的突破。1990 年,美国科学家埃克(Ecker)开始利用 ETH 的三重反应表型,建立了遗传筛选 ETH 反应突变体的系统。基于 ETH 反应突变体的遗传和分子分析,建立了从 ETH 信号感知到转录调控的信号转导模型。模式植物拟南芥的三重反应突变体获得的最多,研究也最深入。

13.4.1　ETH 的识别

ETH 受体这一概念是基于 ETH 作为一个信号分子起生理作用的假设提出的。第一个被鉴定的 ETH 不敏感突变体 *etr1* 是一种显性突变,它丧失了所有的 ETH 反应,是通过筛选阻断乙烯反应的拟南芥突变体获得的。ETR1 的羧基端有一半氨基酸序列与细菌的双组分系统组氨酸激酶相似。在细菌中,双组分系统组氨酸激酶作为受体感受各种环境信号,如化学刺激、可利用的磷酸盐含量和渗透压等。沙勒(Schaller)等首先证实 ETR1 蛋白可结合 ETH 分子,随后证实 ETR1 蛋白具有组氨酸激酶活性,可水解 ATP 并自身磷酸化。如果将 ETR1 激酶结构域的 H、G1 和 G2 诱发突变,将导致 ETR1 失去组氨酸激酶活性,说明 ETR1 具有类似于双组分组氨酸激酶的结构与活性。利用同位素标记的 ETH 进行的实验发现,*etr1* 突变体对 ETH 的结合能力极低,表明 *etr1* 的突变与 ETH 的受体有关。*etr1* 突变体与细菌受体的相似性和对乙烯的不敏感表明,ETR1 可能是受体。为了确定 ETR1 的

ETH受体特性,有人将 *ETR1* 基因导入酵母中表达,获得的 ETR1 蛋白具有与 ^{14}C-ETH 结合的能力;反之,导入突变体 *etr1* 基因的转基因酵母不能与 ETH 结合,这与 *etr1* 突变体丧失 ETH 结合能力是一致的。ETR1 转基因酵母与 ETH 结合受 ETH 作用的竞争性抑制剂反式环辛烯(trans-cyclooctene)和 2,5-降冰片二烯(2,5-norbornadiene,NBD)所抑制。这些结果说明 ETH 与转基因酵母 ETR1 蛋白质的结合特性与植物组织中观察到的 ETH 结合特性十分相似,ETR1 蛋白具有与 ETH 可逆结合的能力,是 ETH 的特异性结合蛋白。

根据 ETR1 的氨基酸序列推断其相对分子质量应该为 8.3×10^4,但用 SDS-PAGE 电泳分析拟南芥的 ETR1 蛋白的相对分子质量为 1.47×10^5,表明天然的 ETR1 蛋白是以同源二聚体(homodimer)形式存在的。ETR1 蛋白可经由第 4 和第 6 个氨基酸残基(Cys)形成双硫键而成为二聚体。Western blot 实验发现 *etr1-1*(1-349)和野生型 ETR1 蛋白能形成二聚体,沙勒(Shaller)认为可能是短片断的 *etr1-1*(1-349)和野生型 ETR1 受体蛋白经由二聚体的形成随后将显性信号传递给下游组分,而二聚体的形成可能是由双硫键或非共价键形式完成的。

现已证明,ETR1 蛋白的氨基端疏水结构域是 ETH 结合的位点。ETH 的脂溶性比水溶性大,ETR1 的疏水结合域作为 ETH 的结合部位具有合理性。实验表明,在转基因酵母中,仅含有氨基端疏水结构域的 ETR1 降解蛋白仍能结合 ETH,而且已经发现的有关 ETR1 的四个突变体都是由于疏水结构域中的一个氨基酸发生变异而引起的突变,从而丧失与 ETH 结合的能力。在各种 ETR1 同源蛋白中,氨基端区域的氨基酸序列表现出极大的保守性,也说明了其功能的重要性。根据 ETR1 蛋白的 ETH 结合能力及它与细菌二元信号系统具有同源性等特点,可确认 ETR1 蛋白是 ETH 受体。

除 ETR1 之外,拟南芥基因组还编码另外四个与 ETR1 类似的蛋白,它们也具有 ETH 受体的功能,分别为 ETR2、ERS1、ERS2 和 EIN4。与 ETR1 相同,这些受体可与 ETH 结合,这些基因的错义突变体的表型与最初发现的 *etr1* 突变体相似,受体不能与 ETH 结合,但在没有 ETH 的情况下,它们通常能作为 ETH 应答途径的调节成分而发挥作用。

根据结构特征,可以将这五个受体分成两个亚族。ETR1 和 ERS1 属于第一亚族,它们的氨基端含有三个疏水跨膜区,其羧基端含有一个保守的组氨酸激酶区;另一亚族包括 ETR2、EIN4 和 ERS2,这三个氨基端含有四个疏水跨膜区和一个退化的羧基端组氨酸激酶区,可能是缺少一个或多个对催化活性必需的元件(element),这表明这些受体作用是不一样的。此外,在受体 ETR1、ETR2 和 EIN4 的羧基端含有一个与细菌响应调控因子相似的信号接收域,而 ERS1 和 ERS2 并没有接收域;研究发现缺失信号接收域增加了种苗对 ETH 诱导的生长抑制的敏感性,而替换信号接收域的磷酸化位点推迟了受 ETH 诱导的种苗恢复到正常的生长水平,因此信号接收域可能参与修饰 ETH 信号。此外,五个 ETH 受体在紧随跨膜域后都有一个 GAF 功能域。蛋白-蛋白实验表明,GAF 结构域可能参与了两个亚家族之间信号的转移。结构域置换结果显示 ETR1 和 ETR2 的 GAF 结构域和激酶结构域都是不能相互替代的。体外激酶实验发现,在五个 ETH 受体中,只有 ETR1 受体专一地在组氨酸残基发生自我磷酸化,其他受体主要在丝氨酸残基发生自我磷酸化。ERS1 受体在 Mn^{2+} 存在条件下,不仅是组氨酸残基,丝氨酸残基也可发生自我磷酸化;但在 Mg^{2+} 和 Mn^{2+} 同时存在时,仅在丝氨酸残基发生自我磷酸化。突变分析表明丝氨酸残基发生自我磷酸化并不需要保守的组氨酸残基。烟草的一个类型 Ⅱ ETH 受体 NTHK1(*Nicotiana tabacum histidine kinase*)也具有丝氨酸/苏氨酸蛋白激酶(Ser/Thr kinase)而非组氨酸蛋白激酶活性；另一种类型Ⅱ ETH受体NTHK2,在Mn^{2+}存在的条件下具有丝氨酸/苏氨酸蛋白激酶活性,而在Ca^{2+}存在条件下则具有组氨酸蛋白激酶活性。

由于ETH的化学结构,作为气体的ETH分子可以自由地在细胞膜和胞质间扩散。ETR1和ERS1已经被证明是定位于细胞内质网上,通过二硫键连接形成同源二聚体而发挥作用。同源二聚体形成一个高电荷疏水口袋(electron-rich hydrophobic pocket),里面含有一个ETH结合位点,ETH在一个铜离子的介导下结合到受体上。通常认为ETH的结合导致受体氨基端结构域的构象发生变化,这种变化又被扩大到组氨酸激酶结构域,最终会导致组氨酸激酶被激活和自身磷酸化。

早在ETH受体被鉴定之前,科学家们已经预测到,ETH与受体高亲和性的结合需要一种过渡金属作为辅助因子,很可能是铜。这种预测是基于像乙烯这样的烯烃与过渡金属有着很高的亲和性做出的。有关的遗传和生物化学研究已经证实了这些预测。每个ETR1二聚体需要两个Cu(Ⅰ)。在酵母中表达ETR1受体基因,对其结构和功能的分析表明,Cu(Ⅰ)与受体蛋白协同作用,且Cu(Ⅰ)是乙烯与受体高亲和性结合所必需的。银离子(silver,Ag)可代替Cu(Ⅰ)介导乙烯与受体的高亲和性结合,由此表明银离子不是靠干扰乙烯与受体结合,而是靠阻止受体与乙烯结合后蛋白发生构象改变而抑制乙烯的作用。证明乙烯受体发挥作用需要铜离子的体内实验证据来自平山(Hirayama)等对拟南芥 *RAN1* 基因的研究。*ran1* 的显著突变导致不能形成有功能的乙烯受体。克隆 *RAN1* 基因后证明,它编码的蛋白类似于一种酵母蛋白,辅助因子Cu(Ⅰ)转移到铁转运蛋白需要RAN1,它可以以类似的方式参与辅助因子Cu(Ⅰ)结合,而这种结合是乙烯受体与其发挥功能所需的。进一步的研究表明Cu(Ⅰ)不仅是ETH受体结合ETH所需的,而且也是ETH受体传递信号所必需的。在缺乏ETH时,Cu-受体复合体处于活化状态,且负调节下游信号组分,阻止ETH反应表型出现;Cu-受体复合体结合ETH后处于抑制状态,下游的CTR1激酶活性也被抑制,从而导致其下游的信号组分(EIN2、EIN3)受抑制,启动ETH反应;而Cu(Ⅰ)缺陷型受体无活化功能,所以引起组成型启动的ETH反应。

ETH受体作为负调控因子调控信号途径的模式有悖常理,这与绝大多数的动物受体机制不同,动物受体在结合后,往往作为正调控因子在各自的信号转导中起作用。

13.4.2 乙烯在胞质内的信号传递

1. CTR1

CTR1 基因是基贝尔(Kieber)等用T-DNA插入突变的方法克隆获得的。*ctr1* 突变体表现出组成型ETH反应,即没有外源ETH也表现出ETH的三重反应,表明 *CTR1* 基因编码的蛋白是ETH信号传递的负调控因子。由于CTR和ETR双重突变表现为组成型ETH反应表型,所以CTR1应位于ETR家族成员的下游。

CTR1在细胞中的定位被证明是在内质网上,其蛋白序列与丝氨酸/苏氨酸蛋白激酶同源,含821个氨基酸,其激酶域在羧基末端的300氨基酸区,从而说明CTR1是转导受体与下游组分间级联磷酸化反应的激酶。在已知的激酶超家族中,CTR1与Raf激酶最相似,哺乳动物中Raf是一种Ser/Thr激酶,为分裂原激活的蛋白激酶激酶激酶(mitogen-activated protein kinase kinase kinase，MAPKKK)，在酵母到人的所有生物中，它参与多种外部调控信号和发育信号的传递。在动物细胞中，依次通过 MAPK、MAPK 和 MAP 的磷酸化级联反应(phosphorylation cascade)参与各种发育信号或环境信号的转导。瓦基德(Ouaked)等发现 ETH 处理能够在蒺藜苜蓿(*Medicago truncatula*)中快速活化 MAPK 激酶 SIMKK(salt-stress-inducible MAPKKK)，在拟南芥中可快速活化 MAPK3，在紫花苜蓿(*Medicago sativa*)中快速活化 SIMK 和 MMK3。活化这些激酶时需要依赖于功能的 ETR1 和 CTR1，但不需要功能的 EIN2。此外，在拟南芥中过表达 SIMKK 会导致组成型 ETH 反应，这也似乎说明这些激酶可能在 ETH 信号转导途径中起作用。然而，对 MAPK6 的功能缺失突变体进行分析并没有发现与乙烯相关的表型。ETH 对 MAPK6 的激酶活性无影响，而且在 ETH 不敏感或组成型 ETH 反应突变体中，MAPK 的激酶活性也没有发生任何改变，相反的，MAPK6 通过修饰 ACS6 的活性，从而控制了胁迫诱导的 ETH 生物合成。因此，CTR1 下游信号转导的模式还有待于更多的研究，特别是对突变基因的克隆及其功能的研究将有助于揭示 ETH 信号途径的网络调控。

酵母双杂交系统(yeast two-hybrid system)和 GST 沉降实验(GST pull down assay)结果表明 CTR1 氨基端结构域与 ETR1 和 ERS1 的组氨酸结构域可发生相互作用。因为没有明显的跨膜结构域和膜附着基序，所以 CTR1 在内质网的定位可能是其与位于内质网的 ETH 发生直接互作的结果。研究发现，ETH 受体单突变体对内质网上的 CTR1 水平影响不大，双突变体和三突变体中内质网上 CTR1 的水平则明显下降，说明 CTR1 在内质网的定位依赖于与受体的互作，进一步的研究证实这种互作对受体组氨酸激酶的活性没有影响。CTR1 氨基端错义突变(*ctr1-8*)，尽管没有影响到 CTR1 激酶活性，但由于破坏了与受体 ETR1 的相互作用，仍表现出组成型 ETH 反应表型；而过表达 CTR1 氨基端，由于与内源的 CTR1 竞争 ETR1，导致出现 CTR1 功能缺失的表型；反之，过表达错义突变的 CTR1(*ctr1-8*)氨基端，由于不能与受体相互作用，因此不能产生组成型的 ETH 反应表型，表明 CTR1 与内质网上的受体结合是实现 CTR1 负调控功能所必需的。

近来的研究成果表明，在没有 ETH 的条件下，CTR1 与受体的结合维持了 CTR1 的构象，使其保持对下游途径的负调控作用；而当 ETH 存在时，ETH 与受体结合，诱发 CTR1 氨基端结构域构象发生改变，从而抑制自身羧基端 Ser/Thr 蛋白激酶的活性，对下游信号途径的抑制得以解除。目前还没足够的证据说明 CTR1 下游的信号转导是通过 MAPK 级联实现的，也仍不清楚 CTR1 是如何向下游传递信号的。

2. EIN2

1990 年，埃克(Ecker)等分离出了拟南芥不敏感突变体 *ein2*(*ethylene insensitive 2*)，它是一个隐性突变。该突变阻断了拟南芥幼苗和成熟植株的所有乙烯反应，对外源和内源 ETH 均不敏感。目前已经分离出 25 个 *ein2* 突变的等位基因，几乎所有的 *ein2* 失去功能的突变体完全对 ETH 不敏感，这不同于其他隐性的 ETH 不敏感型突变体只是部分不敏感的特性，表明 EIN2 是 ETH 信号传递过程中所必需的正调控因子。*EIN2* 基因编码一个膜整合蛋白，其蛋白定位还不清楚。对其蛋白结构进行分析表明其氨基端含有 12 个跨膜结构域，与 NRAMP(natural resistance-associated macrophage protein)蛋白质家族有很高的同源性。NRAMP 普遍存在于从细菌到人类的所有生物中，其功能为转运二价阳离子，对于从上游感受 ETH 信号是必需的。EIN2 羧基端为亲水区，含有一个绕线式螺旋(coiled coin-forming helix),可参与蛋白间互作,但它与已知的蛋白没有同源性,对所鉴定到的 25 个 *EIN2* 等位突变体的突变位点进行的分析发现其羧基端的 1134 位以后的氨基酸对其功能非常重要。生理学研究表明 ETH 感受需要一些过渡金属,如 Cu 和 Zn 参与,已经证实 Cu(Ⅰ)对 ETH 与受体蛋白的可逆结合是必需的。EIN2 与 NRAMP 蛋白质家族的相似性表明 EIN2 可能具有离子载体的功能,然而目前尚未发现 EIN2 具有转运金属离子的能力,只是推测 EIN2 可能是一种离子通道蛋白。

EIN2 是到目前为止利用遗传学方法鉴定到的位于受体/CTR1 复合体下游的 ETH 信号转导途径中的第一个正调控组分。双突变体分析表明,*EIN2* 作用于 *CTR1* 下游,它介导了蛋白激酶 CTR1 和转录因子 EIN3/EIL 之间的信号传递。与 ETH 信号转导途径上的其他正调控组不同的是,过表达 EIN2 全长及其氨基端并未发现组成型 ETH 反应或对 ETH 表现出超敏感。然而在 *ein2-5* 背景下过表达 EIN2 的羧基端,在成年植株中表现出组成型 ETH 反应表型,ETH 反应基因也被组成型激活。但上述结果仅仅发现于光下生长的转基因植株。过表达 EIN2 羧基端并不能诱导黑暗生长的种苗发生三重反应。这些结果可能表明 EIN2 羧基端负责向下游传递信号,氨基端是感受上游信号。黄化种苗要求存在氨基端功能域才能呈现出正常的三重反应以及过表达羧基端能够组成型活化 ETH 信号途径表明 EIN2 是一个"双功能信号转导组分"(bifunctional signal transducer)。目前,对于 EIN2 如何接收上游信号并如何将其向下游传递的生化机制尚不清楚。

EIN2 是 ETH 和胁迫反应的一个双重功能蛋白,它连接了不同激素的信号途径,使植物能拥有一个组合机制,通过启用一套共有的信号传递分子来调节不同的胁迫。因此,EIN2 的突变也会导致其他激素,如生长素、细胞分裂素和脱落酸等的不敏感突变。对茉莉酸和脱落酸进行的抗性遗传筛选也鉴定出 EIN2 基因突变。

13.4.3 乙烯在核内的信号转导

生物信息学研究表明拟南芥中有 3%~7% 的基因受到 ETH 调控,这些基因参与了从初级代谢到防御反应等多个生理过程。植物 ETH 反应下游通过调控基因的转录使适应内环境所需的基因得以表达,故转录因子在 ETH 信号传递途径的下游起了重要的作用。目前发现的 ETH 信号传递途径的转录因子可以归纳为初级转录因子和次级转录因子。次级转录因子受初级转录因子的调控,同时也汇集其他信号途径的调控信号以启动特异性基因的表达。

1. 初级转录因子 EIN3 和 EIL

在 *ein2* 背景下过表达 EIN3 出现类似过表达 EIN2 羧基端结构域的表型,说明 EIN3 是在信号途径中的 EIN2 的下游发挥作用。*EIN3* 属于一个小的转录因子基因家族,编码一类新的核定位蛋白。在拟南芥中还有五个类 EIN3(EIN3-like,EIL)蛋白,分别编号 EIL1、EIL2、EIL3、EIL4 和 EIL5。其中,EIL1 和 EIL2 也可使 *ein3* 突变体恢复到野生型的表型,这表明不但是 EIN3、EIL1 和 EIL2 也参与了 ETH 信号传递途径,这也解释了为什么 *ein3* 的无义突变只能引起部分 ETH 的不敏感。EIN3 和 EIL1 的功能缺失突变体出现不完全的 ETH 不敏感性,两者比 EIL1 的不敏感性要弱一点,这可能是 EIL2 在体内的表达量比 EIN3 低一点的缘故。不过 *ein3/eil1* 双突变体却表现出完全的 ETH 不敏感性,丧失了三重反应和对一些病原菌抗性的 ETH 反应。这些结果说明 *EIN3* 和 *EIL1* 作为 *EIN2* 下游的调控因子,是以一种平行的方式起作用,各自有不同的靶信号途径。在番茄中也克隆到三个 *EIL* 基因,单独敲除一个基因也不表现出对 ETH 的敏感性,说明这些基因是冗余的,在功能上有一定的互补性。

EIN3/EIL 蛋白质家族有几个明显的结构特征:①氨基端有一个富含酸性氨基酸的结构域;②有一个脯氨酸富含区;③卷曲结构;④几个高度碱性区域;⑤靠近羧基端有几个多聚天冬氨酸或多聚谷氨酰胺重复。这些结构特征被认为是转录激活结构域所具有的,所以推测 EIN3/EIL 可能也具有转录激活的作用。预测的卷曲结构的存在表明 EIN3/EIL 可能以二聚体(同源或异源二聚体)或多聚体形式发挥作用。靠近氨基端的卷曲基元,有一个富含碱性氨基酸的 α-螺旋区域或与 β-ZIP 家族的 DNA 结合区域相似。EIN3/EIL 蛋白中这些基元的存在和保守性表明 EIN3/EIL 可能作为转录因子发挥作用,这些与 EIN3 的核定位及在酵母中的转录激活能力的事实相一致。EIN3 对于 ETH 介导的所有反应是充分必要的。

EIN3 和 *EIL1* 在转录水平上都不受 ETH 调控,说明这两个基因对 ETH 的反应存在转录后调控机制。ETH 处理能促进 EIN3 蛋白积累,而一旦去除了 ETH,EIN3 蛋白水平迅速下降,因此 ETH 调控了 EIN3 蛋白的稳定性。进一步研究拟南芥中的两个编码 F-box 蛋白的基因 *AtEFBF1*(*Arabidopsis thaliana EIN3-binding F-box 1*)和 *AtEBF2* 与 EIN3 的相互作用,结果表明它们与 EIN3 的转录后水平的调控有关,这两个基因的功能缺失突变体中 EIN3 的水平明显升高,其中任何一个基因的过表达转基因植株均表现出对 ETH 的不敏感和 EIN3 蛋白质降解。同时蛋白酶体特异性的抑制剂能够稳定 EIN3 的水平,这也说明 EIN3 是通过泛素/26S 蛋白酶体途径降解的。*AtEBF1* 或 *AtEBF2* 的任何一个基因缺失突变均可稳定 EIN3,增强 ETH 反应;而过表达 *AtEBF1* 或 *AtEBF2* 则表现为 ETH 不敏感,表明 *AtEBF1* 或 *AtEBF2* 负调控 ETH 反应。*ebf1/ebf2* 双突变会导致突变体死亡,这可能是由于 EIN3 的过表达所引起的。ACC 的处理可以抑制 EIN3 的降解,但通过 ETH 的识别稳定 EIN3 水平的信号转导机制仍不清楚。

拟南芥中 EIN3 作用的 DNA 元件被称为 EIN3 结合位点(EIN3-binding site,EBS),也被称为初级 ETH 反应元件(primary ethylene response element,PERE),它是一个短的回文序列,位于 ETH 反应元件结合蛋白(ethylene response binding protein,EREBP)的启动子区内。EIN3 以同源二聚体的活性形式结合到 PERE 上,核磁共振的结果表明其结合 DNA 的基序由五个 α-螺旋组成,不同于任何已知的 DNA 结合结构域。

2. 次级转录因子 AP2/ERF

ETH 信号传递途径中的从受体到 EIN3/EIL 这一步在所有的 ETH 反应过程中都是相同的,所以称为初级 ETH 信号途径。但是无论是外源 ETH 处理还是内源 ETH 合成的增加,在不同组织、不同发育阶段和受到不同环境刺激后,都会引起不同的 ETH 反应,这样必然要有其他的信号与初级 ETH 信号发生整合以调节下游的反应,使其向特定的方向进行。

拟南芥中 EIN3 的直接靶基因 *AtERF1*(*Arabidopsis thaliana ethylene response factor 1*)编码一个蛋白,是 DNA 结合蛋白质家族的 ETH 反应元件结合蛋白(ethylene response element binding protein,EREBP)的一员。其氨基酸序列与已知的 DNA 结合蛋白和转录

因子没有同源性，也不含碱性亮氨酸拉链（basic leucine zipper，bZIP）或锌指结构基序（zinc finger motif）。EREBP 含高度保守的 58～89 个氨基酸残基，这个区域被称为 ERF 结构域。ERF 结构域是植物所特有的 DNA 结构域，存在于许多单子叶和双子叶植物中的调节基因和未知功能的 cDNA 中。虽然 ERF 结构域高度保守，但 AtERF1 表现出一些特异性。在 ERF 结构域以外，EREBP 各个成员间的同源性很低，说明这些成员可能具有不同的 DNA 识别序列和识别模式。

EREBP 有结合到 GCC-box 上的能力。GCC-box 是一个顺式反应元件，由一个 11bp 的保守序列（TAAGAGCCGCC）组成。EREBP 与 GCC-box 结合的结构域与拟南芥花器官同源异形蛋白 APETALA2（AP2）有着很高的同源性，与非生物胁迫反应基因启动子区的脱水反应元件结合蛋白（dehydration-responsive element binding，DREB）也有一定的同源性。目前在拟南芥中 AP2/EREBP 转录因子超家族含有至少 145 个成员，其中很多成员在接种芸薹链格孢菌或用茉莉酸处理后产生的反应中，只有少数几个基因受 ETH 诱导。大多数 EREBP 都是作为转录的激活蛋白在起作用，如 AtERF1、AtERF2 和 AtERF5 都是激活含有 GCC-box 基因的转录因子，称为第一类 ERF。第二类 ERF 则阻遏含有 GCC-box 基因的转录因子，包括 AtERF3 和 AtERF4，它们在结构上含有一个基因阻遏基序（L/F）DLN(L/F)(X)P，称为 ERF 相关两性阻遏基序（ERF associated amphiliphilic repression motif，EAR），AP2/ERF 家族中至少有八个成员含有这一基序。

近来有研究表明 ERF 不仅受初级转录因子的调控，还可以受到另外调控机制的影响。例如拟南芥 HDA19 蛋白是一种组蛋白去乙酰化酶，这种催化组蛋白去乙酰化的酶对真核生物的转录调控有着很重要的作用。HDA 的表达受到 ETH、JA 和芸薹链格孢菌浸染的诱导，而在 *HDA19* 过表达的转基因植株中，*AtERF1* 的表达也增强。*HDA19* 应该是在转录水平上实现对 *AtERF1* 的调控，但还不清楚 HDA 是通过 *EIN3* 调节 *AtERF1* 的表达，还是直接调控 *AtERF1* 的表达。此外，也有研究表明转录后调控也可能在 ERF 的表达调控中发挥作用。

13.4.4　乙烯信号传递途径的模型

在过去的 30 多年里，乙烯的信号传递途径模型是通过遗传和分子分析获得的。确定 ETH 信号传递途径各组分的顺序常采用双突变体分析方法。双突变体表现出的表型揭示出哪一个突变相对另外一个是上位的。例如，*etr1/ctr1* 双突变体表现出 *ctr1* 单突变体的表型，那么 *ctr1* 相对于 *etr1* 是上位的。又如，*ctr1/ein2* 双突变体表现出 *ein2* 单突变体的表型，表明 *ein2* 相对于 *ctr1* 是上位的。如此类推。通过这种方法，人们可以确认 *ETR1*、*CTR1*、*EIN2* 和 *EIN3* 的作用顺序。在拟南芥中，乙烯首先通过定位在内质网膜上的 ETR1、ERS1、ETR2、ERS2、EIN4 受体，传递到 CRT1、EIN2，然后启动转录因子 EIN3、EIL1，从而促进或者抑制数以百计的乙烯响应基因的表达。需要指出的是，相邻因子有无其他因子的存在及有何因子存在目前仍不清楚，需要进一步研究。

专题 14

油菜素内酯
Brassinosteroid

很早就已经知道，甾醇类激素，如性激素和蜕皮激素等，在动物的胚胎发育及成熟个体维持内环境的平衡中起重要的作用。1933 年，布特南特（Butenadt）等从油棕（*Elaeis guineensis*）种子中分离出结晶物，其活性和结构都和雌酮（estrone）相似。此后，人类相继从植物中分离和鉴定出动物中发现的大量甾醇类激素。油菜素内酯类是目前已知的唯一可调节植物生长发育的植物甾醇类化合物，才在植物中广泛分布。1970 年，米歇尔（Michell）等从油菜花粉中用有机溶剂分离到具有极高生物活性的一种提取物，命名为油菜素（brassin）。1979 年，格罗夫（Grove）等利用 X-衍射和超微量分析鉴定了其分子结构，确定其为甾醇类化合物，正式命名为油菜素内酯（brassinolide，BL）。目前，研究者已经从不同的植物中分离得到共 60 多种油菜素内酯类似物，统称为油菜素内酯类化合物（brassinosteroid，BR）。1998 年，第 16 届国际植物生长物质年会正式确认 BR 为第六类植物激素。

BR 的基本结构是个甾体核，在核的 C17 位上有 8～10 个碳原子的侧链，其生物活性与结构的关系密切。具生物活性的 BR 必须具备五个结构特征，分别为：①A/B 环为反式；②B环含有 7 位内酯和 6 位酮基；③A 环具 2 位和 3 位两个羟基；④侧链 22 位和 23 位具有羟基；⑤侧链 24 位有 1～2 个 C 的取代基。根据这些特征，目前人工合成了多个油菜素内酯类化合物，如表油菜素内酯、高油菜素内酯及长效油菜素内酯 TS303 等（图 14-1）。

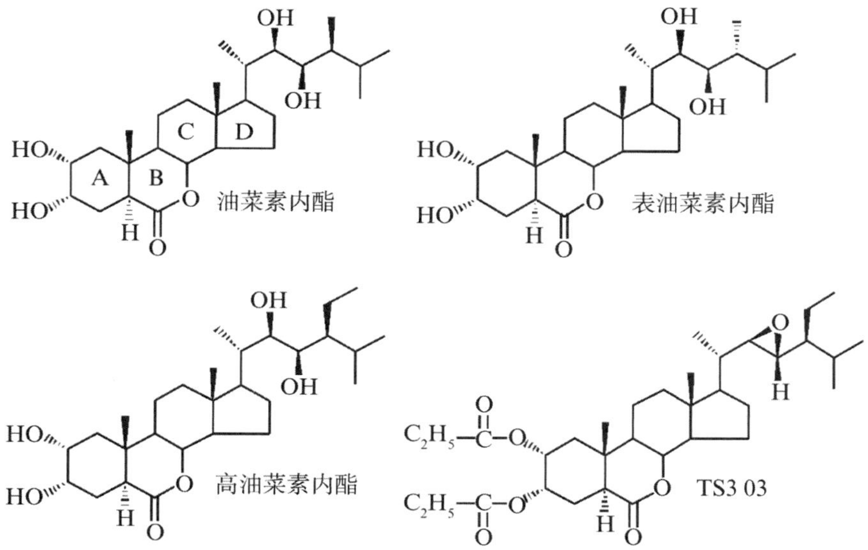

图 14-1　部分油菜素内酯类化合物的结构

14.1　油菜素内酯的生物合成和调控

14.1.1　油菜素内酯的生物合成

BR 在植物体内的含量极低,在花粉和种子中为 1～1000ng/kg,在枝条中为 1～100ng/kg,在果实和叶片中为 1～10ng/kg。由于含量极低和当时检测技术的缺乏,对 BR 的研究主要集中于其对植物的促进作用,无法开展深入的研究。1994 年,Takatsuto 发展了 BR 的 GC-MS 和 GC-MS-SIM 技术,可检测到 ng 级水平的 BR,这极大地促进了对 BR 生物合成途径的研究及 BR 生物合成突变体中所影响合成步骤的确定。

作为一类萜烯类物质,BR 与赤霉素(GA)和脱落酸(ABA)的生物合成相似,也由异戊烯基焦磷酸为结构单位,逐步合成 C15 的法尼基焦磷酸,然后通过由两个法尼基焦磷酸聚合形成 C30 的三萜化合物角鲨烯,角鲨烯经过一系列的闭环反应形成五元环的环状类固醇,其再通过氧化或其他修饰,形成油菜甾醇(CR)等各种固醇类物质。研究发现,植物体内存在 2 条途径:一条是依赖于 CR 途径;另一条是不依赖于 CR 途径。依赖于 CR 途径是主要的油菜素内酯合成途径。它是以 CR 为原料,可大规模人工合成 BR 类似物 24-表油菜素内酯和高油菜素内酯。BR 的生物合成也以油菜甾醇为底物。藤冈(Fujioka)等利用悬浮培养的长春花(*Catharanthus roseue*)细胞系,以放射性标记 CR 作为前体,分析 BR 及其各前体的含量后提出,在植物体内存在至少两条 BR 生物合成途径:早期 C6 氧化途径(early-C6 oxidation pathway)和晚期 C6 氧化途径(late-C6 oxidation pathway)。在早期 C6 氧化途径中，CR 经加氧、6α-羟基化和氧化得到 6-氧油菜烷醇，再经羟基化得到长春花甾酮，进一步羟基化成茶甾醇，再经脱氢氧化为香蒲甾酮，随后转化为栗甾酮(CS)和 BR。而在晚期 C6 氧化途径中，CR 经多次羟基化后依次形成 6-脱氧长春花甾酮、6-脱氧茶甾酮，再氢化成 6-脱氧香蒲甾醇，其转化形成的 6-脱氧栗甾酮氧化成栗甾酮，最终形成 BR。已经证实在拟南芥 (*Arabidopsis thaliana*)、烟草 (*Nicotiana tabacum*) 和水稻 (*Oryza sativa*) 中同时存在这两条途径。而且在光照条件下，晚期 C6 氧化途径的合成活性较高；在黑暗中，早期 C6 氧化途径的活性较高。此外，对拟南芥 *dwf4* 突变体的研究发现了一个新的 BR 合成次途径，它可以 6-脱氧长春花甾酮为起始点合成 BR，这弥补了因为缺乏造成的缺陷。DFW4 编码一个与推定的拟南芥甾醇羟化酶有 43% 相似性的细胞色素 P450 单氧化酶，在 BR 的合成途径中的特异性羟基化过程中起作用，充当了 C22 羟化酶，是一个重要的限速因子。同样的，6-6α-羟基油菜甾醇也是一个 BR 合成次途径的起始分子，其中间产物在早期 C6 氧化和后期 C6 氧化途径中扮演了一个"搭桥分子"(bridging molecule)的角色。另一条不依赖于 CR 途径是作为原始途径。CR 通过 2 条亚途径转化为甾酮。第 1 条：油菜甾醇→22α-羟基樟脑甾醇→22,23-二羟基樟脑甾醇→22,23-二羟基-campest-4-烯-3-酮→3-脱氢-6-脱氧异戊酮→卡斯特甾酮。第 2 条：油菜甾醇→22α-羟基樟脑酯醇→22α-羟基化合物-4-烯-3-酮→22a-羟基-5α-复合物-3-酮→3-表 6-脱氧甲甾酮→6-脱氧哈司特罗→卡斯特甾酮。

通过对拟南芥相关突变体的研究，BR 合成过程中的许多关键酶的基因得到了克隆（表 14-1）。

表 14-1　通过拟南芥突变体克隆到的基因

基因	突变体	编码蛋白	催化反应
DET2	det2	甾醇-5α-还原酶	油菜甾醇到氢化油菜甾醇
CPD	Cpd	细胞色素 P450	BR 合成过程中的 C23 的羟基化
DWF4	dwf4	细胞色素 P450 甾醇羟化酶	BR 合成过程中的 C22 的羟基化
DWF1	dwf1	24-亚甲基胆甾醇还原酶	24-亚甲基胆甾醇到油菜甾醇
DWF7	ste1/dwf7	甾醇-C5-去饱和酶	麦角甾-7,24(24)-二烯醇到脱氢麦角甾-7,24(24)-二烯醇
DWF5	dwf5	甾醇还原酶	脱氢麦角甾-7,24(24)-二烯醇到 24-亚甲基胆甾醇
CPH	Cph	24-甾酸 C-甲基转移酶	环阿屯醇到 24-亚甲基环阿屯醇
HYDRA1	Hydra1	C8,7-甾醇异构酶	4α-甲基粪甾醇到 4-甲基-24-亚甲基胆甾-7-烯醇

14.1.2 油菜素内酯合成调控

植物体内的油菜素内酯水平可以通过各种代谢进行调节，如立体异构、氧化、羟基化等。拟南芥的 BAS1 基因编码一种含细胞色素 P450 的单加氧酶 CYP72B1，该酶催化 BR 的 C26 发生羟基化反应，从而减少 BR 合成途径后期的中间产物，并且积累布拉西诺内酯。

同时，BR 的生物合成具有反馈调节的性质。例如，添加外源的 BR 会抑制 DET、CPD

等 BR 生物合成过程中关键酶基因的表达,同时促进 *BAS1* 基因的大量积累,从而抑制 BR 的合成。拟南芥 *BRI1* 基因的突变造成了内部 BR 含量的提高,但 *CYP85A* 基因的表达却受到 BR 抑制,说明 *BRI* 经由下调 *CYP85A1* 来负调控 BR 含量;*BIN2* 是一个 BR 信号的负调控因子,突变体也有较高的 BR 含量,*BIN2* 编码一个类 GSK/SHAGGY 蛋白激酶,此酶能将 BZR1 蛋白磷酸化,介导了 BZR1 进入蛋白降解的过程;而 BR 却可促使 BZR1 脱磷酸化,导致蛋白积累,从而抑制 BIN2 活性。

此外,光也可调控 BR 的合成。拟南芥 *det2* 突变体的 BR 合成缺失,内源 BR 水平低下,在黑暗中生长,它具有脱黄化现象(de-etiolation),即不像正常拟南芥在黑暗条件下会发生黄化,据此有人推测 BR 可抑制拟南芥幼苗的脱黄化现象。但此现象没在豌豆的 *lk* 和 *lkb* 突变体中发生。另外,还有人发现照射红光可促进野生型水稻和豌豆的内源 BR 水平。

14.2 油菜素内酯的生理功能

通过外源添加 BR 和相关突变体的研究发现,BR 对细胞伸长和分裂、光形态建成、种子萌发、花器官发育、光合作用、抑制器官衰老、诱导逆境反应等过程起着重要的作用。

14.2.1 细胞伸长和分裂

添加 μmol/L 级别,甚至 nmol/L 级别的 BR 就会引起双子叶植物的下胚轴、上胚轴、花梗显著伸长,单子叶植物的胚芽鞘和中胚轴也能显著伸长。这种机制和生长素促进细胞伸长的酸生长机制相似,BR 能刺激细胞膜上 ATP 酶活性,促进 H^+ 酸化非质体,进而增加细胞壁的可塑性,BR 引起的质子分泌与早期跨膜电势的超极化有关。吴(Oh)等使用差异杂交法(difference hybrid display),从大豆黄化苗中鉴定出一种 BR 上调的基因 *BRU1*,其转录物表达水平与 BR 诱导的伸长生长呈线性相关,而且 BRU1 的 mRNA 积累水平也与 BR 介导细胞壁弹性延伸程度相平行。在 BR 处理的下胚轴中,BRU1 的活性随着 BR 处理浓度的升高而升高。BRU1 编码的蛋白与木葡聚糖内糖基转移酶(XET)高度同源,也具有 XET 酶的活性。XET 酶可以将沉积的木葡聚糖锚定在细胞壁上,从而参与细胞壁的合成和修饰。拟南芥中编码 XET 酶的 *TCH4* 基因在 BR 处理 30min 后表达上升,2h 后即可达到最大值。此外,拟南芥突变体 *cbb*、*dwf4*、*cpd* 和 *dim* 等中 *XET* 基因的表达是下调的,也可从一个侧面解释突变体的矮化表型。此外,BR 还参与对植物细胞水分吸收的调节、增加细胞的膨压、促进细胞的伸长生长等过程。

纤维素微纤丝构成植物细胞的初生壁和次生壁。无伸展能力的细胞,其微纤丝是随机取向的,而与细胞长轴呈垂直排列时,细胞即具有伸展性。微纤丝在细胞壁中的取向由分布于细胞膜内侧的微管的排列方向所控制,并与微管的排列方向平行。BR 能增加细胞中与纵轴垂直排列微管的百分率。赤豆(*Vigna angularis*)上胚轴表皮细胞的微管在吲哚-3-乙酸(IAA)单独处理时与纵轴呈直角分布的只占 30%;当 BR 与 IAA 同时处理时,该比例可高达 60%。与野生型拟南芥植株相比,*bull* 突变体下胚轴和叶柄的细胞伸长明显减少。间接免疫荧光(indirect immune fluorescence method)分析显示其微管很少,缺乏野生型伸长细胞中典型的平行微管组装。BR 处理后，微管被重新组装并正确定向，从而使细胞伸长。穆尼奥斯(Munoz)等从生长 5 天的鹰嘴豆的上胚轴中克隆出 *CanTUB* 基因，它编码的蛋白质序列与 β 微管蛋白相似性可达 86%～92%。研究发现，β 微管蛋白的转录水平与上胚轴的伸长是一致的。BR 单独可诱导上胚轴切段的伸长，并能增强 IAA 诱导的伸长的作用。测定 *CanTUB* 的转录水平，发现在伸长过程中伴随着转录水平的提高。这些结果说明，BR 可促进微管的合成，进而修饰细胞壁。

植物吸水是细胞伸展的原动力。拟南芥 *bri1*、*cpd* 突变体下胚轴的生长与下胚轴细胞的渗透势呈正相关。而 BR 处理可使生长停止的根、下胚轴、叶柄恢复生长，且恢复生长的量与细胞渗透势增加量呈正相关。用 BR 处理 6h 后即表现出明显促进下胚轴的吸水过程，8h 后可观察到其对生长的促进效应。研究还发现，在黄瓜(*Cucumis sativus*)幼苗下胚轴中，BR 处理加速淀粉的降解，从而维持较低的细胞渗透势。

至于 BR 是否可促进细胞的分裂，目前还存在分歧。因为研究采用的是细胞培养体系，故试验系统比较复杂，培养液的浓度、加入的各种激素及各种激素之间的交互作用均会影响对研究结果的判断。在烟草 BY-2 细胞系中，BR 促进的细胞分裂只发生在悬浮培养早期和不存在外源生长素的情况下。BR 合成突变体 *det2* 和 *dwf1* 的叶片的细胞数目要少于野生型，而且叶片停止生长也比野生型要早。但通过对 BR 缺失突变体 *cbb1*、*cbb3* 和 BR 不敏感突变体 *cbb2* 的显微观察，发现植株矮小的表现是由于细胞变小而非细胞数目减少。因此，需要进一步的研究来证实 BR 在促进细胞分裂的作用。

14.2.2 光形态建成

光对生物的作用不只是提供光合作用的能量，对植物和微生物来说还是一个重要的光形态建成信号。*det2*、*cpd* 和 *dwf4* 等 BR 合成突变体在黑暗条件生长会表现出下胚轴短、子叶张开、脱黄化等光形态建成现象，这可能是由于这些突变导致黑暗中某些光控基因的诱导表达所致。使用 BR 合成抑制剂油菜素唑处理黑暗条件下生长的拟南芥幼苗，则可诱导光形态建成。与野生型拟南芥的黄化苗相比，黑暗生长的 *det2* 突变体幼苗中的一个编码花青素合成酶的基因 *CHS* 的表达量提高了 50 倍以上，达到光照条件下生长的野生型幼苗中表达量的 50%以上。而四类叶绿体捕光系统(chloroplast light-harvesting system)相关的基因表达量在突变体中均上调了 10～20 倍，达到光照条件下野生型幼苗中表达量的 20%左右。Ma 等采用基因芯片技术(gene chip technology)研究拟南芥幼苗的发育机制时发现，24-甾酸 C-甲基转移酶、C8,7-甾醇异构酶、3β-羟基甾醇脱氢酶和甾醇磺基转移酶四个 BR 合成相关基因的表达在光照条件下下调。这些结果表明，BR 在调控植物光形态建成过程中起了重要的作用。高水平的 BR 是黑暗条件下光形态建成所必需的，而光又反过来抑制 BR 的合成。

14.2.3 气孔的开闭

拟南芥 *sax1* 和 *det3* 突变体在气孔开张和关闭方面与野生型相比发生了明显的改变。氧化胁迫和 Ca^{2+} 可促进野生型气孔的关闭，但不能诱发 *det3* 气孔的关闭；而 ABA 和低温处理却可诱发 det3 突变体气孔关闭。BR 合成突变体 bul1/dwf7 的单位叶片的气孔数要比野生型多 5~6 倍。

14.2.4 花粉的发育和育性

BR 生物合成突变体和不敏感突变体都表现出了育性降低的表型,说明 BR 可能与植物的育性有关。植物花粉中含有较多的内源 BR,也进一步说明 BR 可能在植物花粉萌发和育种调节中发挥重要作用。在 BR 生物合成突变体 cpd 中,由于花粉萌发过程中花粉管不能伸长而导致雄性不育(male sterility),但如果添加外源 BR,则可恢复 cpd 突变体花粉管在柱头内的生长,顺利进入胚囊,实现受精过程。外施 0.01mg/L 的 BR 可使绿豆(Phaseolus radiaus)的花粉管伸长增加近 40%,也能促进西兰花(Brassica oleracea)的花序分化,但浓度高低对于花序分化影响不大。另外,在拟南芥和芥菜(Brassica juncea)中,添加外源 BR 甚至可促进单倍体种子的形成。

14.2.5 种子萌发

与其他植物激素一样,BR 也参与种子的萌发。已知 GA 可以促进种子萌发和打破休眠,但 ABA 的作用正好相反。几个 GA 合成突变体和信号转导突变体种子的萌发可以被 BR 部分恢复,而 BR 合成突变体 det2 和不敏感突变体 bri1 与野生型相比,对 ABA 更敏感。G 蛋白的 α-亚基(GPA1)在种子萌发过程中可能起了非常重要的作用,GA 合成抑制剂多效唑处理拟南芥 gpa1、bri1、det2 各突变体后均表现出 GA 缺失的表型,BR 处理可完全使 det2 的表型恢复到野生型,但 gpa1 只能被 BR 部分恢复,bri1 对 BR 处理毫无反应。

14.2.6 逆境抗性

BR 不仅影响植物的生长发育,还参与了植物的逆境反应。用 BR 处理逆境条件下的植物后,可以减缓植物对多种逆境的反应。研究表明,BR 可以提高水稻、番茄、玉米、黄瓜和雀麦草(Bromus japonicus)对低温的忍耐能力,表现在不仅能减轻不同抗冷性的植物幼苗在低温胁迫和回温恢复过程中的伤害,还能促进幼苗根系和叶片的正常生长和健壮度。BR 可显著提高甘蓝型油菜(Brassica campestris)和番茄的耐热性,这种反应与 BR 诱导热休克蛋白的表达有关。BR 可提高甜菜(Beta vulgaris)对干旱和小麦对潮湿的抵抗力,还可以缓解盐害对桉树(Eucalyptus radiate)和水稻的毒害。BR 可通过降低 ROS 代谢、提高 SOD 和 POD 活性,增强 ASA-GSH 循环,缓减半夏、格鲁吉亚扁柄草、土豆、棉花等的干旱胁迫。同时,喷施 10^{-4}~10^{-3} mg/L 的 BR 溶液可防治水稻叶鞘枯萎病、番茄枯萎病、中国卷心菜软腐病和黄瓜灰霉病,与杀菌剂联合使用,对病害防治起增效作用。添加 BR 甚至还能提高其他(如除草剂等)的抗逆性。BR 在增加抗性方面的作用可能是基于 BR 能激活植物体内的各种抗氧化酶保护系统,从而能尽快消除植物体内由于逆境胁迫而产生的过多的有害自由基,降低了自由基带来的伤害。

14.3　油菜素内酯与其他激素的关系

各种激素间存在着复杂的作用关系，涉及各激素的合成、运输、代谢及下游响应。BR影响植物基础发育模式与光形态建成。当合成和信号转导途径被逐步阐明后，BR对于其他激素的调控也渐为人知，展示了一种激素同时参与多种激素功能交互调控复杂发育过程的新模式。

BR上游合成基因 *SMT1* 的缺失能影响IAA极性输出载体在细胞膜上的正确定位；在上游合成途径的突变体 *hyd1* 和 *fk/hyd2* 中，IAA和ETH信号途径受到抑制；生长素在根中的异常分布能影响主根分生组织的正常发育，但在 *hyd2* 突变体中，由于乙烯下游信号途径得到抑制，根毛的分生和主根的生长得到了恢复。可见BR与生长素和乙烯在调节植物生长发育过程中呈现出了有趣的"三角关系"，BR下游合成途径一般不影响种子萌发过程，但可缓解脱落酸对萌发的抑制作用，进而促进萌发过程。激动素（KT）与BR的作用在先前的大多数研究中被认为是独立的。但1994年，绍里（Chory）等发现KT对黑暗处生长的野生型拟南芥有脱黄化的作用，后来又发现 *det2* 脱黄化突变体是BR缺失型突变体，从而对激动素与BR在光形态建成方面的作用有了新的认识。研究人员认为或许两者真的可能独立作用于光形态建成，也可能在光形态建成的一个序列反应中起作用。而关于BR与GA间的作用也有报道，但还存在诸多争议，认为两者相互促进、独立作用、相互拮抗的观点都有。

14.4　油菜素内酯的信号转导

植物油菜素内酯信号转导的研究是从对突变体的分析开始的。BR突变体的共同特征是矮化，可分为两类：一类是合成突变体，我们已经在表14-1中列出，大豆中也鉴定出两种，即 *lkb* 和 *lk*，番茄中也有两种，分别是 *dwarf* 和 *dpy*。它们的特点是BR合成能力缺失，内源BR水平低，因而植株矮小，但外施BR可恢复。另一类是BR不敏感突变体，与合成突变体相比形态上十分相似，但外施BR后症状不会逆转。目前筛选到的拟南芥BR不敏感突变体共有20个，令人惊奇的是，所有这些突变体的突变位点均存在于同一基因上，都是在 *BRI1* 基因的不同部位或片段上发生突变而形成突变体，故统称为 *bri1* 突变体。

14.4.1　胞外BR信号的感知

BR在细胞表面为其受体BRI1所感知。通过序列分析可知，*BRI1* 基因编码一种富含亮氨酸重复序列（leucine-rich repeat，LRR）的跨膜受体蛋白激酶（receptor-like kinase，RLK），与植物中的其他 *LRR-RLK* 基因（如 *CLAVATA1*、*ERECTA* 和 *Xa21*）相似。这些基因的作用是转导调节发育的信号，可能涉及细胞与细胞间信号的传递或病原体的识别。BRI的胞外部分包括氨基端信号肽、亮氨酸拉链基元、25个串联的LRR及位于其头部的2个半胱氨酸残基，在第21和22个LRR之间还有1个70个氨基酸序列的岛域（island domain),细胞内部分具有 Ser/Thr 激酶结构域。

在拟南芥 18 个等位基因突变体中,7 个突变发生在激酶结构域,其突变使 BRI1 丧失功能,LRR 前后都有半胱氨酸对,和其他 LRR-RLK 受体激酶结构保守一样,其中一个等位基因突变位点发生在第 22 个 LRR 之间的半胱氨酸对,这些结果显示 BRI1 可能是个受体激酶蛋白,BRI1 的激酶活性后来也被证实,Ser/Thr 残基能够自动磷酸化,而 BR 处理拟南芥后,BRI1 的 Ser/Thr 也会发生磷酸化。水稻 Xa21 基因编码一个类似于 BRI1 的蛋白,也有 LRR 域和激酶域的结构。将 BRI1 的胞外结构(包括 LRR 及那段 70 个氨基酸残基域)及跨膜与水稻 Xa21 的激酶域融合而成的嵌合蛋白导入水稻细胞中表达,在 BR 处理后,能够诱导对病原菌的反应,说明 BR 的胞外结构域参与了感知 BR 信号的作用。后来的研究证实确有 BRI1 的细胞膜成分能与 ^{3}H 标记的 BR 结合,但如果胞外结构域发生突变,则 BRI 和 BR 结合的能力也消失;相反,激酶功能域突变并不影响 BRI1 和 BR 的结合,但会影响 BRI1 蛋白的磷酸化反应。这些结构支持了 BRI1 的胞外域能与 BR 结合。近年来的研究表明 BRI1 能直接与 BR 结合。BRI1 的胞外域能结合 BR 的最小基元,包括 70 个氨基酸和第 22 个 LRR,现在已知的发生在第 22 个 LRR 的 bri1 突变体有 bri1-2(Gly644Asp)、bri1-7(Gly613Ser)、bri1-9(Ser662Phe)和 bri1-113(Gly611Glu)。有意思的是,bri1-6(Gly644Asp)的突变中,BRI1 仍能与 BR 结合,这说明 Gly644Asp 对与 BR 结合作用不大,很可能在诱导 BRI1 构象从而激活胞内激酶的过程中起着关键作用。同时,还发现 BRI1 的羧基端(1156~1196)能抑制 BRI 的自动磷酸化,是一个 BRI1 活性的负调控功能域。

虽然外源 BR 可激活 BRI1 的活性已经得到多数实验的证实,但生物化学机制并不清楚。BRI1 的激活包括 BR 诱导 BRI1 和 BAK1(BRI-associated receptor kinase)形成二聚体,然后在 BIR1 和 BAK1 之间发生相互磷酸化。BAK1 是用酵母双杂交技术(yeast two-hybrid system)筛选与 BRI1 相互作用的蛋白时鉴定的,它与 BRI1 有类似的结构和亚细胞定位,两者在体内和体外都可以相互作用,但有区别的是,BAK1 只有 5 个亮氨酸,也无 70 个氨基酸的独立结构域。而王(Wang)等认为 BRI 和 BAK1 之间的相互作用更类似于动物细胞中的转化生长因子 β(transforming growth factor-β,TGF-β)的信号转导途径,即 BR 先与 BRI 的同型二聚体结合,然后诱导该二聚体的构象发生改变以激活其活性,从而使 BAK1 磷酸化,随后活化的 BAK1 使下游元件再磷酸化,让信号传递下去。研究发现,过表达 BAK1 基因能恢复弱的 bri1 突变体表型。植物体内 BR 促进 BRI1 和 BAK1 的结合,而这两个激酶蛋白的 Thr 残基的自动磷酸化更是受到 BR 诱导,这两个研究成果支持了 BRI1 和 BAK1 在作用上类似动物的激酶受体的观点。

14.4.2 BR 信号的传出

细胞表面的 BRI 感知到 BR 信号后,需要从胞外转移到胞内。这一过程中可能起作用的蛋白有 BAK1、BKI1(BRI1 kinase inhibitor 1)、TTL(transthyretin-like protein)和 TRIP1(TGF-β-receptor interaction protein 1)。原生质体过表达 BAK1 可诱导 BRI1 的内吞现象,这说明 BAK1 可能在 BR 信号转导过程中把 BRI1 从细胞表面带到细胞质内,使 BRI1 在细胞质内直接与靶蛋白相互作用。另一种可能调节 BR 信号由 BRI1 传到细胞内的蛋白是 BKI1。过表达 BKI1 的拟南芥植株矮小,对 BR 的敏感性降低,而使用 RNA 干涉

(RNA interfere，RNAi)技术造成的 *BKI1* 基因的沉默会导致下胚轴的伸长。这些结果说明 BKI1 是 BR 信号转导过程中的负调控因子。BKI1 作用的机理是与 BRI1 相互作用,阻止了 BRI1 与 BAK1 结合,从而阻止了信号从 BRI1 输出。TTL 和 TRIP1 在体外能够被 BRI1 所磷酸化,但目前还不清楚这两个蛋白是如何在 BR 信号转导过程中起作用的。

14.4.3　BR 信号在细胞质和细胞核的传递

BR 信号随 BRI1 进入细胞内后,再到细胞核的信号转导过程需要激酶 BIN2(brassinosteroid-insensitive 2)及其底物 BES1(brassinazole-resistant 1)和 BZR1(BRI 1-EMS-suppressor 1)。*BIN2* 基因编码一种细胞质 Ser/Thr 激酶,其催化功能域与果蝇的 SHAGGY 蛋白激酶和哺乳动物的糖原合成酶激酶 3(glycogen synthase kinase 3，GSK3)有 70% 的同源性。在动物细胞中,GSK3/SHAGGY 激酶参与多个信号转导途径,并且它一般是通过磷酸化来负调节底物以阻断信号转导。利用 BIN2-GFP 的研究表明,拟南芥细胞里的 BIN2 既可定位于细胞膜上和细胞质中,也可存在于细胞核中。BIN2 的功能获得性(gain-of-function mutant)突变体表现出 BR 缺失的表型,所以,BIN2 是 BR 信号转导的负调控因子,它通过磷酸化作用使 BR 信号转导中的正向作用因子失活,从而阻遏 BR 的信号转导。因此,BIN2 激酶活性的抑制是 BR 信号转导的关键性步骤。BIN2 激酶活性受抑制是因为蛋白酶体介导的 BIN2 的降解所致,当外源施加 BR 合成抑制剂时会增加 BIN2 的积累,但外源施加活性 BR 时,BIN2 的积累会降低。除 BIN2 外,在拟南芥中至少存在另外两个 GSK3 激酶,即 ASK22(Arabidopsis SHAGGY-related protein kinase)和 ASK23,它们与 BIN2 的功能相同,也是 BR 信号转导过程中的负调控因子。

通过遗传筛选的方法可鉴定出了两个 BIN2 的底物——BES1 和 BZR1,它们的序列同源性为 88%。体外实验结果表明,BIN2 既可与 BES1/BZR1 相互作用,还能够磷酸化 BES1/BZR1。BES1 是位于核外的转录激活因子,它可与 BR 诱导基因 *BIM1* 相互作用,二者协同 BR 诱导基因的表达;BZR1 是一种具有双重功能的转录抑制因子,它可调节 BR 合成酶基因的表达,也可调节 BR 诱导基因的表达。而外源 BR 不但抑制 BES1 和 BZR1 的磷酸化,还可提高蛋白质的稳定性和在核内的积累。但也有报道称 BR 处理并不影响 BES1 的稳定性及其在核内的积累,但却影响了 BES1 结合 DNA 的能力。这种自相矛盾的结果可能是因为他们所用的是不同发育时期的材料或不同的转基因株系。因此 BIN2 可能通过不同机制磷酸化这些核内蛋白,这些机制包括蛋白降解、亚细胞定位和 DNA 结合活性等。

活化的 BIN2 进入核内,可以将 BZR/BES1 磷酸化,磷酸化状态的 BES1 会被泛素-蛋白体系统降解,从而失去转录激活能力。同时,植物细胞核内还存在一种 BSU1 核蛋白。*BSU1* 基因是通过筛选以 *bri1-5* 为背景,利用激活标签(activation tagging)技术功能获得性突变体而得到的。*BSU1* 编码核定位的一种 Ser/Thr 蛋白激酶,此酶在正在伸长的细胞中优先表达。*bsu1-D* 可以抑制 *bri1-5* 突变体的表型,导致非磷酸化状态的 BES1 积累,从而抑制 *bri1* 和 *bin* 的表型缺陷,与 BIN2 的功能正好相反,它可促进核中 BR 诱导基因的表达。

综合以上所有研究结果,可以总结出一个 BR 的信号转导途径(图 14-2)。在 BR 不存在或低浓度时,BRI1 的激酶活性被自身羧基末端的磷酸化和与 BKI1 结合而受抑制,无法与 BAK1 形成二聚体,从而抑制了 BRI1 的活性,而此时 BIN2 处于活性状态,它可磷酸化转录因子 BZR1 和 BZR2/BES1,使它们被泛素-蛋白体系统所降解,BZR 在细胞质中积累,而在细胞核中积累减少,因而失去对 BR 合成基因表达的抑制,BR 的含量因此提高,而磷酸化的 BES1 失去转录激活功能,故抑制 BR 诱导基因的表达。而当 BR 浓度高时,BR 分子与 BRI1 的胞外结构域结合,诱导 BRI1 激酶蛋白构象发生改变,导致 BRI1 C-端和 BKI1 的磷酸化改变,使 BKI1 从细胞膜上脱离,失去对 BRI1 的抑制作用,BRI1 和 BAK1 相互作用形成二聚体,激活受体激酶。激活的 BRI1 和 BAK1 间接导致 BIN2 被蛋白酶体降解,导致 BIN2 活性的抑制或 BSU1 的激活或者两种情况同时存在,并进一步导致 BZR1 和 BZR2/BES1 的去磷酸化,非磷酸化的 BES1 在核中积累,结合到 BR 诱导基因的启动子上,激活 BR 诱导基因的表达。而非磷酸化的 BZR1 也在核中积累,结合到 BR 合成基因的启动子上,从而抑制 BR 合成基因的表达,最终降低 BR 含量。

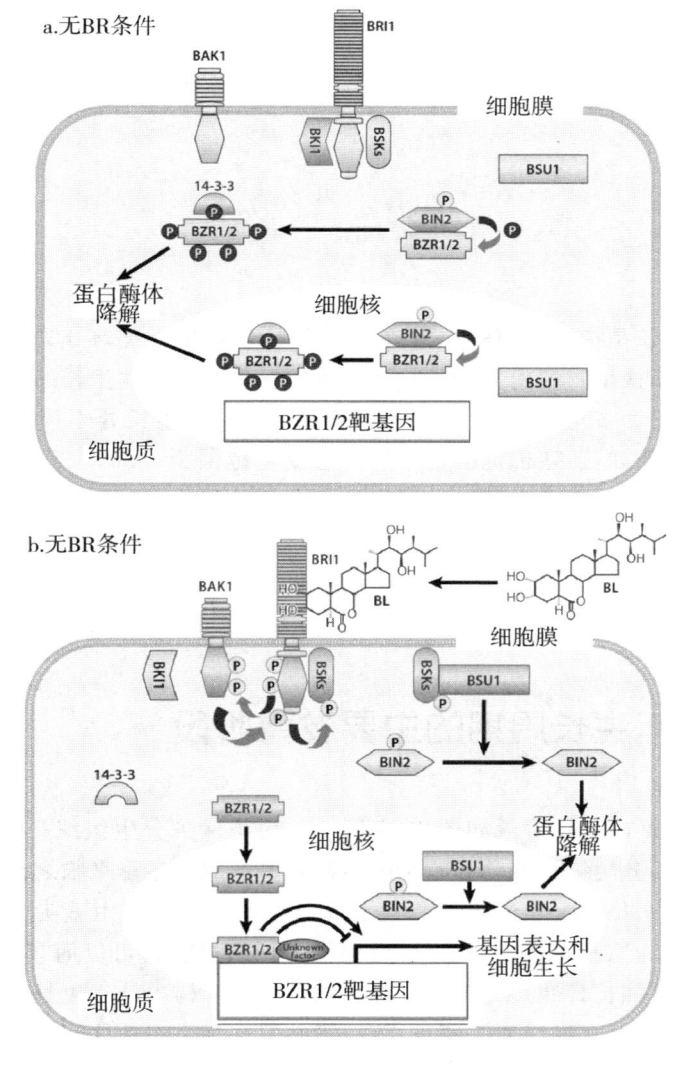

图 14-2 BR 信号转导途径

专题 15

树木季节性生长的分子机理
Molecular Physiology of Seasonal Growth of Tree

植物季节性生长是指萌芽、休眠、开花等生长特性周期性循环出现,也称周期性生长。与一年生植物(如模式植物拟南芥)不同,多年生植物具有周期性生长的特点。因此,在多年生植物中,分生组织和多年生器官,如叶和花原基在胚后期生长处于气温、光周期等因子季节性变化的环境。例如,北寒带地区全年的气温变化范围为 $-50 \sim 25$ ℃。对于北方和温带地区的树种,其生长发育过程与气温等周期性变化同步发生,以适应环境。近年来,随着分子研究手段的发展,以模式树种(如杨树)为研究对象,在树木季节性生长的分子机理方面取得了一些突破性进展。本专题将针对气温和光周期这两个主要气候因子对树木季节性生长的调控,从细胞和分子机理层面加以阐释,并提出未来需要着重研究的方向。

15.1 树木年生长周期的主要发育阶段

树木年生长周期的关键阶段如图15-1所示。为了保护分生组织和多年生器官免受冬季恶劣条件的影响,分生组织活动和叶子等新器官的形成在冬季来临之前终止,并且出现耐寒性生长终止。最明显的生长停止迹象是形成一个顶芽。顶芽由茎尖分生组织(SAM)和由保护芽鳞包围的叶原基组成。在生长停止后的短暂时期内,可以简单地通过将植物暴露于生长促进条件(例如长日照)来重新激活其生长。通常,树木处于生长停止这一阶段时,可通过接触生长促进信号来逆转生长停止,该阶段被定义为生态性休眠。在这种状态下,树木通过对外部信号的响应可以诱导和维持生长停止。随后,顶芽逐渐由生态性休眠向内生休眠(又称生理性休眠)转变。与生态性休眠相反,树木处于内生休眠阶段时,其生长停滞根据内源信号维持,其多年生组织对生长促进信号并不敏感,因此,树木进入内生休眠后,简单地将其暴露于生长促进条件并不能重新激活生长。因此，在激活生长前，必须打破内生休眠，使其过渡到生态性休眠。生长再活化的最早可见标志是芽的膨大，随后出现预先形成的叶原基，并最终生长新叶。年生长周期的连续发育阶段（也称为物候）及其时间与细胞、生理和形态过程中复杂且紧密协调的变化有关（图 15-1）。这些变化已在各种树种中被广泛研究。例如，在从活跃生长到休眠的过渡期间，树木代谢向贮存化合物的积累转变。而在休眠解除后，即在生长再激活期间，上述转变开始逆转，即代谢由贮存化合物向利用化合物转变。树木生长周期的不同阶段伴随着代谢的变化，该过程涉及的全局基因表达变化可参照库克（Cooke）等 2012 年发表的综述论文。

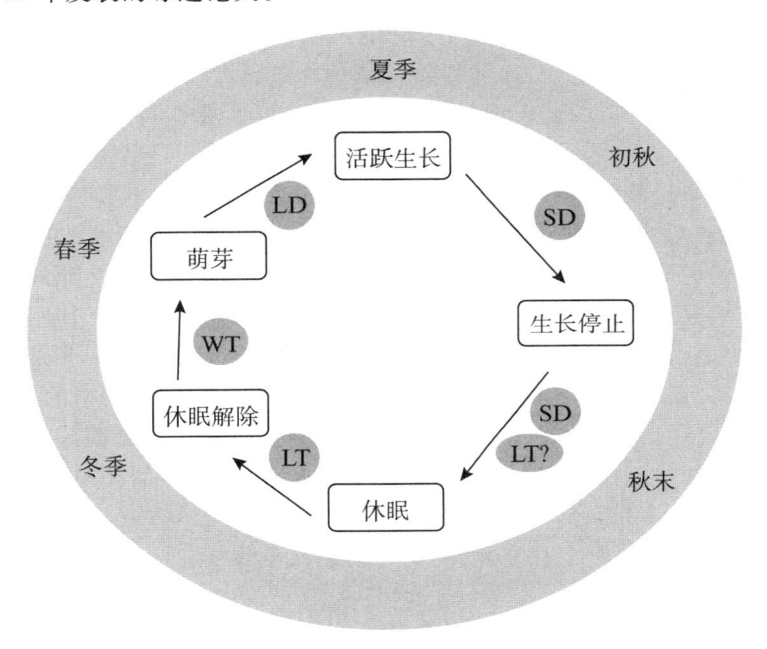

图 15-1　日照长短和温度对树木的年生长周期的调节作用
SD：短日照；LD：长日照；LT：低温；WT：高温

尽管生态性休眠和内生休眠这两个术语已被广泛用于定义树木年生长周期中的休眠状态，但它们存在一些问题，尤其是生态性休眠。例如，植物分生组织和多年生组织在从内生休眠之前和内生休眠解除之后都被定义为生态性休眠（图 15-1）。该描述给人的印象是植物在内生休眠解除后，恢复到了内生休眠之前所处的状态。然而，在内生休眠之前和之后，植物分生组织对外部信号（例如光周期）变化的响应是不同的。因此，内生休眠前后并不能用同一个概念（生态性休眠）来描述。实际上，在全球基因表达模式中，休眠前后的两种生态性休眠状态之间存在明显差异。此外，在比较芽和种子休眠时，两者在某些调控环节具有相似性，可使用通用术语来描述种子和芽的休眠。例如，芽的内生休眠类似于种子休眠，均可定义为即使在有利条件下也不能激活生长的现象。因此，植物年生长周期关键阶段的定义还有待进一步完善。建议在定义时优先从植物发育的角度考虑，而不是基于植物生长对外部刺激的响应。本专题我们重点关注树木年生长周期四个关键阶段的分子调控机理：①生长停止和芽形成；②芽进入休眠状态；③芽的休眠解除；④萌芽及随后的活跃生长。我们将在下文讨论外部信号、内源信号及其响应途径对年生长周期关键阶段的调节作用。

15.2 调控生长停止和芽形成的季节性因子

大量研究表明,光周期对于很多树种的生长停止和芽形成起主要调节作用。对于北方和温带树种而言,光周期的变化给树木提供冬季来临的信号,树木通过感受光周期的变化控制生长。控制树木季节性生长的光周期信号似乎在叶子中被感知,这是因为将长日照(LD)条件下生长的植物转移至短日照(SD)条件下,植物会停止生长。

另外,随着冬季临近,除了光周期的变化,气温也逐渐下降,并在冬末开始回升。但是,气温节律在季节上整体波动较大。因此,气温季节性变化的信号不如光周期稳定可靠。然而,需要注意的是,在一些园艺树种(例如苹果和梨)的研究中,常把气温作为控制季节性生长的因子。

当夏季向秋季过渡时,日长逐渐缩短。当日长短于植物生长所需阈值(定义为临界日长,SD_{crit})时,生长停止程序在茎尖被诱导启动。生长停止程序使植物顶端伸长停止,并诱导芽发育。在杨树等木本植物中,当日长短于临界日长时,茎尖分生组织(SAM)的细胞分裂和细胞伸长均逐渐变缓,幼叶原基发育成胚叶而非营养叶,托叶发育成芽鳞。随着胚叶的成熟,芽的大小逐渐增大。随后,芽鳞内胚芽节间的伸长被完全抑制,形成闭合的芽。

与杨树相比,云杉顶端发育模式对光周期的响应有所不同。杨树的生长模式属于自由生长,而云杉属于固定生长。在杨树中,新叶形成与节间伸长同时进行。而在云杉中,节间的伸长和针原基的形成在时间上是错开的。云杉和被子植物(如杨树)的另一个区别是:在芽形成期间,托叶不会在云杉中发育成芽鳞。尽管固定生长植物(如云杉)与自由生长植物(如杨树)相比,在芽的发育上存在差异,但光周期也是云杉生长停止的主要调节因素。

15.3 光周期对发育转变的调整

关于光周期对植物发育转变的调控,在草本植物中已开展大量研究。尤其是关于光周期对模式植物拟南芥开花调控的研究为科学认识光周期对发育过程的分子调控机制提供了重要参考。光周期装置的一个重要部件是内源性生物钟。它受光周期因子驱动,并具有 24 小时周期运行的特点。该装置类似于起搏器,可控制内源性过程(例如基因表达)按节律输出,从而调节植物对光周期信号的生理反应。该生物钟由参与互连转录-翻译链环的多种蛋白质组成。

在拟南芥中,中心振荡器包括三个主要核心部分:*PSEUDORESPONSE REGULATOR* 家族成员的 *PRR1/TIMING OF CAB2 EXPRESSION 1*(*TOC1*)、MYB 转录因子 *CIRCADIAN CLOCK ASSOCIATED 1*(*CCA1*) 和 *LATE ELONGATED HYPOCOTYL*(*LHY*)。除了生物钟装置,光感受器在控制光周期反应中也起着关键作用。感受光信号的受体是 HYTOCHROME A(PHYA)和 PHYB 以及蓝色光受体 CRYPTOCHROME(CRY)。光感受器使生物钟保持昼夜节律,而生物钟控制下游基因表达的节律。

关于中央振荡器如何测量日长并协调控制各种光周期反应,小林(Kobayashi)等认为可以通过外部和内部耦合模型加以阐释。由于外部耦合模型更容易通过试验验证,且更有助于理解光周期对树木生长的调控,因此本专题仅探讨外部耦合模型。外部耦合模型最早由邦宁(Bunning)于1946年提出。该模型认为光周期响应由昼夜节律振荡器控制,它对某一特定阶段的光敏感。如果在这个阶段感知到光,则会发生光周期响应(图15-2)。拟南芥开花的光周期调控研究表明,LD促进开花,而SD延迟开花,这为外部耦合模型提供了试验证据。开花的关键调节因子是 CONSTANS(CO),它由昼夜节律振荡器控制,并在光照期结束时(长日照;日长:夜长 = 16h:8h)达到峰值,在黑暗期结束时(短日照;日长:夜长 = 8h:16h)达到谷值。重要的是,CO 靶标 FLOWERING LOCUS T(FT)基因的表达也受昼夜节律振荡器控制,并在 LD 结束时达到峰值。相比之下,当拟南芥在 SD 条件下生长时,由于 CO 蛋白在黑暗中不稳定,FT 表达很弱并且不会达到峰值。这些研究结果表明,CO 表达模式是调控开花的光敏节律因子,光周期对开花的调控取决于 CO 表达水平和光照期的耦合。

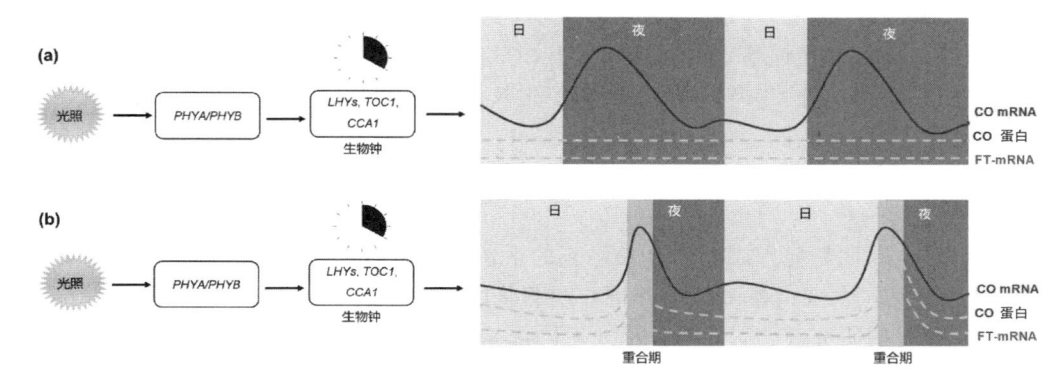

图 15-2　光周期对拟南芥开花调控模型

通过对 SD 条件(日长:夜长=8h:16h)开花的拟南芥 toc1 突变体进行分析证实,CO 表达水平在光周期调控中起关键作用。在拟南芥 toc1 突变体中,昼夜节律振荡器的自振荡周期是 21h,与自然野生型相比(自振荡周期为 24h),CO 的表达高峰较早。因此,对于 toc1 突变体而言,即使外界光周期设置为短日照(日长:夜长 = 8h:16h)时,内源 CO 表达节律并不能与外部 24h 的光周期耦合。而将 toc1 突变体置于 21h 昼夜节律(日长:夜长 = 7h:14h)时,CO 表达在暗夜受抑制,植株不能开花。此外,toc1 突变体在 24h 的 SD(日长:夜长=8h:16h)条件下,FT 基因的表达量更高;而在 21h 昼夜节律(日长:夜长 = 7h:14h)下,FT 基因的表达量处于较低水平。因此,FT 的 CO 活化和开花诱导需要 CO 表达高峰和外部光照之间的耦合。这些研究揭示了外部耦合模型在阐释拟南芥开花方面的理论基础,对于理解光周期对树木生长的调控机理具有重要的参考意义。

15.3.1　光周期对树木生长的调控

在杨树的研究中发现,SD 可诱导生长停止和芽形成,说明光周期信号参与树木的生长过程。而通过在长夜进行短脉冲光处理,可逆转短日照的诱导作用,说明生物钟参与树木生长的光周期调控。近年来,随着分子技术的发展,特别是在模型树种杨树中,光周期对树木生长调控的分子机制研究取得了诸多进展。这些分子层面的研究表明,拟南芥的生物钟和光感受器的组成部分在树木中具有同源物。这些同源物在树木的光周期调控中发挥重要作用。

研究表明,在杨树中,光敏色素感受器参与短日照介导的生长停止和芽形成。奥尔森(Olsen)等通过对杂交白杨 *Populus tremula* × *P. tremuloides* 过表达光敏色素基因 *PHYTOCHROME A*(*PHYA*),cDNA 无法响应短日照,未能引起生长停止。科扎列夫(Kozarewa)等人证实了 *PHYA* 确实参与杂交白杨的生长调节过程。通过 *PHYA* 表达下调,白杨对短日照响应更快,进而使生长停止和芽形成更早。他们发现在 *PHYA* 下调的植物中,*LHY* 的表达被抑制,从而在光敏色素和生物钟之间建立了联系。此外,在杂交白杨中,*LHY* 和 *TOC1* 的下调可扰乱生物钟控制基因表达的阶段和周期,从而延缓生长停止和芽形成,这说明在光周期调控树木生长停止时,生物钟也参与其中。有趣的是,在恒定光照条件下,云杉的昼夜节律减弱,具体表现为:无论在恒定的短日照还是长日照下,生物钟基因(*CCA1*、*LHY*、*TOC1* 和 *GI*)的表达并无循环节律,尽管长日照下这些基因表达的振幅较低。该研究结果表明,生物钟基因是保守的。但在针叶树和被子植物中,这些生物钟基因的调节作用存在差异,而这种差异对于光周期调节生长停止的影响目前尚不清楚。

15.3.2　*FT* 基因是短日照信号诱导生长停止的早期靶标

人们对光周期如何控制树木生长停止的认识起源于对杨树的研究。通过将杂交白杨暴露于 SD 条件后,发现白杨中拟南芥 *FT* 同源基因表达下调,并且足以诱导白杨生长停止和芽形成。随后的研究表明,*FT2* 基因(*FT* 同源基因)是 SD 信号诱导生长停止中的靶标。

在杂交白杨中,也存在类似拟南芥中 *FT* 的上游调控基因 *CO*。它具有昼夜表达模式,在 LD 的光照结束时,其表达达到峰值。将白杨从 LD 转移至 SD 后,*CO* 的表达在暗夜出现谷值。在拟南芥中,CO 蛋白在暗夜条件下极不稳定。而在树木中,其稳定性尚未确定。因此,将白杨转移至 SD 时,*CO* 不能维持或促进 *FT* 表达,导致 SD 条件下 *FT* 表达下降。据此,通过 *FT* 过表达可阻碍 SD 对白杨生长停止的诱导。但是,在云杉中,SD 条件可诱导 *FT-like* 基因 *FT4* 的表达,并且其过表达可导致生长停止。云杉中 *FT4* 过表达与杨树中 *FT* 过表达对生长停止诱导的差异,可能是因为 *FT4* 在功能上更接近 *FT* 拮抗基因 *TERMINAL FLOWER 1*(*TFL1*),而不是真正的 *FT*。实际上,在其他植物中也观察到 *FT* 基因对发育反应的拮抗调节作用。例如,在甜菜和洋葱中,已知密切相关的 *FT* 基因对生理反应具有相反的作用。

此外,*CO* 的表达节律还受纬度的影响。研究发现,*CO* 表达的峰值因纬度不同而异,并且与确定这些基因型生长停止的临界日长密切相关。同时,与南方基因型相比,在北方基因型中,暗夜期的 *CO* 表达峰值每年出现较早,因此生长停止也较早。

15.3.3　APETALA1 同源体与 CO/FT 模块对周期生长的调节作用

通过对杂交杨树(*Populus trichocarpa* × *P. deltoides*)群体不同基因型的研究发现,SD 条件下 *FT2* 的下调模式非常相似。该结果从试验上证实,CO/FT 模块的下游组分也在 SD 介导的生长停止控制中起作用。近年来,在白杨杂交生长的光周期调控中,已经鉴定了

CO/FT 模块下游的 SD 信号介质。第一个是 *AINTEGUMENTA-LIKE 1*（*AIL1*）转录因子，它介导杂交白杨中 *FT2* 下游的 SD 信号。尽管 *AIL1* 可能不是 *FT2* 的直接靶标，但 *AIL* 基因表达下调对于 SD 下生长停止是必需的。经鉴定，*LIKE-AP1*（*LAP1*）是拟南芥花分生组织决定基因 *APETALA 1*（*AP1*）的同源基因。该基因作为 *FT* 和 *AIL1* 之间的链接，可能是 *FT2* 的一个直接靶标，其下调对于 SD 诱导生长停止至关重要。此外，*LAP1* 可结合到启动子 *AIL1*，并且可以控制其表达。研究表明，拟南芥开花时间基因 *FD* 的同源基因 *FD-LIKE 1*（*FDL1*）也通过调节 *LAP1* 介导光周期对营养生长的调控。

有趣的是，虽然杂交白杨具有两个密切相关的 *FD* 基因：*FDL1* 和 *FDL2*（它们是直系同源基因，都与 *FT* 发生物理相互作用），但是，似乎只有 FT-FDL1 复合物参与了光周期对生长的调控。除了 FT-LAP1-AIL 途径之外，在常绿突变体（*evg*）桃树的研究中发现，*DAM*（*DORMANCY ASSOCIATED MADS-box*）基因在生长停止中起作用。该突变体导致植株不能停止生长，其基因组在包含 6 个 *DAM* 基因（拟南芥中 *MADS-box* 基因的 *SVP*/*AGL24* 进化枝）的区域中缺失。这些基因具有季节性和光周期响应表达模式。在拟南芥中，*SVP* 是 *FT* 已知的阻遏物。这些 *DAM* 基因在生长停止中的相应作用及其与 CO/FT 途径的互作还有待进一步研究。

有研究提出了 SD 诱导生长停止的简单模型（图 15-3）。将植株转移至 SD 条件时，*FT* 表达被抑制，导致 *LAP1* 和 *AIL* 表达下调。由于 *AIL1* 控制关键细胞周期调节因子的表达（例如 D 型细胞周期蛋白），其下调导致细胞周期被抑制，进而引起生长停止。因此，根据该模型，SD 条件会引起生长促进信号的移除，而不是生成抑制剂。如图 15-3 所示，介导树木生长调控的光周期信号通路与拟南芥的开花时间通路以及洋葱、马铃薯的鳞茎和块茎通路具有若干相似之处。因此，树木利用相同光周期信号，但控制不同形态过程，其相关途径的进化应引起注意。较为意外的发现是，在拟南芥和树木季节性生长中，介导开花的信号通路偏离 CO/FT 靶标的下游（*AP1/LAP1*），而不是紧邻 CO/FT 的下游。

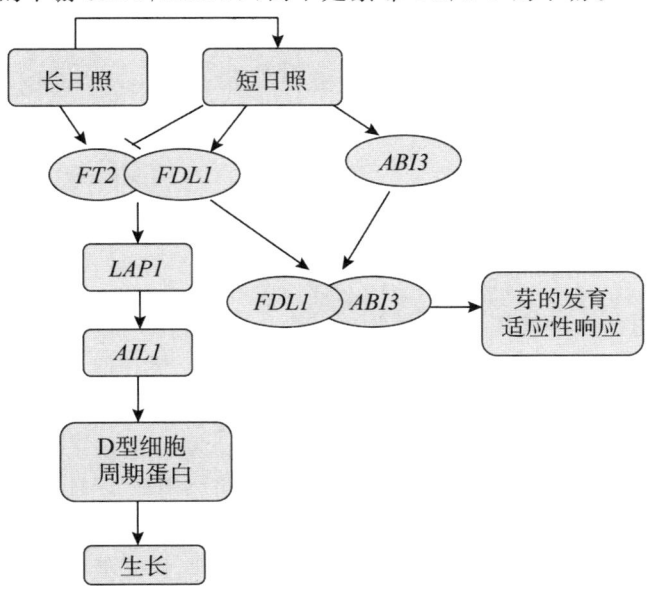

图 15-3　光周期调控杨树生长的转录网络

15.3.4 赤霉素生物合成是短日照诱导生长停止的靶标吗？

FT-LAP1-AIL1 是目前研究最彻底的途径，但它并不是光周期调控树木生长唯一途径。例如，有迹象表明，除了 CO/FT 途径，赤霉素（GA）也可能参与光周期对生长停止的调控，且可能与 CO/FT 途径无关。首先，将植株置于 SD 条件下，生物活性 GA 的浓度迅速下降；而转基因杂交白杨在 SD 条件下可维持高水平 GA。例如，GA_{20}-氧化酶过表达并不会引起 SD 下的生长停止，因此 GA 的作用可能超过 SD 信号。然而，尽管通过转基因降低杂交杨树的 GA 水平或对 GA 的敏感性会导致植株对 SD 更为敏感，但是植株在芽形成的时间上与野生型植株差异并不大。对于这些发现，其中的一种解释是，GA 通常可以促进植株生长。而将 GA 水平较低的转基因植株置于 SD 条件下后，其生长快速下降。总之，GA 水平或对其敏感度降低是在 SD 诱导生长停止或芽形成时是必不可少的，但仍需更多的试验加以论证。目前在研究 GA 对树木生长停止和芽形成的作用时，国际上一般采用 GA 水平降低的转基因植株开展研究，并不能充分满足试验需求，而采用缺乏 GA 的突变体可极大促进相关作用的阐释。

15.3.5 参与芽发育的 ABI3 和 FD 直系同源体

生长停止的最明显变化是在植株顶端形成芽。将植株置于 SD 条件下时，叶原基的形态发生转变。在杨树中，SD 条件下发育的原基会衰老，其托叶变大，进而形成芽鳞。这些芽鳞逐渐包围形成胚叶的原基，从而形成闭合的芽结构。此外，该过程中芽鳞会积累苯丙素，并发育体毛。芽的发育受到脱落酸（ABA）和乙烯信号传导途径、*ABI3*（*ABA INSENSITIVE 3*）和 *FDL1* 转录因子的影响。对 ABA 或乙烯反应减弱，可导致芽具有开放结构；当 *ABI3* 或 *FDL1* 过表达时，也获得类似结果。有趣的是，SD 条件诱导 *FDL1* 和 *ABI3* 表达，且 *ABI3* 可与 *FDL1* 进行物理相互作用。因此，*ABI3* 和 *FDL1* 可能在芽发育中起协同作用。

15.4 温度对生长停止和芽形成的作用

光周期作为重要的环境因子，对植物季节性生长的作用，如顶端伸长的停止和芽的形成诱导，在分子水平上已有较为深入的研究，前文已详细介绍。通常，树木生长停止的时间与树木所处的纬度有关。树木停止的发生伴随着日长的缩短，但气温应较高。那么，温度是否影响芽的形成？卢克斯（Luquez）等在瑞典的 12 个位置对山杨采样，并将其置于自然条件和气候室中。气候室设置恒定 20℃ 的温度，而光周期每周减少 1h（类似于自然条件的变化速率）。研究发现，自然条件和气候室中芽形成的时间呈紧密线性关系（1∶1），这表明温度对芽的形成几乎没有影响。然而，需要注意的是，光周期的降低速率在纬度上并不相同，因此在气候室的研究中，光周期的均匀减少可能无法准确体现每个纬度的野外自然条件。

前面概述的杨树研究表明，光周期可能是调节生长的主要因子，而温度起到的作用甚小。然而,也有一些研究表明,低温能诱导杨树、苹果、梨等季节性生长停止和芽形成。虽然对于苹果和梨,低温足以诱导生长停止和芽形成,但对于杨树,温度主要起调节光周期对生长停止和芽形成的作用,并影响芽形成的速率。因此,值得思考的是,介导光周期调控生长的信号组分是否也介导苹果和梨树的温度信号,或者说,这些树种是否已经进化出一些替代信号转导途径用于温度介导的季节性生长调控。有趣的是,目前已有研究发现,低温会增加 ABA 水平以及对 ABA 的反应。

虽然外源施加 ABA 不会诱导杂交白杨的生长停止,且对 ABA 不敏感的杂交白杨在 SD 条件下停止生长,但不能排除 ABA 可能在其他树种(如苹果和梨)低温介导的生长停止中发挥作用。对于苹果和梨,低温足以诱导生长停止和芽形成。因此,可通过对 ABA 不敏感的苹果的试验,分析 ABA 在温度介导生长停止调控中的作用。此外,温度介导的途径还可能与控制生长停止的光周期途径存在相互作用。在栗子中,低温破坏了 *LHY* 和 *TOC1* 表达的昼夜振荡节律。因此,对光周期通路的研究开启了了解温度和光周期信号通路之间相互作用的可能性。

15.5　芽休眠的建立和解除

在生长停止后,树木逐渐进入休眠状态。在杨树和云杉中,生长停止后将其置于 SD 条件下足以诱导其进入休眠。相比之下,对于蔷薇科植物,低温在休眠建立和解除中起主导作用。与光周期对生长停止的调控相比,我们对芽休眠的调节机理所知甚少,其部分原因是缺乏可靠的分子标记用于休眠现象研究。因此,目前只能通过将植株从具有休眠解除信号的条件(如低温)下转移至促进生长的条件下(如高温、长日照等),观测其是否可以萌芽,来间接判断植株的休眠状态。

值得注意的是,在评估芽的休眠时,应调查顶芽,而非侧芽的萌发。这是因为在顶芽受损或死亡时,侧芽可以萌发,起到替补作用,这会误导判断,即认为侧芽萌发不需要低温处理。一旦植株进入休眠状态,无论是外部信号还是内源信号,植株的分生组织和叶原基对它们均不敏感。虽然芽休眠的分子基础尚不清楚,但是鉴定激活生长的信号并阐明分生组织和叶原基如何对这些信号不敏感,对理解芽休眠的调控至关重要。例如,在植物活跃生长期,吲哚乙酸是形成层活动的关键调控因子。在形成层的分生组织中,休眠的建立受形成层细胞分裂机理介导,对吲哚乙酸不敏感。

关于芽的休眠,一些研究报道了相关过程的全局转录组和代谢组。但是,这些描述性研究并没有对芽休眠建立机制的基础提供见解。值得一提的是,研究人员通过将桦树和杨树置于 SD 条件下进行解剖观测,从胞间连丝动力学角度对芽的休眠建立提出了假说。胞间连丝(PD)是连接和调节相邻细胞间相互转运的胞间导管,并通过控制调节分子(如激素和转录因子)的运输在发育过程中发挥重要作用。胞间连丝可通过催化胼胝质合成酶,引起胼胝质沉积,进而导致通道关闭;相反,通过活化胼胝质降解内切葡聚糖酶,可移除胼胝质,将通道打开。此外,已经证明了在拟南芥中有几种与胞间连丝相关的蛋白。其中,ParA-like 分裂蛋白(PDLP)和 GERMIN 可通过胞间连丝调节功能和运输。在桦树和白杨中,通过胼胝质(1,3-β-葡聚糖)和含蛋白质的休眠括约肌复合物(DSC)堵塞胞间连丝,进而建立休眠;

而当胞间连丝通道打开时,休眠被解除。根据这些观测结果,学术界对芽休眠提出假说:植物可能通过阻断胞间连丝来隔离顶端分生组织,进而使芽休眠。在非木本物种中也有类似的发现。例如,冬小麦和马铃薯芽休眠的基本原理是,DSC 的形成阻碍了分生组织细胞间促进生长的物质,如营养物、代谢产物、扩散成形素和转录因子的协同运动,中断了维持发育所需的细胞之间的信号网络,并将顶端分生组织的细胞彼此物理隔离,从而建立休眠(图 15-4)。尽管该理论从阻断胞间连丝、破坏细胞间通信的角度阐释了芽休眠状态的建立原理,具有较高的创新性,但缺乏遗传学和分子证据的支持。例如,胞间连丝的阻断可能与休眠并无因果关联。该假设的另一个问题是,尽管胞间连丝阻断可以破坏许多信号的运输,但是一些激素(例如生长素)可通过专门的载体移动,这种运输不会因胞间连丝阻塞而中断。因此,需要更多功能性证据来证实协同隔离是造成芽休眠的原因。该假说需要阐明的另一个关键是 SD 引起芽休眠所涉及的信号。但是,目前学术界尚不清楚芽的休眠是否涉及短日照或低温引起的休眠诱导信号。例如,在形成层休眠期,将生长促进信号去除或使其不敏感,同样足以使芽进入休眠状态。在种子中,ABA 是休眠的主要调节因子。有趣的是,在杨树中观察到 SD 可使 ABA 水平增加。此外,根据从杂交白杨研究中获得的初步数据,ABA 不敏感的杂交白杨不能响应 SD 而建立休眠,这表明 ABA 可能参与芽休眠的建立。

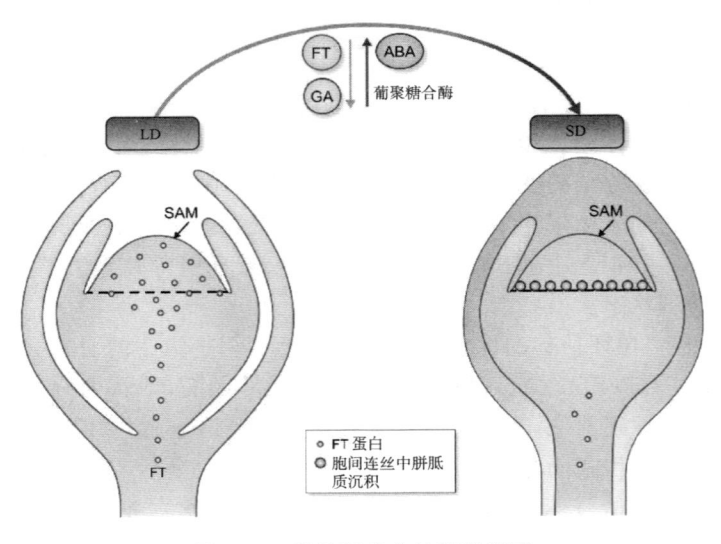

图 15-4 芽休眠建立的假说模型

SD 对生长停止、芽形成和休眠的作用引起了科研人员的浓厚兴趣。然而,应注意的是,尽管在控制条件下单一的 SD 可以诱导休眠的建立,但温度也会影响芽的休眠。特别是在苹果等树木中,低温也可以诱导生长停止和休眠。例如,朱蒂拉(Junttila)等观察了 SD 诱导芽形成时期,温度对不同桦树属植物休眠建立的影响。在恒定的 12h 光周期中,各树种在 15~18℃时比在 9~12℃或 21℃时更早进入休眠状态。因此,通过开展试验性研究,尤其是野外田间试验,阐明芽休眠建立过程温度和短日照之间的相互作用,对于深入理解芽的休眠调节机制至关重要。

15.5.1 芽休眠建立的模型

布哈劳(Bhalerao)提出了芽休眠建立的模型。该模型中,SD 可在多个层面起作用(图 15-4)。首先,SD 可导致 PD 关闭。SD 介导的 GA 水平下调或诱导 ABA 水平升高(或对 ABA 反应增强),可通过诱导葡聚糖合酶触发 PD 的闭合。随后,PD 的关闭可能有助于阻止生长促进信号向 SAM 转运。同时,在另一层面,SD 可能会阻止生长促进信号(例如 GA 或 FT)的产生,从而加强和保持休眠。需要注意的是,该模型仅提供假设框架,需要通过试验验证。然而,目前有少量的证据可支持该模型。例如上述对 ABA 不敏感的杂交白杨不仅不能诱导芽休眠的建立,而且也不能诱导 PD 的关闭,表明 ABA、PD 关闭和休眠建立之间可能存在联系。因此,对 ABA 不敏感植物开展试验性探索,可进一步深入了解芽休眠建立的机制。

15.5.2 芽休眠的维持和解除

休眠现象的另一个重要研究领域是休眠维持和解除所涉及的机制。目前,人们对该机制知之甚少。当然,对于树木而言,可能根本就不需要维持芽的休眠状态,只要没有促进休眠解除的信号就足够了。换言之,一旦休眠建立,休眠可能成为默认状态,直到接收到休眠中断信号。与休眠建立的研究一样,由于缺乏适当的分子标记,休眠解除的研究也受到阻碍。由于萌芽仅在休眠解除后发生,它清楚地表明休眠已被释放。然而,使用萌芽时间作为标记可能引发错误结论,这是因为休眠解除和芽的萌发是分开的过程。因此,树木萌芽物候的变化可能由休眠解除缺陷、休眠解除后芽的再活化或者两者共同作用引起。例如,对于两种基因型,休眠可能同时解除,但是萌芽进程速率可能不同,进而导致萌芽时间不同。实际上,这些基因型的差别在于休眠解除后芽的再活化环节,而不是对休眠的调节。

试验表明,将杨树等树种长时间置于低温条件下可促进休眠解除。然而,对于某些植物,例如白桦和白云杉,建立休眠的温度同样可以使其休眠解除并重新激活生长。打破休眠和激活生长的最佳温度因树种而异,甚至在同一物种的不同基因型之间也存在差异。此外,在一些树种中,长日照(光周期)也可以在生长的再激活中发挥作用。目前,尚不清楚温度和光周期对休眠解除的分子机理。

通过长期低温打破休眠与春化作用有相似之处,但是两者在过程上存在本质区别。与休眠解除信号不同,春化作用的信号作用于活跃分裂细胞。然而,人们对在这两种现象中低温如何被感知知之甚少。尽管在低温诱导的基因表达谱变化及其信号传导途径方面的研究取得了实质性进展,但是大部分研究采用模式植物拟南芥,且专注于对温度快速降低的短期反应,而不是长期置于低温环境的研究。因此,这些研究结果并不一定适用于树木休眠解除的低温诱导。然而,对拟南芥生长对季节变化的响应研究可为解释树木中潜在的相似机制提供见解。

有趣的是,将植株置于低温环境后,PD 重新开放。因此,如果 PD 的关闭有助于建立和(或)维持休眠,那么 PD 的开放可以通过恢复顶端分生组织(SAM)对生长促进信号的响应(例如,提供功能途径,促进生长信号转运至茎尖)而促进休眠解除。然而,迄今为止,PD 的开放在休眠释放中的作用尚未被验证。此外,通过低温介导休眠解除的生长促进信号的性质仍然是未知的。还应该注意的是,与休眠建立一样,我们只能说 PD 的开放与休眠解除相关,但并不能说它是休眠解除的原因。

15.5.3 染色质重塑和休眠解除

由于休眠解除的低温响应与春化作用具有相似性,学术界推测休眠解除涉及的另一过程可能是染色质重塑。在春化作用中,染色质重塑通过进化保守的多硫抑制复合物 2(PRC2)实现。它在 *FLC* 基因座上的 H3 赖氨酸 27 上沉积抑制性三甲基化标记,并在随后的开花中起关键作用。在芽的休眠解除过程,已观察到 H3K27me3 在某些基因座上的变化,例如桃中的 *DAM* 基因。有趣的是,在梨和杏中,*DAM* 基因通常在顶芽中表达。然而,它们在芽休眠调节中的生理作用还远未明确。在候选基因座中,必须确定 H3K27 的三甲基化阻断是否扰乱休眠,才能对 H3K27me3 或 *DAM* 基因在该过程中的作用得出明确的结论。更有趣的是,将杂交白杨的休眠芽置于低温后,GA$_{20}$-氧化酶(GA 生物合成中的关键酶)和 *FT1* 表达上调。GA 是生长的正调节剂,将其涂抹在休眠腋芽上,似乎可以消除杂交白杨萌芽激活对低温的需求。同时,由于 *FT1* 过表达也可以跳过 SD 诱导生长停止,通过低温处理可活化 GA$_{20}$-氧化酶和 *FT1*,说明它们可能参与杂种白杨的休眠解除。此外,还有一些证据表明,*CENTRORADIALIS-LIKE 1*(*CENL1*)也参与其中,它是杂交白杨中调控休眠的 *TFL1* 直系同源基因。在杂交白杨中,*CENL1* 表达下调表明对休眠解除的低温需求降低,而 *CENL1* 过表达物表明芽萌发。*CENL1* 表型植物中,*TFL1* 对开花具有拮抗作用,低温可诱导 *FT1* 表达,说明 *CENL1* 可能是休眠解除的负调节因子。基于现有数据,低温介导的休眠解除推测模型被提出(图 15-5)。需要说明的是,对植物中 GA 的生物合成和 *FT1* 的改变进行功能分析,可为解析它们在休眠解除中的作用提供确凿的证据。

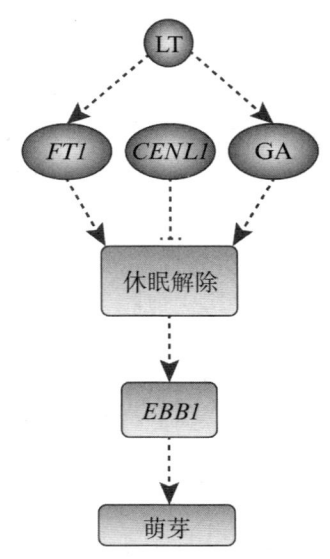

图 15-5 杨树休眠解除和萌芽的转录调控假说模型
LT:低温

15.5.4 萌芽的调控

树木休眠解除后,萌芽对温度的响应因树种而异。对于杨树,其萌芽需要相对温暖的气温;而对于其他树种,如桦树和云杉,促使休眠解除的低温同样可以使其萌芽。萌芽所需的最佳温度以及置于该温度的时间因树种而异,同时还与休眠时的温度有关。由于在萌芽的时候,日照长度也会增加,因此 LD 可能促进萌芽。但是,LD 可能不是萌芽的必需条件。例如,在杂交白杨中,当休眠解除后,日长对其萌芽并无影响。正如前文所述,萌芽的确立较为复杂,它与休眠密切相关,只有休眠解除后才能发生萌芽。因此,有些研究报道,萌芽推后可能是休眠解除延迟的结果。不过,在杨树中发现几个与萌芽扰动相关的基因:*LHY* 和 *EBB1*。当杂交白杨中的 *LHY* 基因(*LHY1* 和 *LHY2*,杂交白杨中的生物钟组分)下调时,萌芽也推后。在杨树中,芽的形成和芽的萌芽存在遗传相关性。然而,值得注意的是,在人工气候条件下,至少对于杂交白杨、桦树等树种而言,光周期似乎并不是调节萌芽的关键因子。因此,*LHY* 在该过程中可能直接作用或间接参与,*LHY* 表达的下调是否会使萌芽延迟还有待观察。然而,如果 *LHY* 确实影响萌芽,那么,确定它是否涉及休眠解除或萌芽是以后需要重点研究的内容。

约尔丹诺夫(Yordanov)等通过筛选激活标记的杂交杨树种群,获取萌芽早的表型,鉴定出 *EBB1* 基因。它是 ERF 转录因子家族的成员,可能参与杨树萌芽。*EARLY BUD BURST 1*(*EBB1*)过表达使萌芽提早,而 *EBB1* 表达下调则导致萌芽延迟,并引起各种代谢过程的变化,包括分生组织生长和激素水平调节相关的基因表达。此外,一些与生长停止有关的 *DAM* 基因在 *EBB1* 中下调过表达,表明它们对 *EBB1* 的抑制可能与萌芽诱导有关。有趣的是,在日本梨中,*EBB1* 过表达也诱导萌芽提早,并且 *EBB1* 的表达在芽膨大前达到峰值。此时,在上游和起始密码子区域的 50 个碱基对中,活性组蛋白修饰水平(Lys4 上组蛋白 H3 尾部的三甲基化)增加。此外,*EBB1* 可以与花蕾中 4 个 D 型细胞周期蛋白(*PpCYCD3*)基因的启动子相互作用并诱导其表达。由此可见,杂交杨树的 *EBB1* 过表达使分生组织扩展,表明它对细胞增殖具有调节作用。因此,*EBB1* 很可能是细胞增殖的重要调节因子和诱导萌芽信号的下游靶标。在云杉、苹果、葡萄和桃中,通过比较和功能基因组分析预测 *EBB1* 在这些植物中具有类似的功能。

15.6 地理变异对树木年生长周期不同阶段的调控

随着分子生物学的发展,通过基因组和功能遗传分析,对树木年度生长和休眠周期中不同发育事件的调节机制提供了越来越详细的见解。同时,通过对不同维度树木基因型进行大规模测序和表型分析,也揭示了地理变异对树木生长停止、芽形成、萌芽等环节起调节作用。研究发现,树木具有与当地相适应的遗传因子。例如,欧洲白杨和毛果杨分别在 *PHYB2* 基因座和 *FT2* 基因座的遗传变异与芽形成的时间有关。鉴于这些基因座本身就具有参与生长停止的迹象,它们在进化过程中参与立地适应并不奇怪。然而,基因座遗传变异与表型变异之间的联系仍然是相互关联的。在拟南芥中,通过等位基因替换可用于证明遗传变异在表型变异中的机制,该技术对树木的研究具有很好的参考价值。因此,基于自然变异的分析前景广阔,并且随着技术进一步发展,该领域的研究将有助于深层次地分析树木年生长周期的遗传调控。

分子遗传学研究为树木年生长周期环境控制所涉及的机制提供了更深入的见解。尽管如此,我们的理解仍然存在很大差距,特别是对树木生长停止后的调控机制,包括芽休眠的建立和解除等。虽然目前对杨树、云杉和桃等模式生物有了一些研究,但是这些信号通路是否适用于其他树种仍有待进一步检验。例如在苹果中,温度在生长停止和休眠中起重要作用。此外,与寒带和温带树种相比,亚热带和热带树种季节性生长周期的规律和调节机制研究较为匮乏。年生长周期调控的其他关键研究方向是对休眠解除和萌芽等特征进行定量。如何阐释这种数量性状的分子基础,是未来面临的挑战之一。最后,将分子遗传学、基因组学与更多定量方法(如气候建模方法)相结合开展研究,可以促进我们对树木如何应对季节性气候变化的理解。该领域的研究对于培育适应气候变化的树木基因型、提高森林生产力、促进育种计划的制定具有重要的理论指导作用。

植物的成花生理及其调控
Physiology and Regulation of Flowering in Plant

成花过程是高等植物生长发育过程中的重要转折时期,是高度复杂的生理生化和形态发生过程,受许多基因的调控。高等植物的茎顶端分生组织依次经历幼年期、成年营养期和成年生殖期以完成生活史。花的出现,意味着植物进入成年生殖期,但又往往依赖于特定的环境和发育信号(图16-1)。自1904年克勒布斯(Klebs)提出C/N比假说以来,人们对成花机理进行了大量研究探索,相继提出了多种成花诱导假说。

16.1 成花诱导相关的假说

16.1.1 C/N比假说

1904年,克勒布斯(Klebs)等发现,植物体内碳水化合物与含氮化合物的比值即C/N比高时,植株就开花;C/N比低时,植株就不开花。但后来的研究发现,C/N比高时,仅对长日植物或日中性植物的开花有促进作用,但对短日植物(如菊花、大豆等)而言,却并非如此。这是因为长日照无一例外地会增加植物体内的C/N比。此外,在缩短光照时间的情况下,提高光照强度也能增加植物内的C/N比,但不能使长日植物(如白芥)开花。因此,光合产物作为开花素的假设首先受到否定。

16.1.2 成花物质假说

日照长短能影响植物成花的试验结果,说明感受部位的叶中存在某种物质在向花形成

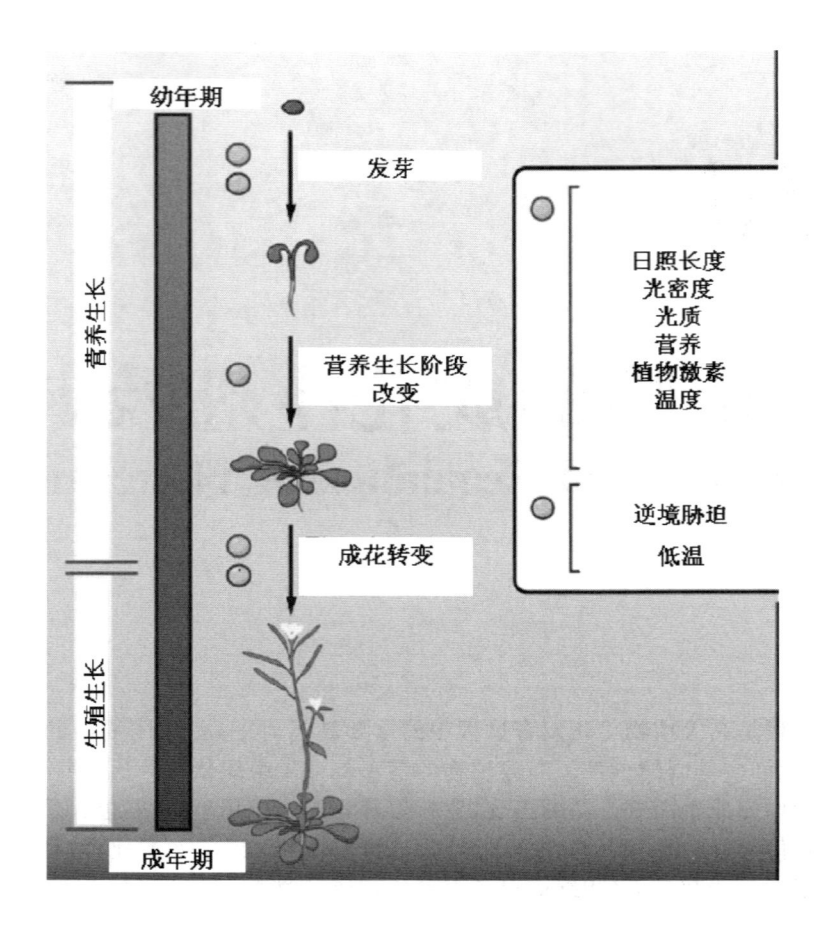

图 16-1　植物生长发育阶段

的茎顶传递。柴拉希扬（Chailakhyan）认为可能是在适当日照条件下在叶片中产生能诱导成花的物质或成花激素，然后向茎顶端分生组织运输而导致成花，并于 1936 年正式提出了这一假说。此后许多的嫁接实验都证明了这一结果——在植物界可能有成花物质存在。

根据成花对日照长短的反应可将植物分为几种类型：长日植物、短日植物和日中性植物。对于长日植物，许多报道都表明 GA 参与了成花的过程，并且 GA 还能在非诱导条件下成花。GA 同样能诱导那些需要春化处理的植物成花。但竹野（Takeno）认为，对于长日植物矮牵牛来说，GA 并不是光周期成花诱导所必需的。而对于短日植物，虽然嫁接实验似乎能证明有成花物质的存在，并经过长期的研究和分析得出了一些诸如苯甲酸等物质与成花有关的结论，但还不能说成花物质就是这些物质。

园艺植物中多以对日照长度和温度的影响不敏感的日中性植物为主。它可能是由于生理年龄等内部环境的变化而引起营养生长向生殖生长的变化。关于日中性植物的成花物质现在知道的就更少。但根据组织培养所得结果，对日中性植物来说，高的糖浓度和低的硝态氮浓度，特别是高的 ABA 含量具有促进成花的效果，而钾、IAA、乙烯、GA 等因素对蓝猪耳等日中性植物的成花并没有产生显著的影响。

迄今为止，人们已进行了半个多世纪的不断研究，仍没有弄清楚成花物质的具体成分。

取而代之的是不存在成花激素的观点。有人认为,短日植物在长日照条件下之所以不能成花,是由于存在着由叶向茎顶传送的成花抑制物质。韦伦西克(Wellensiek)认为每一个芽都是潜在的花芽,它之所以不能成花,是由于在营养生长中植物有一个专门决定成花的DNA被"锁定",这个锁定的解除由外界因素(温度、光照、化学物质等)完成,叫做"解除锁定",它导致DNA的活化,形成特定的RNA,然后形成特定的成花激素。成花激素生成于叶内,输往生长点并在那里起作用,它可能由一种以上的成分所组成,其中之一可能是细胞分裂素,但在不同植物中其成分可能并不相同。它的运输可以被大量的同化物的运输所阻碍,也可以被生长调节剂所阻碍。

16.1.3 内源激素假说

果树是对日长和温度不敏感的日中性植物。因此,植物激素及其平衡在花芽分化中的作用就非常重要了。

①生长素在一些试验中可以抑制花芽的形成。伴野研究日本梨后发现,成花时IAA的含量提高,但易成花的品种含量要低得多。只要枝梢生长顶端和有籽果的胚供应的生长素减少,就可以提高花芽的形成率。TIBA、B9、乙烯利等生长调节剂能抑制生长、促进开花的主要原因在于它们能抑制枝梢中的IAA或GA的生成,转运并允许细胞分裂素和其他产物的积累。韦济洛夫(Werzilov)等分析了花芽及叶芽内IAA的含量,看到已经分化出花器官的原始体的花芽内的IAA的含量比处于营养状态的芽内的要少得多。在枝条的形成层内,在花芽形态分化前四周,IAA的含量有大幅度的下降。

但有许多报道说明IAA类物质对成花也有促进作用。Harley连续观察了两年,发现当苹果小年时每个短枝顶端只留两片叶片时,一般不能形成花芽,但喷了NAA后花芽的数目明显增加。通过喷CCC能明显提高葡萄的成花率,同时枝条、叶片、花序、小花及根内的IAA含量增加了。因此可认为花芽的形成与IAA含量的提高有关。用^{14}C标记IAA,也能证明IAA从果实内流向果台副梢,从而形成了花芽。用NAA注射苹果果心,让其代替种子,也得到了同样的结果。格罗绍斯卡(Grochowska)等比较了两个苹果品种无果短枝及有果短枝内IAA的含量,没有什么差异。他们认为IAA可以使GA和CK的转运受到阻碍。因此,目前人们对IAA在果树花芽分化中的作用尚没有一致的看法。

②GA能抑制果树花芽分化已为许多试验所证实,它对苹果、梨、桃、李、柑橘等都有明显的作用。

③CK对果树花芽分化的影响具有较一致的意见。CK产生于根尖,借叶片的蒸腾作用随木质部汁液上行运送到枝梢芽尖,从而促进花芽分化。事实上,一个芽所具有的叶片越多,形成花芽也就越容易。叶片在成花中的这个作用,甚至比它为花芽提供碳水化合物的作用更为重要。

④ABA和GA同源于甲羟戊酸,但生理功能相互拮抗。ABA能促进短日植物在长日照下开花,抑制长日植物在长日照下开花。在苹果的结果短枝叶片中,ABA物质的含量可能比无果短枝中的高出2~3倍,故认为ABA的含量只与短枝的营养生长有关,与生殖生长无关。

⑤乙烯能促进大多数果树的花芽分化,能促进苹果、芒果的实生苗成花,几乎能诱导所

有凤梨科植物的开花。伴野认为乙烯可使 ABA 含量减少，诱导已休眠的芽解除休眠而成花。

16.1.4　激素平衡假说

各种激素都存在于果树花芽分化的过程中，但出现的时间和含量并不相同。它们存在错综复杂的关系，相互制约或促进。这种作用的结果就是会产生一种平衡状态，从而调节植物体内的各种生理过程。卢克威尔（Luckwill）鉴于 GA 和 CK 对苹果的花芽分化有显著的作用，提出 GA/CK、CK/GA 的平衡的假说，认为苹果树上任何一个芽都有可能分化为花芽，果台副梢上的芽是发育成花芽还是保持营养生长，要由来自短枝叶片的促花因素和来自种子的抑花因素来决定。而一年生枝梢上的芽要分化出花芽，需要顶部生长区段产生的 GA 停止供给和木质部汁液中要有足够浓度的 CK 这两个因素。用化学药剂抑制 GA 的合成和阻碍 GA 的转运是克服隔年开花的途径。

16.1.5　基因控制假说

激素的平衡变化可能导致与成花有关的基因解除阻碍。德布（Deb）等用一些生长调节剂处理，使荔枝苗的叶片 RNA、DNA 和组蛋白都发生变化。布班（Buban）发现，苹果短枝如挂果，会使顶芽的核酸水平降低，核酸组蛋白水平提高，从而抑制了成花，而无果短枝顶芽中的这两种物质则有相反的变化趋势，因而有良好的分化条件。在花芽开始分化前，顶端分生组织中的分裂活动就开始增强，苹果顶端分生组织还未成花时仅周边分生组织的 DNA 含量高，而发端成花的生长点则在顶轴区及中央分生组织内的 DNA 含量都很高。程洪等对暗柳橙枝条做促花和抑花处理，发现促花处理的分生区细胞内核酸含量均较后者相应的部位高，且前者的 RNA/DNA 的比值上升，后者下降。白晋和等对苹果进行主干环剥处理，结果可以使成花时的 RNA 的高峰提前。

成花诱导之后分生组织中心区和周缘区的 RNA 稳定增加，mRNA 也发生变化，超额 RNA 出现，先是 rRNA，后是 sRNA，而且高水平的 rRNA 和 sRNA 的合成与花诱导的其他特征相伴随，此时 DNA 产生 rRNA 的能力要比营养芽高 2.5 倍。DNA 和 RNA 的变化会导致一些酶的产生和变化，如浮萍在成花诱导后由 cAMP 活化的蛋白激酶活性增加，这种酶可引起磷酸化，并与花芽分化有关。而对拟南芥来说，成花诱导过程中的 DNA 和 RNA 的增加和变化是与成花基因的活化有关的。

果树花芽分化从根本上说理应直接与成花基因和核酸以及酶等物质的变化有关。用核酸和蛋白质合成的抑制剂可以阻碍成花过程即可说明这一点。这表明分生组织由营养芽转变为花芽时要有新的遗传信息表达。而且已有一些报道表明在果树成花时 DNA 和 RNA 的含量上升，有丝分裂旺盛。柑橘和苹果随着年龄的增加，叶片中的 RNA 含量也在增加，成龄树的 RNA/DNA 的比值要高于幼龄树，而核酸酶的活性则随树龄的加大而降低。

16.1.6 多因子假说

贝尔尼尔(Bernier)在 20 世纪 80 年代提出了多因子假说,即多种光合碳同化物和植物激素共同参与了开花诱导过程,猜测开花素可能由这两类物质组成。其中,光合碳同化物的作用与 Klebs 在 20 世纪初提出的 C/N 比假说有些相似。20 世纪 90 年代发现,植物开花与茎顶端的碳代谢有一定关系。对生长在短日照下的拟南芥和白芥(*Sinapis alba*)进行长日照的诱导发现,茎顶端首先积累了大量糖分,而该糖分并非来源于叶片同化产物增加,而是来自淀粉的分解利用。对缺失淀粉合成突变体 *pgm*、*adg* 进行分析也表明,该突变体在不利光周期下抑制了其开花诱导,但抑制作用能够被低温春化作用恢复。对缺失淀粉转运的高淀粉突变体 *sex1* 进行分析也发现了同样的结果。更进一步的研究发现,对野生型拟南芥茎顶端施用糖分可以代替其春化诱导作用;同样的方法可以加速 *co*、*gi*、*fve*、*fpa* 等几种突变体的开花诱导作用。这些试验都表明,光合碳同化产物尤其是糖类参与了开花诱导过程,因此上述多因子学说有一定的合理性。

16.1.7 多序列诱变假说

成花诱变由两种以上的因素共同调控,而每个因子各自独立地进行序列化变化;各因子对成花具有正作用或负作用,当这种促进作用达到临界水平以上或抑制作用下降到一定临界水平时,各序列才开始向前发展;各因子对不同的植物有不同的专一性;而不同的植物所具有的必需因子并不完全相同;一些因子需经发端才发生,而另一些可在非发端下存在;必需因子缺少的类型因不同植物而不同,不同植物可以要求不同的诱导条件;诱导因子不一定都起源于叶片,有些植物的根尖、茎尖在接收叶片的信号后也可能产生。有些植物不能成花时不一定缺乏所有因子,但至少缺少一种因子;已开始的诱导在未达到不可逆点时,诱导限制其不再向前发展,不可逆点在最后的一个或几个序列上,然后成花基因解除阻碍。花的形成受多条交叉的途径所控制,不同的花诱导刺激可以启动不同的成花基因组,只要一条途径通畅,成花就能启动。

16.2 成花诱导的生理生化基础和分子机理

16.2.1 成花过程中的生理生化变化

植物从营养生长转变为生殖生长,需要将外界环境刺激转化成植物的生理生化变化及基因表达的变化。长期以来,人们对植物成花过程中的碳水化合物、蛋白质、同工酶、激素和核酸代谢等进行了大量研究。

1. 碳水化合物的动态变化

早在 20 世纪初即有人研究了碳水化合物的分配在控制开花中的作用,并提出了许多假说。后来出现了"成花素"等概念,人们认为同化物只是为花的发生提供能量,起着辅助的作用。但后来的研究发现,糖类不仅仅是能量的供应者,而且直接参与花发生的调节过程,高的 C/N 比已被认为是许多植物成花转变过程中的主要决定因素之一。

陈志金发现可溶性糖总体水平高有利于卡特兰成花。曹伊花(Tzay-Fa)等研究发现,春化处理可以使萝卜的抽薹开花提早,已经完成春化与未完成春化或脱春化的萝卜植株相比,其总糖及非还原性糖的含量均比后两者高。他们认为春化植株中的高糖水平导致了萝卜植株花芽分化提早。将拟南芥品种"Ler"顶芽置于含有蔗糖的基质中暗培养,其叶片数与在长日照条件下生长的相同。蔗糖对"Leidon"和"Stockholm"等需要春化才能开花的拟南芥品种有很大的促进作用。为了明确单独施用蔗糖对开花的促进作用是否存在普遍性,研究者对迟开花的拟南芥突变体施用蔗糖,以避免这些突变体由于存在显性等位基因抑制开花,结果蔗糖加速 *fve*、*fpa*、*co* 和 *gi* 突变体开花,但不能加速 *ft* 和 *fwa* 突变体开花。

过表达蔗糖磷酸合成酶的转基因番茄与非转基因番茄相比,其蔗糖合成能力提高,开花提前。桂竹香在春化期间,顶芽可溶性糖水平增加。碳水化合物的代谢过程与开花相关,但其机理还不是很清楚。拟南芥至少有五个(*adg1*、*cam1*、*gi*、*pgm* 和 *sex1*)突变体在淀粉的合成、贮存和代谢方式上存在差异,它们在一定的条件下都会延迟开花。*cam1* 和 *gi* 突变体的开花时间不受光周期影响,所以这两个基因都有可能在光周期促进途径中起作用。*pgm* 和 *sex1* 突变体在短日照条件下延迟开花,但这几个突变体经过低温处理后都可提前开花,故而认为春化并不依赖于正常的淀粉代谢作用。

拟南芥淀粉合成缺陷型突变体在长日照条件下的开花时间比在短日照条件下提前,且从叶片中输出的碳水化合物也比后者含量高,输出时间提前;而在短日照条件下其碳水化合物的输出并不增加,说明碳水化合物在花芽形成的过程中有很大作用。赵静等研究表明,不同时间处理夏黑葡萄及促成二花的措施,可改变夏黑葡萄叶的可溶性糖、淀粉的含量。

在大量工作基础上,人们提出成花诱导的营养分配学说,该学说认为生殖器官发育比营养生长需要更多的能量,在成花诱导条件下,不论什么环境因子(如各种激素)都是通过改变植物体内的"源-库"关系,从而使茎尖获得比非诱导条件下更有利的同化物供应。也就是说,碳水化合物在成花转变中起着重要的作用。

但是,碳水化合物的变化究竟是成花转变的原因,还是环境改变的结果? 人们试图通过对拟南芥突变体的研究来解决这个问题。研究发现长日植物拟南芥有两种突变体,*pgmTC75* 是质体葡萄糖磷酸变位酶缺陷型突变体,*SopTC26T* 突变体的淀粉降解过程有缺陷,它们的生长和开花时间在连续光照下与野生型没有明显差异;但是随着日长的缩短,与野生型相比,它们的生长变缓,开花延迟,而这两种突变体之间几乎无区别,这说明生长减缓和延迟开花可能是由于淀粉不能动用所引起的。碳水化合物的变化很可能是成花转变的原因,而不是结果。

蔗糖作为植物中最常见的碳水化合物,在成花过程中可能不是或不仅是能量供应物,还可充当一种信号物质发挥作用。属于长日植物的白芥经短日照处理后,即使光强提高到正常的 2.5 倍,植物也不能开花。但是,这一处理导致茎尖分生组织的糖水平和酸性转化酶活性提高,并发生类似于成花转变的典型超微结构变化,这些现象被认为是光合作用和同化物利用增加的结果。并且,由于茎尖蔗糖水平的增加先于细胞分裂活动的增加,而细胞分裂活动的增加是成花转变的重要事件,所以蔗糖可能是作为一种成花信号作用于茎尖的。

成花转变过程中茎尖蔗糖等碳水化合物的来源也是人们关注的焦点。$^{14}CO_2$ 标记试验表明,在诱导白芥时,最新合成的同化物向顶芽的供应量没有发生变化。玻罗尼亚属植物 *Boronia megastigma* 转移至低温条件下 2 天内淀粉浓度增加,并且这种高浓度淀粉可保持 10 周,随后花芽开始发育,淀粉含量也下降。金光菊(*Rudbeckia bicolor*)在经 1～2 个长日诱导后顶端游离糖含量增加,而髓区的淀粉含量下降。显然,茎尖早期积累的蔗糖可能是来自叶或茎中,而不是来自光合作用。

2. 蛋白质的动态变化

奥岩松等通过对三个不同抽薹期类型大白菜品种在不同发育时期体内可溶性蛋白质种类和水平变化的研究发现,大白菜体内可溶性蛋白质含量在花芽分化开始时达到最高,在整个花芽分化过程中还出现了一些新蛋白质,这些特异蛋白质的出现往往与发育阶段的转变有着直接的关系。此外,抽薹越晚的大白菜品种其可溶性蛋白质水平越低。植物体内可溶性蛋白质的种类和水平是基因表达的结果,核酸操纵的功能性蛋白质代谢可反映其基因特性。

田中(Tanaka)等认为卡特兰花诱导前期蛋白质积累和含量高,伴随花诱导的蛋白质降解可能是成花机制所必需的过程。李秀珍等在研究冬小麦春化过程中可溶性蛋白组成的变化与形态发生的关系时发现,未经低温处理的春小麦幼芽的可溶性蛋白质含量最高,随后降低,至低温处理 21 天时基本趋于恒定,并认为这种现象可能与春小麦对低温的适应过程有关。冬小麦幼芽在低温的作用下其可溶性蛋白质含量的变化与春小麦不同,处理 14 天时含量最高,以后迅速下降,28 天时接近于未经春化的水平,35 天时又有所上升。春化中期可溶性蛋白质含量的提高,可能是植株生理状态转变的原因之一。用 SDS-PAGE 电泳检验可溶性蛋白质谱带的变化表明,经低温处理 7 天的冬小麦幼芽中有一新谱带出现,其相对分子质量为 2.1×10^4;低温处理延长至 14 天,出现了另外两条新的蛋白质谱带,其相对分子质量分别为 5.1×10^4 和 1.7×10^4。这三种蛋白质中,5.1×10^4 的新蛋白质相对含量变化不明显,而两种小相对分子质量的蛋白质。这三种蛋白质中的相对含量逐渐增加。

对黄瓜花原基启动时细胞及其组织化学的研究发现,在花芽分化过程中 RNA 和蛋白质的含量明显增加,说明花原基启动过程中转录和翻译水平增加。一般认为,高的 RNA/DNA 比例对由营养生长向生殖生长的转变有重要意义,其生理意义可能与花原基形成所需要的特异性 mRNA 大量转录以及蛋白质(特别是酶)的合成有关。类似的研究也表明,在花芽分化过程中,植物生长点可溶性蛋白质的含量与种类均发生了变化。石万里等认为芽内核酸(主要为 RNA)和蛋白质代谢是菊花侧枝生长点从营养生长状态转向生殖状态进而完成花芽形态建成的生化基础,芽内核酸和蛋白质增加趋势和摘叶法推测的菊花花芽生理分化期相吻合。由此可见,RNA 和蛋白质含量的增加是花芽分化过程中所必需的。

春化作用的作用位点和反应位点均为茎尖生长点。已有迹象表明,低温处理(春化)和光周期处理诱导产生了与花芽分化和开花有关的特异蛋白质。皮耶德(Pierard)等应用免疫荧光电镜技术发现在长日照诱导下白芥的茎尖分生组织中有特异蛋白质存在。林登(Lyndon)等应用双向电泳技术在白芥茎尖分生组织中发现蛋白质组分的改变与花的发端存在密切关系。科利(Kohli)等发现鸢尾草在光诱导下,茎、叶总蛋白含量增加,并通过电泳分离出了新的水溶性蛋白。当矮牵牛植株处于开花诱导条件下,植株胚轴中有与开花特异性表达的 mRNA 及蛋白质产生。冬小麦通过春化作用而获得的开花能力与茎尖组织中特异 mRNA 和蛋白质的变化有关,因为这些蛋白质和 mRNA 不存在于生长在正常温度条件下未通过春化的植株茎尖中,而且这些物质随春化而产生,随脱春化而消失,且同时存在于未经低温诱导、不需要春化的春小麦中。在大白菜、白菜等植物中亦有类似发现。

3. 同工酶的动态变化

近年来,同工酶在植物生长发育中的作用引起了广大研究者的重视。陈竹君等在对榨菜花芽分化早期的生理生化特性研究时发现,春化处理在促进榨菜植株抽薹开花的同时,也使过氧化物同工酶的活性发生了改变,并有新酶带出现。该研究同时发现,榨菜在花芽分化过程中有淀粉积累现象。此外,金银根等研究发现大麦浆片中淀粉的含量在成花前高于成花时,而可溶性糖含量则是成花初高于成花前,他们认为这可能与淀粉水解成糖有关。淀粉酶的鉴别表明,浆片中有淀粉酶的存在和活动。

凌俊等研究发现春化处理可以促使油菜抽薹开花提前,并随着春化时间的延长,促进开花的效应越明显,同时表现出硝酸还原酶(NR)活性的提高,暗示两者在代谢基础上可能存在一定的相关性,这可能与此时的细胞分裂加速以及蛋白质合成增加有关。在当归中亦有类似的报道。

孙慧等对不同部位、不同发育阶段萝卜的酯酶、α-淀粉酶、细胞色素氧化酶及过氧化物酶进行比较,发现进入生殖生长期后酯酶的各种同工酶得到活跃表达,并且酶活性显著增强;随着植株的生长,α-淀粉酶各谱带的 R_f 值有增加的趋势;细胞色素氧化酶和过氧化物酶在由营养生长到生殖生长转变的过程中谱带越来越丰富。

4. 内源激素的动态变化

五大类激素对花芽分化的作用已基本清楚。CK 促进许多植物的成花,但不同种类的 CK 促进开花作用不同,并随不同植物种类而异。GA 在植物的成花过程中对以下几种生理过程具有促进作用:非诱导条件下的成花转变;需低温植物的抽薹开花;日中性不需低温的各种园艺植物,如天南星和朱蕉的开花;针叶树球果的产生。相反的,GA 对多种多年生被子植物,尤其是果树及林木成花的发生具有抑制作用。GA 的另一个重要效应是加速成花的转变。环境条件可以调节 GA 的代谢,并因此改变 GA 在组织中的特性和水平,从而对植物产生影响。弱极性的 GA,如 GA_7 和 GA_9 与木本多年生针叶树的成花调节有关;强极性的 GA_1 和 GA_3 则参与营养生长过程。低浓度 IAA 为花发生所必需,但是高浓度 IAA 抑制开花。总体上 IAA 对植物开花抑制的例子远比促进的例子多。EHT 一般促进成花。ABA 对长日植物开花一般起抑制作用,对林木则促进花芽分化形成。谷本静史和石冈穗子认为日中性植物的成花主要受 ABA 的控制。

(1) 激素的相互作用及平衡与成花关系

有关激素与植物成花关系的研究主要集中在果树上。苹果花芽分化的必备条件是生长顶端或结实树有籽果实供应的 IAA 减少,TIBA、B_9 和乙烯利等生长调节物质能抑制生长、促进开花主要是因为它们能抑制新梢中的 IAA 或 GA 的生物合成、运转并允许 CK 和其他代谢产物积累,即 IAA 对苹果花芽分化是有抑制作用的。生长物质不仅在特定的部位起作用,它们平衡地或有顺序地控制生长中的细胞的全部活动。因此,生长物质很少单独发生作用,各激素间有一种相生相克的关系。利奥波德(Leopold)认为激素可能控制开花,至少在某种情况下是通过刺激和抑制开花的各激素间的相互作用来完成的。GA_3 和 ABA 拮抗,

GA_3 可诱导 α-淀粉酶的活性，使淀粉水解；ABA 抑制 α-淀粉酶的活性，从而使淀粉积累。IAA 可诱导 EHT 产生，EHT 又可使 IAA 含量下降。用抑制激素 GA_3 处理苹果未结果枝，很快降低内源 CK 水平；B_9 和 EHT 促进成花，两者均可降低内源 GA_3 含量，增加 CK 含量。苹果木质部汁液中 CK 含量高，不仅使顶芽成花，侧芽也会成花。

各类激素都会在果树的花芽中出现，但是其激素出现的时间及含量的变化不同。激素之间存在着错综复杂的关系，它们互相制约或互相促进，不同比例的各种激素相互作用的结果就是产生一种平衡状态，这种平衡状态在调节植物体内各种生理过程中起着很重要的作用。埃文斯(Evans)指出，任何器官的发育依赖于激素平衡和有效同化产物之间的相互作用。果树花芽分化过程也是这样，它是由不同时期的不同激素平衡状态来调节的。布里克斯(Brix)指出，内源 GA_3 抑制果树的花芽分化，CK 促进成花，即 CK/GA_3 比例对苹果花芽分化具有显著影响。克里希纳莫提(Krishnamoothy)等认为果树成花取决于促花物质和抑花物质之间的一种平衡(比例关系)，提出临界 GA_3/CK 比例或 CK/GA_3 比例影响苹果花芽分化的假说，即 CK/GA_3 比例大于其临界值，则促进开花，且比例愈大愈有利于开花，否则不会促进开花。他认为，苹果树上任何一个芽都有分化成花芽的可能性，果梢芽是发育成饱满的含有花和叶的原基的"花芽"，还是保持纯粹的营养生长，要由来自短枝叶片的促花因素和来自种子的抑花因素，即 CK/GA_3 比例而定。而一年生枝梢上的芽的花原基分化就需要两个条件：顶部生长区段产生的抗开花的 GA_3 停止供给；木质部汁液中要有足够浓度的 CK，亦即有较高的 CK/GA_3 比例。周学明等测定了苹果花芽和叶芽中 GA_3、CK 和 ABA 的含量，发现花芽中 GA_3 的绝对含量并不比叶芽高，而 CK/GA_3 的比值却显著高于叶芽。格罗雀斯卡(Grochowska)发现苹果无果短枝中的 CK/GA_3 比例显著高于有果短枝的，成年树的高于未结果的幼年树的。曹尚银研究苹果花芽孕育过程中内源激素的变化后发现，在苹果花芽孕育临界时期内，随着时间的推移，IAA、GA_3 含量下降，ABA 上升，ZR 保持高水平。因此，他认为在苹果花芽生理分化过程中，低含量的 IAA 和 GA 与较高含量的 ABA、ZR 对成花有促进作用；反之，抑制成花。在刺梨花芽生理生化分化期，虽然叶芽中的 ZR 含量变化趋势与花芽的基本一致，但花芽中的 ZR 含量水平高于叶芽中的，这仅仅是诱导刺梨花芽生理分化的一个因素，然而在花芽生理分化期，花芽中的 GA_{1+3} 含量水平远远低于叶芽，其 ZR/GA_{1+3} 比例显著增大，这对刺梨花芽生理分化的促进具有更为重要的协同作用。因此，对刺梨花芽的孕育起决定作用的还不是 CK 和 GA_3 的绝对含量，而是 ZR/GA_{1+3} 比例，改变 ZR/GA_{1+3} 比例有可能改变芽的分化方向。这对于化学调控刺梨花芽分化无疑具有十分重要的指导意义。不但 ZR/GA 比例决定着苹果花芽分化，ZR/IAA、ABA/GA_3、ABA/IAA、$(CK+ABA)/IAA$、$(CK+ABA)/GA_3$ 比例也决定着苹果花芽分化理论。其实这也是卢克威尔(Luckwill)提出开花促进激素/抑花激素高有利于开花的经典理论的发展。

万友民等研究了馥郁滇丁香(*Luculia gratissima*)成花过程的内源物质变化情况，发现相对于非诱导光周期，光周期下内源 ABA、ABA/IAA、ABA/tZ 比例维持在较高水平有利于成花；tZ/IAA 比例维持在较高水平有利于成花的生理分化，维持在较低水平则有利于成花的形态分化。这又印证卢克威尔(Luckwill)的经典理论。

(2) 激素和碳水化合物的相互作用与成花关系

顾(Gu)在研究柑橘花芽分化过程中碳水化合物与 GA_3 的关系时指出，碳水化合物累积为花芽分化所必需，但高含量的碳水化合物未必导致成花，成花还受激素及其他因素的影响。

萨克斯(Sachs)提出成花诱导的营养物分配学说。该假说认为生殖器官的发育比营养生长需更高的能量。在成花诱导条件下,不论什么环境因子都是通过改变植物体内的"源-库"关系,从而使茎尖获得比非诱导条件下更有利的同化物供应。苹果花芽分化的主要条件是充足的营养和各种激素保持平衡。营养物质的合成和运转在一定程度上受激素水平的制约。杰克逊(Jackson)指出,任何器官的发育都依赖于激素平衡和有效同化产物之间的相互作用。CK 和 IAA 有向它起作用的部位调运营养的能力。因此,花芽分化应具备如下条件:高含量的淀粉、CK、ABA 及低含量的 GA_3。在一定的营养范围内,激素平衡对成花起主导作用,但如果养分过度缺乏,这种激素平衡就要受营养水平的制约。

(3) 激素和矿质营养的相互作用与成花关系

植物生长发育所必需的元素中,多数对植物开花有影响,氮素是花发育所必需,在一定范围内氮素能增加花量。钙水平高时菊花和康乃馨花量减少。铜影响植物光周期类型。例如,短日植物浮萍在含正常铜量不加螯合剂的培养基中呈日中性,增加铜量呈长日性,缺铜呈短日性。此外,一些植物的花芽发育和开花还与铁、锰等元素的含量有关。

近代研究证明,矿质营养与激素关系密切,它可直接或间接地影响内源激素的平衡。矿质营养可影响多种果树的花芽形成,施氮可增加梨、苹果、黑穗醋栗、樱桃、葡萄、杏等果树的花芽分化,铵离子能促进 CK 的合成,增加木质部汁液中玉米素的含量。试验证明,大量供氮可降低地上部分 ABA 含量和 ABA/GA_3 比例。过量的氮素可促发果树生成大量的幼嫩枝叶,因而合成较多的 GA_3,从而抑制花芽分化。许多研究表明,钙除了作为植物的矿质营养元素常用来促进植物开花外,还作为植物的第二信使在花芽形成和分化过程中起重要作用。可见,营养与激素既相互依存又相互制约,营养元素直接或间接地影响着内源激素平衡,而这种改变又影响营养物质的合成、运转与分配,从而调节植株的生长和发育。

16.2.2 成花调控途径

1. 成花抑制路径

对拟南芥的一种早花生态型缺陷型突变体 *ler* 进行研究表明,EMF(*EMBRYONZC FLOWE*)是激活营养生长所必需的基因,对生殖生长起抑制作用,因此 EMF 可被认为是成花过程中靠近花的发端。EMF 向下则直接与花分生组织特异性基因相互作用来调节成花的抑制作用。EMF 基因的突变体 *emf* 的极端表型为,不管环境因子如何,在发芽不久后即形成花序,甚至在 *emf1*、*emf2* 中,初生分生组织在发芽后可直接发育成心皮。它们不经营养阶段即可成花,也就是说,在没有 EMF 基因时,可以最大限度地省略中间过程直接成花。TFL(*TERMINAL FLOWER*)促进花序分生组织的形成,抑制花分生组织特异性基因表达的功能,可延迟营养生长向生殖生长的转变,TFL1 的过表达大大延长了营养生长期。CLF(*CURLYLEAF*)、WLC(*WAVYLEAVES AND COTYLEDONS*)的功能是阻止花分生组织特异性基因在营养组织中的表达。

2. 自发促进路径

被认为是在自发促进路径中起作用的基因包括 FCA(*FLOWER CONTOR LATER*)、

FPA、*LD*(*LUMINIDEPENDENS*)、*FVE*、*FY*,因为相关拟南芥野生型表现出独立于光周期的促花作用。*LD* 可调控其他基因的表达。LD 蛋白含有与公认的核定位信号相类似的序列,还含有一个富含谷氨酰胺的区域,这些都是转录因子的特性。LD 蛋白虽然在整个植株中均有表达,但在茎端与根端最多。*l* 天突变体延迟开花的特性可以被春化部分抑制,突变体春化 30 天后,不论在长日、短日,均明显提前开花,这类突变体对春化作用反应的事实表明春化促进路径在这些早花生态型中与自发促进路径殊途同归,而当这些促花基因突变后,成花转变可被春化作用弥补。

3. 光周期促进路径

光周期促进路径确切地说是长日促进路径,它源于光受体 PHYA、CRY2 等。*FE*、*FT* (*FLOWERING LOCUS T*)、*FD*、*FHA*、*GI* (*GIGANTEA*)、*CO* (*CONSTANS*)、*FWA* 等基因在长日照下晚花,在短日照下不敏感的晚花突变体与此路径有关。*PHY* 上的突变编码一种光不稳定的光受体,阻碍植物对远红光充足、日照特别加长的信号的感知,所以 *phya* 突变体晚花。过表达编码蓝光受体 CRY2 的 *FHA* 基因能使植物花期提前,*CO* 的 mRNA 含量增加,表明蓝光通过 CRY2 和 CO 来促进成花。一些证据表明 *ler* 植物中的 CO 活性水平与成花时间直接相关,有人证明利用谷氨酸诱导系统,充分诱发 *CO* 的活性,可导致短日照下迅速成花,以及启动 *LFY*、*TFL1* 转录。与长日照下一样,控制光周期促进路径的主要基因表达的是近似昼夜节律钟(图 16-2)。

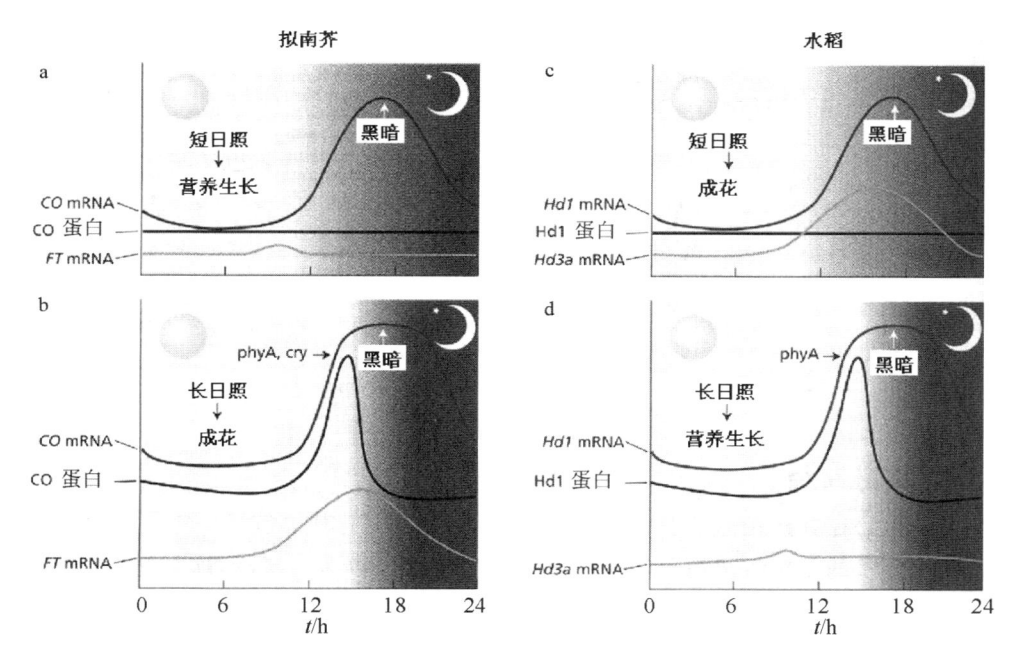

图 16-2 拟南芥(a 和 b)和水稻(c 和 d)协变模型的分子基础

FD(一种 bZIP 类转录因子)在茎尖表达并启动原基中成花决定基因的表达。*FT* 的 mRNA 经韧皮部中的维管束运输到茎尖。在拟南芥植物中发现,*CO* 的 mRNA 能感受日照长度,呈昼夜周期性变化,在黄昏时增长速度最大(图 16-2)。在冬天的短日照下,落日后 CO 在叶中不断积累;春天日照加长,CO 蛋白也能在光照存在的情况下积累。CO 过表达导

致提早开花。在受 CO 直接激活的目标基因中，FT 和 SUPPRESSOR 与成花最为相关。信号在叶中产生，但在茎中才表现出来，CO 在其中起到关键性作用。FT 的表达必受 CO 的影响。多个证据表明，FD 为 FT 促进开花提供了一个空间框架。首先，FD 是 FT 诱导成花所必需的，因为 FD 基因突变延迟 AP1 表达，也延迟由 FT 过表达引起的早花现象。其次，虽然 FD 过表达引起早花不如 FT 过表达引起早花有效，但两者都过表达时，它们之间有协同作用。第三，FT 和 FD 蛋白存在物理上的相互作用，这已通过酵母的双向杂交试验和植物的荧光显微技术所证实。FD 和 FT 是如何相互作用调节成花的呢？维格（Wigge）等的试验有力证明了 FD 和 FT 共同作用从而激活下游目标：当 FT 表达上升时（如将短日照改为长日照），FD 的异位表达引起 AP1 在叶中表达。图 16-3 所示是植物成花的信号传递过程。

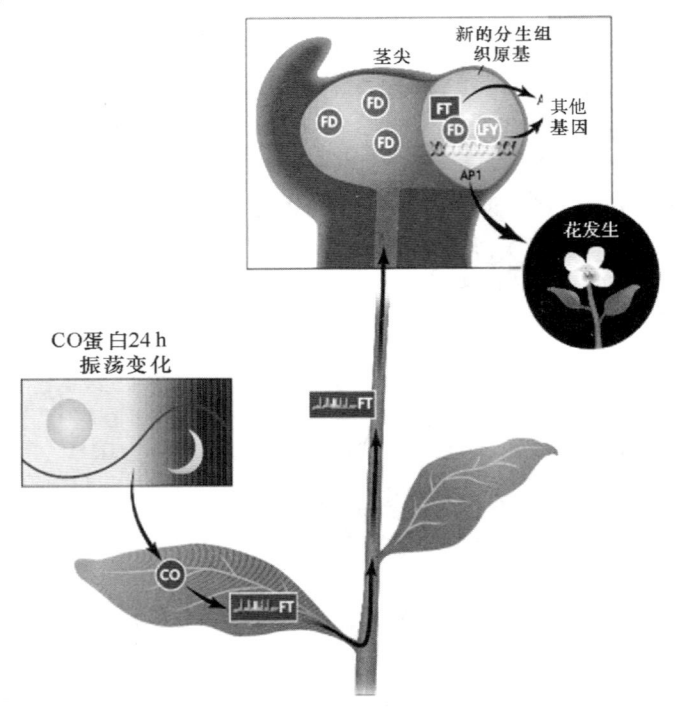

图 16-3　成花的信号传递

4. 春化促进路径

许多植物在其开花前的发育时期需要一个冷处理期，其中包括一年生植物、多数二年生植物和相当多的多年生植物。许多二年生植物若避开冬季的寒冷，那么它们的营养生长状态可达数年之久。春化对成花的促进同长日照的促进有所不同。在冷处理与成花间有一段时间间隔，所以春化的促进作用实质上是为成花做准备而非迅速诱导成花，因此春化促进路径的开通具有持续性和反复性。与春化有关的突变体，如 flc（图 16-4）和 vrn（图 16-5），可能与低温的感知或冷信号的传递有关。

以上四条路径中，前两条属内源途径，后两条属环境因素控制的路径。四条路径并非独立而互不牵扯，一些节点的联系使其兼具纵横的网络特点，从而使路径间具有互补性，当一条路受阻时，就转向另一条路。例如，fca 这种晚花突变体表型可被一段时间的春化处理完

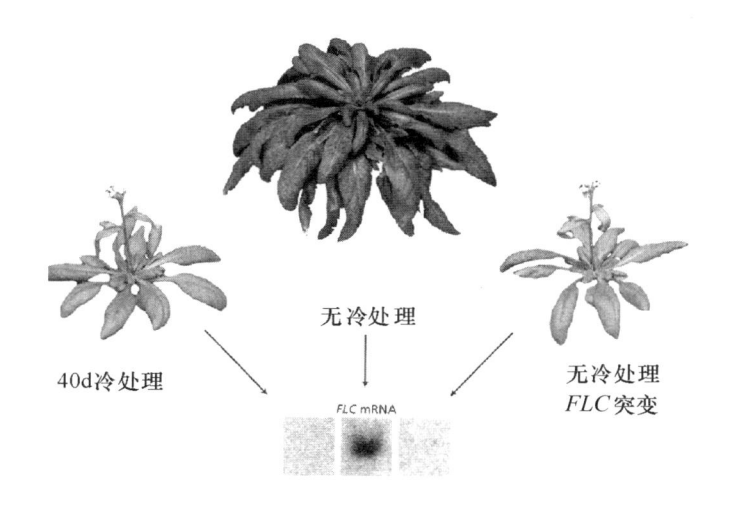

图 16-4　*FLC* 在低温春化处理成花中的作用

图 16-5　春化促进途径 *FRI* 与 *FLC* 之间的关系

全校正(图 16-6)。

5. 蔗糖转运蛋白抑制路径

蔗糖转运蛋白对高等植物的碳分配至关重要。它们通过向韧皮部输送蔗糖,控制蔗糖在整个植物中的分布,并驱动韧皮部的渗透系统运转。蔗糖转运蛋白 *StSUT4* 基因的表达对马铃薯开花有影响。*StSUT4* 基因主要在块茎、汇叶和花等汇器官中表达,但在源叶中也有少量表达。金钦斯卡(Chincinska)等通过 RNA 干扰抑制转基因马铃薯植株中 *StSUT4* 基因的表达,发现其开花提前。

StSUT4 可能以 phyB 依赖的方式调控开花,因为它参与了 phyB 依赖的信号传导。phyB 被认为通过调节 CO 蛋白的稳定性,在光周期途径中控制开花。StSUT4 对开花的影

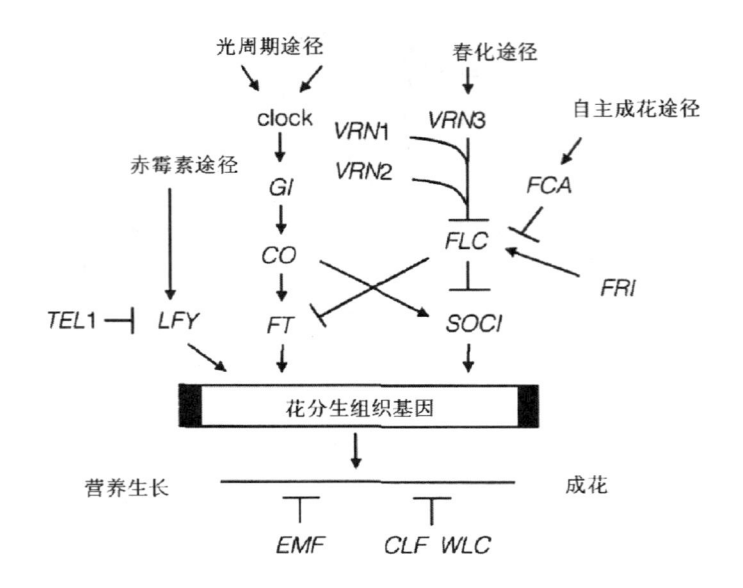

图 16-6　成花过程内外因素及相互关系

响可能与调节源叶的蔗糖输出有关。在 StSUT4 抑制的植物中,蔗糖输出受到干扰。这导致源叶中可溶性糖的积累,从而改变了汇器官中的蔗糖水平。里斯迈尔(Riesmeier)等在 SUT4 抑制植物中观察到,蔗糖转运体 SUT1 过表达的烟草植株表现出早期开花表型,而比尔克勒(Bürkle)等发现烟草 NtSUT1 基因的抑制表达导致开花延迟。

6. miRNA 调控路径

洪义国等认为 miRNA 在转录中和转录后水平上调控参与开花过程的关键基因主要有参与幼体到成体营养阶段转变的 miR156、miR172 和 miR390 家族,以及与 miR172 家族一起参与营养到生殖阶段转变的 miR159、miR169 和 miR399 家族。

miR156 家族与 miR172 家族一起在衰老途径中调节植物成熟和生殖的时间。miR156 家族间接调节 miR172 家族的表达水平。miR156 家族在胚胎和幼苗早期高度表达,并随着植物年龄的增加而减弱,而 miR172 蛋白随着时间的推移在叶片和花蕾中积累。这构成了幼体到成体阶段变化调控的基础。

miR156 组成型过表达转基因植株表现出开花延迟和幼叶期延长,表现为幼叶产量增加和背面缺失毛状体。在水稻、番茄和玉米过表达 miR156 株系中也观察到延迟开花,这一事实支持了 miR156 家族在控制开花方面的进化保守性。miR156 家族的靶标是 *SQUAMOSA PROMOTER BINDING-LIKE*（SPL）基因,miR156 家族下调拟南芥 11 个 *SPL* 基因(共 17 个)中的表达水平。随着植物的生长,miR156 家族表达水平下降,伴随着 *SPL* 基因表达水平的相应增加,SPL 转录因子通过诱导 *FT*、*LFY* 和 *MADS-box* 基因表达来促进开花。miR156 家族的目标模拟物的表达会隔离可用的 miR156 并下调其活性,导致在产生少量具有成年特征的叶片后提前开花。因此,高水平的 miR156 在植物发育早期抑制开花,是幼期表达所必需的。

miR390 家族参与多种发育过程,包括叶片形态发生、侧根发育和开花时间控制。它对开花时间的影响是因为它延长了幼期，从而推迟了开花。miR390 对开花时间的影响不是通过直接靶向编码蛋白质的 mRNA，而是通过触发 *TAS3* 位点的反式 siRNA 的产生，而这些 siRNA 反过来靶向抑制转录因子 *AUXIN RESPONSE FACTORS 3*（*ARF3*）和 *ARF4* 基因的 mRNA 水平。ARF3 和 ARF4 的活性促进了幼体到成体的营养阶段转变，因而 miR390 通过抑制 ARF3 和 ARF4 活性并延长幼期来延迟开花。

在拟南芥和大岩桐中，miR159 家族的过表达会导致 *MYB33* 和 *LFY* 的转录物水平降低，并延迟开花时间。在水稻中也有类似结果。

miR169 家族既参与非生物胁迫响应，又参与开花时间控制。在拟南芥、玉米和大豆中，miR169 家族的大多数成员在非生物胁迫下进行调节。徐妙云等研究表明，在拟南芥中，miR169 的过表达导致开花提前。对开花时间的影响是通过 *NF-YA2* 调控开花位点（*FLO*）的表达来介导的，*NF-YA2* 结合 *FLC* 基因的启动子和第一个内含子诱导 *FLO* 的表达。miR169 过表达植株中，NF-YA2 表达水平的降低导致 FLC 表达减少，FT 和 LFY 表达增加，从而导致开花提前。

miR399 家族通过 *PHO2* 的表达来影响磷酸盐稳态。PHO2 是一种 E2 泛素耦联酶，参与根部磷酸盐吸收。miR399 活性在缺磷条件下上调，以增加磷酸盐摄取量；在高磷条件下下调，其活性受到严格控制，以防止磷酸盐过度积累和组织坏死。在 23℃下生长的植物比在 16℃下生长的植物开花早，并且 23℃下生长的植物中 miR399 的表达水平高于在 16℃下生长的植物。此外，在 23℃下生长时，miR399 过表达体和 *PHO2* 功能缺失突变体都比野生型早开花；而在 16℃下生长时没有观察到这种差异。这些植物在 23℃下较早开花可以由 *TSF* 表达水平的增加来解释。因此，miR399 亦既参与非生物胁迫反应，又参与开花时间控制。

7. 温敏路径

温度影响大多数生化和代谢过程。通常，略高于 25℃的温度会加速芽的代谢和分化。然而，在 30~35℃下芽的形成会中断，甚至导致芽败育。在温暖潮湿的地区，樱花花蕾的分化会稍微加快。在 25℃以上的高温条件下，部分桃树品种生长中断。当暴露时间较长时，花芽在分化过程中流产，形成盲节。类似的情况在热带地区也很常见，在这个阶段，树木通常会受到 30℃以上的温度的影响，出现盲节。

在大多数果树物种中，高温会导致呼吸和蒸腾速率增加，抑制光合作用并导致大量的能量消耗。在桃子中，夏季前两周的温度若等于或高于 31℃，会对果实生产产生负面影响。夜间的高温增加了植物的呼吸频率，导致一些代谢过程（如花蕾的形成）可用能量减少。在甜樱桃的花分化过程中，温度超过 30℃会导致重瓣雌蕊的形成。在杏中，冠层造成的遮阴可能导致芽的诱导和分化紊乱，影响最终的芽数甚至下一季的果实产量。开花前温度升高，导致开花时间加快，坐果减少。与对照花相比，暴露在温暖条件下的花重量更轻，雌蕊发育更慢。

8. GA 促进路径

人们对 GA 调控开花时间的认知是外施 GA 可以促进包括拟南芥在内的许多植物提早开花，GA 合成和信号转导途径的突变体具晚花表型。编码内根-柯巴基焦磷酸合成酶的 *GA1* 基因座发生缺失突变的 *ga1-3* 在短日照下不开花，在长日照下表现为晚花，且植株严重矮化,这说明 GA 是植物在缺少长日照条件下开花的刺激物,因为在短日照条件下,GA 能够诱导 *LFY* 和 *SOC1* 的表达。GA 途径和长日照途径在 *LFY* 启动子处整合,缺失突变分析表明,*LFY* 启动子中不同元件分别负责响应 GA 途径和长日照途径,但还不清楚 GA 是否也以直接作用方式诱导 *SOC1* 的表达。

GA1（*GIBBERELLIC ACID INSENSITIVE*）、*RGA*（*REPRESSOR OF GA1-3*）、*RGL1*（*RGA LIKE 1*）、*RGL2* 和 *RGL3* 参与了拟南芥的 GA 信号转导途径,属于 *GRAS* 转录因子家族中的 *DELLA* 亚家族,在序列上有很高的相似性,且功能部分冗余。功能缺失突变分析表明,DELLA 蛋白是 GA 信号转导途径的负调控因子。赤霉素解除生长抑制是利用 DELLA 蛋白对 skp1/cullin/F-box(SCF) E3 泛素连接酶的降解。*GASA* 基因家族成员 *GASA5* 在拟南芥所有组织中均表达。它能够增强 *FLC* 的表达,抑制 *FT* 和 *LFY* 的表达,从而推迟开花时间。

在一年生植物中,*CO/FT*（同系物）响应日长变化控制开花时间,在长日照条件下诱导开花。*EBS*（*EARLY BOLTING IN SHORT DAYS*）可能通过调节 *FT* 染色质结构而调控 *FT* 的转录。在林木中,*EBS* 作用尤为显著,强烈抑制 *FT* 的转录。每年生长和休眠使得 *FT* 能转录的染色体结构逐渐被释放,因而 *FT* 对 *CO* 的转录也就越来越明显,最终若干年后导致开花。*CO/FT* 在林木中除了调控开花外,也调控短日照诱导的秋季生长停止和芽脱落。这个调节机制能解释为什么分布在北欧高纬度地带的杨树,其秋季生长停止的临界日长大于分布在北欧低纬度地带的杨树。

在植物成花过程中,什么时候表达什么基因、完成什么样的发育事件是被精确控制的。首先是遗传控制,最终负责细胞活动、生长和发育的全部信息都贮存在染色体上,问题在于信息的选择。在发育着的植物体生活周期的任一给定时间中,所有进行分裂、生长或发育的细胞都必须选择适当的信息,使植物每一部分的每一器官都按其固有的方式发育。一切不相干或不需要的信息被略掉,即被控制或被贮存。其次是机体控制,植物的大部分发育是由器官内产生的内部刺激因素所促进的,或由已经完成的机体组建产生的,即细胞间的空间关系和机体的完整性对发育起作用,发育还受激素的影响和控制。第三是环境控制,许多环境的刺激影响植物的发育,这些刺激因子一般指光、温度、营养成分等,往往起发动过程的作用(图 16-7)。

16.3　花器官发育的分子机理

植物在接收外界环境等信号刺激后由营养生长转变为生殖生长,经过大量基因的调控逐渐形成了花分生组织,之后产生花器官原基,形成花器官原基后,部分相关基因逐渐被激活,从而产生了花器官(图 16-8)。科昂（Coen）等对拟南芥和金鱼草花器官突变体进行了研究,建立了花器官发育中的同源异型基因作用的 ABC 模型(图 16-9)。在此模型中,基因的功能可划分为 ABC 三大类:A 类基因控制第 1、2 轮花器官的发育;B 类基因控制第 2、3 轮花器官发育;C 类基因控制第 3、4 轮花器官发育。A 类基因缺失会使第 1 轮萼片变成心皮,第 2 轮花瓣变成雄蕊;B 类基因缺失会使第 2 轮花瓣变成萼片,第 3 轮雄蕊变成心皮;C 类基因缺失使第 3 轮雄蕊变成花瓣,第 4 轮心皮变成萼片。同一类基因控制相邻两轮花器官的发育,即花的四轮结构花萼、花瓣、雄蕊和心皮分别由 A、AB、BC 和 C 类基因决定。在拟

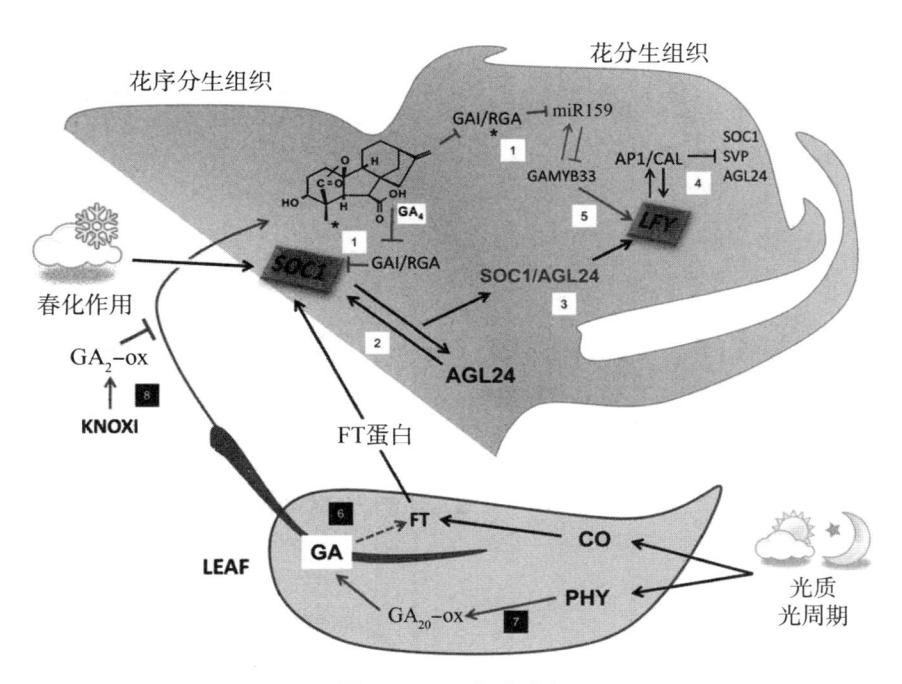

图 16-7 GA 促进途径

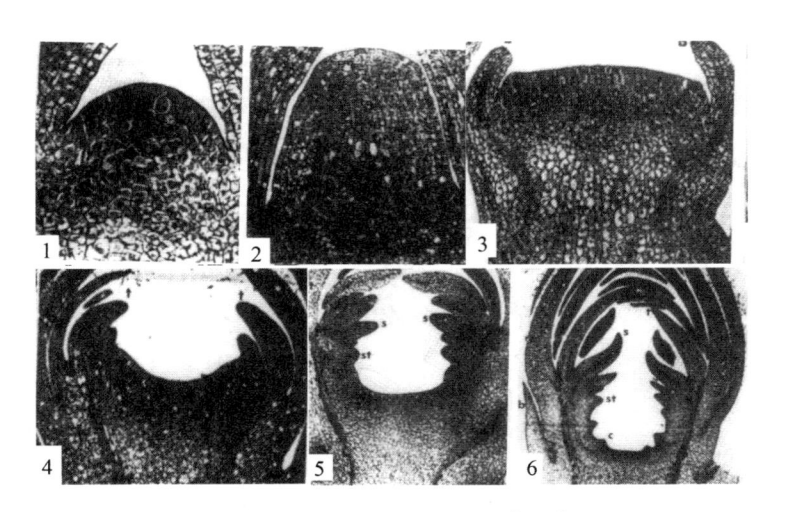

图 16-8 花发育过程的解剖学观察

南芥研究中发现控制花器官发育的有五个不同同源异型基因。*AP1*、*AP2* 属 A 类基因；*AP3*、*PI* 属 B 类基因；*AG* 属 C 类基因。根据在矮牵牛中的研究结果，ABC 模型被扩展到包括一个 D 功能，从而产生了 ABCD 模型。在扶郎花（*Gerbera jamesonii*）中发现了雄蕊发育所必需的花器官同一性基因 *GRCD1*，同时也发现了水稻浆片和雄蕊正常发育所需的 *OSMADS1*，这些基因产生了另一种花同源异型功能，为了使这些基因适合 ABC 模型，佩拉斯（Pelaz）等提出了把 *SEP* 作为一类新的 D 类基因，但是这种说法会导致与前面提及的 ABCD 模型混淆。于是，泰森（Theissen）提出 E 功能，即产生 ABCDE 模型或 AE 模型，又从蛋白水平提出了花器官发育的四聚体模型（图 16-10）。

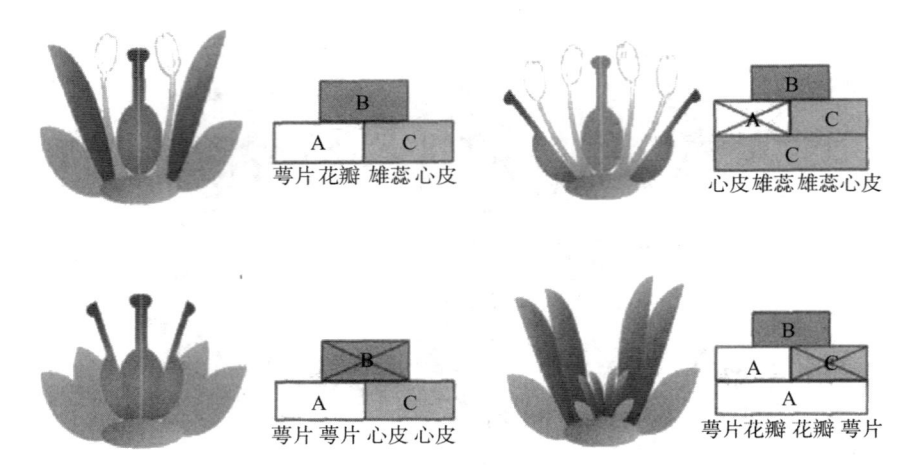

图 16-9　花器官发育的 ABC 模型

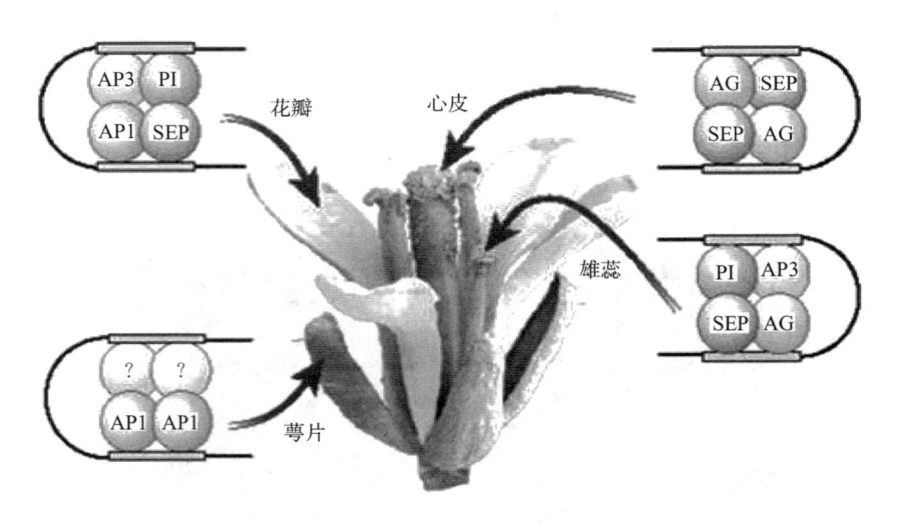

图 16-10　花器官发育的四聚体模型

通过成花 ABC 模型可知，A、C 两类基因是互相抑制的，A 组基因抑制 C 组基因在第 1、2 轮中的表达，即 *AP2* 基因限定 *AG* 基因不得在第 1、2 轮表达，*AP2* 基因是 *AG* 基因的定域基因；同时 *AG* 基因又是 *AP1* 基因的定域基因，限制 *AP1* 在第 3、4 轮表达。在拟南芥中目前已发现四种定域基因，即 *AG*、*AP2*、*LEU* 和 *SUP*。*LEU* 和 *SUP* 两个基因自身不直接参与花器官性状的表达，而是专门负责定域基因功能。*SUP* 基因是限制 B 组基因 *PI*、*AP3* 在第 4 轮中的表达，因而 B 类基因准确表达式样受正调控基因 *LFY* 和 *AP1* 及负调控基因 *SUP* 联合控制。现在仍不清楚为什么 *AP3* 和 *PI* 不在第 1 轮中表达，推测很可能还存在一种限制 B 类基因在第 1 轮中表达的定域基因，这个基因有待发现。*LUG* 基因与 *AP2* 互作抑制 *AG* 基因在第 1、2 轮中的表达。最近研究表明，*CLF* 也有抑制 *AG* 在花瓣和萼片中表达的作用。

鄢文豪等认为同源的 MADS 转录因子以组合方式对不同类型的花器官起作用。对这些关键调控因子的 DNA 结合位点和靶基因的系统鉴定表明，它们具有共同和独特的靶基因。MADS 蛋白的 DNA 结合不是基于对特定 DNA 序列的简单识别,而是取决于 DNA 结构和组合相互作用。同源 MADS 蛋白通过其他机制调节基因表达,其中之一可能是调节其靶基因启动子的染色质结构和可及性。

通过染色质免疫沉淀后深度测序(ChIP-seq)或杂交到平铺阵列(ChIP-chip),人们已经建立了几种花发育调节因子的全球 DNA 结合图谱。其中包括 MADS 蛋白 AP1、SEP3、AP3、PI 和 AG,以及其他重要的花发育调控因子,如 *LFY* 和 *AP2*。DNA 结合和表达数据的结合为了解不同功能类别的 MADS 蛋白的不同与共同的调节功能提供了媒介。花同源异体 MADS 蛋白在花的整个形态发生过程中都很活跃,并且在不同发育阶段的单个位点上显示出 DNA 占用率的动态变化,这表明它们以特定阶段(也可能是组织)的方式调节靶基因。

在 MADS 蛋白的直接靶基因中,编码 TFs 的基因占主导地位,支持了 MADS 蛋白在花发育中起关键调控作用,TFs 随后决定了花器官的最终形状和功能。一个例子是 *NOZZLE/SPOROCYTELESS*,这是一个控制孢子发生的关键 TF 基因。其他的例子还有 *GRF TFs* 和 *JAGGED*,它们是几种同源异型蛋白的靶标,并调节花器官的生长和形状。

另一大类植物 MADS 靶标包括参与植物激素通路的基因。例如,IAA 信号传导中的 *TF* 基因,如 *AUX/IAA* 和生长素反应因子 *ARF* 基因,在 SEP3 的潜在直接靶点中被过表达。SEP3 在调节 IAA 信号传导中的作用得到了 SEP3 蛋白组成性抑制植物表型的支持。IAA 在花的形成和分化中具有多种作用。在另一个例子中,AP1 被证明可以抑制 CK 生物合成基因 *LONELY GUY 1*(*LOG1*),并通过直接结合这些基因组位点激活细胞分裂素降解酶 *CYTOKININ OXIDASE/DEHYDROGENASE 3*(*CKX3*)基因。AP1 对 *LOG1* 和 *CKX3* 的调控降低了花分生组织中 CK 的水平,从而抑制腋生次生花的形成。人们对许多潜在的直接靶基因的生物学功能和花同源 MADS 蛋白调控的相关性仍然知之甚少。然而,越来越清楚的是,与动物中的 *HOX TFs* 基因类似,同源 *MADS TFs* 基因在不同的调控层次上起作用,并控制其他 *TF* 基因以及参与器官发生和生长的其他基因。

专题 17

无融合生殖与表观遗传调控
Apomixis and Epigenetic Regulation

　　无融合生殖是开花植物中自然出现的无性繁殖模式。在此模式中,种子的形成没有经历减数分裂和受精,通过种子产生遗传上与母本一样的个体。这是自然选择的结果,有助于植物适应新的生境及胁迫环境,可快速固定与繁殖优良基因型,且不丧失杂种优势,在杂种优势的保存方面起着极大的作用,在植物育种中具有改良作物的潜力。

　　表观遗传现象是在核苷酸序列不发生改变的情况下基因表达的可遗传变化。近年来研究发现,无融合生殖与表观遗传调控有关。

17.1　无融合生殖

　　目前,已在 30 余个科几百个属的植物中发现自然存在的无融合生殖现象,甚至在 *Cupressus dupreziana*(地中海濒危的针叶树)中发现了父本起源的无融合生殖,但在主要作物中没有发现无融合生殖。

17.1.1　无融合生殖的多样性

　　无融合生殖常伴随着多倍体现象,而其同物种或相近物种有性繁殖的个体通常是二倍体;在同一个物种中,有性生殖和无融合生殖可以同时存在,包括同是二倍体的无融合生殖与有性生殖;同一种植物可以在某一地区进行有性生殖,而在其他地区进行无融合生殖。*Handroanthus serratifolius*、*Telfairia occidentalis*、悬铃叶苎麻是具假配子的兼性无融合生殖多倍体。多倍体被认为具有适应性优势,具有更强的生长势,使得植物能够更好地适应极端的气候条件,在胁迫的生境下可通过诸如杂交、无融合生殖等机制产生生物多样性。二倍体的多样性可在基因组上为多倍体的无融合生殖做出贡献。在唐棣属中,二倍体物种的种子中有2%为无融合生殖产生,三倍体物种的种子中有75%由无融合生殖产生,四倍体的种子中有97%由无融合生殖产生。

370个物种的雀稗属及 *Pilosella* 亚属有极其多样的生殖系统,包括自交不亲和、自交可育、完全的有性生殖及兼性或专性的无融合生殖。不仅同属不同物种存在着倍性的多样性及生殖方式多样性的现象,种内繁殖分化成不同倍性的有性及无融合细胞型也是一个普遍的现象。草地早熟禾有性生殖胚囊所占比例为21.44%,体细胞无孢子生殖胚囊所占比例为49.67%,孤雌生殖胚囊所占比例为10.72%,助细胞胚和反足细胞胚囊所占比例分别为4.82%和7.66%。无融合生殖植物具有功能性的花粉,通过授粉可以将控制无融合生殖的遗传因子传递到同属的有性群体中,但有性的个体不会对无胚性细胞受精的无融合植物进行受精。

17.1.2 无融合生殖与有性生殖

在单一个体的植物中同时存在无融合生殖与有性生殖现象的发现,表明无融合生殖是可逆地叠加在有性途径上的一种生殖方式,而非独立的途径。草地早熟禾同一胚珠中存在有性生殖胚囊、体细胞无孢子生殖胚囊或无配子生殖胚囊共存于一体的多胚现象。对 *Boechera* 属二倍体有性生殖基因型及二倍体无融合生殖基因型进行拷贝数变异(copy number variation, CNV)研究,发现至少3种无融合生殖起源于有性生殖。贯叶连翘雌蕊转录组分析发现,无孢子表型表达伴随着参与有性生殖途径关键基因的调节。五倍体的蕨类植物 *Dryopteris affinis* 的一个个体甚至一个单一的孢子囊可以产生有性减数及无融合生殖未减数孢子,两种孢子均可产生有生活力的F_2代配子体及孢子体。

有性生殖中的减数分裂主要在三个方面有别于有丝分裂:①减数分裂早期双链的断裂(double-stand break, DSB)始发遗传重组;②第一次分裂时姐妹染色单体的共分离;③色体数量的减半。减数分裂与无融合生殖中不完全减数分裂的状态取决于代谢状态,而代谢平衡(metabolic homeostasis)在生殖开关中起着重要的作用,这一切都受基因调控。

17.1.3 无融合生殖的基因调控

无融合生殖是有性生殖途径的脱调节,尽管在自然界广泛存在,且由基因调控,但分离控制无融合生殖的基因还是很有限。

研究发现,*SPO11-1*(*sporulation-defective 11-1*,孢子缺陷11-1)、*PRD1*(*PUTATIVE RECOMBINATION INITIATION DEFECT 1*,假定的重组起始缺陷1)、*PRD2*、*PRD3/PAIR1*(*HOMOLOGOUS PAIRING ABERRATION IN RICE MEIOSIS 1*,水稻减数分裂1的同源配对畸变)等基因与DSB有关;*AtREC8*(*recombination-deficient 8*,重组缺陷8)、*OsREC8*、*SCC3*(*sister-chromatide cohesion protein 3*,姐妹染色单体结合蛋白3)、*SGO1*(*SHUGOSHIN1*)、*BRK1*(*bub1-related kinase 1*,Bub1相关激酶1)等与促进减数分裂Ⅰ姐妹染色单体的过早分离有关;*OSD1*(*omission of second division 1*,第二次分裂缺失1)/

UVI4 基因家族、TAM（tardy asynchronous meiosis，迟发性异步减数分裂）、TDM1 等与跨越减数分裂的第二次分裂有关。

CENH3（centromere-specific histone 3，着丝粒特异性组氨酸 3）、mtl（MATRILINEAL）等基因则和配子融合后从合子中去除雄性基因组（即基因组去除）有关。基因组去除的操作往往导致各物种生育性能的降低。PsASGR-BBML [Pennisetum squamulatum apospory-specific genomic region（ASGR）-BABY BOOM LIKE，非洲狼尾草无孢子生殖特有的基因组区-BABY BOOM LIKE]、RWP、PAR（PARTHENOGENESIS，孤雌生殖）基因则和无融合生殖植物中孤雌生殖的诱导有关，其中 PsASGR-BBML 受卵细胞特有的启动子调节，能够使双子叶植物产生孤雌生殖，在无融合生殖中研究得比较少。

FIS（fertilization-independent seed，不依赖于受精的种子）基因（如 medea、fie、fis、msi1）等的突变体可激发自主的胚乳发育。

非洲狼尾草及巴夫草中配子体无融合生殖的研究发现，其受 ASGR 控制。该基因组区在这些物种中高度保守，含有数个在无融合生殖发育过程中起作用的基因，且含有多类转座因子。非洲狼尾草 ASGR 的基因之一 PsASGR-BBML 引发有性狼尾草胚的孤雌生殖发育，在转基因有性的珍珠粟中可诱导孤雌生殖；且 ASGR-BBML 基因序列在整个黍族中高度保守，可用于各种已知有性及无融合生殖臂形草属及大黍种质及品种生殖模式的诊断。在玉米中发现了一种突变体，突变位点编码 AGO104，导致功能性未减数配子的形成。无融合生殖连锁位点的 APOLLO 基因转录本在 Boechera 属植物同一发育阶段进入减数分裂的有性胚珠中是下调的，而在不完全减数分裂的胚珠中是上调的；APOLLO 既有"Apoalleles（无融合等位基因）"，又有"Sexalleles（性等位基因）"；所有无融合生殖 Boechera 属物种的 APOLLO 基因是杂合的，即至少有 1 个无融合等位基因、1 个性等位基因，而所有有性基因型的性等位基因是纯合的。在雀稗中发现，控制 DNA 复制及细胞分化的一个多蛋白复合体 ORC（ORIGIN RECOGNITION COMPLEX，起源识别复合体）基因 PsORC3a 在无融合生殖花所有发育阶段中为组成型表达且表达不良，其功能性同源基因下调，使无融合生殖胚乳发育偏离了典型的 2（母本）：1（父本）的比例。

尽管无融合生殖受遗传调控，但基于无融合生殖的多样性，不同物种中引起无融合生殖的基因不尽相同。基因编辑工具可以有效地用于无融合生殖研究，并开启了无融合生殖基因识别的新阶段。

17.1.4 人工无融合生殖

功能性的无融合生殖至少有三个部分，即不完全减数分裂（apomeiosis）、孤雌生殖和胚乳的发育，而孤雌生殖往往与胚乳的发育有关。人工无融合生殖（synthetic apomixis）即工程化地完成这三个步骤，产生无融合的种子。该技术目前已接近成熟水平。

基于无融合生殖基因的研究，研究人员提出了 MiMe（mitosis instead of meiosis，有丝分裂而非减数分裂）的策略，它同时沉默减数分裂 3 个关键基因，以产生未减数未重组的配子。利用 MiMe 已在水稻和拟南芥获得了成功。不同于 MiMe，沉默一个 RNA 介导的 DNA 甲基化（RNA-directed DNA methylation，RdDM）相关基因，也可产生未减数的配子。

在杂交水稻中，研究人员将 MiMe 与 BBM4（BABY BOOM 4）的异位表达相结合，建立了可与正常杂交水稻相媲美的高育性人工无融合生殖体系,并提出在卵细胞中共表达 *BBM1* 与 *BBM4* 可用于提高产生无性系种子的频率,促进人工无融合生殖体系在农业中的应用。这个成果具有划时代的意义。

17.1.5 无融合生殖的遗传及分析

遗传学的研究发现,无融合生殖以显性性状遗传。早期基于多数物种的研究,认为它是由单一显性位点控制的。在无融合生殖的山柳菊属中,显性遗传标记独立地调节无融合生殖组分;在高山柳菊中,*LOA*(*LOSS OF APOMEIOSIS*,不完全减数分裂的丧失)可以不通过减数分裂而形成胚囊,*LOP*(*LOSS OF PARTHENOGENESIS*,孤雌生殖的丧失)可以不依赖受精形成种子;在 *Hieracium piloselloides* 中有不依赖受精形成胚乳所需的位点(*AutE*);额外的数量位点似乎影响质量位点的外显度,尽管控制基因未知。

无融合生殖的遗传学相当复杂,常出现大规模的分离畸变。研究已发现,许多无融合生殖位点交换受到抑制;转录保守等位基因与无融合种子形成之间有很强的关联性。在非洲狼尾草中,无孢子生殖以单一的 ASGR 分离,而 ASGR 是一个基因组区段,并非具体的基因。研究发现无融合生殖物种的连锁分析及数量性状位点(quantitative trait loci,QTL)定位不仅是可能的,而且是可行的。研究人员近年在山柳菊属 2 个无融合生殖及 1 个有性物种中开发了 SSR(simple sequence repeat,简单序列重复)标记,并构建了无融合生殖及有性物种的连锁草图,成功地将 *LOA* 及 *LOP* 位点定位在连锁群上,但不能定位 *AutE*。也有人认为,天然无融合生殖植物中控制无融合生殖的位点通常大而复杂,在某些情况下不能采用基于重组的作图方法,进而影响了候选位点的识别,影响了基于转基因的育种项目的实施。

然而,采用统计遗传的方法可以研究无融合生殖种间或种内的多样性。如基于正反交作图群体的标记信息,从统计学上通过构建多项分布似然函数,利用 EM(expectation-maximization,期望最大化)算法来估计种间或种内的多样性,还可以定位无融合生殖物种中控制无融合生殖的 QTL。利用该设计,基于无融合生殖物种山核桃与薄壳山核桃品种马汉的正反交子代群体及标记分析,发现山核桃的无融合生殖程度高于薄壳山核桃,且染色体区段上无融合生殖程度是不同的,并在杂交子代中发现了一个与生长相关的 QTL。其在山核桃中是杂合的,在薄壳山核桃中是纯合的,其印迹效应($p<0.001$)大于加性效应($p<0.05$),在子代苗高生长上呈明显的母本效应,因而对山核桃与薄壳山核桃正反交子代苗高生长而言,以山核桃作母本优于以薄壳山核桃作母本。

17.2 表观遗传

遗传与表观遗传是植物进化、适应及可塑性的重要决定因子。表观遗传调控对遗传决定的生物过程来讲是必须的。表观遗传调控包括 DNA 甲基化、染色质结构修饰、小分子 RNA 调控及核小体重塑、组蛋白共价修饰、基因沉默和 RNA 编辑等。其中,DNA 甲基化是目前人们理解得最清楚的表观遗传现象之一,在植物对环境的刺激反应、印迹、发育基因调节及基因表达水平的自然变异中发挥作用。

17.2.1 无融合生殖的表观遗传调控

有性模式物种的证据表明,雌配子的形成及种子的形成受到表观遗传机制的调节。表观遗传机制是区分有性与无融合生殖控制事件的关键。已发现至少有一些无融合生殖的元件是受表观遗传调控的,表观途径的突变导致无融合生殖样的表型。DNA 结合蛋白、RNA 结合蛋白及非编码 RNA 在表观调节机制的激活与抑制中起着积极的作用。

研究表明,Boechera 属二倍体无融合生殖物种胚珠发育相关基因的表达与甲基化途径有关。无融合生殖个体及有性个体幼苗 RNA-seq 转录组比较研究发现,Boechera 属苗木 DNA 脱甲基化时,减数分裂基因 ASY1(ASYNAPTIC1)、MPS1(MULTIPOLAR SPINDLE 1,多极纺锤体 1)及 NAC019 的同源基因就脱调节,在无融合生殖个体中下调。Boechera 属无融合生殖物种及有性生殖物种中的 DNMT[DNA(cytosine-5)-methyl transferase,DNA(胞嘧啶-5)甲基转移酶]蛋白结构具有共同的特点,3 个甲基化相关基因 MET1(METHYLTRANSFERASE 1,甲基转移酶 1)、CMT3(CHROMOMETHYLASE 3)、DRM2(DOMAINS REARRANGED METHYLTRANSFERASE 1/2,域重排甲基化转移酶 1/2)在绿藻、单子叶及双子叶植物中是保守的,但 DNMT 基因的表达水平在无融合生殖及有性生殖物种中是不同的,DRM2 受精后在无融合生殖物种中上调。近期还报道,植物进化过程中所需的 RdDM 机制差异可能促使植物产生观察到的众多无融合生殖途径。

17.2.2 表观遗传现象的遗传

越来越多的证据表明,与 DNA 序列无关的称为表观遗传的信息可以在世代间遗传。盐胁迫处理 2 个基因型水稻的研究发现,有一定比例(10.5%)的 DNA 甲基化位点是基因型物种特有的,与其类似的遗传背景相一致,并在耐盐及盐敏感基因型中发现了几个具有稳定甲基化变化的位点,可作为基因型特有的表观遗传标记。在大花蕙兰、水稻中发现了两类甲基化位点,其中一类甲基化状态保持不变,而另一类为不同发育阶段或品种间有变化的甲基化位点。对地中海柏木全同胞家系亲本及 190 个子代的研究发现,甲基化敏感扩增多态性(methylation sensitive amplification polymorphism,MSAP)片段中有 4.29% 符合孟德尔遗传;总甲基化率为 28.2%;母本遗传率(5.65%)要高于父本(3.01%)。毛白杨亲本与种内杂交子代 MSAP 分析发现,子代的甲基化相对水平低于亲本的甲基化相对水平;遗传自亲本的 CG 甲基化位点数高于 CNG(这里 N 可以是 4 种碱基中的任何一种)甲基化位点数,遗传自父本的甲基化位点数高于遗传自母本的甲基化位点数;子代甲基化位点的变异以去甲基化为主。在无融合生殖物种山核桃中,甲基化水平在亲子代间无显著差异($p>0.05$),说明甲基化存在代际遗传。

尽管表观遗传现象可以代际遗传,但在生物发育过程中表观基因组是非静态的,生物选择的许多表观遗传过程是为了确保发育过程的保真度。PcG(polycomb group)蛋白在动植物中都是保守的。它形成了表观遗传的"记忆系统",通过组蛋白的修饰控制发育过程整体的基因表达。植物能够通过表观遗传学机制保留胁迫记忆,进一步强化其防御,使其在环境干扰重现时更为快速地做出反应;胁迫记忆可以是不利于适应的,可以是阻碍恢复的,也可以是影响发育及潜在产量的。

表观基因组失调又叫表观突变,是可遗传的表观遗传突变。表观突变有两种类型:一种是源自表观遗传编程的直接失调(如 DNA 甲基化或组蛋白修饰模式失调);另一种由遗传效应引起。植物有时从亲本遗传其甲基化的基因,进而遗传其对胁迫的耐受力,同时可以在甲基化程度较低的位点偏好同源重组来产生新的等位基因。表观遗传标记不是简单地添加与去除。研究发现,大量的表观遗传编程没有对产生的表观突变(DNA 甲基化或组蛋白修饰模式)进行更正,结果是相同的表观突变在后续几代中传递,且可以通过父本遗传。拟南芥的研究发现,植物表观基因组世代间稳定的遗传主要依赖于 ^mCG(CG 中胞嘧啶甲基化)的协调。一旦去除 ^mCG,甲基化恢复很慢或根本不能恢复。因此,植物在长期的进化过程中适应了某种环境,其 ^mCG 模式可能就维持相对稳定,可"遗传"给下一代。这为甲基化位点对植物性状遗传的影响研究提供了方便。

17.2.3 DNA 甲基化分析方法

作为了解最为清楚的表观遗传现象之一,DNA 甲基化是在生物体内通过甲基转移酶的作用将甲基加入 DNA 分子的过程,是最稳定但动态调节的表观遗传标记之一。动物甲基化几乎都是 ^mCG。而植物不同于动物,植物中 DNA 甲基化的碱基有 6 甲基腺嘌呤(^{6m}A)和 5 甲基胞嘧啶(^{5m}C)两种,主要为 ^{5m}C;不光有 ^mCG,还有 CHG(H 是 A、T 或者 C)及 CHH 位点的甲基化,且 DNA 甲基化模式还具有物种特异性。因此,植物中的甲基化要复杂得多。同样,对于同一种物种或同一株植株,不同的生长环境、不同的发育阶段或在不同组织中,其甲基化模式和程度是不同的。拟南芥植株在盐、冷害、高热及淹水胁迫条件下会产生较高的同源重组率(homologous recombination frequency, HRF)。这依赖于 DNA 甲基化的改变,若整个基因组甲基化增加,对胁迫的耐受性也有所增加。这说明甲基化与基因位点间重组率的变化有关,但基因位点是客观存在的,因而甲基化对遗传位点信息的获取是有影响的。甲基化使 DNA 结构更紧凑,对酶切等作用产生影响。

MSAP 是在 AFLP(amplified fragment length polymorphism,扩增片段长度多态性)基础上发展而来的一种基因组 DNA 甲基化检测方法。它将 AFLP 中 *Mse* I 替换成两个对甲基化位点敏感程度存在差异的同裂酶 *Hpa* II 和 *Msp* I。当两条链内部胞嘧啶甲基化时,*Hpa* II 敏感而不酶切;当任何一条链外部胞嘧啶甲基化时,*Msp* I 敏感而不酶切。其实验操作的基本过程与 AFLP 分析完全一样,但酶切仅针对甲基化程度不一的 CCGG。因此,在植物中进行 MSAP 分析获得的 DNA 甲基化水平比其本身实际的甲基化水平要低,但该标记已在动植物中广泛应用。MSAP 分析可以获得 4 类标记位点,分别是半甲基化位点(1,0)、内部胞嘧啶甲基化位点(0,1)、非甲基化的遗传位点(1,1)、超甲基化或突变位点(0,0)。其中,(0,0)相当于 AFLP 分析产物电泳无条带的位点信息,很难判断其为超甲基化位点还是突变位点,在数据处理时有人将其视为超甲基化位点,有人视其为突变位点。近年来,研究人员还开发了专门分析 MSAP 数据的软件,极大地方便了标记数据的处理。该方法成本低,适用于统计遗传中大研究群体的样本。

  随着技术的发展,各物种基因组测序成本大幅度下降,而全基因组甲基化测序已不是问题,可以采用 PCR 技术为基础的亚硫酸氢盐转化法,将甲基化测序结果与基因组测序结果进行比较分析,即可了解基因组的甲基化状况。但由于基因组一部分甲基化位点是动态变化的,因此要对实验进行设计,确保采样分析结果能够符合研究目的。

专题 18

油料树种油脂合成生理生化及分子机理

Physiological, Biochemical, and Molecular Mechanism of Oil Synthesis in Oilseed Tree Species

作为一种来源丰富的可再生资源，木本油料在保障食用油脂安全、提供工业生产原料以及促进生物能源发展等领域均具有举足轻重的作用。基于此，2014年，国务院办公厅印发了《关于加快木本油料产业发展的意见》（国办发〔2014〕68号），旨在努力提高木本食用油的消费比重，推动木本油料产业持续健康发展。然而，由于木本植物遗传背景相对复杂，不同树种的油脂含量和组分除了取决于树种和品种的特性外，还受环境条件和栽培措施等因素的影响。本专题集中讨论常见木本油料树种中油脂的分子层面的相关影响因子及不同环境条件对油料树种中油脂合成和积累的影响。

18.1 常见油料树种资源

18.1.1 油脂可直接食用的油料树种

该类树种是指那些种子含油量高、榨油主要供食用的树种。其主要包括油茶、油棕、油橄榄、椰子等世界四大木本油料植物，核桃、山核桃等传统油料树种，油用牡丹（高亚麻酸）、星油藤（高亚麻酸）、长柄扁桃（高油酸）、元宝枫（富含神经酸）等新兴的木本油料植物。

18.1.2 油脂不可直接食用的油料树种

一些树种虽然富含油脂,但由于其脂肪酸中包括不寻常的脂肪酸组分(羟基脂肪酸、环丙烷脂肪酸、环氧脂肪酸和共轭不饱和脂肪酸)或含有毒素和对健康有害的物质,不能直接食用或直接利用于工业生产中。这些树种主要包括我国四大木本油料树种中的乌桕(种仁榨取的油称"桕油"或"青油",供制油漆、油墨等)、油桐(榨取的油称"桐油",供制造油漆、油墨、肥皂、农药和医药用呕吐剂、杀虫剂等用)以及应用于生物柴油生产的麻风树、黄连木、光皮梾木、水黄皮等。蒜头果虽富含提高脑神经的活跃程度、防止脑神经衰老的神经酸,但其种子油脂中含有毒蛋白,因而也不可直接食用。

18.2 油料树种中油脂合成的相关基因

在植物中,油脂代谢不仅维持其自身的生命活动,而且给人类提供了重要的能量来源。随着生物技术和基因工程的快速发展,在模式植物以及常见油料作物中,与油脂合成积累相关的大量基因得到分离克隆及功能验证,为从基因水平上对油料作物进行有针对性的品质改良奠定了基础,也为在油料树种中发掘与油脂合成相关基因并进行相关验证性研究指引了方向。

油脂合成在植物中主要涉及脂肪酸从头合成、三酰甘油合成与装配、脂肪酸去饱和等一系列过程。

18.2.1 脂肪酸从头合成

植物脂肪酸的从头合成发生在质体中,初始碳源来自蔗糖。叶片中的蔗糖通过一系列生化反应被运输到正在发育的种子中并形成丙酮酸。丙酮酸脱氢酶(pyruvate dehydrogenase,PDH)催化丙酮酸不可逆的氧化脱羧,生成乙酰CoA(acetyl-CoA)。乙酰CoA再受乙酰CoA羧化酶(acetyl-CoA carboxylase,ACCase)的催化生成丙二酰CoA(malonyl-CoA)。然后,脂肪酸合酶复合体(fatty acid synthase complex,FAS)催化丙二酰CoA进行连续的缩合反应,每循环一次,碳链上增加2个碳原子,经6~7个循环后,合成16:0-ACP(酰基载体蛋白,acyl-carrier protein)或18:0-ACP,后在硬脂酰ACP去饱和酶(stearoyl-ACP desaturase,SAD)的作用下生成16:1-ACP或18:1-ACP。最后,在脂酰ACP硫酯酶(acyl-ACP thioesterase,FAT)和棕榈酰CoA水解酶(palmitoyl-CoA hydrolase,PCH)的催化下,脂肪酸从ACP上脱落,并在叶绿体的外膜上在长链脂酰CoA合成酶(long-chain acyl-CoA synthetases,LACS)的作用下,脂肪酸与CoA进行酯化反应后,至细胞质中参与甘油三酯(TAG)的合成(图18-1)。

PDH是一种四亚基酶复合物,由丙酮酸脱羧酶(包括α-E1和β-E1亚基,pyruvate decarboxynase)、二氢脂酰乙酰转移酶(E2亚基,dihydrolipoyl acetyltransferase)和二氢脂酰胺脱氢酶(E3亚基,dihydrolipoamide dehydrogenase)构成。ACCase是脂肪酸从头合成

的限速酶。目前在植物体内已确定有两种同工型的 ACCase,主要位于质体和胞质溶胶中,而它们的功能区域在结构上也有很大的差别。ACCase 的典型结构由 4 个亚基组成:生物素羧化酶(biotin carboxylase,BC,accC)、生物素羧基载体蛋白(biotin carboxyl carrier carboxyl protein,BCCP,accB)和羧基转移酶(carboxyltransferase,CT)的 2 个亚基(α-CT,accA 和 β-CT,accD)。目前,在油料树种中,麻风树中 ACCase 的 4 个亚基全部被克隆出来,且在麻风树不同发育阶段的叶片和胚乳中均有表达。油棕、油茶中编码 ACCase 部分亚基的基因也已被克隆出来供进一步研究。此外,转录组芯片的检测结果表明,文冠果中编码 ACCase 亚基或 Hom-ACCase 的 unigene 在种子中的表达规律与麻风树编码 ACCase 中的一样,均是前期逐渐升高,后期逐渐下降。

植物质体型 FAS 主要由 ACP、丙二酸单酰 CoA-ACP 转移酶(malonyl-CoA-ACP transacylase,MAT)、β-酮脂酰-ACP 合酶(β-ketoacyl ACP synthase,有 KASⅠ、KASⅡ 和 KASⅢ 3 种类型)、β-酮脂酰-ACP 还原酶(β-ketoacyl ACP reductase,KAR)、β-羟脂酰-ACP 脱水酶(β-hydroxymyristoyl ACP dehydrase,HAD)和烯脂酰-ACP 还原酶(enoyl-ACP reductase,EAR)等多个亚基构成。其中,KAS 得到的关注和研究最多。KASⅢ 催化丙二酰 CoA 生成 4:0-ACP;KASⅠ 催化 4:0-ACP 延伸至 16:0-ACP(经过 6 个循环);而 KASⅡ 催化 16:0-ACP 生成 18:0-ACP。

在麻风树中,通过逆转录 PCR 分析,不同研究者得出两种结果:一种是随种子不断发育,*KASⅠ* 和 *KASⅢ* 基因表达量逐渐升高;另外一种是 *KASⅠ* 和 *KASⅢ* 均随种子的生长呈现先升后降的表达趋势。这可能是不同研究采样时间点的差异造成的。利用烟草的种子特异性启动子过表达椰子的 *KASⅠ* 基因增加了转基因植株中短链和中链脂肪酸的含量(C6:0~C16:0)。尽管不同转基因植株的 *KASⅠ* 转录水平在烟草种子中存在 100 倍的差异,但数据表明 *KASⅠ* 更倾向于催化 C4:0~C14:0 在 ACP 上的延伸,从而在植物中产生 C6:0~C16:0 脂肪酸。此外,麻风树 *KASⅡ* 基因在拟南芥中过表达,导致转基因拟南芥叶片和种子中的 C16 脂肪酸减少、C18 脂肪酸增加,由此进一步验证了 KASⅡ 在植物体内具有 18 碳脂肪酸积累的功能。

根据氨基酸序列,可将高等植物的 FAT 分为 FATA 和 FATB 两类。FATA 催化底物是 18:1-ACP,而 FATB 催化底物是 16:0-ACP 和 18:0-ACP。在拟南芥种子中特异性过表达麻风树的 *FATB1* 基因,导致种子中饱和脂肪酸水平升高,尤其是棕榈酸,而不饱和脂肪酸水平降低。利用烟草种子特异性 *napin* 启动子将椰子 *FATB1* 基因过表达。对转基因烟草种子脂肪酸组成的分析表明,与对照相比,转基因烟草种子中肉豆蔻酸(C14:0)、棕榈酸(C16:0)和硬脂酸(C18:0)的含量分别增加 25%、34% 和 17%。这些结果表明,椰子 *FATB1* 基因对 14:0-ACP、16:0-ACP 和 18:0-ACP 均有特异性作用,并能增加中链饱和脂肪酸。

18.2.2 三酰甘油合成与装配

植物三酰甘油合成与装配在内质网上完成。首先,甘油激酶(glycerol kinase,GK)催化甘油生成甘油-3-磷酸(glycerol-3-phosphate,G-3-P);随后,在甘油-3-磷酸酰基转移酶(glycerol-3-phosphate acyltransferase,GPAT)和溶血磷脂酸酰基转移酶(lysophosphatidic

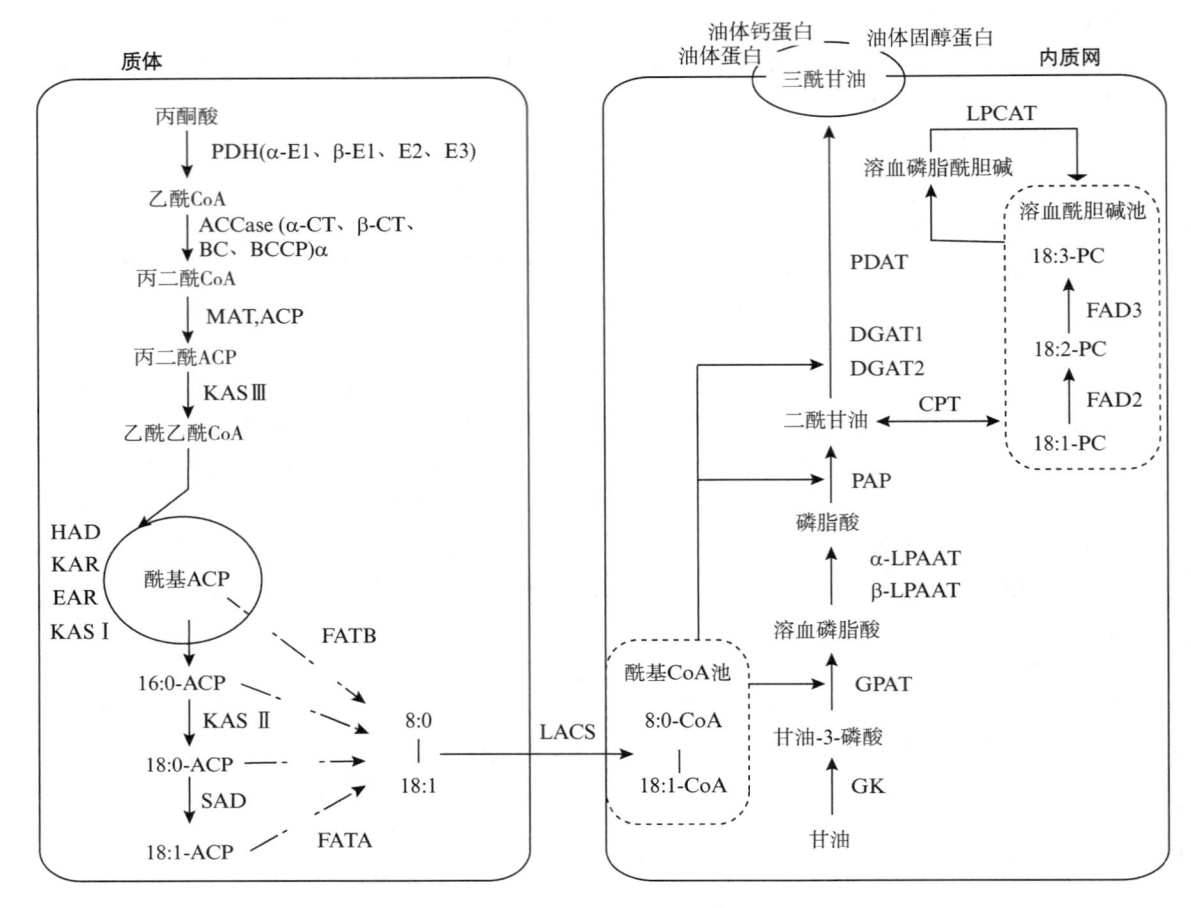

图 18-1 植物油脂合成代谢通路

acid acyltransferase, LPAAT) 的依次催化下, 酰基 CoA 上的脂肪酸依次被转移到甘油-3-磷酸的 sn-1 和 sn-2 位置上, 分别生成溶血磷脂酸 (lysophosphatidic acid, LPA) 和磷脂酸 (phosphatidic acid, PA); 然后, 磷脂酸磷酸酶 (phosphatidic acid phosphatase, PAP) 催化磷脂酸脱去 sn-3 位置上的磷酸, 生成二酰甘油 (diacylglycerol, DAG); 最后, 二酰甘油酰基转移酶 (diacylglycerol acyltransferase, DGAT) 催化酰基 CoA 中脂肪酸转移至二酰甘油的 sn-3 位置上, 生成三酰甘油。在此三酰甘油合成途径中, GPAT、LPAAT 和 DGAT 等 3 个酰基转移酶依次将酰基 CoA 中的脂肪酸转移至甘油上, 因此被称为依赖酰基 CoA 的 Kennedy 途径。此外, 在一些植物中存在另一条合成三酰甘油的途径, 即同样以二酰甘油为受体, 在磷脂：二酰甘油酰基转移酶 (phospholipid：DAG cyltransferase, PDAT) 的催化下, 磷脂酰胆碱 (phosphatidylcholine, PC) sn-2 位置上的酰基被转移至二酰甘油上, 形成溶血磷脂酰胆碱 (lysophosphatidylcholine, LPC) 和三酰甘油。

在麻风树中, 两种 GPAT 的亚细胞定位研究表明, GPAT1 位于质体, 而 GPAT2 位于内质网。*GPAT1* 基因和 *GPAT2* 基因在种子发育过程中均有表达, 在完全成熟的种子中表达量高于未成熟的种子。在种子不同发育阶段, *GPAT2* 基因的转录水平均高于 *GPAT1* 基因。利用种子特异性启动子在拟南芥中过表达 *GPAT1* 基因和 *GPAT2* 基因均增加了种子的含油量。转基因 GPAT2-OE 家系的种子含油量比对照多 43%～60%,而过表达质体 *GPAT* 的拟南芥家系种子中的含油量仅增加 13%～20%。结合麻风树 *GPAT* 同源基因在拟南芥中功能描述,推测麻风树 *GPAT* 同源基因虽参与了油脂的生物合成,但可能还具有其他作用。

在油用牡丹中,*LPAAT1* 在多种组织中均有表达,但在花和种子中表达量相对较高。因此推断 LPAAT1 可能是脂肪酸积累过程中的一个重要组成部分,特别是在种子发育的早期。利用种子特异性启动子在拟南芥中过表达油用牡丹 *LPAAT1*,在转基因植株中,增加了总脂肪酸含量和主要脂肪酸的积累。

DGAT 催化三酰甘油生物合成的最后一步反应,是最重要的限速酶。目前在植物中已发现 *DGAT1*、*DGAT2* 和 *DGAT3* 等 3 类 *DGAT* 基因。在油桐的种子中,*DGAT2* 的表达水平要高于 *DGAT1*,且在油脂积累中起着更重要的作用。DGAT2 对桐油酸具有强烈的底物选择性。

油棕基因组中分别含有 *DGAT1*、*DGAT2*、*DGAT3* 和 *WS/DGAT* 基因的 3 个、2 个、2 个和 2 个表达明显的功能拷贝。将预测的 DGAT 蛋白序列与其他动植物 DGAT 蛋白序列相比较,结果表明,油棕 DGAT1 蛋白位于内质网,其活性位点面向管腔;DGAT2 蛋白虽然也位于内质网,但预测其具有胞质表面活性。相比之下,DGAT3 蛋白和部分 WS/DGAT 蛋白被预测为可溶性胞质酶。对油棕 *DGAT* 基因在不同组织和发育阶段表达的评价表明,这四个 *DGAT* 基因均具有独特的生理作用,并且在与生殖有关的发育过程中(如开花)和果实、种子(尤其是在中果皮和胚乳组织)形成中表现得尤为突出。

PDAT 基因在麻风树中的种子、叶和根中均有表达,且在种子发育过程中大量表达。与酿酒酵母突变体 H1246α 的互补实验以及 TLC(薄层层析法)和尼罗红染色的结果均显示麻风树 *PDAT1* 的表达使 H1246α 恢复合成三酰甘油,由此推断麻风树 *PDAT1* 具有 PDAT 的功能活性。

18.2.3 脂肪酸去饱和

植物中的脂肪酸去饱和酶可归为两类。第一类仅包含一种酶:SAD,即在脂肪酸形成甘油酯之前引入第一个双键(16:0→16:1,18:0→18:1)。该酶主要存在于质体中,是唯一一种可溶性去饱和酶。第二类是脂酰-脂去饱和酶(acyl-lipid desaturase),存在于植物细胞的内质网和叶绿体膜上,即形成甘油脂之后,在酯化的脂肪酸基团上进一步进行去饱和反应,主要包括油酸脱饱和酶[Δ12(ω6)-desaturases:FAD2 和 FAD6]及亚油酸脱饱和酶[Δ15(ω3)-desaturases:FAD3、FAD7 和 FAD8]等(图 18-2)。其中,FAD6、FAD7、FAD8 主要在叶绿体中起作用,而 FAD2、FAD3 在内质网上进行去饱和反应。

SAD 通过将硬脂酰 ACP 转化为油酸酰 ACP 催化脂肪酸生物合成的第一步去饱和。因此,SAD 在决定脂肪酸链长和饱和脂肪酸与非饱和脂肪酸的比值方面起着重要作用。对油棕中 *SAD* 基因的启动子(*Des*)在转基因番茄中的特异性和表达强度进行的研究表明,油棕的 *Des* 启动子可应用于油棕和其他物种(包括双子叶植物)中,通过基因工程提高果实的质量和营养价值。水黄皮中的 *SAD* 基因在根、茎、叶、花、子叶以及种子中均有表达,其中在种子中的表达量最高。随着种子发育时期的不断增加,*SAD* 基因的表达量也逐渐增高。

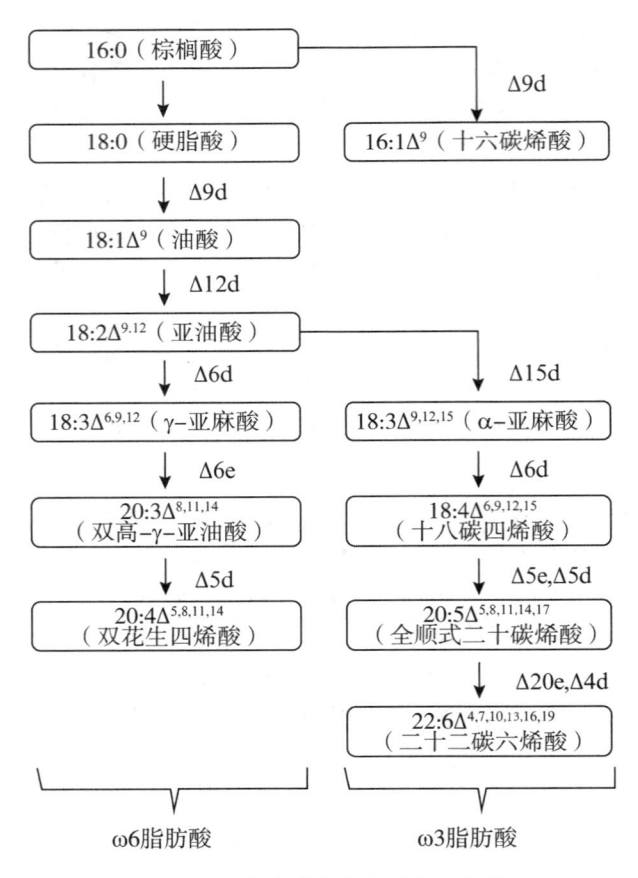

```
                  16:0（棕榈酸）
                       │                    │ Δ9d
                       ▼                    ▼
                  18:0（硬脂酸）      16:1Δ⁹（十六碳烯酸）
                       │ Δ9d
                       ▼
                 18:1Δ⁹（油酸）
                       │ Δ12d
                       ▼
               18:2Δ⁹,¹²（亚油酸）
              ┌────────┴────────┐
              │ Δ6d             │ Δ15d
              ▼                 ▼
      18:3Δ⁶,⁹,¹²          18:3Δ⁹,¹²,¹⁵
      （γ-亚麻酸）           （α-亚麻酸）
              │ Δ6e              │ Δ6d
              ▼                  ▼
       20:3Δ⁸,¹¹,¹⁴        18:4Δ⁶,⁹,¹²,¹⁵
      （双高-γ-亚油酸）     （十八碳四烯酸）
              │ Δ5d              │ Δ5e,Δ5d
              ▼                  ▼
       20:4Δ⁵,⁸,¹¹,¹⁴      20:5Δ⁵,⁸,¹¹,¹⁴,¹⁷
      （双花生四烯酸）     （全顺式二十碳烯酸）
                                 │ Δ20e,Δ4d
                                 ▼
                          22:6Δ⁴,⁷,¹⁰,¹³,¹⁶,¹⁹
                          （二十二碳六烯酸）

         ω6脂肪酸              ω3脂肪酸
```

图 18-2 脂肪酸去饱和过程示意图

对油橄榄中 *FAD2-1*、*FAD2-2*、*FAD6* 三个基因进行分析发现，它们均具有时空调控作用，表达量受温度、光照和外伤影响。此外，*FAD2-2* 可能是决定初榨橄榄油中亚油酸含量的主要基因。在水黄皮中，利用 Southern blot 分析显示，水黄皮基因组中至少存在两个 *FAD2* 拷贝。逆转录 PCR 分析表明，*FAD2-1* 在种子发育过程中表达量极高，在营养组织中表达量极低，而 *FAD2-2* 在营养组织和种子发育过程中均有基本的表达，在根、茎、叶中表达水平较高。在低温胁迫下，*FAD2-1* 和 *FAD2-2* 在不同组织中表达不同。其中，*FAD2-2* 在根、茎、叶中的表达量显著下降，而 *FAD2-1* 在根、茎、叶中的表达量显著增加。在文冠果中，编码 FAD2 的基因在酵母细胞中表达可产生亚油酸和棕榈烯油酸。此外，文冠果种子中 *FAD2* 的表达水平要明显高于叶片和花瓣，在种子中的表达模式也与种子中积累的亚油酸含量有很好的相关性。通过对油棕中 *FAD6* 的启动子序列进行分析表明，油棕 *FAD6* 启动子含有多种潜在的顺式作用元件，如光和激素反应元件。在转基因拟南芥中的表达分析显示，该启动子可以推动 *GUS* 基因在叶、果皮、茎和花中表达。

在油用牡丹中，FAD3 蛋白作用于内质网上，*FAD3* 表达水平与亚油酸在种子中的积累模式保持一致。油用牡丹 *FAD3* 在酵母和拟南芥中表达的蛋白同样可以催化亚油酸的合成。此外，油用牡丹中的 *FAD8* 基因有三个拷贝，即 *FAD8-1*、*FAD8-2*、*FAD8-3*。其中，*FAD8-1* 有三个跨膜结构域，*FAD8-2* 和 *FAD8-3* 有两个跨膜结构域。多重序列比对和系统发育分析表明,*FAD8-1* 与 *FAD8-2* 亲缘关系较近。亚细胞定位结果显示,FAD8-1 位于内质网膜上,FAD8-2 和 FAD8-3 位于叶绿体膜上。*FAD8-1* 在种子中的相对表达水平很高。*PoFAD8-2* 在子房中的表达量高于其他两个基因。*FAD8-3* 在根、茎、叶中均有高表达。

18.2.4 油体的生成

油体(oil body,OB)是植物种子中贮存脂肪的亚细胞颗粒,是植物体中贮存脂类的最小的细胞器,为随后的一系列的生命活动以及活跃的代谢过程提供能量。在成熟的种子中,三酰甘油经一系列生物化学反应合成后,将会被由一层嵌入油体蛋白(oleosin)、油体钙蛋白(caleosin,Sop1)、油体固醇蛋白-A(steroleosin-A,Sop2)和油体固醇蛋白-B(steroleosin-B,Sop3)的磷脂膜包裹,形成油体。

oleosin 约占油体结合蛋白总数的 90%,得到了更多的关注和研究。oleosin 只存在于植物中,其功能主要是增加油体表面的张力和电荷的排斥力,防止油体之间的融合,增加油体的稳定性。油桐中有 5 种类型的 oleosin,即 OLE1、OLE2、OLE3、OLE4 和 OLE5。其中,OLE1、OLE2、OLE3 属于种子特异性(seed-specific)类型,OLE4 和 OLE5 属于种子-花粉粒特异性(seed-and-microspore-specific)类型。组织间差异表达分析表明:①5 个 *oleosin* 基因均在种子、叶、花发育过程中表达;②种子中 *oleosin* 的表达水平明显高于叶片或花朵;③种子中编码 OLE1、OLE2、OLE3 的基因表达水平明显高于编码 OLE4 和 OLE5 的基因;④种子发育过程中,*oleosin* 的表达水平均迅速升高;⑤编码 oleosin 的基因表达与种子中桐油积累具有良好的协调关系。这些结果表明,油桐中 OLE1-3 可能在桐油积累和油体发育中起重要作用。

18.2.5 转录因子对油料树种中油脂合成积累的影响

转录因子(transcription factor,TF)是一类能与基因启动子区域的顺式作用元件发生特异性相互作用的调节蛋白,其通过不同的作用方式来激活或抑制下游靶基因的转录。在植物中,有 60 多个转录因子基因家族。转录因子在植物生长发育、次级代谢产物的合成以及应答逆境胁迫等诸多方面扮演着重要角色。近年来,转录调控在种子油脂积累中的重要作用逐渐显现。在种子发育过程中,许多转录因子不仅参与种子油脂生物合成基因 mRNA 水平的相互协调,而且其表达水平的改变会影响多种脂质生物合成基因的表达,从而导致种子油脂含量改变。

随着功能基因组学的不断发展和一系列突变体库的构建,在调控种子发育的同时也影响种子中蛋白和油脂积累的一系列转录因子被发掘出来。目前,在已发掘出与油脂合成和积累的相关的转录因子,按其功能不同,分为:①促进油脂合成的增强子(activator),主要包括 ABI3(abscisic acid insensitive 3)、ABI4(abscisic acid insensitive 4)、FUS3(fusca 3)、LEC1(leafy cotyledon 1)、L1L(LEC1-like)、LEC2(leafy cotyledon 2)、WR1(wrinkled 1)等;②抑制油脂合成的抑制子(repressor),主要包括 ASIL1(arabidopsis 6b-interacting protein 1-like 1)、HSI2/VAL1(high-level expression of sucrose inducible gene 2)、HSIL1/VAL2 和 HSI2/VAL3(HSI2-like 1)、AP2(apetala 2)和 GL2(glabre 2)等(表 18-1)。转录

因子间相互作用和调控网络如图 18-3 所示。

表 18-1 植物中与油脂合成积累相关的转录因子

转录因子家族	转录因子名称	在油脂积累中的作用
B3 domain;AFL Clade	ABI3;LEC2;FUS3	调控胚形成和种子成熟;直接和间接调控成组参与脂肪酸合成、三酰甘油组装和包裹的基因
HAP3/CBP	LEC1;L1L	CCAAT 绑定蛋白的亚基;主要调控胚的形成和种子成熟,直接和间接调控参与碳水化合物和脂类代谢的基因
AP2	WR1	起直接作用的主调控因子;直接和间接调节碳水化合物和脂质代谢基因,特别是质体中脂肪酸的合成
Dof	GmDof4;GmDof11	转基因可以提高的籽油的含量,直接和间接调控脂质代谢基因;可能负调控种子贮藏蛋白质
CHD3	PKL	假定的染色质重塑因子;种子发芽时抑制主调节基因;与抑制性染色质标记 H3K27me3 相关
PRC2	FIE;SWN;EMF2	催化沉积 H3K27me3 的起始复合体 2 组件;在营养组织中抑制种子成熟基因
ARF	ARF	生长素诱导的转录因子,通过限制珠被细胞分裂来调节种皮和种子大小
B3 domain;HSI2 Clade	HSI2/VAL1;HSIL1/VAL2;HSIL2/VAL3	过度抑制 AFL 分支基因及其他在种子萌发和幼苗期间主动调控种子成熟的基因;可能参与染色质的重塑
AP2	SMOS1	生长素诱导的转录因子,与 ARF 相互作用,表达对生长素的响应;通过控制细胞大小和不正常的维管束方向来调控种子大小
AP2	AP2	可能在种皮中通过碳水化合物代谢负向调节种子的大小;间接影响对籽油的沉积
HD-ZIP	GL2	负调节含油量;减少种子黏液的合成,使更多的碳原子用于脂肪酸合成

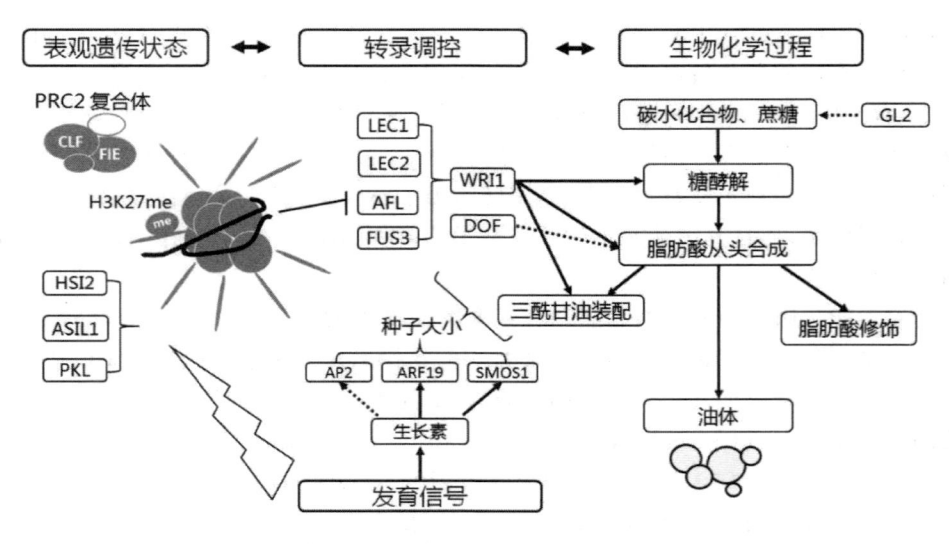

图 18-3 直接或间接参与种子中油脂合成的转录因子

在上述转录因子中，LEC1、L1L、LEC2、ABI3、ABI4 及 FUS3 等均处在种子发育和物质积累过程调控网络的上游，调控多项植物发育的生物学过程。编码这些转录因子的基因如果突变、过表达（over expression）或异位表达（ectopic expression），均会对植物的生长发育带来巨大影响。因此，研究这些基因表达的调控机制，在探究植物种子中油脂合成与积累的理论和实践层面上具有重要意义。

在所有与油脂相关的转录因子中，WRI1 是近年来科研的热点。它在种子发育过程中控制糖类到油脂的碳流动中起着关键性作用，直接调控脂肪酸和三酰甘油的合成，被称为油脂合成过程中的总开关（master regulator）。其可能调控油脂合成过程中至少 18 个基因，因此可作为第二代目标基因来改良种子或其他组织中的含油量。在油棕的非种子器官中，在没有发现 LEC1、LEC2 等表达的情况下，WRI1 大量表达，因此推测非种子器官中的 WRI1 蛋白可能与其他上游调控因子一起或独立调控脂肪酸合成。将杜仲（*Eucommia ulmoides*）中的 WRI1 转入烟草后，对转基因烟草种子中油脂和淀粉含量的分析表明，转基因品系籽油含量显著增加，淀粉含量却显著下降。转基因烟草种子中棕榈酸（C16:0）、亚油酸（C18:2）和亚麻酸（C18:3）含量显著增加，硬脂酸（C18:0）含量却显著减少。

胚胎发育关键转录因子 LEC1、L1L 和 LEC2 等控制胚胎发育的多个方面。过表达编码 LEC1 的基因可影响其下游的转录因子（ABI3、FUS3 和 WR1 等），从而提高脂肪酸合成相关基因表达的整体水平，促进脂肪酸和油脂含量的提高。相关研究表明，文冠果 LEC1 基因在文冠果的根、茎、叶及花中均无表达，在种子中较高表达。实时荧光定量 PCR 结果进一步显示，LEC1 基因在文冠果种胚中有明显的时序表达特性，在种胚发育的前期（花后 33、40、47 天）表达较高，在种胚发育的后期（花后 54、61、68 天）表达较低，至花后 75 天时仅有微量表达，而在完全成熟的种胚（花后 81 天）中未检测到 LEC1 的表达。

由于针对油料树种的研究起步较晚，大量对油脂合成代谢相关转录因子的报道多集中在拟南芥和一些常见的油料作物（如油菜、大豆）、粮食作物（如玉米、水稻）中。除上述几个转录因子在油料树种中有较为详细的研究之外，多数转录因子在油料树种中虽通过高通量测序及同源注释获得其序列信息，但仍缺乏深入的研究。

18.2.6　miRNA 和 lncRNA 的表达对油料树种中油脂合成的影响

MicroRNA（miRNA）广泛分布于真核生物中，是一类由内源基因编码的长度约为 22nt 的非编码单链小分子 RNA，在细胞内具有众多调节作用。miRNA 的作用机制主要表现为降解或抑制靶基因的表达，其 5′端的 2～8 个碱基被称为 miRNA 种子序列，与靶基因的 5′-UTR 和 3′-UTR 区结合，通过种子序列与靶基因完全配对，促进靶基因去掉 polyA 尾巴，降低靶基因稳定性，促进其降解。这种复杂的调节网络既可以通过一个 miRNA 来介导多个靶基因的表达，也可以通过几个 miRNA 的组合来精细调节同一个基因的表达。

长链非编码 RNA（long non-coding RNA，lncRNA）是一类长度超过 200nt 的非编码 RNA，在转录调控、转录后调控以及表观遗传调控等多个层面上调控基因的表达水平。目前，对 lncRNA 在植物中的调控机制和功能还缺乏深入的了解，而在木本植物中的研究更少。

随着高通量测序技术的发展，大量不同物种中的 miRNA 和 lncRNA 得到了分离鉴定。

同样，在木本植物中大规模筛选和鉴定可能与油脂积累合成相关 miRNA 和 lncRNA 也成为可能。以研究油用牡丹种子中脂肪酸合成过程中所涉及的 miRNA 和 lncRNA 为例，利用 2 个脂肪酸组成含量不同的品种（J 和 S）的种子构建了 6 个小 RNA 文库和 6 个转录组文库。通过深度测序和系统分析，在油用牡丹中共鉴定出 318 个已知的 miRNA 和 153 个新的 miRNA。其中，有 106 个 miRNA 在两个不同品种的种子中表达量产生了显著变化，而在这 106 个 miRNA 中，有 9 个 miRNA 介导的 20 个靶基因可能参与脂肪酸生物合成，这些靶基因编码一些参与脂肪酸合成的关键酶，如乙酰辅酶 A 羧化酶（ACCase）、丙酮酸脱氢酶 E1 组分 α 亚基（PDHC）、胆碱磷酸胞苷转移酶（CCT）、溶血磷酸酯酰转移酶（LPAAT）和磷脂酶 C（PLC）等。还有一些与脂质代谢相关的转录因子，如 AP2-EREBP 等。根据对差异表达 lncRNA 的靶基因进行 GO 富集分析，共鉴定出 13 个脂质结合基因、15 个脂质代谢基因、12 个脂质转运基因、5 个单分子层包围的脂质贮存体基因、3 个脂质 A 生物合成基因、3 个种子油体生物发生基因和 2 个蛋白脂化基因。去除不同 GO 子集中的重复基因后，共筛选到 39 个基因与脂质生物学相关。其中，*TR24651|c0_g1*、*TR24544|c0_g15* 和 *TR27305|c0_g1* 在品种 J 中的表达水平分别是品种 S 中的 220、119 和 87 倍，是两个品种种子间表达差异最大的 lncRNA 靶基因。

根据麻风树（*Jatropha curcas*）中 miRNA 中的靶基因预测结果，共鉴定出 33 个 miRNA 介导的 12 个与脂质代谢途径相关的靶基因，其中包括 *Jcu_MIR001* 和 *Jcu_MIR007* 介导的 LPAT/LPAAT、*Jcu_MIR001* 介导的甘油磷酰二脂（glycerophosphoryl diester）、*Jcu_MIR403* 介导的 3-磷酸甘油脱氢酶（GPDH, glycerol-3-phosphate dehydrogenase）基因等。

植物 miRNA 与 mRNA 完全或接近完全配对时会造成靶基因的剪切，从而实现调控靶基因表达的目的。根据此原理，衍生出一种新的测序方法——降解组测序（degradome sequencing），即针对 miRNA 介导的剪切降解片段进行高通量测序，筛选 miRNA 与剪切降解片段精确的配对信息，从而确定 miRNA 作用的靶基因。利用降解组测序，可摆脱生物信息学预测的不确定性，可真正确定 miRNA 介导的靶基因信息。利用高通量测序技术对油棕 5 个发育时期的中果皮进行 miRNA 和降解组测序的研究，在鉴定出的 452 个 miRNA 中，有 170 个是已知的 miRNA，282 个是新的 miRNA。其中，有 22 个已知 miRNA 和 14 个新 miRNA 介导了 37 个靶基因，可能是参与脂肪酸代谢通路中的相关基因。

有关油用牡丹、麻风树和油棕中 miRNA 介导的与油脂合成相关的基因的研究发现，LPAT/LPAAT 在三个油料树种中均受 miRNA 的调控。LPAT/LPAAT 的作用是催化酰基 CoA 上的脂肪酸转移到甘油-3-磷酸的 sn-2 位置上，生成磷脂酸（phosphatidic acid, PA），而不饱和脂肪酸通常位于三酰甘油的 sn-2 位置上，因此推断，油用牡丹中的 *miR156b*，麻风树中的 *Jcu_nMIR001_33*、*Jcu_nMIR007_1*、*Jcu_nMIR007_2*，油棕中的 *nov-miR59* 和 *nov-miR138* 可能都参与调节三酰甘油中不饱和脂肪酸链的比例，即油脂中不饱和脂肪酸的含量。此外，油用牡丹和油棕中的 ACCase（催化脂肪酸合成的第一个限速酶）均受 miRNA 调控；麻风树和油棕中的 FAD（催化油酸进一步去饱和）同样受 miRNA 调控。

18.3 环境因子对油料树种油脂合成的影响

树木的生长发育受遗传因素的制约和环境条件的影响。对于同一树种,在排除自身遗传特性后,进一步分析其相关农艺性状的地理变异规律,是进行优树选择和遗传改良的基础。目前,前人已对油茶、黄连木、乌桕和山胡椒等油料树种中的脂肪酸含量、组分与生态因子的关系进行了研究。

对在不同栽培区域的地理和气候条件下油茶籽油中脂肪酸组成的相关性分析表明,棕榈酸(C16:0)、油酸(C18:1)、亚油酸(C18:2)含量均受地理和气候条件的影响。其中,经度对脂肪酸组成的影响不明显,而纬度、海拔显著影响油酸和亚油酸的含量:随着纬度和海拔的增加,油酸含量增高,亚油酸含量则降低(表18-2)。

表 18-2 软枝油茶籽油脂肪酸组成与地理、气候因子的相关性

脂肪酸	纬度	经度	海拔	年均气温	≥10℃年积温	年均降水量
棕榈酸	−0.188	0.107	−0.189	0.259*	0.148	−0.152
硬脂酸	0.239	0.201	−0.039	−0.265	−0.142	−0.01
油酸	0.420**	−0.136	0.412**	−0.523**	−0.355**	0.369**
亚油酸	−0.542**	−0.027	−0.417**	0.615**	0.409**	−0.421**

注:表中 Pearson 相关系数为负值表示负相关,正值表示正相关;* 表示显著相关,** 表示极显著相关。

在黄连木中,其果实含油量与海拔、年均气温、年均降水量等呈正相关,却与原产地的经度、纬度和生态梯度值呈负相关。黄连木果实的含油量在高经纬度地区要低于低经纬度地区,同时也受温度和湿度的影响,有随着生态梯度值增大而减少的趋势。果实、种子和果肉含油量表现出相似的变化趋势,但果实含油量比种子和果肉含油量与生态梯度值的相关系数更大,表明果实含油量对生态因子的综合反应更加灵敏。

乌桕的外种皮榨取的油称为皮油,种仁榨取的油称为梓油。乌桕皮油含量与纬度呈负相关,即随纬度的升高而降低。然而随经度的东移,皮油含量与经度、年积温和年均降水量呈正相关,且受经度变化影响最大;梓油含量与纬度、经度及年积温均呈负相关,与年均降水量呈正相关,即梓油含量随纬度的升高、经度的东移和年积温的增加而降低,随着年均降水量的增加而增加。此外,地理分布对乌桕油脂的脂肪酸组成影响不大,但对各脂肪酸含量的变化有着明显影响。

在山胡椒中,棕榈酸含量与纬度呈极显著正相关,即随纬度的升高,棕榈酸含量增大;棕榈油酸含量与纬度呈显著负相关,但与无霜期呈显著正相关,即棕榈油酸含量随纬度升高而降低,随无霜期的延长而增大;亚油酸含量与纬度、光照时数呈显著正相关,但与年均气温、无霜期呈显著负相关,即亚油酸含量在纬度高、光照时数长、年均气温低、无霜期短时较高,反之较低;亚麻酸含量与海拔呈正相关,即随海拔升高,亚麻酸含量增大。

综上,不同油料树种对生态因子的相互作用不尽相同,而筛选与油料树种中含油量和脂肪酸组分关系紧密的生态因子对油料树种的大范围推广种植具有重要的指导意义。

18.4 高通量测序技术在发掘油料树种中油脂合成相关基因中的应用

木本植物生命周期长、基因组较大且杂合度较高、遗传背景复杂,通过传统生物学方法充分阐明某一生物学问题不够现实,而高通量测序技术为树种重要的农艺性状和品质性状的遗传解析奠定了信息基础。近10年,大量油料树种基因组和转录组数据依托高通量测序平台相继获得(表18-3),并通过同源基因注释、KEGG pathway富集、GO富集、共表达网络分析等手段探究了相关油料树种中油脂合成和积累的分子机理。

表18-3 常见油料树种及其基因组、转录组有无信息

树种名	拉丁学名	油脂是否可食	有无参考基因组	有无参考转录组
油橄榄	*Olea europaea*	是	有	有
油棕	*Elaeis guineensis*	是	有	有
油茶	*Camellia oleifera*	是	否	有
椰子	*Cocos nucifera*	是	有	有
核桃	*Juglans regia*	是	有	有
油桐	*Vernicia fordii*	否	有	有
乌桕	*Sapium sebiferum*	否	否	有
山核桃	*Carya cathayensis*	是	有	有
麻风树	*Jatropha carcas*	否	有	有
文冠果	*Xanthoceras sorbifolium*	是	有	有
山杏	*Armeniaca sibirica*	是	否	有
黄连木	*Pistacia chinensis*	否	否	有
油用牡丹	*Paeonia suffruticosa*	是	否	有
星油藤	*Plukenetia volubilis*	是	否	有
元宝枫	*Acer truncatum*	是	否	有
翅果油树	*Elaeagnus mollis*	是	否	有
光皮梾木	*Swida wilsoniana*	否	否	无
蒜头果	*Malania oleifera*	否	有	有
水黄皮	*Pongamia pinnata*	否	无	有
长柄扁桃	*Amygdalus pedunculata*	否	否	无
巴旦木	*Amygdalus communis*	是	否	有
香榧	*Torreya grandis*	是	否	有
红松	*Pinus koraiensis*	是	否	有

注:数据截至2019年4月。

目前，已公布包括油橄榄、油棕、椰子、核桃、麻风树、油桐、蒜头果等油料树种的基因组。相较基因组测序需更多的经费，转录组测序（transcriptome sequencing 或 RNA sequencing，RNA-Seq）在大幅降低研究成本的同时，为科研工作者提供了一种高效、便捷地发掘如油脂合成代谢相关基因等生物学通路的研究方法。目前，多数油料树种的油脂合成代谢相关基因已通过 RNA-seq 被发掘和研究，仅光皮梾木和长柄扁桃还未有相关的转录组信息。根据 RNA-Seq 结果，结合基因注释、差异表达基因筛选，以及不同发育时期的种子、果实中脂肪酸含量和组分的变化分析筛选调节脂肪酸合成、延伸、去饱和以及三酰甘油合成的目的基因，利用逆转录 PCR 验证目的基因的表达规律，构建相关油料树种油脂合成的代谢通路。目前，利用基因组＋RNA-Seq＋脂质组或 RNA-Seq＋脂质组或单纯的 RNA-seq 是研究油脂合成代谢通路的主要方式。利用的组学越多，验证手段越多，得到的数据越翔实、可靠。此外，获得的转录序列是基因克隆和分子标记开发的基础。

以山核桃为例，利用 RNA-seq 技术对山核桃开花后 105 天、120 天和 165 天的胚胎进行转录组测序，通过 unigene 注释，共筛选出 153 条与油脂生物合成相关的 unigene。其中，107 条 unigene 编码 24 个与脂肪酸合成相关的酶；34 条 unigene 编码 9 个与三酰基甘油合成相关的酶；7 条 unigene 编码 3 类不同的油体蛋白；5 条 unigene 编码 4 个调节与油脂合成的转录因子。通过差异表达基因筛选，结合各阶段脂肪酸含量和组分的变化，可以得出，在山核桃胚胎发育至开花后 120 天时，与脂肪酸合成相关的基因（如编码 ACP、KASⅠ、KASⅡ、FATA 的基因等）表达量较高；而三酰甘油组装合成相关的基因（如 *LPAAT* 和 *DGAT1*）在开花后 165 天表达量达到最高；编码油体蛋白、油体钙蛋白、油体固醇蛋白的基因均在开花后 105 天开始上调表达，且全部的油体蛋白基因在开花后 105～120 天的表达规律与油脂含量变化规律保持一致。在筛选到的转录因子中，*LEC1* 和 *LEC2* 的表达量均随胚胎的发育逐渐降低，*ABI3* 的表达量逐渐升高。

18.5 展望

18.5.1 脂肪酸含量和组分与环境互作基因筛选

油料树种是经济树种，因而需遵循适地适树的原则。适地适树就是使栽培的经济树种生态学特性和栽培要求与栽植地的立地条件相适应，以充分发挥生产潜力。油料树种主要取其种子榨油，获得油脂供食用或工业用，且油料树种中油脂含量和脂肪酸（如高油酸、高亚麻酸、高神经酸等）含量组成是其作为特色经济树种的关键指标。目前，除对少量木本油料树种（如油茶、黄连木等）研究过立地条件、环境因子与其种子中脂肪酸含量和组分的相关性以外，对其他木本油料树种，大多没有涉及此领域的研究，更未进行脂肪酸含量和组分与环境因子、基因表达三者之间的相关性分析，即在油料树种中筛选脂肪酸含量和成分与环境互作的基因。随着不同油料树种基因组的不断公布及植物表型组学的不断发展，利用全基因组关联分析、比较转录组、表型组与多元统计分析相结合，在油料树种中发掘相关环境因子互作的基因可能是今后较好的研究方向。

18.5.2 多组学联合分析探究油脂合成和积累分子机理

复杂的基因组背景使得木本植物中许多农艺表型难以用单一的理论模式表述。以高通量测序为基础的多组学联合分析为其分子机理的研究提供了新的解决途径,如"转录组+蛋白质组+代谢组""转录组+蛋白质组""代谢组+蛋白质组""转录组+表型组""小RNA组+降解组+转录组"等(图18-4)。目前,一些高水平期刊明确表示不接受单一组学对生物学问题的阐述和验证。因此,多组学联合分析精细阐述生物学问题是组学发展的新趋势。通过对不同层面的表达水平分析,实现从"因"和"果"两个方向探究生物学问题,相互间的验证作用更明显,结果更可靠,可系统全面地解析分子调控-表型间的关联机制,数据也更丰富。基于此,多组学联合分析是阐明油料树种中油脂合成和积累分子机理的根本途径。

```
            小RNA组
            降解组
基因组 → 转录组 → 蛋白质组 → 代谢组 → 表型组
            翻译组
```

图18-4 植物研究中应用的组学方法

18.5.3 发掘高油酸、高亚麻酸、高神经酸合成和积累分子机理

随着社会的进步和生活水平的日益提高,人们对饮食健康愈加重视,对食用油也有了更高的要求。

1. 探究高油酸合成和积累

油酸(C18:1)是单不饱和脂肪酸,被营养学界称为"安全脂肪酸"。油酸能调整人体血浆中高、低密度脂蛋白的比例,能增加人体内高密度脂蛋白水平和降低低密度脂蛋白水平,从而促进脂肪代谢,有效降血脂和降体重。因此,以橄榄油、茶籽油为代表的高油酸植物油成为健康食用油的标准,探究油橄榄和油茶中油酸积累的分子机理具有重要意义。目前,油橄榄和油茶已得到大量的研究,积累数据较多,但对于脂肪酸去饱和酶FAD2和FAD6如何调节油酸不进一步去饱和合成大量亚油酸仍值得进一步探究。此外,油橄榄和油茶均不能在我国北方种植,限制了其种植面积。长柄扁桃是另一种高油酸油料树种(种仁含42%~58%油脂且油酸含量达到70%左右),广泛分布于陕西北部及内蒙古沙地,具有根系发达、枝条稠密、耐旱耐寒、耐风蚀等特点,是一种优良的防风固沙树种,具有良好的发展潜力和发展价值。但目前长柄扁桃得到的关注较少,探究长柄扁桃中油酸合成积累的分子机理对于干旱、半干旱地区的油料树种的开发具有重要意义。

2. 探究高亚麻酸合成和积累

亚麻酸(C18:3)是ω3系列多烯脂肪酸,在人体内不能通过自身合成,必须从体外摄取。亚麻酸参与人体必需的生命活性因子DHA和EPA的合成与代谢,缺乏会导致机体脂质代谢紊乱,引起免疫力降低、疲劳、智力和视力减退、动脉粥样硬化等一系列症状。因此,食用

足量的亚麻酸对维持身体健康具有重要意义。

常见的高亚麻酸植物油是胡麻油(亚麻籽油)和紫苏油,两者均来源于草本植物。随着木本油料树种受到越来越多的关注,以油用牡丹和星油藤为代表的高亚麻酸油料树种得到大量的研究,目前已利用转录组、小RNA组等测序方法对油用牡丹和星油藤中脂肪酸的合成进行研究。

3. 探究神经酸的合成和积累

神经酸(C24:1)最早发现于哺乳动物的神经组织中,具有修复疏通受损大脑神经纤维并促进神经细胞再生的作用,可有效防止阿尔茨海默病、帕金森病等脑部疾病。但神经酸多从鲨鱼脑提取或利用化学方法获得,前者伤害野生动物,后者副产物太多,均不可取。一些果实和种子油脂中富含神经酸的植物被发现,为获得天然神经酸开辟了一条新的途径。含神经酸植物主要包括缎花属(含油量30%,神经酸含量20%)、金莲花属(含油量26%,神经酸含量38.7%)、芸薹属、萝卜属、遏蓝菜属部分草本植物以及盾叶木、蒜头果等木本植物中(表18-4)。

表18-4 神经酸在木本植物中的分布

科名	属名	种名	含油量	神经酸含量
大戟科 Euphorbiaceae	血桐属 Macaranga	盾叶木 M. adenantha	60.3%	55.9%
铁青树科 Olacaceae	蒜头果属 Malania	蒜头果 M. oleifera	51.9%	62.6%
蔷薇科 Rosaceae	石楠属 Photinia	椤柘楠 P. davidsoniae	17.2%	6.9%
无患子科 Sapindaceae	文冠果属 Xanthoceras	文冠果 X. sorbifoila	59.9%	2.6%
冬青科 Aquifoliaceae	冬青属 Ilex	冬青 I. purpurea	18.1%	5.5%
马鞭草科 Verbenaceae	牡荆属 Vitex	牡荆 V. negundo	16.1%	3.1%
槭树科 Aceraceae	槭属 Aceraceae	苦茶槭 A. ginnala	7.8%	7.1%
		色木槭 A. mono	36.3%	4.9%
		鸡爪槭 A. palmatum	17.4%	8.5%
		元宝枫 A. truncatum	37.5%	5.8%

注:苦茶槭、鸡爪槭的分析部位是果;冬青、椤柘楠、牡荆的分析部位是种子;其他的分析部位是为种仁。

目前,在上述神经酸含量较高的木本植物中,蒜头果的基因组已经获得,其种子中长链不饱和脂肪酸的合成代谢通路也得到初步阐明;但盾叶木仍未得到系统的研究,需进一步关注。文冠果和元宝枫也成为我国大力发展的油料树种,两者的油脂可食,分布范围广,且在公共数据库中有较多的转录组数据,发展潜力较大。目前,神经酸的合成基因主要是围绕脂肪酸延长酶复合体(FAE)中的四个酶 β-酮脂酰CoA合酶(KCS)、β-酮脂酰CoA还原酶(KCR)、β-羟脂酰CoA脱氢酶(HCD)和反式烯脂酰CoA还原酶(ECR)展开。但为什么上述含神经酸的油料树种中油酸(C18:1)的碳链会不断延长至24个碳原子,从而生成神经酸,且神经酸含量要远远大于常见18碳酸(油酸+亚油酸+亚麻酸)含量(盾叶木和蒜头果),而其他油料树种中却未出现这种情况,是一个有待解决的科学问题。

18.5.4　筛选油料树种中可能调控油脂合成积累的新转录因子

虽然通过单一限速酶或者几个限速酶的基因工程改良植物油脂合成代谢过程已取得一定的进展，但由于一个转录因子可能调控更多基因的表达，因而利用相关转录因子基因提高种子的含油量是更好的选择。与油脂合成相关的转录因子已成为研究热点。然而，由于木本植物相关的基础研究相对滞后，目前油料树种中参与调控油脂合成积累的转录因子仍采用同源注释的方法获得，木本植物杂合度较高且遗传背景复杂，对于在相关油料树种中是否有新的转录因子参与油脂合成积累的调控，仍需要进一步的筛选与验证。

植物衰老的生理及其调控
Physiology and Regulation of Senescence in Plant

生物的整个生命过程就是生物的生长、发育、成熟、衰老直至死亡的连续过程。衰老是生物生命周期的最后一个阶段,它的发生必然伴随着生物机体各部分功能的衰退和老化,并加速生物的死亡。

植物衰老(senescence)是指导致植物自然死亡的一系列衰退过程。现在比较新的对衰老的定义是由 Strehl 提出的,主要有以下几点:①原发性:衰老是随发育而出现的变化,是原发性改变;②障碍性:衰老是机体的异常状态,必须伴有某种障碍;③渐进性:衰老是随着机体发育而出现的进行性较为明显的变化,具有累积的性质,是一种不可逆的变化;④普遍性:衰老是生命发展的普遍规律,是无法避免的。

19.1 植物衰老的类型和意义

19.1.1 植物衰老的类型

植物的不同器官、组织有不同的衰老表现。例如,除某些常绿木本植物外,叶子每年要衰老、死亡。常绿月桂叶子可有 6 年寿命,而松树叶寿命为 2~3 年;花器官在开花后往往花瓣首先开始凋落。果实衰老后种子却延存了下来。因此,衰老是在不同时间、不同空间上不断发生的。

根据植物与器官衰老和死亡的情况,一般将植物衰老分为四种类型:

①整体衰老型:即整个植株衰老,如一年生或二年生草本(如玉米、花生、冬小麦等)在开

花结实后出现整株衰老、死亡。但有些多年生植物(如竹),一旦开花也整株衰老、死亡。

②地上部分衰老型:多年生草本植物(如苜蓿、芦苇等)的地上部分随着生长季节的结束而每年死亡,但根仍可继续生存多年。

③脱落衰老型:多年生落叶木本植物的茎和根能生活多年,而叶子每年衰老、死亡和脱落。

④渐进式衰老型:多年生常绿木本植物,老的器官和组织随着时间的推移逐渐被新的器官和组织所取代。小麦、棉花等若新叶片长出来,下部叶片即将衰老,最终逐渐死亡。

19.1.2 植物衰老的意义

衰老是生物生长发育必须经历的正常的生理过程,不应把衰老单纯地看成消极的导致死亡的过程。从生物学意义上说,没有衰老就没有新生命的开始。对于季节性或一年生植物,在整体衰老过程中,其营养体的营养物质可转移至种子或块根、块茎、球茎等延存器官中,以备新个体形成时利用,这类植物可通过延存器官渡过寒冬、干旱等不利条件,使物种得以延续;对于多年生植物,叶片脱落有利于植物渡过不良的环境条件,而较老的器官和组织退化,由新生的器官和组织取代,有利于植物维持较高的生活力,果实的衰老脱落有利于种子的传播。

植物的衰老也与农业生产密切相关。例如农作物的叶片和根系早衰将严重影响产量,据估算,在作物成熟期如能设法使功能叶片的寿命延长1天,则可增产2%。

19.2 植物衰老的进程

由于种类的不同、环境的差异,植物的衰老进程不尽相同。植物的衰老进程可以在细胞、器官、整体等不同水平上表现出来,而且具有各自的突出特征。

19.2.1 细胞衰老

细胞衰老是植物组织、器官和个体衰老的基础,主要包括细胞膜衰老和细胞器衰老。

1. 细胞膜衰老

在正常情况下,幼嫩细胞的膜为液晶相,流动性大。膜的流动性与脂肪酸的链的长短和脂肪酸的不饱和程度密切相关。两者的数值越高,膜的流动性、柔软性越大,膜的完整性越好。

在衰老过程中,生物膜由液晶态向凝固态转化,结果是膜变得刚硬,流动性降低。如玫瑰和香石竹花瓣细胞膜的流动性测定结果表明,随着衰老的出现,流动性急剧降低(黏滞性增加)。各种延迟或加速衰老的处理(如温度、pH、乙烯或乙烯抑制剂)可引起膜流动性的相应变化。膜流动性降低与磷脂含量降低是同步的。磷脂含量下降,一方面是由于磷脂生物合成减少;另一方面则是由于磷脂酶活性增加。膜流动性下降,整个膜的选择性及功能受损。

膜渗漏是由于膜的完整性丧失,其主要原因可能有:膜脂降解;膜脂过氧化;中性脂肪水解

(形成游离脂肪酸而造成的毒害)。其中,膜脂的过氧化对膜造成的伤害最重,因此备受人们的重视。据研究显示,膜脂的过氧化是在磷脂酶(phospholipase)、脂氧合酶(lipoxygenase)和活性氧(active oxygen)的作用下发生的。

按照 Vander Bosch 的意见,磷脂酶类包括磷脂酶 A1、磷脂酶 A2、磷脂酶 B、磷脂酶 C、磷脂酶 D、溶血磷脂酶和脂解酰基水解酶等。其中,磷脂酶 D 主要存在于高等植物组织中,其作用后的产物是磷脂酸和胆碱。这样,在磷脂酶的作用下,生物膜中的磷脂经磷酸解反应生成许多游离的多元不饱和脂肪酸(如亚油酸和亚麻酸)。而这些游离的多元不饱和脂肪酸在脂氧合酶的催化下进行一系列生化反应,其最初产物是含一个或多个顺,顺-1,2-戊二烯基团的不饱和脂肪酸的氢过氧化物,而不饱和脂肪酸氢过氧化物又可作为脂氧合酶的底物进一步产生自由基脂过氧化物接着分解生成醛类(如丙二醛)和易挥发的烃类(如乙烯、乙烷、戊烷)等。这些有害的代谢产物可导致膜渗漏,因而启动衰老。脂氧合酶还能催化亚麻酸转变为茉莉酸(jasmonic acid,JA)。现已证实,JA 是一种能促进植物衰老的内源物质。

2. 细胞器衰老

在植物衰老过程中,细胞的结构也发生明显的衰变:如核糖体和粗糙型内质网的数量减少;随着衰老,叶绿体外层被膜脱落,类囊体解体,内部结构瓦解;线粒体先是出现嵴扭曲,褶皱膨胀,数量减少;进一步破坏,释放出各种水解酶和有机酸,使细胞发生自溶,加速细胞的衰老解体。

19.2.2 器官衰老

叶、花、果实衰老是器官衰老的典型例子,下面以叶片为例,初步介绍衰老时发生的主要变化过程。

1. 叶片衰老

叶片是植物进行光合作用、制造有机物的重要器官。研究叶片的衰老并设法控制其衰老进程,不仅具有理论意义,而且具有重要的经济价值。

叶片的衰老始于叶片面积达到最大值时,最明显的表现之一是叶绿素含量下降、叶色变黄。研究衰老叶的精细结构时发现,叶绿体内基粒的膜结构逐渐解体,同时出现许多脂类小体。衰老初期的变化还包括内质网解体,核糖体逐渐消失,线粒体急剧减少,液泡膜消失,细胞液中的酶分散到整个细胞中,产生自溶作用。

在衰老叶发生这些结构变化时,其组成和代谢活性也发生变化,叶绿素和蛋白质含量明显减少,可溶性碳水化合物、游离氨态氮有所增加。离体叶片衰老进程中,随着蛋白质和叶绿素水平下降,氨态氮含量增加。至于被水解的蛋白质,如 RuBP 羧化酶,它是一个主要的叶片蛋白质组分,也作为光合作用的限速因子,是衰老时光合能力下降的主要原因。光合速率的下降还与衰老时叶绿体的逐渐解体有关。衰老时呼吸速率也下降,但在后期出现一呼吸峰,而且呼吸过程的氧化磷酸化逐步解耦联,产生的 ATP 量减少,细胞中合成过程所需的能量不足,更促进衰老的发展。

在叶片的衰老过程中,气孔的开度减少。那些气孔关闭时间较长或白天张开时间较短而开度较小的植物比那些气孔开放时间较长或气孔开度较大的植物衰老得更快。因此气孔开度可作为叶片衰老与否的指标。

2. 种子的老化

在贮藏过程中,由于环境条件的变化会使种子发生不同程度的老化。种子的老化是指种子从成熟开始其生活力不断下降直至完全丧失的不可逆变化。种子的老化主要表现为膜结构破坏,透性加大。电镜观察发现,种子活力的变化与膜的不完整性密切相关。具高活力的种子细胞超微结构良好,膜系统完整;而发生劣变的种子膜系统与细胞器均发生损伤。其中,线粒体反应最敏感,内质网出现断裂或肿胀,细胞膜收缩并与细胞壁脱离,最终导致细胞内含物渗漏。引起种子细胞膜损伤的主要原因有:①在磷脂酶作用下膜中磷脂降解,如含水量为13%的大豆种子贮藏在35℃下6个月以上磷脂丧失45%;②中性脂肪水解及游离脂肪酸对膜有毒害,当游离脂肪酸含量增加时,线粒体发生肿胀,氧化磷酸化解耦联,并使某些可溶性酶类变性失活;③脂质过氧化及其自由基的伤害。

19.2.3 整株植物衰老

根据衰老和死亡过程,可以将开花植物分为截然不同的两类:

①一生中只开一次花的植物,称为单稔植物。它包括全部的一年生植物、二年生植物和某些多年生植物,如龙舌兰和竹类。单稔植物在开花结实后,各种养分都往花和幼嫩果实输送,营养体衰老进程加快。籽粒成熟后,营养体全部衰老、死亡。

②一生中能多次开花结实的植物,称为多稔植物。它包括所有的木本植物,也有一些多年生宿根性草本植物。这类植物大多具有营养生长和生殖生长交替的生活周期,有些在花原基分化后能连续形成花蕾并开花。多稔植物的衰老是个缓慢的渐进过程。经历多次开花结实后,逐渐衰老的部分比例日益增加,最终整株衰老而死亡。

19.3 植物衰老的生理生化变化

植物衰老时,内部发生着一系列的生理和生化变化。衰老过程可表现在分子、细胞、器官、整体等不同水平上,其中叶片为研究衰老最广泛使用的材料。

19.3.1 光合能力和呼吸速率下降

光合能力下降是叶片衰老的一大特征。一方面可能是因为植物衰老后,根系吸水能力减弱,体内相对含水量减少,水势下降,导致气孔关闭,阻碍 CO_2 进入叶肉细胞,而使光合作用降低;另一方面,衰老引起的非气孔因素亦是降低光合作用的重要原因。在棉花、小麦和向日葵等作物中发现水分胁迫等逆境引起气孔关闭后胞间 CO_2 浓度出现升高现象,表明光合下降并不完全是由于 CO_2 供应不足所致。Giles 指出衰老叶片光合作用的下降,与抽穗开花后叶绿体结构的紊乱有着内在的联系,叶绿体结构的破坏是造成光合作用下降的重要原因。在叶片衰老的早期,叶绿体变小,基粒的数量减少,叶绿素含量下降,核酮糖-1,5-二磷酸羧化酶(RuBPCase)的活性下降,电子传递、光合磷酸化受阻,因此,光合速率下降;随着衰老的加剧,叶绿体的结构开始解体,叶片光合速率迅速下降。

一般器官衰老时,由于线粒体体积变小,内膜褶皱,线粒体数目减少,使呼吸速率下降,但下降速度比光合作用慢。衰老时,氧化磷酸化解耦联,不能产生能量,相反,消耗有机物。但果实成熟时则出现呼吸高峰,以后迅速下降。

19.3.2　生物膜结构变化

正常情况下,细胞膜为液晶态,流动性大。不饱和脂肪酸的含量越大,越能增加膜的流动性、柔软性和保持膜的完整性;当有 Ca^{2+}、Mg^{2+} 等二价离子结合到磷脂头部时,能提高膜的稳定性。研究发现,在细胞趋向衰老的过程中,一个特征是膜质的脂肪酸饱和度逐渐增大,脂肪链加长,使膜由液晶态逐渐转变为凝固态,磷脂尾部处于"凝胶"状态,完全失去流动性。各种延迟或加速衰老的处理(如温度、pH、乙烯或乙烯抑制剂等)可引起膜流动性的相应变化。膜的流动性降低与磷脂含量下降是同步的。磷脂含量下降,一方面是由于磷脂合成减少,另一方面是由于磷脂酶活性增加。衰老细胞的另一个明显特征是生物膜结构选择透性功能丧失,透性加大,膜脂过氧化加剧,膜结构逐渐解体。另外,在衰老期间,一些具有膜结构的细胞器(如叶绿体、线粒体、核糖体等)的膜结构发生衰退、破裂甚至解体,从而丧失有关的生理功能,并释放出各种水解酶类,使细胞发生所谓的自溶现象。

19.3.3　活性氧物质代谢

叶片的衰老与活性氧物质代谢密切相关。叶片衰老的过程是体内活性氧物质代谢失调的累积过程,同时细胞内存在清除这些活性氧物质的多种途径。植物的抗氧化作用是植物自身适应性调节的一个重要方面,SOD、CAT、POD 等是活性氧物质清除酶系统的重要保护酶。Potka 等发现衰老的水稻、高粱、玉米叶片中 POD 活性升高。许长成在有关大豆叶片干旱促衰老的研究中指出 POD 的作用具有双重性:一方面,它可以清除 H_2O_2,为保护酶系统的成员之一;另一方面,它参与叶绿素的降解、活性氧物质的产生,并能引发膜脂过氧化,表现为伤害效应。林植芳提出,POD 的活性因植物器官不同发育时期和衰老程度的不同而表现不同的变化趋势,与植物种类有关。有研究证明,随着烟草叶片的衰老,膜透性脂质过氧化产物 MDA 增加,SOD 和 CAT 活性降低,认为叶片衰老可能是膜脂过氧化所致。林植芳等在对杂交水稻及其三系叶片的老化研究后发现,水稻叶片衰老伴随着 SOD 活性及 RuBP 羧化酶活性降低及叶绿素的降解和膜脂过氧化产物 MDA 含量的显著增高。衰老程度越高,叶片中 SOD 活性下降越快,MDA 含量越高。这说明叶片老化时出现了活性氧物质的毒害作用。1986 年林植芳又报道,花生离体子叶的衰老与膜脂过氧化作用有密切关系。在叶片衰老期间,由于膜脂过氧化作用的增强,造成 MDA 的累积,使许多代谢过程受到影响,从而加速了叶片的衰老。陈光仪对水稻叶片的研究也表明,衰老叶片 SOD 活性下降,SOD 同工酶谱也发生了改变,CAT 活性大幅度下降,而 MDA 含量在叶片外观表现枯黄衰老症状前就急剧上升,可见活性氧物质伤害是引起植物叶片衰老的原因之一。李柏林等也指出,燕麦连体与离体叶片衰老过程中,CAT、SOD 活性下降,脂质过氧化产物 MDA 迅速积累,推测叶片衰老中活性氧物质起着重要作用。同年,聂先舟等研究水稻旗叶脂质过氧

化作用与叶龄及 Ni^{2+}、Ag^+ 的关系时指出,随着水稻叶龄的增加,SOD 和 CAT 活性都下降,而 MDA 含量上升。SOD 和 CAT 总活性变化时,后者下降更为迅速。晏斌、戴秋杰等发现玉米叶片呈现自下而上逐渐变黄的衰老症状时,体内膜脂过氧化产物 MDA 的含量也升高。冯晴等发现,小麦叶片衰老过程中,CAT 呈现高活性的温度范围明显缩小,即酶的热敏感性增大,推测是由于酶的氨基酸侧链发生了变化。于振文、张炜在研究小麦光合作用和衰老时观察到,小麦生育后期,旗叶过氧化物酶活性和 MDA 含量增加,可溶性蛋白质、叶绿素含量下降,根系活力降低,旗叶光合速率下降,衰老加速。邢更生等研究了渗透胁迫对山黧豆幼苗 H_2O_2 及毒素积累的影响后发现,当 PEG(聚乙二醇)显著地抑制了山黧豆叶片中清除 H_2O_2 的重要保护酶 CAT 和 POD 活性后,山黧豆叶片大量积累了 H_2O_2,他们认为这是由于清除 H_2O_2 的酶活性降低所致。

19.3.4 叶绿素含量下降

叶绿素(Chl)的降解是叶片衰老过程中最明显的特点,从外观上看,叶片由绿变黄,这就是经常用 Chl 含量作为叶片衰老指标的原因。Chl 含量下降得快则表明衰老进程快,衰老程度加深。马丁(Martin)等在植物叶片的自然衰老与暗诱导衰老过程中的确发现了基因表达的不同,从而认为后者应主要归因于逆境胁迫。但对芦笋的研究发现,自然衰老与暗诱导两过程在基因表达上又存在某些相似之处。小麦叶片衰老期间,叶绿体基质电子密度变稀,间质片层松散断裂,基粒片层肿胀,基粒排列从有序到无序,嗜锇颗粒增加,叶绿体结构处于衰退状态,最后叶绿体被膜和片层结构完全解体。叶绿素酶可能是引起 Chla 降解的原因。叶绿素酶是类囊体膜内蛋白,其活性受到膜环境的调节。衰老导致类囊体膜结构发生变化后,叶绿素酶活化,引起叶绿体降解。叶片衰老最明显的表现就是 Chl 逐渐消失,并伴随着黄化以及叶片的最终脱落,衰老程度越严重,Chl 含量越低。水稻叶片衰老时,Chl 含量下降,而且 Chla 比 Chlb 下降得快,Chla/b 比例可作为衰老的指标。随着离体天数的增加,水稻离体叶片中的 Chl 含量下降,衰老加剧,从衰老过程中叶绿体超微结构的变化也可以看出叶绿体随年龄增大而逐渐解体。水稻在结实期间随着剑叶的发育,叶片可溶性蛋白质和 Chl 含量迅速下降。因此,水稻叶片中 Chl 和蛋白质含量的下降可作为衡量水稻叶片衰老的可靠指标。华春等研究指出,杂交稻及其三系叶片衰老过程中叶绿体的数量逐渐减少,叶绿体的基粒片层和基质片层出现混乱,嗜锇颗粒数量和体积逐渐增加。张志刚等研究表明,不同水稻叶片之间 Chl 含量存在明显差异:与下层叶相比,上层叶中 Chl 含量、SOD 活性较高,而 MDA 含量、渗透率较低,说明上层叶较下层叶衰老慢。小麦叶片在衰老过程中每个原生质中均有许多叶绿体丧失,其超微结构研究表现为小麦全部叶绿体相继出现降解。随着小麦叶片的衰老,Chl 的破坏加强,且 Chla 破坏率高于 Chlb,衰老过程中积累的超氧阴离子($·O_2^-$)能直接引发 Chl 的破坏及特异性地破坏 Chla,致使 Chl 分解破坏和 Chla/b 比例下降。早衰小麦旗叶的 Chl 含量较低,而且在生育后期下降较快。王萍等研究指出,小麦叶片衰老过程中,净光合速率平稳下降,而 Chl 含量先略有下降,然后逐渐上升,旗叶的 Chl 含量较倒二叶和倒三叶要高。

19.3.5 蛋白质含量降低

蛋白质降解是叶片衰老的基本特征之一。蛋白质在植物成熟组织中是处于相对恒定的周转中,细胞组织的稳定状态是由一种合成和分解的平衡系统所维持。但随着植物叶片的衰老,这种平衡被打破,表现为蛋白质的降解,并且降解的蛋白质主要是可溶性蛋白中的部分 I 蛋白(fraction I protein),也就是 RuBP 羧化酶。戴金平等研究指出,植物衰老时,被水解了的蛋白质是植物进行光合作用的 RuBP 羧化酶,它是一个主要的叶片蛋白质组分。研究发现,不同植物中 RuBP 羧化酶占叶片可溶性蛋白的 30%~50%。水稻叶片在抽伸过程中,叶绿素和蛋白质含量均增加,抽伸完毕时达最高值,然后在衰老过程中下降,证实了蛋白质合成和降解是叶片生长和衰老的基本特征。阳成伟等研究表明,水稻随着叶片的衰老,其光合色素和蛋白质含量下降。宋松泉等用水稻离体叶片进行试验,结果表明,随着水稻离体叶片衰老的开始和进行,叶片中氨肽酶和内肽酶活性显著增加,导致蛋白质的水解作用加强,可溶性蛋白质含量下降。雷(Ray)等用整体水稻叶片实验发现,随着叶片的衰老,蛋白水解酶的活力逐渐增加。但比斯瓦斯(Biswas)等对整体水稻叶片研究发现,倒二叶和倒三叶蛋白水解酶活力并不与蛋白质含量下降成比例。吴光南等研究发现,虽然衰老过程中蛋白水解酶的比例增加,但增加开始期晚于蛋白质含量下降开始期,这就是说蛋白质含量下降不仅仅取决于蛋白水解酶活力一个因素,在蛋白质合成速率降低的情况下,即使蛋白水解酶的活力不增加,蛋白质的含量也会下降。研究认为,在正常情况下蛋白水解酶是在一定的区隔化条件下起作用的,但在衰老过程中,它们被释放到细胞质中起作用,促进蛋白质降解。萌发糜子子叶在自然衰老过程中可溶性蛋白质含量一直下降。研究表明,糜子子叶衰老前期蛋白体膜结构尚属完整,到衰老后期蛋白体才解体,形成许多大液泡。花生叶片展开至衰老过程中,可溶性蛋白质含量先升高,至最大值后缓慢下降,到衰老后期转为快速下降,呈抛物线变化。由于植物叶片衰老过程中蛋白质是逐渐稳定地减少,所以人们常以蛋白质含量来表示衰老的程度。

19.3.6 核酸含量下降

在叶片衰老时,RNA 总量下降,其中 rRNA 减少最明显,DNA 含量也下降,但下降速率小于 RNA。如烟草叶片在衰老 3 天内 RNA 下降 16%,而 DNA 只下降 3%。一般认为,衰老时 RNA 含量下降主要与 RNA 合成能力下降有关。如具有放射性的前体在离体衰老叶片中结合到核酸的数量是比较低的,若用激素延迟衰老,则结合到核酸的放射性前体数量就较多,说明 RNA 含量下降与其合成能力降低有关。但也有实验证明,叶片衰老时核糖核酸酶的活性增强,RNA 的降解加快。因此,RNA 含量下降应是其合成能力降低和分解加快综合所致。核酸含量的下降趋势与蛋白质的一致。

19.3.7 内源激素变化

在植物衰老过程中,植物内源激素有明显变化。研究发现,五大类植物激素都与植物衰老密切相关。一般情况下，IAA、GA、CTA可抑制衰老，在植物衰老过程中含量逐步下降；而ABA、茉莉酸，特别是乙烯对衰老有促进作用，其含量随衰老的进行而逐渐上升。油菜素内酯和多胺类物质中的腐胺、精胺、亚精胺等可抑制衰老。

19.3.8 可溶性糖含量变化

可溶性糖是光合作用的直接产物，也是植物体内多糖、蛋白质、脂肪等大分子化合物合成的物质基础。在逆境胁迫下，脯氨酸和可溶性糖的含量升高有利于植物体对逆境胁迫的抵抗，从而在一定程度上增强生物体对胁迫环境的适应性，因此，研究生理因子胁迫可将脯氨酸和可溶性糖的含量变化作为抗性生理指标。糖是植物生长发育和基因表达的重要调控因子，它不仅是能量来源和结构物质，而且在信号转导中具有类似激素的初级信使作用。糖能够以类似植物激素的方式作为一种信号分子存在，在植物的生长、发育、成熟和衰老等许多过程中发挥调控作用。在种子萌发和种苗发育早期，糖可抑制营养转移、下胚轴伸长、子叶变绿和子叶伸展，可调控植物的花转变，并且对植物花转变的调控具有多重效应；糖信号还可调控叶片的衰老，表现为叶绿素含量降低、光合作用降低。滨本（Hamamoto）研究了低光强对番茄（*Lycopersicon esculentum*）生长、光合作用和同化产物分配的影响。由于光照不足，光合作用减弱，光合作用中合成的产物——可溶性糖含量减少，而呼吸作用增强，消耗增加。刘小阳等认为由于光强高，叶片光合作用强，果实中有机物积累多，可溶性糖积累多。陈洪国等认为可溶性糖是呼吸作用的重要基质，是鲜花维持生命活动的重要能量物质。随着呼吸速率的加快，鲜花中可溶性糖的含量不断降低，可溶性糖的降低又会导致鲜花的抵抗力下降，加速鲜花的衰老进程。可溶性糖是根系可以直接利用和运输的养分存在形式，与地上部分的光合作用及生长发育有着密切的关系。在自然生长条件下，地上部分的光合产物不断地向根系运输，从而保持植物个体的正常生长。当植物处于胁迫条件下时，由于植株地上部分的生长受到影响，抑制了光合作用中光合产物的合成。植株基本生理代谢的维持更多地依赖于植株本身化合物的分配，可溶性糖向根系分配明显减少，说明根系正在走向衰老。因此，根系中可溶性糖的含量变化可作为胁迫条件下植株衰老的判断依据。

19.4 植物衰老的调控

19.4.1 环境因子对衰老的调控

植物或其器官的衰老虽主要受遗传基因的支配，但植物生长在不断变化的环境中，时刻受温度、光照、水分、气体和矿质营养等因子的影响，各种环境因子也有延缓或促进衰老的作用。

1. 光照

光是调控植物衰老的重要因子，因此光质、日照时数、光强等对植物叶片的衰老有非常重要的影响。

(1) 光质与叶片衰老

光质对衰老的影响有所不同。例如,红光可阻止叶绿素和蛋白质的降解,延缓叶片衰老。潘瑞炽指出,蓝光处理可延缓叶片叶绿素和蛋白质含量的降低,促进气孔的开放,维持 SOD 活性在较高的水平,延缓了细胞膜相对透性的增大,从而延缓绿豆幼苗离体叶片的衰老。陈怡平研究表明,UVB 辐射可显著降低蛋白酶、转氨酶、游离氨基酸、可溶性蛋白质含量,同时降低了叶绿素含量、气孔导度、水分利用率和生物量,诱导菘蓝叶片衰老。

(2) 日照长度与叶片衰老

日照长度会影响植物激素 GA 和 ABA 的合成,因而影响器官的衰老。长日照促进 GA 合成,利于生长;短日照促进 ABA 合成,利于脱落,加速衰老。王大勇等研究表明,在短日照下,细胞发生编程性死亡(PCD),导致西葫芦(Cucurbita pepo)185 品系的植株叶片发生衰老。

(3) 光强与叶片衰老

光强对植物衰老的影响不同。适度光照能延缓多种作物叶片的衰老,而强光会加速衰老。乔匀周通过对川西亚高山地区缺苞箭竹和青杨的研究表明,随着光强的降低,光合速率、可溶性蛋白和光合色素含量增加,MDA 含量下降,保护酶 SOD、CAT 活性升高,说明适当减少光照有利于减缓植物叶片的衰老。植株或离体器官在光下不易衰老,在暗中则加速衰老,其可能的原因是光调节叶片上的气孔开度而影响植物的气体交换、光合作用、呼吸作用、水分和矿质元素的吸收和运输等主要生理过程。黑暗常被认为是衰老的诱发因子,很多黑暗诱导衰老的研究工作是围绕离体成熟叶片或者完整植株幼苗子叶和真叶展开的。关于拟南芥的研究显示,成熟连体叶片被整株置于黑暗环境下时,未引发衰老,但黑暗却会诱导离体叶片的衰老。又有研究显示,当整株拟南芥在黑暗中时,叶片的衰老不是被诱发而是被抑制,但是当单个叶片在黑暗中而其余的植株在光照环境中时,黑暗极大地加速了该叶片的衰老。现多用离体叶片或叶片区段作黑暗诱导衰老的研究材料,但是有学者发现此时叶片的生理变化不同于连体叶片在黑暗下发生的变化。关于西葫芦的研究表明,在自然衰老和黑暗诱导衰老过程中,其内源激动素的代谢调控不同,黑暗处理后的子叶重新在光照条件下恢复,叶绿素的丧失得到部分逆转。自然衰老和诱导衰老时,植株表现的症状相似,但是在基因表达上有显著的差异,而且在抗氧化酶水平上也有类似的发现。由此推测,植株黑暗诱导的衰老可能不直接等同于自然衰老。与黑暗相比,中等强度的光照下,离体叶片的衰老进程被延迟,且在光照环境下,叶绿体组分(叶绿素、蛋白质)的降解和光合功能的退化相对较慢。

2. 温度

低温和高温都会加速叶片衰老。高温能加速叶片衰老,使植物叶片遭受到不可逆损伤,叶绿体结构破坏,叶绿素降解加速,与合成叶绿素有关的阻力加大,气孔开度变小,CO_2 进入叶片的阻力亦增大等。上述过程会加速叶片的衰老,严重地影响叶片的光合作用,减少产量。低温使细胞完整性丧失,细胞膜和线粒体破坏,ATP 含量减少,通过影响生理代谢而加快衰老进程,如光合作用下降,光合色素下降,脂质过氧化作用等。受冻后叶片衰老可能是细胞内结冰、细胞外结冰造成的伤害及细胞膜系统受到伤害造成的。与低温相比,高温条件下叶片内的细胞分裂素(CK)活性较低,这可能也是叶片衰老的一个原因。

3. 水分

在环境因素中,极端水分供应是许多生态系统中影响植物生命的主要因素。土壤水分过多时渍水或土壤水分不足导致的干旱均能明显增加植物内源乙烯含量,加速叶片衰老。干旱促进叶片衰老的原因主要包括如下几方面:①干旱加速叶片衰老,表现为蛋白质和叶绿素降解速率增加,也可以导致叶片水分胁迫造成叶片细胞膜选择透性破坏,细胞膜严重损伤而发生早衰;②干旱与强光或中等光强协同作用,导致光抑制、光氧化,叶绿素降解加快;③激素平衡发生变化,根系遭受水分胁迫时,伤流液中CK含量下降或活性降低,脱落酸和乙烯含量上升导致衰老加速。植物已经进化出一种机制,即通过这些逆境诱导叶片衰老,使营养物质重新分配,减少了因为衰老缺乏再生能力的叶片对水分的依赖。叶片衰老的这种调节机制具有明显的适应价值,它使植物即使处于逆境条件下也能完成其生命周期。

4. 矿质营养

氮肥不足,叶片易衰老;增施氮肥,能延缓叶片衰老。

Ca^{2+} 能延缓植物衰老。例如将番茄果实置于 1.1mol/L $CaCl_2$ 溶液中,可明显降低呼吸和其他代谢活动,延迟成熟。这是因为 Ca^{2+} 位于膜外部时,有稳定膜的作用,减少乙烯的释放。若 Ca^{2+} 进入内部则作用相反,进入内部的钙促进衰老是因为它活化钙调蛋白,从而启动磷脂酶以及随之而来的脂氧合酶对膜的作用。

此外,Ag^+($10^{-10} \sim 10^{-9}$mol/L)、Ni^{2+}(10^{-4}mol/L)和 Co^{2+}(10^{-3}mol/L)能延缓水稻叶片的衰老。这是因为 Ag^+ 是植物体内乙烯的清除剂或生物合成抑制剂;Ni^{2+} 和 Co^{2+} 则有抑制植物体内合成乙烯和 ABA 的双重作用。

盐胁迫会导致严重的离子失衡、渗透不稳定、抗氧化系统破坏和植物生长抑制,同时提高叶片中脱落酸含量,降低细胞分裂素含量,加速叶片衰老。外源 NO 可以降低叶片中 Na^+ 含量,将 K^+ 积累在液泡中,降低渗透胁迫,从而延缓盐胁迫下棉花叶片的衰老。Si 可以通过加强细胞分裂素合成来延缓受盐胁迫的植物衰老。

重金属离子会诱导产生过多的活性氧物质,破坏细胞膜系统和遗传信息表达系统。重金属污染是威胁植物生长、导致植株衰老的重要因素之一。

5. 气体

主要是 O_2 和 CO_2 两种气体。O_2 是许多自由基的重要组分,如果 O_2 浓度过高,可加速自由基的形成,当超过其自身的防御能力时便引起衰老。低浓度 CO_2 有促进乙烯形成的作用;而高浓度 CO_2(5%~10%)则抑制乙烯形成,对衰老有抑制作用。在果蔬的贮藏保鲜中,CO_2 浓度为 5%~10%,并结合低温可延长果蔬的贮藏期。

总之,影响植物衰老的各种环境因子都要通过体内的调节机制而起作用。

19.4.2 植物自身对衰老的调控

1. 植物生长调节物质调控植物衰老

植物激素(plant hormone)是指在植物体内合成的可以移动的对生长发育产生显著作用的微量有机物。它们都是些简单的小分子化合物,但它们的生理效应却非常复杂。

(1)细胞分裂素(CK)调控植物衰老

自从1957年里士满(Richmond)等发现激动素(KT)可延缓苍耳离体叶片衰老之后,人们已发现凡具有CK活性的物质均可作为叶片衰老延缓剂。

根是植物体中CK的合成部位,根可调节地上部分的衰老。早在1964年肯得(Kende)就发现向日葵根的伤流物可推迟叶衰老。西顿(Sitton)等提出成熟植物中CK的量是影响地上部分衰老的主要因子。他们在向日葵中发现,根分泌液中的CK量随发育的进行而降低,即随着植物的成熟衰老,内源CK的含量降低。以后的一些实验也支持这个结论。紫苏根分泌物中的CK量随结实逐渐下降。大豆根分泌物中的CK量随开花增加,鼓粒前开始下降。在苍耳中,一个生长周期后,从根中流出的CK减少。比弗兰德(Beeverand)等和科尔贝坦(Colbertand)等发现移去地上部的生长点可推迟大麦、烟草和番茄剩余叶片的衰老;移去葡萄和红豆的果实的植物与对照的完整植物相比,其叶片中具有高水平的CK含量,相当于移去了CK的库,使得植物体其余部分的CK量增加而推迟了叶片的衰老。赵春江等对小麦叶片喷施玉米素后发现叶片的呼吸速率降低,衰老延迟。同时,研究还发现,CK能激活SOD活性,对能抑制SOD活性的脱落酸(ABA)具有拮抗作用。CK还可作为自由基清除剂抑制超氧阴离子的产生。季作梁和王刚涛的实验结果表明,用外源CK处理采后的荔枝果实能抑制荔枝果实的呼吸作用,减少总糖、可滴定酸的消耗,这与延长果实的贮藏时间是紧密相关的。也就是说,外源的CK能够行使内源CK的作用。外源CK的添加同样可以抑制植物组织的衰老。到目前为止,研究大都表明CK能调节核酸及蛋白质的合成,抑制呼吸及其代谢,从而延迟机体的衰老过程。但对CK延缓衰老的机理还存在异议,主要分歧集中在它是促进蛋白质合成还是阻止蛋白质降解上。一种观点认为,CK能促进蛋白质、核糖和叶绿素的合成,从而阻止衰老。而与此相反的意见是,CK延缓衰老可能是通过阻止蛋白质的降解来实现的,其机理是抑制衰老过程中蛋白水解酶和核糖核酸酶活性上升,减缓蛋白质和核酸降解。

关于CK类物质延缓叶片衰老、延长叶片功能期及增产的效应与活性氧物质代谢的关系已引起许多学者的注意。莱谢姆(Leshem)等和迪恩沙(Dhindsa)曾发现6-苄基腺嘌呤(6-BA)、激动素(KT)等能使衰老过程中的叶片维持较高的SOD、CAT活性,减少MDA积累,从而显著降低脂质过氧化过程,阻止自由基的形成。他们指出6-BA是作为活性氧物质清除剂而延缓衰老的。李顺文和吴冬云曾发现6-BA具有类似CK的作用,延缓草莓叶片和水稻后期的衰老和叶绿素分解。黄化的萝卜幼苗光照后在子叶转绿过程中,6-BA处理可提高叶绿素和CK的水平。梁芳等研究表明,6-BA能延缓杂交稻离体幼叶衰老,提高离体杂交稻幼叶叶绿素和蛋白质含量,提高过氧化物酶(POD)、抗坏血酸过氧化物酶(APX)活性和抗坏血酸(ASA)、还原型谷胱甘肽(GSH)含量,降低MDA含量。这说明6-BA提高了叶绿体清除过氧化氢的能力,提高植物对膜脂过氧化作用的保护能力,延缓叶片衰老。

此外,还有一种CK类物质——CPPU(又称4-PU-30)。CPPU是一种新型的具CK活性的植物生长调节剂。它的生理活性比6-BA高10倍,已有其有效延缓水稻叶片的衰老的报道。汤日圣等研究表明4-PU-30延缓水稻叶片衰老与其对SOD、CAT活性和MDA含量的调节有关。4-PU-30可明显减缓SOD和CAT活性下降和抑制MDA积累,有效延缓杂交水稻后期叶片的衰老,延长叶片功能期,具有明显的增产作用。不仅如此,CPPU的加入能够抑制内源CK的生成。此外,CPPU还具有诱导愈伤组织生成,促进芽的发育、种子的萌发,保绿和延缓衰老等显著的生理活性。

综上所述,CK 在植物衰老代谢的过程中其含量一般处于下降趋势,外源 CK 的引入可以抑制植物的衰老,减缓脂质过氧化作用。因为植物体内的 CK 含量较少,天然的纯的 CK 不容易获得,所以人们一直在寻找能够大量获得 CK 的途径,从而越来越多的人工合成的细胞分裂素(如 TDZ 等)用于植物衰老生理的研究,但是 CK 和活性氧物质代谢的关系一直没有很一致的结论,活性氧物质代谢和细胞分裂素的作用是值得深入研究的课题。

(2)乙烯和乙烯抑制剂调控植物衰老

长期以来,乙烯是人们所公认的果实成熟衰老激素。乙烯是结构最简单的植物激素,植物对它非常敏感,空气中低达 0.1mg/L 的乙烯就能显著地影响植物的生长和发育。在植物叶片衰老过程中,乙烯含量的变化动态最有规律,也最明显,人们对此进行了大量的研究,对乙烯的生物合成及其作用机理了解得比较透彻。从种子萌发、叶片衰老、脱落到果实成熟,植物生长发育过程无不为乙烯所调节。所有植物组织都能产生乙烯,而乙烯产生量通常很微小,但在生长发育的某些阶段(如种子萌发、成熟、衰老等)及遭受各种逆境刺激时,乙烯生成量会显著增加,从而引起很多重要的生理过程,乙烯对植物的各种生理影响都由控制乙烯的生物合成和感受因子所调节。

植物衰老过程中产生了非常复杂的生理生化变化,乙烯是通过对代谢的直接或者间接调节在植物衰老中起主要作用。乙烯能明显加速植物的衰老,具体表现在利用乙烯利处理植物后,甘蔗品种的叶绿素含量、可溶性蛋白质含量、Mg^{2+}-ATP 酶活性、Ca^{2+}-ATP 酶活性和淀粉酶的活性均降低;处理黄瓜叶片后,黄瓜叶片呼吸强度增加,过氧化物酶、多酚氧化酶、苯丙氨酸解氨酶等代谢酶的活性增强,加速膜透性升高和细胞的区隔化损失,从而促进了黄瓜叶片的衰老。

增加乙烯浓度,则促进衰老的发生;脱除或者抑制植物组织本身释放的乙烯,能够延缓植物组织的衰老;乙烯抑制剂能抑制乙烯的形成和作用,从而延缓植物离体叶片衰老过程中植物激素与活性氧物质的代谢。而 Ag^+ 就是一种比较常见的乙烯抑制剂,此外,目前研究较多的环丙烯类物质 2,5-降冰片二烯(2,5-NBD)、重氮环戊二烯(DACP)、二氧化碳(CO_2)等都是乙烯抑制剂。拜尔(Beyer)首次在植物体内发现 Ag^+ 具有抗乙烯效应,豌豆黄化幼苗经 $AgNO_3$ 处理后失去对外源乙烯所诱导的"三重"反应。其他研究表明乙烯抑制剂 Ag^+ 处理还抑制棉花花蕾和叶片的脱落,兰花、康乃馨经 Ag^+ 处理后衰老推迟。研究发现,在植物体内硫代硫酸银(STS)能非常有效地抑制乙烯所诱导的花衰老,且移动速度较 $AgNO_3$ 快,康乃馨经 STS 处理后获得类似效果。Ag^+ 抗乙烯效应被认为是作用于乙烯受体上,抑制乙烯的正常结合。还有研究报道 STS 处理可抑制康乃馨切花乙烯峰的产生,表明 Ag^+ 阻断乙烯受体,进而抑制了乙烯的自动催化合成。向培养基中加入乙烯抑制剂 $AgNO_3$,可增加和提高多种植物的愈伤组织的不定梢分化能力和胚轴的不定梢再生能力。而且乙烯抑制剂 $AgNO_3$ 还能够加快愈伤组织的形成和不定芽的分化能力,向培养基中加入 $AgNO_3$,可以抑制乙烯的形成,减轻乙烯对植物组织分化的不利影响,促进芽的再生,抑制根的提前发生。Ag^+ 的作用在切花保鲜和植物组织中的作用研究很多,但是 Ag^+ 在植物叶片衰老进程中的作用的研究鲜有报道。其主要原因是 Ag^+ 是一种强烈的环境污染物,高浓度 STS 对有机体具有毒害作用,并且 Ag^+ 作用的有效浓度与其产生毒害的浓度相接近,这在一定程度上限制了其在可食用植物上的应用。

综上所述,乙烯在植物衰老过程中具有举足轻重的作用,它不仅能够促进植物叶片的衰老,而且能提前果实的后熟期。乙烯的生物合成和信号代谢一直是研究的热点,目前已经取得相当成功的成果。乙烯抑制剂的作用在研究乙烯的生物合成和信号代谢中的贡献非常大。乙烯抑制剂丰富了植物叶片衰老研究模式,对植物衰老生理生化的机制的研究提供了新思路。

(3)生长素调控植物衰老

顶端优势与叶片衰老也有关系,茎顶端是生长素等激素活跃合成和代谢部位,对叶片生长和衰老有重要的调控作用。生长后期的顶端优势生长能推迟叶片衰老,导致贪青晚熟。去顶后可以提高根系细胞分裂素输出,延缓叶片衰老。

最常见的生长素是 IAA,大量研究表明 IAA 能够延缓植物组织的衰老。研究表明,用 1mmol/L 的 IAA 预处理绿豆胚轴,能显著地增加其乙烯的生物合成,在 9h 内,乙烯累积达 2.7nmol/L。田建文和贺普超认为生长素低浓度可抑制叶绿素分解、果肉软化、呼吸上升及组织对乙烯的敏感性,而高浓度则可刺激乙烯的产生和植物组织的衰老。高浓度的 IAA 主要是诱导 ACC 合成酶的形成。而阮晓和王强研究认为,高浓度 IAA 促进乙烯产生并不具有普遍意义。缪颖和毛节绮用石灰水加 IAA 处理水蜜桃,将其于自然状态下贮存 10 天后发现,石灰水加 IAA 处理的好果率比未处理提高了 142.8%,比仅用石灰水处理提高 78.9%。欧毅和曹照春在葡萄上用相似的处理也得到了类似的结果。还有研究发现,改变 IAA 的处理浓度,对植物的内源 IAA 和其他植物激素含量也有影响。陈昆松等研究发现,用 IAA 处理猕猴桃果实能够促进内源 IAA 的积累,使内源脱落酸(ABA)的水平下降,并推迟内源 ABA 峰值的出现,从而延缓了果实的后熟软化。总之,IAA 在植物叶片的发育过程中是不断增长的,但在衰老的植物组织中的含量呈下降趋势,IAA 对植物组织衰老的调控关系比较复杂,影响因素很多,还有待深入研究。

(4)赤霉素调控植物衰老

关于赤霉素(GA)对植物衰老的调节作用,雷(Lei)等的研究表明赤霉素能加强蛋白质的合成,延缓蛋白质与 RNA 的丧失。吕艳春和姜微波用赤霉素处理结球生菜,能显著提高采后品质,提高可溶性糖和可溶性蛋白质含量。李拖平等认为赤霉素还可能作为自由基清除剂,通过影响 SOD、CAT 等酶的活性而延缓衰老。外源赤霉素处理可以明显抑制香菜叶片衰老过程中的蛋白质降解,抑制香菜衰老过程中的脂质过氧化作用,保护细胞膜结构的完整性。付鑫钟等的实验结果表明,烟株打顶后喷施赤霉素能促进叶片变长、变宽,增加叶片水分含量,降低叶绿素含量,使栅栏组织变薄,同时能降低叶片厚度和叶片密度,提高烟叶的产量,降低烟叶的烟碱含量。但努登(Nooden)等认为其作用明显依赖于生长素的来源或植物组织的年龄及对生长素的敏感性,当作用于叶片时,它有时刺激衰老的发生。目前关于赤霉素对植物叶片衰老的影响研究多集中于整株植物,赤霉素对植物离体叶片衰老影响的报道很少。

(5)脱落酸调控植物衰老

早在 20 世纪 90 年代初,就有实验证实脱落酸(ABA)是叶片衰老的内在促进剂。努登(Nooden)等发现,发育的果实和种子中合成的 ABA 能诱导叶片衰老;去除果实引起叶片中酶活性下降和衰老,韧皮部汁液中 ABA 含量下降,阻断 ABA 从叶中输出;胁迫诱导叶片 ABA 积累和外施 ABA 均促进叶片的衰老。在离体或未离体的叶片中,ABA 水平在衰老之前或衰老期间都保持上升趋势,许多非跃变果实,如葡萄、伏令夏橙和枣等,在后熟期间 ABA 含量急剧增加,且外源 ABA 促进其成熟。外源 ABA 应用于康乃馨切花的切口上,能刺激乙烯的生物合成而加速衰老。通常,ABA 促进衰老的效应在老叶片上比幼嫩叶明显。ABA 含量随衰老而增加,但也有例外,如在水稻和蚕豆叶片衰老过程中,并没有发现 ABA 含量的明显增加。通过对小麦叶片衰老机理的研究,发现小麦幼苗的 ABA 含量最高,随着叶片的成熟与衰老,ABA 含量逐渐下降,维持在比较低的水平。ABA 在果实采后成熟中的作用已经的比较明确,但是在植物离体叶片上的研究鲜有报道。因此,ABA 对植物离体叶片的衰老机理还有待进一步研究。

2. 活性氧物质及其清除剂调控植物衰老

活性氧物质包括含氧自由基和含氧非自由基,自由基可以在细胞代谢过程中连续不断地产生,它可直接或间接地发挥强氧化作用,诱导机体的生理与病理过程。自由基及其诱导的氧化反应后期毒害的结果,可引起机体的衰老和死亡。沈文腾等在研究小麦旗叶自然衰老过程中清除活性氧物质的能力的变化时也发现,旗叶在自然衰老过程中,H_2O_2 迅速累积的时间与衰老(叶绿素含量速降期)的起始时间基本一致。水稻、玉米、苋菜老叶中 H_2O_2 的相对含量比成年叶增高 95%~177%。玉米叶片在干旱诱导衰老过程中也发生 H_2O_2 累积。凯内特(Chenetal)用化学诱抗剂 SA 处理也可诱导植物产生 H_2O_2。董发才和苗琛在研究小麦根系过氧化氢的变化时,发现自然衰老过程中过氧化氢的积累量比在盐胁迫条件下的积累量低,而且在后期的衰老速率加快。

植物体在逆境条件下,可通过多种途径产生较多的 ROS,它们能导致细胞伤害,令酶失活,破坏 DNA 结构,对 DNA 复制造成损伤,妨碍蛋白质合成,启动膜脂过氧化连锁反应,使维持细胞区域化的膜系统受损或瓦解,而 MDA 是典型的脂质过氧化产物。阎秀峰和李晶在研究红松幼苗衰老过程中发现 MDA 含量上升。黄玉山等在研究镉诱导植物的自由基过氧化损伤时发现,MDA 积累与生长量成负相关,细胞膜透性的增加和 MDA 的积累呈极显著的正相关。汪宗立等的研究指出,涝渍导致玉米叶片 MDA 含量增加,当 MDA 含量积累到一定程度时,细胞电解质泄漏剧增。

植物叶片组织在正常生理代谢情况下,机体有完整的抗氧化防御系统,能够防止自由基反应及阻断脂质过氧化链式反应,以保证自由基生成与清除的动态平衡。这些活性氧物质清除剂有酶促和非酶促抗氧化剂。植物组织的抗氧化酶类主要有超氧化物歧化酶、过氧化氢酶、过氧化物酶、谷胱甘肽过氧化物酶、谷胱甘肽还原酶等;非酶促抗氧化剂的种类也很多,包括维生素 E、抗坏血酸 ASA、GSH、泛酸、多酚等。就植物叶片组织在正常生理代谢体内抗氧化剂而言,各抗氧化物质之间即有协同作用,又有相互依赖和保护作用。ASA 是一种还原剂,是细胞内首选电子提供者,也是水相链阻断抗氧化剂,在许多酶促反应中是必不可少的,也是免疫系统的重要组成部分。目前对 ASA 在植物衰老中的研究有一些成果。沈文腾等在研究外源 ASA 对小麦离体叶片的衰老时发现,ASA 处理显著提高 APX 活性,CAT 活性也有所增加,表明 ASA 对上述两个与清除 H_2O_2 有关的酶类有一定的正调节作用,且对 APX 的影响大于 CAT,相对应的 MDA 含量则明显下降,明显抑制了衰老进程。马春花等在研究 ASA 对离体苹果叶片衰老的影响时也得到同样的结果,但发现 ASA 对表示膜损伤大小的相对膜透性的影响不大。

总之,ROS 在植物细胞的信号传递、形态建成及生长发育的调控中发挥作用,但现在的研究多数仅仅提出了它们之间的相关性，而未能揭示问题的本质。ROS 在植物发育过程中的作用机制及其对细胞活动的调控功能还不完全明了，但各种研究的综合结果表明只有 ROS 和自由基清除剂协调一致，才能使生物体内活性氧物质维持在较低的水平，使植物进行正常的生长和代谢而不加速其衰老。图 19-1 为衰老发生的调控模式图。

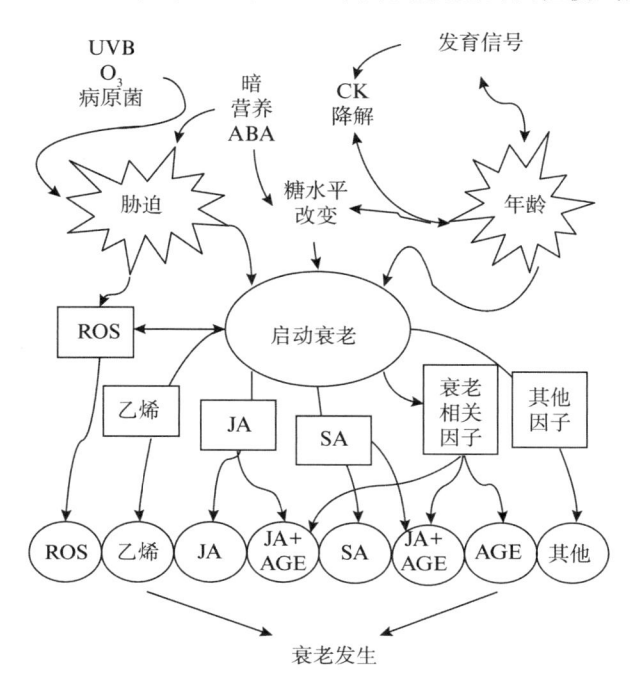

图 19-1　衰老发生的调控模式图

3. 表观遗传调控植物衰老

表观遗传调控是调控植物衰老的一种重要方式，包括染色质重塑、DNA 甲基化、组蛋白修饰、RNA 介导的对转录因子和基因的调控。

(1) 染色质重塑

染色质结构的高度重叠阻碍了转录因子与 DNA 的结合。ATP 依赖的染色质重塑由 ATP 水解提供能量，在染色质重塑复合物的参与下，以核小体在 DNA 上滑动、与 DNA 解离、去除染色质上的组蛋白八聚体以及组蛋白变异体与经典组蛋白置换的非共价方式调控染色质结构，从而增加或减弱转录因子在局部染色质 DNA 的可接近性，进而激活或抑制相关基因的转录。染色质重塑复合物最早在酵母中被发现，由 ATP 酶核心亚基和其他亚基组成，根据主要起催化作用的 ATP 酶核心亚基将染色质重塑复合物分为 SWI/SNF、ISWI、INO80 和 CHD4 个家族。例如，拟南芥 SWI2/SNF2 家族成员 BRM 影响了转录因子 CIN-TCP 对细胞分裂素的响应；在 BRM 功能缺失的拟南芥突变体中，观察到了叶片衰老加速的现象。ATP 依赖的染色质重塑在植物叶片衰老调控中有重要作用。研究表明，染色质重塑复合物与组蛋白共价修饰在调控植物叶片衰老方面密不可分，一方面影响染色质重塑复合物活性，另一方面参与染色质重塑复合物的合成和稳定。

(2) DNA 甲基化

DNA 甲基化由 DNA 甲基转移酶催化，在植物体中广泛存在。DNA 甲基化可以发生在转座子等重复序列上，使重复序列沉默来维持异染色质结构稳定；也可以发生在基因启动子或编码区，进而影响基因与转录因子的结合能力。

DNA 甲基化影响着植物衰老。研究表明，MET1 是维持 CG 甲基化的主要 DNA 甲基转移酶，其活性降低可导致基因组 DNA 的低甲基化和发育异常，抑制 MET1 表达，出现严重的衰老延迟和其他发育缺陷。研究发现，*NMR19-4* 是一组控制叶片衰老的逆转录转座子。它的甲基化负调控 *PPH* 基因的转录。该基因编码一种叶片衰老过程中降解叶绿素的酶。同时，植物的衰老也伴随着 DNA 的去甲基化。研究发现，甲基转移酶基因 *CMT3* 和 *MET1* 的表达会减少，导致 DNA 区域胞嘧啶甲基化随年龄增长而降低、去甲基化基因 *ROS1* 的转录增加。研究表明，*dml3* 的敲除促进了许多衰老相关基因 *SAG* 的启动子的 DNA 甲基化富集，从而抑制了它们的表达，延缓叶片衰老。

(3) 组蛋白修饰

在真核生物细胞核中，组蛋白和 DNA 共同组成染色质的基本单位核小体。组蛋白尾部的蛋白结构域延伸在核小体表面，具有多个修饰位点，可以在不同酶的作用下进行甲基化、磷酸化、乙酰化和泛素化等组蛋白修饰，改变核小体构象，调控基因转录活性。

组蛋白甲基化和去甲基化可以调控植物叶片的衰老。H3K4me3 可以激活 *SAG* 的表达，从而在叶片的自然衰老过程中起重要的调控作用；而 H3K27me3 则以相反的方式来调控 *SAG* 的表达。研究表明，组蛋白甲基化修饰与植物叶片衰老相关，随着拟南芥叶片衰老，调控叶片衰老的关键转录因子 *WRKY53* 基因编码区 5′端、组蛋白甲基化 H3K4me2 和 H3K4me3 信号明显增加，*WRKY53* 基因转录被活化。

乙酰化也是一种重要的组蛋白修饰方式。一般而言，组蛋白乙酰化与基因转录激活有关，去乙酰化与基因沉默有关。组蛋白乙酰转移酶和组蛋白去乙酰化酶共同作用参与调控植物叶片衰老。在拟南芥中，CBP/p300HAT 家族具有组蛋白乙酰转移酶活性，基因家族成员包括 HAC1、HAC2、HAC4、HAC5 和 HAC12。李（Li）等研究发现，乙酰转移酶 AtHAC1 与植物叶片衰老相关，AtHAC1 突变体对乙烯高度敏感，影响叶片衰老的乙烯响应因子（ethylene-sponsor，ERF）的表达水平上调。

除了组蛋白甲基化和乙酰化，组蛋白磷酸化和泛素化也可能参与植物叶片衰老的调控。

(4) RNA 介导的对转录因子和基因的调控

非编码小 RNA（small non-coding RNA，sncRNA）在植物基因表达调控中有重要作用。它通过使 mRNA 失活等，从不同的生物过程对植物生长发育起调控作用。目前在叶片衰老调控方面研究较多的 sncRNA 是 miRNA 和 ta-siRNA。

长链非编码 RNA（long non-coding RNA，lncRNA）是一类转录长度大于 200 个核苷酸的 ncRNA，位于细胞核或细胞质中，充当"核蛋白调节剂"。其根据在基因组中的相对位置，可分为正义 lncRNA（sense lncRNA）、反义 lncRNA（antisense lncRNA）、双向 lncRNA（bidirectional lncRNA）、基因间 lncRNA（intergenic lncRNA）和内含子 lncRNA（intronic RNA）五类。近年来，随着高通量测序技术的快速发展，植物中 lncRNA 的功能和作用机制也逐渐被探知，其中包括 lncRNA 在植物叶片衰老过程中的调控作用。lncRNA 还参与了 RNA 间相互作用的调控机制。莱昂纳多（Leonardo）等提出了竞争性内源 RNA（competing endogenous RNA, ceRNA）假说，认为 mRNA、lncRNA 和 circRNA 作为 ceRNA，竞争性地与 miRNA 结合，降低 miRNA 的抑制作用，上调靶基因的表达水平，构成了一个基因表达调控互作网络，lncRNA-miRNA-mRNA 就是互作网络形式之一。

环状 RNA（circular RNA, circRNA）也是 ncRNA 中的一类，是由前体 mRNA 经反向剪切得到的呈封闭环状结构的 RNA 分子。circRNA 也是一种 ceRNA，可以通过 circRNA-miRNA-mRNA 网络调控植物叶片衰老。circRNA 还在蛋白质翻译后修饰、氧化还原过程以及活性氧信号通路与叶片衰老相关的生物过程中起作用。

19.5 植物衰老的机制

目前有关植物衰老的发生机制还未完全搞清。解释衰老发生原因的假说有多种，常见的有如下几种。

19.5.1 营养亏缺学说

1928 年，莫利斯（Molisch）最早提出"生殖器官从其他器官获取大量营养物质，以致使其他器官缺乏营养而死亡"这一观点。在此基础上，该观点经过修改、补充后统称营养亏缺理论。营养亏缺可能来自两方面原因：一是营养物质从不同的衰老器官转向生殖器官（营养流或营养转移）；二是从营养供应器官（根和叶）获得维持生存和生长必需的营养，转运给生殖器官或从营养器官中运出（营养分流）。但是此假说不能圆满解释雌雄异株植物，如菠菜、大麻等雄株的衰老。雄花消耗养分少，去雄对延缓衰老同样有效。据光周期和基因型对碳水化合物在豌豆中的分布及其与顶芽衰老的关系，有人对该假说又进行了修正，提出繁殖器官库容强度大，而营养器官库容强度较小，繁殖器官垄断了所有的营养物质，而这种库容强度的相对差异不仅依赖于繁殖器官，并且受植株整体（特别是根系）的调节。

19.5.2 植物激素调控学说

植物激素调控假说认为整株植物的衰老是由一种植物激素或多种激素的综合作用所调控。然而有不少报道表明，赤霉素等没有延缓作用，并且组织中赤霉素、生长素含量等与衰老无关。博特豪斯（Wbothouse）提出了新的观点，认为植物营养生长阶段，地上部分和地下部分器官所合成的激素通过运输在体内形成一个反馈环，相互协调，维持植物正常的生长和代谢。当顶端开始花芽分化时，这种反馈环被破坏，果实生长成熟中释放的乙烯或衰老因子进一步加快衰老。

19.5.3　死亡因子学说

许多试验结果表明，衰老的最初原因并不是因为缺乏延衰激素(CK 和 GA)，而是由于从花或种子中形成促进衰老的因子，并转运到其他部位所致。努登(Nooden)等最先提出了衰老因子或死亡激素的概念。乙烯、脱落酸曾被认为是"死亡激素"，但目前认为 4-氯苯基乙酸、茉莉酸衍生物等可能是衰老因子。衰老因子或死亡激素是否存在尚待进一步研究。

19.5.4　气孔调控学说

奇佩施泰因(Gepstein)等首先提出气孔调控叶片衰老起始的观点，认为燕麦叶片气孔关闭导致 ABA 积累，进而启动其他衰老过程。科洪(Colquhoun)等也认为 ABA 在气孔介导的衰老调节过程中起重要作用。此外，埃里森(Allison)等观察到去穗导致玉米叶片衰老加速，这个结果难以用营养亏损学说和来自种子的死亡因子学说解释，认为去穗导致叶片中淀粉和糖积累，后者反馈抑制去穗叶片气孔关闭，从而加剧衰老叶片。哈柏(Haber)等发现光可延缓小麦叶片叶绿素下降，如果气孔关闭启动衰老，冠层下部叶片由于受弱光照射，植株叶片呈现顺序性衰老，但是难以解释为何冠层上部叶片在成熟时衰老。

19.5.5　自由基学说

植物体内的自由基是指植物代谢过程中产生的超氧阴离子和羟自由基等活性氧基团或分子。当它们在植物体内引发的氧化性损伤积累到一定程度，植物就会衰老，甚至死亡。早在 20 世纪 50 年代中期，安南(Hannan)就提出了衰老的自由基学说。但直到 60 年代末麦克约德(Mceord)和弗里多里奇(Fridorich)等发现 SOD 后，关于生物体内的自由基反应及由此引起的脂质过氧化问题才引起人们重视，特别是自由基的研究成为一个活跃的研究领域。人们认识到在生物体正常的物质代谢过程中，自由基的产生与清除的平衡对生物体起重要作用，这一平衡的紊乱将导致生物体衰老，甚至死亡。目前关于植物衰老过程中保护酶系及自由基清除物质等方面的研究愈加深入。

19.5.6　衰老基因调控学说

衰老是植物发育过程中的一个组成部分，也和其他发育过程一样受遗传因子控制。据此，许多学者认为植物的衰老是衰老基因表达的结果，将叶片衰老定义为基因在环境条件下顺序表达的一系列生理生化代谢的衰退过程。早期体外翻译实验和近期差示筛选等研究结果表明，叶片自然衰老过程中大多数基因表达是下调的，而有些基因表达是上调的。后者被称为衰老相关基因 SAG(senescence-associated gene)，目前已经从许多植物材料(如拟南芥、大麦、油菜、玉米、番茄、萝卜等)中克隆出 50 多个 SAG。努登(Nooden)曾提出整株水平上植物衰老似乎由不同的松散联系的平行过程组成。加恩(Gan)提出叶片衰老可能由一个多种途径组成的网状调节系统所调节，并将其称为叶片衰老塑性。同年，虹(Hong)据拟南芥突变体的结果提出,叶片衰老不可能经过相同途径,但某个或某些衰老诱导因子或信号可能通过不同的特异性途径,并且这种途径仅涉及 SAG 的一部分。努登(Nooden)于 1998 年曾提出整株水平的植物衰老似乎由不同的松散联系的平行过程组成。

19.5.7 差误理论

奥格尔(Orgel)等人提出与核酸有关的植物衰老的差误理论。该学说认为,植物衰老是由基因表达在蛋白质合成过程中引起差误积累所造成的。当错误的产生超过某一阈值时,机能失常,导致衰老。这种差误是由于 DNA 的裂痕或缺损导致错误的转录、翻译,可能在蛋白质合成轨道一处或几处出现并积累无功能的蛋白质。无功能蛋白质的形成是由氨基酸排列顺序的错误或是由多肽链折叠的错误而引起。

在某些物理化学因子(如紫外线、电离辐射、化学诱变剂等因素)的作用下 DNA 受损伤,同时 DNA 结构功能遭到破坏,DNA 不能修复,使细胞核合成蛋白质的能力下降,造成细胞衰老。有研究认为,紫外线照射能使 DNA 分子中间同一链上两个胸腺嘧啶碱基对形成二聚体,影响 DNA 双螺旋结构,使转录、复制、翻译等受到影响。

19.5.8 程序性细胞死亡理论

程序性细胞死亡(programmed cell death,PCD)是指细胞在一定生理或病理条件下,遵循自身的"程序",主动结束其生命的过程,是正常的生理性死亡,是基因程序性活动的结果。克尔(Kerr)将这种现象称为细胞凋亡。程序性细胞死亡是一种由内在因素引起的非坏死性死亡,即包括一系列特有的细胞形态学变化(如细胞膜和核膜的囊泡化、DNA 裂解成 180bp 片段及凋亡小体的形成等)和生物化学变化,这些变化都涉及相关基因的表达和调控。目前发现在植物胚胎发育、细胞分化和形态建成过程中普遍存在程序性细胞死亡。叶片衰老过程中包括大量有序事件的发生。如有些植物的叶子是按照它们特有的发育顺序相继黄、衰老、死亡、脱落;也有些植物在某一段时间内形成的所有叶子会在同一时间里全部衰老、死亡。因此,努登(Nooden)认为叶片衰老是一个程序性细胞死亡过程。实验证明,叶片衰老是在核基因控制下,细胞结构(包括叶绿体、细胞核等)发生高度有序的解体及其内含物的降解,而且大量矿质元素和营养物质能在衰老细胞解体后有序地向非衰老细胞转移和循环利用。目前,程序性细胞死亡理论已成为一种备受关注的细胞衰老学说。

19.5.9 端粒学说

该学说由奥洛夫尼科夫(Olovnikov)等于 1973 年首次提出。该学说认为,DNA 聚合酶的局限性导致在细胞分裂过程中,DNA 不能被完整复制,因此 DNA 序列有可能会丢失,从而导致细胞的衰老、死亡。端粒酶是由端粒相关蛋白以及端粒 DNA 构成的复合体。研究发现,端粒酶能够解决染色体末端不完全复制的问题。后期大量的实验说明,端粒长度、端粒酶活性与细胞衰老有很大的联系。

19.6 植物衰老的分子生物学基础

19.6.1 与叶片衰老相关的基因

叶片衰老过程中基因表达水平发生变化的基因叫叶片衰老相关基因(SAG)。SAG 分为三类:第一类是衰老下调基因(senescence-down-regulated gene,SDG),随着叶片的衰老,这类基因的 mRNA 数量较少或消失;第二类是衰老特异基因(senescence-specific gene,Ⅰ型 SAG),仅在衰老期间被激活,其表达增强;第三类是衰老相关基因(senescence-associated gene,Ⅱ型 SAG)。SAG 的转录在叶片的发育早期存在一个基础水平,但在衰老时 mRNA 水平上升。

1. 衰老下调基因

叶片衰老往往伴随着植物光合作用的下降以及叶绿素的丢失,因此与编码光合作用有关蛋白质对应的遗传物质转录丰度随衰老的发生而急剧下降。这类蛋白质包括叶绿素 a/b 结合蛋白、rbcS、rbcL、电子传递体(petB)、光合系统Ⅱ(psbA)等。研究发现,光合作用的下降以及光合作用相关基因表达的下降将引起衰老相关基因表达的上升,因而得出一个模型假说,即叶片衰老由依赖于年龄的光合过程的下降触发。

2. 衰老特异基因

衰老特异基因,即Ⅰ型 SAG,指在衰老过程中表达的基因。到目前为止,只有拟南芥的 *SAG12* 和 *SAG13*、油菜的 *LSC54* 等少数几个 SAG 被报道为高度的Ⅰ型衰老特异基因。*SAG12* 和 *SAG13* 除了在衰老叶片中表达外,还在茎、萼片、花瓣和心皮等衰老的绿色组织和花器官中表达。有意思的是,*LSC54* 基因编码金属硫蛋白,在没有衰老的花序分生组织中也表达。

3. 衰老相关基因

水稻衰老和雄性不育突变体生理性状及基因定位衰老相关基因,即Ⅱ型 SAG,指在衰老前已有表达,但在受到衰老信号诱导后表达量急剧上升的基因。谷氨酰胺合成酶是细胞质内参与衰老过程中谷氨酰胺合成的一种酶。研究发现,水稻中该酶基因在衰老叶中表达水平较高,细胞质谷氨酰胺合成酶和叶绿体谷氨酰胺合成酶多肽的含量不能简单地取决于在水稻叶片自然衰老过程中相应的 mRNA 丰度,这暗示衰老期间基因表达也可能在翻译水平上受到调控。

19.6.2 衰老相关基因的功能类别

近年来已克隆和鉴定了不少与植物衰老相关的基因。它们按基因的功能类别不同可大致划分为下述几种:

1. 叶绿素分解相关基因

植物衰老时光合色素（叶绿素、叶黄素及类胡萝卜素）的降解速率加快，导致植株的叶片呈现黄化现象，因此，叶片黄化现象通常也作为植株衰老的形态学标志。生产中，叶片黄化时间提早，导致植株早衰，是限制牧草和其他作物产量和品质的重要因素之一。研究发现，叶绿素降解酶活性增强，是植物衰老期间光合色素降解速率加快的重要原因。对野生型和叶绿素降解缺陷突变体的研究表明，叶片衰老期间，叶绿素降解通常与叶绿素分解代谢生化途径的某些酶类（主要是参与叶绿素降解和光合系统捕光色素Ⅱ解体的酶类）有关，同时伴随着参与上述代谢过程酶的基因表达增强。最近，对水稻正常生长的野生型植株和永绿色突变体 *sgr* "绿花舞"的研究发现，永绿色 *SGR* 基因在叶片生长一定时间后增强表达，造成叶绿素含量和基粒类囊体的片层数量明显降低，与正常生长野生型植株叶片衰老期间的叶片黄化有关。SGR 不仅参与了 HLCⅡ复合体的解体，也参与了 HLCⅠ复合体和 PSⅠ反应中心的解体，同时还参与叶绿素的分解代谢生化途径的调节。这表明 SGR 是控制叶绿素含量和光系统结构的一个关键蛋白。此外，植物衰老时参与光合作用代谢的部分基因表达下调，导致叶片光合功能衰退。

2. 激素代谢相关基因

细胞分裂素和乙烯是调控植物衰老的两种重要激素。增加植物体内的内源细胞分裂素（CK）含量和外源施用 CK 能明显延缓植物的衰老。异戊烯基转移酶（IPT）是催化细胞分裂素类合成过程中的第一个限速酶，叶片衰老期间 *IPT* 表达水平下降，使细胞分裂素含量降低，最终导致植株衰老加快。乙烯的作用与细胞分裂素的相反，外源施用乙烯，可加快植物衰老的速率。对 2 个乙烯不敏感的拟南芥突变体 *etr1-1* 和 *ein2* 研究发现，ETR1-1 和 EIN2 失活能延缓植株叶片的衰老。此外，采用反义 RNA 技术，抑制番茄 ACC 氧化酶活性，减少乙烯的合成，也使植物衰老的时间延迟。尽管有关激素与植物衰老关系的研究报道较多，但有关从分子水平上阐明与激素代谢相关的各类酶基因的表达和调控机制的研究报道较少。

3. 蛋白降解相关基因

蛋白质降解是植物衰老的显著特征之一。有关与植物衰老过程中蛋白质降解相关基因的研究也有一些报道。对从大麦、拟南芥和油菜中分离、克隆的衰老相关基因分析发现，不少是与蛋白质降解相关的基因，如谷类的特异性蛋白酶——半胱氨酸蛋白酶基因和参与蛋白质降解的泛素化基因。因此，上述衰老相关基因与植物衰老期间蛋白质含量下降有关。研究表明，上述基因编码的蛋白参与蛋白质降解的特征存在差异。*SAG12* 在衰老叶片中特异性表达，编码蛋白参与植物衰老过程中蛋白质的降解。而油菜半胱氨酸蛋白酶基因 *LSC790* 在植株各生育时期均表达，其编码蛋白产物半胱氨酸蛋白酶通过跨膜转运，贮存在液泡内部，当植株衰老启动时，再由液泡内转运至细胞质内，参与蛋白质的降解。此外，一些衰老相关基因的编码产物翻译后通过转运肽转运至叶绿体，在植株衰老时活化，参与叶绿体和细胞内蛋白质的降解。这表明衰老过程中植株蛋白质的降解机制不同，且受到植株上游衰老信号的调节。

4. 核酸降解相关基因

尽管植物衰老过程中细胞内 DNA 含量保持相对稳定，但核糖体 RNA（rRNA）含量显著下降,这与衰老期间细胞内部 RNA 酶活性增加有关。Lers 等在番茄中研究发现,核酸酶类(RNS 类)基因 *LX* 和 *LE* 发生增强的特异性表达。在拟南芥中,也克隆了三个与衰老相关的核酸酶基因,分别为 *RNS1*、*RNS2* 和 *RNS3*。其中,RSN1 和 RNS2 在衰老期间呈高水平表达,参与 RNA 降解,并参与衰老叶片中磷的再度转运;此外,RNS2 的表达还表现为受生长介质中磷(Pi)的诱导。

5. 氮代谢相关基因

在植物衰老期间,根、茎、叶等营养器官中的大量矿质营养元素发生器官间的再度转运,转运目的地是生殖器官等植株生育后期的生长中心。在近年来克隆和分离的相关衰老基因中,发现有参与氮素代谢和再度转运相关的基因存在。研究发现通过葡萄糖异生作用,合成谷氨酰胺、天冬酰胺和蔗糖,是植物衰老过程中大分子转移或器官间再度转运的重要代谢途径。植物叶片衰老过程中,两种不同类别的谷氨酰胺合成酶基因 *GS1* 和 *GS2* 的表达特征不同,其中,随着衰老的进行,*GS1* 的表达水平增强,且在维管束中优势表达,表明该类基因与植株衰老期间氮素的再度转运有关。此外,其他与氮素转移相关的基因 *pSEN3* 和 *pSEN4* 也被克隆。

6. 脂类代谢和抗氧化相关基因

在植物衰老时,构成植物细胞膜的脂类分子通过代谢作用发生降解,进行植株体内的再度转移和利用。对大麦和拟南芥的研究表明,衰老叶片中与脂类降解相关的乙醛酸循环代谢中的关键酶(包括苹果酸合成酶及异柠檬酸裂解酶)的含量增加和活性增强。植物在衰老的过程中,诱发的活性氧物质(包括超氧阴离子和过氧化氢等)数量增多。其中,诱发的 H_2O_2 可作为信号物质,将衰老信号向下游级联传递,诱导抗氧化系统保护酶(如超氧化物歧化酶、抗坏血酸过氧化物酶和过氧化氢酶等抗氧化酶)基因的表达增强。迄今,在植物种属中已克隆到一些与衰老相关的抗氧化酶的基因。

19.6.3 植物叶片衰老的分子机制

叶片衰老伴随着叶色的改变,以叶片的死亡脱落而告终。衰老叶片的细胞内物质高度有序降解衰退,这些降解的产物作为营养被运输到更年轻的或再生器官中。因此,植物衰老是一个积极的过程,它是植物生存的需要,而不是一个简单的导致死亡的消极的过程。叶片衰老是一个包括许多生理变化和分子事件的连续的过程。努登(Nooden)等提出三段式理论,将叶片衰老过程分为三个阶段,即起始(initiation)、衰退(degeneration)和终末(terminal)。

1. 起始阶段:叶片衰老诱导

糖类是光合作用的重要产物,其在衰老的诱导过程中起着重要的作用。糖浓度的升高或是降低都有可能诱导植物的叶片衰老。己糖激酶被认为是一个糖信号的感受分子,其对糖信号转导和己糖磷酸化的分解代谢都起着调控作用。在转基因番茄和拟南芥中进行的有关己糖激酶的研究表明,糖信号的增强可以诱导早衰,大多数可能通过己糖激酶途径。糖水平和/或信号的增加通过负反馈调节机制抑制了光合作用活力,该系统参与了叶片衰老的诱导。

糖如何在自然条件下诱导叶片衰老目前尚不清楚。库-源平衡理论认为,"库-源"平衡可能影响了植物体内糖的分配,从而诱导了衰老。幼叶作为"库"器官直到成熟,而老叶作为"源"器官提供糖类。当幼叶发育成熟,具备自己的光合作用系统,因此其对糖的需求量开始降低,这将导致老叶中糖的积累,并诱导老叶的衰老。

衰老的糖调控也受其他因素的影响,如氮素水平、光照和发育阶段。内外因素的整合和平衡可能对叶片衰老的诱导是重要的。

2. 衰退阶段:大分子降解

一旦衰老程序被启动,衰退过程就开始了,其伴随着细胞内物质的降解和营养的救援。在叶片衰老过程中,许多蛋白水解过程被认为是活跃的,多聚泛素基因的表达上调,与之耦合的各种酶活性增强,20S蛋白酶在衰老过程中始终保持活性。泛素依赖的蛋白质水解可能不仅仅参与了叶片衰老的衰退过程,也参与了调节机制。研究表明,ORE9可能在SCF复合体(在泛素依赖的蛋白质水解过程中作为E3连接酶)中起作用,其可能介入蛋白的降解,调控叶片的衰老。在拟南芥 $hys1$ 突变体中,年龄依赖的、暗诱导的以及植物激素诱导的衰老均被推迟。年龄依赖、暗诱导的叶片衰老在拟南芥另一个 $dls1$ 突变体里也表现为延迟。$dls1$ 突变体缺失了 $AtATE1$ 基因,该基因编码一个精氨酸转移酶,是蛋白质水解途径N-端法则的一个组分,其可以把精氨酸转移到谷氨酸和天冬氨酸残基结尾的蛋白氨基末端,从而靶定这些蛋白进行泛素依赖的蛋白质水解。有关ORE9和 $dls1$ 突变体的研究均表明,泛素依赖的蛋白衰退途径在叶片衰老过程中起着调节作用。但两者对于叶片衰老过程有着不同的影响。大多数叶片衰老降解途径的蛋白(如1,5-二磷酸核酮糖羧化/加氧酶)定位于叶绿体,但是泛素依赖的蛋白质水解系统可能并不存在于叶绿体中。因此,可能存在一个衰老的负调控因子定位于叶绿体的外面,经由泛素依赖途径降解,引发信号转导的级联反应,从而导致叶绿体蛋白质的降解。

叶片衰老过程中也触发了脂类的降解。磷酸酯酶被认为参与了植物激素诱导的叶片衰老的调节。最近有关水稻衰老和雄性不育突变体生理性状及基因定位的研究表明,脂类降解可能在年龄依赖的衰老过程中起到调节作用。对于拟南芥基因SAG的相关研究表明,脂类的降解可以推动叶片的衰老。

3. 终末阶段:细胞死亡

在叶片衰老的最后阶段,当叶片几乎完全变黄时,可以检测到例如染色质浓缩以及DNA片段化等细胞凋亡的显著特征。这表明叶片衰老存在一个类似于细胞凋亡的细胞死亡过程。另外,一些有关植物生长和发育的关键基因的缺失将诱导自发性细胞死亡,并显示出类似于病原菌诱导的细胞死亡的过敏性反应的表型。

拟南芥 $hys1$ 突变体表现出由暗诱导和年龄依赖的叶片衰老的提前诱导,伴随着一系列SAG的表达。突变体是等位的,该突变体与 $CPR5$ 突变体由于其组成型表达防御反应和自发的细胞死亡被分离出来。虽然 $HYS1/CPR5$ 基因的生化功能仍待阐明,但该基因编码一个新的具有核定位信号的细胞膜蛋白,说明其在信号转导方面的作用。此外,$acd11$ 突变体由于鞘氨醇转运蛋白突变,显示年龄依赖的细胞死亡表型。在该突变体中,衰老特异性基因 $SGA12$ 不能在细胞死亡过程中被诱导。这暗示了在 $acd11$ 突变体中细胞死亡可以从年龄依赖的衰老叶片中分离出来,至少对于SAG12表达来说是这样。

专题 20

植物抗旱的分子机理
Molecular Mechanism of Drought Resistance in Plant

干旱是多种环境胁迫中最普遍的逆境因子之一。高等陆生植物在长期进化过程中形成了一系列复杂的机制，以最大限度地减轻细胞遭受干旱的伤害。植物抗旱机理的实现要通过对干旱信号的感知与转导及相关基因的表达调控等一系列复杂的生理生化过程。植物适应干旱的能力主要由以下几个方面决定：干旱信号感知与转导途径的畅通；胁迫响应基因能够被干旱信号所启动；干旱胁迫响应基因转录后的调控，包括表达产物的功能修饰，使这些蛋白功能达到最优化组合，最终体现为植物对干旱的适应性或抗性能力。

20.1 植物对干旱的感知与信号传递

从分子角度来看，从环境刺激到植物做出抗旱反应实际上是一系列复杂的信号传递过程：感受细胞对原初信号（环境干旱刺激）的感知、转导和反应，产生胞间信使；胞间信使在细胞或组织间传递，最终到达受体细胞的作用位点；受体细胞对胞间信使的接收、转导和反应（图 20-1）。由于高等植物本身的复杂性，从其细胞对原初信号的感知到干旱诱导受体细胞反应的过程受多种信号途径调控。

20.1.1 干旱胁迫信号的感知

环境干旱造成植物细胞失水，导致跨膜渗透势的改变，被细胞膜上的渗透感受器识别。植物具有类似于细菌和酵母的双组分信号系统，由感应器、磷酸转移蛋白和反应调节器三个蛋白参与了磷酸传递。感应器是膜结合的组氨酸蛋白激酶（HK），其 N-端具有能够感受外

植物抗旱的分子机理
Molecular Mechanism of Drought Resistance in Plant

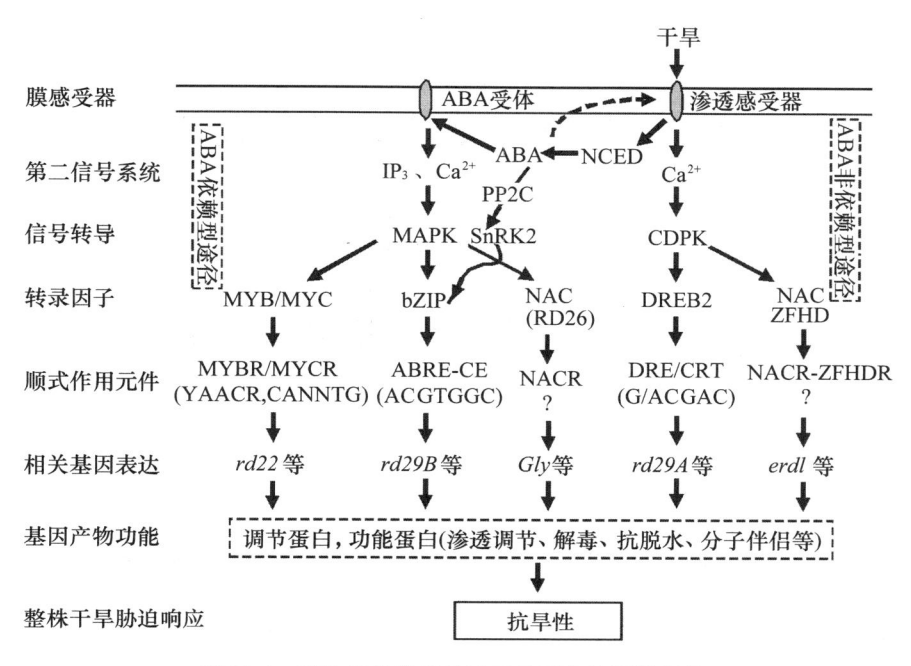

图 20-1　植物干旱信号转导及基因表达调控网络

界信号的输入域,中间的激酶域有组氨酸残基信号转导域,C-端则融合了含天冬氨酸的接收域。感应器的输入域感受外界干旱信号,诱导激酶域保守的组氨酸残基以 ATP 为磷酸供体进行自磷酸化,随后磷酸基团通过磷酸转移反应被传递至接收域的天冬氨酸残基。磷酸转移蛋白与接收域相互作用,将磷酸基团转移至其组氨酸残基上。磷酸化的磷酸转移蛋白穿梭进入核,并将磷酸转移至反应调节器接收域的天冬氨酸残基,反应调节器接收域的磷酸化致使其输出域构型变化,从而直接控制此信号的输出。而去磷酸化的磷酸转移蛋白穿梭回到细胞质并重新磷酸化。该复杂的双组分信号系统作为渗透感受器将外界干旱信号跨膜传递到植物细胞内,激活或抑制一系列的级联反应(图 20-2)。过表达 *ATHK1* 使转基因植株苗期的抗旱性增强,其机理可能是,ATHK1 信号转导途径的活化诱导了 ABA 的合成,ABA 水平的升高反过来又激发了 *ATHK1* 的表达,从而加速了干旱信号的转导;同时也存在 ATHK1 反应的 ABA 非依赖型途径,由干旱响应元件结合蛋白诱导胁迫响应基因的表达。

20.1.2　干旱胁迫信号的胞内转导

干旱信号被植物细胞膜上的渗透感受器感知后,将胞外信号转为胞内信号,触发了细胞内的第二信使,即 Ca^{2+}、三磷酸肌醇(IP_3)等;第二信使引发下游相应的蛋白激酶串联物,如钙依赖性蛋白激酶(CDPK)、分裂原激活蛋白激酶(MAPK)等的磷酸化和去磷酸化反应,实现了胞内干旱信号的逐级传递与放大(图 20-1)。蛋白质的可逆磷酸化是细胞信号识别与转导的重要环节,即蛋白激酶将 ATP 或其他核苷三磷酸的 γ-磷酸基团转移到底物的丝氨酸、苏氨酸、酪氨酸或组氨酸羟基上的过程。

Ca^{2+} 被认为是接收环境刺激的细胞转导途径中重要的第二信使。细胞内钙的分布是

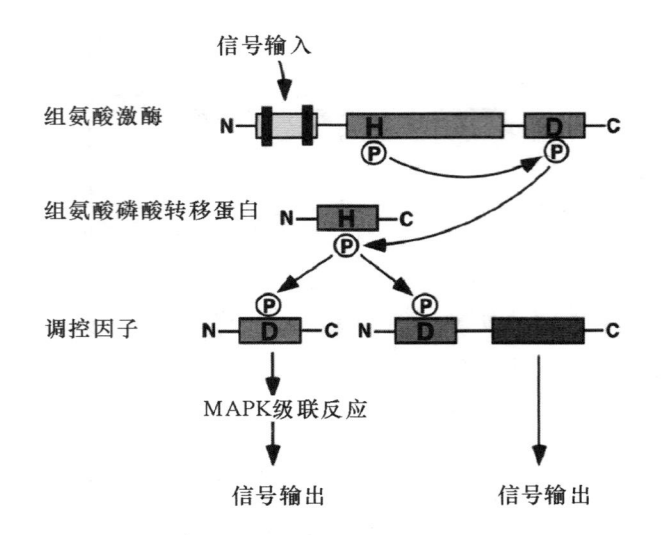

图 20-2 以 ATHK1 为植物渗透感受器调控的信号转导途径

H:组氨酸；D:天冬氨酸；P:磷酸基团

严格区隔化的，液泡是主要的 Ca^{2+} 库，而胞质游离 Ca^{2+} 浓度最低，而且在正常情况下维持着 Ca^{2+} 的内稳态平衡。当干旱胁迫信号刺激细胞膜和液泡膜时，Ca^{2+} 通道被打开，使胞外 Ca^{2+} 流入和液泡 Ca^{2+} 释放，造成胞质和核质中的 Ca^{2+} 快速积累，并且呈现忽高忽低的振荡，产生钙信号。于是钙调素(CaM)、CDPK、类钙调神经素 B 亚基蛋白(CBL)等大量 Ca^{2+} 结合蛋白与 Ca^{2+} 结合，引起蛋白构象改变后被激活，发生磷酸化/去磷酸化作用以传递信号。

IP_3 则是另一种第二信使，通过液泡膜上 IP_3 受体结合蛋白，激活液泡膜 Ca^{2+} 通道，启动 Ca^{2+} 库，令细胞内 Ca^{2+} 浓度升高。催化形成 IP_3 的关键酶——磷脂酶 C 的活性及基因表达均能被干旱强烈诱导。

MAPK 是一种丝氨酸/苏氨酸类蛋白激酶。该家族成员包括 MAPK、MAPKK 和 MAPKKK 三种类型。在高等植物细胞内，这三种类型的激酶构成一个 MAPK 级联系统，通过 MAPKKK→MAPKK→MAPK 逐级磷酸化。MAPKKK 位于级联系统的上游，能够通过渗透感受器或信号分子的受体感受干旱信号而发生磷酸化。MAPKKK 磷酸化后变为活化态，可以使 MAPKK 磷酸化。始终存在于细胞质中的 MAPKK 磷酸化后能够通过双重磷酸化作用将 MAPK 激活，磷酸化的位点是苏氨酸和酪氨酸残基。MAPK 级联途径在干旱信号传递中起重要作用，将上游干旱信号逐级传递并放大至下游应答分子。

CDPK 是植物所特有的、广泛存在于各种细胞器中的一类丝氨酸/苏氨酸激酶，与 CaM (钙调素)类似，调控区内共有四个与 Ca^{2+} 结合的 EF 手型结构，这是 CDPK 对 Ca^{2+} 高度亲和而不依赖于 CaM 的原因。CDPK 活性的调节主要依赖于激酶区、自我抑制区和类钙调素区之间的相互作用。在胞内 Ca^{2+} 浓度较低的情况下，CDPK 的激酶区和自我抑制区相结合，形成自我抑制，不具有或者具有很低的活性。当胞内 Ca^{2+} 浓度升高时，EF 手型区与 Ca^{2+} 结合后，诱导类钙调素区与自我抑制区结合，解除自抑制作用，从而促进催化区与底物结合，将特异的 Ca^{2+} 信号传递至下游。该类酶的不同异构体具有不同的底物特异性，存在于不同的亚细胞区域，调节着不同信号途径。

蛋白磷酸酶 2C(PP2C)是一类丝氨酸/苏氨酸蛋白磷酸酶,在细胞内以单体形式存在,酶催化活性依赖于 Mg^{2+} 或 Mn^{2+}。PP2C 通过去磷酸化作用负调控蛋白激酶级联信号系统,参与胁迫信号转导、基因转录、蛋白质翻译及翻译后修饰等细胞活动过程。Ca^{2+}/CaM、H_2O_2、脂质信号分子等均可调节 PP2C 的活性。

完整植株对干旱信号的识别与转导至少需经过两次细胞对外界刺激的识别与转导。第一次是如上所述的细胞对原初干旱胁迫信号的识别与转导;第二次是细胞对次生信号即原初刺激诱导产生的胞间信使分子 ABA 的识别与转导。干旱信号首先激发植物根细胞中的 ABA 合成酶——玉米黄质环氧化酶、9-顺式环氧类胡萝卜素二加氧酶(NCED)、脱落醛氧化酶、钼辅助因子硫酸化酶等基因活性,使内源应激激素 ABA 水平迅速地大幅提高,ABA 沿木质部蒸腾流运抵保卫细胞。内源 ABA 通过细胞膜上的 ABA 受体被细胞感知,触发了第二信号系统,使胞内 Ca^{2+} 浓度升高,引发磷酸化的 MAPK 去磷酸化反应,从而完成依赖 ABA 的信息传递。此外,ABA 通过信号转导引起胞质 Ca^{2+} 浓度的升高,还可促进开放的气孔关闭和抑制关闭的气孔开放,以减少水分的散失,这是植物的有效抗旱机制之一。因此,ABA 在植物干旱反应及抗旱性中起着非常重要的作用。要弄清 ABA 信号转导机制,找到 ABA 受体是非常关键的。尽管已先后报道了多个候选 ABA 受体,如参与调控植物开花时间和根发育的 RNA 结合蛋白 FCA,可调控种子萌发、幼苗生长和叶气孔运动的 Mg^{2+} 螯合酶 H 亚基 ChlH,参与传递 ABA 信号并调控下游众多反应的 G 蛋白耦联受体 GCR2,但对三者是否真正符合受体要求并能表现 ABA 结合蛋白生理功能尚有争议。目前比较认同的 ABA 受体是 PYR/PYL/RCAR,通过抑制 PP2C 蛋白的活性来调控 ABA 信号通路。但不管 ABA 受体是何物,ABA 的识别与结合位点可以在细胞膜外侧和细胞内。NCED 是 ABA 生物合成关键酶。过表达 *AtNCED* 可提高转基因植株的耐脱水性,敲除则降低耐脱水性,说明其在干旱胁迫下 ABA 的积累中起着非常重要的作用。一旦干旱胁迫解除,ABA 就会被氧化或者聚合成非活性状态,使活性 ABA 的量下降到正常水平。

在这些干旱胁迫信号传递中,除需要各种信号分子外,还需要一些对信号分子起修饰、转运、装配的物质,它们可使信号分子在时空上更好地协调分工,这些物质包括蛋白质修饰酶类(催化蛋白质糖基化、甲基化、泛素化、脂化等)等。

20.2 干旱诱导基因的表达与转录调控

干旱胁迫信号转导的结果是激活下游特定转录因子。转录因子通过与其调控的下游基因启动子区高度保守的顺式作用元件结合而直接调控靶基因的表达,或形成同源、异源二聚体,或与其他蛋白互作,以某种活化形式参与 ABA 等信号转导途径,形成一个相互制约、相互协调的转录因子调控网络,从而特异性地调控细胞核内应答基因的转录表达,对内、外界信号做出调节反应。根据多年对拟南芥的研究,目前认为干旱胁迫下基因表达至少存在四条互相独立的调节系统(图 20-1)。

MYB 和 MYC 是植物转录因子中重要的家族成员,因其结构具有一段保守的 DNA 结合区——MYB 和 MYC 结构域而分别得名,分别属于螺旋-转角-螺旋和螺旋-环-螺旋类结构。干旱胁迫下基因表达调控的途径 I 是 ABA 通过 MYB 或 MYC 转录因子与若干含有相应顺式反应元件 MYBR、MYCR 的相关响应基因启动子区相互作用,进而诱导脱水响应基因 rd22 等抗旱功能基因的表达(图 20-1)。拟南芥中的 AtMYB2 基因是第一个被发现受 ABA 诱导的基因,AtMYB2 蛋白与 bHLH 类蛋白 RdBP1 相互作用,共同协同调节 rd22 基因的表达。

途径 II 则是 ABA 通过具有碱性亮氨酸拉链(bZIP)的转录因子与 ABA 反应元件(ABRE)结合,诱导相应抗旱功能基因 rd29B 等的表达(图 20-1)。ABRE 序列中除核心序列外,还存在耦联元件(CE)序列。ABRE 与 CE 形成 ABA 应答复合体,共同参与 ABA 诱导基因的表达调控。bZIP 类转录因子识别核心序列为 ACGT 的顺式作用元件,而许多 ABA 响应基因的 ABRE 具有 ACGTGGC 核心序列,自然能被 bZIP 类转录因子识别。拟南芥 rd29B 的启动子含有两个 ABRE,其中一个作为耦联元件发挥作用,所以 rd29B 是依赖 ABA 表达的基因。

ABA 诱导干旱基因的表达与转录调控的另一机制是,在无 ABA 的情况下,ABA 受体 PYR/PYL/RCAR 不与 PP2C 结合,PP2C 的活性很高,可以防止蔗糖非酵解型蛋白激酶(SnRK)的活化;在有 ABA 存在的情况下,PYR/PYL/RCAR 则与 PP2C 结合并抑制其活性,导致磷酸化的 SnRK 积累,从而使得 ABRE 结合因子磷酸化。SnRK 是广泛存在于植物中的丝氨酸/苏氨酸类蛋白激酶。在拟南芥和水稻中的研究表明,其亚族 SnRK2 基因可以磷酸化一些含有 ABRE 的转录因子,从而启动了下游与抗旱性相关基因的大量表达。过表达小麦基因 TaSnRK2.4 的拟南芥植株,抗旱能力与野生型相比有显著的提高。水稻 SnRK2 家族成员 OSRK1(SAPK6)可以受脱水胁迫诱导,酵母双杂交实验证实其与 bZIP 类转录因子 OREB1 有相互作用。

途径 III 是脱水反应元件结合因子(DREB)类转录因子,特异性地识别并结合 DRE 或 CRT 顺式作用元件,进而参与调控相关基因的表达及功能行使(图 20-1)。DREB 类转录因子的典型特征是其 DNA 结合区含有乙烯应答元件结合蛋白因子(AP2/EREBP)结构域。DRE 或 CRT 顺式作用元件的核心序列普遍存在于干旱胁迫应答基因的启动子中,对这些基因在胁迫表达调控中起重要作用,且表达不依赖 ABA 信号转导途径。在正常生长条件下,DREB2 蛋白表达,但不能激活下游胁迫应答基因,当被脱水胁迫诱导后,可激活参与抗旱性的其他基因。然而,过表达 DREB2 的转基因植株的抗旱能力并没有增强,说明 DREB2 蛋白需要经翻译后修饰才能被激活起作用。rd29A 虽然受内源 ABA 诱导表达,但在 ABA 缺失或 ABA 不敏感的拟南芥突变体中也可被干旱所诱导,表现为 ABA 非依赖型表达模式。进一步研究发现 rd29A 基因的启动子区除了存在 ABRE,还含有干旱应答元件 DRE 的核心序列。

近年来,人们发现 NAC 转录因子——含有 NAC 结构域的蛋白也参与了干旱胁迫下基因表达调控。最早发现在矮牵牛 NAM、拟南芥 ATAF1/2 和 CUC2 编码蛋白的 N-端都包含一段新的保守序列(约 150 个氨基酸),取三个基因首字母而命名为 NAC 结构域。NAC 转录因子是植物所特有的,其结构域不含有任何已知的结合基序,也不具有经典的螺旋-转角-螺旋结构,而是一种新的转录因子折叠结构,即由几个螺旋环绕成一个反向平行的 β-折叠。拟南芥 rd26 最初是从脱水拟南芥植株中分离到的一个编码 NAC 类蛋白的基因,表达受干旱和 ABA 的诱导。在过表达 rd26 的转基因植株中,ABA 及胁迫诱导基因的表达量升高,并且其耐旱能力被显著提高;而在 rd26 基因被抑制的转基因株系中,ABA 及胁迫诱导基因的表达量降低,表明这些基因的启动子中存在 NAC 蛋白的结合位点,后被证实参与 ABA 介导的干旱信号转导途径,反式激活乙二醛酶Ⅰ基因(图 20-1)。

脱水早期响应基因 erd1 不仅在 ABA 积累前就能被脱水胁迫诱导,而且在植物自然衰老和黑暗诱导的衰老过程中也能被上调。对转基因植株 erd1 基因启动子区进行分析,发现其中既有 ABA 非依赖型胁迫应答基因的顺式元件,也含可与 NAC 蛋白结合的衰老激活表达基因的顺式元件序列(CATGTG),前者可与锌指同源异型域蛋白(ZFHD)结合,ZFHD 是近十几年来发现的高等植物中特有的一类转录因子。过表达 NAC 转基因植株的耐旱能力被提高,并且许多干旱应答基因的表达增强,但对 erd1 的表达没有影响。同时,过表达 NAC 和 ZFHD 的转基因拟南芥在正常生长条件下,erd1 的表达会增强,表明两种顺式元件对 erd1 的表达都是必要的。NAC 蛋白作为转录激活子既可与 ZFHD 蛋白协同发挥作用,也可单独参与干旱胁迫应答的非依赖型 ABA 途径的调控(图 20-1)。另外,在脱水响应基因胚后期丰富蛋白(LEA)启动子区域中已经发现有 ZFHD 转录因子的识别位点,表明 ZFHD 蛋白可能也是植物响应干旱胁迫信号转导网络系统中的成员之一。

高等植物干旱诱导基因表达的调控主要在转录水平上进行,但也存在着转录后调控,如前面所提到的 DREB2。转录后水平调控主要包括以下几个方面:RNA 拼接、加工和转移、mRNA 稳定性及翻译效率,蛋白质的翻译后修饰,酶活性及蛋白质降解速度等。

20.3　干旱诱导表达基因在植物抗旱中的功能

上述转录因子接收干旱刺激诱发的磷酸蛋白级联信号,独立地或协同地调控大量相关基因的表达。这些干旱应答基因的功能有些是已知的,有些是未知的。有些已知功能基因编码的蛋白进一步调节植物对干旱胁迫的生理生化反应,一方面增加细胞溶质浓度,降低水势;另一方面,去除活性氧物质等有毒物质,以保护细胞膜、叶绿体和线粒体膜,从而在一定程度上减缓干旱对植物造成的伤害。根据蛋白的作用不同,可将干旱应答基因所编码的蛋白分为两大类,即调节性蛋白和功能性蛋白。

调节性蛋白主要与信号的传递和基因的表达调控相关,包括三种类型:①传递信号和调控基因表达的转录因子,如上述 MYC 转录因子、MYB 转录因子、bZIP 类转录因子、DREB 转录因子及 NAC 转录因子;②感应和转导胁迫信号的蛋白激酶,如 MAPK、CDPK、转录调控蛋白激酶和核糖体蛋白激酶等;③在信号转导中起重要作用的蛋白酶,如 ABA 生物合成和磷脂代谢途径中的酶等。在此不再详述。

功能性蛋白直接参与保护细胞免受干旱伤害,或作为渗透调节物质和解毒类蛋白(酶)维持细胞内各种正常的生理代谢活动,主要有五种类型:①渗透调节物质合成酶;②保护生物大分子及膜结构的蛋白质;③具有解毒作用的酶类;④水孔蛋白和转运体;⑤具有保护作用的蛋白酶类。

20.3.1　渗透调节物质生物合成关键酶

干旱信号转导会使细胞产生和积累一些小分子相容性有机化合物,即渗透调节物质。

它们除本身参与渗透调节以维持渗透平衡和保持水分外,还能够维持细胞组分的损伤与修复的动态平衡,主要包括脯氨酸、甜菜碱等氨基酸及其衍生物,海藻糖、果聚糖等小分子糖类,甘露醇等多元醇和渗调蛋白。

参与渗透调节物质生物合成的一些关键酶基因已被克隆,如脯氨酸合成的关键酶吡咯啉-5-羧酸合成酶基因、与甜菜碱合成有关的胆碱单加氧酶和甜菜碱醛脱氢酶基因、海藻糖合成途径中的海藻糖-6-磷酸合酶及海藻糖-6-磷酸酯酶基因、合成果聚糖的关键酶果聚糖蔗糖转移酶基因、甘露醇合成的关键酶 1-磷酸甘露醇脱氢酶基因、合成山梨醇的关键酶 6-磷酸山梨醇脱氢酶基因、肌醇生物合成途径中的肌醇甲基转移酶基因等。通过基因工程手段,使这些基因过表达,转基因株系确实能积累相应的渗透调节物质,从而增强了植物的抗旱性。

20.3.2 保护生物大分子及膜结构的蛋白质

LEA 蛋白在结构上富含不带电荷的亲水氨基酸,因此具有高度亲水性,在干旱时保护生物大分子及膜系统免受破坏。推测 LEA 蛋白可能有三方面的作用:①作为渗透调节物质,调节细胞的渗透压,维持水分平衡;②作为脱水保护剂,既能像脯氨酸那样通过与细胞内的其他蛋白发生相互作用,使其结构保持稳定,又能给细胞内的束缚水提供结合的物质,从而使细胞结构在脱水中不致遭受更大的破坏;③通过与核酸结合而调节细胞内其他基因的表达。作为 LEA 蛋白基因家族中的一个亚家族,脱水素的氨基酸组成中有大量的带电和极性氨基酸残基,使其具有热稳定的生物学功能,从而提升其在干旱条件下对大分子、细胞膜的保护功能。因此不难理解,过表达某些脱水素基因,如大麦 *DHN1*、小麦 *DHN5*、厚叶旋蒴苣苔 *BDN1* 等,能够提高转基因植物的抗旱性。

渗调蛋白是一种阳离子蛋白,多数以颗粒状主要分布在根中液泡的内含体中,其合成和积累发生在细胞对干旱胁迫进行逐级渗透调整过程中。渗调蛋白在植物中的抗旱机理可能是,本身吸附水分或改变膜对水的透性,减少细胞失水,维持细胞膨压;螯合细胞脱水过程中浓缩的离子,减少离子的毒害作用;通过与液泡膜上离子通道的静电相互作用减少或增加液泡膜对某些离子的吸收,改变该离子在胞质和液泡中的浓度,传递干旱信号,诱导胁迫相关基因的表达,从而增加植物对干旱胁迫的适应性。因此,过表达渗调蛋白转基因植株的抗旱性和抗盐能力均有所提高。

某些热休克蛋白基因被干旱诱导表达,而且其表达可能受到 ABA 相关机制的调节。热休克蛋白的产生与干旱胁迫的速度和程度有关。目前推测干旱诱导的热休克蛋白通过与变性或异常的蛋白质结合防止它们凝聚,或在干旱胁迫时蛋白质错误折叠后对恢复其天然构象起修补作用,从而避免细胞结构损伤。过表达编码 LEA 和热休克蛋白的基因,使得转基因植株的抗脱水能力增强,从而提高了抗旱性,已被用于改良植物的抗旱性。

20.3.3 具有解毒作用的酶类

干旱胁迫会使电子传递链和酶代谢紊乱,具有毒性的活性氧物质水平升高,产生氧化损伤,导致膜脂过氧化和蛋白质、核酸等分子的破坏,使生物膜受损。植物体内的抗氧化防御系统是由一些能清除活性氧物质的酶系和抗氧化物质组成。保护酶系统主要包括超氧化物歧化酶(SOD)、过氧化氢酶(CAT)、过氧化物酶(POD)、抗坏血酸过氧化物酶(APX)、谷胱甘肽过氧化物酶(GPX)、单脱氢抗坏血酸还原酶(MDHAR)、脱氢抗坏血酸还原酶(DHAR)、谷胱甘肽还原酶(GR)等,它们协调作用共同抵御胁迫诱导的氧化伤害。干旱胁迫下,这些保护酶的活性通常增强,并且其活性与植物的抗旱性呈正相关。其中许多保护酶基因的表达除了受干旱信号诱导,还可被 ABA 所诱导。过表达某一保护酶基因的转基因植株,抵抗氧化胁迫的能力均得到增强,抗旱性也随之提高。

谷胱甘肽巯基转移酶(GST)的主要功能是催化某些内源性或外来有害物质的亲电子基团与还原型谷胱甘肽的巯基耦联,增加其疏水性,使其易于穿越细胞膜,以便有害物质易于排出体外或者被Ⅲ相代谢酶类分解,从而达到解毒的目的。在生物体遇到逆境时,为免受逆境的损害,GST 常发挥其脱毒与抗氧化的功能。某些 GST 还具有 GPX 活性、异构酶活性、巯基转移酶活性。过表达内源性 GST 后,转基因烟草不但体内的 GST 和 GPX 活性显著增强,而且对高温、高盐、除草剂等的耐受性也得到了提高。转野生大豆 *GST* 基因的烟草对脱水和甘露醇模拟干旱的抗性明显提高。

可溶性环氧化物水解酶(sEH)能够立体选择性地催化水解环氧化合物生成光学活性环氧化物和相应水溶性的邻位二醇。此外,sEH 还可以降解上述具有潜在毒性的代谢中间体,特别是代谢那些可以致癌的多环芳烃环氧化物,所以是生物重要的解毒调节酶。拟南芥 *AtsEH* 基因的表达受干旱胁迫诱导,但不被外源 ABA 所影响。目前尚没有看到利用转基因手段研究其功能的有关报道。

20.3.4　水孔蛋白和转运体

植物水孔蛋白存在于细胞膜上,能够快速灵敏地调节细胞内与细胞间的水分流动。至于其结构、种类、分布、活性调控等信息,详见专题 1。水孔蛋白参与植物的抗旱反应的机理是非常复杂的。植物水孔蛋白能在干旱应答过程中促进细胞内外的跨膜水分运输,调节细胞内外水分平衡,阻止水分的丢失,为植物采取诸如渗透调解等途径防御干旱赢得了时间。也有研究认为,水孔蛋白在干旱胁迫的响应中起信号转导的作用。

参与渗透调节的可溶性有机小分子物质是怎样运输的呢?目前已经克隆到许多转运蛋白相关基因,例如,可以转运脯氨酸、甘氨酸甜菜碱、γ-氨基丁酸的脯氨酸转运体(ProT)基因家族,主要负责葡萄糖、果糖等己糖以及戊糖转运的单糖转运蛋白,介导蔗糖跨膜转运的蔗糖转运体(SUT)。这些转运体不但加强了细胞间的物质交换,以维持渗透调节作用,同时负责为干旱下受损细胞或组织输送蔗糖,提供碳骨架和能量,以满足植物受损组织细胞的防卫和修复,从而有助于抗旱。

ABC 转运体则是生物界最大的转运体家族,可以运载包括离子、碳水化合物、脂类、异源物在内的各种底物。ABC 转运体在植物抗旱中的作用尚不清楚。拟南芥的一个 ABC 转运体基因 *AtABCG36* 的过表达株系的抗旱能力明显增强,而基因敲除转基因株系比野生型对干旱更敏感;另一个 ABC 转运体基因 *AtMRP5* 在保卫细胞的 ABA 和 Ca^{2+} 信号转导过程中对离子通道起中心调节作用,促使气孔响应信号关闭。

20.3.5 具有保护作用的蛋白酶类

由于环境干旱的刺激会使植物产生一些不可逆损伤的蛋白或多肽，而这种不可逆损伤的蛋白会对细胞产生某种毒害作用或者干扰正常代谢过程的进行，在这种情况下，会有许多蛋白酶通过蛋白质水解作用清除非正常和具有潜在毒性的蛋白或多肽，包括泛素-蛋白酶体途径、半胱氨酸蛋白酶、Clp 蛋白酶等。

泛素-蛋白酶体途径是细胞内蛋白质选择性降解的重要途径：泛素标记需要降解的蛋白质，被标记的靶蛋白继而被 26S 蛋白酶体识别并降解掉。小麦泛素基因 *Ta-Ub1* 在干旱条件下呈上调表达，且表达量随着干旱胁迫的加剧逐渐增加；其反义转基因烟草株系的抗旱性则下降。小麦泛素基因 *Ta-Ub2* 的表达同样受干旱的影响，中度干旱胁迫诱导 *Ta-Ub2* 基因表达，但严重的干旱胁迫抑制该基因的表达，表达丰度低于正常供水对照；过表达该泛素基因则提高了转基因烟草的抗旱性。

半胱氨酸蛋白酶也称为巯基蛋白酶，不仅在干旱等胁迫条件下 mRNA 会累积，还和植物细胞程序化死亡有关。在遭受干旱胁迫而衰老的植物叶片中，多个半胱氨酸蛋白酶起主要作用，但有些成员在自然衰老的叶片中未见表达。马铃薯的半胱氨酸蛋白酶主要定位于干旱诱导叶细胞的细胞核、叶绿体和原生质中，而其相应基因只受干旱诱导，不受 ABA 诱导。

Clp 蛋白酶是位于叶绿体基质的 ATP 依赖型多亚基丝氨酸蛋白酶，其底物还包括非正常的和短命的调节蛋白。通常认为 ClpP 蛋白酶在正常生长条件下是组成型表达，在严重干旱下才提高活性。但也有不同的实验结果，小麦 Clp 蛋白酶蛋白在水分充足时微弱表达，在严重干旱胁迫时表达则增强，而且抗旱小麦品种中的表达强于敏感品种的。前面提到的 *erd1* 基因其实是编码 Clp 蛋白酶调控亚基 ClpD 的基因，其表达被干旱所诱导。

20.3.6 角质层

角质层是由角质和蜡质构成的一层疏水结构。除了在初生根尖有少量分布外，角质层通常只覆盖在植物地上部分的最外面。大约 4.5 亿年前，角质层在早期陆生植物中出现。其良好的密封性使得植物得以在干燥的陆地保持水分，是植物由水生到陆生进化的关键结构。角质层的进化要先于或与气孔的产生同时进行，两者构成了植物保持水分的两个主要途径：非气孔途径和气孔途径。虽然在正常情况下，植物水分散失主要通过气孔途径，但是在干旱情况下，由于气孔大部分关闭，非气孔途径对植物的水分保持起重要作用。干旱、盐胁迫、光等都可以改变角质层的成分、含量或结构。干旱可以通过 ABA 途径激活 MYB96 等转录因子，促进角质层的合成，增强保水性能。另外，角质层的厚薄和结构可以有效影响光线的射入量和射入线路。角质层的外蜡还可以形成晶体或片层结构，反射掉 30%～80% 的阳光，有效减少高光地区阳光对叶片的加温作用，增加叶片在干旱情况下的生存概率。

虽然人们已通过各种方法鉴定和克隆了一些植物抗旱基因，在表达调控上也做了不少研究，并通过基因工程的方法获得了具有一定抗旱能力的转基因植物，但由于植物抗旱性是由多基因控制的数量性状，其生理生化过程是基因相互作用、共同调节的结果，不同的品种具有不同的抗旱机制,即使同一品种在不同时期的抗旱机制也有差异。任何通过单基因的改变来改善植物的抗旱性的方法都有一定局限性。只有彻底阐明植物干旱胁迫的分子机理,才能最终解决困扰农业发展的水分有效利用问题。今后研究的重点有:信号转导途径中的详细组分及普遍转导模式;胞内信号分子的去路以及在不同路径中的交互关系;调节性蛋白的调控作用及其基因表达特性;干旱响应基因编码的蛋白生理功能等。

专题 21

植物抗盐的分子生理
Molecular Physiology of Salt Resistance in Plant

  NaCl 和 Na$_2$SO$_4$ 含量较多的土壤称为盐土，Na$_2$CO$_3$ 和 NaHCO$_3$ 含量较多的土壤称为碱土，而在自然界，盐土和碱土往往同时存在，统称为盐碱土。土壤盐渍化以及次生盐渍化是一个世界性的资源问题和生态问题，这一生态灾难已开始危及人类生存需求。

  根据吴征镒主编的《中国植被》及侯学煜著的《中国植被地理及优势植物化学成分》中所述，在我国，盐碱土的植被分为五大类群：①盐生荒漠；②盐生灌丛；③盐生草甸；④热带海滨常绿阔叶红树林；⑤沉水盐生植被。关于盐生植物，不同研究人员提出了各自的定义，目前多采用弗劳尔斯（Flowers）和科尔默（Colmer）的定义，即能在大约 200mmol/L 的 NaCl 或更高的盐环境生长并完成生活史的植物为盐生植物（halophyte）。能否完成生活史是天然盐生植物和少数耐一定盐浓度的非盐生植物的区别。盐生植物作为生长在盐土上的天然植物，具有重要的生态价值及潜在的经济价值，正逐渐成为国内外科研和生产的试验及驯化对象。研究者的任务就是要探讨盐生植物适用盐环境的遗传特性和机制，发掘在遗传上具有高抗性的植物类型，将它们作为改善环境的"勇士"加以利用，并保存和利用该类宝贵的抗逆种质资源，进一步开展基因工程研究，增强那些具有重要经济价值植物的抗盐性，为人类的后备耕地——盐土的利用提供多种资源植物。

  目前，对盐生植物的分类很不一致。较好的分类系统是把盐生植物分成三类。①真盐生植物，包括叶肉质化真盐生植物和茎肉质化真盐生植物两类。②泌盐盐生植物，其中又分为两类：一类是向外泌盐的盐生植物，这类植物具有盐腺，通过盐腺将吸收到体内的盐分分泌到体外；另一类为向内泌盐植物，它的叶表面具有囊泡，将体内的盐分分泌到囊泡中并暂时贮存起来。③假盐生植物，又称拒盐盐生植物，此类盐生植物将盐离子积累在薄壁的液泡和根部木质部薄壁组织中。实际上，一种盐生植物的适应方式不是单一的，一般都具有两种以上的适应方式。例如滨藜属（*Atriplex*）植物一般都有盐腺，同时其叶片有不同程度的肉质化,还具有一定的渗透调节能力。

21.1 植物的盐害

土壤中盐分过多,就会危害植物的正常生长,称为盐害。盐害具体表现在以下诸多方面。

21.1.1 离子毒害

一般植物不能在高盐度盐渍化土壤上正常生长的原因之一是高浓度 Na^+ 对植物有毒害作用。高浓度 Na^+ 可置换细胞膜和细胞内膜系统所结合的 Ca^{2+},使结合于膜上的酶脱落,膜磷脂降解,从而破坏了细胞膜的结构,致使细胞内 K^+、磷和有机溶质外渗,细胞 K^+/Na^+ 比例下降,抑制液泡膜 H^+-PPase(焦磷酸酶)活性和胞质中的 H^+ 跨液泡膜运输,跨液泡膜运输的 pH 梯度下降,液泡碱化,不利于 Na^+ 在液泡内积累。

21.1.2 膜损伤

研究表明,细胞膜的膜脂物理状态改变可能是植物感受渗透胁迫的原初响应。细胞膜是逆境对植物伤害的最初位点,细胞膜尤为严重,它可能是最敏感的结构部分,细胞膜的离子和溶质渗漏则是显示这种敏感初始反应的最普遍的共同现象。细胞膜在受到盐分胁迫后发生膜脂相变,从液晶态变成凝胶态,进而可从脂双层转变成单层,这种相变会导致膜功能的变化,进而影响细胞的代谢作用,令细胞的生理功能受到不同程度的破坏。

21.1.3 活性氧物质伤害

在盐胁迫等逆境条件下,植物体内活性氧物质代谢系统的平衡受到影响,增加活性氧物质(如 $·O_2^-$、H_2O_2、$·OH$)的产生量,破坏或降低活性氧物质清除剂(如 SOD、CAT、POD、VitE、GSH 等)的结构活性或含量水平。体内活性氧物质含量增高能启动膜脂过氧化或膜脂脱脂作用。膜脂过氧化分解和膜脂脱脂作用必然导致膜的完整性被破坏,差别透性丧失,电解质及某些小分子有机物大量渗漏,细胞物质交换平衡被破坏,进而导致一系列生理生化代谢紊乱,使植物受到伤害。再有,植物对盐害的反应往往包含着干旱渗透胁迫的症状,所以盐胁迫也会因为光抑制引起的电子"渗漏"增加,导致更多的活性氧物质的产生。例如,豌豆、棉花、水稻等植物在盐胁迫下也同样发生 ROS 的积累及其对膜脂的伤害作用。

21.1.4 光合作用减弱,能耗增加

在盐胁迫下,叶绿体的叶绿素合成受到抑制,并破坏已合成的色素,使叶色变黄,植物光合速率很快降低。这是因为盐渍会从两个方面造成伤害:一是盐离子本身的毒害,破坏叶绿

体膜结构的完整性，从而导致光合功能的下降；二是盐渍土中大量的可溶性盐可导致土壤水势及水分有效性显著降低，形成水分胁迫，造成植物叶片气孔关闭，严重阻碍了CO_2进入叶肉细胞内，从而降低了植物的光合作用。盐渍胁迫会引起保卫细胞细胞质游离Ca^{2+}浓度的升高，引起气孔关闭，细胞质Ca^{2+}增加引起气孔关闭的机制是，抑制了细胞膜H^+泵H^+-ATP酶活性，使细胞膜去极化，并一方面钝化保卫细胞膜上K^+流入通道，另一方面又活化细胞膜上的K^+流出通道，导致保卫细胞中K^+的外流，从而引起保卫细胞渗透压的降低，气孔关闭。盐胁迫引起光合作用减弱的原因是否归因于气孔或非气孔因素，这与盐种类、盐浓度、处理时间、植物材料的抗盐性以及植株部位等因素都有关系。

植物在盐胁迫等逆境下生长发育需要额外的消耗能量，包括有机渗透调节物质的合成、离子主动吸收、区域化分配以及盐诱导的代谢变化所消耗的能量。

21.1.5 营养亏缺

盐胁迫时，随着Na^+的积累，植物体内K^+、Ca^{2+}和Mg^{2+}的利用率将降低。盐胁迫下造成养分不平衡的另一方面在于Cl^-抑制植物对NO_3^-及$H_2PO_4^-$的吸收，其原因可能是这些阴离子之间存在着吸收竞争性抑制作用。不过在Cl^-和Na^+可能引起的胁变中，Cl^-导致的盐害症状首先出现。

21.2 植物抗盐的生理机理

为应对以上盐害，盐生植物的适应机制是，通过盐腺或盐囊泡主动泌盐；细胞膜选择性吸收或排斥离子；肉质化或快速生长以提高水分含量；稀释盐分；离子区域化；合成有机渗透调节物质等。

21.2.1 形态和结构上的适用性

植物与环境、结构与功能之间的辩证统一是植物抗性研究的指导原则，盐生植物形态结构是揭示其耐盐机制的重要基础。盐生植物形态结构的适应性分别表现在根、茎和叶等不同部位，不同类型和不同生境使植物在不同部位的形态结构适应特征方面多种多样，在适应长期干旱和高盐环境的过程中形成了与环境相适应的形态结构。

根系的变化：根系是植物吸收水分和营养物质的重要器官，也是植物最先遭受逆境胁迫的部位，其生长发育是环境与基因共同作用的结果。从宏观上说，盐生植物的形态适应机制在根系的变化包括根系弱化、水渍环境下根系表层化、根细密、分化出发达的通气组织或通气道。而在较为干旱的盐土中，根系垂直深扎，表层侧根少，深层侧根增加，通过根系下移从而躲避土表聚盐和大气、土壤的干旱。从微观上说，根外皮层栓质化或凯氏带加厚是拒盐的重要途径。盐胁迫通常会诱导植物在靠近根顶点的地方形成发育良好的凯氏带，与非盐胁迫下的根部发育明显不同。强耐盐植物品种根系木栓化程度高，且地上部Na^+积累少。许多盐生植物的根皮层细胞在结构上还有一个重要的特征，它们许多被修饰成传递细胞，这种传递细胞具有大量的内生壁,细胞膜的表面积也相应地得到了极大增加,因而也就大大增强了根皮层细胞对 K^+ 吸收和对 Na^+ 外排的功能。真盐生植物的拒钠部位主要在根部,而假盐生植物的拒钠部位主要是根茎结合部。

地上部分的变化:在表观上,植株矮化、肉质化或叶片退化,体表具腺毛,形成白色粉状物、蜡质,气孔下陷或改变上下表面的分布,分化出盐腺或盐囊泡。在微观上,具有单细胞型或维管束鞘型 C_4 光合途径,不仅能够提高光合效率,还能合成甜菜碱等抗盐物质,具有发达的贮水组织、栅栏组织(叶绿体多)及特殊同化结构和贮水组织。具有这类结构特征的叶片或同化枝具有稀盐、泌盐、减少蒸腾、制造较湿的小环境和提高光合效率等功能,并能加大输水能力。

叶绿体超微结构对盐(NaCl)胁迫很敏感,低盐浓度即会改变基粒片层间的连接,使其垛叠的类囊体片层数量减少,并使囊腔扩大。在对盐湖芦苇的超微结构研究中发现,许多线粒体紧密靠近叶绿体,并有线粒体与叶绿体形成嵌合状态。这种结构对于叶绿体和线粒体在 O_2 和 CO_2 的相互作用上可能很有益。抗盐性强的植物在高度盐环境下,叶绿素的合成仍可继续,原因可能是叶绿素与蛋白质及磷脂结成了一种稳定的复合体。

21.2.2 细胞的渗透调节与渗透物质的保护作用

盐环境下对植物的一个重要影响是造成细胞的水分亏缺和渗透胁迫。渗透调节剂和渗透保护剂的积累是植物适应盐渍化环境的重要机制。抗渗透胁迫最有效的措施就是渗透调节,主要是通过从外界吸收、积累大量无机盐离子,如 Na^+、K^+、Ca^{2+}、Cl^-、SO_4^{2-} 等。再者是合成相容性的有机小分子物质,如游离氨基酸、有机酸、可溶性糖、糖醇等,以降低细胞水势,从外界生境中吸收水分。研究证实,脯氨酸、甜菜碱是分布最普遍的两类相容性溶质,它们作为渗透调节剂和渗透保护剂的效应十分广泛和显著,不仅起着降低细胞内水势的作用,而且能有效地保护和稳定各种酶系以及复合体蛋白的四级结构,并能维持细胞膜在盐胁迫下的稳定性,降低膜脂过氧化等。关于它们在盐胁迫下的生物合成和积累的动态已被广泛研究。与合成有关的酶基因已从许多植物中分离和克隆。通过这些酶的基因工程,增加脯氨酸和甜菜碱的积累水平,可以提高植物的抗盐性。

脯氨酸主要在线粒体中合成,主要分布在线粒体及细胞质基质中,从而提高细胞质的渗透压,调节细胞质基质渗透压和液泡渗透压之间的平衡,使渗透胁迫下的叶绿体和线粒体仍能维持较好的水分状况,保证光合作用和呼吸作用运行。研究表明,脯氨酸的合成与积累是在 ABA 介导下产生的,即盐胁迫首先引起 ABA 的合成与积累,然后经 ABA 介导合成脯氨酸。

甜菜碱是另一种极好的相容性溶质,作为渗透调节剂和渗透保护剂广泛地存在于微生物、原生动物和植物界。它包括多种类型,如甘氨酸甜菜碱、丙氨酸甜菜碱、脯氨酸甜菜碱、组氨酸甜菜碱等。其中甘氨酸甜菜碱是最普遍、研究最广泛的一种甜菜碱。生长在海岸盐沼地和内陆盐渍化土壤中的植物根、茎、叶细胞中都含有高浓度的甜菜碱,其积累水平与植物的抗胁迫能力呈正比。在高等植物体内,甜菜碱的合成主要在叶绿体中,由胆碱经两步氧化合成的,主要分布于叶绿体及细胞质基质中。甜菜碱的生理功能主要有:参与细胞的渗透调节功能;参与稳定生物大分子的结构和功能;保护叶绿体光合系统Ⅱ的活性,如通过稳定

Rubisco 酶的构型,保护它在盐胁迫下不被钝化;稳定 DNA 的双螺旋结构,降低逆境胁迫的解链作用,以维持逆境中 DNA 的复制与转录作用。当大肠杆菌在含 800mmol/L NaCl 培养基上培养时,其生长完全停止;但若加入 10μmol/L 甜菜碱,则可完全恢复生长。显然甜菜碱不单是作为渗透调节剂提高细胞渗透压,还可能通过对细胞组分的保护作用修复 Na^+ 造成的损伤。

研究表明,脯氨酸和甜菜碱对防御膜脂过氧化起着很重要的作用。首先,它们减少了活性氧物质的产生。叶绿体和线粒体是活性氧物质发生的主要场所,而在叶绿体中合成的甜菜碱和在线粒体中合成的脯氨酸不仅能调节细胞质的渗透压,而且具有提高复合蛋白和膜结构稳定性的作用,并能很好地保护光合酶和呼吸酶的活性,对叶绿体 PSⅡ 复合体和线粒体复合体Ⅱ的电子传递起着保护作用等。同时,它们还有起着清除活性氧物质的功能。

关于多胺和植物抗盐性的关系也得到了关注。对耐盐植物大麦盐胁迫表明,植物体内多胺合成比脯氨酸合成对盐胁迫更敏感。盐胁迫下多胺与脯氨酸合成存在底物竞争,两者竞争共同前体精氨酸(Arg)。这说明,脯氨酸的积累是植物对胁迫的暂时性反应,而甜菜碱的积累则有一定时间的持久性。

杜氏盐藻(*Dunaliella salina*)生长于海洋及盐湖中,是一种没有细胞壁的单细胞绿藻,具有极强的抗盐性。它具有独特的渗透调控因子,通过甘油的迅速合成和大量积累去抵抗和平衡环境中的高渗胁迫。在饱和的 NaCl 浓度条件下,积累的甘油量可达其细胞重量的 60%。甘油的迅速合成是杜氏盐藻适应渗透胁迫的独特调节机制。关于甘油渗透调节物的合成机制,目前的认识还不统一。

海藻糖是由两分子葡萄糖通过 α-1,1 糖苷键连接而成的非还原性双糖,具有保护恶劣环境下植物细胞活性物质免遭破坏的非特异性功能。海藻糖能增加双层磷脂膜的流动性和酶的稳定性。加西亚(Garcia)等发现盐胁迫下烟草细胞中海藻糖含量提高。低浓度的海藻糖能够降低 Na^+ 的积累和盐胁迫导致的生长抑制,但并不减少根对 Na^+ 的吸收,在高浓度下能够降低 NaCl 诱导的叶片叶绿素损失,保护根的完整性,促进生长。海藻糖对于水稻的盐适应比脯氨酸更重要。将海藻糖合成基因转入烟草,转基因植株比对照植株失水慢。由于前者体内海藻糖的量很少,所以海藻糖的作用可能是保护细胞免受伤害而不是调节渗透平衡。

21.2.3 离子平衡、离子区域化及拒盐作用

在高等植物中,细胞质对盐,尤其是 NaCl 是极其敏感的。Na^+ 抑制细胞质中各种合成酶的活性,并干扰和抵抗 K^+ 和 Ca^{2+} 的吸收,破坏细胞的生理生化过程,造成细胞的伤害和死亡。盐生植物抗盐并能适应盐渍化生境的一个关键性的重要机制是它们能及时地将 Na^+ 从细胞质输入液泡中,一方面维持了细胞质中低 Na^+ 和高 K^+ 的离子稳态平衡;另一方面,大量 Na^+ 在液泡内的积累有利于维持细胞膨压,降低细胞水势,起着渗透调节作用。因而,NaCl 液泡内的区域化,是植物抗盐性适应的一个重要机制,也是液泡对植物抗盐性的一个最重要和最特殊的功能。在高浓度 NaCl 条件下,生长多代而适应了 NaCl 的烟草悬浮细胞系统液泡中,积累的 NaCl 浓度相当高,可达 800mmol/L,而细胞质中 NaCl 浓度却仍保持在 100mmol/L。液泡膜 H^+-ATP 酶在植物的抗盐性适应中起着重要的作用,它主要是行使 H^+ 和离子的反向运输,并建立和维持液泡内一个较高的酸性环境(约 pH 5.5)。在盐胁

迫下,冰叶日中花(*Mesembryanthemum crystallinum*)H^+-ATP 酶活性增加一倍,Na^+/H^+ 反向转运的量增加,过多的盐分被分隔到液泡中。

组织器官内的 K^+/Na^+ 比例和 Ca^{2+}/Na^+ 比例高往往是植物耐盐能力的一个重要鉴定指标。对棉花来说,耐盐品种根系具有一定的截留 Na^+ 作用,体内的 K^+/Na^+ 比例显著高于耐盐性较弱的品种。研究报道指出,在最高盐浓度下,盐敏感棉花品种在叶片里积累了更多的 Cl^-,而耐盐品种的叶片里含有较高的 K^+、Ca^{2+} 和 K^+/Na^+ 比例。许多研究结果表明,棉花根部的 K^+ 向地上部分选择性运输可维持叶片中较高的 K^+/Na^+ 比例,这种选择性运输是棉花耐盐性的一个重要特点。从 K^+ 和 Na^+ 含量上看,K^+ 和 Na^+ 的积累呈正相关,而这种 Na^+ 和 K^+ 关系有利于保持 Na^+ 区域化分布并维持体内的离子平衡。一旦细胞膜 Na^+-K^+-ATP 酶活性受到抑制,这种平衡就会被破坏,从而引起细胞内 K^+ 亏缺和 Na^+ 积累引发的细胞凋亡。

降低地上部分盐分浓度是植物抗盐的重要机理之一。一年生盐生植物碱菀(*Tripolium vulgare*)、蒿属、盐芥的主要避盐途径是在根部不让外界盐分进入体内,或进入植物体后贮存在根部而不向地上部分运输,或只运输一部分,从而降低整体或地上部分的盐浓度,免遭盐离子毒害,同时大量合成有机相容性渗透剂和吸收、贮存一定量的无机离子,以降低细胞水势来避免渗透胁迫。耐盐水稻品种叶片中 K^+、Na^+ 离子总量较低,K^+/Na^+ 比例较高。耐盐小麦品种叶片的 K^+/Na^+ 比例与 K^+ 向地上部分选择性运输较强有关。耐盐大麦叶片中 Na^+、Cl^- 含量低的原因主要是根系对 Cl^- 的吸收较低,而吸收的 Na^+ 较多留存于根中,较少向地上部分运输。在中等盐浓度下大豆茎基含钠量显著高于叶片。耐盐芦苇最明显的特征是限制 Na^+ 向地上部分运输,即使在 500mmol/L NaCl 盐度下,其叶渗透溶质也主要是 K^+、Cl^- 和蔗糖,Na^+ 还不到10%。

21.2.4 改变碳代谢途径

一些盐生植物在盐胁迫条件下,可以通过改变光合途径来适应盐胁迫。其适应方式是调节气孔开与闭的节律。在盐胁迫下,植物往往会出现生理缺水现象,为克服盐的危害,减少因干燥、高温、蒸腾作用丢失的水分,C_4 植物和景天酸代谢植物气孔白天关闭,夜间张开。众多研究证据表明,这种气孔开闭运动的自我主动适应性调节,似乎可以被认为是植物在逆境胁迫下(如盐胁迫)谋求生存和发展的最主要和最重要的动力和策略。对一些碳代谢途径改变的兼性肉质植物,如马齿苋科植物以及模式植物冰叶日中花,在低盐度下是 C_3 光合途径,如果外界盐度增大,其光合途径转向景天酸代谢(CAM)途径。这种碳代谢途径的转变主要是通过 Cl^- 活化细胞中 PEP 羧化酶而抑制 RuBP 羧化酶来完成的。其他的如盐生植物滨藜,在盐胁迫下也可以从 C_3 转变成 C_4 光合途径。温特(Winter)等测量了 CO_2 固定和 PEP 羧化酶活性,证实碳代谢途径转变是受盐诱导的。碳代谢途径的改变有利于植物对盐胁迫的适应:改变气体(CO_2、H_2O)交换途径,减少 H_2O 蒸腾,改善碳营养生理过程。但是,整个光合作用途径转变涉及的基因很多,过程复杂。利用改变植物光合作用的途径提高植物耐盐性变得相当困难。

21.2.5 活性氧物质的清除及其在植物抗盐中的信号作用

植物在受到盐害时,产生的高浓度活性氧物质,从而破坏蛋白质结构,使 DNA 链骨架断裂,引起膜脂过氧化,导致细胞膜受损伤等。但是,抗盐植物具有不同的抗氧化胁迫能力以及适应性的调控措施,使 ROS 处于严格受控状态。抗氧化酶系统和抗氧化剂植物体内消除 ROS 的主要两种途径。抗氧化酶和抗氧化剂活性水平在植物受到盐胁迫时加强,协同抵抗盐胁迫诱导的氧化伤害,最终达到保护膜及其细胞结构的作用。在对盐生植物盐角草(*Salicornia europaea*)的研究中发现,膜脂过氧化作用的减轻和 SOD 保护作用的增强,是耐盐的主要过程。

近年来的研究发现,ROS 不单单是毒性代谢的产物,它的另一有益功能是作为信号分子参与细胞对逆境的适应,提高植物体的耐受性。研究指出,受到植物细胞保护酶等系统严格控制下的 ROS,作为信号分子,"有目的"地引导细胞适应改变了的环境,并可引发交叉抗性,导致其抵抗力和适应能力提高,维持有机体的生存。研究揭示,作为信号分子行使功能的活性氧物质主要是能够穿过细胞膜水通道进行跨膜扩散的 H_2O_2,诱发植物的适应性和防御性反应。研究表明,H_2O_2 诱导转基因烟草防御蛋白基因的表达。外源 H_2O_2 处理提高了玉米胚芽鞘的抗冷性和烟草细胞质 Ca^{2+} 的含量。

21.2.6　Ca^{2+} 在植物耐盐中的重要作用

钙是植物生长、发育必需的营养元素之一,在植物的生理过程中起着重要作用。研究证明,钙与维持细胞膜的完整性、降低逆境下细胞膜的透性、增加逆境下脯氨酸的含量等多种抗逆境的生理过程有关。

1. Ca^{2+} 参与气孔开闭的调节

关闭气孔,防止水分流失,是植物适应盐渍化环境的一种防御策略。已经证明,保卫细胞中 K^+ 的输入和输出是气孔开闭运动的重要机制。那么,又是什么因素调控着钾离子通道的活性呢?经研究发现,保卫细胞中 Ca^{2+} 水平调控着细胞膜钾离子通道的活性,引发 K^+ 跨膜流动方向性的改变,从而调控气孔的张开与关闭。当保卫细胞中的 Ca^{2+} 浓度增加时,它一方面抑制细胞膜 K^+ 内流通道的活性;另一方面,通过钝化细胞膜质子泵 H^+-ATP 酶活性,使细胞膜去极化,导致细胞膜 K^+ 外流通道活化,引起 K^+ 从保卫细胞中外流,从而使气孔关闭。因此,植物在盐胁迫时,引起细胞内(包括保卫细胞)Ca^{2+} 水平的升高,就会出现气孔关闭的适应性反应。

2. 细胞质 Ca^{2+} 增加诱导抗盐基因表达

在盐胁迫下,细胞质中 Ca^{2+} 水平升高,从而形成 Ca^{2+} 信号。增加的 Ca^{2+} 起着信使作用,它通过与起着枢纽作用的钙调素(CaM)结合,形成活化的 Ca^{2+}-CaM 复合体,接收外界盐胁迫信号,同时将信息传递到胞内,于是介导和协调细胞内各种依赖 Ca^{2+} 的生理生化过程,从调节离子运输到基因表达,最终达到对外界刺激做出相应的适应性反应。蛋白磷酸化在信号传递中有重要作用。钙依赖性蛋白激酶(CDPK)是植物体中最主要的丝氨酸/苏氨酸蛋白激酶,此酶由一个蛋白激酶催化结构域和一个位于 C2 末端的类似 CaM 的结构域构成,具有可与 Ca^{2+} 结合的 EF2 手型基序。Ca^{2+} 可直接与该类蛋白激酶中类似 CaM 的结构域结合而直接激活此酶,CDPK 为 Ca^{2+} 信使激活后,蛋白质发生磷酸化,钙信号放大,从而完成钙信号的传递过程。研究表明,转基因烟草在盐胁迫下,表达出一种磷脂酶修饰型物质,它在 Ca^{2+}-CaM 激活下表现出较高的磷脂酶活性,从而提高植物的抗盐性。红豆在盐胁迫下,钙调蛋白(MBCaM21 和 MBCaM22)表达量增高,4h 达到最大值。转基因拟南芥中,钙调蛋白结合蛋白 *AtCaMBP25* 基因反义链表达的植物耐 NaCl 胁迫的能力大于野生型植株。高粱根经渗透胁迫 1h 后,CDPK 活性增高,通过催化蛋白质的磷酸化,引发抗性基因表达。Ca^{2+} 还可通过对细胞膜水通道蛋白磷酸化的修饰作用,调节植物根细胞在渗透胁迫下的水吸收活性。拟南芥幼苗在盐和渗透胁迫中,随着细胞内 Ca^{2+} 暂时性增加,一种盐和干旱诱导的 *AtP5CS* 基因表达,脯氨酸积累和抗盐抗旱性增强。这些研究表明,盐胁迫引起的 Ca^{2+} 的流入对抗盐基因的表达、植物抗盐性的提高有重要意义。

21.3 植物盐胁迫信号转导途径

当盐胁迫来临时,植物细胞膜上的受体最先接收胁迫信号,然后将信号向下游转导,产生第二信使,包括钙离子、活性氧物质和肌醇磷酸盐(图 21-1)。这些第二信使,如肌醇磷酸盐,进一步调节细胞内钙离子的水平。钙结合蛋白,又称钙离子传感器,能感知细胞液中钙离子水平的改变。这些传感器分别与各自下游的分子相互作用,激活蛋白磷酸化的级联反应,最终引起功能蛋白表达或者由转录因子控制的特定种类基因的表达。这些基因的表达产物使植物能够适应不利的环境条件并正常生长。由此可见,植物单个细胞对于胁迫的响应就像是一个完整的有机体一样协调。胁迫诱导不仅使基因的表达发生了改变,还促进了一些植物激素(如脱落酸、水杨酸和乙烯)的产生。这些分子能够扩大胁迫反应最初的信号,并引起下一轮的信号转导,这种信号转导可能遵循与之前相同的路径,或者是完全不同的信号转导通路。辅助分子(例如修饰蛋白)可能没有直接参与信号转导过程,但它们却参与了

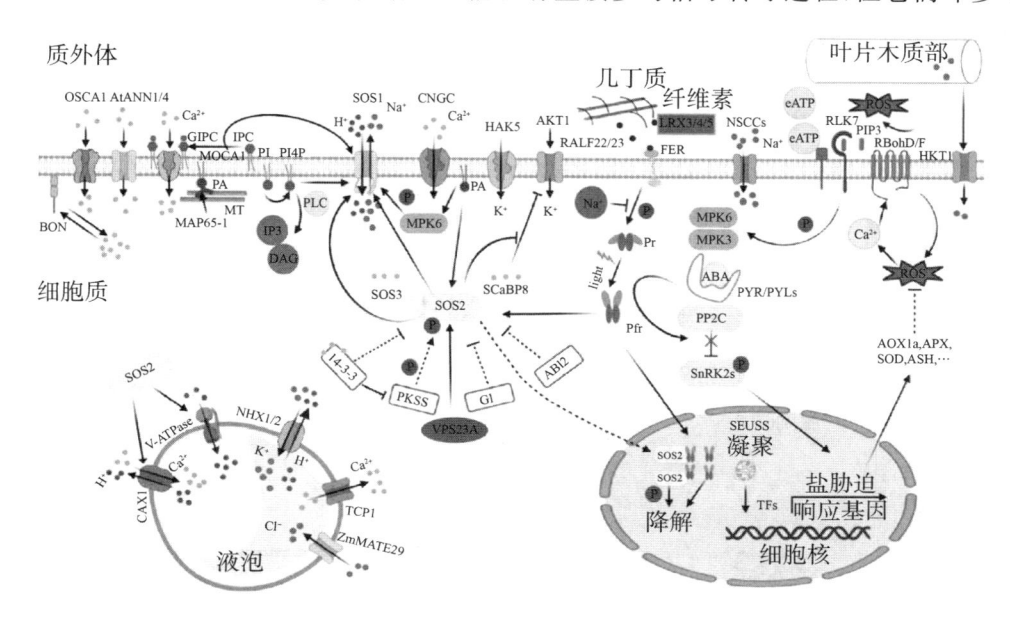

图 21-1 盐胁迫信号转导途径示意图

CWI:细胞壁完整性;GIPC:糖基肌醇磷酸神经酰胺;ROS:活性氧;SOS:盐超敏感

信号元件的修饰或组装,并能够附着在信号蛋白上与其协同作用。这些辅助分子包括豆蔻酰化酶、糖基化酶、甲基化酶和泛素化酶等。

目前已阐明与盐胁迫信号转导途径相关的有促细胞分裂原激活蛋白激酶(MAPK)信号转导途径、盐超敏感(SOS)信号转导途径以及其他蛋白激酶参与的信号转导途径(图21-2)。柏锡等将 *OsMAPK4* 基因整合到水稻基因中,发现转基因水稻种子在含 0.2mol/L NaCl 的培养基上能够正常萌发;转基因水稻幼苗在 0.4mol/L NaCl 处理时茎部仍然为绿色,种子萌发与幼苗生长情况略优于非转基因植株。迄今已从多种植物中分离到了 MAPK 基因,并发现 MAPK 级联途径与植物对干旱、高盐、低温、激素(乙烯、脱落酸、赤霉素、生长素)、创伤、病原反应、氧化反应以及细胞周期调节等多种信号转导途径有关,但各途径之间的相互关系还需进一步研究。Zhu 等通过突变和耐盐筛选,从拟南芥中筛选到一系列 SOS 突变株,发现了一个全新的植物盐胁迫信号转导途径。这些 SOS 突变体分属五个等位基因群,即 *SOS1~SOS5*。其中 SOS1、SOS2 和 SOS3 在同一信号转导途径中起作用,SOS2 的活化和 SOS2 与 SOS3 的相互作用都需要 Ca^{2+} 的参与,SOS3-SOS2 除了直接对 SOS1 进行磷酸化,还能够调节 SOS1 的表达。随后的研究还发现,SOS3-SOS2 还可能调节其他盐胁迫效应器的表达。蛋白激酶在胞内调节和细胞信号转导中也扮演了重要角色,它是位于细胞膜上的受体蛋白激酶,不仅能够感受外界胁迫信号,还参与胞内信号的转导。依据磷酸化氨基酸的种类可将蛋白激酶分为三类,即酪氨酸蛋白激酶、组氨酸蛋白激酶和丝氨酸/苏氨酸蛋白激酶,MAPK 即为丝氨酸/苏氨酸蛋白激酶。除 MAPK 外,其他类型的蛋白激酶也参与了盐胁迫的信号转导,主要包括钙依赖性蛋白激酶(CDPK)、受体蛋白激酶、GSK3/shaggy 激酶和组氨酸激酶等。除上述几种蛋白激酶外,还有其他蛋白激酶,如核糖体蛋白激酶、转录调控的蛋白激酶等。

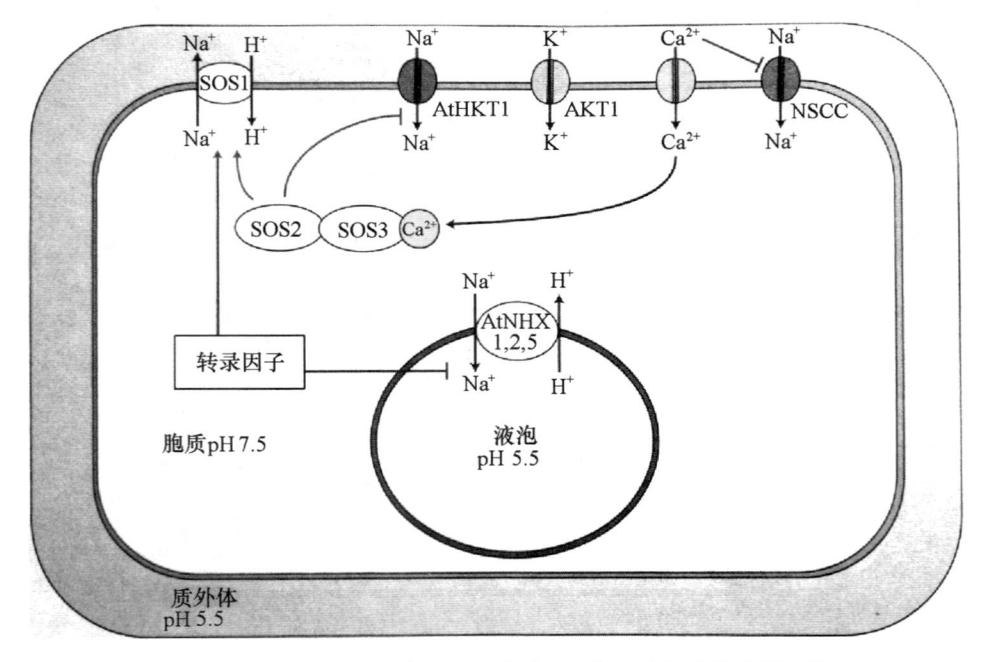

图 21-2 由 SOS 信号转导途径、盐胁迫和钙浓度调节的离子平衡

盐胁迫信号转导通路中涉及生理代谢、细胞防御、能量产生和运输、离子转运和平衡、细胞生长和分裂等诸多方面的相关基因,还有很大一部分至今未知其功能。这些基因以某种协调的机制发挥作用,维持盐胁迫下植物正常的生长发育。

21.4 植物抗盐相关基因

21.4.1 甜菜碱醛脱氢酶基因和胆碱单加氧酶基因

甜菜碱是植物体内一种无毒的小分子渗透调节剂,在盐碱、干旱、高温、寒冷等非生物胁迫条件下,许多生物积累甜菜碱。在植物中,甜菜碱是由胆碱经两步酶催化氧化形成的,催化第一步反应的酶是胆碱单加氧酶(CMO),而催化第二步反应的酶是甜菜碱醛脱氢酶(BADH)。目前,已克隆了几种盐生植物的 CMO 基因和 BADH 基因,并已在植物中得到表达,转基因植物的抗盐性有不同程度的提高。

21.4.2 肌醇-1-磷酸合成酶基因

肌醇也是植物体内重要的渗透调节物质,而肌醇-1-磷酸合成酶(INP)是肌醇生物合成中的关键酶,催化葡萄糖-6-磷酸到肌醇-1-磷酸的反应。王萍萍等研究发现,在盐处理下,碱蓬 SsINP 在叶中的表达量显著增加。

21.4.3 液泡膜 Na^+/H^+ 反向转运蛋白基因

液泡膜中的 Na^+/H^+ 反向转运蛋白(NHX)可促进 Na^+ 在液泡中的区隔效应,跨液泡膜的 pH 值为其提供能量。NHX 可将 Na^+ 外排并区隔到液泡中,这既是避免植物细胞质受 Na^+ 毒害的关键机制,又为水分吸收和膨压维持提供额外的渗透压调节剂。除一些盐生植物能够有效维持较低的 Na^+ 净流入量外,其他植物倾向于通过减少从根到茎的运输、Na^+ 脉内再循环和在根或干细胞液泡中的贮存来限制 Na^+ 在茎中的积累。前人通过功能上恢复 Na^+/H^+ 反向转运蛋白基因(ScNHX1)缺陷型酵母突变体,已从拟南芥中分离出了 AtNHX1 基因,并且发现 Na^+/H^+ 反向转运蛋白与哺乳动物 NHE 反向运输体具有序列相似性。在转基因拟南芥和转基因番茄中过表达 AtNHX1,可在液泡膜中积累大量的运输体,并且极大地提高它们的耐盐性。植物膜 NHX 将 Na^+ 转运到外质体,液泡 NHX 负责维持液泡中的 Na^+。目前已经从多种盐生植物中克隆到 Na^+/H^+ 反向转运蛋白基因,如猪毛菜、盐角草、盐爪爪和盐穗木等。

21.4.4 K^+/Na^+ 同向转运蛋白基因

当植物受到盐胁迫时,由于大量的 Na^+ 从根部进入植物体内,Na^+ 浓度增高,K^+ 的吸收受到抑制,形成低的 K^+/Na^+ 比例,从而对植物造成伤害。而 K^+/Na^+ 同向转运蛋白(HTK)具有调节植物体内 K^+、Na^+ 平衡的作用。目前,盐芥的 K^+/Na^+ 同向转运蛋白基因被克隆。

21.4.5　高亲和 K^+ 转运蛋白基因

高亲和 K^+ 转运蛋白(HKT)在盐胁迫中可介导 Na^+ 的装载与排除,通过运输 Na^+ 和 K^+,维持植物叶片的高 K^+/Na^+ 比例,与植物生长发育和胁迫应答相关。已有研究表明,维持叶片中低 Na^+ 浓度是植物增强耐盐性的重要策略。HKT1 介导 Na^+ 的低亲和性转运,在 Na^+ 从根到茎木质部的分配中起作用;玉米的 HKT1 促进叶片 Na^+ 排斥,其基因被鉴定为玉米(Zea mays)主要的耐盐性状位点。HKT1 与磷酸酶 PP2C49 发生相互作用,抑制 HKT1 上 Na^+ 的通透性,负调控其耐盐性。也有研究表明,HKT 基因在拟南芥木质部薄壁组织中表达,是介导拟南芥叶片耐盐和 Na^+ 排除的主要机制,单子叶作物中主要的耐盐数量性状位点也是 HKT。

在拟南芥、水稻和小麦中,HKT 主要通过介导木质部 Na^+ 外排来抵抗盐胁迫。HKT 基因在植物根、芽、叶和花等器官中都有表达,HKT 主要存在于植物木质部薄壁组织中。除 OsHKT1;3 外,所有 HKT 都定位于细胞膜。OsHKT1;3 定位于高尔基膜,其作用是将 Na^+ 运输到细胞质中。HKT 基因的表达经常受到胁迫条件的影响,例如高 Na^+ 浓度会增加 HKT 基因某些成员的表达,而降低其他成员的表达。HKT 基因的表达存在物种差异。在某些物种中,表达量在芽中上调,在根中下调;而在其他物种中观察到相反的结果。这表明,HKT 基因在植物拒盐方面的表达和调控是复杂的,它调节植物的多种机制来应对逆境胁迫。

21.4.6　HAK 转运蛋白基因

HAK 型 Na^+ 选择性离子转运蛋白负责调节根、茎 Na^+ 转运和根 Na^+ 含量。在大多数作物中,Na^+ 的排除和 K^+ 的转运吸收对于植物抗盐至关重要。研究发现,HAK 基因家族成员 ZmHAK4 基因介导玉米芽内 Na^+ 外排。ZmHAK4 优先在根中表达,可能通过从木质部汁液中提取 Na^+ 介导芽中 Na^+ 的外排,其在水稻和小麦中的直系同源物表现出相同的表达模式和离子转运特性。研究还发现,ZmHAK4 和 ZmHKT1(HKT1 基因家族 Na^+ 选择性转运蛋白)在促进芽 Na^+ 外排和植物抗盐方面具有不同的作用,说明 HAK 和 HKT 基因家族的组合可能促进玉米 Na^+ 外排。目前,已从多种植物中分离鉴定获得 HAK/KUP/KT 转运蛋白家族成员,其分别定位在植物的细胞膜、液泡膜和类囊体膜上。HAK 转运体被分为 4 个主要的簇,特别是簇 I 型转运蛋白被认为对 K^+ 具有高亲和性。高盐环境下,植物增加体内 K^+ 含量可减轻植物受盐胁迫程度,缓解植物地上部分的生长抑制。也有研究表明,簇 IV 型 HAK 转运体 ZmHAK4 是一个高亲和性的 Na^+ 选择性离子转运体,它可能通过从木质部汁液中提取 Na^+ 来促进茎、叶 Na^+ 外排,以提高抗盐性,这为 HAK 家族转运体的耐盐作用提供了新的理解机制。

21.4.7 液泡膜表达 H^+-ATPase H 的基因

在盐胁迫下,盐生植物一般将进入体内的 Na^+ 区域化至液泡中,从而保护植物体免受 Na^+ 的毒害作用。目前一致认为植物液泡 Na^+ 区域化主要依赖于液泡膜上 Na^+/H^+ 反向转运蛋白的活性。Na^+/H^+ 反向转运蛋白驱动的 Na^+/H^+ 反向转运活性为次级主动运输,需要液泡膜 H^+-ATPase H 提供质子驱动力。李艳艳等研究发现,盐生植物碱蓬在盐胁迫下 H^+-ATPase H 的表达量发生变化,从而克隆了表达 H^+-ATPase H 的基因。

21.4.8 抗盐相关基因转录表达元件

克隆耐盐基因最终目的是进行转基因研究,以改善农作物的耐盐性,拓宽植物体对土壤的适应范围,提高大面积盐渍化土壤的利用率。但是一些研究者发现,耐盐基因转入其他植物体后需发生沉默现象,因此,克隆耐盐基因转录、翻译表达元件成为必要。目前有研究者已经克隆到耐盐基因的表达调控元件,为阐明抗盐相关基因的表达调控机理奠定了基础。高峰等克隆到结合 DNA 的顺式元件 CCGAC 的转录因子 *CBF1*,并将其用于构建适于耐盐基因表达的植物表达载体,以提高其表达水平。Li 等克隆到了耐盐基因启动子。孙伟等克隆到了盐地碱蓬延伸因子 *SsEF-1A*。

21.4.9 甲硫氨酸合成酶基因和腺苷甲硫氨酸基因

甲硫氨酸合成酶(MS)作为植物种子萌发过程中一个必不可少的酶,是为 L-甲硫氨酸合成过程中最后一步反应提供甲基的转移酶,其产物甲硫氨酸是生物体内的一种必需氨基酸。甲硫氨酸虽然不是生物体蛋白合成的重要底物,但它却是生物体内不同代谢产物的前体。李燕等研究发现,在盐、氧化剂及低温胁迫下,盐地碱蓬中 MS 表达量先降低后升高,随着胁迫处理时间的延长,MS 表达量明显高于非逆境处理的对照,因此认为 MS 可能在保护盐地碱蓬免受高盐、低温胁迫及抗氧化过程中起重要作用。

21.4.10 钙调蛋白基因

目前,已经证实盐过敏感信号途径在植物耐盐中起调控作用。在这条途径中,Ca^{2+} 作为第二信使与 Ca^{2+} 结合蛋白结合,并激活下游一系列蛋白,进而调控植物的耐盐性。已有报道认为,与植物耐盐相关的一些重要蛋白都是在 Ca^{2+}/CaM 复合物的作用下发挥功能的。蔡伦等通过逆转录 PCR 技术从新疆三种盐生植物中克隆到了钙调蛋白基因。

21.4.11 miRNA 参与植物耐盐碱

我们已经知道某些蛋白质能够作为调控因子,在植物生长发育和适应环境中发挥重要作用。miRNA 和 siRNA 是两类小的非编码 RNA,在动植物的基因表达中也起着重要的调控作用。桑达尔(Sunkar)等构建了一个拟南芥逆境(包括脱水、盐碱、冷处理等)下的小的非编码 RNA 库,在随后的研究中,从 15 个 miRNA 家族、34 个基因座中发现了 26 个新的 miRNA。在外界环境压力的刺激下,其中一些 miRNA 在特殊组织表现出相应的表达量上调或下调,说明 miRNA 可能在植物抗逆境过程中有重要作用。

npcRNA(非编码 RNA)是一类不编码蛋白质的 RNA,其作用取决于 RNA 分子本身。其中的一些被当作调控因子,控制稳定性以及特殊 mRNA 的转录。在真核细胞中还参与发育事件和压力反应。阿莫尔(Amor)等在拟南芥中通过过表达分析,确定了两个作为根部调控因子的 npcRNA,分别调节盐胁迫下根生长和叶的形态,加上小的非编码 RNA,构成长的 npcRNA,包含转录组的一个敏感组成成分,在生长分化中各有重要作用。

21.4.12 甲基化参与植物耐盐碱

研究发现,在盐胁迫条件下,盐土植物冰花核基因组 CpNpG(N 是任意核苷酸)在 CCWGG(W 为 A 或 T)序列中的甲基化的水平增长了两倍,在二氧化碳吸收过程的景天酸新陈代谢途径(CAM)C_3 光合作用时发生卫星 DNA 超甲基化。C_4 光合作用和 CAM 的主要酶——磷酸烯醇丙酮酸羧激酶中 CCWGG 序列的甲基化图谱在基因的 5′-启动子区域没有改变,核糖体 DNA 的图谱也没变。因此,一个特殊的卫星 DNA 的 CpNpG 高甲基化在表达了一些新的代谢过程的条件下被发现。卫星 DNA 的 CpNpG 的超甲基化的功能可能与特殊染色体结构的组成有关,同时冰花植物为适应盐胁迫在 CAM 代谢中调节大量基因的表达。

植物耐热胁迫的分子生理
Molecular Physiology of Heat Resistance in Plant

植物的抗逆性一直是国际上植物生物学的研究热点,包括干旱、低温、高盐、病虫害等不良环境的胁迫。在逆境因子中,温度是影响植物生理过程的重要生态因子之一。植物体在生长发育过程中,经常会遭到高温胁迫,造成植物萎蔫甚至死亡,这与高温引起植物生理代谢紊乱和细胞组织结构的损伤等有关。高温会影响植物的生理生态过程,成为限制植物分布、生长和生产力的主要环境因子。高温胁迫又称热胁迫(heat stress),因每种植物生长的最适温度不同,产生热胁迫的温度也就有所不同。大部分植物在35~42℃受热胁迫。研究植物高温伤害的生理生化基础及其机理,将有助于人们采取有效的措施减轻高温的危害。因此,近年来对植物在热胁迫下的生理研究受到广泛关注。

22.1 热胁迫对植物表型的影响

热胁迫下植物的外部形态发生改变是热胁迫对植物影响的最直接的表现,但是不同生长习性的高等植物的耐热性是不同的。阳生植物的耐热性明显强于阴生植物。植物的抗热性以热带和亚热带原产者(如台湾相思、合欢、柠檬、桉树等)最强,温带植物次之,寒带植物(如洋槐、紫荆、白杨等)最弱。在同一地区生长的不同类型的植物耐热性也是不同的。C_4植物的耐热普遍高于C_3植物的耐热性;硬叶的木本植物的耐热性也高于肉质植物、蕨类植物。植物受高温危害后,会出现各种热害病征:树干(特别是向阳部分)干燥、裂开;叶片出现死斑、变褐、变黄;鲜果(如葡萄、番茄)烧伤,后来受伤处与健康处之间形成木栓,有时甚至整个果实死亡;出现雄性不育、花序或子房脱落等异常现象。耐热性植物的叶片厚,叶柄短,主根粗大，侧根多，生长速度较缓慢，这些形态特征意味着耐热植物能更好地吸收和保持水分。例如，在栽培的大白菜中发现，耐热性品种在炎热季节能形成紧实的叶球，内部充满嫩叶；但高温敏感性的品种在整个生长季节都保持莲座状，不能形成叶球，内部松散，高温下嫩叶几乎不能生长。生物量的积累情况也是反映苗木生长状况最重要的指标之一。热胁迫对北美乔柏和花旗松的高生长量及其生长速率有显著影响，对马尾松甚至没有显著影响。热胁迫对杉木苗生物量包括地上部分干质量、地下部分干质量、整株干质量均有显著影响，苗木根茎比也受显著影响。热胁迫对萝卜生长的影响主要是叶面积下降，根腐病大量发生，导致个体变小，品质变劣，产量下降。热胁迫下萝卜播收期为60天，播种后30天为长叶期，30～60天为长根期。

22.2 热胁迫对植物生理生化的影响

植物应对环境胁迫的生理代谢反应是非常复杂的，在长期的进化过程中，发展和形成了一套维持自身内稳态的生理机制。植物本身都具有一定的耐热性，特别是通过其体内的一些生理和生化机制能够抵御和适应一定程度和时间的热胁迫，比如通过植物体内光合元件的调控、细胞膜组分的变化、抗氧化系统对氧自由基的清除、热休克蛋白的合成以及一些其他代谢产物的渗透调节以获得耐热性，从而减缓高温对自身的伤害。

22.2.1 热胁迫对植物光合作用的影响

1. 热胁迫引起光合限制的气孔因素和非气孔因素

光合速率是叶片内外CO_2浓度梯度和扩散阻力的函数，叶片外面和叶绿体内羧化部位之间的这个浓度梯度越大和扩散阻力越小，叶片的光合速率就越高。CO_2从叶外向叶绿体内的羧化部位扩散时，会遇到多种阻力，其中气孔就是这个过程中重要的光合限制因子之一。热胁迫引起气孔关闭有两种原因：一是因为高温加速了叶片水分蒸腾，为防止叶片含水量的进一步降低，气孔关闭以减小蒸腾速率，进而引起光合降低；二是由于高温导致光合下降引起细胞间CO_2浓度升高而间接引起气孔的关闭。引起光合下降的原因主要分为气孔因素和非气孔因素两大类。只有气孔导度与CO_2浓度以相同的方式变化时，才能确定光合的变化是气孔限制造成的。否则尽管气孔关闭，但引起光合下降的主要因素仍然为非气孔因素。高温胁迫下无柄小叶榕的气孔导度明显下降，但CO_2浓度的变化基本维持稳定，说明尽管高温胁迫下诱导了部分气孔的关闭，但气孔因素并不是引起光合下降的主要原因，这与栎树、柑橘的研究结果一致。

目前，对热胁迫引起光合下降归因于气孔限制还是非气孔限制的意见不同。这可能与所用的实验材料、实验方法、处理时间等的不同有关。通常认为光合速率的抑制是以气孔限制还是非气孔限制为主导与热胁迫时间有关：一般在热胁迫初期主要以气孔因素为主，而在热胁迫后期则由于光合活性的混乱为主的非气孔因素。有研究认为热胁迫引起的光合下降主要与气孔关闭而导致的气孔限制有关,由于降低蒸腾作用使气孔导度的下降,最终导致羧化反应中 CO_2 可利用性的下降;但也有研究发现热胁迫虽然导致净光合速率、气孔导度和蒸腾速率的下降,但导致其胞间 CO_2 浓度反而上升或者基本维持不变,说明非气孔因素在光合速率下降中起了主导作用。非气孔因素引起净光合速率的降低的过程非常复杂,包括叶肉导度、光能吸收与传递、PSⅡ活性、电子传递速率、光合磷酸化、ATP 酶活性、碳同化反应关键酶活性等等,RuBP 再生和磷酸丙糖利用的受阻也能引起光合能力的下降。

2. 热胁迫对光合色素的影响

叶片光合色素含量变化是叶片生理活性变化的重要指标之一。光合色素在光能的吸收、传递、转换和激发能的耗散等方面有重要的作用,与光合速率大小具有密切的关系。在热胁迫下,通常呈现出随着胁迫时间的延长 Chl 含量下降的趋势,胁迫开始时 Chl 含量下降幅度较小,后期下降的幅度较大。热胁迫下的甜瓜叶片 Chl 含量呈下降的趋势,且随着胁迫时间的延长,下降的幅度愈大。宰学明等研究表明,在高温 42℃ 处理过程中,花生幼苗的 Chl 含量随着处理时间的延长而下降,表现为初期下降幅度平缓,后期变化明显。高羊茅(*Festucaarund inacea* 'barlexas'),在长期高温处理后,总 Chl 比对照降低了 29.3%,而 Chla/b 比例比对照上升 35.7%。这说明 Chlb 比 Chla 减少得更快,而 Chlb 主要存在于两个光系统的天线色素中,这说明高温处理后叶片吸收和传递到 PSⅡ 反应中心的光能降低。高温下 Chl 总量下降的可能原因有三个:一是高温降低了 Chl 合成相关的酶活性,使植物 Chl 生物合成减少,降低 Chl 的含量;二是热胁迫下 Chl 降解相关的酶活性升高,加速了 Chl 的降解;三是植物体内含量上升的活性氧物质氧化破坏 Chl。但也有报道指出,随着热胁迫加重,高羊茅的 Chl 含量增加,造成这种现象的原因可能是热胁迫下 Chl 的分解较慢,但叶片内水分减少较快,Chl 含量也就相对增加了。在适度的热胁迫过程中,低浓度氮素营养处理的小麦(*Triticum aestivum*)叶片中 Chl 及可溶性蛋白含量、F_v/F_m 及 $\Phi_{PSⅡ}$、表观量子效率稍微下降;较高浓度氮素营养处理的小麦叶片中 Chl 及可溶性蛋白含量、表观量子效率及光饱和速率明显增加。低氮条件下,小麦叶片中 Chl 含量和可溶性蛋白的含量降低,这可能与叶片的水分状况有关;而在较高浓度氮素处理的小麦叶片中,随着热胁迫的进行,Chl 和可溶性蛋白的含量增加,说明氮素营养能够促进逆境条件下 Chl 与可溶性蛋白的积累。

3. 热胁迫对 PSⅡ 和线性电子传递的影响

高等植物的光合作用是对热胁迫最敏感的生理过程之一,而植物 PSⅡ 是光合作用机构中对高温最敏感的组分。PSⅡ 位于类囊体膜内侧,是光合电子传递链上多个亚基色素蛋白复合体,它能利用光能推动一系列的电子传递反应,氧化水释放氧气和质子,并将电子传递到质体醌(PQ),在光合作用响应环境胁迫中起着关键的作用。因此,有关 PSⅡ 对环境胁迫响应的研究对阐明植物耐受环境胁迫的光合内部机制是非常重要的。PSⅡ 常被认为是光抑制的原初位点和主要作用部位。

研究发现,高温引起豌豆磷酸化的 LHCⅡ 数量增加,并且磷酸化的 LHCⅡ 从垛叠区向非垛叠区迁移,高温还会影响与基粒区相连的 LHCⅡ 的捕光机制。另有实验表明热胁迫导致 LHCⅡ 从 PSⅡ 反应中心脱落。现在认为增加温度首先导致 PSⅡ 反应中心的障碍,然后天线色素蛋白从PSⅡ核心解离。光合放氧是植物PSⅡ特有的功能,高温处理后33kDa的锰簇蛋白从PSⅡ反应中心复合体中释放,引起PSⅡ放氧活性的丧失。永井(Enami)等认为高温处理的菠菜PSⅡ膜片段首先发生PSⅡ的锰稳定外周33kDa蛋白的释放,然后锰原子释放,放氧活性丧失。山根(Yamane)等还提出了高温下菠菜PSⅡ的降解过程模式:高温使PSⅡ复合体降解至少要经过两个中间类型,锰稳定33kDa蛋白从PSⅡ复合体中释放或松散地与PSⅡ结合,光下放氧变得不稳定。当温度恢复到适温,33kDa重新与PSⅡ复合体结合,PSⅡ表现出稳定的放氧活性。这个过程是可逆的。但用更高的温度处理,PSⅡ完全失活,即使在25℃下也不能恢复活性。

利用叶绿素荧光动力学技术可以快速、无损伤地测定叶片PSⅡ的光系统对光能的吸收、传递、耗散、分配等方面的特征,极大地促进了有关热胁迫对光系统影响的研究。一般认为热胁迫对PSⅡ的光抑制包括慢性光抑制及动态光抑制:前者表现在PSⅡ的最大光化学效率(F_v/F_m)的下降,不易迅速恢复;后者表现在可以迅速恢复的PSⅡ量子效率的下调。慢性光抑制是由于胁迫降低了激发能的利用率,包括碳同化、氮同化和Mehler反应等,过多的激发能导致PSⅡ的光氧化加剧,通过F_v/F_m能够直接反映PSⅡ反应中心是否失活或受到了损伤。但已有的有关热胁迫影响植物光系统的研究还存在着较大差异。一些研究认为热胁迫抑制了PSⅡ的活性,主要反映在F_v/F_m的下降,因此提出F_v/F_m可以作为热胁迫的指标。但也有研究发现高羊茅经过适度的高温处理(0~12天),并没有引起F_v/F_m的明显改变,说明0~12天的高温处理没有导致光抑制,也没有明显破坏PSⅡ复合体。植物在吸收的光能超过所利用的能量时,会启动非辐射能量的耗散途径来耗散过剩的激发能,以保护光合机构免受伤害。但是在长期高温处理(30天)后,高羊茅的NPQ明显降低,表明长期高温胁迫下,高羊茅的能量耗散机制可能遭到伤害。NPQ表示PSⅡ天线色素吸收的光能不能用于光合电子传递而以热的形式耗散的部分。qE是NPQ的主要部分,它依赖于跨类囊体膜的pH梯度(ΔpH),并受叶黄素循环等许多因素调控。qE在长期高温下变化趋势与NPQ基本相同,表明NPQ的下降主要是由于qE的下降引起的。因此,可能是由于长期高温胁迫使电子传递降低,从而ΔpH不能有效的形成,使得能量耗散机制遭到伤害。qI也是NPQ的重要组成部分,主要与光抑制程度相关,Rubisco活化酶的失活、D1蛋白的降解和PSⅡ反应中心的失活可能在这种机制中起作用,高温胁迫使qI明显上升,说明长期高温使高羊茅受到明显的光抑制,这一结果与F_v/F_m的变化相吻合。叶绿素荧光的其他参数$\Phi_{PSⅡ}$、F_v'/F_m'和qP也都用于反映光下PSⅡ的运转状况。其中,$\Phi_{PSⅡ}$反映了PSⅡ的实际光化学效率($\Phi_{PSⅡ} = F_v'/F_m' \cdot qP$);$F_v'/F_m'$反映了光下开放的PSⅡ反应中心的激发能捕获效率;qP为光化学猝灭参数,反映了光下PSⅡ反应中心的开放程度和原初电子受体Q_A的氧化还原程度,其值越小,表明Q_A的还原程度越高。由于$\Phi_{PSⅡ}$是受qP和F_v'/F_m'共同影响的结果,而在高温胁迫下,无柄小叶榕的qP、F_v'/F_m'、$\Phi_{PSⅡ}$和ETR等参数明显下降,说明高温胁迫使开放PSⅡ反应中心部分和PSⅡ反应中心光能转换效率都下降,从而降低了电子传递能力,导致用于CO_2同化的光能减少。但是随着高温胁迫的进一步加重,在16天后F_v/F_m则明显降低。综上可见,热胁迫对PSⅡ的影响存在着差异,且这种差异与植物种类、高温处理程度、处理时间等有关。

4. 热胁迫对 PS I 及循环电子传递的影响

与 PS II 相比，PS I 的功能在热胁迫下比较稳定，因而对它的研究也较少。许多研究人员都已证明 PS I 比 PS II 更具有热稳定性。已经发现在体内或体外温度升高时，都能促进 PS I 的活力。这种温度的刺激和围绕 PS I 的循环电子流增大有密切关系。事实上，热胁迫会诱导 PS I 环式电子流的上升。因此尽管高温使光合线性电子传递功能明显下降，但是类囊体仍然维持了较高的 ΔpH，促进 NPQ 有效地耗散过量光能。热胁迫下，叶片碳同化能力较弱，因而过剩的激发能积累较多。NPQ 的明显上升，有助于耗散过剩的激发能，有效地保护光合机构，防止热胁迫对光合机构的影响。但是 NPQ 是依赖于电子传递产生的跨类囊体膜的 ΔpH，而研究中 ETR 却明显下降。这可能就是 PS I 环式电子流上升的结果。围绕 PS I 环式光合电子传递能耦联光合磷酸化提供 ATP，以提供适应环境胁迫而进行的各种响应活动所需要的额外能量，而且有助于跨类囊体膜两侧的 ΔpH 的形成，从而有效地耗散逆境胁迫所引起的过剩激发能，保护光系统不受伤害；最后是有助于状态转换，通常 CEF1 的加强伴随光系统向状态 II 的转换，从而减少 PS II 对光能的吸收，起到较好的保护作用。有关 CEF1 有助于提高 C_3 植物耐胁迫的更多证据来自对棉花、大麦、玉米、烟草、小麦等的温度胁迫的研究。

5. 热胁迫对 CO_2 同化的影响

热胁迫对植物光合作用的影响还表现在 CO_2 同化的过程中，高温处理导致了高羊茅 P_n（光合速率）的明显下降和光补偿点、CO_2 补偿点的上升，这说明高温处理降低了高羊茅对光强和 CO_2 的利用效率。根据法夸尔（Farquhar）等提出的光合作用模型，在 P_n-C_i 响应曲线中，P_n 呈直线上升的阶段主要反映了 Rubisco 的活性，随着 C_i 的继续增加，P_n-C_i 曲线变得平缓直至不再上升，这时光合作用受到 RuBP 的再生和无机磷的限制。高温处理高羊茅 30 天后，羧化效率（CE）、Rubisco 最大羧化效率（$V_{c,\max}$）和 RuBP 最大再生速率（$J_{\max}$）都显著降低，而前两者直接取决于 Rubisco 酶的羧化活性，$J_{\max}$ 则取决于电子传递过程中同化力的多少和 RuBP 再生系统中酶活性的高低，因此热胁迫明显降低了 Rubsico 羧化酶的活性和 RuBP 再生速率。早在 1981 年，韦斯（Weis）就报道了高温能够抑制 Rubisco 和 CO_2 固定。事实上在热胁迫下，大多数植物的 Rubisco 活力被不同程度地抑制，并且温度升高得越快，这种抑制就更加严重。这就表明高温抑制卡尔文循环的主要位点是 Rubisco，使 Rubisco 催化能力大大减小。叶片组织在高温下 qN 的增加，表明由于卡尔文循环活力的抑制引起了 ATP 和 NADPH 的使用减少。由于在高温时 Rubisco 活力下降与 CO_2 固定的抑制紧密相关，基于这个发现以及萨尔武奇（Salvucci）等对 Rubisco 活力的理解，费勒（Feller）等推测温度升高使 qN 的增加可能是由于 Rubisco 活化酶被抑制而引起的。

热胁迫明显降低了 Rubisco 酶的初始活力，而且下降的程度大于 F_v/F_m、qP、F_v'/F_m'、Φ_{PSII} 和 ETR。特别是与 PS II 活性相关的 F_v/F_m 仍然保持较高的水平，因此 PS II 对高温的敏感性低于参与碳同化的酶类，实验中高温引起 Rubisco 初始活力的迅速失活成为限制光合作用的主要因素。其他研究也表明，Rubisco 活力和 F_v/F_m 对高温的敏感性明显不同。在 40℃ 的高温下 Rubisco 活力的主要是瞬间失活。而通过 F_v/F_m 的测定表明，在黑暗中

40℃的高温持续32min时,PSⅡ的功能并没有改变;45℃持续1min时F_v/F_m也没有明显的改变,而Rubisco活力则减少了50%。这些结果表明,在稍高温或者热胁迫的初期,ATP的合成和电子传递并没有被破坏。近来的研究表明,改变类囊体膜中脂类的含量能影响植物对高温的反应,并能改变光合作用发生不可逆抑制的温度。因此有可能F_v/F_m不能检测膜的细微的变化。

研究表明,热胁迫并没有引起无柄小叶榕Rubisco总活力的明显改变,Rubisco总活力是Rubisco全部激活后的活力,与Rubisco含量密切相关,因此,Rubisco含量对高温的敏感性也大大低于Rubisco初始活力。热胁迫导致RuBP、3-PGA的变化和对Rubisco初始活力的抑制是一致的。RuBP是Rubisco氨甲酰化的潜在的抑制子,而这种抑制能被RCA改善。热胁迫下光合作用关键酶Rubisco和Rubisco活化酶活性的下降非常明显。但Rubisco本身其实具有很强的耐热性,而Rubisco活化酶对高温非常敏感。因此,Rubisco的失活可能主要是由于Rubisco活化酶被高温抑制,使Rubisco不能被有效地激活,从而引起光合CO_2同化效率降低。夏基(Sharkey)用反义RCA基因的烟草分析了高温对光合作用的抑制和Rubisco的关系,发现热胁迫后野生型烟草的光合作用恢复很快,而反义Rubisco活化酶烟草很少恢复。在分离的叶绿体和完整植株的叶绿体中,高温Rubisco活力的抑制都和光合作用的抑制密切相关。而且,劳(Law)等观察到光合作用和Rubisco活力对热胁迫具有相同的模式。

22.2.2 热胁迫对抗氧化物质的影响

植物的光抑制不只是发生于光能绝对量过高时,更多的是发生于当植物吸收的光能超过了其光合作用所能利用的范围时,所以当植物在遭受环境胁迫而导致其光合能力降低时,就会发生光抑制,由此造成碳同化的下降,引起光合电子传递链的过还原,过多的电子会因此传给分子氧,并引起氧气的单价还原或原子排序异常,从而产生超氧阴离子($\cdot O_2^-$)、羟基自由基($\cdot OH$)、过氧化氢(H_2O_2)、单线态氧($^1O_2$)。它们有很强的氧化能力,性质活泼,故称为活性氧物质(ROS)。在正常情况下,细胞内自由基的产生和清除处于动态平衡状态,自由基水平很低,不会伤害细胞。可是当植物受到热胁迫时,这个平衡就被打破。热胁迫会在叶绿体和线粒体中诱导产生大量ROS,从而造成氧化应激。这些ROS主要在PSⅠ和PSⅡ中产生。在PSⅡ中,过量的能量会引起叶绿素三重态,将激发能量传递给O_2,产生$^1O_2$。而PSⅠ的过度还原会聚集$\cdot O_2^-$,促进H_2O_2的产生。ROS可以作为次级信使来激活HSR(初级热激反应)。但是过量的ROS也会损害植物,对植物的HSR产生负面影响,甚至触发细胞程序性死亡。ROS(例如$\cdot O_2^-$、H_2O_2)可以通过改变细胞膜性质、降解蛋白质和使酶失活来诱导氧化应激,从而降低植物细胞的生存能力。自由基伤害细胞的主要途径可能是逆境加速膜脂过氧化链式反应。而在植物组织中,ROS通过各种途径对许多生物功能分子起破坏作用,包括引起膜的过氧化作用。然而,植物体中也有防御系统,以降低或消除ROS对膜脂的攻击能力。植物体内清除ROS的酶类主要有超氧化物歧化酶(superoxide dismutase,SOD)、过氧化物酶(peroxidase,POD)、过氧化氢酶(catalase,CAT)、谷胱甘肽还原酶(GR)

等。SOD可以消除·O_2^-，产生H_2O_2，而H_2O_2可被CAT分解。抗坏血酸过氧化物酶可将H_2O_2分解为H_2O。具体来说，是抗坏血酸过氧化物酶、脱氢抗坏血酸还原酶和谷胱甘肽还原酶等共同起作用，把H_2O_2除去，这一系列反应以其发现人的名字命名（为Halliwell-Asada途径）。除了SOD、CAT和POD等保护酶系统外，还有维生素E、谷胱甘肽、抗坏血酸、类胡萝卜素等天然的非酶自由基清除剂，称为抗氧化物质。

不同热胁迫温度同时胁迫两树种，华北落叶松（*Larix principisrupprechtii*）SOD活性始终高于油松（*Pinus tabulaeformis*）；各温度胁迫短时间内华北落叶松POD活性高于油松，胁迫超过一定时间，油松POD活性及上升幅度均高于华北落叶松，即在长时间热胁迫时，油松能维持较高的POD活性。一般认为，尽管SOD可清除氧自由基，减轻膜脂过氧化对细胞内其他部位的伤害，但这种保护作用是有限的。胁迫后期，当胁迫压力超过植物所能承受的极限时，高温会破坏酶的活性中心，通过改变酶的结构或抑制酶的表达，使得酶活性下降。而作为分解H_2O_2关键酶的CAT与POD可能存在着在温度和时间范围上的分工合作。热胁迫下植物中POD活性的变化主要有三种趋势：一是POD活性先升高后下降。李英丽等认为，在45℃热胁迫下超氧阴离子的迅速产生，使POD活性明显增加，在胁迫3h左右达到高峰，而后迅速下降；并认为随着处理时间的延长，POD的结构可能受到破坏，导致活性下降，MDA含量的增加即可间接证明。二是一些植物中POD活性先下降后上升。三是某些植物经热胁迫后POD活性下降。

外源水杨酸预处理能减缓热胁迫下鸡冠花幼苗叶片中水分的散失，提高叶片中的SOD活性，增加Pro的积累，有效去除氧自由基，抑制相对电导率和MDA的增加，从而保持较高的Pn。外源水杨酸可以通过维持植株水分平衡、提高抗氧化能力、保护膜结构与功能来降低热胁迫对鸡冠花幼苗的伤害，但降低效果因品种而异。外源脯氨酸也促进热胁迫下愈伤组织细胞POD、CAT和SOD酶活性保持较高水平，增强耐热性。适当的高温锻炼也可诱导植物体内抗氧化酶活力的提高，以增强植物的抗热性。经热胁迫处理后，各种SOD同工酶条带亮度均呈现不同程度的增强-减弱的变化趋势，并诱导产生了一条新的Cu/Zn-SOD条带，与此同时Mn-SOD条带最先消失。由此推测，鸡冠花（*Celosia cristata*）品种间耐热性差异与其SOD活性有关，与胁迫强度相对应，同时也与Cu/Zn-SOD的诱导产生关联。

与此同时，ROS也是植物体在胁迫条件下的一种信号转导因子，启动了ROS清除系统以及抗胁迫基因系统的表达。目前，越来越多的研究认为H_2O_2可能是一个重要的信号因子。在热胁迫下，大叶黄杨的H_2O_2和超氧阴离子的产生速率升高，但都没有超过对照的两倍，升高的幅度与线性电子传递、光合碳同化的关键酶Rubisco的降低的幅度明显不符，体内SOD、POD的升高幅度也不大，CAT的活性基本没有变化，这些结果都说明大叶黄杨的ROS在高温下可能只起了信号物质的作用。

22.2.3 热胁迫对细胞膜结构的影响

在正常条件下，生物膜的脂类和蛋白质之间是靠静电或疏水键相互联系着。细胞膜是细胞与外界环境之间的一道屏障，生物体中物质代谢、能量转化、代谢调控以及激素的作用等均与细胞膜有关。因此细胞膜系统的稳定性是热损伤和抗热的中心所在。植物在高温逆境下的伤害与脂质透性的增加是高温伤害的本质之一。热胁迫引起的膜伤害与自由基的产生及积累有关,高温打破了细胞内 ROS 产生与清除之间的平衡,造成超氧阴离子、羟自由基等 ROS 的积累。由于 ROS 具有很强的氧化能力,可使细胞内许多功能分子的结构与功能受到破坏,特别是膜脂过氧化作用引起膜蛋白与膜内脂的变化。热胁迫下,细胞膜的生物分子的动能增加和运动会使化学键松弛,导致膜脂分解、细胞膜的流动性逐渐增大,而植物细胞电导率通常与其耐热性呈反比。同时,随着细胞渗透性的增加、细胞电解质的流失、热胁迫引起的 ROS 过量积累,细胞功能受到了抑制,植物的耐热能力也会被进一步影响。高温会加剧膜脂过氧化作用,此过程的产物之一是 MDA,它常作为膜脂过氧化作用的一个重要指标。热胁迫下大多数植物 MDA 含量都表现出增加的趋势。这主要是因为高温下生物膜功能键断裂,导致膜蛋白变性,膜脂分子液化,膜结构破坏,引发了膜透性增大,细胞内电解质外渗,使正常生理功能不能进行,甚至导致细胞死亡。热胁迫破坏番茄叶肉细胞叶绿体被膜和类囊体系统正常的超微结构特征,并且耐热性不同的番茄品种之间存在明显差异。吴国胜等研究认为,耐热性强弱不同的大白菜品种在细胞膜热稳定性上存在明显差异,经 28~38℃ 的短期(1 天)高温锻炼能提高细胞膜热稳定性。而 Ca 预处理对热胁迫的超微结构的完整性具有一定的保护作用,并且能使 Ca^{2+}-ATP 酶在热胁迫下维持较高活性,增强辣椒(*Capsicum annuum*)幼苗的抗热性。热胁迫使叶肉细胞膜相对透性升高,草酸处理则减轻升高幅度。植物在干热胁迫下的抗氧化能力越强,则越能迅速降低自由氧对细胞膜的伤害,对逆境的适应性就越强。

类囊体膜的稳定性对高温条件下作物的光合效率有直接影响,在很大程度上影响着其他生物膜的稳定性,而且类囊体膜上的脂类在捕光天线复合体组装方面起作用。由于 PSⅡ 复合体和类囊体膜整合在一起,有些研究人员认为膜的物理性质对光合作用热稳定性起重要作用。现在认为高温时 PSⅡ 的失活和类囊体膜的脂相的变化直接相关。增加温度能增强膜脂的流动性,形成非双层脂类结构。膜脂的变化可能是由于脂类-蛋白质相互作用的去稳定作用,阻碍了 PSⅡ 的功能。类囊体膜的稳定性与膜脂的饱和程度有关,而膜脂的饱和程度主要是由膜脂组分及其不饱和脂肪酸的含量决定的。许多研究表明,高温下类囊体膜脂饱和程度的提高能够增强膜的稳定性,从而有利于植物抵抗热胁迫。但是贡博(Gombos)等研究发现,不饱和膜脂有稳定高温条件下蓝藻放氧活性的功能。在类囊体膜中,糖脂的主要成分为单半乳糖甘油二酯(MGDG)和双半乳糖甘油二酯(DGDG),DGDG 结合在 PSⅡ 反应中心,这两种糖脂占膜脂总量的 70%(摩尔分数)以上。

磷脂组分仅为磷脂酰甘油(PG),而非磷脂酰胆碱(PC)。具有反式 C16-烯酸酰基键的 PG 是维持 PSⅡ 和 PSⅡ 捕光色素蛋白复合体的活性寡聚体结构以及 PSⅡ 反应中心 D1 蛋白适宜结构所必需的。通过对缺失某一特定脂类的突变体的分析研究,已经确定了光合机构中某些脂类的重要功能。Sato 等用 *hf-2*(一种缺失 SQDG 的 *Chlamydomonas reinhardtii* 突变体)为材料,发现 SQDG 能提高热胁迫下 PSⅡ 复合体的稳定性,SQDG 同 PSⅡ 复合体相结合维持其正常构象,并且有利于热诱导 PSⅡ 失活的恢复。Yang 等研究发现,热胁迫下 DGDG 能够稳定菠菜 PSⅡ 中心复合物,可能的机理是 DGDG 抑制 33kDa 蛋白从中心复合物中的释放。

与冷害相同,植物抗热性也与生物膜膜脂的不饱和脂肪酸含量和不饱和程度有关。脂肪酸的碳链长度和键数不同,在高温条件下的固化温度就不同,抗热性就不同。碳链越长,固化温度越高;相同碳链越长时,不饱和键数越少,固化温度越高。固化温度越高,膜越不易维持流动性,细胞不抗高温,易死亡。

22.2.4 热胁迫对渗透调节物质的影响

植物体内脯氨酸是一种理想的有机溶质渗透调节物。在正常状态下,植物体内脯氨酸含量很低,在逆境条件下则在植物细胞内大量积累,积累的游离脯氨酸与其耐热性呈正相关,反映了植物受胁迫时的渗透调节能力。一般耐高温能力强的植物在正常环境下的脯氨酸含量比相同种类耐高温能力弱的植物的多,在高温环境下脯氨酸含量上升也较快。铁炮百合(*Lilium longiflorum*)幼苗在37℃/32℃(昼/夜)高温处理下,脯氨酸含量、MDA含量和相对电导率明显上升,且三种指标之间具有显著相关性,可以作为耐热性鉴定指标。常温下耐高温能力强的基因型植物中的脯氨酸含量比耐高温能力差的要高,而且耐高温能力强的植物中的脯氨酸含量跃升得也较快。可溶性糖是植物体内一类重要的渗透调节物质,对植物提高抗性具有重要的作用。一般在热胁迫下植物体内可溶性糖会累积。热胁迫处理对杉木针叶中的果糖含量的影响不明显,但对葡萄糖和蔗糖的含量却有显著影响,随着热胁迫程度的加深,葡萄糖和蔗糖含量明显提高。热胁迫处理下马尾松、北美乔柏和花旗松针叶中三种可溶性糖含量均呈上升趋势。热胁迫下黄连中的淀粉等大分子物质降解加快,因而体内可溶性糖含量不断增加。郁万文等研究也发现,高温下银杏可溶性糖含量上升,回复至正常温度时又下降。

22.3 植物的热休克蛋白家族

在高于植物正常生长温度5℃以上,植物体内会产生大量的新的蛋白,称为热休克蛋白(heat shock protein,HSP),也称为热激蛋白。它最早是在果蝇中发现的,现已证明普遍存在于动物、植物和微生物中。HSP在植物中存在于细胞中胞质溶胶、线粒体、叶绿体、内质网等不同部位。亚致死强度的热胁迫会诱导细胞产生热激反应,开始转录新的mRNA,合成热休克蛋白,从而在较大程度上保护细胞和植物体免受更严重的热损伤,并使细胞结构和生理活性恢复正常,最终提高植物的耐热性。热休克蛋白的积累在植物的热激反应和获得耐热性中起着主要作用,信号通路在耐热性中也发挥着重要作用。HSP起着维系细胞动态平衡的作用,在激酶底物激活、DNA修复、应激信号传导以及转录因子空间结构维持等过程中,HSP同样以分子伴侣的形式发挥着重要作用。已有研究表明,在热胁迫之下,HSP21是拟南芥叶绿体发育所必需的。

22.3.1 热休克蛋白种类

在系统发育中，HSP 是一类氨基酸序列与功能极为保守的蛋白质，它的种类很多，相对分子质量为 $1.5\times10^4\sim1.1\times10^5$ 或更高。根据相对分子质量大小，HSP 可以分为 HSP100、HSP90、HSP70、HSP60 和小分子热休克蛋白（smHSP）五大类（表 22-1）。其中，smHSP 又具有相当多的种类，如大豆有 27 种相对分子质量在 $1.5\times10^4\sim2.5\times10^4$ 之间的 smHSP，其中 6 种是增加合成，21 种是诱导合成。已研究过的植物 smHSP 大都在 20 种以上。植物在热逆境反应中，其 HSP 基因表达迅速增加，导致热休克蛋白的迅速累积。在逆境条件下，特别是热激下的一系列细胞活动过程中，HSP 主要起分子伴侣的作用，如 HSP100 蛋白参与聚集蛋白的再增溶，smHSP 帮助部分折叠或已变性的蛋白再折叠和恢复活性。此外，smHSP 也具有调节膜的流动性和组成的作用。

表 22-1　植物中发现的五类热休克蛋白

HSP 类别	相对分子质量（$\times10^3$）	实例（拟南芥/原核生物）	细胞定位
HSP100	100～114	AtHSP101/ClpB，CipA/C	细胞质、线粒体、叶绿体
HSP90	80～94	AtHSP90/HtpG	细胞质、内质网
HSP70	69～71	AtHSP70/DnaK	细胞质/核、线粒体、叶绿体
HSP60	57～60	AtTPC-1/GroEL，GroES	线粒体、叶绿体
smHSP	13～30	AtHSP22，AtHSP20，AtHSP18.2，AtHSP17.6IBPAB	细胞质、线粒体、叶绿体、内质网

22.3.2 热休克蛋白的特点

1. 同源性

HSP 是目前发现的最保守的蛋白质之一，同一类型的 HSP 具有高度同源性。即使亲缘关系很远的原核生物和真核生物，同一类型的 HSP 也有很高的同源性。例如，真核生物 HSP70 和大肠杆菌的 HSP70 的同源性大于 65%。玉米、矮牵牛、拟南芥、大豆、豌豆、绿藻等细胞质 HSP70 氨基酸的同源性达 75%。但是不同类型的 HSP 同源性较低。例如，豌豆 HSP18.1、HSP17.7、HSP22.7 和 HSP21 分别属于不同类型，它们之间的同源性低于 50%。smHSP 同源序列主要集中在两个区段"保守序列Ⅰ"和"保守序列Ⅱ"，前者位于羧基端一侧，后者靠近氨基端。所有真核生物 smHSP 的这两个保守序列之间的片段具有明显的疏水性，说明其空间结构同源性较大，可能与其 mRNA 有关。

2. 多功能性

HSP 并不仅仅在热胁迫下才具有功能，正常条件下生活的细胞中也有 HSP 这类 HSP 是组成型表达的，称为 HSC（heat shock cognate protein）。HSC 和诱导型 HSP 在结构和功能上都很难区分，所以仍统称为 HSP。除此之外，其他物理（如紫外线、缺氧、低氧等）、化学

(如有毒气体、重金属、农药、臭氧、氮化物等)、生物(如细菌、真菌、病毒、寄生虫、分枝杆菌等)等不良因子也可以诱导 HSP 的产生。这说明 HSP 在很多不良刺激因子下可能都具有重要的作用。

3. 瞬时性

HSP 的合成速度是非常迅速的。Northern blot 分析表明,热激处理 3～5min 就可检测到植物 HSP 的 mRNA 积累,20min 即可检测到新合成的 HSP 蛋白。但是 HSP 诱导持续的时间非常短暂,高温处理 1～2h 后 HSP 的合成达到高峰,6h 后显著下降,12h 就检测不出了。通常植物的 HSP 的合成只能维持几个小时,有的甚至只有 1h,如 HSP110。

22.3.3 热休克蛋白的生物学功能

1. HSP 提高植物对热胁迫的适应性

生物获得的耐热性是指细胞或生物体在预先受到亚致死温度时,对后来的热胁迫产生抗性的能力。生物体受到热激时,HSP 基因的转录被激活,多数正常蛋白质基因的转录被抑制,同时正常温度下存在的大多数 mRNA 的翻译降低或停止,生物体优先翻译 HSP mRNA,迅速对热激做出反应。这种调节可增加 HSP mRNA10～100 倍,而其他基因的转录受到抑制。大量研究都证明了诱导型 HSP 的累积决定着真核细胞的耐热性。获得耐热性这一现象是瞬间发生的,主要依赖于起始热胁迫的强度。通常最初的热剂量越大,耐热性的强度越大,持续时间越长。热胁迫响应是植物细胞或器官对热激的一种保护性反应。热胁迫响应使细胞或机体免受热胁迫的伤害,从而表现为耐热性的提高。在分子生物学水平,热胁迫响应是指在正常蛋白质合成受阻的同时产生 HSP 的一种细胞生理活动。HSP 可提高细胞的应激能力。研究发现 HSP105 在热激时能迅速移向核内,并在核仁和核质中积累,在热激消失时又回迁到细胞质,具有保护细胞或机体免受损伤的作用。在热胁迫过程中,Heckathorn 等发现将叶绿体小相对分子质量热休克蛋白(smHSP)加入番茄离体类囊体膜,能够减轻 PSⅡ热失活。植物经高温预处理后,核基因编码的定位于叶绿体的 smHSP 能增强 PSⅡ抵御高温的能力。而在 25℃条件下 smHSP 对 PSⅡ没有保护作用。大豆叶绿体 HSP26-HSP28 也可保护 PSⅡ 的反应中心在热激时免受损伤。其中细胞耐热与生物膜热稳定性有关,热激过程中有大量的 HSP 表达,它们聚集在膜组分中,有可能担当了阻止膜蛋白的热变性,防止生物膜破碎的功能。例如,高温下 RCA 含量大量增加,并且大量聚集在类囊体膜上,保护类囊体膜不受损伤,因此,在高温条件下,RCA 也是植物的热休克蛋白之一;细胞受热后,HSP70 和 smHSP 以膜外周蛋白的形式连接在细胞膜和液细胞膜上,与膜蛋白发生分子互作,可阻止膜蛋白的变性,稳定细胞膜系统,对膜微囊有热保护功能。

2. 植物 HSP 具有分子伴侣的作用

Laskey 等提出大部分的 HSP 发挥着分子伴侣的作用。分子伴侣(molecular chaper-one)是指与新生肽链的折叠、寡聚蛋白质的组装和蛋白质的跨膜运输有关的一类特殊蛋白质分子。HSP60 最早被称为分子伴侣,目前已经证明 HSP90、HSP70、smHSP 都具有分子伴侣的作用。越来越多的实验证实大多数 HSP 具有分子伴侣的作用,它不是分子组成的蛋白质,而是得到合适的折叠,防止错折叠,有利于转运过膜,提高细胞的抗热性。所有 HSP70 都和 ATP 结合,具有微弱的 ATP 酶活性。在正常未受胁迫的细胞中,HSP70 家族成员参与两种伴侣功能。首先，HSP70 与核糖体上新生多肽结合，以控制新合成蛋白的折叠和装配。其次，这些 HSP70 分子伴侣携带蛋白，通过水解 ATP，释放能量，使本身构象发生变化，从被运输的蛋白上解离，将蛋白运到不同的细胞区室，包括伴侣蛋白跨膜转运，或通过核膜孔与小泡循环中的网络蛋白相互作用（图 22-1）。热胁迫使得许多细胞蛋白质的酶性质或结构组成改变，变成非折叠或错折叠，因此，蛋白质常常聚合在一起或沉淀，丧失其酶结构及活性。内质网上 HSP70 家族的代表性成员 BiP(Grp78) 的分子伴侣功能是将蛋白转运过网膜和在网腔内再折叠和组装蛋白。体外装配的内质网和线粒体蛋白运输系统加入的 HSP70 或 HSC70 能使新生蛋白质处于非折叠状态或保持适合运输的形式来达到增强运输能力的目的。热激时 HSP70 和热变性蛋白结合，当热激恢复时，通过水解 ATP 促使蛋白质折叠和组装，从而恢复活性。线粒体和叶绿体中都有核基因编码的 HSP60。叶绿体 HSP60 对 Rubisco 大亚基有亲和性，Rubisco 大亚基在细胞质中与 HSP60 结合，运输到叶绿体中与叶绿体编码的 Rubisco 小亚基结合，组装成功能分子。在热激及其恢复时，smHSP 在细胞质和细胞器之间穿梭，起到保护细胞不受高温伤害、修补被损伤蛋白质的分子伴侣作用。

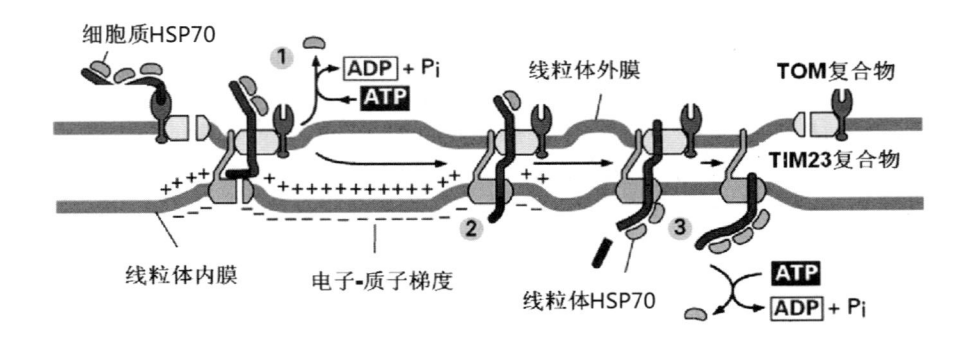

图 22-1　HSP70 协助蛋白的跨膜运输

3. 植物 HSP 基因在其他非生物逆境中的作用

除了热激胁迫外，植物还经常受到其他非生物逆境的胁迫。HSP 不仅抗热，也抵抗各种环境胁迫，如干旱缺水、盐害、低温、机械损伤、ABA 处理等。这说明细胞在一种胁迫下，会对其他胁迫有交叉保护（cross-protection）作用。番茄果实热激（38℃，48 h）后，可以促进 HSP 积累，保护细胞在 2℃ 低温生存 21 天。热激（40℃，3h）诱导绿豆下胚轴 HSP70 和 HSP79 合成，可以减轻随后的冷胁迫（2.5℃）对膜的损伤，使溶质渗漏减少，增强了组织的耐冷性。番茄果实，热激诱导合成了相对分子质量 1.65×10^4 的 HSP，同时，其耐冷性提高了。这一现象也发生在大豆、豇豆、绿豆、玉米等植物中。此外，有发育依赖的 HSP 可能与种子耐脱水性、胚胎发育、休眠、萌发、耐热性、寿命形成及维持都有密切关系。

22.3.4　热休克蛋白的基因表达调控

1. 转录水平的调控

在细胞遇胁迫而不致死的高温时，其他蛋白的翻译急剧下降或停止，HSP 却急剧增加。

而 HSP 基因表达从而产生 HSP 的过程是受特殊转录因子调控的,这种转录因子被称为热休克转录因子(heat shock transcription factor,HSF)。在 HSP 基因转录水平中起调控作用的 DNA 序列,被称为热休克元件(heat shock element,HSE),它是 HSP 基因启动子中一小段特异的 DNA 识别序列,是 HSF 的结合位点。HSF 具有独特的保守结构域,N-端的 DNA 结合结构域(DNA binding domain,DBD)可以识别目标基因启动子中的 HSE。其中,寡聚化结构域(oligomerization domain,OD)亦称七肽重复区(heptad repeat A/B,HR-A/B),基序位于 DBD 之后,负责转录激活时蛋白间的互作与三聚化作用。HSF 在细胞质和细胞核之间穿梭,则由核定位信号(nuclear localization signal,NLS)和核输出信号(nuclear export signal,NES)调控。根据 HR 结构之间氨基酸序列插入数目的不同,HSF 可分为 A、B、C 三类。其中,A 类 HSF 的 2 个 HR 结构域之间插入了 21 个氨基酸;B 类 HSF 则没有插入氨基酸;C 类 HSF 插入了 7 个氨基酸。A 类 HSF 的 C-端在靠近 NES 区域具有激活基序或芳香族疏水性氨基酸残基(transcription activator domain,AHA),这一区域可能与基态转录复合物、TATA 结合蛋白(TBP)或转录因子 TFIIB 相互作用,以实现转录激活。B 类 HSF 具有高度保守的转录抑制域(transcription repressor domain,RD),包含四肽 LFGV 基序。而 C 类 HSF 包含 NLS 结构域,不具有 AHA 和 RD 结构域,与其相关的功能研究还有待深入。植物 HSF 的扩增通过基因和整个基因组复制实现,其中 DBD 是最保守的结构域,而 OD 和 AHA 则是可变的。

在正常生理条件下,HSF 以单体形式与 HSP70 结合,而不能结合到 HSE 上,经热激后 HSF 与 HSP70 分离,之后 HSF 单体进入细胞核,在核内 HSE 附近组装成三聚体,三聚体一旦形成,便与 HSE 特异结合,HSF 就磷酸化,促进 HSP mRNA 转录。HSP70 后来与 HSF 结合,使得 HSF/HSE 复合体解离,HSF 就回到 HSF 单体(图 22-2)。胁迫解除后,HSF70 重新与 HSF 结合,关闭 HSF 的活性。HSF 的转基因试验也证明,HSF 能使植物的耐热性提高。通过对番茄野生型、LpHSFsA1 的过表达株系和共抑制株系同时进行热处理,发现 HSFsA1 的过表达植株叶片的热诱导合成的 HSFsA2、HSFsB 和 HSP17-CI 蛋白水平比野生型的多 2~3 倍,共抑制株系中却检测不到相应蛋白或蛋白表达水平显著降低,

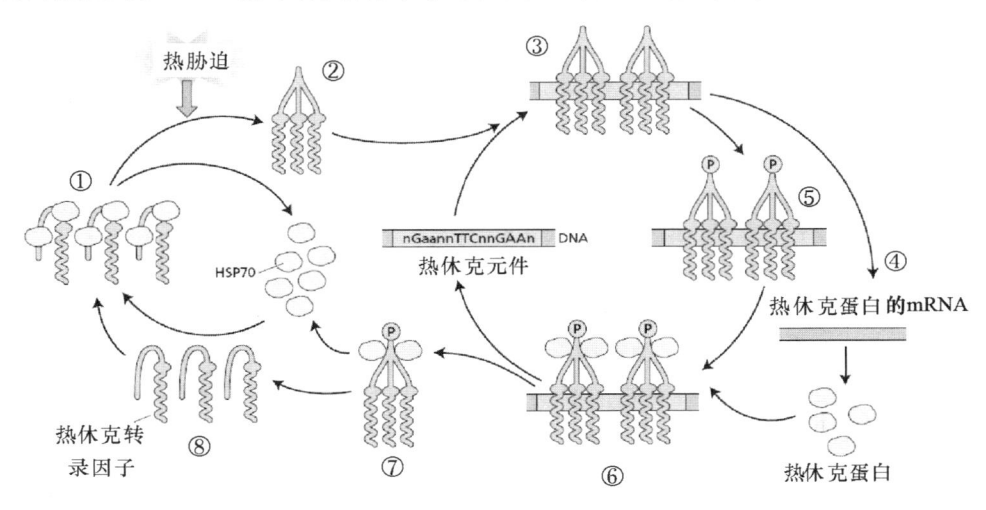

图 22-2 热休克蛋白基因表达的调控机制

同时发现共抑制株系对热胁迫表现得更为敏感,而过表达株系具有更好的耐热性,这说明在番茄中 LpHSFsA1 是一个对热激反应起主要作用的正调控因子。李(Lee)等通过构建拟南芥的 AtHSFsA1a 的过表达株系发现 AtHSFsA1a 的过表达可以提高植株的耐热能力。在 GmHSFsA1 基因克隆及其过表达提高转基因大豆的耐热性研究中发现,GmHSFsA1 的过表达激活或促进了其下游三个 HSP 基因的转录和表达,明显提高了转基因大豆植株的耐热性。对 AtHSF3 过表达转基因拟南芥植株研究发现,GolS1 的表达在过表达植株中是组成型的,而在野生型植株中,其表达是热诱导型的;凝胶阻滞试验结果表明,AtHSF3 蛋白特定地与 GolS1(肌醇半乳糖合成酶)基因中含有 HSE 的启动子区域 DNA 片段形成复合体,说明 AtHSF3 参与了 GolS1 基因的转录调控。在番茄中也发现抗坏血酸过氧化物酶 APX1、APX2 基因是 HSF 的目标基因。随着温度的升高,APX1、APX2 的表达量升高,并为热胁迫所诱导,证明番茄的 HSF 基因参与了氧化胁迫响应。

作为转录因子,HSF 也对一些非热休克蛋白的转录调控起着重要的作用。如在拟南芥中,AtHSF 可以调控某些生化途径的关键酶的合成。例如,GolS1 是干旱胁迫中的重要化合物棉子糖、水苏糖和毛蕊单糖合成的关键合成酶。向日葵中分离出的 HSFsA9 基因在种子的胚胎发育期和成熟期调控了一些特定分子伴侣基因的表达;水稻 HSFsA4a 的 DBD 中一个氨基酸的突变可以导致叶片的自发坏死;拟南芥和番茄的 HSFsA4 基因可以作为辅转录激活因子与 HSFsA5 特异性地结合,这种 HSFsA4/A5 的复合物可能调控与胁迫损害有关的细胞死亡。

拟南芥 A1 型 HSF 基因的功能,在其四种突变体 HSFsA1a、HSFsA1b、HSFsA1d、HSFsA1e 中进行了研究,发现突变体的耐热性受损,并且大多数 HSR 相关基因的表达水平也出现了降低,表明拟南芥 HSFsA1 家族的 4 个成员均为植物耐热性的正调控因子,且它们的功能具有重叠性。而在番茄、马铃薯、烟草中过表达 HSFsA1 均可以一定程度上提升植物的耐热能力,说明 A1 型 HSF 的功能较为保守。除 HSFsA1 以外,水稻 OsHSFsA3 通过增加 ABA 和多聚胺含量、抗氧化能力来增强耐旱性;在盐胁迫下,菊花 DmHSFsA4 可以诱导关键离子转运蛋白 SOS1 和 HKT2,以限制生长期间 Na 的积累;而小麦和水稻的 A4 型 HSF 则可以促进金属硫蛋白的合成。

虽然 B 类 HSF 缺乏 AHA 基序,但所有拟南芥 B 类 HSF 在正常条件下都定位于细胞核。B 类 HSF 在植物 HSR 过程中通常具有双重功能,据报道,拟南芥 AtHSFsB1 含有一个作为转录抑制剂的 R/KLFGV 基序,除 HSFsB5 以外,此基序在各类植物的 B 类 HSF 中相对保守。而番茄的 HSFsB1 既作为抑制剂参与热胁迫,又能与 A 类 HSF 形成增强复合物,发挥转录激活作用,在 HSR 过程中维持相关基础代谢基因的表达。

C 类 HSF 在植物中广泛存在,但目前关于 C 类 HSF 的研究相对较少。已知 HSFsC1 在干旱、低温、盐度和渗透胁迫下易被诱导。有研究发现,在小麦灌浆期间以及干旱和 ABA 处理下,三个 TaHSFsC2a 同源基因会显著上调表达,但在热胁迫处理下,这些基因在叶片中只表现为短暂上调。而过表达 TaHSFsC2a-B 的小麦只提高了耐热性,抗旱性能并未获得改善。这表明 TaHSFsC2a-B 能通过 ABA 途径,调控发育期的小麦籽粒预防性的热保护机制。

2. HSP 的调控方式

在正常情况下,HSP 以无活性的泛素化形式存在,热激时泛素化酶(UbE)失活,从而使非泛素化的有活性的转录因子积累，进而启动 HSP 基因的转录。由这一观点可以推知，在正常情况下，泛素(Ub)与 HSF 在 UbE 的作用下，结合成无活性的泛素化热休克转录因子复合体(Ub-HSF)。当热激发生时，UbE 失活，导致 HSF 和 Ub 的积累，前者的积累使基因转录合成 HS，而随着 HSP 的积累又导致其自身的降解；后者的累积使 UbE 活化，使 Ub 和 HSF 形成复合体，使后者失活，关闭 HSP 的合成。由此观点可以推出这一机制是自我调控机制。

植物 HSF 基因的表达模式有组成型表达和胁迫诱导型表达两类。在热胁迫诱导时，不同类型的 HSF 对 HSP 的调控方式也不同，从而表现出 HSF 调控方式的多样性。目前对植物 HSF 的研究主要集中在 HSFsA1a、HSFsA2 及 HSFsB1。通常认为，HSFsB 由于缺乏 AHA 结构而不能与一些基本的转录元件结合，从而没有转录活性。但番茄 LPHSFsB1 可作为辅转录激活因子与 HSFsA 结合协同转录，而且可增强目的基因的表达。LPHSFsB1 也可以与其他一些启动子如花椰菜病毒启动子或其他持家基因的启动子结合增强转录，保持或快速恢复一些特定持家基因的表达。HSFsA1a 是组成型表达的，但在热胁迫下会在植物体内迅速积累，显著提高植物的耐热性。而有研究发现，拟南芥 AtHSFsA1 的 T-DNA 突变体并不影响植株的热激反应，这说明还存在与 AtHSFsA1a 协同作用的调控因子。番茄的 HSFsA2 是热诱导蛋白，其表达和核滞留依赖于 HSFsA1，因其 C-端拥有一个极强的核输出信号，HSFsA2 自身不具备进入核内的能力。越来越多的研究认为，在持续的热胁迫下，HSFsA2 在耐热性方面处于优势地位，这是因为 HSFsA2 具有很高的激活潜能并可持续累积到相当高的水平。HSFsA2 的可溶性、亚细胞定位和激活模式受到一系列蛋白的调控（图 22-3）。在常温下，HSFsA2 和 HSP17-CⅡ 的相互作用能形成不溶性的聚合体，这个过程可以被 HSP17-CⅠ 逆转。在高温下，主要的调控因子 HSFsA1a 转运到细胞核，变化成活

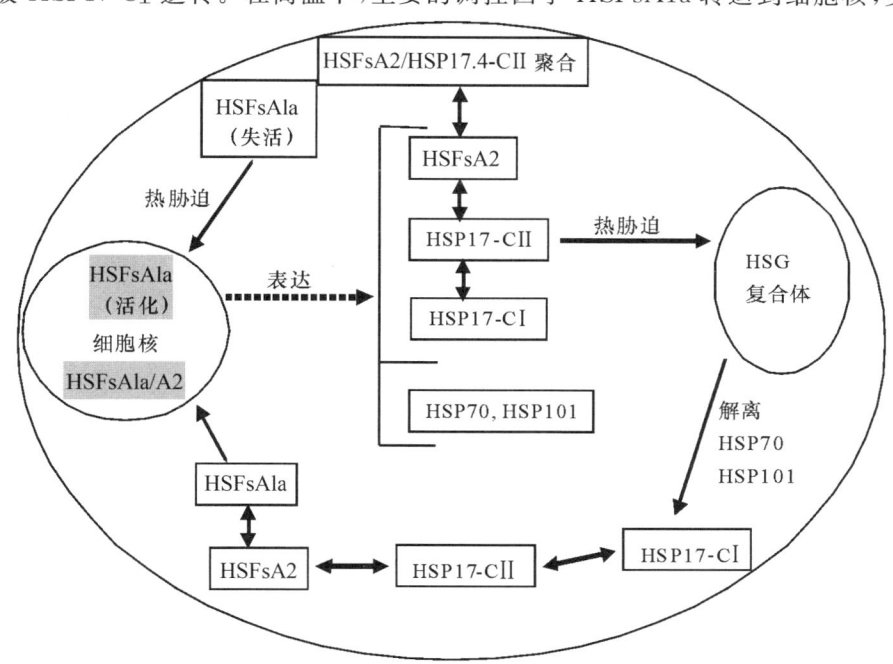

图 22-3　HSFsA2 功能和亚细胞分布的调控网路

化形态,驱动 HSP70、HSP101、HSP17-CⅠ、HSP17-CⅡ 等热休克蛋白的表达。同时,细胞质内的 HSFsA2、HSP17-CⅡ 和 HSP17-CⅡ 可以形成多分子伴侣的复合物。这个复合物的重新溶解需要具有 ATP 酶活性的 HSP70 和 HSP101 两个分子伴侣。维持细胞核内的 HSFsA2 含量就依赖于该复合物的解离,以及和 HSFsA1a 的聚合。

专题 23

植物重金属抗性的分子生理
Molecular Physiology of Heavy Metal in Plant

  重金属是相对密度≥5g/cm³的金属元素的总称,在自然界有 40 多种。其中能够造成环境污染的重金属主要有锰(Mn)、锌(Zn)、镉(Cd)、汞(Hg)、铅(Pb)、铬(Cr)和铜(Cu)等。重金属不仅污染人们赖以生存的水和空气,而且对土壤造成污染。由于现代工农业的发展、废水废气的排放以及化学农药的大量使用,土壤中重金属含量急剧增加,土壤-植物-食品系统中重金属的污染问题日趋严重,对农业生产的可持续发展和人类的健康造成很大的威胁。因此,有必要开展土壤重金属污染的修复工作。目前,人们清除重金属污染主要是利用物理、化学等方法,但由于其成本过高而无法大规模推广。生物技术的发展给大规模清除重金属污染带来了希望。利用植物来清除重金属污染是一门新兴技术。利用植物对重金属化合物的吸收、富集和转化能力把土壤、水体和大气中残存的重金属污染物吸收、富集到植物体内,然后收获植物,通过焚烧等方法回收重金属,由此减少进入土壤或水体中重金属的含量,实现环境修复的目标。传统的土壤物理和化学修复方法,如清洗、翻转、淋洗、深耕、土壤焚烧、原位玻璃化、电动稳定化等通常是昂贵、耗能的方法。此外,它们往往造成二次污染,使土壤变得贫瘠,并对土壤微生物产生毒理效应,导致微生物不活动。与传统的土壤重金属处理方式相比,植物修复的主要优点是成本低,操作简便,不造成二次污染,适合大规模应用,利于土壤生态系统的保持,具有很大生态效益。近年来,随着分子生物学技术的广泛应用,植物修复的理论和实践也在不断发展。不同植物对重金属的耐受性机理不同,概括起来包括以下几个方面:①排斥作用,即重金属在植物体内的运输受阻碍,被植物吸收后又被排出体外。②区域化作用,即重金属在植物的特定部位积累,从而与细胞中其他组分隔离,达到解毒的效果。

23.1 植物对重金属的吸收

植物通过根系可以吸收一种或几种污染物,将它们转移并贮存到植株地上部分的茎、叶中。植物对金属的吸收与其在溶液中的游离态活度有关,只有自由离子才能被吸收,当游离态离子浓度下降时,金属离子从金属-螯合物中释放出来,维持溶液的重金属离子活性的稳定。植物可以单独或与微生物(如外生菌根真菌和丛枝菌根真菌)一起作用而减少重金属吸收。菌根采用吸附或络合机制来限制重金属的进入。根系分泌物(如重碳酸盐、质子、二氧化碳、黏液、铁载体、化感物质、氨基酸、有机酸等)在植物控制重金属进入植物体方面起着重要的作用,帮助植物在金属污染地区生存。根系分泌物产生稳定的重金属配体络合物,降低了重金属的生物利用度和毒性。一些根系分泌物还会增加根际的 pH 值,导致金属的沉淀和生物有效性的降低。重金属在根际环境中的化学形态通常划分为五态:交换态、碳酸盐结合态、铁锰氧化物结合态、有机物结合态和残渣态。根系分泌物会影响重金属元素的化学行为及植物有效性。植物根系分泌物种类繁多,成分复杂,其中研究较多的是有机酸、氨基酸和糖类等可溶性的有机小分子及高分子,以及不溶性的黏胶类物质。pH 改变金属物质的氧化还原状态、与重金属络合以及和根际微生物产生根际效应等。重金属进入植物根系细胞必须跨过根系细胞的细胞膜,细胞膜的吸收或抑制吸收成为植物适应重金属胁迫的重要机制之一。

近年来,随着分子生物学等现代技术手段的引入,人们对金属离子如何进入细胞有了新的认识。通过对酵母突变株进行功能互补人们克隆到了多条编码微量元素转运蛋白的全长 cDNA,其中研究最多的是 ZIP 基因家族。ZIP 基因家族分布非常广泛,在真菌、动物、植物等真核细胞中均发现了 ZIP 基因家族成员。ZIP 基因家族编码的蛋白一般具有 8 个跨膜区,C-端和 N-端的氨基酸均位于细胞膜外。此家族包含至少 25 个成员,*ZRT1*、*ZRT2*(zinc-regulated transporter)和 *IRT1*(iron-regulated transporter)是最早克隆到的 ZIP 基因。*ZRT1*、*ZRT2* 均在由酵母中获得,与 Zn 的吸收密切相关;*IRT1* 编码的蛋白主要位于拟南芥的根系,体内缺 Fe 时可诱导 *IRT1* 表达。该家族的另一种转运蛋白 HMA4 参与了锌和镉从根到冠的远距离运输。*HMA4* 的过表达增加了锌和镉从根部向木质部导管的外流,使植物提高了对金属的耐受性。

金属转运蛋白(MTP)家族是一组严格调节金属动态平衡的转运蛋白,参与锌和镍等金属向细胞内和细胞外空间的转运。MTP1 是一种 Zn^{2+}/H^+ 反向转运蛋白,定位于液泡和细胞膜上,参与锌的积累和耐受。MTP 成员也参与了镍的液泡贮存。

另一类与金属离子吸收有关的蛋白是 NRAMP 基因家族。NRAMP 基因家族编码的蛋白一般具有 12 个跨膜区,这与 ZIP 基因家族明显不同。NRAMP 基因家族最初在哺乳动物中发现,植物中的研究主要集中于水稻和拟南芥。水稻和拟南芥的 NRAMP 基因家族分为两类:*OsNRAMP1*、*OsNRAMP3* 和 *AtNRAMP5* 属于一类;*OsNRAMP2*、*AtNRAMP1*、*AtNRAMP2*、*AtNRAMP3* 与 *AtNRAMP4* 属于另一类。NRAMP 基因家族在植物中的功能现在仍不清楚,*AtNRAMP3* 和 *AtNRAMP4* 能够维持拟南芥体内铁离子的平衡。此外,*AtNRAMP3* 很可能与 Cd^{2+} 的吸收有关,破坏 *AtNRAMP3* 基因可增加植物对 Cd^{2+} 的耐受性,过表达则导致植物对 Cd^{2+} 的超敏感性。

23.2　植物对重金属的运输和转化

　　植物吸收了重金属元素后,体内的金属结合蛋白会与之络合形成复合物,然后进行转运代谢。目前在植物中发现两种主要的重金属结合蛋白,即金属硫蛋白(MT)和植物络合素(PC)。MT 是一类由基因编码的低相对分子质量的富含半胱氨酸的多肽,可通过半胱氨酸残基上的巯基与重金属结合形成无毒或低毒络合物,从而清除重金属的毒害作用。最近研究表明拟南芥的 MT 的 RNA 表达水平与重金属抗性呈正相关。而 PC 是一类酶促合成的低相对分子质量的富含半胱氨酸的多肽,多种重金属离子可诱导其合成。例如,Cd^{2+}、Cu^{2+}、Ag^+、Hg^{2+}、Pb^{2+} 和 Zn^{2+} 等均能与 PC 形成复合物。通常毒性重金属在体内与 MT、PC 等金属结合蛋白络合成复合物后,随着这些蛋白一起被转运,最终在植物体内的某些器官中沉积,并通过这些组织细胞内的液泡膜上的转运蛋白的跨液泡膜作用而进入液泡并长期富集。

　　在木质部中存在大量的有机酸和氨基酸,它们也能够与金属离子结合,这种复合物是重金属离子在木质部中运输的主要形式。例如在木质部中,Fe 主要是以柠檬酸铁的形式存在,Zn 主要是与柠檬酸或苹果酸结合,而 Cu 随着植物不同可与天冬酰胺酸、谷氨酸、组氨酸或烟碱结合,当然也有许多是以离子形态存在的,如 Ca^{2+}、Mg^{2+}、Mn^{2+}。在超富集植物中研究较多的为组氨酸。研究发现,组氨酸与 *Alyssum montanum* 富集 Ni 的能力密切相关,当植物地上部 Ni 含量高时,木质部中组氨酸含量也较高,外源组氨酸的加入也能显著促进 Ni 装载入木质部,从而促进 Ni 向地上部分的运输。重金属由根系进入木质部至少需要三个过程:进入根细胞;由根细胞运输到中柱;装载到木质部。在内皮层由于凯氏带的存在,使得共质体运输在重金属进入木质部的过程中起到主导作用。与普通植物相比,超富集植物能够高效、迅速地把重金属离子由根系运输到地上部分,而通过凯氏带是重金属离子进入木质部的主要屏障之一,探明此过程将有利于提高植物修复的效果。此外,重金属离子还可以被隔离到其他部位,如叶柄、叶鞘和毛状体。在这些部位,重金属对植物造成的伤害较小。重金属也可以通过自然落叶被转移到老叶并从植物体内移走。

　　植物对重金属的吸收转化也就是一个耐毒解毒过程(图 23-1)。研究表明,超富集植物对重金属的耐受性主要借助液泡中金属的多价螯合作用而实现。植物体内的重金属主要分布于根、胚轴和周皮的木栓层细胞,存在于皮孔细胞和细胞间隙。这些植物器官会有大量的单宁体,进入植物体的重金属经与细胞螯合剂的结合而消除其对植物的毒性。研究表明,天蓝遏蓝菜(*Thlaspi caerulescens*)中的 Zn 优先贮存在叶表皮细胞内而起到解毒作用,表皮细胞的大小与细胞中的 Zn 的含量呈正相关。研究发现,植物茎、叶对 Zn 的解毒作用会与含 P 有机物以及植物螯合物有关。杨(Yang)等研究了 Cd 超富集植物天蓝遏蓝菜对 Cd、Zn 的吸收机制。研究表明,叶片中 45% 以上的 Zn、38% 的 Cd 可能与极性有机物结合。

　　有些金属,如 Cr、Se 和 As 的毒性可通过在植物体内化学还原作用、金属与有机化合物结合而得到缓解。通常过量的 Se 之所以对大多数植物造成毒害的主要原因是代谢生成硒代胱氨酸或硒代甲硫氨酸,而这两种物质可分别代替胱氨酸和甲硫氨酸参与蛋白质合成,导致细胞受害。一种高富集化的黄芪属植物可通过使 Se 形成甲基硒代胱氨酸或硒代胱硫醚，以减少 Se 嵌入蛋白质的量，从而使该植物可耐受高含量的硒而不发生毒害。有机砷可作为除草剂，是因为砷对许多植物有毒。对于汞这样的可挥发性重金属，植物对它的转化还有另一种方式，即在某些特异性转化作用下，使其从毒性极强的有机化合态或离子态还原为毒性较低的基态，最后通过植物表皮细胞挥发到体外。

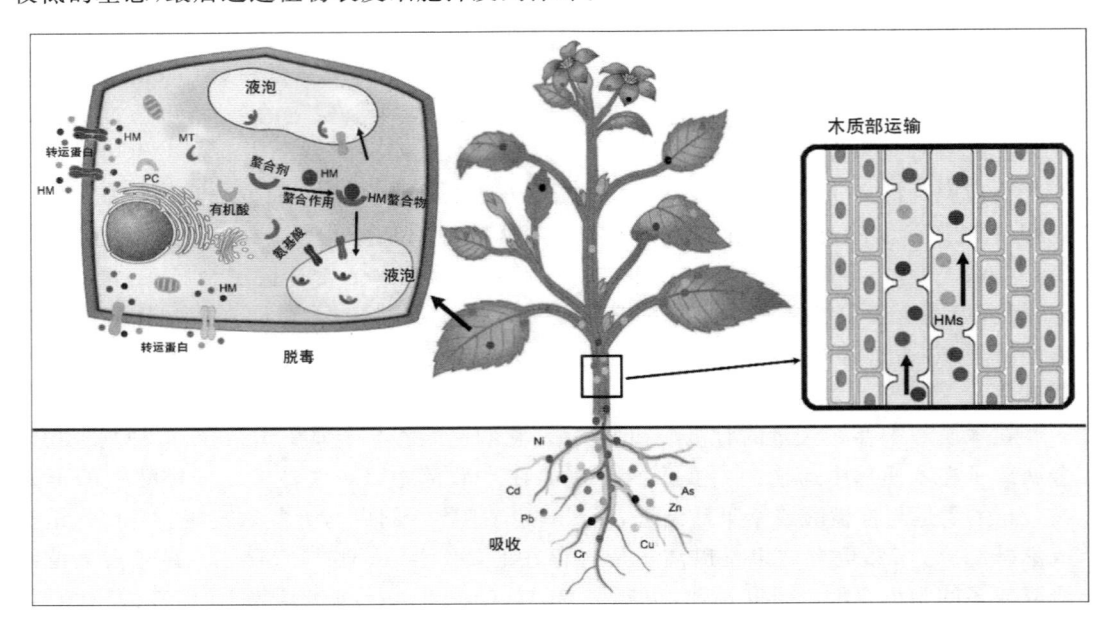

图 23-1　植物对重金属的吸收、转移和解毒

23.3　重金属污染对植物代谢和生长发育的影响

大量的研究表明，重金属对植物体产生毒性的生物学途径可能有两个方面：一是大量的重金属离子进入植物内干扰了离子间原有的平衡系统，造成正常离子的吸收、运输、渗透和调节等方面的障碍，从而使代谢过程紊乱。二是较多的重金属离子进入植物体内后，不但与核酸、蛋白质和酶等大分子物质结合，而且可取代某些酶和蛋白质行使其功能时所必需的特定元素，使其变性或活性降低。也有人认为，重金属胁迫与其他形式的氧化胁迫相似，能抑制植物体内一些保护酶的活性，导致大量的自由基产生，而自由基能损伤生物大分子，引起膜脂过氧化，是植物重金属伤害的主要机理之一。

植物生长在重金属污染的环境中，由于细胞膜是有机体与外界环境的界面，所以植物细胞膜首先接触到重金属，重金属直接影响细胞膜。重金属浓度越高，胁迫时间越长，对植物细胞膜的选择透性、组成、结构和生理生化等伤害就越大。细胞膜受到伤害后，细胞内的离子和有机物大量外渗，外界有毒物质进入细胞，导致植物体内一系列生理生化过程失调。

23.3.1 重金属污染对植物代谢的影响

1. 水分代谢

重金属污染对植物水分代谢具有重要的影响。研究表明,重金属可引起植物缺水;重金属对植物蒸腾作用的影响也十分明显。在低浓度毒物的刺激下,细胞膨胀,气孔阻力减小,蒸腾加速。当污染浓度超过一定值后,气孔阻力增加或气孔关闭,蒸腾强度降低。蒸腾速率的下降可能与重金属诱导的植物体内 ABA 浓度增加有关。砷对植物的毒害作用主要是阻碍了植物中水分的输送,令从根部向地上部分的水分供给受到了抑制;铬可引起永久性的质壁分离,并使植物组织失水。

2. 光合代谢

研究表明重金属污染严重抑制植物的光合作用,并且,降低效应与重金属污染程度呈正相关。陈国祥等发现经 Hg 处理的莼菜越冬芽的光合膜吸收光谱、荧光发射光谱、光电子传递活性呈下降趋势,光合膜多肽组分也发生降解。Cu 能抑制分离叶绿体中光合电子传递,阻碍光合作用中 CO_2 的固定等。Cd 可使雪松聚球藻的光合放氧量几乎停止。Cd 污染严重影响水稻不同发育时期的光合作用:Cd 处理浓度为 0.01mg/kg 时,水稻植株光合作用下降,拔节期减少 17%,开花期减少 4%;处理浓度为 0.05mg/kg 时,拔节期减少了 23%,开花期减少 8%;处理浓度为 0.1mg/kg 时,拔节期减少 26%,开花期减少 70%。杨居荣等报道 Cd 处理的植物叶片内叶绿体含量明显降低。彭鸣等用 Cd、Pb 处理玉米,发现叶绿体结构也发生明显变化,Cd、Pb 破坏了叶绿体膜系统:在低浓度处理下,叶绿体的基粒片层稀疏,层次减少,分布不均,随着浓度升高,基粒片层消失,类囊体出现空泡,基粒垛叠混乱,在高浓度条件下,膜系统开始崩溃,叶绿体球形皱缩,出现大而多的脂类小球,叶绿体功能遭到了破坏。Hg 和 Cd 过量可以显著地降低莼菜叶片 Chl 含量及 Chla/b 比例。Cu 浓度在 *Ramalina fastigiata* 细胞中超过 4μmol/g 后,叶绿素荧光明显减弱。

3. 呼吸代谢

重金属对植物呼吸作用的影响十分显著。水稻种子萌发时的呼吸强度随 Pb 浓度增加而降低,呈显著的负相关性,但 Pb 对水稻呼吸作用的抑制可随着萌发天数的增加而下降。不同 Cd 浓度对斜生栅藻及蛋白核小球藻呼吸作用的影响程度不同。它们的呼吸强度随 Cd 浓度的增加先升高后降低。低浓度 Cd 促进植物呼吸酶和三羧酸循环以产生能量是呼吸增加的原因,但随着 Cd 浓度的增加,酶活性受到抑制,呼吸代谢减弱。在 *Silene cucublus* 中,呼吸代谢相关的磷酸还原酶、葡萄糖 2,6-二磷酸脱氢酶、异柠檬酸脱氢酶以及苹果酸脱氢酶等活性明显受到 Cu、Zn、Cd 等重金属的影响。重金属对呼吸作用的影响也与它们对线粒体的伤害有关。低浓度的 Pb、Cd 等重金属处理时,线粒体内嵴减少或消失;高浓度的 Pb、Cd 等重金属使线粒体肿胀,内腔空泡,甚至溃解,从而引起呼吸代谢减弱,植物细胞死亡。

在重金属胁迫下,植物呼吸作用紊乱,不仅供给植物正常生命活动的能量减少,而且会使部分能量从正常代谢和生长过程转移到对重金属胁迫的适应过程上,如损伤的修复和合成一些重金属络合物等。相应的,植物的生长发育就会被抑制。

4. 碳水化合物代谢

一般认为，重金属污染时植物体内碳水化合物代谢紊乱。杨居荣等报道 Cd 污染可使几种植物体内可溶性糖含量降低。而周建华等的实验发现，高浓度 Cd、Cr 处理可使水稻幼苗叶片可溶性糖和淀粉含量降低，低浓度则对它们稍有促进作用，因此认为植物体内可溶性糖变化可能与重金属的污染程度有关，即低浓度重金属能增加植物的可溶性糖含量，在高浓度条件下，可溶性糖含量则降低。也有报道显示可溶性糖含量随着 Cd 浓度升高而增加，这可能与叶片内不溶性糖降解以及光合产物运输受阻有关。

5. 氮素代谢

重金属污染对植物氮素代谢的干扰是通过降低氮素的吸收和硝酸还原酶活性，改变氨基酸组成，阻碍蛋白质合成以及加速蛋白质分解来实现的。硝酸还原酶是植物氮同化和吸收的关键酶，对重金属污染特别敏感。Cd 处理时，植物体内的硝酸还原酶活性下降。然而，也有相反的报道。马蒂（Mathye）提出在耐受性较强的 *Silene cucubus* 品种体内，硝酸还原酶可被重金属激活。这说明不同植物对重金属胁迫的反应不同，相应的，耐受性也有差异。重金属可明显改变植物体内的蛋白质水平。低浓度 Cd 能使烟叶蛋白质含量下降；其后，随 Cd 浓度增加，蛋白质含量反而上升。但是 Pb 污染的结果恰恰相反。由此可以看出，重金属污染对植物蛋白质的影响既与植物种类有关，也与重金属浓度和种类有关。这些情况表明，重金属对蛋白质的影响是十分复杂的。蛋白质合成的启动阶段需要 Mg^{2+} 的参与，可是在重金属污染的情况下，Mg^{2+} 可能与重金属离子进行交换，故蛋白质的合成可能无法启动，导致蛋白质的合成受阻。另外，受重金属胁迫的影响，蛋白酶活性的变化也可能和蛋白质的代谢紊乱有关。

6. 核酸代谢

受重金属污染的植物，体内细胞核遭到严重破坏，导致染色体复制和 DNA 合成受阻，核酸代谢失调。Cd 能使玉米根和叶中的细胞核变形，甚至溶解。Hg 可诱导大麦体内的核仁结构发生分解，染色体变率升高，直接或间接地影响 DNA 和染色体的复制。进入植物细胞内的 Cd 和 Pb 还能与带负电荷核酸结合，降低 RNA 和 DNA 活性，干扰植物体内的转录和翻译过程，结果导致 RNA 的合成受到抑制，含量降低。

7. 植物激素

植物激素也参与植物对重金属污染的反应。Zn 能使吲哚乙酸合成受到抑制，刺激吲哚乙酸氧化酶的活性，加速吲哚乙酸的分解，从而使生长素含量急剧下降。库姆博斯（Coombes）研究了过量铜对大麦根中 IAA-氧化酶活性的影响，发现幼苗和成年植株中酶对铜的敏感性不一样。幼苗在所有铜水平下，IAA-氧化酶活性受到激发；但对生长了三周的植物而言，在高铜水平下暴露 1～4 天后，IAA-氧化酶活性慢慢降低，并认为 IAA-氧化酶活性的变化可能是植物铜害的机制之一。

23.3.2 重金属污染对植物生长发育的影响

当外界重金属浓度超过植物的生长极限值时，植物细胞膜透性、各种生理生化过程、生长环境和营养状况受到不同程度的伤害，最后使植物的生长发育受到不同程度的抑制。

1. 种子萌发

重金属可以抑制植物种子萌发。张义贤研究了六种重金属离子对大麦种子的毒害效应,结果表明,不同重金属均能抑制种子萌发,并且浓度越大,作用时间越长,抑制效应越强。有人还发现重金属可以明显抑制种子内醇脱氢酶、蛋白酶、淀粉酶和酸性磷酸酯酶的活性。上述实验证明,在重金属胁迫下,植物种子萌发受到抑制的原因之一与抑制酶活性有关。重金属胁迫抑制淀粉酶、蛋白酶活性,从而抑制种子内贮藏淀粉和蛋白质的分解,进而影响种子萌发所需的物质和能量,致使种子萌发受到抑制。

2. 植物营养生长

重金属对植物效应的表观现象之一就是阻止生长。生长在重金属污染环境中的植物,敏感性类型很容易受到伤害,植物体内生理生化过程紊乱,光合作用降低,吸收受到抑制,导致供给植物生长的物质和能量减少,生长相应地受到抑制;即使是能完成生活史的耐受性较强的品种,为了保持细胞正常功能,适应逆境,必然要消耗植物生长过程中的有效能量,与非耐受性的同种植物相比,它们的生长速率降低,初级生产量减少。这或许是由于与耐受性有关生理机制运行需要消耗植物体内能量的原因。因此,生长于重金属污染环境中的植物,其生长必然被抑制。

3. 植物生殖生长

重金属对植物发育也具有明显的影响。As 能使菜豆的生殖生长停止,不开花,不结实。Cu 处理后,水稻的有效穗数减少。受 Pb 影响后,水稻的成熟期推迟,空秕率增加,从而使产量大幅度地下降。研究表明,当大豆暴露于过量 Cu 时,就会破坏氮的代谢和固定,从而造成大豆减产。Zn 毒性的主要症状是萎黄病和叶片变红,在叶上出现坏死棕色斑点,伴随着发育不良和减产。

23.3.3 植物对重金属积累的反应

植物通过下列机制对金属毒害做出反应:一是感知外部胁迫刺激;二是将信号传递到植物细胞;三是通过改变细胞的分子、物理和生化机制来应对外部刺激。作为一个整体,植物在暴露于金属胁迫后,监测信号传递的变化是困难的。植物的初始反应,如代谢产物积累、氧化胁迫以及蛋白质组和转录组的变化,可用于分析植物受到金属胁迫后信号转导的变化。重金属通过以下机制对植物细胞产生毒性作用:一是与蛋白质的巯基相互作用,破坏其结构,使其失活;二是产生 ROS,导致大分子损伤;三是与必需阳离子相似,在根表面形成竞争吸收;四是阳离子从影响其功能的不同结合部位移位。

23.4 植物对重金属的解毒机理

重金属解毒是实施植物修复的先决条件。一般来说,植物应对重金属毒害的防御策略有两种:回避和耐受。通过这两种机制,植物设法将细胞中重金属的浓度维持在毒性阈值水平以下。

23.4.1 植物对重金属的避性机制

回避策略是指植物通过根细胞限制重金属吸收及进入植物组织。它通过一系列机制，如根吸收、金属离子沉淀和金属排斥，在细胞外起到第一道防线的作用。一旦暴露在重金属中，植物首先会试图通过根吸收或通过修饰金属离子来固定它们。各种根系分泌物，如有机酸和氨基酸，作为重金属配体在根际形成稳定的重金属络合物。一些根系分泌物会改变根际的 pH 值，从而导致重金属沉淀，限制其生物有效性并降低毒性。通过金属排斥机制，在根系和地上部之间存在排斥屏障，限制重金属从土壤到根的吸收和运输，从而保护地上部分免受重金属的伤害。此外，丛枝菌根可以通过吸收、吸附或螯合根际中的重金属来限制重金属进入根部。将重金属嵌入植物细胞壁是抵御重金属毒害的另一种机制。细胞壁果胶由多聚半乳糖醛酸组成，其羧基带负电荷，能够结合重金属。因此，细胞壁起到阳离子交换器的作用，限制游离重金属离子进入细胞。

23.4.2 植物对重金属的耐受性机制

耐受性是指植物体内具有某些特定的生理机制，使植物能生存于高含量的重金属环境中而不受伤害，此时植物体内具有较高浓度的重金属。贝克(Baker)认为，耐受性又具备两条基本途径，即金属排斥性和金属积累性。所谓金属排斥性，即重金属被植物吸收后又被排出体外，或重金属在植物体内的运输受到阻碍。尼斯(Nies)等研究了不同耐受性植物的金属离子吸收与代谢的关系，认为植物细胞膜有主动排出金属离子的作用。植物还可以通过老叶的脱落把重金属离子排出体外。许多研究认为，一些耐受性植物能在根部积累大量金属离子，而限制向地上部分运输，从而使地上部分免遭伤害，一定程度上提高了植物的耐受性。索尔特(Salt)等报道，在重金属胁迫条件下，*Indian mustard* 根部重金属离子含量明显高于地上部分。遭受 Zn、Ph 和 Cd 污染的芦苇，其根部这些离子的含量比地上部分高 10 倍多。

植物耐受性的另一个途径是金属积累。重金属在植物体内积累，但以不具生物活性的解毒形式存在。重金属积累主要有以下几种方式：

1. 细胞壁的沉淀作用

防止重金属进入细胞是植物对金属耐受性的重要一步。根细胞中金属离子的数量由质外体区域的锌和铜离子结合来控制。高浓度的重金属积累在细胞膜和细胞壁的界面上。植物的阳离子交换量由细胞壁上的交换基团控制。阳离子结合区存在于根细胞壁上，它决定了吸收金属的有效性。植物细胞壁残基对阳离子有高亲和性，可以影响重金属离子向细胞内的扩散速率，阻止重金属离子进入细胞原生质体，从而影响重金属离子的吸收。西园(Nishizono)在 1987 年发现，*Athyrium yokoscense* 细胞壁中积累大量 Cu、Zn 和 Cd，以至于占整个细胞总量的 70%～90%。莫隆(Molone)等在电子显微镜下更直接地证明了细胞壁的重金属沉淀作用。比较黄花茅(*Anthoxanthum odoratum*)悬浮细胞和原生质体固定 Pb 能力时发现，Pb 浓度对从耐 Pb 细胞克隆分离的悬浮细胞无太大影响，而令原生质体的死亡率上升。相应的，从 Pb 敏感细胞克隆分离的悬浮细胞和原生质体对 Pb 极其敏感，表明细

胞壁在 *Anthoxanthum odoratum* 抗 Pb 胁迫中起到重要作用。需要明确的是,细胞壁对金属的固定作用不是一个普遍的抗金属毒害的机制。细胞壁主要通过组氨酸基、碳水化合物和果胶位点进行金属固定化和吸收。细胞壁的金属结合位点有限,因此对重金属耐受性的影响较小。例如,抗 Zn 毒和 Zn 敏感型菜豆的细胞壁表现出相似的亲和性,同时细胞壁有一定的金属容量;而超富集植物能够在地上部分富集大量的重金属离子,暗示细胞壁不可能在超富集植物中起到重要作用。

2. 液泡的区域化作用

除了外排机制外,液泡隔离是植物对重金属毒性的另一种防御机制。重金属一旦进入植物细胞,就会通过与细胞质或其他细胞成分分离,利用外排机制或液泡隔离将金属转移到植物细胞外。液泡仍然是重金属的贮存库。大麦和红羊茅等植物在液泡中装载 Zn,这有助于金属的解毒。液泡里含有的各种蛋白质、糖、有机酸、有机碱等都能与重金属结合而解毒,因此液泡常被认为是分隔重金属元素的机构。杨志敏等报道,小麦液泡对进入细胞内的 Cd 有一定的分隔作用。液泡内 Cd 与无机磷酸根能形成磷酸盐沉淀,降低了 Cd 的毒性。劳泽(Rauser)等于 1987 年也在电子显微镜下观察到了 Cd 在植物液泡中的结晶,更直接地证明了植物液泡对重金属元素的区域化作用。

3. 重金属螯合物的稳定作用

进入植物体内的重金属常与植物体内许多成分结合而失去毒性。当部分重金属穿过细胞壁和细胞膜后,能和细胞质中的谷胱甘肽、植物螯合肽、草酸、柠檬酸、蛋白质等形成复杂的稳定螯合物,从而使重金属的毒性降低。

(1) 谷胱甘肽(GSH)

谷胱甘肽(GSH)含巯基,具有很强的氧化还原特性,可有效地清除活性氧物质等,因此在植物抗逆境胁迫中起重要作用。GSH 为三肽,结构通式为 γ-Glu-Cys-Gly,主要通过两步依赖于 ATP 的反应合成,γ-EC 合成酶和 GSH 合成酶是其中的关键酶。γ-EC 合成酶由 *gsh1* 编码,GSH 合成酶由 *gsh2* 编码,*gsh1* 与 *gsh2* 在拟南芥基因组中均以单拷贝的形式存在。正常条件下,GSH 的合成依赖于半胱氨酸的活性,同时存在明显的反馈抑制现象,表明由 γ-EC 合成酶催化的反应是整个合成的限速步骤。重金属胁迫条件下,重金属离子激活植物螯合素的合成,消除了 GSH 的反馈抑制作用,由 GSH 合成酶催化的反应也成为限速步骤,此时如果加强 *gsh2* 的表达,则既可增加植物螯合素的合成,又能避免 GSH 的耗竭,从而缓解重金属胁迫。朱(Zhu)等的实验结果验证了此假设。他把大肠杆菌的 *gsh1* 与 *gsh2* 分别转入印度芥菜(*Brassica juncea*)中,发现印度芥菜对 Cd^{2+} 的耐受性与富集能力均有明显增加,且耐受性和富集能力还与 *gsh2* 的表达正相关。然而,富瓦耶(Foyer)等把 *gsh2* 转入白杨树(*Populus alba*)后,白杨树抗氧化胁迫的能力(光抑制)并没有增加。戈兹布拉夫(Goldsbrough)等的结果也表明将 *gsh2* 转入野生型的拟南芥后并不能增加其对 Cd 的抗性。由此可见,如何通过基因工程改造 GSH,以增加植物对重金属的耐受性和富集能力还有待于进一步研究。

1) 谷胱甘肽吸收、转运和累积

GSH 不但能够在植物体内外进行交换、在植物体内长距离运输,还能在亚细胞之间进行运输。研究表明,GSH 既能进入植物细胞,也能从植物细胞中运送出去。GSH 跨膜是通过寡肽转运蛋白(OPT)家族来实现的。

GSH 可在植物体内长距离运输。GSH 很容易在云杉(*Picea abies*)韧皮部和木质部之间自由转移。玉米(*Zea mays*)的角质鳞片能将还原性 GSH 输送到正在生长的根和茎中。成熟蓖麻(*Ricinus communis*)的叶片能够合成 GSH,并通过韧皮部将其输出。葡萄(*Vitis vinifera*)的果实能够从叶片中获取大量的 GSH。在 GSH 长距离运输中,OPT6 发挥了重要的作用。还原性 GSH 在敲除 *OPT6* 基因的拟南芥(*Arabidopsis thaliana*)突变体的花和果实中的浓度要低于野生型。GSH 可依靠转运蛋白在亚细胞之间进行运输。叶绿体膜上的载体蛋白 CLT(CRT 家族)能将叶绿体合成的 GSH 运转至细胞质,也能将细胞质中 GSH 的转入叶绿体内。拟南芥中,AtMRP2(ABC 家族)能够转运 GSH 到液泡中。

2)谷胱甘肽在重金属胁迫中的作用

GSH 作为植物体内普遍存在的、含—SH 的还原物质,在防御自由基对膜脂的过氧化过程中起着重要的作用。在重金属胁迫下,GSH 可在 APX、GPX 和 GST 等酶的催化下清除植物体内多余的 H_2O_2,使得细胞内的氧化还原状态得以维持,但是清除效率低,且速度较慢。GSH 清除 ROS 主要是通过抗坏血酸-谷胱甘肽(ASA-GSH)循环完成。外源 GSH 可调节内源 GSH 的含量,增强抗氧化作用。外源 GSH 增加了 Pb 胁迫下小麦抗氧化剂还原能力和抗氧化酶活性,减少了活性氧物质的产生,防止叶绿体降解,促进了植物生长。外源 GSH 可增加水鳖(*Hydrocharis dubia Backer*)内源 GSH、可溶性蛋白含量和 CAT、SOD、POD 的活性,降低 $\cdot O_2^-$ 的产生速率和 H_2O_2 含量,减轻 Zn 胁迫。外源 GSH 能够减轻 Cd 对不同基因型水稻(*Oryza sativa*)、油菜(*Brassica campestris*)和大麦(*Hordeum vulgare*)植物叶片、根系超微结构的损伤,减弱 Cd 毒性,促进植物的生长。

(2)植物螯合肽(PC)

植物螯合肽(PC)是植物体内一种重要的金属结合蛋白,它广泛存在于植物界中,目前在许多单子叶植物、双子叶植物、裸子植物、藻类植物中发现有 PC 的存在。PC 被看成是第三类金属硫蛋白(MT),也是一种巯基含量很高的蛋白。早期研究表明,PC 由三种氨基酸组成:Glu、Cys、Gly,其一级结构为(γ-Glu-Cys)$_n$-Gly(图 23-2),$n=2\sim11$(一般为 2~4)。此外,在一些植物中也发现有其他结构存在,如(γ-Glu-Cys)$_n$-β-Ala、(γ-Glu-Cys)$_n$-Ser 和(γ-Glu-Cys)$_n$-Glu 存在。PC 中谷氨酸和半胱氨酸残基是以 γ-氨基甲酰键连接。植物体内 PC 种类依物种和诱导的重金属种类的不同而不同。As 离子可诱导蛇根木(*Rauwolfia serpentina*)产生大量 PC$_2$,而 Cd 则诱导其产生 PC$_3$。研究表明 PC 在体外可通过巯基与大量金属离子结合,已从植物中分离出 Cd、Cu 和 Ag 的金属-PC 络合物。根据 PC 与 Cd 的络

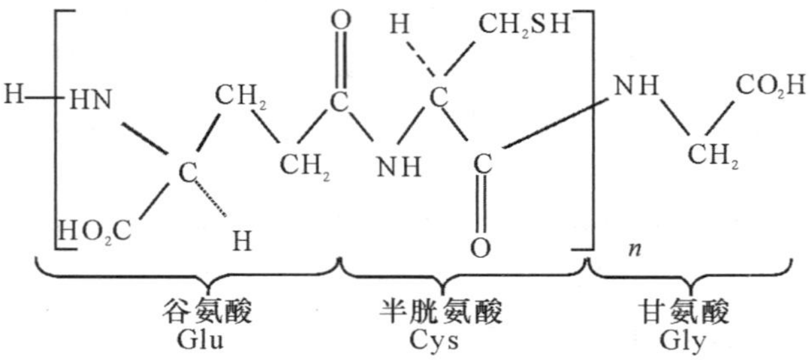

图 23-2 植物螯合肽的化学结构示意图

合物分子大小不同,又可将其分为两类,即低相对分子质量(LMW)和高相对分子质量(HMW)复合物,这两类复合物在植物体中行使不同的功能。LMW 复合物在 HMT1 作用下可从细胞质向液泡中转运,是 Cd^{2+} 转运的形式;HMW 复合物在液泡中比较稳定,比 LMW 复合物对 Cd^{2+} 的结合能力大,是 Cd^{2+} 在液泡中积累的主要形式。

1) 植物螯合肽的基因分析

植物体中 PC 的合成由三种植物螯合肽合成酶催化:GCS(γ-Glu-Cys 合酶)和 GS(GSH 合酶)催化 Glu 和 Cys 合成 GSH,这些反应需要 ATP 提供能量;另一种酶 PCS(PC 合酶)是由四个亚基组成的、相对分子质量为 95000 的蛋白质,它可转移 GSH 的 γ-Glu-Cys 基团到受体 GSH 形成 PC_2,或将 GSH 的 γ-Glu-Cys 基团转移到 PC_n 上形成 PC_{n+1},编码这些酶的基因已从拟南芥和番茄中得到。拟南芥中有两个对耐 Cd 非常重要的基团位点 CAD1、CAD2。这两个位点的缺失突变体均降低 PC 的积累和 Cd 的吸收。其中,cad1 突变体 GSH 正常,缺少 PC;而 cad2 突变体 GSH 减少,PCS 正常。以上结果表明,CAD1、CAD2 可能是编码 PCS、GCS 的结构基因。在裂殖酵母(Saccharomyce pombe)的 Cd 敏感突变体中,还发现一种参与 LMW 复合物在液泡膜中转运的基因 hmt1,它可编码液泡膜 ABC 型转运蛋白 HMT1,将 PC 和 LMW 复合物从细胞质运至液泡中,而不能单独将 Cd^{2+} 运至液泡中。当用 Cd^{2+} 处理时,液泡中的 Cd^{2+} 绝大部分以 HMW 复合物形式存在。PC 和 LMW 复合物的转移由 ATP 提供能量。近年来,PCS 基因已由 cad1 突变体的研究中分离出来。研究发现,拟南芥 AtPCS1 基因可增加啤酒酵母(Saccharomyces cerevisiae)的 yap1 和 ycf1 突变体对 Cd 的耐受性。YCF1 编码 GSH-Cd 复合物向液泡中转运的载体蛋白,而 YAP1 编码一种转录因子对 YCF1 的表达起作用。AtPCS1 的表达可增加酵母中 Cd 的积累,这表明 AtPCS1 表达后可能参与 Cd 络合物的形成和区域化过程。此外,克莱门斯(Clemens)等也鉴定出一种小麦 TaPCS1 基因,当其在野生型啤酒酵母中表达时,可增加其对 Cd 的耐受性。AtPCS1 和 TaPCS1 在啤酒酵母中表达时均能增加 Cd 的积累,其作用能被 GSH 合成抑制剂所抑制。

2) 植物螯合肽生物合成及其调控

与 MT 的生物合成不同,PC 不是由基因直接编码产生的,而可能是以 GSH 为底物的生物合成的产物。实验表明,当向细胞培养液中加入金属离子时,PC 的合成与 GSH 的减少相一致。不管是完整植株还是细胞培养液中,加入 GSH 合成抑制剂 BSO,其对 Cd 的敏感性增加和 PC 生物合成受抑制相吻合。加入 BSO 的细胞培养液中外加 GSH 能增加 PC 的合成和细胞耐 Cd 性,这表明了 PC 由 GSH 合成。

对 PC 生物合成途径的调控包括两个方面:对 GSH 生物合成的调控和对 PCS 活性的调控。在对转基因印度芥菜的研究中发现,当 GSH 表达增加时,PC 生物合成亦增加,对 Cd 的耐受性增加。对 PCS 活性的调控在 PC 生物合成中很重要,体内或体外实验中均表明 PCS 活性受金属离子诱导,当有少量金属离子存在时,PC 生物合成即增加。现以 Cd 为例,说明 GSH、PC 在抗重金属胁迫中的作用(图 23-3)。

当植物组织、细胞生长介质或酵母培养液中加入微量重金属元素时,即可诱导产生少量 PC,其中 Cd^{2+} 对 PC 的影响最大。有人用 R. serpentina 细胞培养实验来测定金属对 PC 合成的诱导能力,结果表明 Cd^{2+}、Ni^{2+}、Cu^{2+}、Zn^{2+}、Ag^+、Sn^{2+}、Hg^{2+} 和 Pb^{2+} 等均可诱导 PC 合成。当激活剂金属离子浓度下降,如金属离子被生成的 PC 或外加的金属螯合剂(如

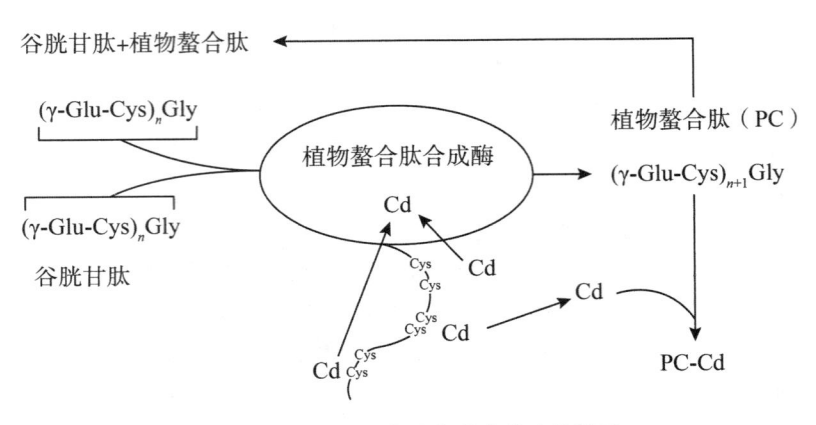

图 23-3　植物螯合肽合成酶的功能模型

EDTA)螯合时,PC 合成就会停止,这可能为 PC 生物合成提供了自我调控机制。金属对 PC 的诱导作用在不同植物中亦有所不同。

3) 植物螯合肽的功能

PC 也是通过硫基与金属离子螯合形成无毒化合物,减少细胞内游离的重金属离子,从而减轻重金属对植物的毒害作用。PC 缓解重金属毒害作用的证据来自对拟南芥 PC 缺乏型突变体的研究。实验表明 PC 在拟南芥中对缓解 Cd^{2+} 和 As^{5+} 毒害具有重要作用。植物体内 Cd 积累机制是 PC 与重金属 Cd^{2+} 在细胞质中结合成 LMW 复合物后,被液泡膜 HMT1 转运蛋白转移到液泡中,形成 HMW 复合物,并以这种形式在液泡中积累。

PC 对植物体重金属毒害的缓解作用需要一系列蛋白(或酶)的共同作用:首先,是 PC 的生物合成;其次,是 PC 与重金属的结合,最后是向液泡中的转运,缺乏其中任何一个步骤都不能完成其缓解作用。缺乏 GSH 生物合成酶基因的突变体,PC 生物合成受阻,对金属离子特别敏感。在拟南芥中,*cad2-1* 型突变体仅含有野生型 30% 的 GSH,因此 PC 合成较少,突变体内 Cd 络合物积累下降,表现为 Cd 敏感型。与 *cad2-1* 突变体相类似,*cad1* 位点突变体对 Cd 敏感,Cd 络合物和 PC 生物合成均减少。此外 HMT1 蛋白的缺乏也不能使植物完成 Cd 在液泡中的积累。增加 *S. pombe* 中 HMT1 转运体基因的表达,可增加其对 Cd 的耐受性。还有一些实验结果表明 PC 在植物中主要是作为载体将金属离子从细胞质运至液泡中,并在液泡中发生解离。因而 PC 对重金属毒性的缓解取决于它跨液泡膜的转运速度,而非其在细胞中的浓度。

实验证明,PC 并不能提高植物对所有金属的耐受性。拟南芥的 *cad-PC* 缺乏型突变体对 Cd、Hg、Pb 特别敏感,但对于 Cu、Zn 的耐受性并不受影响。迈天尼(Maitani)等对多种金属诱导西洋茜草(*Rubia tinctorum*)根系产生 PC 的情况进行了研究,结果表明多种金属离子可诱导西洋茜草根系产生 PC,但除 Ag、Cd 和 Cu 以外,都不能与其所产生的 PC 结合,而 Cu 却还能与 Ag^+、As^{3+}、Cd^{2+} 所诱导的 PC 形成络合物。

(3) 金属硫蛋白(MT)

金属硫蛋白(MT)是在动物中首先被发现的。1987 年,莱恩(Lane)等从小麦胚胎中发现 Ec 蛋白,并证明其氨基酸序列与动物 MT 相一致,从而证明了植物体内含有 MT,并将 Ec 归为第二类 MT。后来,又陆续在别的植物(如拟南芥、玉米、番茄和棉花)中发现有编码

MT 的基因存在。但目前只有小麦 Ec 蛋白和拟南芥的 MT 被纯化出来。

MT 是一种低相对分子质量（6000～7000）、富含半胱氨酸残基的金属结合蛋白，通常由 61 个氨基酸残基组成，半胱氨酸残基约占 30%。由于其硫基含量高，对重金属的亲和性大，因而对多种重金属，如 Cu、Zn、Pb、Ag、Hg、Cd 阳离子都有螯合作用。MT 在低 pH 下可脱掉金属。使各种 MT 中 50% 的金属离子发生解离的 pH 值为：Zn-MT 的 pH 3.5～4.5；Cd-MT 的 pH 2.5～3.5；Cu-MT 的 pH 低于 1。MT 分子中不含 α-螺旋和 β-折叠，而存在一种十分坚固的构象。因此，它有很强的抗热性和抵抗蛋白酶消化的能力。MT 的三级结构有 α、β 两个结构域，其中 α 结构域优先结合 Cd^{2+} 和 Hg^{2+}，β 结构域优先结合 Cu^{2+}。目前已有研究表明，将小鼠 αα 突变体的基因转入烟草中，αα 基因可在烟草中表达，提高烟草对 Cd^{2+} 的耐受性。在动物体内，已经分离出 MT 的 α、β 两个结构域。

1) 金属硫蛋白的生物合成及其调控

MT 是直接由基因编码合成的。植物体内 *MT* 基因的研究近十年来有很大进展。拟南芥是一种基因组最简单的植物，实验中对其研究较多，根据其 *MT* 基因序列相似性和与其他植物中 *MT* 基因的相关性，将其 *MT* 划分为四个种类。除 *MT3* 外，其他几种 *MT* 都包括两种基因类型，即 *MT1a*、*MT1c*、*MT2a*、*MT2b*、*MT3*、*MT4a*、*MT4b*。其他植物中也有 *MT* 基因被发现。例如，玉米有编码 *MT1* 的基因和编码 *MT4* 的基因；猕猴桃和香蕉中有 *MT3* 基因。

植物体内 *MT* 基因在特定条件下，如经重金属处理后即可表达，首先转录成 RNA，然后由 RNA 翻译成特定的蛋白质，由蛋白质执行一定的解毒功能。例如，拟南芥幼苗用 Cu^{2+} 处理时，*MT2a* RNA 增加，这种诱导机制已由其他 *MT* 基因证明。但对于 RNA 翻译为蛋白质，除小麦 Ec 蛋白和拟南芥的一些 MT 蛋白外还没有得到充分证明，因为 MT 蛋白对氧特别敏感，在其他植物中还没有被提取纯化。但由已纯化的 MT 蛋白序列结合基因分析，已证明 *MT* 基因确实可编码蛋白。另外对一些突变体的研究也间接表明 *MT* 基因可编码 MT 蛋白。在正常生长情况下，*MT1* 基因主要在根系中表达，而 *MT2* 和 *MT3* 在叶中 RNA 水平较高，*MT4* 基因（包括小麦 Ec）在种子中转录表达。

MT 基因表达除特定植物组织不同外，在一定环境条件下其表达亦有不同。金属离子可诱导其表达，其他逆境条件，如热激、铝胁迫、缺铁、机械伤害和病毒侵染都可诱导其 RNA 表达。另外，MT 的合成也可通过激素（包括糖皮质激素、脂高血糖素和肾上腺素等）诱导。还有一些 *MT* RNA 的表达在胚胎发育期、果实成熟期或叶片衰老期有所增加。

2) 金属硫蛋白的功能

动物和真菌中 MT 通过 Cys 残基上的硫基与金属离子结合形成低毒络合物，从而消除重金属的毒害作用，因而其抗重金属特性与 MT 累积呈正相关。而在植物体中，由于 MT 难以纯化，还没有足够的证据说明植物体内金属可与 MT 结合，但有一些植物基因，如豌豆 *MT* 基因已经在微生物体内表达，并且可作为金属结合蛋白螯合金属离子，从而间接得出植物 MT 可以与金属结合。不同植物中 MT 含有不同的半胱氨酸残基，继而影响这些蛋白的金属结合特性。*MT1* 参与 Cu 的代谢，而 *MT2* 则与植物耐 Zn 能力有关，这些结果均表明 MT 在生物体内作为金属螯合蛋白起作用。在对不同生态群拟南芥的不同金属耐受性调查中发现，幼苗的耐铜性与 *MT2* RNA 的表达正相关，说明有些 MT 的表达对植物的重金属耐受性具有重要作用。植物 MT 在清除活性氧物质方面可能具有重要作用。正常生长的植物细胞内有多处 ROS 产生位点,但正常情况下 ROS 不会累积到毒性水平,重金属胁迫条件下 ROS 产生加剧,可能破坏植物体内 ROS 产生和清除之间的平衡,导致细胞结构改变和发生突变,对生物体造成伤害。

(4) 甲基汞裂解酶(merB)和汞还原酶(merA)

在许多种具有抗汞离子的革兰氏阴性细菌中,存在一条转化汞的反应通路,其中有两个关键性的酶:①甲基汞裂解酶(由 *merB* 基因编码),将有机汞转化为汞离子(Hg^{2+});②汞还原酶(由 *merA* 基因编码),将 Hg^{2+} 还原为基态汞(Hg^0)。

merB 基因编码甲基汞裂解酶的合成,催化甲基汞裂解为离子汞的降解反应。生物体内甲基汞转化为离子汞的过程实际上是甲基汞的降解过程。Bizily 等用 *merB* 基因转化拟南芥,所得到的转 *merB* 植株对甲基汞及其他有机汞的抗性显著增强。

merA 基因编码汞还原酶(merA),催化离子汞还原为金属汞的生物化学过程。*merA* 基因的表达与否和表达强度直接关系到汞还原酶的有无和多少,而生物体内和介质中汞离子的状态和含量以及其他环境因子都会影响 *merA* 基因的表达。这种影响常常以激活或抑制基因表达的方式表现出来。因此,*merA* 基因表达的调控是汞还原酶酶促反应强度的决定性因素。

马尔(Meagher)等对 *merA* 基因的序列进行了改造,以使之尽可能地符合真核基因的碱基组成。他们将该基因连接到植物启动子上并转化拟南芥。对转 *merA* 植株的研究表明,该植株对 Hg^{2+} 的抗性及 Hg^0 的挥发量都明显地高于野生型植株。他们将 *merA* 和 *merB* 植株杂交,F_1 代自交,F_2 代用于与转 *merA* 和 *merB* 植株进行有机汞抗性的比较研究。结果表明,转 *merA*+*merB* 双基因植株对有机汞的抗性最高,而转 *merA* 植株和野生型植株在有机汞浓度为 0.2 μmol/L 时便不能生存,转 *merA*+*merB* 双基因植株和转 *merB* 植株对有机汞的抗性分别比野生型高 40 倍和 20 倍。而且在含有机汞的溶液中,只有转 *merA*+*merB* 双基因植株能挥发出基态汞,而转单基因植株及野生型植株不能,表明只有转 *merA*+*merB* 双基因植株能将有机汞转化为基态汞,进一步的实验研究表明,*merB* 基因产物是这一解毒途径的关键酶。

(5) 氨基酸和有机酸

植物对重金属的耐受性可分为内耐受性和外排性两大类。在内部耐受中,有机酸与细胞质中的重金属发生螯合作用,将金属转化为毒性较低或无毒的形式。在外部排斥中,植物分泌的有机酸与重金属形成稳定的络合物。这种复合体改变了植物的生物有效性,从而阻碍了重金属进入植物并在根部区域积累。氨基酸和羧酸(如草酸、烟胺、苹果酸、柠檬酸和组氨酸)可能是结合重金属的配体,并有助于解毒和耐受。此外,向植物提供组氨酸不仅可以提高其对镍金属的耐受性,还可以促进金属向地上部的运输。例如,观察到在组氨酸存在的情况下,对镍的耐受性增加了。

4. 抗氧化酶的防御机制

在上述策略不足以抵御重金属毒性的情况下,细胞质中金属离子的积累会使活性氧物质(ROS)产生。ROS 的过量产生会导致氧化应激,造成细胞内稳态破坏、细胞过程抑制、DNA 损伤和蛋白质氧化。为了应对重金属引起的氧化损伤,植物细胞通过诱导抗氧化酶,如超氧化物歧化酶(SOD)、过氧化氢酶(CAT)、过氧化物酶(POD)、谷胱甘肽还原酶(GR),以及包括谷胱甘肽、类黄酮、类胡萝卜素、抗坏血酸和生育酚在内的非酶类抗氧化剂化合物,激活清除 ROS 的机制。因此,植物的这种抗氧化防御系统在对抗重金属胁迫方面发挥着重要作用。

植物对重金属的耐受性反映了其阻止重金属的毒害的能力。植物通过细胞壁和细胞膜阻止重金属的吸收,通过对重金属的络合和螯合作用、在液泡中的隔离、提高抗氧化酶活性以清除自由基等方式来减轻重金属造成的伤害。随着分子生物学的发展,将会在植物中发现更多与重金属胁迫相关的基因,对它们的研究将成为未来植物抗重金属胁迫研究的重点。

目前,运用基因工程的手段获得了具重金属抗性的转基因植株,但这还只是抗性基因改造和目标植物转化的初级阶段,对抗性基因发挥作用的分子机制以及生理基础等还缺乏详细、精确的理解。只有随着研究的进一步深入,在对植物的重金属抗性、超富集及体内转运等生物学过程的分子机制有了更清楚、详尽的理解的基础上,植物修复技术的潜力才能被充分挖掘。例如,定量分析重金属离子在不同组织细胞内的含量及分布,分离与它们结合的各种化合物并鉴定其化学结构及生化性质,是进一步优化植物体内修复系统的一个富有挑战性的课题。此外,植物修复过程中重金属的吸收、转运、转化等各个阶段关键反应及关键酶的研究,以及各种抗性植物体内抗性基因的分离、克隆及作用机制的研究,对于改造和利用植物、动物、细菌中的相关基因结构,开发更为高效、合理的转基因植物也具有重要意义。

专题 24

MicroRNA 在植物生长发育与逆境中的调控
Regulation of MicroRNA in Plant Development and Stress

　　植物的生长发育、代谢、胁迫响应以及一系列生物学功能的正常发挥都依赖于基因表达的合理调控。除了转录水平的调控之外，随着众多内源小 RNA 的不断发现以及对其功能的深入研究，发现内源小 RNA 对基因转录后水平的调控有重要的作用。微 RNA (microRNA，或 miRNA)是一类广泛存在于植物基因组中的、约由 22 个核苷酸组成的、内源非编码小分子 RNA，是植物基因表达调控网络中的重要成员。miRNA 作为基因表达的一类负调控因子，主要在转录后水平上通过介导靶 mRNA 分子的切割或翻译抑制来调节植物基因的表达，从而调控植物器官的形态建成、生长发育、激素分泌与信号转导以及植物对外界环境胁迫因素的应答。

　　不同于动物中 miRNA 主要来自编码蛋白的基因内含子区，植物 miRNA 多来自非编码区，且一般都有自己的转录单元。植物 miRNA 转录前体产生后，在细胞核内经过剪切加工形成成熟体，进一步进入 RNA 诱导的沉默复合体(RISC)中，通过对靶基因 mRNA 的直接剪切或者抑制靶基因蛋白的翻译来完成对靶基因的调控。植物 miRNA 的表达具有时空特异性，通过 miRNA 与靶基因的相互作用，调控靶蛋白的水平和空间分布，以一种基因表达的精细调控模式，在维持植物正常生长发育及各种环境胁迫应答反应中发挥功能。

24.1 植物 miRNA 的发现

在动物、植物和微生物中发现了很多 miRNA。其中,研究最早的是秀丽新小杆线虫(*Celegans elegans*)中的 *lin4*、*let7*,它们参与调控线虫的发育。这两个基因的突变型不能够正常发育。*lin4* 基因在 1993 年被克隆,其突变引起线虫发育延迟,而在其靶标 *lin14* 基因缺失突变的线虫中观察到了相反的发育表型——越过 L1 期直接进入了 L2 期。2000 年,第二个 miRNA——控制幼虫向成虫转变的 *let7* 被发现,*let7* 结合在 *lin41* 和 *lin57* mRNA 的 3'-UTR,引起抑制翻译。科学家发现尽管 *lin-4* 只存在于线虫当中,但 *let7* 基因产物几乎普遍存在于从昆虫到脊椎动物(包括人类)的所有生物中。

随着果蝇、线虫、哺乳动物和植物中越来越多的 miRNA 及其靶基因的发现,科学家更加深入认识到 miRNA 介导的基因调控的重要性。相对动物而言,尽管植物 miRNA 研究起步较晚,但进展却非常迅速,有关 miRNA 的报道数量呈几何级数增长。植物 miRNA 因为与其靶基因的高度互补配对性而更容易被发现和证实。同时模式植物拟南芥的广泛应用也使植物 miRNA 的功能研究更为方便和快捷。目前 miRNA 的发现主要有三种方法:直接克隆、遗传学筛选和生物信息学预测。

24.1.1 克隆

发现并鉴别 miRNA 最直接的方法是从生物样本中分离克隆小分子 RNA。许多研究小组都运用这一策略来克隆植物中的小分子 RNA。步骤是,从生物总 RNA 中富集小序列的 RNA,如收集大小在 21~24 个核苷酸或者更小的 RNA 分子,进行小分子 RNA 的电泳分离纯化、在 3' 和 5'-端添加特定核苷酸接头、逆转录为 cDNA、扩增和测序,再用得到的序列结果去比对基因组数据库,可以找到这些基因在基因组中的位置,然后通过定点突变等方法研究这些基因在过表达或不表达的情况下对生物体的影响。利用该方法在拟南芥、水稻和白杨(*Populus trichocarpa*)中发现了大量的 miRNA。随后,新的高通量测序手段与常规克隆方法相结合,使得 miRNA 的直接克隆鉴定得到了深化和扩展。

24.1.2 遗传学筛选

虽然最早的 miRNA 是通过正向遗传学筛选从线虫中获得的,但是关于采用该方法从植物中发现 miRNA 的报道很少。如 ath-miR164 是通过功能缺失突变(loss-of-function allele,表现为花瓣增多)获得的。这可能是因为进化上比较保守的 miRNA 几乎都由同一基因家族成员组成,不同成员之间功能互补,人们很难依靠正向遗传学方法来发现 miRNA 功能缺失突变体。植物中很早就发现许多表型突变体,但是直到 miRNA 被克隆出来并证实在植物基因组中存在而且同样具备功能之后,人们才意识到这些突变表型是和 miRNA 相关的。于是,研究人员一方面通过对拟南芥发育表型不正常的植株进行分析,筛选得到了 miRNA 过表达的突变体;另一方面,筛选发现了一类靶基因与 miRNA 结合位点突变而导致 miRNA 功能缺失的突变株系,这两种遗传学材料的发现极大地丰富了对 miRNA 功能的了解。

24.1.3 生物信息学预测

miRNA 一般位于基因之间或者内含子反向重复区域，前体具有茎环结构，一些成熟的 miRNA 以及与前体配对形成的发夹结构在物种间是保守的，并且 miRNA 与靶基因具有互补性。利用这些特征，人们开发出分离鉴定植物 miRNA 的生物信息学软件，预测和鉴定了一批新的 miRNA。目前以前体 miRNA 二级结构为基础搜寻 miRNA 的程序主要有 Mfold、RNAfold、MiRscan 等。但生物信息学预测方法的缺点是预测的 miRNA 尚需经过生物学实验验证，以排除预测的假阳性。

24.2　植物 miRNA 的生物合成与作用机制

24.2.1　miRNA 成熟所需的蛋白

1. 类 Dicer 酶

Dicer 酶是一种多结构域的双链 RNA 专一性 RNase Ⅲ，它最初是在动物中发现的，能够剪切 miRNA 的前体(pri-miRNA)，使之成为成熟的 miRNA。Dicer 酶包含四种结构域：RNA 解旋酶结构域、PAZ 结构域、两个 RNase Ⅲ 结构域和 dsRNA 结合结构域(dsRBD)。植物中负责剪切 miRNA 前体的酶称为 Dicer-like(类 Dicer) 酶。拟南芥有四种 Dicer-like 基因，分别为 *DCL1*、*DCL2*、*DCL3* 和 *DCL4*，但只有 *DCL1* 是 miRNA 加工所必需的。

2. DCL1 蛋白

DCL1 是 RNase Ⅲ 超家族成员之一，具有 Drosha 与 Dicer 的双重功能，参与了 miRNA 的整个成熟过程。DCL1 蛋白含有动物 Dicer 酶中所没有的核定位信号序列(NLS)，说明拟南芥 miRNA 的成熟过程可能是在细胞核内完成的。

3. HEN1 蛋白

HEN1 具有甲基转移酶的结构域，可在体外甲基化 miRNA/miRNA* 双链，而 miRNA 的 3′-端甲基化可以稳定 miRNA。它具有两个 dsRNA 结合结构域(RBD)和一个核定位信号序列。

4. Argonaute 蛋白

Argonaute 蛋白质家族是沉默复合体中的主要成员，它含有 PAZ 结构域和 Pi-wi 结构域，PAZ 具有结合 RNA 的功能，Piwi 的结构与功能类似于 RNase H。拟南芥有 10 个 Argonaute 蛋白，其中的几个已进行了功能分析。如 AGO4 参与转座子和反向重复序列的 DNA 甲基化；AGO7 进入 ta-siRNA(trans-active siRNA)沉默复合体中；AGO1 是拟南芥中唯一参加 miRNA 生物途径的 Argonaute 蛋白，AGO1 在体外可以结合 miRNA 并催化靶基因的剪切。

24.2.2 miRNA 在植物中的成熟过程

绝大多数植物 miRNA 在基因组上是一个独立转录单位，偶尔也串连重复存在，即一个转录单位可以加工成几个 miRNA（如 miR395）。植物的 miRNA 前体一般均长于折叠成颈环结构的序列，长的可达 1kb。其中的一些 miRNA 前体转录还需要经过剪切、多聚腺苷化（poly A）及 5'-帽子（cap）等加工过程，其启动子一般都具有典型的 TATA 盒，表明大多数的 miRNA 由 RNA 聚合酶Ⅱ转录（图 24-1）。

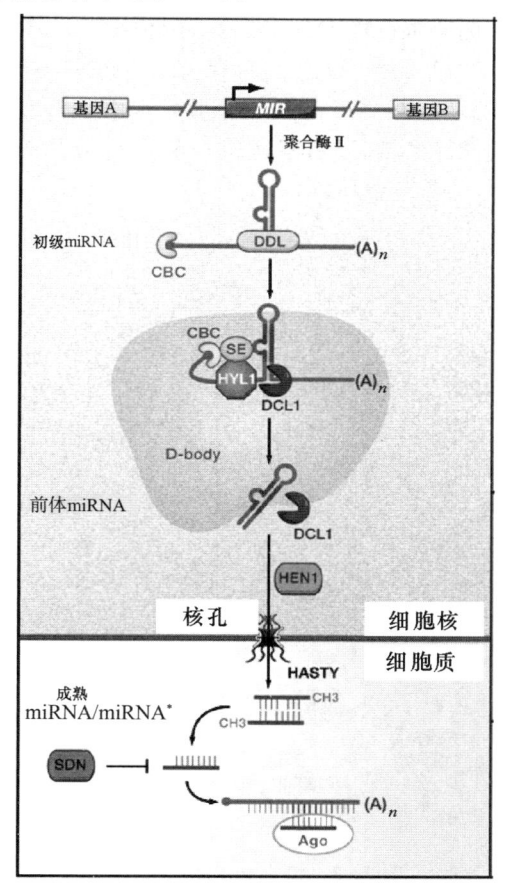

图 24-1 植物 miRNA 的生物合成过程

miRNA 基因转录后，即开始了一系列复杂的剪切过程，直至产生成熟的 miRNA。miRNA 成熟的中心步骤是 Dicer 酶对初级 miRNA 的精确剪切。在细胞核中，DLC1-HYL1 复合体先将初级 miRNA 剪切为前体 miRNA，然后将前体 miRNA 剪切为 miRNA/miRNA* 双链，miRNA/miRNA* 双链的 3'-端又被 HEN1 甲基化。大多数甲基化的 miRNA/miRNA* 在 Exportin25 的同源物 HST 转运蛋白的帮助下从细胞核转移到细胞质中。成熟的 miRNA 由 Exportin25 的同源物 HST 负责输送到细胞质，结合到 RNA 诱导的沉默复合体（RISC）中，在这个复合体中 mRNA 被 miRNA 识别，从而被降解或抑制表达。

24.2.3 植物 miRNA 的作用机制

成熟的 miRNA 进入 RISC 后,通过碱基互补配对,特异识别并与靶基因的 mRNA 结合,从而调控靶基因的表达(图 24-2)。这种调控可以分为三种类型:一是对靶基因 mRNA 的直接剪切;二是结合靶基因 mRNA 从而抑制功能蛋白的翻译;第三是通过使染色体异染色质化直接让多个基因在转录水平沉默。如果 miRNA 与靶 mRNA 完全互补,miRNA 引导靶 mRNA 特异性切割;如果两者没有足够的互补性,则引起翻译抑制。大多数植物 miRNA 与靶序列的开放阅读框(ORF)完全匹配,因而植物 miRNA 主要进入 RNA 干涉途径以降解靶 mRNA。miRNA 的 3′-端位于 PAZ 结构域的亲水性结构域内,而靶 mRNA 位于 Piwi 结构域中,两者识别互补之后,RNA 酶水解作用于靶 mRNA 中与 miRNA 的第 11 或第 12 碱基所对应的残基磷酸键,随后降解靶分子的 5′-端序列。

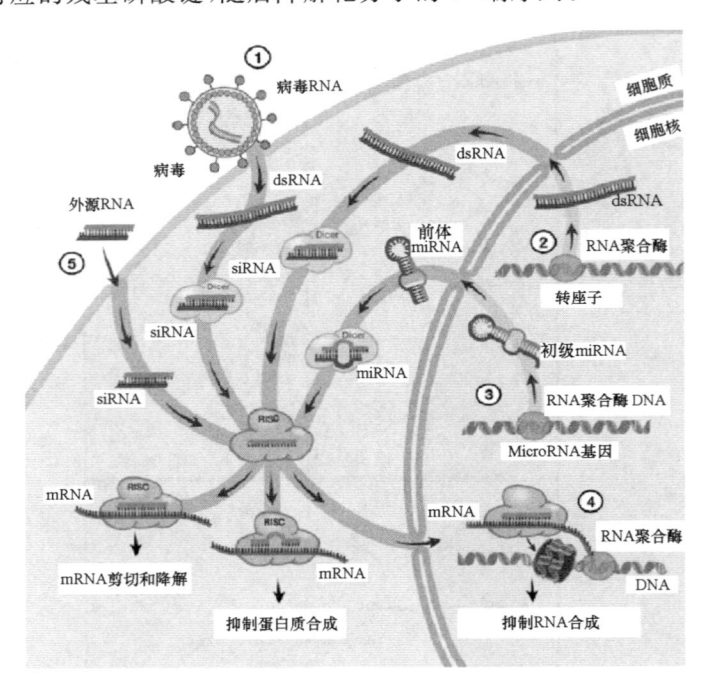

图 24-2 植物 miRNA 的作用机制

24.3 miRNA 对植物生长发育的调控

研究发现,植物 miRNA 合成途径关键酶的缺失突变体表现出缺陷型的发育表型,例如拟南芥 *dcl1* 突变体表现出花器官、叶形态等多方面的变化,*ago1*、*hen1*、*hyl1* 和 *hst* 突变体中也发现了和 *dcl1* 中类似的表型。这些事实说明 miRNA 对植株的正常生长发育起到重要作用。目前已知的植物 miRNA 的功能主要表现在调控植物发育的各个方面,其中靶基因多数是植物发育模式的相关转录因子。而这些靶基因调控的植物生长发育过程主要包括激素信号转导、细胞代谢、器官分化、育性转换、花器官的形成与生殖。这显示出在生物体内存在一个巨大的分子调控网络，而 miRNA 正处于这个网络的中心位置，它可以在不同层次上（转录、翻译等）对靶基因进行调控，并与蛋白-蛋白相互作用网络相对应来调节细胞的生命活动，是对基因进行精细调控必不可少的重要手段。

由于这些突变体中大多数 miRNA 功能都有缺失，因此无法确证每个 miRNA 的具体功能。目前，可利用两种反向遗传学的手段研究某个特定 miRNA 的功能：一是通过构建某个 miRNA 过表达载体获得转基因植株；二是通过定点突变构建不受 miRNA 调控的靶基因表达载体，然后通过转基因的方法来研究靶基因的具体功能。运用以上方法，已有大量的文献报道了 miRNA 在植物生长发育中的作用。例如，miR166 调控Ⅲ型 HD-ZIP 转录因子 *PHB*、*PHV*，作用于侧向器官极性和分生组织的形成；miR172 介导的对 *AP2* 和 *AP2* 类似靶基因的调控影响花器官的发育和开花的时间；miR164 通过调控 *NAC1* 和 *CUC2* 的表达水平来控制器官边界和根的发育；miR396 调控 *GRF* 基因家族，影响了叶片的生长发育以及细胞分化等。下面详细讲述 miRNA 参与的植物生长发育过程及发挥的作用。

24.3.1　对植物根发育的影响

miR164 主要通过调节具有 NAC 功能域的转录因子家族成员，如 *CUC1*、*CUC2*、*NAM*、*NAC1*、*At5g07680* 和 *At5g61430* 调控植物分生组织的发育、顶端器官的分离以及侧根的发育。其中，*NAC1* 可通过转换植物激素信号的途径促进拟南芥侧根生长。而 miR164 则能够引导内源和转基因 *nac1* mRNA 的裂解，从而削弱生长素信号，抑制其侧根生长。因此，miR164 突变或 miR164 表达受阻遏都会导致拟南芥生长素信号通路中断、*nac1* mRNA 水平增加及其侧根增生，而 miR164 大量表达则会导致 *NAC1* 基因表达的下调和减少侧根的形成。有研究发现，生长素能诱导 miR164 表达并促进 *nac1* mRNA 裂解，这表明生长素信号诱导与 miR164 调控作用之间存在密切联系。

miR160 通过负调控生长素响应因子 *ARF10* 和 *ARF16* 的表达来控制根冠细胞的形成。miR160 过表达或 *ARF10* 和 *ARF16* 双突变都会造成拟南芥根分生区末端的干细胞分化受阻抑，这表明 miR160 的调控作用对根冠细胞的形成很重要。另外，失去 miR160 对 *AFR16* 表达的调控，则会导致拟南芥呈多向性生长。

miR393 可调控 TIRI（生长激素受体）蛋白的表达，该蛋白因子通过与 E3 泛蛋白连接酶 SCF 复合物的吲哚乙酸结合而参与胚轴分化、横向根系形成等生理过程。

24.3.2　对植物叶和茎发育的影响

拟南芥基因组 JAW 位点编码的 miRNA-Jaw 即 miR319 是控制植物叶片和其他细胞分裂的 miRNA，它主要通过靶向作用于（*TB1/CYC/PCF*）*TCP* 转录因子基因家族成员来调控植物叶片的形态建成。转录因子 *TCP* 的作用主要是调控叶细胞分裂，而 miR319 能引起 *TCP* mRNA 的裂解，导致 *TCP* mRNA 水平下降，使细胞分裂过旺。研究表明，只有在 miR319 与靶序列 *TCP* 正确作用时才能形成扁平叶。其过表达可导致植物叶片偏上生长，叶片表面凸起卷缩及叶片边缘锯齿化，并延长其开花期使得果实畸形，还可造成幼苗的不正常生长,如子叶融合,不能形成顶端分生组织等。

转录因子 *REV* 基因与叶形态建成有关,其表达受 miR165 负调控。双链 RNA 结合蛋白 HYL1 通过改变 miR165 的水平控制拟南芥 *REV* mRNA 表达量,维持叶脉和叶片的形态,拟南芥 *HYL1* 突变株的叶片表现为背腹轴极性丧失,叶脉变少且不连续。维管形成层对叶和茎的维管束连续生长非常重要,但维管形成层的生长有不确定性。在林生烟草中,miR165 通过裂解转录因子 *NsPHV* mRNA 来调控维管形成层的生长。在失去 miR165 调控功能的烟草半显性 *PHV* 突变株中,叶和茎维管组织系统发生异常的径向生长,茎节点的维管束不连续。另外还发现 miR166 也可通过调节拟南芥 Homeobox15 蛋白(ATHB15)来调控植物的维管束细胞和韧皮部细胞的发育,从而影响植物叶和茎的形态建成。

APETALA2-like 基因 *GL15* 可以调控玉米的幼叶到成熟叶的转变。其活性增强不仅会使植物幼年期叶片增多,同时会延缓植物的生殖发育。而 miR172 可对 *GL15* mRNA 水平进行负调控,从而促进玉米幼叶向成熟叶转变,是 miRNA 参与叶形态调控的又一例证。

miR160 靶向调控 *ARF10*、*ARF16*、*ARF17*,其中负调控 *ARF10*、*ARF16* 可作用于植物根冠细胞形成(前已述),而过表达的 *ARF17* 则可以导致许多生长激素应答基因表达改变,拟南芥呈现畸形发育,如叶片锯齿状突起、卷曲、早开花、花形态改变、育性降低等。

另外,miR159 的过表达可特异性地降低拟南芥的转录因子 MYB 家族成员 *MYB33* 和 *MYB65* 的 mRNA 水平,从而导致雄性不育,而抗 miR159 的 *MYB33* 的过表达又可导致植物产生叶片卷曲、高度降低、叶柄缩短的表型。

24.3.3 对植物花及生殖器官发育的影响

花器官的发育是开花植物发育过程中的一个重要阶段。miR172 通过对靶标 *AP2* 和 *AP2-like* 基因的负调控来实现对植物开花时间的调节和对花形态建成的影响。AP2 在植物的分生组织中表达,其亚家族的 SCHLAFMUTZE 和 SCHNARCHZAPFEN 编码光周期诱导抑制子,过表达 miR172 能抑制以上基因的表达,从而导致植物开花期提前(Aukerman 和 Sakai 用活化标签技术证明),并影响花器官的形态建成。已经有证据表明,miR172 对两者表达的负调控是通过抑制靶 mRNA 翻译而非引起靶 mRNA 裂解实现的。另外,抗 miR172 的植物 AP2 过表达会导致生殖器官形成花被,而 miR172 的过表达还会导致产生花瓣缺失、萼片转化为心皮等表型。拟南芥中 miR171 通过对具有 GRAS 结构域的 *SCL* 转录因子家族成员(如 *SCL6-Ⅱ*、*SCL6-Ⅲ* 和 *SCL6-Ⅳ*)的调控,来控制花的发育和根系发育。此外,还发现 miR156 也能影响植物的开花时间,在 *35S∷MIR156* 转基因植物中大量表达 miR156 后,发现植株表现为在短日照条件下开花延迟和能育性降低,有研究表明 miR156 是通过靶向作用于转录因子 *SPL* 来行使这种功能的。

LFY 基因在高等植物的营养和生殖组织中广泛表达,该基因处于成花调控网络的关键位置,其表达与植物激素(如 GA 及 ABA)的信号转导呈负相关。GAMYB 相关蛋白是一类通过调控 LEAFY 蛋白水平影响花器官正常发育的转录因子,miR159 通过指导切割 *GAMYB* mRNA,对 LEAFY 蛋白进行调控。miR159 的过表达可导致 *LEAFY* mRNA 降解,从而使植物开花期延迟并影响花的发育过程,而 miR159 又受到 GA 的正调控。另外,在拟南芥中,miR159 通过调控其转录因子 MYB 家族成员 *MYB33* 和 *MYB65*,使花粉囊发

育过程中绒毡层的生长受到抑制,从而导致其开花时间延迟以及由花粉囊发育缺陷导致的繁殖能力丧失。

miR164家族也能通过调节具有NAC功能域的转录因子基因家族中的CUC1(CUP/SHAPED/COTYLEDON1)、CUC2和CUC3来实现对植物的花瓣数量以及花器官边缘细胞与顶端分生组织细胞分化的调控。

24.3.4 对植物组织器官边界形成的影响

miR164能调节几个NAC基因(包括CUC1、CUC2和NAC1)转录物的裂解。抗miR164的CUC1、CUC2突变体的转录物的翻译会引起胚、营养器官以及花的发育异常。其中,CUC1的表达可导致萼片减少、花瓣增多、叶片变宽等表型;CUC2的表达能够恢复萼片分裂,但同时也会造成萼片间边界宽度的增加。这些都表明miR164在控制分裂组织的大小及胚、营养器官和花的形成模式和分化方面起到作用。miR164的过表达将影响拟南芥根、茎、叶等组织的发育,如导致花器官的融合,有时也会导致子叶融合。

24.3.5 对植物发育转换的影响

miRNA还参与植物生长发育过程中的转型,如幼叶转向成熟叶,营养生长转变为生殖生长,花序分化转向花器官生长等。miR172除了调节AP2基因外,还调节一些AP2-like基因,如TOE1、TOE2、TOE3、SM2和SNZ,从而参与植物发育中一些转型过程的调控。在拟南芥中,miR172通过对TOE1翻译和抑制TOE2 mRNA的降解来调控其从营养生长向生殖生长的转变。而在玉米中,miR172则是通过调控AP2-like基因glossy15来调节幼叶向成熟叶的转变的。另外,miR156也可以通过靶向SPL类转录因子来延迟植物的开花时间,从而影响其发育转换。

24.3.6 对器官极性和器官分化的影响

在拟南芥中,HD-ZIP Ⅲ基因家族和KANADI基因家族组成控制SAM(茎顶端分生组织)产生的侧生器官(叶和花等器官从茎顶端分生组织或花分生组织侧面的原基中产生,因此称为侧生器官)的背腹轴极性的遗传学系统。HD-ZIPⅢ基因在很大程度上调节发育的重要方面,包括维管组织系统的形成模式、侧生器官的远轴-近轴极性和分裂组织功能的稳定和维持。其基因家族中包含的四种半显性等位基因,即PHB、PHV、REV和ICV4(也称ATHB15或Homeobox15)在植物近轴端的分生组织中表达,而KANADI家族中的KAN1、KAN2、KAN3则在植物远轴端的分生组织中表达,这两类基因形成两组拮抗基因,通过HD-ZIP Ⅲ的功能获得型突变或KANADI的功能缺失型突变使拟南芥侧生器官丧失背腹轴极性。埃梅里(Emery)等和基德纳(Kidner)等分别于2003年和2004年发现REV、PHB和PHV在拟南芥侧生器官中的表达受到miR165的调控,并进一步证明了miR165是通过抑制这些基因的表达参与调控拟南芥SAM产生的侧生器官的背腹轴极性。紧接着,金(Kim)等于2005年发现并证明了miR166对Homeobox15(ATHB15)表达的负调控与 SAM 产生的侧生器官的背腹轴极性建成有密切关系。一旦破坏了这些基因与 miR165 和 miR166 位于 HD-ZIP Ⅲ 蛋白的 START 区域的互补位点,就会影响到拟南芥叶片、花器官和维管束细胞的极性分化。

另外,拟南芥 NAC 基因家族的 *CUC1* 和 *CUC2* 与其分生组织的发育及地上器官的分化有关,而 miR164 对它们的表达进行负调控。失去 miR164 调控的 *CUC1* 和 *CUC2* 的过表达体会出现胚胎发育异常、子叶生长趋向性受到破坏、莲座叶减少或呈畸形、花瓣增生、花萼减少等表现。而 miR164 的过表达则会造成拟南芥叶与茎融合的现象。

24.4　miRNA 与植物的逆境胁迫

植物体是一个开放体系,生存于自然环境中。但由于植物是固定生长的生物,无法选择生存环境,需经受多种生物和非生物胁迫。植物在生物和非生物胁迫环境下可调节自身的生长节奏,控制发育进程,通过调节生物量的积累来获得更高的存活率,或者通过调整生殖时间来提高后代的产率和存活力。研究发现,植物 miRNA 在生物或非生物胁迫应答中发挥着重要的作用,如调控植物体内磷、硫的代谢平衡及应对氧化胁迫等过程。

24.4.1　抗生物胁迫

病毒感染是广泛影响植物生长发育的生物因素之一,每年因植物病毒感染而导致大多数农作物和果树减产 30% 左右。在长期的进化过程中,植物已经形成了一些抵制病毒感染的机制,其中一种机制就是病毒介导的转录后基因沉默。越来越多的证据表明,植物病毒对植物的侵染与 miRNA 之间有相互作用,主要表现在植物病毒表达的蛋白(如 AC4、HC2Pro 等)作为转录后基因沉默抑制子,可以降低某些具有调控植物发育功能的 miRNA(如 miR159、miR165/166、miR171)的积累,从而干扰植物基因的正常表达,导致植物发育表型异常。研究人员还通过信息学方法发现,植物中存在一类可与多种植物病毒基因完全或不完全互补的 miRNA,这类 miRNA 可能通过切割病毒基因抑制病毒侵染,但这尚需进一步的实验证实。

病原体感染也是一个广泛影响植物生长发育的生物因素。在进化过程中,许多植物获得了抵御病原菌侵染的机制,其中包括 miRNA 参与的植物抵御病原体反应。研究发现,拟南芥 miR393 能被丁香假单胞杆菌番茄致病变种病原菌的鞭毛蛋白诱导,抑制它的靶基因生长激素受体(*TIR1*、*AFB2* 和 *AFB3*)的表达,从而阻断生长激素应答途径,并抑制宿主植物中细菌性病菌的生长。而拟南芥被丁香假单胞杆菌番茄致病变种的无毒性菌株侵染后,miR398 表达水平下降,诱导靶标 Cu/Zn 超氧化物歧化酶(CSD)水平上调以参与植物对病原体的防御反应。

此外,miRNA 也可参与植物对真菌和昆虫的抗性反应。如松树(*Pinus* spp.) miRNA 的表达与梭形锈病的发病程度有关。*RDR1* 在 miRNA 生物合成中起着重要作用,野生烟草中如果沉默 *RDR1*,会大大增加植物对食草昆虫,如烟草天蛾、盲蝽、甲虫和蝗虫攻击的敏感程度,由此推测 miRNA 也在植物防御有害昆虫方面发挥作用。

24.4.2 抗营养胁迫

1. 调节植物磷代谢平衡

磷是植物生长、发育、繁殖过程中必不可少的元素,它不仅是功能大分子(如核酸)的重要组分,同时在能量转移、酶反应调节和代谢途径中也具有重要的作用。在缺磷(磷饥饿胁迫)的条件下,植株出现植株矮小、叶色暗绿、花数量减少、产量降低的现象。磷酸盐缺乏下,拟南芥中 miR399 表达上调,并与靶基因编码泛素结合酶的 mRNA(*UBC* mRNA)的 5′-UTR 结合,使得靶基因 *UBC* mRNA 降低。当 *UBC* mRNA 的含量减少后,泛素结合酶的表达受到限制,导致了磷酸转移基因大量表达,限制了磷在体内的重新排布。而 miR399 的表达增强时,拟南芥芽内磷积累量是正常水平的 5~6 倍,故这种上调在一定程度上弥补了由磷不足引起的植物生长缺陷。

2. 调节植物硫代谢平衡

硫是植物生长发育必不可少的元素,且在植物体内不易流动,缺硫的症状包括缺绿、矮化、积累花色素苷等。miR395 在植物硫胁迫反应中具有重要作用。Northern blot 发现,miR395 可与编码 ATP 硫酸化酶的 mRNA(*APS* mRNA)结合。miR395 在硫缺失胁迫下诱导表达,*APS1* mRNA 被剪切;而 miR395 在高硫条件下表达水平很低,*APS1* 表达量丰富。miR395 的过表达导致 APS 水平降低,使过表达 miR395 的植物体相对野生型保持较高的硫浓度。

3. 调节植物铜代谢平衡

铜是植物正常生命活动所必需的微量元素。它是某些氧化酶(如抗坏血酸氧化酶、酪氨酸酶等)以及叶绿体的质体蓝素的成分,可以影响光合作用、呼吸代谢、氧化胁迫抵御以及感受乙烯等多种生理代谢过程。拟南芥在受到缺铜胁迫时,miR398 被诱导表达,介导它的靶基因 Cu/Zn 超氧化物歧化酶(CSD)*CSD1* 和 *CSD2* mRNA 降解,而另一种超氧化物歧化酶 *Fe-SOD* 转录上调。*Fe-SOD* 转录上升,保证拟南芥总体的 SOD 活性与氧化胁迫耐受性;另一方面,CSD 表达下降也有利于将有限的铜转运到质体蓝素,以保证高等植物光合电子传递对铜的需求。除了 miR398,拟南芥中另外三个 miRNA 家族——miR397、miR408 和 miR857,它们的靶基因也编码含铜蛋白(如含铜漆酶家族)。在铜供应不足时,miR397、miR408 和 miR857 积累,从而调控其靶基因的表达,以实现铜的自我平衡调节。

4. 调节植物铁代谢平衡

铁是植物生命活动必需的微量元素,它是光合作用、呼吸作用、生物固氮中的细胞色素和非血红素铁蛋白的组成元素。铁是叶绿素形成不可缺少的,在植株体内很难转移,所以叶片"失绿症"是植物缺铁的表现。研究人员构建拟南芥在铁缺乏下的小 RNA 文库,克隆得到了 8 个 miRNA,并且多数在铁缺失下表达上调。另外,顺式作用元件分析得到拟南芥中 24 个 miRNA 上游存在 *IDE1* 和 *IDE2* 元件,这暗示它们可能与铁胁迫相关。

24.4.3 抗环境胁迫

miRNA 在植物抵抗干旱、高盐、冷害、重金属等环境胁迫及抵抗环境引起的自身氧化胁迫中发挥重要作用。桑达尔(Sunkar)等通过构建拟南芥幼苗的干旱、盐、冷害、ABA 胁迫的小 RNA 文库，新发现了 26 种 miRNA，其中 24 种是分属于 15 个以前未曾报道的基因家族，另 2 种是 miR171 和 miR319 家族成员。它们受胁迫调控表达：Northern blot 结果显示拟南芥幼苗在干旱、盐碱、低温胁迫和 ABA 处理 2 周后，miR393 表达水平显著上升，miR397b 和 miR402 的表达升高，miR389a.1 表达下降，miR319c 仅在低温胁迫下表达上调。张(Zhang)等用 EST 序列分析技术发现 123 种受逆境胁迫诱导的含 miRNA 序列的 EST 基因簇，其中 36 种(29%)EST 基因簇与微生物感染有关，25 种(20%)与温度胁迫有关，28 种(22%)与干旱胁迫有关，分别有 4%、3% 的 miRNA 的 EST 基因簇与营养缺乏、盐碱和氧化胁迫有关。miRNA 芯片分析也显示，高盐、干旱、低温和紫外线等处理能引起拟南芥多个 miRNA 的表达变化，如拟南芥中有 10 个 miRNA 受到高盐调控，4 个 miRNA 受到干旱调控，10 个 miRNA 受到冷调控，11 个 miRNA 在 UVB 处理的条件下上调。利用 PlantCARE 数据库(http://intra.psb.ugent.be:8080/PlantCARE)对 *MIRNA* 基因上游顺式调控元件进行分析和预测，结果表明多个 miRNA 基因上游存在胁迫响应元件，如 ABA 反应元件、厌氧诱导元件、低温反应元件、热胁迫应答元件等，这些元件的存在暗示在胁迫条件下这些 miRNA 可能通过某些特异转录因子的作用被诱导表达。

1. 干旱胁迫

干旱是常见的严重影响植物生长的胁迫因素。miRNA 芯片实验发现水稻中的 miR169g 可被干旱诱导，且水稻根部的 miR169g 比茎部的 miR169g 表达量更高，合成更迅速，显示 miR169g 在根抗干旱胁迫反应中具有重要作用。此外，拟南芥中的 miR393 和 miR396 在干旱诱导下表达也上调。miR393 的靶基因是生长素受体，推测它通过影响生长素效应发挥作用。另外，拟南芥还有两种 miRNA——miR169a 和 miR169c 被干旱胁迫抑制表达，它的靶基因是核转录因子 Y 亚基(*NFYA5*)。干旱胁迫通过 ABA 途径下调拟南芥 miR169 水平，引起靶基因 *NYF5* 转录因子表达量的上调，进而影响下游干旱胁迫相关基因的表达。miR169 过表达以及 *nfya5* 敲除突变体植株较野生型植物都表现出叶易失水和抗干旱能力减弱的特点；相反，*NFY5* 过表达的转基因拟南芥通过减少叶片水分丧失而表现出更强的干旱抗性。

2. 重金属胁迫

重金属污染已经成为一个日趋严重的环境问题。miRNA 也参与重金属胁迫应答过程。在豆科的模式植物蒺藜苜蓿中，部分 miRNA 的表达可受重金属镉、汞、铝的诱导与调节。甘蓝型油菜中的 miR156、miR171、miR393 以及 miR396a 的转录受镉的抑制。重金属高铜、高铁胁迫下，拟南芥的 miR398 表达水平下调，引起它的靶基因 Cu/Zn 超氧化物歧化酶 *CSD1* 和 *CSD2* 的上调。Cu/Zn 超氧化物歧化酶可快速地将超氧化物转变成过氧化物和分子氧，是抵抗高毒性超氧化物的第一道防线，导致拟南芥对重金属引起的氧化胁迫耐受性大大增加。韩(Han)等采用转录组、sRNA 和降解组测序技术，鉴定了超积累植物东南景天中重金属 Cd 响应的 miRNA 及靶基因，79 个 miRNA 在 Cd 胁迫下差异表达。丁(Ding)等利用 miRNA 芯片技术发现，水稻在 Cd 胁迫下 miR528 表达显著上调，miR166、miR268、miR390 和 miR171 等的表达则受到显著抑制；并采用转基因技术发现，miR166 过表达的转基因水稻植株减少了 Cd 向地上部的转运与稻米中的积累，而 miR166 的靶基因 OsHB4 过表达则提高了水稻植株对 Cd 的积累与转运。

3. 低温胁迫

低温是一种严重影响植物生长和产量的胁迫因素。多种 miRNA 可以通过影响生长素或脱落酸信号途径，参与植物的低温胁迫反应。其中，miR393 的靶基因编码泛素连接酶复合体 E3 的 F-box 蛋白，F-box 蛋白中 TIR1、AFB1、AFB2 和 AFB3 是植物生长素的受体。低温胁迫下，miR393 表达上调，可以导致 TIR1 mRNA 的降解和翻译抑制，降低生长素效应并抑制植物生长，提高植物的低温适应性。低温也可以诱导 miR164a，miR165a、b，miR166a、b、d 和 miR394a 的表达，它们分别抑制 NAC1 和 ATHB8 的表达，最终也通过降低生长素效应来提高植物对低温胁迫的适应。另外，应用 miRNA 芯片技术也从水稻中筛选到了 18 个低温相关的 miRNA。

24.4.4 miRNA 在植物信号通路中的作用

miRNA 可以影响信号转导通路，尤其是植物激素通路。植物激素是植物生长与发育的重要调控因子，不仅在细胞的分裂、伸长和分化中起调控作用，而且在植物器官的形成与应答外界胁迫中也发挥重要作用。研究人员用表达序列标签(expressed sequence tag, EST)分析时发现，一些 miRNA，如 miR164、miR159、miR160 和 miR167。miR164 可在生长素、脱落酸、赤霉素、茉莉酸、水杨酸和其他植物激素诱导的组织中检测到和其作用的靶基因——NAC1 mRNA 受到生长素的诱导。NAC1 是一种转录激活因子，它编码的侧根发育时的正调控转录因子能下调转运抑制效应因子 TIR1(transport inhibitor response 1)水平。miR164 突变可导致植物生长素信号通路发生中断，NAC1 mRNA 水平增加，从而使更多的侧根生成；而 miR164 大量表达则会导致 NAC1 基因表达的下调和减少侧根的形成。此外，miR393 也可以通过调节 TIR1 来调控信号通路。拟南芥的 F-box 蛋白 TIR1 是植物生长素受体，也是泛素化降解途径中的 E3 连接酶复合体的一种非常重要的组分，在应答激素反应中，TIR1 形成的 SCFTIR1 复合体在不需要任何修饰的情况下可直接与生长素结合，从而导致 AUX/IAA 蛋白降解。水稻中，miR166 和 miR319 在 GA 处理下表达量下降，并且通过启动子分析软件发现 MIR-166a 和 MIR-319a 基因上游存在赤霉素响应元件(GARE)，这暗示 miR166 和 miR319 在 GA 信号转导过程中发挥作用。所有这些均表明，miRNA 在激素调节和信号转导中发挥作用。

专题 25 植物一氧化氮的生理功能
Physiological Function of Nitric Oxide in Plant

一氧化氮(nitric oxide, NO)是一种具有水溶性和脂溶性的气体小分子,近年来被认为是一种在植物中普遍存在的关键信号分子。早在1979年,人们就发现植物能释放NO,NO影响植物生长,但此后关于NO对植物生长发育影响的研究较少。直到1998年,两篇具有里程碑意义的论文提出NO是植物的防御信号后,NO的植物生物学研究才迅速展开。

25.1 一氧化氮的生物合成与清除

NO是一种气体自由基,在π_2轨道上具有未配对电子,但能保持电荷中性。其自由基性质使之容易得到或失去一个电子,因而能以一氧化氮自由基(NO·)、亚硝酸正离子(nitrosonium cation, NO^+)和硝酰自由基(nitroxyl radical, NO^-)三种形式存在。NO微溶于水(0.047mL/mL H_2O, 20℃, 100kPa),铁盐能增强其水溶性,其无论是在细胞的水溶性的原生质,还是在脂溶性的膜系统中,都能扩散移动。因此,NO一旦产生,就容易在细胞内和细胞间扩散。作为一种活性自由基,NO的半衰期只有几秒钟,与O_2快速反应生成NO_2,然后快速降解为硝酸根离子和亚硝酸根离子。因此,NO的作用范围主要是在产生NO的细胞和邻近细胞。

在植物中有几条潜在的产生NO的途径(图25-1),包括一氧化氮合酶(nitric oxidesynthase, NOS)、硝酸还原酶(nireate reductase, NR)、黄嘌呤氧化还原酶(xanthine oxidoreductase, XOR)以及非酶促反应途径。这些途径对产生NO的贡献取决于物种、细胞、组织、植株的生长条件以及在专一条件下信号途径的活性。

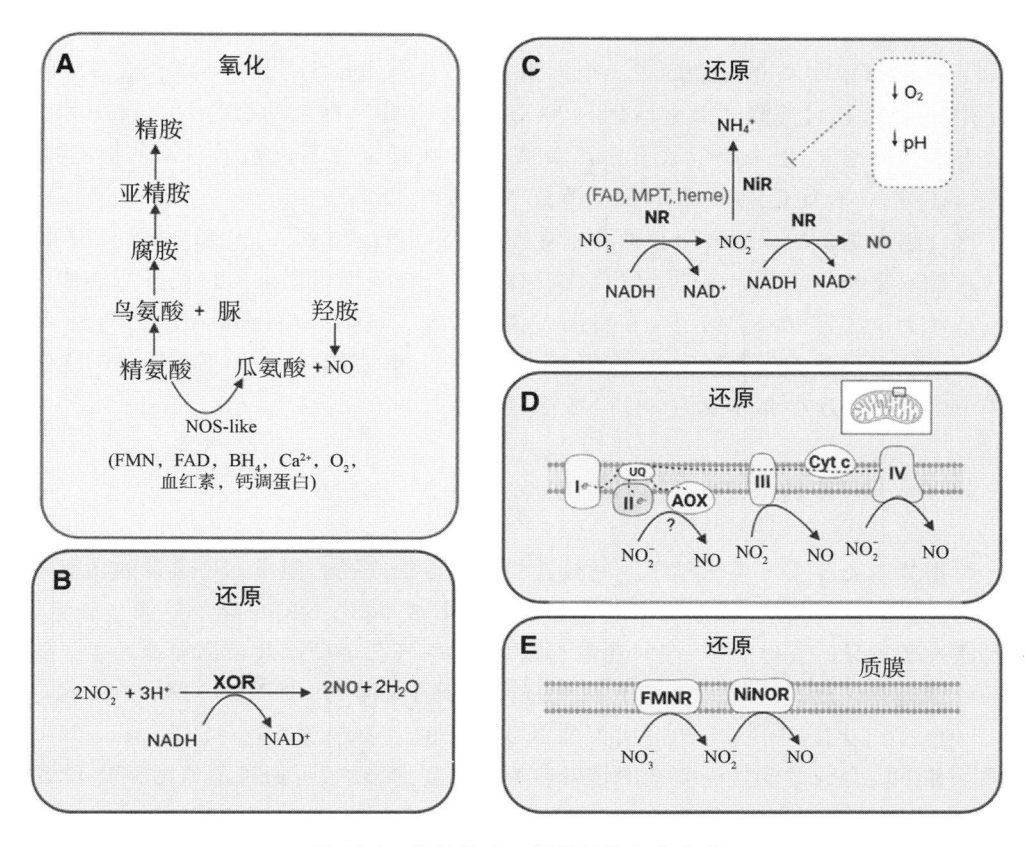

图 25-1 植物体内一氧化氮的生物合成

25.1.1 一氧化氮合酶

宁内曼(Ninnemann)等首次证明在高等植物中存在 NOS 活性。里贝罗(Ribeiro)等利用老鼠 iNOS 抗体和兔 nNOS 抗体进行免疫印迹实验,发现玉米根和幼叶的可溶性部分含有 166kDa 的蛋白带;此外,NOS 提取液可以将 ^{14}C-精氨酸转变为 ^{14}C-瓜氨酸。这些证据表明在玉米中存在 NOS。抗体杂交试验表明,NOS 蛋白定位在细胞质,但能转移至细胞核,这种转移取决于细胞的生长时期。利用精氨酸-瓜氨酸分析(arginine-citrulline assay),发现一种依赖于 Ca^{2+} 的 NOS 活性存在于豌豆叶中,而且被 NOS 抑制剂氨基胍(aminoguanidine)抑制。在大豆细胞悬浮培养物中,细菌侵染迅速诱导 NO 的产生,NOS 抑制剂能够减少细菌诱导的 NO 生成。用烟草花叶病毒(tobacco mosaic virus,TMV)感染烟草(Nicotiana tabacum)植株也导致 NOS 产生的增加,此效应被 NOS 抑制剂抑制。在白羽扇豆(Lupinus albus)的根和根瘤中已检测到 NOS 的活性,但这种活性被 NOS 抑制剂 N^G-甲基-L-精氨酸(N^G-monomethyl-L-arginine,L-NMMA)抑制。在拟南芥中,NOS 机械刺激诱导 NO 的产生,以及被 L-NMMA 抑制。

最近,已经从植物中鉴定了两组类 NOS:一组是来自拟南芥和烟草,由病原菌诱导的 NOS;另一组是来自拟南芥,由激素活化的 NOS。病原菌诱导的 NOS 是一组不同的甘氨酸脱羧酶复合体(glycine decarboxylase complex)的 P 蛋白,它表现出典型的 NOS 活性,需要类似于哺乳动物 NOS 的辅助因子。根据蜗牛(*Helix pomatia*)中与 NO 合成有关的蛋白质的序列同源性,已经克隆了激素活化的 NOS。AtNOS1 与哺乳动物的 NOS 和植物的 iNOS 不具有序列同源性,但 AtNOS1 显示出黄素、亚铁血红素和不依赖于四氢生物蝶呤的 NOS 活性。在对 ABA 的反应中,AtNOS1 涉及 NO 的产生。

尽管越来越多的证据表明在植物中存在 NOS,但也有相反的报道。例如,NOS 抑制剂对叶片提取物和完整组织中的 NO 合成没有影响。在被细菌感染的拟南芥细胞中,NOS 的抑制剂对 NO 的释放没有作用。在雷氏衣藻(*Chlamydomonas reinhardtii*)中,NOS 抑制剂不影响依赖亚硝酸的 NO 产生,L-精氨酸(已知的 NOS 底物)的添加不诱导酶的活性。这些结果说明植物中还存在其他的 NO 合成途径。

25.1.2 硝酸还原酶与 NO 的产生

植物体内还存在一类依赖于亚硝酸盐的 NO 合成途径。胞质 NR 通常的功能是还原硝酸盐为亚硝酸盐,但也能够进一步还原亚硝酸盐形成 NO。NR 介导了外源生长素、热胁迫以及激发子诱导的 NO 合成,同时还参与根系发育、气孔运动以及植物向地性生长等 NO 调控的生理过程。模式植物拟南芥有两个基因编码了 NR,其中 NR2 占幼苗总 NR 活性的90%,但在保卫细胞中 NR1 却被认为是 NO 产生的主要来源。这一结果暗示,NR 催化硝酸还原和 NO 合成的活性受复杂的转录后调控机制的影响,可通过酪氨酸硝化和 S-亚硝基化进行反馈调节。NR 能够被钙依赖性蛋白激酶(calcium dependent protein kinase, CDPK)磷酸化,磷酸化修饰抑制 NR 的活性,并导致 NR 与 14-3-3 蛋白结合,引发泛素降解过程。大豆的 NR 缺陷型突变体不能像野生型植株一样释放 NO,表明 NR 是一种潜在的产生 NO 的酶。大豆 NR 的活性依赖于 NAD(P)H,最适 pH 为 6.75,对氰化物敏感。在拟南芥 NR 缺陷型和 NR 突变体(*nia1* 和 *nia2*)中都证明了 NR 在 ABA 诱导 NO 形成过程中所起的作用。崎滨(Sakihama)等用雷氏衣藻为材料,也发现 NR 是 NO 的来源。NR 和 NO 合酶活性的调控机理目前尚不清楚,但研究发现胁迫刺激后几分钟内即可检测到 NO 的大量积累,这一猝发过程很可能是发生在转录后水平上的快速调控。

25.1.3 NO 的其他酶促来源

NO 除了以上两种酶促来源,还存在其他酶促来源。例如,Stöhr 等发现烟草根具有亚硝酸还原活性,能导致 NO 的产生。与 NR 一样,XOR 也是一个以钼为辅助因子的氧化还原酶。在低氧张力下,XOR 将亚硝酸转变为 NO;在有氧存在时,会形成超氧化物,超氧化物随后与 NO 反应形成过亚硝酸(peroxynitrite)。因此,XOR 具有产生两种信号分子的能力,当氧张力高时,产生超氧化物(超氧化物可以歧化为 H_2O_2)和活性氧物质(ROS);当氧张力低时,产生 NO。当植物组织(如根)暂时处于缺氧状态时,氧分子的可利用性则成为 XOR 产生信号分子的调控因子。已经在植物过氧化物体中发现了 XOR 的活性。迄今为止,有关 XOR 在植物信号转导中的作用研究还很少。

在大豆叶绿体中存在既依赖精氨酸又依赖亚硝酸盐调控的 NO 合酶,但这种 NO 的形成机制还不十分清楚。

精胺和亚精胺也可以诱导拟南芥幼苗多种组织中 NO 的迅速合成,这一途径可能是由未知的酶类负责将多胺直接转变为 NO。

25.1.4　NO 的非酶促合成途径

在酸性条件下,亚硝酸盐能以质子化形式自由跨膜扩散,通过非酶促反应形成 NO。亚硝酸还能够与抗坏血酸反应形成脱氢抗坏血酸(dehydroascorbic acid)和 NO。另外,植物线粒体也可以利用亚硝酸盐产生 NO,线粒体电子传递链产生的电子能够促进亚硝酸盐还原。

除了依赖于亚硝酸盐和精氨酸的 NO 合成途径外,植物体内还存在其他的 NO 合成途径。赤霉素和 ABA 处理后可观察到质外体的非酶促 NO 合成,这两种激素能迅速地酸化质外体介质。目前,这种非酶促 NO 产生的生理意义还不清楚。

25.1.5　NO 的清除

除了 NO 的生物合成外,植物还具有将 NO 转化为镍酸盐或 S-亚硝基谷胱甘肽(GSNO)的酶,进而清除 NO 信号分子。已知植物中具有 NO 代谢特性的两个关键蛋白是植物铁蛋白(PGB)和 S-亚硝基谷胱甘肽还原酶(GSNOR)。PGB-NO 循环将细胞质 NR 和线粒体连接起来,以增强能量产生,并通过该循环清除 NO,来保护植物免受过量 NO 的侵害。NR 将硝酸盐转化为亚硝酸盐。亚硝酸盐通过一种未知的转运体进入线粒体。在这里,它取代氧作为终端电子受体,导致亚硝酸盐还原为 NO。由于 NO 自由基是可扩散的分子,它们可以很容易移动到细胞质中,PGB1 可以将 NO 氧化成硝酸盐,随后可以被 NR 利用(图 25-2)。然而,在生成 ATP 方面,整个循环的效率并不高,因此,在大多数情况下,该

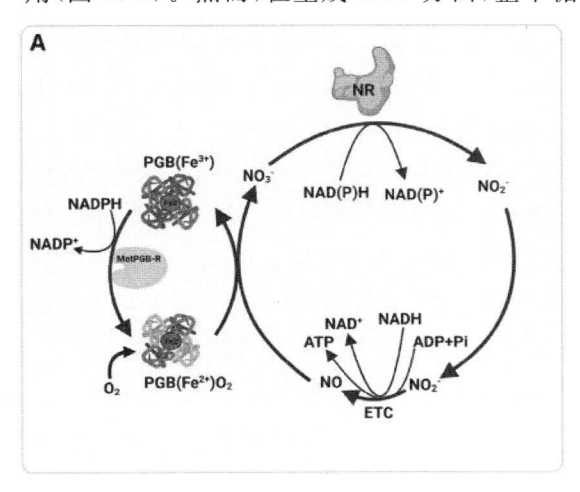

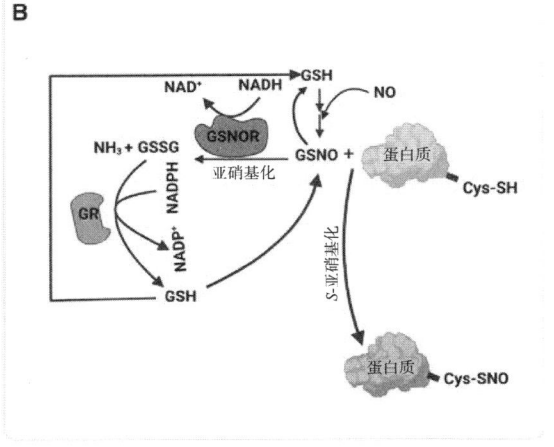

图 25-2　PGB(A)和 GSNOR(B)倡导的 NO 清除机制

循环可能对调节细胞 NO 水平更为重要。

库马里(Kumari)等研究发现,PGB-NO 循环在水稻厌氧萌发中也起着关键作用。亚硝酸盐的加入导致 PGB-NO 循环成分的表达增强,同时 ATP 生成增强。贝尔热(Berger)等和马丁内斯-梅金娜(Martínez-Medina)等的研究也证明,PGB-NO 循环通过增加 ATP 的产生在建立结瘤中发挥作用,在菌根结合过程中调节 NO 的产生。

虽然 NO 参与诱导线粒体 AOX 转录和相关蛋白表达,但 AOX 的活性也间接减少 NO 的产生。AOX 缺失的植株产生了更多的超氧化物和 NO,而 AOX 过表达的植株产生的这些分子较少。AOX 可防止电子传递链的过度还原,从而降低配合物Ⅲ和Ⅳ处向氧或亚硝酸盐的电子泄漏。因此,在生物胁迫条件下,可以通过 AOX 有效地阻止免疫激发子 flg22 处理根系 NO 的产生。

25.2 一氧化氮参与的生理调控

25.2.1 NO 参与调节植物的生长发育

已知 NO 广泛调控植物的种子萌发、根形态建成以及花器官发生等多种生长发育过程。NO 可能是种子萌发过程的重要内源调节子,在拟南芥、大麦(*Hordeum vulgare*)和莴苣(*Lactuca sativa*)等植物中均发现 NO 能够抑制种子休眠,促进萌发。NO 调控的萌发过程可能与光信号途径有关,在完全黑暗或光源不足的条件下,NO 能够促进莴苣种子萌发和叶片去黄化,并抑制胚轴节间的伸长。NO 可能参与 γ-氨基丁酸促进白三叶种子萌发过程,并且 NO 的产生主要依赖于硝酸还原酶途径。

NO 也参与根形态建成的调控。重力刺激下,NO 在主根中的不对称积累是根的向地性形成的重要因素之一。NO 还作为生长素的下游信号调控侧根的起始和发育过程。帕纽萨(Pagnussat)等研究发现,NO 供体 SNP 和 SNAP 诱导黄瓜子叶下胚轴生长的作用与 IAA 非常相似,NO 可能介导 IAA 诱导的黄瓜幼苗下胚轴不定根的发生。NO 清除剂 c-PTIO 处理后,不再形成不定根,IAA 对不定根的诱导作用也大大减弱。在 c-PTIO 处理后,再加入 SNP 可逆转 c-PTIO 的作用,不定根又能形成。因此,帕纽萨(Pagnussat)等认为 NO 可能直接参与介导 IAA 诱导的黄瓜不定根的形成过程。汤红官等研究表明,NO 能够明显地促进玉米幼苗根系交替呼吸容量、细胞色素呼吸途径的呼吸容量和运行量以及总呼吸,这可能与玉米幼苗根系相对缺氧时,与根系组织中植物球蛋白协同 NO 对活性氧物质的生成、清除和转化以及刺激通气组织的形成、供氧条件的改善有关。刘建新等认为,NO 通过提高根组织的抗氧化和渗透调节能力,促进根系对 K^+ 的选择性吸收及 Put 向 Spd 和 Spm 的转化,降低 Na^+ 的吸收并加强在液泡中的区隔化,缓解盐胁迫对黑麦草幼苗根生长的抑制和膜脂过氧化损伤。葛文志研究表明,10~100mmol/L SNP 对豌豆、黄瓜、玉米和刺槐种子发芽势、发芽率及幼苗的根长、叶绿素含量和生物量有明显的促进作用。在低浓度和高浓度 P 条件下的拟南芥中，NO 介导初生根生长，而 GA-DELLA-SLY 通路在低浓度 P 条件下起介导作用。米什拉（Mishra）等发现，水稻经部分硝酸盐营养（PNN）处理，可以更好地吸收氮，同时增强生长素水平和促进 PIN 蛋白形成，并通过 nia2 依赖的 NR 通路使 NO 生物合成上调，引起侧根和主胚根生长。更多证据表明，NO 可通过其他信号分子，如 H_2S、丝裂原活化蛋白激酶（MAPK）、钙或甲烷等相互作用，影响根系的发育与形态建成。

NO 能够促进植物的营养生长并延迟开花。在 nos1 和 Atnoa1 突变体中 NO 含量的变化导致突变体开花时间与野生型有明显的差别。过表达 GLB1 和 GLB2 则会导致转基因株系中 NO 含量减少，使开花提前。NO 可能通过调控植物开花起始相关基因 LEAFY、FLC 和 CONSTANS，以及昼夜节律基因的表达，从而调控植物的开花时间。

NO 可通过转录调控、翻译后调控和酶促调控来调控乙烯生物合成途径，从而影响乙烯的产生和果实的成熟。在乙烯生物合成的最后一步，由 ACC 氧化酶（ACO）催化，ACC 被氧化成乙烯。NO 介导的信号转导可以通过转录拮抗乙烯生物合成，影响果实成熟，或者 NO 通过结合该酶的活性位点与 ACO 发生反应。此外，乙烯生物合成酶蛋氨酸腺苷转移酶受到 S-亚硝基化，导致其活性被抑制。NO 和 ACO 也形成络合物，该络合物进一步被 ACC 螯合，生成稳定的三元 ACC-ACO-NO 络合物，导致 ACO 抑制，从而对乙烯生物合成产生负面影响。朱（Zhu）等在桃子果实成熟的研究中发现，NO 和 ROS 反应产生的 NO 和/或 $ONOO^-$ 可以通过其辅助因子的氧化失活来延缓 ACO 活性，导致乙烯水平降低。NO 也与果实成熟有关，它改变了负责细胞壁代谢的酶的表达，这些酶与果实的木质化和色素沉着有关，从而延长了果实的保质期。

NO 处理还调节与番茄风味相关的生化途径，如谷氨酸和天冬氨酸的产生。此外，研究表明，在辣椒（Capsicum annuum）果实成熟过程中，伴随着 S-亚硝基化蛋白丰度的增加，GSNOR 活性下调极多。在果实成熟过程中，几种参与 ROS 产生的酶受到 NO 的不同影响。在辣椒果实成熟过程中，酪氨酸硝化和 S-亚硝基化均可使过氧化物酶与过氧化氢酶活性下调。负责产生细胞外 ROS 的呼吸爆发氧化酶（RBOH）在辣椒果实成熟过程中上调，而 NADP-苹果酸酶活性受到抑制。NO 还调节成熟过程中的苯基丙酸类代谢。NO 处理使桃子苯丙氨酸解氨酶、肉桂酸-4-羟化酶和 4-香豆酰辅酶 A 连接酶的活性增强。脂质代谢产物肌醇 1,4,5-三磷酸通过增强与抗氧化代谢相关的酶，包括 SOD、CAT、APX、谷胱甘肽-S-转移酶和谷胱甘肽还原酶的活性，在 NO 诱导的抗寒性中发挥重要作用，从而延长采后保质期，增强抗病性。

25.2.2 NO 参与调节保卫细胞气孔运动

NO 作为信号分子也参与内源激素诱导的气孔运动过程。外源施加 NO 以及通过激发子和 MeJA 诱导内源 NO 积累均能够导致气孔关闭。利用 NR 双缺失突变体 nia1/nia2 和 NADPH 氧化酶双缺失突变体 AtrbohD/F，发现在保卫细胞 ABA 诱导的气孔关闭过程中，NO 的产生位于 H_2O_2 产生的下游。而对 Atnoa1 突变体的气孔应答分析表明，AtNOA1 可能也参与了 ABA 诱导的 NO 的产生，引起气孔关闭，但是它可能在 H_2O_2 的上游起作用。

保卫细胞中 NO 的感受和传递机制可能与植物体内其他细胞相似,通过依赖 cGMP 的途径或对靶蛋白的翻译后修饰作用,影响 Ca^{2+}、K^+、Cl^- 和水分在液泡膜和细胞膜的跨膜运动,激活下游的蛋白磷酸化或去磷酸化作用传递信号,引起气孔应答反应。

用 ABA 处理豌豆后,NO 含量显著增加;用 ABA 和 NO 合酶抑制剂共同处理,可降低 ABA 的诱导。他认为拟南芥和豌豆中 ABA 诱导气孔关闭的效应有 NO 参与。NOS 抑制剂 L-NAME 和 NO 清除剂 PTIO 预处理豌豆表皮后,ABA 诱导的气孔关闭作用大大减弱。由此推测,NO 可能是 ABA 调控气孔运动信号转导中的一个组分,推测在 ABA 诱导的气孔关闭过程中需要一定水平的 NO 参与。

植物在缺水胁迫下合成 ABA,进而通过一系列复杂的信号级联机制诱导气孔关闭,此时可检测到豌豆叶片中 NO 增加。在拟南芥中,干旱通常首先影响根系,导致 NO 释放增加,外源和内源 NO 均可促进对 ABA 依赖的气孔关闭。在拟南芥、豌豆、番茄和小麦等植物中,NO 和 H_2O_2 在 ABA 诱导的气孔关闭过程中是必需的信号分子。当用 H_2O_2 清除剂 CAT 除去保卫细胞中的 H_2O_2 时,NO 便失去了其诱导气孔关闭的作用。NADPH 氧化酶抑制剂 DPI 可抑制部分 H_2O_2 的合成,从而减弱 NO 诱导气孔的关闭。布赖特(Bright)等通过对 *Atnos1*、*nia1* 和 *nia2* 等基因突变体的研究发现,ABA 诱导的 NO 产生和气孔关闭依赖于 H_2O_2 的合成。

在气孔运动调节过程中,ABA 先与其受体 PYR、PYL、ABA 受体调控组分 RCAR 结合,然后与蛋白磷酸酶 2C(PP2C)结合,形成三聚体复合物。NO 可通过酪氨酸硝化作用,使 ABA 受体 PYR/PYL/RCAR (PYL)家族失活,并通过蛋白酶抑制促进其降解。通过 S-亚硝基化作用,NO 还负调控蔗糖非发酵 1(*SNF1*)相关蛋白激酶 2.6(*SnRK2.6*)/开放气孔 1(*OST1*)的信号级联,特别是在激酶催化位点附近的 *SnRK2.6* 的 Cys137 位点。除 ABA 外,乙烯、茉莉酸甲酯(JA)、水杨酸(SA)、磷脂酶 D、多胺和多肽等其他元素也参与了气孔的调节。多胺和多肽通过影响保护细胞中 NO 的积累来调节植物生长和气孔运动。多胺、腐胺、亚精胺和精胺在拟南芥中通过增加保卫细胞中 NO 和 ROS 的积累诱导气孔关闭,尽管这一过程被 NO 清除剂逆转。

25.2.3 NO 参与调控植物胁迫应答

1. NO 与植物抗旱

干旱胁迫可诱导产生氧化胁迫,而 NO 可以减轻氧化胁迫所产生的失绿、DNA 断裂和细胞凋亡。实验证明,外源使用 NO 可以使小麦离体叶片和小麦幼苗对干旱产生耐受性。外源 NO 影响植物干旱胁迫响应的研究结果表明,与用水预处理相比,用 SNP 预处理的植物叶片在干旱胁迫后保持较高的相对含水量,而蒸腾速率和气孔开度下降,SNP 的这些作用均能被 NO 的特异清除剂 cPTIO 所逆转。这说明 NO 能够提高植物耐受干旱胁迫的能力。张(Zhang)等在研究外源 NO 影响渗透胁迫下小麦种子萌发及活性氧物质代谢时,发现 SNP 明显促进渗透胁迫下小麦种子萌发、胚根和胚芽的伸长,提高萌发过程中淀粉酶和内肽酶的活力,加速贮藏物质的降解,同时还能促进渗透胁迫下过氧化氢酶、抗坏血酸过氧化物酶活性的上升和脯氨酸(Pro)的积累,抑制脂氧合酶的活性,从而提高渗透胁迫下小麦种子萌发过程中的抗氧化能力。赵翔等在研究外源 NO 提高小麦幼苗抗旱性的生理机制时发现,外源 NO 既可通过降低小麦幼苗叶片蒸腾来维持较高的叶片相对含水量,缓解因干旱缺水对植株的伤害;又可增加 K^+ 在茎、叶中的积累,减轻干旱胁迫对小麦幼苗细胞膜的伤害,维持干旱胁迫下小麦幼苗较高的光合速率,以确保植株正常生长和有机物积累。

2. NO 与植物抗盐

在盐胁迫条件下,植物体内的 Na^+/K^+ 比例增高,种子萌发受到抑制,成活率降低。NO 也可以激活液泡膜上的质子泵和 Na^+/H^+ 反向转运蛋白活性,增强植物抗盐胁迫能力。阮(Ruan)等研究 NO 对盐胁迫下小麦幼苗叶片中 ABA 含量的影响及其在 ABA 诱导的盐胁迫下 Pro 积累的信号转导途径中的功能时,发现外源 NO 显著激活了盐胁迫下小麦幼苗叶片中内源 ABA 的合成。

阮海华等用 SNP 处理小麦叶片,发现小麦叶片中的叶绿素含量提高,MDA(丙二醛)的积累下降,离子渗漏减少。同时发现,SNP 促进盐胁迫下叶片 SOD 和 CAT 活性的上升,延缓超氧阴离子的积累,Pro 含量增加,从而减轻了盐胁迫下小麦叶片的氧化伤害。内田(Uchida)等也证明外源 NO 能够提高水稻幼苗的抗盐能力。有研究认为,NO 可能是通过提高细胞膜 H^+-ATP 酶的表达和活性,进而提高植物组织中 K^+/Na^+ 比例而提高植物抗盐性的。唐静等对玉米幼苗盐胁迫伤害的生理机制研究表明,在盐胁迫条件下,NO 信号可能位于 IAA 信号的上游,它通过促进玉米幼苗内源 IAA 的积累缓解盐胁迫对其生长的抑制。赵翔等根据研究结果推测,NO 可能主要通过激活小麦根部细胞膜 Ca^{2+} 通道促进 Ca^{2+} 的吸收,改变细胞内 Ca^{2+} 浓度来发挥其对 NaCl 胁迫伤害的缓解作用。吴雪霞等认为,外源 NO 有利于番茄幼苗对光能的捕获和转换,促进番茄的生长,降低盐胁迫对番茄的抑制作用。孙立荣等认为,NO 可能通过降低细胞吸收 Na^+ 的量、增加细胞吸收 K^+ 的量和提高脯氨酸含量以及激活抗氧化保护酶等减轻了盐对黑麦草的伤害,提高了黑麦草的抗盐性。

3. NO 与植物抗病

1998 年,杜尔纳(Durner)等首先发现 NO 可以作为植物抗病反应的信号分子。病原微生物侵染或激发子也能够诱导植物体内产生 NO,NO 通过多种方式参与植物的抗病反应过程。在病原菌侵染引起的氧化猝发过程中,NO 可能通过增强 H_2O_2 诱导的细胞死亡效应阻止病原菌从侵染位点扩散。植物 NOS 介导的 NO 合成还参与脂多糖(lipopolysaccharide,LPS)引发的植物防御反应。研究发现,在植物抵御病原菌的过程中,NOS 活性增强可能介导了植株抗病能力的提高。NR 也被证实参与了植物胁迫应答过程,在 nia1/nia2 双突变体中精氨酸和亚硝酸盐含量很低,合成 NO 的能力受损,该突变体丧失了被病原菌 Pseudomonas 侵染后的超敏反应能力。NO 还通过 Ca^{2+} 途径调控植物对病原体的防御反应,它通过刺激胞内的 Ca^{2+} 库,将胞内的 Ca^{2+} 释放到胞质中,游离的 Ca^{2+} 调控下游应答反应。外源 NO 处理还能够诱导 PAL、PR-1、GST 和 CHS 等抗病和防御相关基因的转录。

NO 在细胞过敏死亡中的过敏反应(hypersensitive response,HR)是植物抗病性反应中普遍存在的一种现象,是一种以宿主细胞在病原攻击位点发生快速死亡为特点的反应,可以限制感染真菌的生长和发展,并阻止其向植物其他部分传播。萨维亚妮(Saviani)等用 NO 供体处理甜橙细胞悬浮培养液可以诱导细胞死亡,这种细胞死亡与动物细胞程序性死亡具有相似性,都出现了染色质浓缩、线粒体膜电势的降低。研究发现,动物 NOS 抑制剂可以减少拟南芥中由无致病力病原菌 *Pseudomonas syringae* 引起的过敏反应中的细胞程序性死亡。大豆细胞在没有 ROS 存在的情况下，NO 水平的增加并不能激发细胞的死亡。越来越多的证据表明，NO 对植物细胞死亡起着调控作用。大豆细胞 HR 反应中的细胞死亡与 NO 和 H_2O_2 之间量的平衡有关，其中 H_2O_2 由 $\cdot O_2^-$ 歧化生成。在 HR 反应过程中，SOD 可快速将 $\cdot O_2^-$ 歧化为 H_2O_2，并与 NO 反应生成一种活性更强的病原致死物 $ONOO^-$。NOS 抑制剂可以阻止拟南芥叶片中 HR 的产生，并诱导一种典型的黄萎病，引起更多细胞死亡。另外，NO 可以刺激感染组织细胞壁的木质化，参与细胞死亡的调节和防卫机制诱导的病原防卫应答。

4. NO 与植物其他方面的抗性

施用 NO 能提高玉米、小麦和番茄植株和种子抵抗低温的能力，特别是对那些低温敏感型的幼苗，效果更明显。例如用 SNP 处理小麦和玉米幼苗叶片后，两者在低温环境下的植株存活率提高。徐洪雷等研究 NO 对黄瓜低温胁迫时发现，适宜浓度的 SNP（0.5～1.0mmol/L）能够降低低温胁迫下黄瓜幼苗叶片细胞膜透性，提高黄瓜幼苗叶片的叶绿素含量，抑制 MDA 的积累，提高幼苗体内 CAT 的活性，从而提高黄瓜幼苗对低温胁迫的适应性。此外，NO 还能够缓解重金属、热激和紫外线辐射等外界环境引起的细胞内 H_2O_2 水平升高对植物造成的伤害。NO 也能通过参与调控植物根系发育的过程，参与植物对重金属等非生物胁迫的抗性。研究发现，重金属胁迫会导致植物 NO 含量增加和主根生长，而暴露于单一重金属（如镉或砷）时，NO 则会促进侧根生长。在冷胁迫下，NO 重组和解聚拟南芥初生根内胚层和皮质区的肌动蛋白丝。而在 NO 清除剂 cPTIO 存在下，这些对肌动蛋白丝的影响被消除，这同时也表明 NO 具有作为植物根结构调节剂的功能。NO 还能够诱导水杨酸（SA）的积累，但却抑制茉莉酸调控的防御信号。不同的外源信号在植物体内可能通过 NO 信号传递给不同的靶受体，根据刺激产生的时间、空间和效应强弱，激活不同的调节机制，促进或反馈抑制相应的生理过程，调控植物对逆境胁迫的反应。

25.3 一氧化氮的信号转导

25.3.1 NO 与 Ca^{2+} 信号的交叉反应

Ca^{2+} 是一种重要的胞内信使，多种环境胁迫或生长发育信号均能引起植物胞内游离的 Ca^{2+} 浓度升高。Ca^{2+} 信号和 NO 信号相互交叉影响，共同调节植物的多种生理过程。在植物体内的多种胁迫信号转导过程中，胞质 Ca^{2+} 浓度变化总是伴随着胞内 NO 水平的变化。植物体 NO 合酶的活性需要 Ca^{2+}（或 CaM）作为辅助因子，H_2O_2、SA 和乙醛诱导的胞质 Ca^{2+} 浓度升高，能够诱导类 NOS 酶活性催化的 NO 合成。LPS 刺激细胞膜环核苷酸控制的离子通道 2（CNGC2），介导胞外 Ca^{2+} 内流，诱导 NO 合成。

已发现胁迫诱发的 NO 能够引起植物细胞内胞质 Ca^{2+} 浓度增加。Ca^{2+} 浓度的变化在 NO 的下游信号转导途径中起重要作用，NO 激活烟草的 SIPK（SA-induced protein kinase）

时需要首先激活瞬时的胞外 Ca^{2+} 内流。而在 NO 诱导的细胞死亡过程中，Ca^{2+} 可能作为第二信使传递信号，引起细胞死亡。

25.3.2 NO 与 MAPK 级联途径

MAPK 级联系统是真核生物中一类保守的信号系统。目前已经证实，MAPK 级联系统广泛参与植物对生物和非生物胁迫的应答过程、气孔运动、细胞分裂以及保卫细胞和胚珠等组织的生长发育过程。在细胞程序性死亡过程中，NO 也能够激活 MAPK。ABA 和 H_2O_2 能够诱导玉米叶片中 NO 的产生，并导致 MAPK 被激活。在对动物的研究中发现，MAPK 不仅是 NO 信号途径中的重要组分，而且它还能够通过调控 NOS 的活性来影响 NO 的产生。但直到最近才有证据表明植物的 MAPK 可能也调控了 NO 的产生过程。病原菌激发子 *INF1* 能够诱导 NO 的产生，表达 StMEK2。持续激活 MAPK 也能够诱导 NO 的产生，*MEK2* 和其下游的 *SIPK* 的缺失会导致 NO 的产生过程受到抑制。使用 NOS 的抑制剂 L-NAME 和 NR 的抑制剂钨酸盐（tungstate）均能明显抑制 *INF1* 和 *MEK2* 诱导 NO 产生的过程，这表明 NOS 和 NR 均参与了 MAPK 调控的 NO 产生。有趣的是另一条 MAPK 级联途径 MEK1-NTF6 与 NO 的产生无关，而是平行地调控 RBOH 的表达，而且 NO 和 ROS 可能调控了不同病原菌引发的防御过程。推测不同的 MAPK 途径调控了不同的自由基产生和防御反应过程。

25.3.3 NO 与 ROS 信号途径的交叉

环境胁迫和激素等多种刺激均能导致细胞内 ROS 和 NO 的产生。作为活跃的小分子信号物质，NO 和 ROS 均是具有较强反应活性的自由基，容易得失电子。细胞内不同的 NO 和 ROS 自由基能够发生多种直接的化学反应而相互转换。在多种生理过程中，NO 和 ROS 表现出相似的生物学效应。一些研究表明，H_2O_2 的产生可能位于 NO 产生的上游，在 ABA、黑暗以及 UVB 处理引发的保卫细胞气孔关闭的过程中，NO 的合成依赖于保卫细胞中 H_2O_2 的产生。布赖特（Bright）等发现在 NADPH 氧化酶双突变体 *AtrbohD/F* 中 ABA 不能够诱导 NO 的产生，同时发现 NR 双突变体 *nia1/nia2* 也失去了 ABA 诱导 NO 合成的能力，而 *Atnos1*（*Atnoa1*）突变体在 H_2O_2 刺激下仍和野生型一样产生 NO，证明在 H_2O_2 介导的 NO 合成过程中 NR 是产生 NO 的主要来源。也有研究表明，H_2O_2 诱导的 NO 合成受 NOS 的抑制。但也有相反的证据表明，NO 也可能在 H_2O_2 的上游，能够通过抑制（或增加）过氧化氢酶和抗坏血酸过氧化物酶等抗氧化酶的基因表达或酶活性，调节植物体内 H_2O_2 的水平。NO 能够激活 MAPK，上调抗氧化酶类基因的表达和酶活性。利用保卫细胞 H_2O_2 相关的突变体 *abi1-1* 和 *abi2-1* 发现，尽管 ABA 能够诱导突变体保卫细胞内 NO 的合成，但外源施加 SNP 却不能诱导 *abi1-1* 和 *abi2-1* 突变体的气孔关闭过程，暗示 ABI1、ABI2 以及 H_2O_2 也可能位于 NO 信号的下游。

NO 也被证明通过与 ROS（H_2O_2）代谢的相互作用促进不同植物物种的程序性细胞死亡（PCD）过程。NO 在 PCD 中作为启动子或抑制子，取决于细胞类型、细胞氧化还原状态、局部 NO 的通量和剂量。相比之下，NO 在预防细胞死亡中的作用似乎与其诱导抗氧化系统的某些成分的能力有关。这些成分可以防止光合色素和类囊体膜的损伤。何(He)等研究发现,外源应用 NO 和 H_2S 可改善抗氧化系统,以防止氧化应激,减少 Al^{3+} 在细胞中的蓄积,调节蛋白质转运蛋白,包括铝活化的苹果酸转运蛋白(ALMT)、多药和毒性挤压/铝活化的柠檬酸转运蛋白(MATE/AACT)和 H^+-ATPase 的表达,以促进有机酸(OA)的分泌和运输,进而参与缓解 Al^{3+}-衰减细胞死亡。虽然 NO 倾向于改善氧化应激,但过量的 NO_3^- 会产生 ROS(H_2O_2 和 $·O_2^-$)和丙二醛(MDA)。

25.3.4　NO 对蛋白的翻译后修饰作用

NO 及其衍生的自由基通过三种方式对底物进行化学修饰:

①金属亚硝基化和可溶性鸟苷酸环化酶(sGC)亚硝基化。NO 能够与铁硫簇中心、血红素和锌指蛋白形成亚硝基化的金属蛋白(M-NO)。生化和药理学研究结果证明,和动物体内一样,在植物组织中 NO 也能够诱导 cGMP 的合成。

②S-亚硝基化(S-nitrosylation)。NO 氧化形成的亚硝基阴离子(NO^-)能够与半胱氨酸残基可逆地形成一个 S-亚硝基硫醇,促进(或抑制)相邻半胱氨酸残基间二硫键的形成,导致蛋白构象和活性的改变。已发现拟南芥 AtMAT1 的 Cys-114 是 S-亚硝基化的作用位点,被修饰后,其 30% 的酶活性受到抑制,MAT1 的 S-亚硝基化作用可能代表了植物 NO 和乙烯信号转导间的交叉。最近,研究者发现 NO 诱导的 NPR1(no express of PR1)蛋白的 S-亚硝基化还介导了植物的防御反应过程。

③NO 与超氧阴离子反应生成的过氧化亚硝酸催化的 Tyr 硝基化。在动物体内,Tyr 硝基化作用与 Tyr 磷酸化作用相互竞争,抑制蛋白激酶对 Tyr 磷酸化。在反义亚硝酸还原酶转基因烟草(*Nicotiana tabacum*)株系中,NR 介导的 NO 释放速率提高了 100 倍,且用 3-NO_2-Tyr 残基抗体检测到蛋白的 Tyr-硝基化明显增加,暗示植物中 Tyr-硝基化途径的存在,但目前植物中蛋白 Tyr-硝基化作用的功能还不清楚。

25.4　展望

随着对 NO 植物生理机制的研究不断深入,人们发现,NO 作为一个简单的双原子小分子,不仅与植物激素一起在植物生命活动中起着基础的调节作用,而且作为一个信号分子介导植物对各种生化或非生化胁迫的感应。但相对于动物体内 NO 的研究,在植物中 NO 信号转导的研究仅仅刚刚起步,对于其中许多细节仍缺乏清晰的了解。例如对 NO 的产生和调控机制仍不十分清楚,哪些蛋白在植物中执行 NOS 的功能,NOA1 如何调控 NO 的产生?此外,关于 NR 介导的 NO 产生途径也有许多问题亟待解决。例如 NR 如何接受上游信号的调控,NR 的硝酸还原活性和 NO 产生活性如何调控,各种 NO 产生途径如何相互协调,及时准确地对上游信号做出响应?另外,对 NO 信号转导途径中的下游组分也所知甚少。是否有可能通过不同的氮基获取或修改氮同化的酶促途径来改变植物 NO 水平和相关信号转导?目前,通过基因芯片技术已经检测到 NO 对基因表达的广泛调控,但 NO 应答的转录因子和调控元件仍未得到鉴定,下游的应答基因功能也不清楚。鉴于目前尚不清楚植物中

NO 可能的来源，这些来源应该被更严格地表征，并仔细确定它们对植物代谢有关的 NO 产生的潜在贡献，这将有助于更好地了解如何在时间和空间上操纵 NO 的产生途径，以实现代谢调控。目前限制植物 NO 信号转导机制相关研究的可能因素主要有两个：①作为活跃的信号分子，NO 参与了多种信号途径和生理过程，但利用正向遗传学技术鉴定 NO 相关突变体时，却没有一个 NO 特异调节的生理过程作为筛选指标，这可能是导致目前 NO 信号转导途径研究进展缓慢的一个关键原因。②缺乏有效便捷的 NO 检测技术。目前主要通过荧光探针和电极来检测 NO 的浓度，而前者只能够通过相对荧光强度检测细胞内的 NO 含量及产生部位，后者则能够定量地检测溶液及细胞内的 NO 浓度。这两种方法均需要较为昂贵的仪器设备，而且检测方法较繁琐，很难用于直接且高通量的 NO 含量测定。随着现代科学技术的发展，一些 NO 检测新技术的出现将会大大促进对 NO 信号转导机制的研究。

专题 26

植物次级代谢及其应用
Secondary Metabolism in Plant and Its Application

人类利用植物提供的碳水化合物、蛋白质和脂类作为食物来源已有几千年历史。除了能生产这些被叫作初级代谢产物(essential primary metabolite)外,高等植物还能合成大量的次级代谢产物(secondary metabolite)。次级代谢产物这个词最早是由植物生理学家科塞尔(Kossel)于1891年提出的,专指生物体中一些似乎没有功能的物质。随着人们对植物生理化学研究与认识的深入,后来一些科学家提出了"旁路代谢""特种代谢""天然产物""化感物质""补偿代谢"等概念来解释和定义植物次级代谢产物。克里斯托弗森(Christophersen)等从物种环境适应性与进化的角度对植物次级代谢产物及其产生给出了一个较为权威的定义:植物代谢产物,包括初级代谢产物和次级代谢产物,是为种群或者个体生存而存在,响应于刺激而产生,是物种适应环境的产物。从这一定义中可以看出,植物次级代谢产物及合成途径是不同物种对多样的异质性环境长期适应与选择进化的结果,因此物种间不同次级代谢产物、合成途径及调控特征存在多样性和独特性。

人类将植物次级代谢产物作为药用的历史也同样源远流长。目前,已知10万多种天然药物中有80%来自高等植物,每年还有4000种左右新结构植物次级代谢产物被鉴定。植物药也具有巨大的市场潜力。全世界121种常用处方药直接取自植物,WHO统计全球最基本治疗用处方药中有12%来自显花植物。统计结果还显示植物药在美国市场的认可度在不断提高,1991年植物源药物仅占整个药物市场份额的3%,1997年占到37%,2002年已接近50%。2007年FDA调查数据显示,当年美国市场中植物源药品产值在480亿美元左右。而WHO2008年度报告指出全球75%的人依靠植物药作为预防和治疗手段。自1981年以来,世界新增的1602种常用药物中,有77种为天然产物,286种为天然产物衍生物。研究表明,天然产物仍然是寻找新型药物/活性模板的最佳选择。由此可见,全球植物药市场的前景和需求巨大。

26.1 植物次级代谢产物的种类

植物次级代谢产物是植物中一大类并非生长所必需的小分子有机化合物。其种类繁多,根据化学结构和性质不同,可分为萜类、酚类、含氮化合物和其他次级代谢产物。每一大类的已知化合物都有数千种甚至数万种。其中很多是药用植物次级代谢合成的特定药物成分。它们的分布具有种、属、器官、组织和发育阶段的特异性。有些次级代谢产物为植物所共有,且为生长发育所必需;有些次级代谢产物则在植物生命活动过程中没有明显的或直接的生理生化作用,或者说迄今人们对绝大多数次级代谢产物在植物生长发育过程中是否起作用、起哪些作用尚不清楚。呼吸作用过程中的许多中间产物都可作为生物合成次级代谢产物的原料。植物呼吸代谢中,PPP 与莽草酸途径直接相关,而大多数高等植物中的次级代谢产物都是通过莽草酸途径合成的(图 26-1)。下面简要介绍这些化合物的种类、功能及生物合成途径。

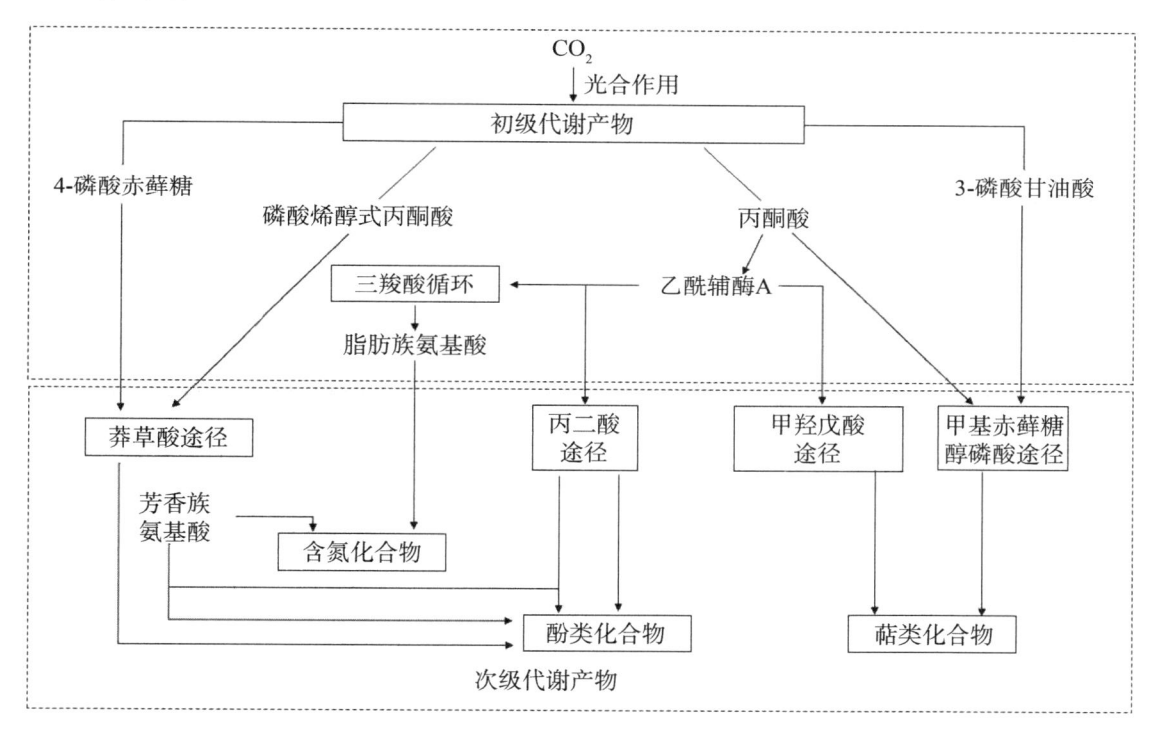

图 26-1　植物次级代谢产物生物合成的主要途径及其与初级代谢的联系

26.1.1　萜类

萜类(terpene)是植物中结构和种类最丰富的一类次级代谢产物,目前已有近 5 万种萜类化合物及其衍生物的结构被破解。萜类是由若干个以 5 个碳原子的异戊二烯(isoprene)为单位组成的化合物及其衍生物,因此也称为萜烯类化合物(terpenoid),通式为 $(C_5H_8)_n$(n

是异戊二烯的单元数)。绝大多数萜类化合物具有环状结构,也有链状的。萜类一般不溶于水,易溶于有机溶剂,部分化合物与糖形成苷后有一定的水溶性。

1. 种类

萜类化合物常根据组成分子的异戊二烯单位的数目主要分为:

①单萜(monoterpene):由两个异戊二烯单位组成,如柠檬酸、除虫菊、沉香醇等。
②倍半萜(sespuiterpene):由三个异戊二烯单位组成,如青蒿素、柠檬烯、棉酚等。
③双萜(diterpene):由四个异戊二烯单位组成,如甾醇、赤霉素、紫杉醇等。
④三萜(triterpene):由六个异戊二烯单位组成,如固醇、三萜醇等。
⑤四萜(tetraterpene):由八个异戊二烯单位组成,如胡萝卜素、番茄红素等。
⑥多萜(polyterpene):由八个以上异戊二烯单位组成,如杜仲胶、橡胶等。

2. 生物合成途径

植物中萜类化合物合成途径主要有两条:一条是存在于细胞质中的甲羟戊酸(MVA)途径;另一条是存在于叶绿体和其他质体内的甲基赤藓糖醇-4-磷酸(MEP)途径。两条途径均通过形成异戊烯焦磷酸(IPP),进一步合成萜类物质。

3. 功能

萜类化合物是植物挥发油、香料、固醇和植保素的组成成分。一些萜类成分具有重要的药用价值。例如,双萜类物质紫杉醇是抗癌药物;倍半萜类物质青蒿素是高效抗疟剂;四萜类物质胡萝卜素、叶黄素与光合作用、维生素A的生成有关;多萜类物质橡胶对植物有保护作用,是日用化工的重要原料。

26.1.2 酚类

酚类(phenolics)广泛分布于微生物和植物体内,一般以糖苷或糖脂状态积存在植物叶片及其他组织的细胞液泡中。植物酚是包含10000种不同成分的混合物,其中有些溶于水,有些只溶于有机溶剂,有些是大的非溶性的多聚体。

1. 种类

酚类化合物可分为以下几种。

①简单酚类:广泛分布于维管植物中。简单酚类是芳香族环上的氢原子被羟基、羧基、甲氧基等取代后的产物,如咖啡酸、阿魏酸、绿原酸,以及它们的衍生物,如植保素、香豆素等(图26-2)。
②类黄酮类:是最多的植物酚类化合物之一。其基本骨架中具有多个不饱和键,带有多个羟基,如黄酮、黄酮醇、花色素苷和异类黄酮等。
③酚类多聚体:酚类多聚体是简单酚类和类黄酮类的聚合物,如木质素、鞣质等。
④醌类:醌类是由苯式多环烃碳氢化合物(如萘、蒽等)衍生的芳香二氧化合物。醌型结构可看作是环状不饱和二酮,如苯醌、萘醌、蒽醌等。

2. 生物合成途径

酚类化合物有多条合成途径。其中以莽草酸途径和丙二酸途径为主。绝大多数高等植

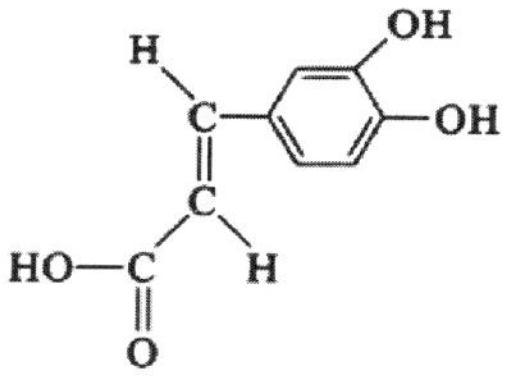

图 26-2　简单酚类化合物的分子结构

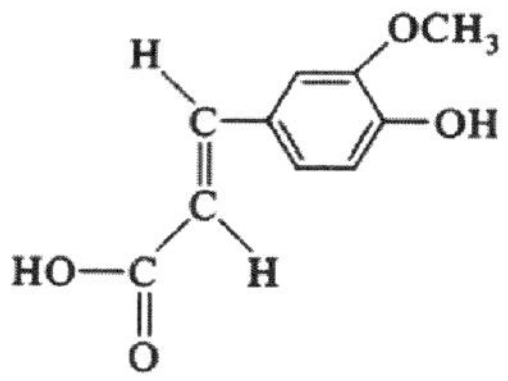

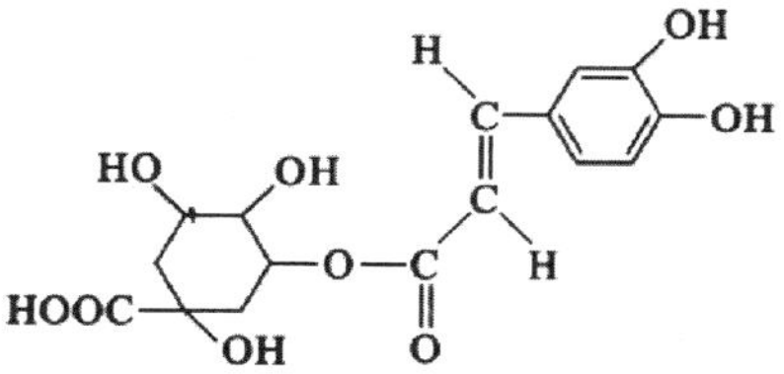

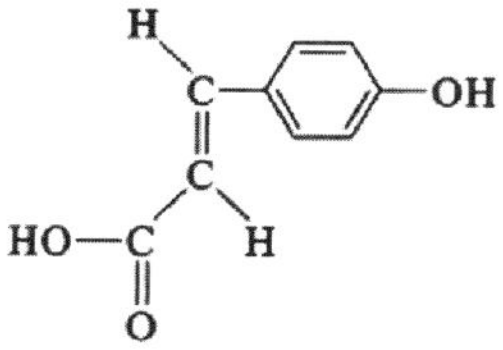

物通过前一条途径合成酚类；真菌和细菌则通过后一条途径合成酚类。大多数酚类物质合成是以苯丙氨酸为原料，苯丙氨酸解氨酶(PAL)是初级代谢与次级代谢的分支点，是形成酚类化合物中的一个重要调节酶。木质素是由简单酚类的醇衍生物(如香豆醇、松柏醇、芥子醇、5-羟基阿魏醇)经过氧化和聚合而形成的。

3. 功能

酚类化合物具有防御病虫侵袭的作用，例如，豆科植物中的类黄酮豌豆素、菜豆素、大豆素等都是酚类植保素；鱼藤根中的鱼藤酮(异黄酮类)是常用杀虫剂；绿原酸、儿茶酚、原儿茶酚及醌类物质等都有杀菌作用；木质素能增加细胞壁抗真菌穿透能力和限制病原真菌毒素向周围细胞的扩散；植物色素的主要成分，如类黄酮花色素苷参与花、果的着色，协助传粉和传播种子；黄酮类化合物具有显著的抗肿瘤、抗氧化、抗炎、保肝等药理作用。

26.1.3　含氮化合物

植物体内的含氮次级代谢产物主要包括生物碱、生氰苷和非蛋白质氨基酸等。它们都具有防御功能。

1. 生物碱

生物碱是一类含氮杂环碱性化合物，通常有一个含氮杂环，其碱性即来自含氮杂环。生物碱种类很多，已知的达5500种以上，主要分布于草本双子叶植物中。最早发现的生物碱是从罂粟中提纯的吗啡，其他有名的生物碱有奎宁、咖啡因、烟碱、可卡因、可可碱及秋水仙碱等(图26-3)。生物碱是植物体氮素代谢的中间产物，是由不同氨基酸衍生出来的。例如，天冬氨酸的甘油化衍生出烟碱；苯丙氨酸和赖氨酸衍生出秋水仙碱；赖氨酸衍生出六氢吡啶。也有一些生物碱是通过萜类、嘌呤和甾类物质合成的。烟碱存在于烟草及同属植物的叶中，也存在于石松之中。它由2个环状结构组成，其中的吡咯环是由鸟氨酸衍生而来的，嘧啶环是烟酸衍生而来的。大多数生物碱有毒，具有防御病虫害的作用。许多生物碱是药用植物的有效成分。例如，紫杉醇、长春碱是临床抗癌药物成分之一；利血平、奎宁有降血压、降血脂、强心、扩张血管等作用；吗啡有镇痛作用；麻黄碱有平喘作用。此外，生物碱是遗传物质核酸和生物素、维生素 B_1 的组成成分，有重要生理功能。

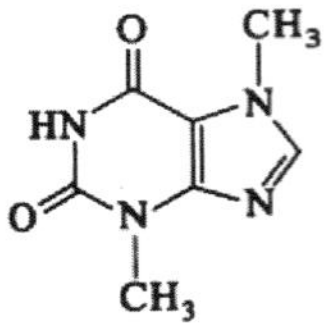
可可碱

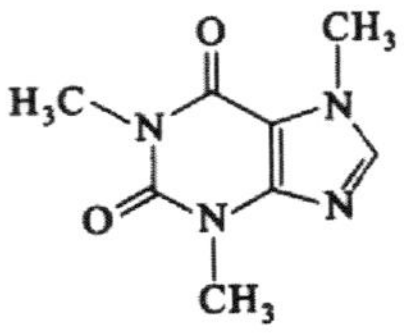
咖啡因

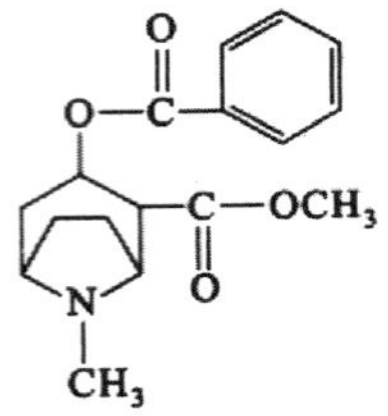
可卡因

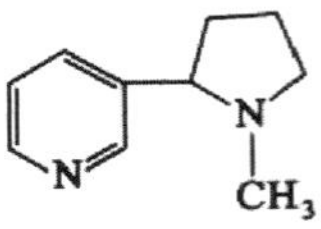
尼古丁

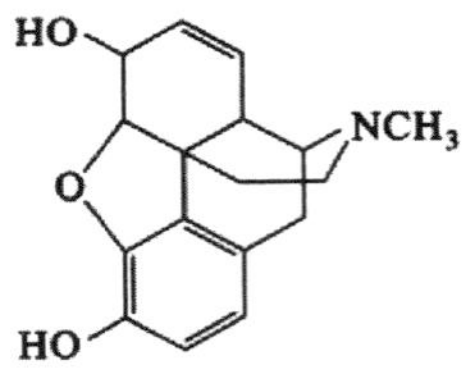
吗啡

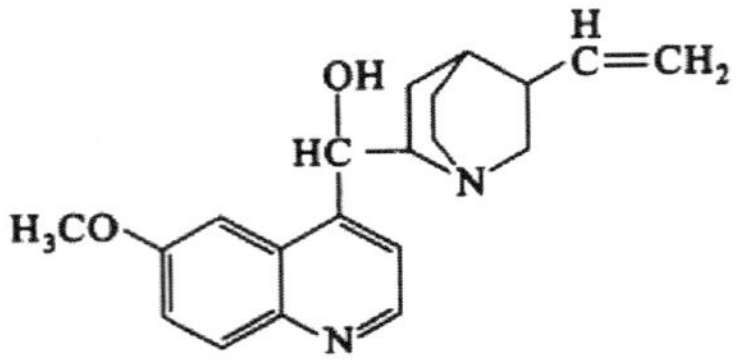
奎宁

图 26-3 主要的几种生物碱的分子结构

2. 生氰苷

已鉴定结构的生氰苷有 30 余种。生氰苷广泛分布于植物界，其中以豆科、禾本科和蔷薇科中含量较多。生氰苷是植物的一种防御物质，本身无毒，存在于表皮的液泡中，而分解生氰苷的酶——糖苷酶存在于叶肉细胞内，存在位置不同，互不接触。当叶片被食草动物吃下后，生氰苷就会与酶混合，氰醇和糖被水解分开，前者再在羟基腈裂解酶的作用下或自发分解为酮和释放出有毒的氢氰酸（HCN）气体，食草动物呼吸就被 HCN 抑制而中毒。木薯块茎是东南亚和非洲居民的主食，含有大量生氰苷。其一定要经磨碎、浸泡、干燥等过程除去或分解大部分生氰苷后方可食用，以防中毒。

3. 非蛋白质氨基酸

植物体内除含有 20 种参与蛋白质合成的氨基酸外，还含有一些“非蛋白质氨基酸”。它们以游离态分布，不参与组成蛋白质，从生物体内分离获得的非蛋白质氨基酸已达 700 多种，其中在植物中发现的约有 240 种，常有毒，起防御作用，多集中分布于豆科植物中。由于结构上与蛋白质氨基酸类似，易被误认为参与蛋白质合成，因此是一种代谢颉颃物。如刀豆氨酸结构与精氨酸相似，当刀豆氨酸被动物食用后，可被错误地引入蛋白质，被动物食用后，可被精氨酸 tRNA 误读而与蛋白结合，造成代谢紊乱和酶功能丧失。

26.2　药用植物次级代谢产物累积与运输的特点

根类药用植物是指药用根或以根为主,并带有部分茎的药材。根类药用植物在中药材中占有重要地位。据调查,全国药用植物有 320 种,其中根类药用植物 120 种,占 37.5%。

26.2.1　药用植物根的生长发育

根类药用植物的根没有节间和叶,一般无芽。根系形态分为直根系和须根系。

直根系主根发达、较粗大,垂直向下生长,侧根小的药用植物有人参、西洋参、党参、当归、桔梗、白芷、黄芪等。主根发达、较粗,侧根也发达的药用植物有牛膝、紫菀、黄芩等。绝大多数双子叶药用植物的根均属直根系。双子叶药用植物的根有一圈形成层的环纹,环内的木质部范围较环外的皮部大,中央无髓部,自中心向外有射线状的射线纹理,木质部尤为明显,外表常有栓皮。直根系药用植物种子萌发后主根生长较快。地上部枝叶临近枯萎时,根的生长减缓,物质积累加快。

须根系的主根不发达或早期即死亡,从茎基部节生出许多大小、长短相仿的不定根,簇生,呈胡须状,没有主次之分。须根由种子根和节根组成,须根的数量和重量随分蘖节的发生而不断增加,分蘖盛期的须根数量最多,抽穗前后的根重量最大。龙胆等植物的须根数量随年龄的增长而增加,每年 9 月须根重量最大。单子叶药用植物的根属须根系,其根有一圈内皮层环纹,中柱一般较皮部小,中央有髓部,自中心向外无放射状纹理,外无木栓层,有的有较薄的栓化组织。

还有一种根称为变态根,这种根可分为贮藏根、气生根、支持根、攀缘根和水生根等。这些根是在长期发展过程中为适应环境的改变,其形态构造和生理功能发生异常变化而形成的。

多数根类药用植物的根发育需要多年。如当归的肉质贮藏根的发育,第一年主要是根长度的生长,同时也产生各级侧根和增加侧根长度,扩大根部的吸收面积,以适应地上营养器官不断生长过程中对水和无机盐类的需要。幼根的主要功能是吸收水分和养分,供给地上部分和其本身发育需要,土壤水分多时,仍能良好生长。第二年或第三年移栽后,除了地下部分重新长出各级侧根外,主要是地上部分的生长,并陆续长出新叶,逐渐扩大叶面积,大量制造和积累同化产物,运向地下根部。根生长进入膨大期后,主根粗度明显增加,老根的贮藏功能增强,不但自身迅速长大,还贮存相当量的养分为来年所用,因此大量碳水化合物等有机养分需在叶内合成后转运回根,此时根内的养分累积得越多,越有利于第二年的生长。但是此时的根不耐土壤高湿和积水,水分过多则根易腐烂。

一些药用植物根的生长有一定的自我调节能力。如西洋参在茎、叶生长旺盛时期,根系不发达的肉质根从外界吸收的养分不能满足地上部分快速生长的需要,于是将自身贮存的养分输送到茎、叶,供生长利用,这时根起营养源的作用,根干重减轻,这是一种不可避免的生理减重,此后根即迅速增长、增粗。

不同种药用植物根的生长发育存在差异。如在人工栽培条件下,完成个体发育需要三个生长季,而营养生长要两个生长季才能完成肉质贮藏根的形态发育。它不同于一般两年生有肉质根的植物,与一般多年生肉质贮藏根的植物也不一样,如人参、党参、大黄,这些植物年年抽薹开花却不影响其肉质贮藏根的发育,而当归一旦抽薹开花,其肉质贮藏根就受到严重影响,品质明显下降。栽种中提前抽薹的植株,由于处于生殖生长形成花器官的阶段,消耗同化产物多,因而影响根内营养物质的贮藏,此时根的主要生理功能是吸收土壤中水分和营养,起支持作用,根的内部结构也发生变化,木质部所占的比例增大。有些药材,如黄连根、茎每年有向上生长的特点,为保证根、茎膨大部位的适宜深度,必须适时培土。

多年生药用植物直根系的生长随着生长年限的增加而逐渐减缓。如人参,1~6 年根的生长速度快,10 年以上的人参根的生长非常慢。根增重最快的时期是在果实、种子收获以后,在此期间营养水分充足与否对根产量影响很大。人参在近红果期的参根增重率为 49.1%,在红果期的增重率为 67.3%;在果后参根生长期的参根增重率为 114.3%~156.4%,此期的参根生长速率是果期的 2~3 倍。3 年生西洋参的根,在果实成熟末期增长率为 80.26%,在果后参根生长期的增长率为 132.39%。由此可知,根生长发育最快的时期是果后,或种子成熟后至地上叶片枯萎时期。这一时期必须加强田间管理,防止积水、干旱和缺肥。

26.2.2　药用植物次级代谢产物积累

根类药用植物的药效成分种类多,影响有效成分积累的因素除了耕作制度等人为因素以外,还有一些自然因素。从经纬度来看,中药材中挥发油的含量越往南越高,而蛋白质的含量则是越向北越高。在一定范围内,药用植物的生物碱含量随温度增高而增高。

有效成分积累动态与植物生长发育阶段是确定根类药用植物适宜采收期的两个重要指标。当有效成分含量高峰与药用部分产量高峰不一致时,应该考虑有效成分的总含量。有效成分的总量=单产量×有效成分的百分含量。总量为最大值时,即为适宜采收期。此外,药效成分的种类、比例和含量都受环境因素的影响,药效成分也可说是特定的气候、土质和生态环境条件下的代谢产物。引种栽培时必须检查分析成品药材与道地药材在成分、种类以及各类成分含量比例上有无差异,只有这几个参数完全吻合时才算引种栽培成功。栽培措施也会影响有效成分的种类和含量高低,如摘蕾会减少人参生殖生长对养分的消耗,令用于生殖生长的营养物质转用于营养生长,这样不仅产量提高 10% 以上,而且提高药效成分的含量。又如改变栽培人参的荫棚透光状况,管理从传统固定式一面坡全荫棚改成拱形调光棚,再辅以科学的施肥和灌水措施,不仅产量可以翻倍,而且药材的皂苷、氨基酸和多糖等药效成分也得到提高。如栽植西洋参的荫棚透光度为 20% 时,参根中皂苷含量最高,种植西洋参的土壤在 pH5.5~6.5 时根中皂苷含量高于 pH 4.4 时的。

不收种子的根类药用植物应摘去花蕾,以促进根的生长发育。如不留种的川贝母,花蕾刚出现就要全部摘除,以增加川贝母的产量。提前抽薹的一些药用植物不仅根的形态结构、根的次生韧皮部和次生木质部在根、茎横断面上所占比例都发生变化,而且影响有效成分,以致活的薄壁组织和分泌道减少,有效成分含量降低,薄壁细胞的细胞壁完全木质化,根质坚硬。因此要尽量避免提前抽薹开花。

人参属植物都含有皂苷。人参、西洋参和三七的皂苷以四环三萜类达玛烷型的皂苷为主。栽培年限长的含量高,短的含量低;光照适宜的含量高;摘蕾加上合理施肥的含量也高;成品加工后的皂苷含量最高;药理活性也随栽培年限的增长而增强。人参中皂苷含量不仅随栽培年限增长而增加,而且在一年之内还随生长发育而波动,并不是呈直线上升。淀粉和还原糖含量也随栽培年限延续而增加,但其增长速率逐年降低。

有些栽培年限不同的药用植物有效成分含量无明显差异。如龙胆的地下部龙胆苦苷于第四年含量才开始下降;每年的不同生育期的龙胆苦苷含量也不同,枯萎期产量最高;全根有效成分总量以枯萎后至萌发期前最高。

26.3 矿质元素对药用植物次级代谢的影响

药用植物除像普通植物一样吸收矿质元素以维持正常生命活动需要外,还有吸收特种矿质元素以完成特定药物成分合成代谢的需要。因此,了解药用植物吸收矿质元素的特点和促进有效药物成分积累的关系是有意义的。

26.3.1 矿质元素与根系生长发育的关系

药用植物生长所需的营养元素有氮、磷、钾等十多种,缺乏或过量都会影响植物的生长发育和内外在品质。此外,药材中一种元素的吸收、蓄积还往往与其他微量元素的状况密切相关。中药材中的微量元素多处于天然的结合态,其活性作用胜过无机盐。人工栽培时施用微量元素肥料即可促进中药材生长和提高药物中某种元素的含量,进而催化增多某种有效成分的合成量。

根类药用植物在苗期可适当追施氮肥,以促进茎、叶生长,但不宜过多,以免徒长。中后期应多施磷肥、钾肥以促进根生长,少施氮肥以免茎、叶徒长。缺钾的根类药用植物的新生根很少。黄连缺钾根系发育不良,须根长度及稠密情况都不及正常供给全营养的植株,几乎无新的须根。缺氮的西洋参根的生长发育也较差,根细,增重少。

不同种药材对矿质元素的需求是不同的。丹参是一种喜肥的药材,在一定范围内,营养液中营养元素浓度与丹参根的生长呈正相关:在相对较低的营养水平下,根的生长较慢,产量也低;反之,生长较快,产量也高。在西洋参根的生理减重时期,如要促进根系发育,可加强根际营养,或辅以根外营养,即可防止根重降低和缩短减重的时间。在氮、磷营养不足的情况下,西洋参根扩大自身生长而提高根系吸收能力,即使在贫瘠的营养环境中生长,西洋参根重仍能增加。在人参花蕾期间叶展开至开花前应喷施磷酸肥,以促进参根的形成和长大,抑制人参生殖器官的生长发育和营养物质的损耗,这对于提高参根产量和质量均有显著作用。

药用植物也需要一定的微量元素,微量元素是很多酶的活性中心。不同药用植物所需的微量元素种类不同。功能相似的中药,所含的微量金属元素有共性。中药质量的优劣在很大程度上取决于药材生长的土壤中化学元素种类和含量,几乎所有中药都含有不同种类和不同比例的微量元素。罗炳锵等的研究表明,每一种道地药材都有几种特征性微量元素图谱,不同产地的同一种药材之间的差异与药材生长的土壤中的化学元素含量有关。周长征等也证明细辛的药理活性与道地药材的微量元素含量有一定的相关性。

不同药材栽培中所需的微量元素及其含量不同。锌是人体的必需微量元素,锌含量高的药材有利于提高机体免疫力。在补血药材中,丹参根中锌含量 28.7μg/g,当归、地黄等中锌含量是较高的。施用硫酸锌可提高丹参产量。叶面喷两次干药,可增产 62%;种根拌种,增产 22.8%;叶面喷施一次,增产 16.89%;苗期穴施,增产 14.72%,切干率也会增加。徐良等的实验表明,人参栽培过程中,需肥量随生长年限的延长而增加。磷、钾肥配合施用,人参可增产 73.3%;磷、钾、铜、锌、锰配合施用,可增产 87.7%,平均等级达到二级,平均单支重分别增加 44.0%和 46.0%,切干率分别增加 2.61%和 2.84%。此外,钙、镁、铁、硼、锌和铜对人参的生长代谢都有促进作用。花期喷施硼酸可提高人参小花的受精率近 10%,种子千粒重高达 3.5g。以 0.05%硫酸锌和高锰酸钾分别浸种 30min,播种 2 年后,锰处理的参根量增加 18%,锌处理的增加 10%。以 0.3%的硫酸锌浸种 15min,3 年后的参根量增产 62%。党参栽培中,施用钼、锌、锰、铁等微肥可增产 5%~17.5%。单株根粗度和重量的增加量以施锰的为最多,其次为锌,再次为钼,铁最少。

一至五年生的西洋参所需氮、磷、钾、铜、镁的量随着年限的增加而增加:二年生的吸收量约为一年生的 5 倍,三年生的约为二年生的 2.5 倍,四年生的约为三年生的 2.5 倍。微量元素中铁、锰的吸收量较多。此外,适当运用一些植物生长调节剂,也能不同程度地增加产量。B_9 溶液处理的人参会出现多芽现象,参根比率增加显著,这与 B_9 可抑制人参地上部分生长,减少芽生长中的物质消耗,因而有机养分更多地向肉质根运输有关。

26.3.2 矿质元素与次级代谢产物累积的关系

药用植物与农作物一样,都需要大量的矿质元素,但不同的是要考虑其对有效成分含量的影响。施用的原则是药用植物的有效成分含量必须稳定,不能单纯地为了增加产量和提高成分含量而忽略成分的稳定性。我国中药材质量管理规范中也强调有效成分的稳定、可控、无污染的重要性。

目前,有关矿质营养影响药用植物药用成分的合成与积累的研究目前还不多。赵杨景等的研究表明,土壤中钾、磷、锰、锌、镁和有机物含量的差异是当归道地性形成的主要生态因子。因此,药用植物施肥时应更多考虑如何不改变药材的道地性。此外,矿质元素的施用种类和数量要因药用植物的类别而异。如果某种肥料施用量过大,或土壤的酸碱度不适宜,或选用的肥料配比和施肥量不当,根类药用植物生长发育和有效成分的积累即会受到很大的影响。如施用过量的氮肥做基肥,将会影响丹参的出苗,干旱时会出现烧苗的症状,从而影响其生长发育和有效成分的积累。

对于含挥发油和生物碱类的药用植物,由于这类成分在形成过程中与蛋白质有密切关系,所以施用的氮肥量应比其他肥料多些,增施氮肥能提高生物碱类药材的成分含量。磷、钾肥可促进根的生长发育,不仅提高产量,而且可提高淀粉和糖类含量。施用钾肥有利于有效物质向根部运输,但如果钾肥施用过多,会使植物细胞含水量增高,从而对叶中生物碱含量产生不良影响。

矿质营养与西洋参的次级代谢关系密切,贫瘠的营养环境中生长的人参根中总皂苷含量降低 17.6%。有研究表明,西洋参根的生长越差,皂苷含量越高,根中人参皂苷含量与根中氮、磷、钾含量以及根的粗细均呈负相关,根越细,皂苷含量越高。

对于一些喜肥的根类药用植物,如丹参栽培的试验表明,营养液浓度与根的生长呈正相关,但与根中隐丹参酮含量则呈负相关,根生长越粗大,隐丹参酮含量就越低。因此,栽培中应注意合理密植,这样在提高产量的同时,有效成分含量必能保持高水平。

微量元素含量过多也会产生毒害,过少又发挥不了作用,都将影响药材的品质和药效。因此,在栽培中施用微量元素时应根据土壤中微量元素种类和不同药材需求进行,以保证药材中的微量元素符合标准。不同微量元素对不同药用植物根中有效成分影响不一样。在党参栽培中,锌有明显提高党参内在质量的作用;硫酸锌对多糖含量的正效应最大;锌、锰肥对醇浸出物含量和蛋白质含量影响较大;施用锰、锌、钼等微肥不仅能有效地提高党参产量和品级,而且不改变药材的有效成分。对西洋参生长来说,适宜浓度的硒能促进根系发育和干物质积累,但浓度高则表现抑制作用。周晓龙等的白术施锌试验表明,锌肥对白术的生长发育、产量和商品率有较明显的影响,以苗期每亩施用 1.0kg 98%硫酸锌的效果最好,可增产 19%～27.7%,一级品率提高 7.4%～24.9%。

以 67-V 为基本培养基培养的人参组织中皂苷含量为 1.98%。培养基中添加微量元素铜、锌、钼、钴等后,组织培养物中皂苷含量大多有提高,尤其是两种微量元素配合添加后皂苷含量提高较明显。

无公害的中药生产要求药材的硝酸盐含量不能超标。现有的商品药材中硝酸盐含量过高,主要是氮肥施用量过高、有机肥使用偏少和磷、钾搭配不合理所致。因此,在无公害中药生产中,施肥必须有足够数量的有机物返回土壤,以保持或增加土壤肥力及土壤生物活性。我国对中药材生产施肥的规定为:应根据不同种类药用植物的营养特点和土壤的供肥能力,确定肥料施用种类、时间和数量。种类以有机肥为主,方法以基肥为主,土壤施肥和叶面追肥相结合,允许施用经过充分腐熟达到无害化卫生标准的农家肥,禁止施用城市垃圾、工业垃圾、医院垃圾和粪便。

施用微肥应和土壤中微量元素分析结合起来。微肥应施在土壤缺乏或含量低的田块中,提倡微肥与大量元素肥料配合施用。各种微肥均可与草木灰、石灰等碱性肥料混合,锌肥不可与过磷酸钙、铜肥不可与磷酸二氢钾溶液混喷。在与农药混合喷施时,要考虑肥效、药效的双重效果,施用的浓度过高,不但无益,反而有害。一般来说,各种微肥喷施的适宜浓度是:硼酸或硼砂溶液为 0.25%～0.5%;钼酸铵溶液为 0.02%～0.05%;硫酸锌溶液为 0.2%～0.95%;硫酸铜溶液为 0.01%～0.02%;硫酸亚铁溶液为 0.2%～1%。喷微肥的数量应根据生长状况而异,以茎、叶沾湿为度。应选择在无风的阴天或晴天的下午到傍晚时喷施,以减少微肥在喷施过程中的损失,利于叶片吸收。

26.3.3 矿质元素对药用植物次级代谢药物积累影响的实例

据张檀等关于几种矿质元素对杜仲叶次级代谢产物影响的研究发现,杜仲不同无性系(叶中)的 Cu、Mg、Zn、Fe、Mn、Co 六种矿质元素含量差异极显著,从而说明树木的个性生长发育特性(遗传因素)是调控杜仲吸收矿质元素的重要因素;通过通径分析发现,Mg 与各次级代谢产物含量关系呈正相关。Mg 是以离子状态进入植物体的,在体内一部分形成有机化合物,一部分以离子状态存在。Mg 是叶绿素的成分,是叶绿素分子的中心原子,故它与光合作用关系密切；Mg是许多酶（如葡萄糖激酶、果糖激酶、半乳糖激酶、磷酸戊糖激酶、乙酰辅酶A合成酶、谷氨酰半胱氨酸合成酶、琥珀酰辅酶A合成酶等）的活化剂，故与碳水化合物的转化和降解以及氮代谢有关；Mg还是核糖核酸聚合酶的活化剂，DNA、RNA的合成及蛋白质合成中氨基的活化过程都需要Mg的参与，Mg为蛋白质合成所必需的核糖亚单位联合作用提供一个桥接元素，因此，Mg在核酸和蛋白质代谢中起着重要作用，而这些初级代谢的速率及途径会直接影响次级代谢。由于Mg对乙酰辅酶A合成酶有活化作用，而乙酰辅酶A是糖酵解与三羧酸循环的一个连接环节，也是次级代谢的关键底物，称为"代谢钮"，它是次级代谢中黄酮类化合物、萜类化合物和橡胶等的起始物；另外，由于Mg是核糖核酸聚合酶的活化剂，大多数ATP酶的底物是Mg·ATP，而ATP与丙酮酸合成磷酸烯醇式丙酮酸，磷酸烯醇式丙酮酸和4-磷酸赤藓糖合成莽草酸，而莽草酸又是黄酮类化合物和苯丙基类化合物的起始物。因此，Mg直接影响次级代谢作用中的乙酰辅酶A途径和莽草酸途径，从而促进了杜仲中京尼平苷酸、绿原酸、桃叶珊瑚苷、京尼平苷、总黄酮和杜仲胶六种次级代谢产物的合成和积累。

26.4　药用植物次级代谢的环境调控

自古以来，人们就注意到环境条件对植物药用成分的影响以及对于药材质量的重要意义。中药材的道地性强调适宜的产地和最佳的采收时期，本质上是要求满足一定的环境条件（各种环境因子的时空组合），以保证植物药用成分的含量和组分达到最佳。然而，至今为止，对于药用植物生长环境的研究还停留于经验性的观察和总结，人们尚未从植物生理代谢这种生物学本质上去认识环境对植物药用成分的调控规律，因而也就未能更主动而有效地利用这些规律来指导野生药用植物的利用，特别是药用植物的人工栽培，指导细胞悬浮培养环境调控。

植物次级代谢过程与植物的其他生理代谢过程一样，时时刻刻都受到植物生存环境的影响。环境因子从细胞生命活动的不同层次——核酸（基因表达）、蛋白质（相关酶的合成及酶活性）、代谢产物（各种酶促生物反应）水平影响次级代谢过程，植物也通过次级代谢过程的调整来适应环境变化（图26-4）。

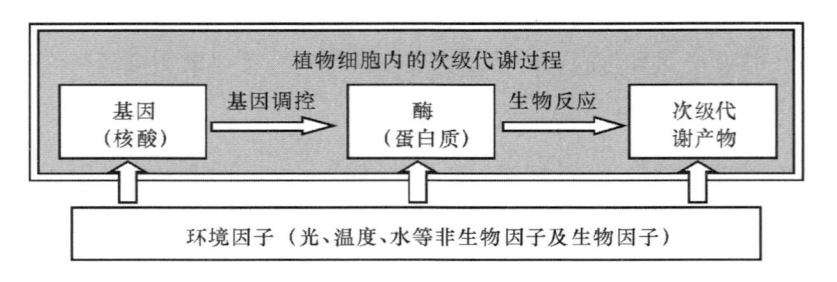

图26-4　植物次级代谢与环境关系

一般认为，植物的次级代谢是植物在长期进化过程中与环境相互作用的结果。植物次级代谢产物不直接参与植物生长和发育过程，但影响植物与环境相互的关系，在植物提高自身保护和生存竞争能力、协调与环境关系上充当着重要的角色，其产生和变化比初级代谢产物与环境有着更强的相关性和对应性。因此,植物的药用成分无论是种类还是含量,都与植物的生存环境有着密切的关系。

从植物次级代谢与环境的关系看,次级代谢产物的产生可分为两种类型,即组成型与诱导型。有些次级代谢产物,无论植物处于何种生活状态,都按一定的含量不间断地合成与积累,即组成型。多数次级代谢产物,种类和数量与植物的生存环境和生活状态密切相关,属于诱导型。植物只有在特定的条件下才合成和积累一些特殊的次级代谢产物或显著地增加特定次级代谢产物在体内的含量。

植物生存的环境可分为两大类,即非生物环境与生物环境。已有许多研究工作证实了环境对植物次级代谢过程及其产物的调控作用,或者说是植物次级代谢过程及其产物对环境的适应。在这些次级代谢产物中,不乏大量的药用成分。

26.4.1 植物次级代谢与非生物环境

非生物因子,如温度、水分、光照、大气、盐分、养分等都会对植物的次级代谢产物产生影响。这里列举一些与植物药用成分相关的实例。干旱胁迫下,植物组织中次级代谢产物(包括氰苷及其他硫化物、萜类化合物、生物碱、鞣质和有机酸等)的浓度常常上升。干旱胁迫导致喜树叶片中喜树碱的含量增加;高山红景天根中的红景天苷含量也因土壤含水量而变化;轻度的水分胁迫则有利于乌拉尔甘草酸的积累。

光强、光质和日照长短都对植物次级代谢有影响。遮光条件下 *Adenostyles alpina* 叶片中的生物碱和一种倍半萜 cacalol-trimer 的含量增加,而其他倍半萜的含量降低。遮阴导致高山红景天根中的红景天苷含量降低,但却增加了喜树叶片中的喜树碱含量。红光成分增加可提高高山红景天根中的红景天苷含量,而蓝光成分增加则提高喜树叶片中的喜树碱含量。光照通过调节过氧化氢酶的活性显著地影响了长春花愈伤组织中长春多灵(vindoline)和蛇根碱等生物碱的生物合成。

早期一些研究表明,土壤氮素增加导致植物中非结构碳水化合物含量下降,从而使以非结构碳水化合物为直接合成底物的单萜类化合物减少,但以氨基酸为前体的次级代谢产物水平则提高;反之,在使体内非结构碳水化合物增加的条件下,缩合鞣质、纤维素、酚类化合物和萜烯类化合物等含碳次级代谢产物大量产生,当然结果并不完全一致。高山红景天根中红景天苷的合成与积累需要适宜的氮素营养,过高、过低都不利,而且在自然条件下红景天苷含量与土壤的有机物含量、pH 值以及氮素、磷素、钾素营养均有密切联系。喜树幼苗的喜树碱含量随氮素水平的增加而明显降低,适当的低氮胁迫对获取喜树碱有利,而且氨态氮/硝态氮的比例也影响喜树碱的合成与积累。同样,氮素形态也影响黄檗幼苗中小檗碱、药根碱和掌叶防己碱的含量。

一些研究工作表明,伴随大气中 CO_2 浓度的升高,盐生车前叶片中咖啡酸含量和根部 p-香豆素含量也增加。人参根部高浓度 CO_2 增加了总酚酸和类黄酮的含量。

26.4.2 植物次级代谢与生物环境

植物面对的生物环境比较复杂,包括昆虫和草食动物乃至人类的侵害、致病微生物的危害、植物之间的相互竞争和协同进化以及真菌的共生关系等。在植物与这些生物环境的相互作用过程中，作为药用成分的一些植物次级代谢产物发挥着重要作用。

很多植物中的次级代谢产物对食草动物、昆虫等具有一定的防御作用。在植物防御反应中具有重要作用的生物碱，同时也是植物药用成分的重要类群。多数植物被取食后产生较强的诱导防御反应，某些次级代谢产物迅速增加以增强防御能力。例如，烟草在叶片受到伤害后，烟碱的含量增加了六倍。植物间的化感作用是近年来颇受重视的研究领域。萜类途径产生的众多复杂化合物通常被认为是高效的化感物质，而其他次级代谢产物，如生物碱、非蛋白质氨基酸等也被发现具有化感潜力。研究认为咖啡种植园的退化可能与果实中咖啡因对咖啡幼根的自毒作用有关。菌根是自然界中一种极为普遍和重要的共生现象，近年来许多研究表明菌根真菌及共生过程影响植物的次级代谢，导致植物的次级代谢产物发生变化。研究表明菌根共生可显著提高曼陀罗中生物碱的含量；内生菌根也影响喜树幼苗中喜树碱的代谢。有关致病微生物方面，陈美兰等观察到白粉病发生程度影响金银花药材中绿原酸的含量。

26.4.3　植物次级代谢环境调控的分子机制

一些研究工作也在探讨环境调控植物药用成分的代谢机制。例如对于包括喜树碱在内的吲哚类生物碱的代谢途径，人们已经了解了途径中的一些关键酶和编码基因以及表达特性。近年来人们更为关注植物体内信号物质，如茉莉酸类化合物在植物次级代谢应答环境调控过程中的作用机制。烟草的机械损伤程度、受伤部位茉莉酸的合成量与整株植物的烟碱积累量显著正相关。茉莉酸类化合物诱导了烟草中鸟氨酸脱羧酶和腐胺 N-甲基转移酶的基因表达，从而促进了从鸟氨酸到烟碱的生物合成过程。同样，茉莉酸类化合物处理快速诱导了长春花中 ORCA 的基因表达并激活先前存在的 ORCA，ORCA 与调控元件 JERE 结合启动异胡豆苷合成酶基因。异胡豆苷合成酶是类萜吲哚生物碱合成的关键酶，将色胺和次番木鳖苷缩合成类萜吲哚生物碱的前体异胡豆苷。

26.4.4　认识药用植物次级代谢环境调控的意义

人类利用药用植物来防病治病已有几千年的历史。当今的处方药有 25% 左右来自药用植物。化学合成药物的巨额开发成本、漫长的研制周期以及不可克服的毒副作用，更使植物的天然化学成分处于药物原料的不可取代地位。中药有效成分的含量直接关系到药材质量。不同环境生长的同一种药用植物，其药材质量常有很大差异，因而有道地药材之说。但是，对于绝大多数药用植物而言，我们并不清楚药用成分的变化与环境的对应关系。虽然目前已经开始制订中药的 GAP 标准，实行规范化种植，但这些标准多是依据中药传统产地的气候条件以及基于药用植物物候期观测而总结的最佳采收期而编制的"经验"标准，尚缺乏建立在深刻认识植物有效成分与环境因子关系基础上的"科学"内涵，因而尽管有了规范化的种植标准，却未必能够保证规范而恒稳的药材质量。

因此，进行植物药用成分环境调控的基础研究，从植物的生理水平乃至分子水平揭示药用成分（次级代谢产物）与环境因子间的内在相关性，将使我们更清楚地认识到哪些环境因素左右着我们所关心的药用成分,从而阐明道地药材的道地实质,为建立高品质中药材生产管理规范提供真正有力的理论指导。

植物的次级代谢与初级代谢是密不可分的,次级代谢途径源于初级代谢(图 26-1)。植物生产次级代谢产物,将会消耗大量的由初级代谢生成的物质和能量,从而影响甚至延缓植物的形态建成、生长发育以及生殖繁育。那么,次级代谢对于植物有何意义?一般认为,植物在对环境的适应与进化的过程中,为应对环境变化逐渐演化形成了各种次级代谢途径,并生产相应的次级代谢产物来缓解环境胁迫。

野生植物或多或少生长在逆境之中,因而一些植物也就积累了各种各样的药用成分,为我们人类所利用。然而,对于人工栽培的药用植物而言,尽管提供了适宜的生长条件,植物也是"枝繁叶茂",但药用成分常常并不丰厚,药材质量也就远不及野生植物。事实上,从植物的生理代谢角度来看,生长在"优越"环境下的植物面临的胁迫是最少的,生产次级代谢产物应对逆境的必要性也就大大降低,某些源于次级代谢产物的药用成分自然也就减少。从植物代谢的物质和能量的平衡来看,初级代谢与次级代谢是矛盾的。对于以次级代谢产物为药用成分的药用植物而言,"高产"与"优质"似乎也是矛盾的。

一些研究者已经关注这个问题,指出药用植物的环境最适宜性概念与普通植物对环境的最适宜概念并不完全相同。因为有些植物生长发育的适宜条件与次级代谢产物的积累并不一定是平行的,所以在选择药用植物的生态适宜区时,除应考虑生长发育的适宜性外,还应分析研究药材产地与活性成分积累的关系。对于中药栽培来说,更应考虑后面这个问题,在充分了解植物的代谢规律特别是次级代谢与环境的作用规律之上,在栽培管理上有效利用,通过合理的环境调控,尽量实现"高产"与"优质"的兼容,从而获得更高的药材栽培收益。

由此看来,为了更高效地获取作为药用成分的植物次级代谢产物,我们有必要深入了解、认识植物次级代谢与环境的互作机制。研究植物药用成分的环境调控规律,有利于人类更有效、合理地利用药用植物资源。

26.5 药用植物组织与细胞培养

26.5.1 植物组织和细胞培养发展简史

迄今,植物组织培养已有 100 多年的历史。19 世纪 30 年代,德国植物学家施莱登(Schleiden)和德国动物学家施旺(Schwann)创立了细胞学说。根据这一学说,如果给细胞提供和生物体内一样的条件,每个细胞都应该能够独立生活。1902 年,德国植物学家哈伯兰特(Haberlandt)在细胞学说的基础上,预言离体的植物细胞具有发育的全能性,能够发育成完整的植物体。这种细胞全能性的理论是植物组织培养的理论基础。

植物组织培养从提出设想到实践成功,经历了漫长而艰巨的历程。哈伯兰特本人,以及后来的德国植物胚胎学家汉宁(Hanning),都曾用植物的根、茎、叶、花的小块组织或细胞进行离体组织或细胞的无菌培养试验。由于受当时科学技术发展水平和设备等条件的限制,他们取得的进展很小。然而这些探索性的试验,为后人提供了许多值得借鉴的经验。1937

年，美国科学家怀特（White）研制出了用于植物组织培养的培养基，并且认识到维生素和植物激素在植物组织培养中的重要作用。他和当时的一些科学家，用烟草的茎段形成层细胞和胡萝卜的小块组织，在人工培养的条件下，成功地诱导出愈伤组织。植物组织培养终于取得了重大突破。但是他们还未能从愈伤组织中进一步诱导出芽和根。1948年，我国植物生理学家崔徵和美国科学家合作，用不同种类和比例的植物激素处理离体培养的烟草茎段和髓，确定腺嘌呤和生长素的比例是控制芽和根形成的重要条件。

1958年，一个振奋人心的消息从美国传向世界各地，美国植物学家斯图尔德（Steward）等人，诱导出体细胞胚并得到了世界第一株组织培养再生植株，而且这一植株能够开花结实，这是世界上第一株组织培养再生植株。它证实了哈伯兰特在50多年前关于细胞全能性的预言。由于植物组织培养技术在提高农作物产量、培育农作物新品种等方面具有广阔的应用前景，因此越来越受到全球科学家的重视。20世纪60年代以后，植物组织培养技术开始被应用在生产上，并且逐渐朝着产业化方向发展。随着科学技术的不断进步，植物组织培养这门崭新的技术将日益普及和深入，成为现代农业生产中重要的技术手段。

26.5.2　药用植物组织和细胞培养技术发展

20世纪60年代，我国的科研工作者开始将组织和细胞培养技术应用到药用植物的离体培养和试管繁殖研究中。研究的主要内容包括药用植物的植株再生、愈伤组织培养等。到目前为止，我国成功建立400多种药用植物组织培养体系，从常见的物种到珍稀、濒危的均有，如云南黑节草、延龄草、高山红景天、川西獐芽菜、莪术、水母雪莲、星花绣线菊、溪黄草、玉叶金花、辽东楤木、红豆杉、艾黄杨、狼毒、大戟属、长春花、米仔兰、狗牙花和香榧等等。其中已有100多种药用植物经离体培养成功地获得了试管植株，有些还利用试管繁殖技术生产用于栽培种植的药材，如苦丁茶、芦荟、怀地黄、枸杞、金线莲等。

药用植物组织培养并不仅局限于再生植株的获得。如对人参、西洋参、紫草、红豆杉愈伤组织及细胞悬浮培养的研究的大部分内容是通过高产组织或细胞系的筛选与培养条件的优化等，以期降低成本及提高次级代谢产物的产量，以及通过对次级代谢产物生物合成途径的调控来达到相同的目的。另外，近来有关利用植物悬浮培养细胞或不定根、发状根对外源化学成分进行生物转化的研究也在悄然兴起，并取得了一定的进展。

用于研究的药用植物组织培养材料范围也逐渐扩大，从开始时对草本、木本或藤本植物的根、茎、叶、花、胚、果实、种子、髓、花药等组织或器官进行培养，发展到从器官诱导到对愈伤组织、冠瘿组织、毛状根进行培养，再发展为细胞培养。目前还借助植物基因工程技术通过农杆菌介导的转化获得了多种转基因药用植物，提高药材的品质；利用转基因组织和器官培养生产药用成分等等。

在日本，药用植物人参和硬紫草的细胞培养已经工业化，黄连、毛花毛地黄的细胞培养也进行了中试。上海中医药大学进行了黄芪毛状根30L的大规模培养实验，取得了一定成果。中国医学科学院药用植物研究所也对丹参毛状根的大规模培养进行了一系列研究。但用于进行大规模工业生产的植物组织培养还不是很多，这可能与高等植物细胞培养速度慢、产物浓度低及大面积种植药用植物等因素有关。我们应该看到，药用植物组织培养在品质改良、种质保护、有效成分生产等方面具有广泛的应用前景。但与农作物相比，进行组织研究的药用植物的种类却相对较少。因此,药用植物组织和细胞培养是有待进一步开发的研究领域。

26.5.3 药用植物组织和细胞培养一般方法

目前已进行组织培养的药用植物种类不断增多,范围不断扩大,用于进行组织和细胞培养的外植体也多种多样。一般都需要以下几个程序。

1. 材料的选择和处理

从低等植物的藻类、菌类到高等植物苔藓、蕨类、种子植物的各个部分均可作为组织培养的材料。裸子植物多用幼苗、芽、韧皮部细胞;被子植物可采用根、茎尖、叶、芽、花(花芽、花托、花瓣、花丝、花药、花粉、子房、胚珠)等。但一般来说,生活力强的组织细胞易于获得分生能力强的愈伤组织或易于得到再生植株。因此,选择适宜的外植体需要从植物基因型和外植体来源、大小、取材季节、生理状态、发育年龄等方面综合考虑。所取材料在进行组织培养前必须经过洗涤和灭菌消毒处理,常用的消毒剂有乙醇、次氯酸钠、升汞、过氧化氢等。消毒剂所用浓度和处理时间可以参照有关文献,最终通过预试验来确定。

2. 培养基选择

药用植物组织培养多采用化学合成培养基,如 MS 培养基、B5 和 N6 培养基、White 培养基、LS 培养基等等。这些培养基虽各有不同,但基本都以以下几类成分组成:糖类、无机盐类、氨基酸、酰胺和嘌呤、维生素、植物激素。另外,为获得良好的培养效果,有时还在培养基中添加天然产物,如酵母提取物、水解蛋白、椰乳等等。一般来说,培养目的和培养材料不同,所选用的培养基也不尽相同。即使是同一培养材料,随着培养阶段的不同,也需要对培养基中的某些成分进行调整,如诱导生芽的培养基和诱导生根的培养基,其中生长素类和细胞分裂素类成分的配比完全不同。一般可根据经验,参照有关文献资料进行。

3. 培养条件

外植体接种后,需要在适宜的培养条件下才能正常生长。培养条件主要有温度、光照、通气和培养基的 pH 值。大多数植物组织培养温度为 20~28℃,最适宜的温度为 25~27℃。多数组织培养在散光条件下,不同培养材料对光照有不同的要求。一般培养室要求光照时间 12~16h,光照强度 1000~5000lx。在药用植物组织培养中还应注意,对于有些次级代谢产物的形成,光照是重要的影响因素,因此有时也需要暗培养。通气对悬浮培养尤为重要,多数植物细胞需要良好的通气条件才能得到好的培养结果。培养基的 pH 值是影响组织培养的另一重要因素,一般在 5.0~5.6,这是因为只有在适宜的 pH 值范围内植物细胞才能正常生长。

4. 培养过程

适时地对组织培养材料进行监控是必需的。不仅培养过程中可能会出现污染等问题,最主要的是要根据材料的生长情况适时地对培养基和培养条件进行调整,以及及时地进行继代培养。一般培养成熟的材料需要 2~4 周继代培养 1 次,才能使培养材料保持旺盛的生活力。继代培养时也应注意选择活力强的组织细胞进行继代。一般来说,结构松散、颜色呈白色或淡黄色的愈伤组织和细胞活力较强。当然也不能一概而论,特别是一些药用植物,如红豆杉细胞因含有多种次级代谢产物而多呈褐色。

5. 细胞生长的测定

细胞液体悬浮培养后,需测定细胞增长率。其计算公式为:细胞增长率=(收获干重-接种干重)/接种干重×100%。检查细胞生长的增长效率和生物量,这是有效药物生产的重要基础。因此,选用培养基和培养过程应创造最有利愈伤组织诱导和细胞生长的环境条件。

6. 培养物中药物的分析——以新疆雪莲细胞悬浮培养和生产黄酮类活性成分的过程为例

①材料和培养方法:雪莲种子经70%乙醇消毒40~60s,0.1%升汞消毒10~15min,无菌水冲洗三四次,然后接种在1/2MS无激素培养基上,1周后萌发幼苗。用得到的幼苗叶片切段接种在MS+2mg/L NAA+0.2mg/L BA培养基上,诱导愈伤组织;培养悬浮细胞时,取固体培养基上继代15天左右、分散性好的黄色愈伤组织,置于盛有50mL液体培养基的250mL摇瓶中,在100r/min的摇床上于光照条件下恒温(25℃±1℃)进行悬浮培养。12天继代1次。

②细胞生长的测定:液体培养细胞经尼龙网过滤,洗涤,60℃烘干至恒重,称量干重,计算细胞增长率。

③培养物中总黄酮的分析:总黄酮含量采用分光光度法:将0.2g干重细胞用80%乙醇10mL超声提取20min后浸泡1夜,再超声提取20min,过滤,吸取滤液0.5mL,加蒸馏水4.5mL和5% $NaNO_2$ 溶液0.3mL,摇匀,放置6min,加10% $AlCl_3$ 0.3mL,摇匀,静置6min,加4% NaOH 4mL,最后加蒸馏水至10mL,510nm处测得A值。

用芦丁标准品以同样方法测得标准曲线为:$c=85.9256A-0.83098$,$r=0.9992$,其中r为回归系数,c为黄酮含量(mg/L),线性范围10~60mg/L。

26.5.4 药用植物次级代谢产物工厂化生产

利用细胞的大规模培养,可高效生产出人类所需要的天然有机化合物,如蛋白质、脂肪、糖类、药物、香料、生物碱及其他活性化合物。因此,近年来这一领域已引起人们的极大兴趣,许多产业部门纷纷投资进行研究。目前已有60多种植物的培养组织中的有效物质高于原植物中的。近年来,用单细胞培养生产蛋白质,将给饲料和食品工业提供广阔的原料生产前途;用组织培养方法生产微生物以及人工不能合成的药物或有效成分的研究,正在不断深入,有些已投入工业化生产,预计今后将有更大发展。

中药材有许多是疗效明确的单一天然活性成分,如果能够通过工业生产获得这些天然复杂结构单一产物,将会大大缓解对野生资源的威胁。天然化合物往往结构复杂,常有多个不对称碳原子,化学合成条件苛刻,合成难度较大。而利用植物组织培养则可以使生物细胞在人工条件下快速增殖并产生人工不能合成的药物或有效成分,为人工资源的生产提供了技术平台。

近些年的研究发现,蛇足石杉和红豆杉中分别含有治疗阿尔茨海默病和抗癌效果非常强的活性成分——石杉碱甲和紫杉醇,但这些活性成分在植物体内的含量低,而植物在自然状态下生长缓慢,不能满足市场的需求。如果能利用发酵工程进行细胞的大规模培养,无疑可解决这一问题。科研工作者正试图在这些植物体内寻找参与次级代谢的某些共生真菌，希望通过共生真菌的发酵生产获得有关的活性物质。目前，蛇足石杉和紫杉醇的研究已取得阶段性的成果。

选择有效成分明确的植物细胞作为研究对象，通过筛选高产细胞系、改进培养条件和工艺，进行药用植物细胞的发酵培养生产有效活性成分，目前已在人参、紫草、长春花、毛地黄、黄连等细胞培养方面取得成功。从紫草培养细胞中获得的有效成分紫草宁已经商品化。如中国药科大学的人参毛状根已可以在 20t 发酵罐中培养，提取的人参皂苷等活性成分已用于商品化生产。相信随着中药材有效成分及其生物合成途径的不断阐明，应用发酵工程来生产中药的某些活性成分的研究和商品化将会有更深入的发展。

26.6　促进培养细胞次级代谢产物的方法

化合物在生物体内的一系列代谢过程可分为初级代谢和次级代谢。其中，初级代谢合成生物体生存所必需的化合物，即初级代谢产物，如糖类、脂肪酸类和核酸类等，它们是维持细胞生命活动所必需的；植物次级代谢是指有些生物体以某些初级代谢产物为"原料"，在一系列酶的催化下，形成一些特殊的化学物质的过程，这些特殊的化学物质即为次级代谢产物。次级代谢产物的产生和分布通常有种属、器官组织和生长发育期的特异性。高等植物次级代谢产物是丰富多彩的。中药材主要有效成分是药用植物的次级代谢产物，但除了药用外，许多次级代谢产物还是食品、化工和农业化学的重要原料。然而由于生态环境的人为破坏，对野生植物的盲目采集，加之许多野生植物引种栽培困难，导致自然资源严重匮乏，可供利用的次级代谢产物越来越少。为了解决这个问题，除了加强改善从植物材料提取次级代谢产物的工艺外，通过细胞培养技术大幅度提高植物次级代谢产物的产量具有重要意义，但它的进程仍然是曲折、艰难的，在目前已经研究过的植物中，仅有 1/5 左右种类的培养物中，目的化合物的含量接近或超过原植物。在多数情况下，培养细胞合成某些次级代谢产物的能力下降或甚至消失，于是，人们开始探索各种促进植物次级代谢产物生产的途径。目前，研究最多、效果最明显的有下列几种途径：

26.6.1　添加诱导子

诱导子是一种能引起植物过敏反应的物质，由于它在与植物的相互作用中，能快速、高度专一和有选择性地诱导植物特定基因的表达，进而活化特定次级代谢途径，积累特定的目的次级代谢产物，提高目的次级代谢产物的产量。目前应用最广、研究最多的是真菌诱导子。张长平等在红豆杉细胞悬浮培养体系中加入真菌诱导子，发现紫杉醇的合成被加强，产量得到了显著提高，同样的结果也发生在丹参（*Salvia miltiorrhiza*）悬浮培养细胞体系中，当加入真菌诱导子后，隐丹参酮的产量有明显的提高。

除真菌诱导子外，目前在提高植物次级代谢产物方面研究得较多的诱导子还包括寡糖素、茉莉酸类、金属离子和紫外光等。寡糖素作为一种植物调控因子，在诱导次级代谢产物合成方面已愈来愈受到重视。甘烦远等在红花细胞悬浮培养过程中加入寡糖，可使红花细

胞生长速率及 α-生育酚产率提高。周(Zhou)等研究表明,寡聚糖能明显促进三七和人参中活性成分三萜皂苷的合成。茉莉酸类在自然界中广泛存在,其主要代表物为茉莉酸和茉莉酸甲酯,被认为是一种天然的植物生长调节剂,能诱导植物产生植保素等次级代谢产物。宾金华等利用茉莉酸甲酯处理烟草幼苗,发现幼苗木质素和 HRGP 含量明显提高。孙彬贤等以南方红豆杉(*Taxuschinensisvar meirei*)悬浮细胞为材料,在悬浮细胞中加入茉莉酸甲酯后,紫杉醇含量提高了 10 倍。作为诱导子的金属离子主要有 Cu^{2+}、Ca^{2+}、Mg^{2+} 等。李家儒等发现用 Cu^{2+} 处理红豆杉培养细胞能显著促进紫杉醇含量的提高。紫外光通常也能刺激许多培养物形成某些次级代谢产物,如胡萝卜素、类黄酮、多酚和质体醌形成等。

诱导子活化植物次级代谢途径的一个明显的特点是具有种属专一性,即对特定次级代谢产物进行选择性诱导。筛选有效的诱导子必须首先解决两个问题:①次级代谢产物合成的途径及关键酶的结构和特性;②诱导子与次级代谢产物之间结构与功能的关系。另外,在诱导子的纯化和结构分析方面也有待进一步研究,如果将人工合成的较纯的诱导子用于大规模生产次级代谢产物,会使次级代谢产物的产量大大提高,同时降低生产成本。诱导子的筛选是目前的一个研究热点,存在着很多争论,有待于进一步研究。

26.6.2 前体饲喂

在植物细胞培养中加入次级代谢产物生物合成的前体是提高次级代谢产物产量的有效途径。这种方法在许多培养细胞中都取得了很好的效果。戴均贵等通过向银杏培养基中添加异戊二烯等前体物质,有效地提高了银杏内酯 B 的产量。元英进等研究东北红豆杉悬浮细胞培养提高紫杉醇含量和强化紫杉醇生产的方法,结果表明,加入前体物苯丙氨酸和醋酸钠对紫杉醇的生产均有明显的促进作用,且在实验范围内,随前体物浓度的增加,促进作用加强。

次级代谢产物是通过一系列代谢过程产生的,将其代谢过程的中间产物加入培养基后,往往能促进终产物的生成。但许多外源前体的加入又会抑制植物细胞的生长,从而也最终影响了次级代谢终产物的产量。就许多前体而言,存在一个前体的最佳添加浓度,前体浓度不同,对次级代谢产物合成的影响也不同。李树敏等在人参组培中加入花青苷的前体——苯丙氨酸,在 5～20mg/L 的浓度范围内,花青苷的含量随苯丙氨酸浓度的增加而增加,质量浓度为 20mg/L 时,花青苷的含量是对照组的 2 倍。黄花蒿细胞培养过程中,在培养液中添加 0.1mg/L 青蒿酸,培养 8 天后,青蒿素合成含量提高 3.2 倍。

外源前体在细胞培养的不同时间添加,其对细胞生长的抑制作用与对次级代谢产物合成的促进作用也有所不同。类似于前体的最佳添加浓度,前体的加入也有最佳添加时间,当外源前体在这个时间加入时,培养物的次级代谢产物产量要高于在其他时间加入时的产量。如陈永勤等在云南红豆杉细胞培养第 12 天时向培养基中添加苯丙氨酸、丙酮酸钠和牛儿醇,可显著提高细胞中紫杉醇的含量,同对照相比,紫杉醇产量均明显增加,但在培养的其他时间添加效果均不佳。

另外,前体添加的数量和种类也对次级代谢产物的生产有影响。如在水母雪莲(*Saussurea medusa*)细胞悬浮体系中,苯丙氨酸和乙酸钠两种前体同时添加,对于雪莲细胞黄酮合成的促进作用强于它们单独加入时。

26.6.3 两相法培养

植物培养细胞所合成的次级代谢产物一般贮存于细胞内,有些虽然能分泌出来,但量很少。如何更好地使细胞内次级代谢产物分泌出来并加以回收,是提高产量、降低成本及进行细胞连续培养的关键。两相法培养(two-phase culture)是指在植物细胞培养中加入水溶性或脂溶性的有机物,或者是具有吸附作用的多聚化合物,使培养体系由于分配系数的不同而形成上下两相,细胞在其中一相中生长并合成次级代谢产物,而这些产物又通过主动或被动运输方式释放到细胞外,并被另一相所吸附。两相法培养的基本出发点是在细胞外创造一个次级代谢产物的贮存单元。该培养法是通过加入固相或疏水液相,形成两相培养系统,从而达到收集分泌物的目的。该法可减轻产物本身对细胞代谢的抑制作用,并可保护产物免受培养基中催化酶或酸对产物的影响。此外,由于产物在固相或疏水相中的积累简化了下游处理过程,所以,可大幅度降低生产成本。金(Kim)等在摇瓶及鼓泡塔反应器中研究了紫草毛状根培养生产紫草素的两相培养,该实验以十六烷为吸附剂,当加入量为30mL/L时,明显促进了紫草素的合成,产量最高。此外,在两相培养系统中,加入吸附剂的时间也很重要,如在紫草悬浮细胞第二步培养时,在第15天前加入十六烷,有利于紫草素的产生和积累,而在第15天后加入该成分则强烈抑制紫草素的合成。另外,两相培养不仅可以使分泌出的次级代谢产物被吸附,还能使原来贮存于细胞内的次级代谢产物分泌出来。如孔雀草(*Tagetes patula*)发状根所合成的噻吩仅有1%左右分泌到培养基中,在培养体系中加入十六烷可促使30%~70%的噻吩分泌出来。目前只有有限几种第二相固体和液体达到应用,在这方面的研究前景还很广阔。

26.6.4 培养基条件的调控

通过对培养条件,如培养基、光照、温度、通气、激素及胁迫等因子的调控,使细胞培养中的产物有效分泌,实现胞内产物向胞外转移是提高生产率的有效手段之一。有机溶剂二甲亚砜是一种高度甲基化物质,可用于改变细胞壁/膜的渗透性,如二甲亚砜渗透处理能促进三七悬浮培养细胞,使该细胞有效释放胞内皂苷。刘松等的实验表明,经体积分数为0.01的二甲亚砜长期处理的三七细胞生长良好,且皂苷分泌量增加,培养基中可达130mg/L,约占皂苷总量的10%。罗哈斯(Rojas)等在薯蓣(*Dioscoreaceae galeottiana*)的细胞悬浮培养中,发现改变培养基的成分、磷酸盐和蔗糖的浓度以及光照等均不同程度地促进了其次级代谢产物薯蓣皂苷元的产生。激素作为诱导和调节愈伤组织生长的重要因素而用于次级代谢产物的研究,但生长素和细胞分裂素的作用不大相同,一定浓度的生长素可以明显促进愈伤组织的生长,但通常会抑制次级代谢产物的生成。如长春碱、天仙子、颠茄、罂粟等细胞培养物在有2,4-D存在时不产生生物碱,并且完全抑制蒽醌的生成;NAA也会抑制紫草愈伤组织中紫草宁的产生,这主要是因为较高浓度的生长素会抑制次级代谢途径中一些重要酶的活性,从而使产物的合成受阻。

26.6.5 添加代谢产物合成抑制剂

植物次级代谢是多途径的,是植物体内一系列酶促反应的结果,在离体培养条件下有初生物质向次生物质的转化,也有次生物质之间的相互转化。如何抑制这些分支代谢中某些关键酶的活性,使反应朝有利于某一特定化合物的合成方向进行,是提高次级代谢产物的另一条途径。如李弘剑等发现在青蒿素合成过程中加入固醇生物合成抑制剂双氧苯咪唑和氯化胆碱,可使代谢向合成青蒿素的方向移动,青蒿素合成量明显提高。

除了上述几种途径外,促进植物细胞培养生产次级代谢产物的途径还有很多,如利用固定化培养技术将植物细胞低廉的底物转化为价值高的次级代谢产物、两步法培养技术、微室培养技术、高产细胞系的诱变与筛选、研制适合于植物细胞大规模培养的新型生物反应器等,植物培养技术的综合运用也是提高植物细胞培养生产次级代谢产物的关键技术。此外,还必须加强优良品种的选育,要对植物资源进行开发利用,首先要有充足的原料供应,而提高效益则需要优良品种,除了开展常规育种外,还要利用分子生物学手段,人工设计新的植物性状,改良作物的品质和抗逆性,选育出转基因植株等。20 世纪 80 年代初,随着植物基因工程研究的发展,其研究成果也渗透到细胞工程中,引起了细胞培养研究的新突破。其中,以双子叶植物病原菌根瘤农杆菌(*Agrobacterium tumefaciens*)和发根农杆菌(*Agrobacterium rhizogenes*)的发病机制研究最为突出。近来发根培养的研究形成热点,迄今为止已有 100 种以上的植物发根培养成功,从中分离检测出的次级代谢产物包括生物碱、蒽酮、萘醌、萜类等。

26.7 生物反应器

生物反应器技术最早应用于微生物发酵。生物反应器所提供的封闭环境具有培养条件人为可控、培养液成分均一优化、工作体积大、单位体积生产能力高、物理和化学条件控制方便、可在线检测等优点。1959 年,图莱克(Tulecke)等首次将微生物培养的发酵工艺应用到高等植物的悬浮培养。此后,利用生物反应器进行植物细胞的大规模培养的研究工作逐步展开。目前药用植物细胞培养的生物反应器主要有搅拌式、气升式和螺旋管式等几种。

26.7.1 搅拌式生物反应器

搅拌式生物反应器(stirred tank bioreactor,STB)通过桨式搅拌器来搅动培养液,以增加传质效果,确保培养液的养分和溶解氧浓度的均匀分布,达到大规模培养细胞的目的(图 26-5),是最常用的一种生物反应器。在培养过程中,培养液因搅拌的带动而使组织块表面的流体保持交换状态。培养液每隔数天更换一次,以确保营养物质的浓度并移除细胞代谢废物。

利用搅拌式生物反应器进行植物细胞大规模培养开始于 20 世纪 70 年代初期。和其他生物反应器相比较,搅拌式生物反应器的混合性能好,传氧效率高,操作弹性大,可用于细胞高密度培养,适应性广,因此,其在细胞悬浮培养中被广泛使用,已成为植物细胞培养的首选反应器。

但搅拌式生物反应器容易产生过大的剪切力,对植物细胞的伤害较大,影响植物细胞的生长和代谢,从而限制了其应用范围。目前,所使用的搅拌式生物反应器都是在传统型的基础上经过改进而制成的。

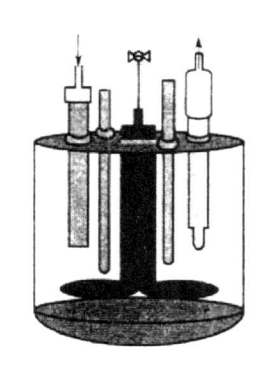

图 26-5　搅拌式生物反应器　　　　图 26-6　气升式生物反应器

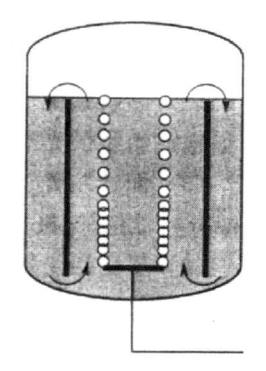

26.7.2　气升式生物反应器

气升式生物反应器(air lift bioreactor, ALB)利用气流上升冲力使细胞悬浮起来进行培养(图 26-6),依靠大量通气输入动量和能量,通过上升液体和下降液体的静压差来实现气流循环,以使反应器内的培养液良好地传热、传质,并保证不产生死角。

与搅拌式生物反应器相比,其优点有:①湍动温和均匀,剪切力小;②没有泄漏点,具有较好地防止杂菌污染的能力。因此,在 20 世纪 70 年代后期,植物细胞培养大多采用气升式生物反应器。

但是,气升式生物反应器的缺点有:①操作弹性小;②在细胞高密度培养时,如果高通量则会导致产生泡沫和高的溶氧,且泡沫中会夹带一些有用的挥发性物质(如二氧化碳等),这会严重影响植物细胞的生长,如低通量则易造成培养液混合不均。可以采用带有低速搅拌装置的气升式反应器,在紫草、西洋参等细胞的培养中取得了较为理想的效果。

26.7.3　光生物反应器

光生物反应器(photobioreactor)是培养具有光合作用能力的细胞或组织的反应器系统,20 世纪 40 年代被首次用于大规模培养微藻,目的是收获生物量作为饵料或提取其中的活性化合物。

光生物反应器是一套完整的培养体系,包括反应器主体、通气部分、照明系统和测定装置(图 26-7)。

反应器主体:设有进样管和取样管等。

通气部分:由充气泵(或二氧化碳钢瓶及配气装置)、滤器、流量计气体分布器及增湿器组成。

照明系统:包括光源和定时器两部分。目前,报道过的用于培养大型海藻细胞或组织的光源有荧光灯和卤灯两种。

测定装置：主要有pH电极、溶氧电极、温控电极等，用于在线监测反应器内部情况。

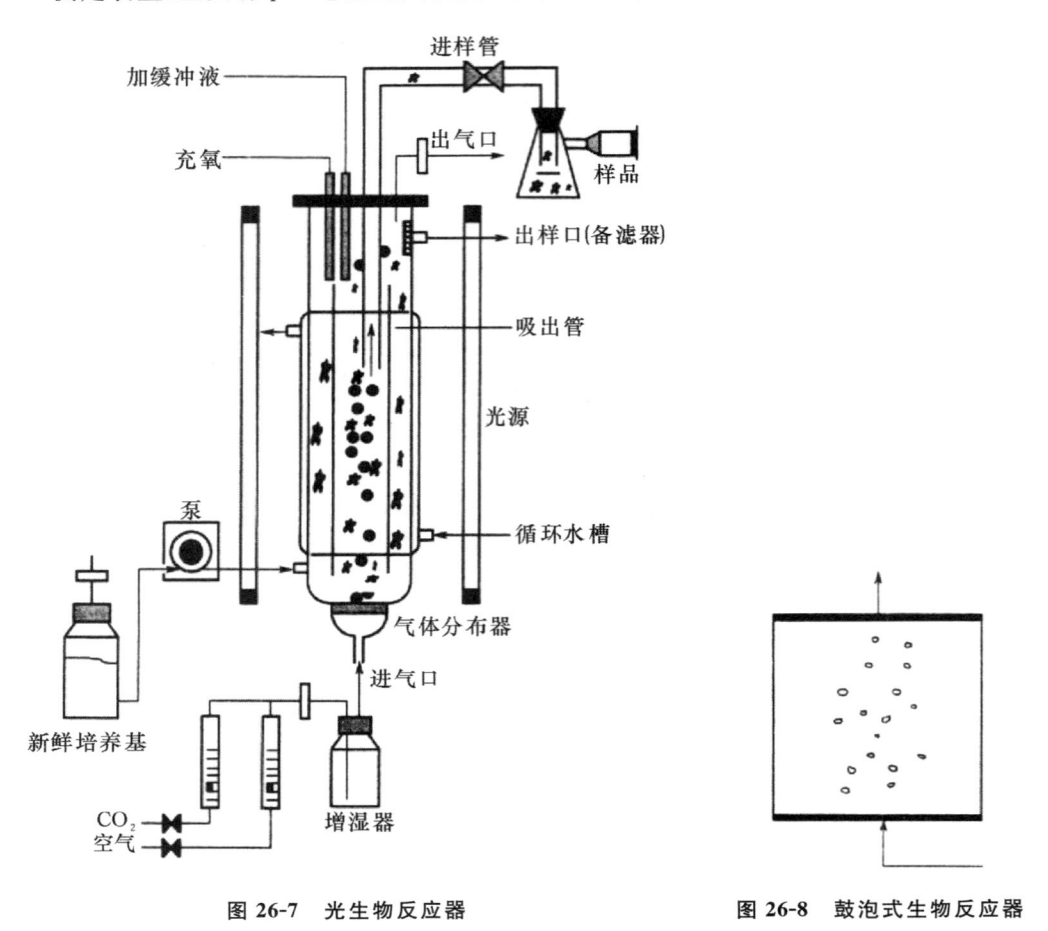

图 26-7　光生物反应器

图 26-8　鼓泡式生物反应器

26.7.4　鼓泡式生物反应器

鼓泡式生物反应器（bubble column bioreactor，BCB）是结构最简单的反应器（图26-8），气体从底部通过喷嘴或孔盘进入反应器，实现气体传递和物质交换。其优点是系统密闭，易于无菌操作；同时，它由于是无搅拌装置的反应器，适合培养对剪切力敏感的细胞。然而，对于高密度及黏度较大的培养体系，鼓泡式生物反应器的混合效率会降低。

26.7.5　管道式生物反应器

与其他生物反应器相比较，植物和海藻细胞的全封闭管道式生物反应器系统占地面积小（相当于同等产量规模大池生产系统的5%），可大幅度节省水和电等能源，减少原料消耗，可严格控制各种污染因子（一切外界化学性和生物性的污染因子都不能进入培养系统中），以保证了细胞的纯培养。因此，全封闭管道式生物反应器具有高度集约化生产、高光合效率、高产率等特点,且操作简便,易于管理(图 26-9)。

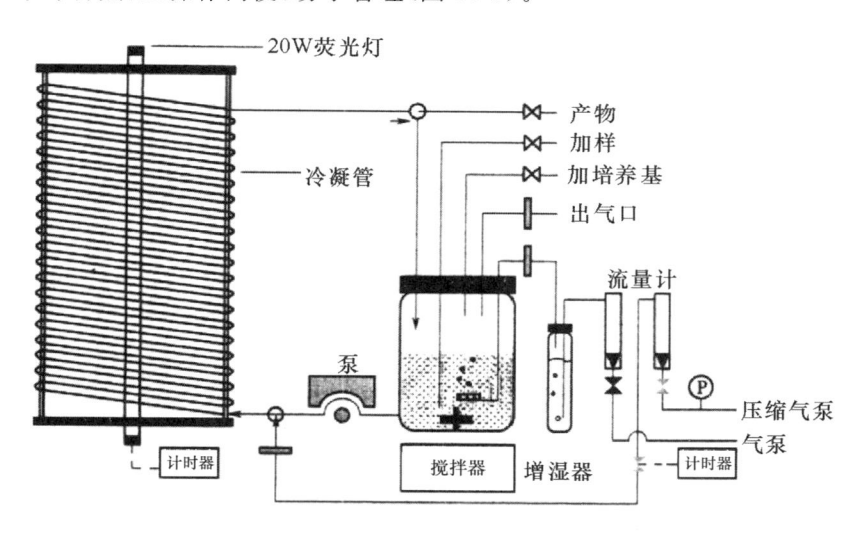

图 26-9 循环管道式生物反应器

26.7.6 生物反应器的选择

植物细胞培养的生物反应器是由微生物发酵罐发展而来的。由于植物细胞与微生物细胞的不同,因此要在了解植物细胞培养的特点的基础上,除了增加光照系统外,还需要根据不同的植物细胞类型和细胞培养的目的进行生物反应器的选择和改进。

植物细胞易黏附成团,形成聚集体。植物细胞的聚集有两种形式:一种发生在培养,前期,幼小细胞分裂快,产生的新细胞没有及时分开,从而细胞聚集在一起;另一种发生在培养的对数生长期,由于多糖和蛋白质等的分泌,不仅培养细胞黏附在一起,而且细胞还黏附在反应器壁上。培养细胞的聚集成团,不利于物质的扩散;植物细胞具有含纤维素的细胞壁,具较高的拉伸强度,因而植物细胞较脆弱,对培养时产生的剪切力和物理压力等敏感;植物细胞代谢缓慢,生长速率也较低,因此,所需要培养的时间长,对于长时间保持无菌环境是一个难题;与微生物细胞培养相比,植物细胞对氧的需求量较低,但是过低和过高的溶氧量都不利于植物细胞的生长。

生物反应器的选择要根据植物细胞培养的特点,以低流体压力下有较高的氧传质为标准。具体来说,主要有以下几点:即供氧能力和气泡在液体中的分散程度,反应器内流变液体的压力强度及其对植物细胞系统的影响,高细胞浓度混合的均匀性,控制温度、pH、营养物浓度的能力,控制细胞聚集体的能力和长时间保持无菌状态的能力。

专题 27

树木根系分泌物与根际微生物及其相互作用

Root Exudate and Rhizosphere Microorganism of Tree and Its Interaction

根系作为连接树木地上和地下部分的重要枢纽,在维持地下生态过程和地上生产力等方面发挥着至关重要的作用。在植物生长过程中,根系作为植物和土壤的接触部分,在从土壤中吸收水分、养分的同时,通过根分泌的方式向根周围释放各种化合物,产生根际效应,进而调控或影响植株的生长发育。这些由植物根系在生命活动过程中向外界环境分泌的化合物,称为根系分泌物。根系分泌物能够为微生物提供主要的碳源与能源,其种类和数量决定着根际微生物的种类、数量、种群分布以及生理特性。反过来,根际微生物类群的变化又会影响根系功能的发挥,因为植物根系对养分的吸收、逆境胁迫和抵抗病原菌等都会产生影响,从而影响植物地下部分的延伸和地上部分有机物的积累。因此,了解树木根系分泌物组成及其微生物群落特征,对改善树木生长状态、提高树木生产力和土壤养分有效性等都具有重要意义。

27.1 树木根系分泌物

树木根系分泌物是树木在生长过程中通过根的不同部位向根际环境中分泌的一些无机离子和有机化合物的总称。早在 1768 年,叙雷纽斯(Syrennius)便认为植物根系能分泌某种物质;接着,普连科(Plenk)和德卡多勒(Decardolle)分别在 1795 年和 1830 年观察到根系分泌物对邻近植株有促生和抑制作用。1904 年,德国微生物学家希尔特纳(Hiltner)提出了根际的概念,并且认为根系分泌物在植物与根际微生物的联系中扮演重要角色。

27.1.1 树木根系分泌物的种类及其组成

广义的根系分泌物包括以下几类。①渗出物:植物根系细胞在进行被动运输时向外泄露一些低相对分子质量的有机物,如糖类、氨基酸、维生素等;②分泌物:由根系细胞代谢产生的一些具有一定功能的有机物,如黏胶类、酶类、有机酸等;③分解物:根系不同部位的细胞在成熟过程中脱离根部产生的分解产物,如成熟根部表皮组织、脱落的根须等。

狭义的根系分泌物是指植物细胞释放到土壤内的代谢产物。

根系分泌物调控着土壤环境、植物根系和微生物群落三者之间的相互关系,是根系信息交流的主要调节者。很多因素对根际分泌物的种类和数量产生影响,例如植物品种、植物生长阶段、土壤类型、土壤微生物等。反之,根系分泌物也会受到这些因素的影响。目前普遍认为根系分泌物主要由两种不同类型的化合物组成:一类是低相对分子质量的化合物,包括有机酸、单糖和次级代谢产物等;另一类是高相对分子质量的化合物,包括蛋白质、多糖和黏胶类等物质。此外,根系分泌物还可以按照种类分为糖类、氨基酸类、脂肪酸类、有机酸类、酚酸类、甾醇类、酶类、核酸类、黄酮类、蛋白质类、生长因子类等。根系分泌物种类及功能见表 27-1。

表 27-1 根系分泌物种类及功能

分泌物种类	功能	举例
有机酸	营养源	柠檬酸、戊二酸、草酸、丙二酸等
	微生物的趋化剂	苹果酸、醛糖酸、富马酸、丹毒酸等
	难溶性矿物质的螯合剂	琥珀酸、阿魏酸、乙酸、丁酸等
	酸化土壤	丁酸、丁香酸、缬草酸、迷迭香酸、乳酸、乙醇酸等
	铝的解毒剂	反式肉桂酸、番石榴酸、甲酸等
	结瘤(*nod*)基因诱导剂	乌头酸、丙酮酸、香草酸、季酮酸等
氨基酸	营养源	丙氨酸、脯氨酸等
	微生物的趋化剂 难溶性矿物质的螯合剂	20 种蛋白质氨基酸、高丝氨酸、氨基丁酸等
糖和维生素	营养源	葡萄糖、半乳糖、果糖、木糖、乙酰葡萄糖胺、维生素 B_1、维生素 B_5、生物素等
蛋白和生物酶	有机分子释放磷的催化剂	酸性磷酸酶、碱性磷酸酶等
	有机物转化的生物催化剂	淀粉酶、蔗糖酶、蛋白酶等
	植物防御	PR 蛋白、脂酶、β-1,3-葡聚糖酶等
嘌呤	营养源	腺嘌呤、鸟嘌呤、胞苷、尿苷等
无机离子和气体	微生物的趋化剂	H^+、HCO_3^-、OH^-、CO_2、H_2 等

续表

分泌物种类	功能	举例
酚类物质	营养源	甘草素、芹菜素等
	微生物的趋化剂	大豆苷元、黄烷酮等
	微生物生长的促进剂	染料木素、4′,7-二羟基黄酮等
	根瘤菌 nod 基因的诱导或者抑制剂	香豆雌酚、刺甘草查尔酮等
	难溶性矿物质的螯合剂	圣草酚、4′,7-二羟基黄酮等
	铝的解毒剂	柚皮素等
	抵御土壤病原菌的植物抗毒素	异甘草素、伞形酮等

从表 27-1 可以看出,植物根系分泌的物质不仅有矿质营养元素,还有各种有机物。这些分泌物有的是从外部环境中吸收的,有的是植物自身合成的。植物根系分泌物产生量很大,而且不同植物的分泌量也不同。研究表明,在植物生长期间,有 30%~60% 的净光合产物运输到植物根系,其中由植物根系和微生物呼吸以 CO_2 的形式释放到根际的量占运输到地下部分全部光合产物的 40%~80%。

27.1.2 根系分泌物的收集方法

由于树木根系分泌物含量相对较少,组分复杂,且容易受到土壤类型、根际环境等因素的影响,再加上这些物质会被土壤中的微生物吸收和利用,使得根系分泌物的收集成为一个难题。目前,根系分泌物的收集方法没有系统的划分标准,按照培养介质的不同,可以分为溶液培养收集法、基质培养收集法和土培收集法等。溶液培养收集法是将植物苗经过特定处理后放入营养液中培养一段时间,取出植物苗收集培养液,过滤,纯化,获得根系分泌物的方法。溶液培养收集法的优点是操作简单,无需其他复杂的装置即可完成,但是其局限在于植物的形态学和生理学特征与在土壤中不同,仅能反映植物在水培条件下的根系分泌状况。基质培养收集法是指利用石英砂、蛭石和琼脂等基质固定植物根系,再配以营养液,使植物苗壮生长发育到一定时期后,用蒸馏水或者有机溶剂浸提和浓缩获得根系分泌物的方法。最常用的基质为石英砂,因为石英砂本身干净且有惰性,通气性好,并且它的机械阻力有利于植物根系生长。但是该方法的前期准备过程较为复杂,并且不能排除微生物的影响。此外,以琼脂为基质的培养收集法具备操作简单和无菌的双重优势,但是在培养过程中要注意防止微生物污染。土培收集法是指收集在土壤中生长到一定阶段的植物,用水直接淋洗根系后离心过滤获得根系分泌物,或者使用无菌水或有机溶剂浸提根表面的土壤,过滤浓缩,获得根系分泌物的方法。土培收集法可反映植株在土壤中的真实分泌情况,但是土壤中的微生物会分解利用根系分泌物,不利于根系分泌物的研究。

以上几种方法一般只适合间歇性收集根系分泌物,不能用于连续性根系分泌物收集的研究。近几年连续性根系分泌物收集方法的研究也取得了很好的成效,其工作原理是:结合基质培养的方法,将栽培容器的底部与根系分泌物收集器相连,然后用培养液向下淋洗,根系分泌物会被收集器中的吸附剂吸收和富集,而培养液则重新循环至培养容器中,循环收集完成后,用合适的洗脱剂将根系分泌物从吸附剂中洗脱出来。连续性根系分泌物收集方法的优点是在现实栽培条件下,实现无损根、实时、连续、定量、准确收集根系分泌物。采用连续性根系分泌物收集系统需注意整个体系的无菌环境维持、培养液的适时适量添加以及培养液循环流速的控制。

27.1.3 树木根系分泌物的作用及分泌机制

1. 对树木生长的作用

根系分泌物对树木根际土壤中的许多难溶性养分元素的活化与利用起着十分重要的作用。根系分泌物可以通过螯合、离子交换及还原等作用提高根际土壤养分利用的有效性,促进树木对根际养分的吸收和利用,从而促进树木的生长和发育。尤其是分泌的低相对分子质量的可溶性有机物,可以明显改变根际的土壤化学过程,促进难溶性养分的溶解。例如,欧洲赤松根系分泌的糖和氨基酸可以显著增强土壤中氮、磷的有效性;落叶松可分泌以链状脂肪酸为主的有机酸类化合物,这类化合物具有较强的与磷酸根争夺吸附位点的能力,进而增强根际土壤中磷的有效性。

2. 对逆境胁迫的作用

树木根系受到逆境胁迫时,可以通过向根际土壤分泌大量的酶,如脲酶、蛋白酶和磷酸酶等改变土壤中矿质营养的有效性。此外,树木根系分泌物还可以改善根际环境的pH值和氧化还原电位等物理化学性质,并通过络合和沉淀等作用降低有毒金属的生物有效性,减少被植物吸收。此外,根系分泌物还可以通过影响根际微生物的种类和活性来改变有毒金属在土壤中的溶解性、迁移率和化学形态,进而影响根系对有毒金属的吸收。在这些根系分泌物中,有机酸的分泌被认为是植物外排有毒金属的一个重要机制。其中,有机酸分泌在植物抗铝毒方面的研究最为广泛,其外排机理研究得最为透彻。自北川(Kitagawa)等第一次报道铝能诱导小麦根系分泌苹果酸以来,研究者发现根系分泌的柠檬酸、草酸和延胡索酸等都可以显著增强植物铝耐受性。通过对6种苹果砧木根系分泌物的研究发现,在重金属铜胁迫下,6种苹果砧木均可以分泌出酚类物质(儿茶素、香豆酸、肉桂酸)和有机酸(苹果酸、草酸、柠檬酸、琥珀酸),且根系分泌物含量与铜耐受性呈现显著的正相关作用。

3. 化感作用

化感作用(allelopathy)这一概念是在1937年首次提出的。当时认为化感作用是植物-植物(植物-微生物)之间相互作用的生物化学关系,包括有益和有害两方面。在1984年,里瑟(Rice)进一步明确了化感作用的定义:植物(包括微生物)通过向外部环境分泌特殊的代谢分泌物对邻近其他植物(含微生物及其自身)生长发育产生有利或不利的作用。他将引起化感作用的物质分为14类:①水溶性有机酸、直链醇、脂肪族醛和酮;②简单不饱和内脂;③长链脂肪酸和多炔;④苯醌、蒽醌和复醌;⑤简单酚、苯甲酸及其衍生物;⑥肉桂酸及其衍生物;⑦香豆素类;⑧类黄酮;⑨丹宁;⑩类萜和甾类化合物;⑪氨基酸和多肽;⑫生物碱和氰醇;⑬硫化物和芥子油苷;⑭嘌呤和核苷。一些树木如苹果根系分泌的根皮苷、黑胡桃根系分泌的胡桃醌和桃树根系分泌的扁桃苷都能够抑制周围植物的生长。此外,杉木的生长极易受到对羟基苯甲酸、邻香醛酸和阿魏酸等酚醛类化感物质的影响。

27.1.4　根系分泌物的分泌机制

植物根系是一个强大的吸收器官,也是一个活跃的代谢、合成器官,还是一个积极的分泌器官。关于根系分泌物的分泌机制,学者们的观点并不一致,但不管是何种观点,根系分泌物的产生不外乎两条基本途径,即植物生理的代谢途径和非代谢途径。代谢途径产生的分泌物又可分为初级代谢和次级代谢产生的分泌物。初级代谢为植物生长、发育和繁殖提供物质、能量、信息,部分物质在代谢过程中以根系分泌物的形式释放到根际;次级代谢相对初级代谢而言,其产物不直接参与植物生长、发育和繁殖,而用于适应不良环境,次级代谢产生的根系分泌物很大部分是与根际微生物相克的物质。

在研究根系分泌物分泌机制的诸多观点中,目前主要有两大机制,分别为被动运输(扩散)和主动运输(分泌)。大多数低相对分子质量的有机化合物和不带电荷的极性分子主要是通过被动运输释放到土壤中,这个过程依赖于细胞膜的通透性、渗出物的极性及其细胞质的pH值。植物根系分泌的其他化合物如次级代谢产物、多糖和蛋白质等则需要各种转运蛋白的介导。这些分泌蛋白包括ABC(ATP-binding cassette)家族转运蛋白、多药及毒性化合物外排转运蛋白(multidrug and toxic compound extrusion, MATE)、主要协同转运蛋白超家族(major facilitator super-family, MFS)和铝激活苹果酸转运蛋白(aluminum-activated malate transporter, ALMT)家族。图27-1为根系分泌物的分泌机制示意图。

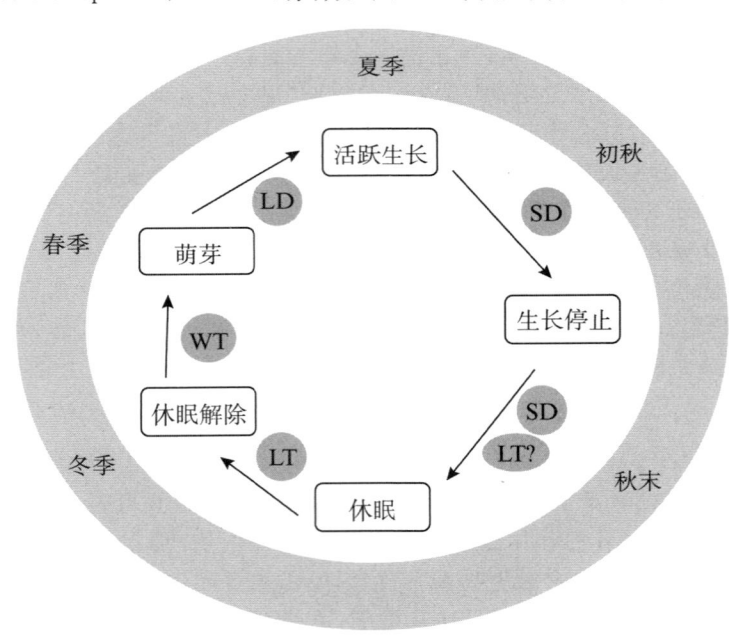

图27-1　根系分泌物的分泌机制示意图

27.2 根际及根际微生物

土壤是各种植物赖以生存的环境,又是微生物良好的生活场所。任何影响植物生长和生理过程的因素均会影响根系分泌物的数量、质量。对土壤微生物而言,进入土壤的代谢产物是其生长的良好碳源、氮源和能源。因此,根际微生物种群的定量、定性特性与根系分泌物有直接或间接的相关性。微生物种群易受根系分泌作用的环境因素影响而发生变化,这些波动中的微生物种群是根际效应的一个重要组成部分。一般认为,根际是指围绕根系界面 1~2mm 的微区土壤,是土壤微生物活力特别旺盛的区域。根际能产生这种特殊效应的主要原因在于植物根系不断分泌着各种代谢产物,为微生物提供营养;同时根表面陆续死亡和脱落的组织可以改良根际土壤的物理与化学性质,丰富了土壤有机物,这些都为微生物的大量增殖创造了条件,使植物根际具有很高的生物活性。

根际中存在着大量的微生物,其种类和结构十分复杂,总的来说主要包括真菌、细菌、放线菌、线虫和原生动物等。研究表明,土壤中真菌、细菌和放线菌三大类微生物的数量是评价林地土壤肥力高低的重要生物学指标。土壤肥力是土壤重要的质量指标,是林地生产力的重要衡量因素。通常在生产力较高的林地,不仅微生物的数量多,而且其种类也丰富,因为土壤微生物的数量直接影响土壤的生物化学活性及土壤养分的组成与转化,微生物数量多,土壤生物活性强,土壤供给树木的有效养分就多,林地的生产力就高。在森林土壤肥力评价中,通常把芽孢杆菌、荧光杆菌等细菌,诺卡氏菌等放线菌,木霉和曲霉等真菌的数量作为土壤肥力高低的重要标志。

27.2.1 根际微生物对树木的有益作用

根际微生物通过各种各样的机制促进植物的生长和保护植物免受病原菌的侵袭。例如,固氮根瘤菌可以将大气中的无机氮转化为有机氮,从而被植物根系吸收;菌根真菌有助于增加植物根系对磷的吸收,从而促进植物的生长。根际微生物还有助于植物根系对土壤中微量元素的吸收。例如,尽管土壤中蕴含着丰富的铁元素,但是在中性或者碱性条件下它主要以不溶性氧化铁形式存在,不利于植物对铁的吸收,根际微生物可以分泌一种铁载体螯合铁,从而被植物吸收。根际微生物还能通过分泌多种维生素、生长激素和分解有机物的生物酶等来增加土壤中有效养分的含量,从而促进植物生长。此外,一些根际微生物间的互作还能够防治树木病害。如植物根际促生细菌(PGPR)能够通过与病原菌竞争根际营养和生态位或分泌嗜铁素、水解酶类和产生抗生素等方式抑制病原菌的生长繁殖,从而间接促进植物的生长;茶树根际微生物木霉菌对茶紫纹羽病菌和茶白绢病菌有较好的防治作用。

27.2.2 根际微生物对树木的不利作用

树木根际病原菌聚集时可以诱发树木根部疾病,抑制树木的生长,严重情况下还可以导致树木死亡。最常见的植物病原菌是线虫和真菌。其不但本身可以侵染植物发病,而且可以作为某些病毒的载体将病毒带入植物根组织,引起植物发病。此外,一些细菌病原菌,如根癌农杆菌、青枯雷尔氏菌、软腐病菌等也可以使植物发病并可能导致植物死亡。除了作为病原菌,根际微生物还可以与树木竞争营养物质,造成病害。如有些根际细菌固定了果园土壤中的锌元素,就会使果树因锌元素缺乏而发生"小叶病"。

27.3　树木根系分泌物和根际微生物的相互作用

　　树木根系分泌物和根际微生物共存于土壤介质中,是相互作用和相互影响的。一方面,树木通过根系分泌物在根际形成并维持一个特殊的根际微生物群落结构,提高了矿物质等营养元素的可利用性。根系分泌物还可为根际微生物提供丰富的碳源和氮源,促进微生物的生长和繁殖,同时影响着土壤微生物的种类、数量及其在植物根际的分布。另一方面,根际微生物的活动和代谢作用影响树木根系营养物质的吸收和根系分泌物的释放。如在尾叶桉苗木的根际土壤中接种联合固氮菌可以增加桉树根系多种氨基酸和生长素的分泌。树木根系分泌物和根际微生物的相互作用如图 27-2 所示。

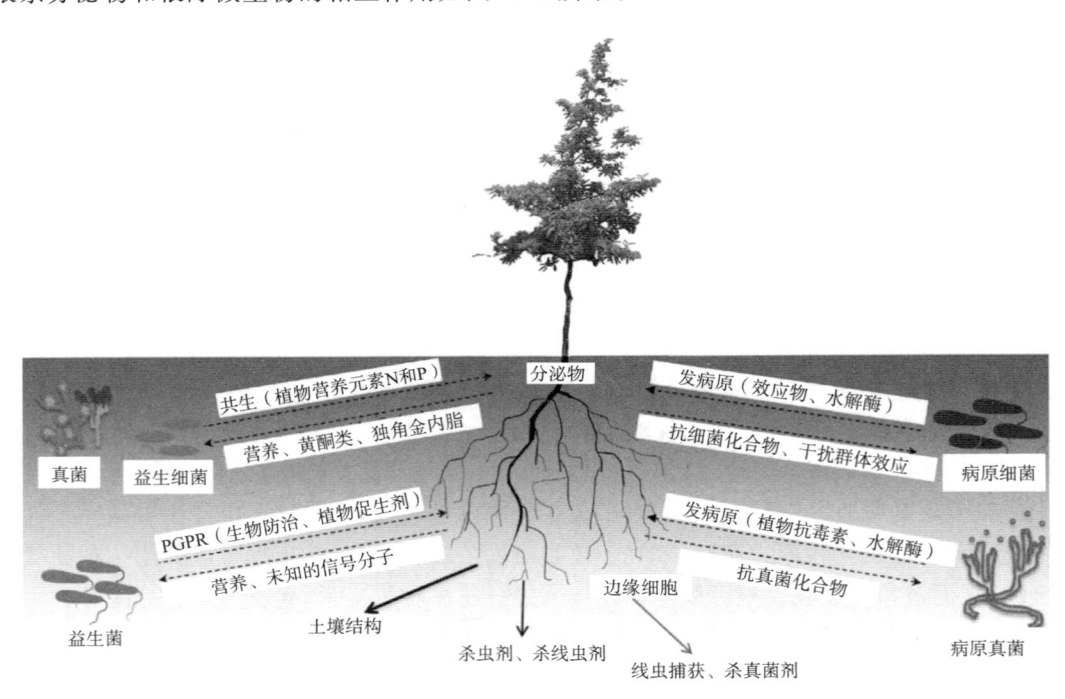

图 27-2　树木根系分泌物和土壤微生物的相互作用

27.3.1　树木根系分泌物对根际微生物的影响

　　根系分泌物是植物根系与根际微生物相互作用的信息物质和决定因素,其种类和数量决定了根际微生物的组成、生长繁殖和生理代谢。树木根系分泌物对根际土壤作用明显,产生根际效应,影响根际土壤养分的循环。由于根系分泌物种类和数量的变异,根际微生物在空间分布上表现出明显的规律性;纵向上,从根冠到成熟区,土壤微生物的数量呈上升趋势;横向上,距离根表面的距离不同,土壤微生物的数量也是不同的,根表面内、外两侧微生物聚集量最大,与距离根表的距离越远,微生物的数量越少,大部分竞争力较弱的微生物距离根表面较远,这也是树木根际与非根际土壤理化性质产生显著性差异的原因。通过对树木根际微生物群落的分析发现,树木根际微生物数量随着与根表面距离的增加而减少。

1. 根系分泌物对根际微生物的正调控作用

根际土壤中的微生物数量和种类远远多于非根际土壤,根系分泌物对根际微生物具有正调控作用。目前研究最多的是单一分泌物对特定微生物的富集作用。例如,蔗糖和棉子糖不仅可以富集罗伯茨绿僵菌,而且有助于该菌在植物根系中定植;植物根系分泌的挥发性成分可以富集根瘤菌固氮,进而有利于植物的生长。研究表明,植物根际微生物群落结构具有植物特异性,也就是说,植物的根系分泌物可以选择和吸引某些特定的微生物,并能让它们在根部定植。例如,与野生型相比,拟南芥 ABC 转运蛋白缺失的突变体根系分泌更多的酚醛类化合物和更少的糖类化合物,进而造成微生物群落结构显著不同。这些根系分泌物的不同与益生微生物(如 PGPR、氮固定菌和金属修复菌)息息相关。此外,研究发现棉花根系分泌物能使土壤中细菌的数量明显增加,并表现出低浓度抑制、中高浓度促进的效应,且仅在低、中浓度下对土壤真菌数量有显著的促进作用,但对土壤放线菌数量的影响不大。

越来越多的研究表明,植物可以分泌特定的根系分泌物来驱动和塑造根际微生物的选择,并构建根际微生物群落。例如,给黄瓜根部外源施加香豆酸可以增加根际细菌和真菌群落的丰度,改变根际细菌和真菌的组分,且增加了黄瓜土传病原菌的密度。细菌类群(如厚壁菌门、β-变形菌、γ-变形菌)和真菌类群(如粪壳纲和接合菌门)的丰度在黄瓜根际也显著增加,表明这些细菌和真菌类群可能参与了香豆酸的降解。在胁迫条件下,植物诱导产生茉莉酸并分泌到土壤中,茉莉酸增加可以显著富集多种芽孢杆菌来增强植物的防御功能。

2. 根系分泌物对根际微生物的负调控作用

植物根系还能分泌各种抗菌剂、植物抗毒素和抵御蛋白等抑制某些病原细菌和真菌的生长和繁殖。除了抵御病原菌,植物根系分泌的吲哚类、酚类、萜类、黄酮/异黄酮类等天然化合物也可以影响植物根际微生物的定植。例如,栎树和杉木林的根系分泌物对根际放线菌有抑制作用,且栎树的根系分泌物对固氮菌有明显的抑制作用;木荷的根系分泌物对放线菌和真菌有明显的抑制作用;柳叶竹的根系分泌物只对真菌有抑制作用。

除此之外,植物根系分泌物还可以影响微生物的群体效应(quorum sensing, QS)。群体效应是近来受到广泛关注的一种细菌群体行为的调控机制。很多细菌能分泌一种或多种自诱导剂(autoinducer, AI),可通过感应这些 AI 来判断菌群密度和周围环境变化,当菌群数达到一定的阈值后,启动相应一系列基因的调节表达,以调节菌体的群体行为。不同类型的细菌具有不同的群体效应调节系统,很多细菌分泌同一种诱导剂,以调控不同种类细菌间的行为。QS 在 AI 与受体之间既存在专一性,又在调节基因、信号传递系统中体现出多样性和复杂性。目前报道最多的 AI 为酰基高丝氨酸内酯(N-acyl homoserine lactone,AHL),其可以引发大量与细胞密度或生长时期有关的反应,如生物发光、抗生素合成、细胞游动和聚集、质粒接合转移、生物膜维持和分化、胞外酶合成、高等植物致病毒力产生等。植物根系可以分泌一些群体感应降解酶、AI 的类似物或者吸收利用 AI 等干扰微生物的群体效应，影响根际微生物定植。

3. 根缘细胞对根际微生物的调控作用

新生成的植物组织（如根尖），天生对生物和非生物胁迫敏感。植物新生成的伸长区是最容易被线虫、真菌和细菌感染的区域。但是根帽和根分生组织不论在土壤还是水培或者实验室条件下都对微生物病原菌有高度的耐受性。研究表明这个耐受性区域与根帽周围的根缘细胞密切相关。根缘细胞是指从根冠表皮游离出来并聚集在根尖周围的一群特殊细胞。它从根尖分离后仍向外界分泌一系列化学物质，主要是糖类、小分子蛋白、氨基酸、花色素苷、酚类、过氧化物酶和半乳糖苷酶等。其主要功能包括：①吸引和固定线虫；②吸引游动孢子；③形成抵御病原菌的防御结构；④抵御或者结合病原菌。近期研究表明根缘细胞从根冠脱落后仍具有较强的活性，能引起特殊的趋化反应，从而对根际微生物种群有特殊的调节作用。

大量的证据表明，根缘细胞在控制根系与根际活的微生物的相互作用中发挥着重要作用。第一，在受到病原菌、金属胁迫、二氧化碳和次级代谢产物刺激时，根缘细胞数量会显著增加。第二，根缘细胞可以吸引或者抵御病原微生物（包括细菌、线虫和卵菌纲等）。例如，*Pythium dissotocum* 真菌与棉花的根缘细胞共培养时，根缘细胞能控制此种真菌的生长和表达，使其不能活动、繁殖和增生。第三，在病原菌侵染时，根缘细胞可以形成一层胶浆层。这种胶浆层可以通过包裹植物的根尖部位阻止病原菌的定植。第四，根缘细胞有很强的代谢活力，可以分泌大量的抑菌代谢产物（如植物抗毒素、抑菌酶和蛋白质等），以抵抗病原菌的侵袭。通过测定在病原菌侵染下的根缘细胞的蛋白质组发现，与对照相比，病原菌侵染下的根缘细胞可以分泌超过 100 种胞外蛋白，包括纤维素酶、β-半乳糖苷酶、转化酶、蛋白酶、钙调蛋白、几丁质酶、ATP 合酶和过氧化物酶等。

27.3.2 根际微生物对根系分泌物的影响

根际微生物是影响根系分泌物的重要因素。根系分泌物是根际微生物营养物质的主要来源，根际微生物类群的变化又对植物根系分泌物的组成和分泌量产生影响。微生物包括真菌和细菌在根际的定植会影响植物根系分泌物组成。例如，丛枝菌根真菌在根际定植可以增加氮元素、酚醛类和赤霉素等化合物和降低总糖、钾离子和磷元素等化合物的分泌；不同的外生菌根真菌类群可以显著影响根系分泌物的丰度和组成。植物在抵御病原菌侵袭时，会分泌多种化合物，如草酸、植物抗毒素、蛋白质和其他未知物质。

专题 28

植物挥发性有机化合物及其生理生态功能
Plant VOC and Its Physiological and Ecological Function

植物通过次级代谢途径释放大量的挥发性有机化合物(volatile organic compound, VOC)。VOC 组成丰富,有 30000 多种。VOC 根据合成途径与结构类型不同,主要分为萜烯类、苯基/苯丙烷类、脂肪酸衍生物类、烷烃类、烯烃类、醇类、醛类、酮类和酯类。在自然界中,多种环境因素均能影响植物 VOC 合成与释放,同时这些 VOC 在植物抵抗逆境胁迫以及与周围生物进行信息交流中发挥重要作用。

28.1 植物 VOC 主要类型与合成途径

28.1.1 萜烯类 VOC

1. 萜烯类 VOC 种类

萜烯类 VOC 可依据分子结构中异戊二烯单元的数目划分为不同类型,主要有半萜(C5,仅有异戊二烯 1 种)、单萜(C10)、倍半萜(C15)和双萜(又称二萜,C20)。

单萜是由 2 个异戊二烯单元组成的具有 10 个碳原子的化合物,目前已知有 1000 多种,广泛分布于植物分泌组织、真菌与藻类中,是植物精油的主要组成成分。单萜依据其基本碳骨架的成环特征,又可分为无环单萜、单环单萜和双环单萜(图 28-1),其中单环单萜和双环单萜种类较多。

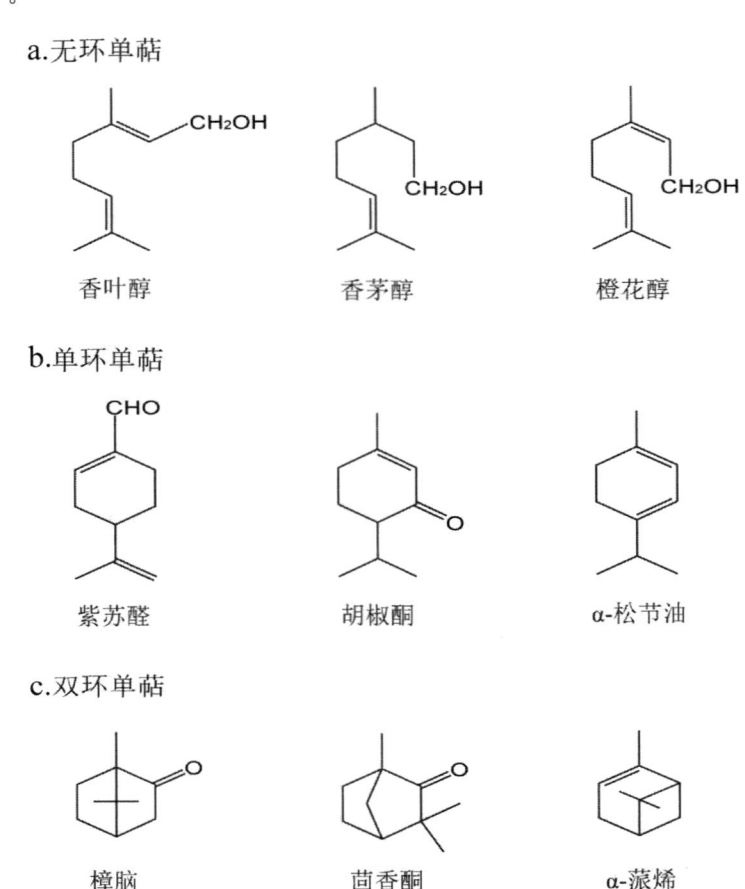

a. 无环单萜

香叶醇　　　香茅醇　　　橙花醇

b. 单环单萜

紫苏醛　　　胡椒酮　　　α-松节油

c. 双环单萜

樟脑　　　茴香酮　　　α-蒎烯

图 28-1　几种典型的单萜

倍半萜是由 3 个异戊二烯单元组成的具有 15 个碳原子的化合物,目前已知有 600 多种,分布广泛,多数种类具有较强的生物活性。尤其是倍半萜内酯,具有抗菌、抗病毒、抗肿瘤等生物学功能。依据基本碳骨架的成环数目,倍半萜又可分为无环倍半萜、单环倍半萜和双环倍半萜(图 28-2)。

二萜是由 4 个异戊二烯单位构成的含有 20 个碳原子的化合物,目前已知有 1000 多种,广泛分布于高等植物、真菌、昆虫和海洋生物中。二萜结构丰富,依据基本碳骨架的成环数目,可分为无环二萜、二环二萜、三环二萜、四环二萜和大环二萜(图 28-3)。虽然二萜种类丰富,但其作为 VOC 释放的种类很少。

2. 萜烯类 VOC 的合成途径

在植物细胞中,异戊二烯和单萜主要通过质体中的甲基赤藓糖醇-4-磷酸(MEP)途径合成;倍半萜主要通过细胞质中的甲羟戊酸(MVA)途径合成。其中,MEP 途径以三磷酸甘油醛和丙酮酸为底物;MVA 途径以乙酰辅酶 A 为底物。这些底物经过一系列酶促反应后均

a. 无环倍半萜

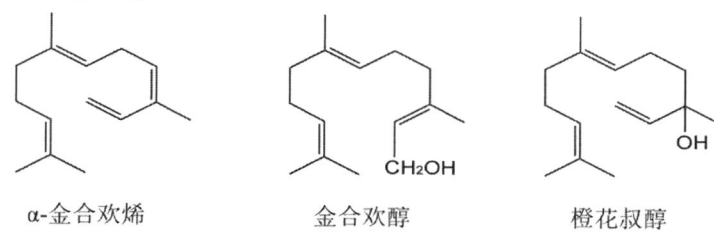

α-金合欢烯　　金合欢醇　　橙花叔醇

b. 单环倍半萜

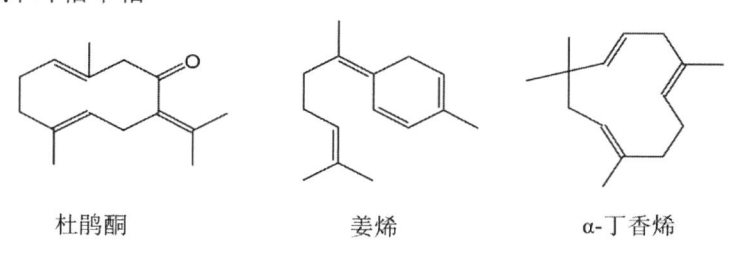

杜鹃酮　　姜烯　　α-丁香烯

c. 双环倍半萜

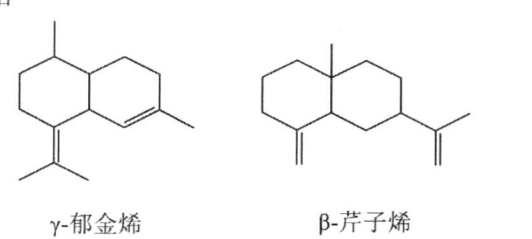

γ-郁金烯　　β-芹子烯

图 28-2　几种典型的倍半萜

会形成二甲基烯丙基焦磷酸(DMAPP)。此化合物是所有萜烯类化合物合成的前体物质,在异戊二烯合酶(ISPS)的直接催化下可形成异戊二烯;依次经香叶基合酶(GPPS)、单萜合酶催化,形成单萜;依次经法尼基合酶(GPPS)、倍半萜合酶催化,形成倍半萜(图 28-4)。单萜合酶和倍半萜合酶均属酶家族,不同的合酶催化形成的单萜或倍半萜不同,此外,一种合酶也可催化形成多种单萜或倍半萜,从而导致植物会释放出多样的单萜与倍半萜。

膦胺霉素为 MEP 途径高效抑制剂,可通过抑制 1-脱氧-D-木酮糖-5-磷酸还原异构酶(DXR)活性以抑制 MEP 途径。当抑制此途径后,添加甲羟戊酸可促进 MEP 途径合成质体醌,这表明 MEP 途径与 MVA 途径间存在物质交流。此交流物质为异戊烯基焦磷酸(IPP),其可通过质体膜上的 IPP 转运体进行跨膜转运,从而实现两条途径的物质交流。然而,此跨膜转运与转运体目前尚不清楚。

a. 无环双萜

植醇

b. 单环双萜

维生素A

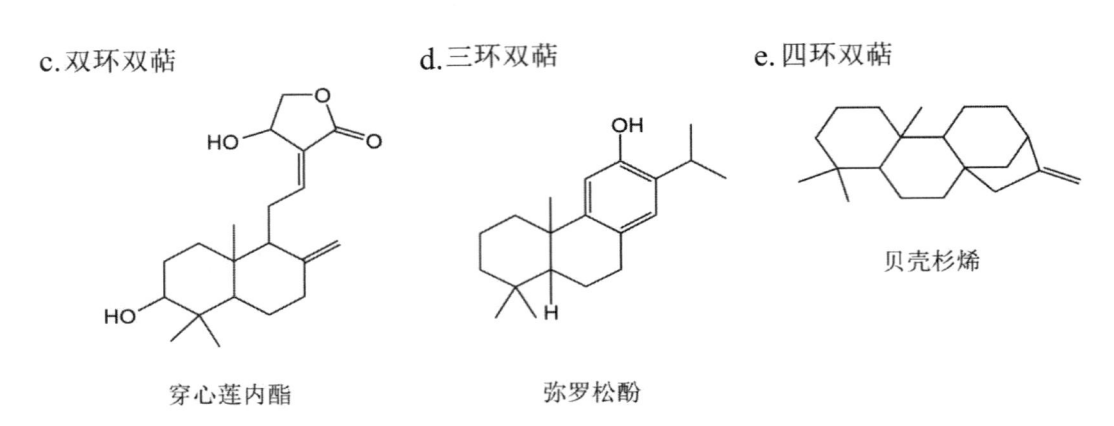

c. 双环双萜　　　　d. 三环双萜　　　　e. 四环双萜

穿心莲内酯　　　　弥罗松酚　　　　贝壳杉烯

图 28-3　几种典型的双萜

28.1.2　苯基/苯丙烷类 VOC

1. 苯基/苯丙烷类 VOC 种类

苯基/苯丙烷类 VOC 是碳骨架中含有苯环的次级代谢产物，为第二大类植物 VOC。此类 VOC 主要由苯丙氨酸通过一系列酶促反应形成，主要包括苯类化合物、苯丙烷类化合物和苯丙烯类化合物。其中，苯类化合物主要有苯甲烷、香草酸、原儿茶酸、苯甲醛、香兰素、桂皮醛、苯甲酮、苯甲醇、丁香酚、水杨苷等化合物；苯丙烷类化合物主要有苯乙醛、羟基苯乙酮类化合物（2-羟基苯乙酮、3-羟基苯乙酮、4-羟基苯乙酮）等；苯丙烯类化合物主要有异丁香酚、香豆素等。

2. 苯基/苯丙烷类 VOC 生物合成途径

苯丙氨酸为苯丙烷类 VOC 的前体物质，由磷酸烯醇丙酮酸和赤藓糖-4-磷酸经莽草酸途径合成。苯丙氨酸解氨酶（PAL）在真核细胞中广泛分布，可脱去苯丙氨酸的氨基以生成反式肉桂酸（*trans*-cinnamic acid，*t*-CA），从而启动苯丙烷类 VOC 生物合成（图 28-5）。*t*-CA

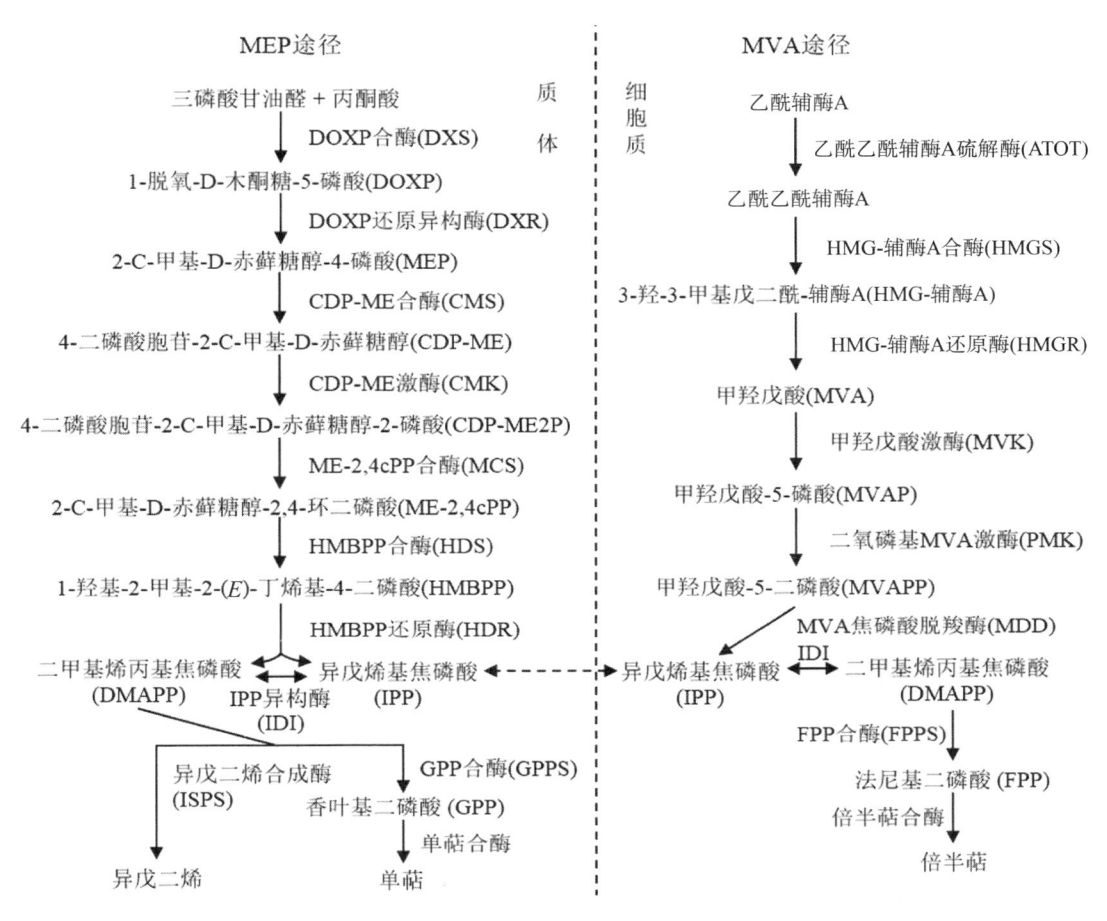

图 28-4 萜烯类 VOC 的合成途径

通过 β-氧化途径,缩短碳链,生成苯甲酰辅酶 A,进而形成典型的苯类化合物苯甲醛。一般情况下,苯甲醛被苯甲醛脱氢酶(BALDH)氧化为苯甲酸,进而转化为其他挥发性苯类化合物,如苯甲酸甲酯和水杨酸甲酯。

苯丙烯类化合物的生物合成途径同样以 t-CA 为起始物。t-CA 被肉桂酸-4-羟化酶(C4H)羟基化,生成对香豆酸,后经 4-香豆酰辅酶 A 连接酶(4CL)催化,生成香豆酰辅酶 A。此两步反应为多种苯丙烷化合物代谢的共同途径,之后经多个分支途径以形成不同的苯丙烯类化合物。

与苯类化合物和苯丙烯类化合物相比,苯乙醛等苯丙烷类化合物的生物合成不以 t-CA 为中间产物,而是由苯丙氨酸脱羧后再氧化脱氨形成。在矮牵牛和玫瑰花中,苯丙氨酸经苯乙醛合酶催化,发生联合脱羧-胺氧化反应后直接生成苯乙醛;在番茄中,苯丙氨酸首先通过芳香族氨基酸脱羧酶转化为苯乙胺,随后通过胺氧化酶、脱氢酶或转氨酶催化形成苯乙醛。此外,在甜瓜果实中还发现了第三条酶促途径,苯丙氨酸首先被转氨基为苯丙酮酸,随后脱羧生成苯乙醛。

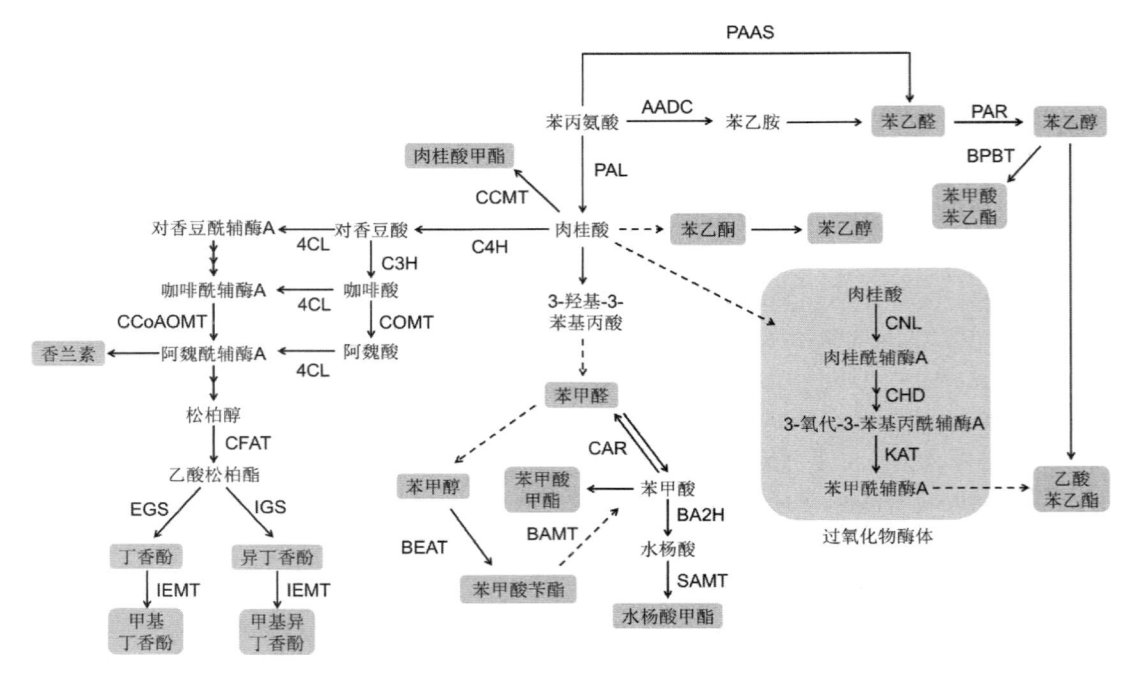

图 28-5　苯基/苯丙烷类化合物的合成途径

4CL：4-香豆酰辅酶 A 连接酶；AADC：氨基酸脱羧酶；BA2H：苯甲酸 2-羟化酶；BAMT：苯甲酸羧基位甲基转移酶；BEAT：苯甲醇乙酰转移酶；BPBT：苯甲醇/苯乙醇苯甲酰转移酶；C3H：对香豆酸-3-羟化酶；C4H：肉桂酸-4-单氧化酶；CAR：羧酸还原酶；CCMT：肉桂酸羧基位甲基转移酶；CCoAOMT：咖啡酰辅酶 A 3 邻甲基转移酶；CFAT：松柏醇酰基转移酶；CHD：肉桂酰辅酶 A 水解酶；CoA：辅酶 A；COMT：咖啡酸邻-甲基转移酶；EGS：丁香酚合成酶；IEMT：异丁香酚-O-甲基转移酶；KAT：3-酮酰辅酶 A 硫解酶；IGS：异丁香酚合成酶；PAAS：苯丙氨酸解氨酶；PAL：苯丙氨酸裂解酶；PAR：苯乙醛还原酶；SAMT：水杨酸羧基位甲基转移酶。

28.1.3 脂肪酸衍生物类 VOC

C6 绿叶挥发物（C6 green leaf volatile，GLV）为脂肪酸衍生物，主要包括己醇、己醛等化合物，是不饱和脂肪酸经脂氧合酶途径氧化降解形成的饱和与不饱和 C6 醇和醛类 VOC。GLV 可在植物绿色器官损伤的瞬间形成并释放，其气味为"青草"味，具有传递伤害信息、引诱植食性昆虫天敌的作用。

GLV 主要源自亚麻酸和亚油酸两种 C18 不饱和脂肪酸降解。其中，α-亚麻酸经脂氧合酶途径降解的初产物为 (Z)-3-己烯醛，经加氢和异构可形成 (Z)-3-己烯醇、(E)-2-己烯醛和 (E)-2-己烯醇等化合物。亚油酸经脂氧合酶途径降解的初产物为己醛，经醇脱氢酶催化可形成己醇（图 28-6）。

28.2　植物 VOC 释放的诱导因素

植物 VOC 释放与环境条件密切相关，众多环境因素均会诱导植物 VOC 合成与释放。其主要包括生物因素与非生物因素。

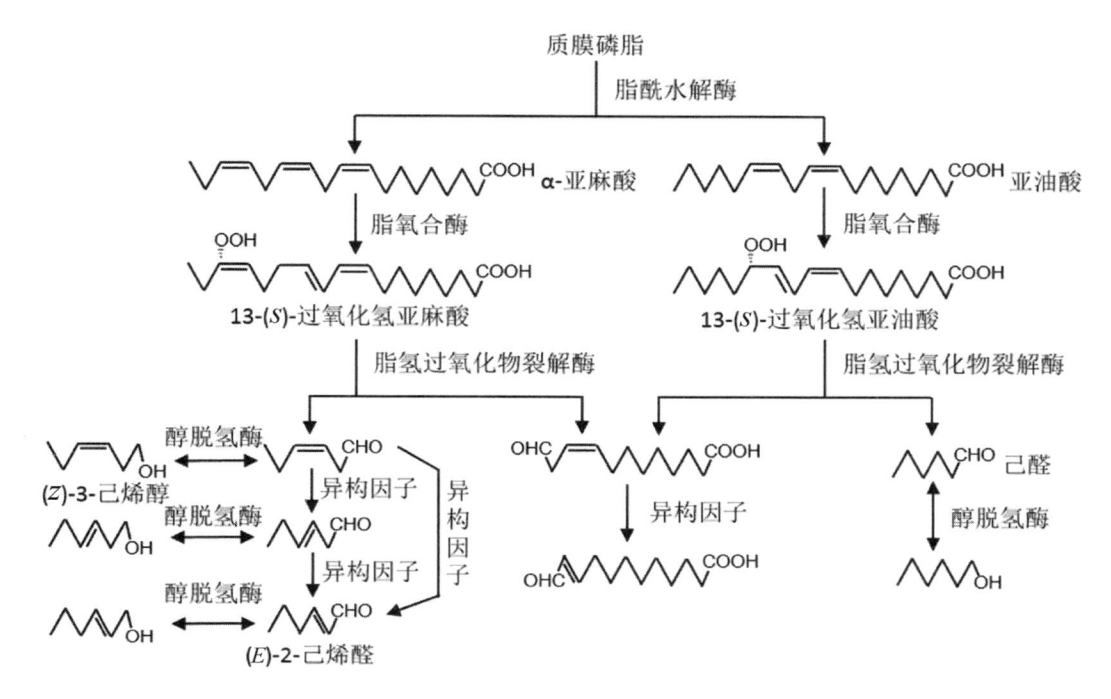

图 28-6　GLVs 合成途径

28.2.1 生物因素

1. 植物自身影响

对不同种植物而言,其释放的 VOC 存在明显差异。例如,杨柳科与竹子主要释放异戊二烯;松柏科、香樟等主要释放单萜。此外,不同化学型植物所释放的 VOC 也存在明显差异。樟脑型、桉叶油素型、芳樟醇型和龙脑型香樟均主要释放单萜,其中芳樟醇型单萜释放量最大,而龙脑型释放量最小。同时,樟脑、桉叶油素、芳樟醇和龙脑分别为相应化学型释放的典型单萜,其释放量分别占相应化学型单萜释放总量的 50% 以上。

在同种植物中,株龄不同,所释放的 VOC 存在一定差异。一般而言,成年植株释放的 VOC 多于幼年植株。例如,日本柳杉和红松成年植株与幼苗所释放的 VOC 成分基本相同,但是成年植株 VOC 释放速率较高。对于叶片而言,成熟叶片 VOC 释放速率一般高于幼叶。这主要是由于幼叶发育期为碳净固定期,所释放的 VOC 较少,而在其完全展开并成熟时,VOC 释放量增加。俯垂弗劳菊的外冠叶片、下部叶片和基生叶片 VOC 释放速率存在一定差异。对植物花朵而言,一般盛花期 VOC（香气）释放量较高。例如,栀子花的 VOC 释放量在盛花期明显高于初花期与凋谢期。

2. 植食性昆虫取食

植食性昆虫取食与机械损伤均会诱导植物释放 VOC,但是两者的诱导效果不同,所释放的 VOC 成分与含量存在明显差异。例如,棉花在毛虫取食后释放的 VOC 明显多于机械损伤后释放的。此种差异是由植食性昆虫口腔分泌物对植物 VOC 的诱导所致。与机械损伤相比,植食性昆虫口腔分泌物与受损叶片接触可诱导相关基因表达,以促进 VOC 合成与释放。例如,甘蓝粉毛虫反刍物中的 β-葡萄糖苷酶会引发卷心菜释放 VOC;甜菜夜蛾毛虫口腔分泌物中的 N-(17-羟基亚麻油酰基)-1-谷氨酰胺可诱导玉米幼苗释放 VOC。

植物在昆虫取食后,其释放的 VOC 中存在大量特异性成分。油松主要释放柠檬烯、β-蒎烯、α-蒎烯和 α-石竹烯,而在昆虫取食后会释放 β-香叶烯、异松油烯、乙酸天竺葵酯和大香叶烯等特异性成分。天牛咬食复叶槭后,其释放的特异性 VOC 种类随取食时间延长而逐渐增加,在 48h 后达到 17 种。白菜在昆虫取食后的 GLV 释放量与吲哚芥子油苷含量均随昆虫取食时间的延长而逐渐增加。此外,植物 VOC 释放量还与昆虫取食方式有关。相较于刺吸式昆虫,咀嚼式昆虫取食会使植物释放较多的 VOC,这可能与植物损伤程度以及昆虫口腔分泌物与叶片的接触程度有关。

3. 病原菌侵染

真菌、细菌等病原体侵染也会影响植物 VOC 释放。马铃薯块茎在感染晚疫病菌后,会释放正丁醇、3-甲基正丁醇、十一碳烷与马鞭草酮等特异性成分;而感染深蓝镰孢菌后,则会释放 2-戊基呋喃和胡椒烯等特异性成分。杂交柳树在感染锈菌后,其异戊二烯释放量减少,而 β-罗勒烯、倍半萜和 GLV 释放量明显增加;在感染 6 天后,总 VOC 释放量为未感染时的 6 倍。小麦经镰刀菌侵染后,会释放 (Z)-3-己烯醛、(E)-2-己烯醛、(E)-2-己烯醇、芳樟醇和香叶烯等特异性成分。线虫侵染葡萄后,β-罗勒烯和柠檬烯释放量减少,而 α-法尼烯和 α-佛手烯释放量增加。

28.2.2 非生物因素

1. 光照

光照是影响植物 VOC 释放的重要因素。植物异戊二烯释放与光照强度密切相关。拟南芥和烟草均不释放异戊二烯,而它们的转 *ISPS* 基因植株均可释放异戊二烯,并且释放速率随光照强度增加而逐渐增加;当将此转基因植株转入黑暗中时,异戊二烯释放速率呈断崖式下降,这表明异戊二烯释放依赖于光照条件。此种依赖性一方面是由于异戊二烯直接来源于光合产物的转化,光照强度通过调控光合产物以调控异戊二烯释放;另一方面是由于叶绿体中 ATP 与 DMAPP 浓度可影响异戊二烯合酶活性,光照强度可通过调控光合电子转移以改变此两种物质浓度,进而调节异戊二烯合酶活性,以影响异戊二烯合成与释放。

与异戊二烯不同,光照强度对单萜合成与释放影响较小,主要是由于单萜合酶活性受光照强度影响较小。大量实验表明,植物释放单萜一般不依赖于光,仅少数不释放异戊二烯的植物,如橡胶树在释放单萜时表现出光依赖性。

除光照强度外,光照质量也会影响植物 VOC 释放。例如,将草莓培养在白光、红光、黄光、蓝光、紫光和绿光等条件下,其果实 VOC 的成分组成与释放量存在明显差异,其中红光可通过诱导醇酰基转移酶 *FaAAT* 基因和橙花叔醇合成酶 *FaNES1* 基因的表达,从而促进酯类和反式橙花叔醇合成。

2. 温度

温度是影响植物 VOC 释放的另一重要因素。植物 VOC 释放速率一般均随温度升高而逐渐增加,从而使植物在夏季和一天的中午时段 VOC 释放量最大。例如,在一年之中,香樟在夏季时 MEP 途径最活跃,单萜合酶基因表达量最高,从而促进单萜合成与释放。在高温条件下,植物 VOC 合成相关的酶活性亦明显提高,从而促进 VOC 合成。葛藤在低于 19℃时不释放异戊二烯,而当温度升高至 26℃才会释放异戊二烯,并且温度每升高 10℃,异戊二烯释放量增加 8 倍。对于大多数温带和热带植物而言,其异戊二烯释放速率在 40℃左右时达到最大值,但温度过高,则抑制相关酶活性与光合作用(降低异戊二烯合成底物),从而降低异戊二烯释放速率。

一些植物具有腺体、树脂道等贮存结构,VOC 合成后会贮存在这些结构之中。例如,香樟将萜烯贮存在油细胞中;松柏科植物将萜烯贮存在树脂道中;金鱼草将萜烯贮存在腺毛中。冷蒿没有液态萜烯贮存结构,但是其叶片中具有发达的胞间隙与孔下室,以贮存气态萜烯。在高温条件下,这些贮存结构内部蒸气压增大,从而促进 VOC 通过气孔释放出去。虽然高温不利于气孔开放,但是其造成的强大蒸气压可弥补气孔的限制作用,以提高 VOC 释放速率。

3. CO_2 浓度

在一定范围内,随着 CO_2 浓度升高,异戊二烯与单萜释放量逐渐增加,而超过一定浓度时则会发生降低。例如,在不同 CO_2 浓度梯度下,桉树异戊二烯释放量随 CO_2 浓度增加而逐渐增加。当胞间 CO_2 浓度超过 200mmol/L 时,橡树异戊二烯释放速率会迅速下降。柔毛栎和冬青栎长期处于高浓度 CO_2 环境中,其异戊二烯与单萜释放速率均会降低。花旗松经高浓度 CO_2 处理 4 天后,4 种主要单萜释放量显著降低,总单萜释放量减少了 52%。

4. 湿度

湿度对植物 VOC 释放的影响因物种差异而不同。有的植物 VOC 释放速率随环境(大气、土壤)湿度增加而逐渐增加,对环境湿度不敏感,有的甚至随湿度增加而降低。例如,欧洲赤松和挪威云杉 VOC 释放速率随环境湿度增加而增加,并且 VOC 组分也会发生改变。圆柏和雪松的 α-蒎烯释放量与湿度呈正相关,而异戊二烯释放量则与湿度呈负相关。

5. 营养条件

随着经济社会发展,大量营养物质被排放到环境之中,从而导致生态系统中含有多样且复杂的氮磷营养。氮素不足会导致食物体内含氮化合物浓度降低,C/N 比增加,从而促进 VOC 合成与释放。例如,降低氮素浓度会增加银胶菊异戊二烯释放量。香根草在不同氮素浓度下,α-蒎烯和壬醛的释放量随氮素浓度增加而逐渐降低。在水体环境中,铜绿微囊藻和水华微囊藻为两种典型的蓝藻水华藻种,其 VOC 释放量随氮素浓度降低而逐渐增加,其释放机制为诱导 VOC 合成相关基因表达。除氮素浓度外,氮素形式也会影响 VOC 释放。分别采用尿素、$NaNO_3$、$NaNO_2$、NH_4Cl、丝氨酸和精氨酸作为氮源,铜绿微囊藻和水华微囊藻均在 NH_4Cl 为氮源时 VOC 释放量最大。

目前,关于磷影响植物 VOC 释放的研究相对较少,并且主要集中在水体环境方面。在水域生态系统中,磷易形成不溶性沉淀,是藻类植物生长的限制性元素。分别采用 K_2HPO_4 和 2 种多聚磷酸盐(焦磷酸钠与六偏磷酸钠)作为磷源培养铜绿微囊藻和水华微囊藻,其 VOC 释放量在以六偏磷酸钠作为磷源时最大;在以 K_2HPO_4 作为磷源时,VOC 释放量随磷浓度降低而逐渐增加。在自然水体中,水体气味和气味化合物浓度与磷浓度呈现负相关。

6. 臭氧浓度

全球变化导致大气中臭氧(O_3)浓度发生改变,而 O_3 浓度也会影响植物 VOC 释放,并且此种释放具有物种差异性。例如,苏格兰松单萜释放量与番茄 VOC 释放量均随 O_3 浓度升高而显著增加;杂交美洲黑杨异戊二烯释放量和垂枝桦单萜释放量均与 O_3 浓度呈显著负相关;杂交落叶松 VOC 释放量则不受 O_3 影响。除地上部分外,O_3 浓度改变也会通过影响植物整体代谢活动而影响地下根系 VOC 释放。例如,欧洲赤松在 O_3 胁迫时,其根系柠檬烯释放量明显降低。

7. 其他逆境胁迫

虽然干旱胁迫不利于植物光合作用与气孔开放,但是植物 VOC 释放量则不受影响或明显增加。例如,干旱胁迫会导致葛藤气孔关闭、光合速率降低,但异戊二烯释放速率所受影响较小,并在复水后提高至胁迫前的 5 倍。橡树在受干旱处理 6 天后,净光合速率与气孔导度分别降低了 65.4% 和 72.9%,而异戊二烯释放速率仅降低 3%。干旱胁迫可促进薄荷与迷迭香释放萜烯化合物。在严重干旱时,苹果叶片释放大量的己醛、己醇、乙酸己酯和 (E)-2-己烯醛等 VOC,其释放速率是中度干旱时的 5 倍之上。

此外,盐胁迫、酸碱胁迫等均会诱导植物释放 VOC。例如,NaCl 和 Na_2CO_3 胁迫均会诱导莱茵衣藻释放 VOC,但是两种盐胁迫间存在一定差异,其中 GLVs 仅出现在 NaCl 胁迫条件下。在盐胁迫下,黄花蒿的邻苯二甲酸二异丁酯、脱氧青蒿素和 α-萜品醇释放量明显增加。在酸胁迫下,莱茵衣藻 VOC 释放量随酸胁迫增强而增加,其中含氧 VOC 成分的释放量明显增加。

28.3 植物 VOC 生理生态功能

28.3.1 传递伤害信息

植物间通过 VOC 进行信息交流的最明显主题就是防御植食性动物取食,这就是植物间的"报警"信息传递。植株间报警信息传递最早是于 1983 年在对糖槭树、杨树和欧洲桤木进行研究时发现的:当这些树木被机械损伤或昆虫取食后,受伤植株与邻近的健康的同种或异种植株均会产生防御物质——酚类化合物,如水解丹宁等。因为只有通过空气传播信息才能很好地解释这一现象,所以这种现象被称为"cross-talk(交互通话)"。植物间通过 VOC 传递伤害信息,感受植株在感知信息后产生大量的酚酸、生物碱、萜烯和蛋白酶抑制物等物质,进而做好防御植食性动物的准备。将折断的北美艾枝条与番茄放在一起,北美艾释放的挥发性茉莉酸甲酯会诱导番茄产生蛋白酶抑制物,从而抑制昆虫中肠内蛋白酶活性,进而使昆虫营养不良,减少取食。受伤山艾释放的 VOC 不仅会诱导番茄产生蛋白酶抑制物,还会诱导野生烟草产生蛋白酶抑制物,从而减少虫害影响并结出更多蒴果(图 28-7)。一旦受伤植株释放防御信号,感受植株立即做好防御准备。这种植物间的伤害信息交流避免了感受植株将有限的营养持续用于植食性动物到达前的防御消耗上,从而实现对光合产物的经济利用。

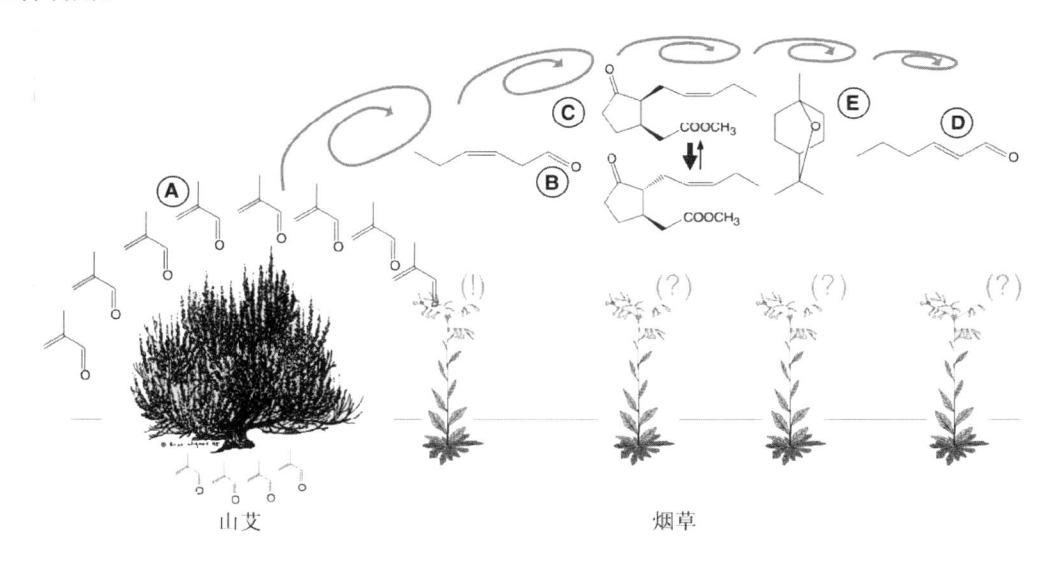

图 28-7　山艾和野生烟草间的 VOC 信号传递

除传递伤害信息外,植物 VOC 还可直接趋避昆虫或引诱昆虫天敌。例如,烟草在夜间释放的 VOC 能趋避烟芽夜蛾,从而减少其在烟草上的产卵量。二点夜螨在取食利马豆时,损伤利马豆所释放的 VOC 能吸引二点夜螨的天敌——捕食螨,从而实现防御目的,这就是所谓的"三级营养关系"。

28.3.2　抵抗逆境胁迫

1. 降低活性氧物质含量

活性氧物质(ROS)在植物生长发育过程中具有信号功能,然而 ROS 过量积累会对植物造成氧化损伤。利用膦胺霉素抑制芦苇的异戊二烯合成后,其叶片内会产生大量 ROS,从而对植株造成氧化胁迫。然而,外源熏蒸异戊二烯可明显降低 ROS 含量。在拟南芥和烟草中转入 ISPS 基因后,可释放异戊二烯,且在高温和 O_3 胁迫下,ROS 含量明显降低。采用膦胺霉素抑制香樟的单萜合成后,其 H_2O_2 和 $\cdot O_2^-$ 含量显著增加,而采用桉树脑、芳樟醇、樟脑、龙脑、罗勒烯等单萜熏蒸后,ROS 含量明显降低,甚至降低至常温水平。体外测试表明,桉树脑、芳樟醇、樟脑、龙脑、罗勒烯、长叶烯等萜烯化合物均具有一定的 ROS 和自由基淬灭能力,并且在不同溶剂中淬灭效果不同,其中在甲醇中的淬灭能力最强。

2. 维持光合性能

在高温胁迫下,灰杨 ISPS 基因沉默后,其光合电子传递速率和净光合速率均明显降低;而转 ISPS 基因烟草净光合速率和气孔导度明显增加,同时叶片温度降低。当采用膦胺霉素抑制红栎和葛藤叶片的异戊二烯合成后,高温胁迫时,光合作用明显降低,而外源异戊二烯熏蒸则可使光合性能维持在较高水平。敲除银白杨的异戊二烯合酶基因后,其光合电子传递与净光合速率降低,从而导致其耐热性减弱。采用膦胺霉素抑制藤黄的单萜合成后,高温处理会明显降低其PSⅡ效率。在高温胁迫时,α-蒎烯和β-罗勒烯熏蒸处理可提高冬青栎光合性能与抗高温胁迫能力。当采用膦胺霉素抑制香樟的单萜释放后,在高温胁迫下,植株光合色素含量明显降低,光合电子产生与传递明显受阻,光合速率明显减弱;而采用桉树脑、芳樟醇、樟脑、龙脑、罗勒烯等单萜熏蒸处理后,可有效维持光合色素含量与光合性能。

3. 作用机制假说

虽然异戊二烯和单体可通过降低ROS含量、维持光合性能以提高植物抗高温胁迫能力,然而其作用机制尚不清楚。传统理论认为,异戊二烯作为抗氧化剂直接猝灭ROS,从而降低逆境胁迫下植物所受到的氧化损伤;异戊二烯为亲脂性化合物,会修复损伤的膜脂分子,阻止水通道形成,从而保证类囊体膜稳定,以维持植物光合性能。此外,亦有假说认为,异戊二烯的释放有助于维持植物光合热耗散,从而保护光合机构免受损伤。然而,异戊二烯在细胞中含量非常低,不足以达到猝灭ROS的量,同时亦缺乏体内直接猝灭ROS的证据;异戊二烯在膜脂分子间的含量更低,且不能影响膜脂分子动态变化以维持类囊体膜稳定。因此,这些传统理论日益为人们所怀疑。

最新研究表明,异戊二烯可作为信号分子通过调控基因表达以调控植物生长发育与抗高温胁迫能力。转 *ISPS* 基因烟草和拟南芥均能释放异戊二烯,这些内源异戊二烯可提高植株光合色素含量,调节植株生长发育,诱导赤霉素和茉莉酸信号途径以及抗性相关基因表达(图28-8)。在高温胁迫下香樟单萜合成受抑制后,樟脑、桉树脑、β-蒎烯和萜品烯等单萜熏蒸可诱导其非酶抗氧化物合成基因表达,以降低ROS含量;诱导光合色素合成与光合过程相关基因表达,以维持光合性能;诱导膜脂代谢相关基因表达,以维持膜脂稳定;诱导初级代谢相关基因表达,以稳定正常的糖和脂代谢。由此可见,异戊二烯和单萜可作为信号分子,通过调控相关基因表达以提高植物对逆境胁迫的抵抗能力。

28.3.3 化感作用

1. 影响种子萌发

对于非寄生植物而言,其释放的VOC对周围植物具有化感作用,可通过抑制周围植物种子萌发以使自己获得竞争优势,从而有利于其成为优势种群。例如,滇青冈茎、叶VOC可抑制小麦种子萌发;豚草茎、叶VOC对大豆和玉米种子萌发均具有抑制作用;紫茎泽兰茎、叶VOC可显著降低云南松种子发芽率与发芽速率。冷蒿为典型草原中的菊科杂草,其VOC可抑制苏丹草、草木樨、披碱草、冰草等牧草种子萌发,从而促使冷蒿在典型草原中大量繁殖生长,并逐渐成为优势种群。黄帚橐吾在高寒地区的退化草场中形成单优势种群落,其释放的VOC能抑制中羊茅、大雀麦、垂穗披碱草、早熟禾等5种牧草种子萌发。

植物VOC对种子萌发的影响一般表现为"低促高抑"效应。例如,较低浓度的β-蒎烯等可促进番茄种子萌发;0.16mmol/L α-蒎烯可促进玉米种子萌发与根系伸长生长;2μL/L

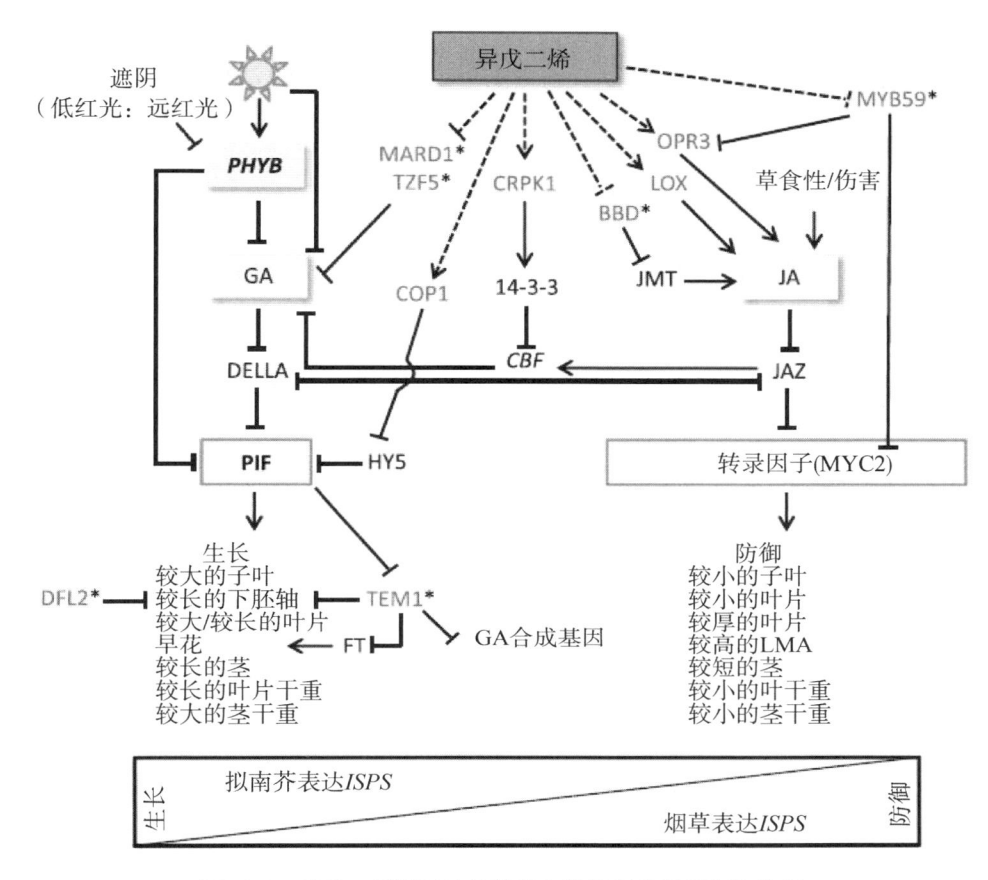

图 28-8　异戊二烯诱导植物发育与抗性相关基因表达途径

和 1μL/L 柠檬烯可分别促进三七和生菜种子萌发；采用柠檬烯处理黄芩种子，低浓度时可促进其萌发，而高浓度时则抑制其萌发。

对于寄生植物而言，寄主释放 VOC 是其萌发信号。例如，番茄和大豆释放的 VOC 可促进菟丝子种子萌发；高粱根系分泌物可诱导独脚金种子萌发。

2. 影响植物生长

植物 VOC 可通过诱导 ROS 积累、降低光合作用、改变根系结构等影响周围植物生长。牛至 VOC 可抑制小麦根系生长；胜红蓟茎、叶 VOC 可抑制稗草、黑麦草和三叶鬼针草幼苗地上部分与根系生长。分蘖洋葱 VOC 对番茄幼苗生长具有抑制作用，并且此抑制作用随 VOC 浓度增加而增强。马唐植株地上部 VOC 可抑制大豆、向日葵、玉米和小麦等作物幼苗生长。滇青冈茎、叶 VOC 对小麦幼苗叶绿素含量与植株生长均具有抑制作用。冷蒿 VOC 可通过降低牧草光合色素含量、抑制光合性能及根内中柱发育而抑制牧草植株地上与地下部分生长，并改变根芽比。黄顶菊、三叶鬼针草和胜红蓟的叶片 VOC 均能抑制早稻幼苗根系发育，从而抑制植株生长。与 VOC 影响种子萌发相似，其对幼苗生长亦表现出"低促高抑"效应。斑点矢车菊（*Centaurea stoebe*）根部释放的低浓度倍半萜可促进相邻植物根系与叶片生长。

对寄生植物而言,寄主所释放 VOC 可诱导其朝寄主的方向生长。在番茄幼苗 VOC 引导下,五角菟丝子幼苗会沿着 VOC 信号而朝向番茄生长。虽然小麦和凤仙花也能诱导五角菟丝子幼苗生长,但是其对番茄的选择性更强。